当代化学译丛

分子器件与分子机器
——纳米世界的概念和前景

Molecular Devices and Machines
Concepts and Perspectives for the Nanoworld

（原著第二版）

[意] Vincenzo Balzani
[意] Alberto Credi 著
[意] Margherita Venturi
马骧 田禾 译

華東理工大學出版社
EAST CHINA UNIVERSITY OF SCIENCE AND TECHNOLOGY PRESS

图书在版编目(CIP)数据

分子器件与分子机器／(意)巴尔扎尼等(Balzani, V.)著；马骧，田禾译. —上海：华东理工大学出版社，2009.8

ISBN 978-7-5628-2610-1

Ⅰ.分... Ⅱ.①巴... ②马... ③田... Ⅲ.超分子结构-化学 Ⅳ.O63

中国版本图书馆 CIP 数据核字(2009)第 139245 号

当代化学译丛

分子器件与分子机器——纳米世界的概念和前景

(原著第二版)

原　　著／[意] Vincenzo Balzani　[意] Alberto Credi　[意] Margherita Venturi
译　　者／马　骧　田　禾
策划编辑／周永斌
责任编辑／陈新征
封面设计／陆丽君
责任校对／张　波
出版发行／华东理工大学出版社
地址：上海市梅陇路 130 号，200237
电话：(021)64250306(营销部)　64252253(编辑部)
传真：(021)64252707
网址：press.ecust.edu.cn
印　　刷／常熟华顺印刷有限公司
开　　本／710 mm×1000 mm　1/16
印　　张／31.75
字　　数／685 千字
版　　次／2009 年 8 月第 1 版
印　　次／2009 年 8 月第 1 次
印　　数／1—3000 册
书　　号／ISBN 978-7-5628-2610-1/O·210
定　　价／88.00 元

(本书如有印装质量问题，请到出版社营销部调换。)

译者的话

2005年我们曾翻译了由巴尔扎尼教授等撰写的第一版《分子器件与分子机器》(2003)，直到2007年在上海召开的第一届国际分子机器与传感器大会上，第一版的中文译本都给国内相关领域特别是研究生们带来了研究激情和一股创新冲动，这是巴尔扎尼教授等没有想到的，也正是我们当时决定翻译出版中文版的理想。据出版社称，像这类专业著作能再版印刷在国内并不多见。正如作者在本书的第二版前言中所述，这几年国际上在分子器件与机器研究领域的发展日新月异，很有必要补充和更新相关内容。该书的三位作者于2007年5月在上海参加国际分子机器与传感器大会时不仅感受到中国年轻研究生对他们的崇拜，而且会议上所展示的信息也进一步促进了他们完成第二版的撰写。

2008年第二版出版，我们在尽可能早的时间里获得了该版的电子版，时正值我给本校研究生上学位课期间，这些最新的资料也就成为我上课内容的来源之一。应用化学及相关专业的年轻研究生今后的研究前途是什么？或者说对于站在十字路口的化学我们能够做些什么？超分子化学的未来又是什么？我不仅经常自问，也把这些问题带进课堂，希望那些没有思维束缚，进取而创新的年轻头脑与我们一同来解决这些困惑。在翻译巴尔扎尼教授等著的第二版的过程中，我们不仅细细品味着、体会着国际研究领域的先驱者们所获取的知识，也进一步开拓着我们的创新思维。正如Stoddart教授在Nature Chemistry (2009)中所述，纳米科技对于超分子化学工作者而言是个绝佳机会。我们必须勇敢面对功能导向和应用驱使的挑战，去设计复杂的集成系统。在这个系统里的一切过程，包括化学反应，都通过高度的相互联系以及一种“可交流”的方式而被编排，这样就像悦耳的节奏以交响乐的形式在不同的时空上和谐地表现出来。我们希望通过第二版的翻译，读者也能从中体会到一个全新时代即将来临。

像第一版翻译一样，我仍鼓励刚刚学到这些内容的研究生们与我们一起阅读和翻译。虽然这些前沿的内容对于初学者而言是那么的生涩和艰难，有些翻译稿甚至花去我许多精力去修改，但我相信是值得投入的，更相信这些经历对于参与翻译的研究生们是难为忘怀和值得纪念的，他们是孙如意、郜帅帆、张辉、寇欣欣、瞿三寅、丁煜宾、徐彬、王成有、靳家玉、黄战武、李文琴、孙春雨、应伟江、凌祥、王兵、吴永真、蒋林、周珏、朱金辉、邹志芹、左虎进、吴苹、石磊和刘珍珍。初稿由马骧博士整理翻译，我们一起定稿。限于水平有限，难免有误，欢迎指正。

最后，还要再次感谢原著作者意大利博洛尼亚大学的巴尔扎尼教授、克雷迪教授和文图里教授的各方面的支持与帮助。

译者

2009 年 5 月

第二版前言

几年前，由于人们对能表现出有用功能的超分子体系的兴趣愈浓，我们感觉有必要撰写一部专著来做一些介绍，以及在整体上对这个科学研究前沿做个总的概述。因此我们决定撰写《分子器件和分子机器——通向纳米世界的捷径》这本书，该书于 2003 年 2 月由 Wiley-VCH 出版社出版。此书被学界广为接受和欢迎，被多个最重要的科学期刊引用和评述。2005 年，这本书由田禾教授和王利民教授（华东理工大学，上海）翻译成中文，并由中国化学工业出版社（北京）出版。该书的日语版也即将由 NTS（东京）出版。

最近几年，人们对设计、合成及操作人工分子器件和机器的兴趣逐渐增加。也涌现出很多新的基本观念并涉及了许多新的体系。在 2006 年春天，Wiley-VCH 告诉我们第一版的书还有一些印刷版，并建议不要重新印刷，他们认为出版此专著的新版本将对科学界更为有用。和几个同僚商量后，我们确实认识到是时候修订及更新《分子器件和分子机器——通向纳米世界的捷径》这本书了，我们保留了书名，但修改了副标题以强调这是同一本书的新版本。

《分子器件和分子机器——纳米世界的概念和前景》的确保持了原版的基本结构，但是内容却有了充分的改变，为了帮助读者认识新兴的发展趋势，书中关于基本原理的章节大部分进行了重写。如关于电子及能量转移等基本过程的讨论，认识分子器件及分子机器与宏观世界的相似之处，理解纳米世界具有许多不一般的特征（并不像科幻电影、电视剧和小说里的那样），另外关于特殊器件和机器的章节也同时进行了更新和改进，并加入了一些新的章节。

和第一版一样，本书中所涉及的概念都用例证来加以说明，并增加了一些最近出版的期刊上的例子。虽然此书主要关注人工的分子水平的器件和机器，但我们也向读者介绍了一些自然界的和仿生的体系，以此让读者认识“自然”和“人工”之间复杂性的差异是如此之大，同时也让读者体验到生活中材料方面所存在的美妙的化学机理。其中有一章举例介绍了基于多相或固态体系的器件和机器，这个体系比起溶液体系更接近于实际应用。附录中的术语表以及主体索引都经过了修订和扩展。

我们这本书的最大特点是含有大量的图解，因为卡通图和化学式对于理解体系的组分以及分子器件和分子机器的操作是必须的。我们尽力做得比第一版更好，力图做到如 Steven A. Edwards 在他的《纳米技术先锋》（Wiley-VCH，

2006：52）一书中所说的："光是图解就值一本书的价钱"。

在这本书的最后，我们从作为当今科学家的角度表达了几点对"科学与社会"的看法。我们确信当今社会的科学家应该发挥更重要的作用，不是获得更多的基金资助，而是去引导大众的观点和帮助政策制定者来建设一个更加文明与和平的世界。

我们认为这本书不仅仅对在化学、物理、生物和纳米技术领域从事研究活动的科学家有重大意义，它同时可以补充或作为高年级本科生及研究生的学习教材。例如，作为超分子化学、物理有机化学、光化学、电化学以及能量、电子转移过程的教材。而这本书的第一版的确已经被用作教学目的。毫无疑问，在不久的将来，关于分子器件和分子机器的课程将在大部分重要大学里开设。

我们真诚地感谢我们研究组成员的支持、讨论和建议，更重要的是——他们的友谊。感谢 Giacomo Bergamini，Monica Semeraro 和 Serena Silvi 对绘制插图和文献检索作出了很大的贡献，其中 Mara Monar 是本书的编辑秘书。还要热情地感谢 J. Fraser Stoddart 教授（UCLA）和 Fritz Vögtle 教授（波恩大学）在分子器件和分子机器的设计、合成和操作上的长期、有益、友好的合作。我们同时感谢全世界那些向我们友好地提供他们最新的论文的同行们，以及几个科学期刊的编辑，他们允许我们复制了许多图片。最后我们还要衷心感谢在 Wiley-VCH 工作的职员们，他们的工作十分专业和出色。

Vincenzo Balzani，Alberto Credi，Margherita Venturi

2007 年 7 月于 Bologna

目 录

第 1 部分

基 本 概 念

第1章　概　述

1.1　分子水平的器件和机器

器件是为了一个特定的目的而发明并组装出来的东西[1]，而机器，无论是简单的还是复杂的，都是利用、转换、施加或传输能量的机械装置的组合[1]。人类文明的进步通常与新型器件和机器的建造有着紧密的联系。

基于对器件与机器使用目的的不同，器件与机器可以非常大也可以非常小。在过去的五十年中，已有许多不同的新的器件和机器被用来采集、处理、显示和存储信息。信息技术的突出发展与用来建造这类器件和机器的结构逐步微型化密切相关。第一台电子计算机由18000个电子管组成，重达30吨，其体积占据了整个一间屋子，每次修理平均要花费5.6个小时[2]。而现今技术最好的微处理器包含超过五千万个晶体管[3]，将来其数量还会增加[4]。或许人们会有这样的疑问，我们是否确实需要不断制造更小的东西。其答案是未来的微型化不仅是使计算机的尺寸减小，能力提高，而且希望开拓新的能引起医药革命、生产许多以提供新型能源的新材料，以及解决环境污染问题等技术领域的新途径[5-9]。

通常来讲，器件和机器是设计出来用以实现某一特定功能的元件的组装体。组装体的每一个元件都有特定的功用，而整个组装体作为一个特定的器件或机器则有着更为复杂和有用的功能。举例来说，一个电吹风（产生热风）的功能是由一个开关、一个加热器和一个电扇通过电线组装在一个合适的框架中共同表现出来的。一个宏观器件和机器的概念在某种简单的意义上可以被扩展到分子水平(图1.1)[10]。一个分子水平的器件可以被定义为由许多不连续的分子元件（比如一个超分子结构，见下页）组装起来用以体现某一特定功能的组装体。每个分子元件有着其特定的功能，而整个超分子组装体由于各个不同分子元件的协作则表现出了一个更为复杂的功能。一个分子水平的机器则是一种特定类型的分子水平的器件，其中各个分子元件的相对位置可以因某些外界刺激而改变[11-13]。分子水平的器件和机器的运作需经由电子和（或）核的重排，与宏观的器件和机器一样，它需要能量进行运转，用信号与操作者进行交流。器件和机器的概念扩展到分子水平是很有意义的，这不仅是因为它是基础性的研究，而且对纳米科学和技术的发展也是很有意义的。

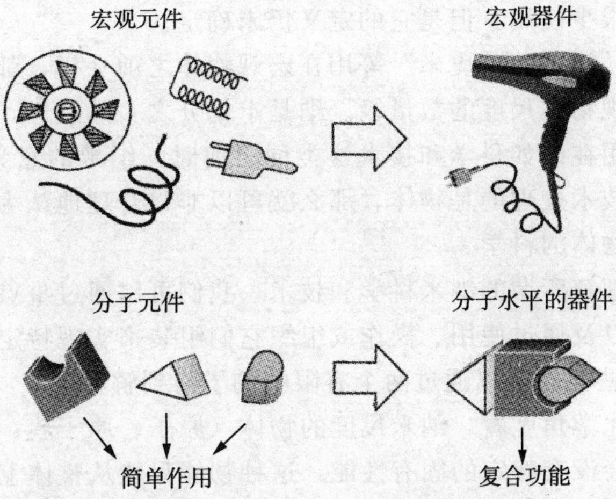

图 1.1　分子级微型器件的示意图

必须指出的是：纳米尺度上的机器与器件不能仅仅简单地被看作是相应宏观对等物的尺度上的缩小，这是因为物理特性在纳米尺度上是有区别的[14]，量子力学规则支配着一些发生在纳米尺度上的现象。最为重要的是，分子水平实体的一些固有特性与相应宏观实体存在明显的差异：

- 分子始终处于一种持续随机运动状态之中，并且会受到持续的碰撞（布朗运动）。
- 在纳米世界里，由于电磁的相互作用，物质之间的黏度相对较强。
- 分子的尺度比提供能量和获取信息的光的波长要小得多。
- 电磁波干扰将有可能会发生。
- 在纳米结构中性能可能会受到电磁波的干扰。

既然各种不同性能的分子机器与器件已经问世并且运转理想，对于分子机器与器件的合成与设计，人们实际上就可以从宏观机器与器件的工作原理中受到很大启发，而并非是将宏观机器器件的工程学原理应用于纳米尺度。

1.2　纳米科学与纳米技术

在科学文献和大众语言中，“纳米技术”这一词汇被频繁地使用[15]。当然这一词汇同样激起了科学家的热情和恐惧，因为正如人们对纳米技术的优点和缺点所预期的那样，它对人类的未来具有深远的影响[8]。表面上似乎我们每个人都了解所谓的纳米技术，但是即使在学术界，这一词汇的准确含义还未很好地确定下来[16-18]。事实上，纳米技术在不同的科学领域有着不同的含义，例如，在物理和化学这两门学科中。令人惊讶的是，虽然纳米科学（纳米技术的“姊妹”词汇）一词通常却很少使用，但是它的定义仍未确定。

“纳米”，和“微米”，“皮米”等用在宏观物体之前一样，都是用在大的数量单位之前减少宏观物体尺度的数量级。纳是十亿分之一的意思，因此纳米就是十亿分之一米。当用在诸如科学和技术这类词之前时，纳米的意义却不那么明确。既然试验科学和技术处理的是物体，那么就可以非常合理地认为纳米科学和技术是关于纳米尺度物体的科学。

为了更好地理解所谓的纳米科学和技术，我们可以通过重点了解纳米尺度物体的固有特性，以及通过使用、操作或组织它们组装来实现特定功能的可能性来进行[6-8,19-22]。这些概念可以通过两个有限的例子得到解释[23]。

实例一：从化学角度看，纳米尺度的物体（原子、原子簇、小分子）是非常简单的，而且不会没有特定的固有性能，这种物体只能从整体上表现出功能。以下两组例子可以说明这个问题。

• 在物体表面可以用原子（包括小分子）书写纳米尺度的文字。从图 1.2 可以看到在金属铜（211）[24]表面用 47 个 CO 分子书写的“2000”来庆祝新千年的到来。

• 金属纳米颗粒可以用来覆盖表面。它是由金属原子组成而形成的金属薄片。但是在组成纳米颗粒的大多数原子中，无论是否接近被覆盖物体表面，都会与其他类型的物质发生作用。通过在宏观物体表面电镀金属薄层或者金属纳米颗粒的技术，可以使材料呈现出各种不同的性能。

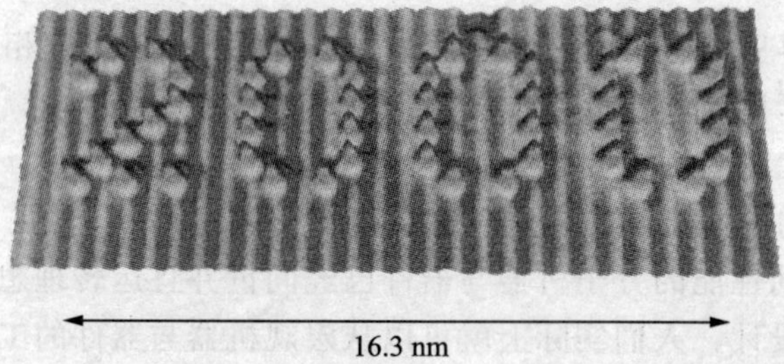

图 1.2　用 47 个 CO 单分子书写的新千年“2000”。每个突出的部分代表单个的 CO 分子，后面的背景垂直线则代表铜表面固有的阶跃边沿[24]

物理学家和工程物理学家在纳米科学和纳米技术领域投入了极大的热情和兴趣，并且纳米科学和纳米技术在应用方面取得了突破式进展，尤其在材料科学方面更为突出。其中包括：纳米颗粒、纳米结构材料、纳米孔径材料、纳米颜料、纳米管、纳米印刷技术、量子点等方面。[25-28]纳米处理与成像技术在基础图像采集方面发挥着举足轻重的作用[29,30]。

实例二：纳米尺度物体具有复杂的化学组分（超分子[31]或者多元[32]体系），具有特定的结构，具备特殊的性能和特定的功能。所有本书中提到的人工合成的分子器件和机器都属于这一类。我们将会在以下章节中详细介绍一些纳米尺度物体的典型例子，如收集光的树枝状分子[33]、光驱动旋转马达[34]、分子肌肉原型[35]、具有四个位点的定向旋转的索烃[36]、人工合成的分子电梯[37]、分子[38]和超分子逻辑门[39]、用于产生ATP以及钙离子泵的光驱动掺杂体系[40]和DNA双足行走装置[41]。所有天然的和掺杂的分子器件和机器[14,42-44]，从天然光合成体系中的光吸收天线，到人体内或工程领域内存在的线性和旋转马达体系都属于该种类型。

纳米科学与纳米技术现在还处在起始发展阶段。目前，一些令人振奋的研究成果和一些不尽如人意的结果交替出现在科研工作者的视野中，就像在未成熟的科学领域中也经常会出现这种情况一样。正如Feynman所说[45]——“如果我们控制对分子水平的物质进行的编排，我们将会充分获悉物质可能具备的一系列潜在特性”，并且这些新性能将来会有各种我们今日无法想象的应用。

被人类寄以希望的是，纳米技术和纳米科学将在人类所面临的四大难题——粮食、健康、能源以及环境解决方面发挥重要作用。然而，我们应该谨记纳米技术和纳米科学的发展是有一定科学进程的，在这个进程中风险性与不确定性也会同时存在（第17章）。

1.3 超分子（多组分）化学

超分子化学[31]是一个学科高度交叉的领域。由1980年诺贝尔化学奖获得者C. J. Pedersen[40]，D. J. Cram[17]以及J. -M. Lehn[48]创立。从历史的角度来看[49]，超分子化学源于保罗・费舍尔（Paul Fischer）的受体思想、阿・夭耐（Alfred Werner）的配位化学以及艾米・费舍尔（Emil Fischer）的锁钥思想。然而直到1970年以后，分子识别、预组装、自组装等基本概念才被引入，而直到1990年超分子化学才开始兴起。

关于超分子化学的最权威和被广泛接受的定义是由莱恩（Lehn）提出的，即“超分子化学是分子之上的化学，由两个或者更多的化学实体通过分子间力相结合而构建的有着高度复杂性的体系”[31]。然而，与通常的其他规律一样，一旦建立一个定义总会有些问题产生。举例来说，金属有机化学被定义为“是含有金属-碳键的化合物的化学”，这就排除了Wilkinson的化合物RhCl（PPh_3）$_3$，但该化合物对金属有机反应来说也许是最为重要的催化剂[50m]。

由上述超分子化学的定义所引出的第一个问题是金属配位键能否被看作是分子间力。如果能，那么分子［$Ru(bpy)_3$］$^{2+}$（bpy＝2，2′-联吡啶）[51]应当被确定为属于超分子体系；如果不能，则［Eu⊂bpy. bpy. bpy］$^{3+}$穴状化合物[52]通常可被认为是超分子天线器件[58]，而事实上它应当被定义为分子（图1.3）。

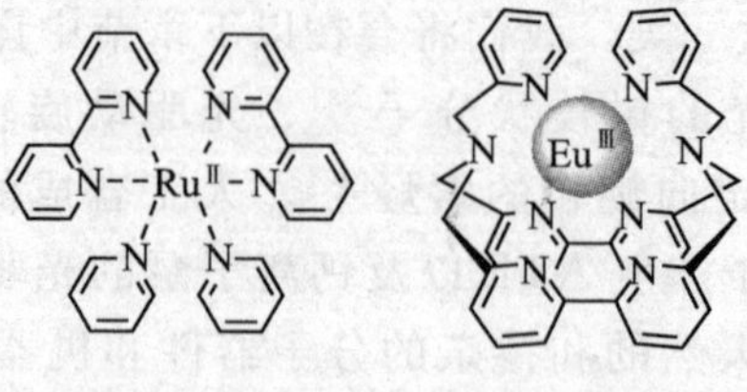

$[Ru(bpy)_3]^{2+}$　　$[Eu\subset bpy.bpy.bpy]^{3+}$

图 1.3　$[Ru(bpy)_3]^{2+}$ 和 $[Eu\subset bpy.bpy.bpy]^{3+}$：分子体系还是超分子体系？

还有一个更为普遍的问题[53]。通常来讲，在超分子化学中我们应当将注意力从原来的分子上转移到分子组装物或者多组分体系上来。然而根据最初的定义，当一个化学体系中各部分间通过共价键连接时，这个体系不应当被认为是一个超分子体系，而是一个分子。这一点在处理分子水平的器件和机器时显得尤为重要，因为分子器件通常是多组分体系并且其中各组分间可通过不同性质的化学键相连接。

考虑到如图 1.4 所示的三个在分子水平进行电荷分离的器件（见第 4.4 节）中起重要作用的体系[54]。在每个体系中都有两部分：一个 Zn(Ⅱ) 卟啉和一个 Fe(Ⅲ) 卟啉。在体系 **1** 中，这两部分间是通过一个氢键桥即通过分子间力相连接的，而在体系 **2** 和 **3** 中它们则是通过共价键相连接的。根据超分子化学的传统定义，**1** 是一个超分子体系而 **2** 和 **3** 则是大分子。在这三个体系中的每两个部分都主要保持了其内在的特性，当用光激发时，发生了从 Zn(Ⅱ) 卟啉单元到 Fe(Ⅲ) 卟啉单元的电子转移。两者的由光诱导的电子转移的速率常数值（**1**，**2**，**3** 分别为 $k_{el}=8.1\times10^9$，8.8×10^9 和 4.3×10^9）表明 **1** 和 **2** 中两部分间发生电子作用能力相当，且都比 **3** 中的要强。当考虑到由光诱导的电子转移时很难说只有 **1** 是超分子体系而 **2** 和 **3** 是分子。

应用超分子化学的原始定义时遇到困难的另一个例子是类轮烷和轮烷。类轮烷（第 14 章）可像其他体系一样被定义为一个超分子体系，而轮烷和索烃，尽管它们要比类轮烷更为复杂，但如果按照传统定义来讲的话应当被称为分子。

我们可以总结为："超分子化学是分子之上的化学[31]"，这一传统定义通常还是非常实用的。对于分子与超分子，我们可以根据各元件之间的电子相互作用程度实现更加完善的功能性界定[50,53,55-60]。举个例子，如图 1.5[57] 所示，当对一个由两个单元组成的 A-B 体系（包含将两个单元连接的任何类型的"键"）进行光化学刺激时，如果光吸收产生了 A 或 B 的激发态，或者引起了从 A 到 B 的电子转移（反之亦可），则此体系被定义为超分子更为恰当；相反，如果激发态离域于整个体系，则最好定义为大分子。类似地（图 1.5），一个超分子体系的氧化和还原使其氧化态和还原态分别定位于特定的单元上；而大分子的氧化和还原所产生的空穴和电子离域于整个体系。更通俗地讲，无论连接各单元的键的性质如何，当各单元间的作用能比其他相关能量参数小时，此体系可以认为是一个超分子体系。因此图 1.4 中的 **2** 和 **3** 受质子或电子激发时，这些各部分间通过键连接的体系都应当被认为属于超分子范围。应当指出的是，可以通过研究单独组分或合适的分子模型来了解一个超分子每个部分的性质，即那些由分子部件之间比较弱的相互作用组成的超分子。

1 2 3

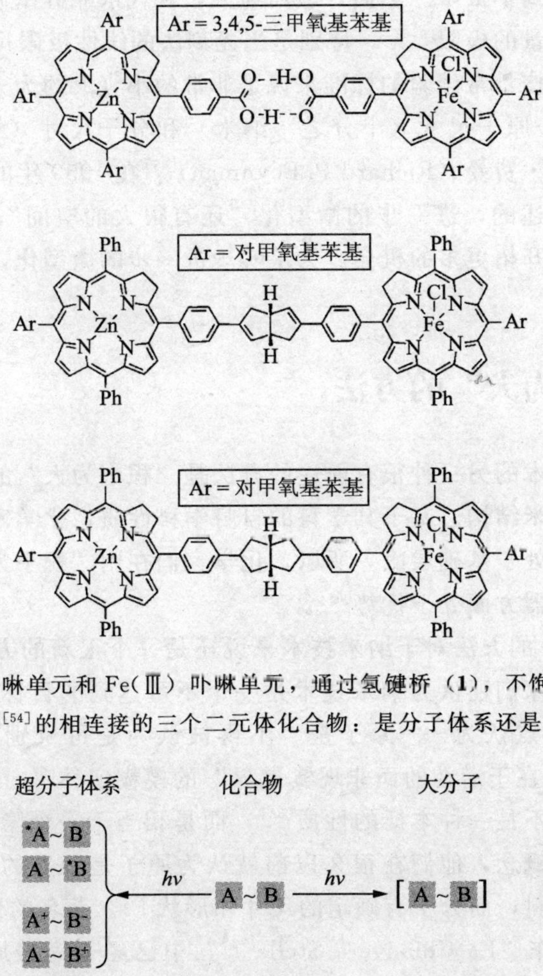

图 1.4　Zn(Ⅱ) 卟啉单元和 Fe(Ⅲ) 卟啉单元，通过氢键桥（**1**），不饱和桥连接（**2**），饱和桥连接（**3**）[54] 的相连接的三个二元体化合物：是分子体系还是超分子体系？

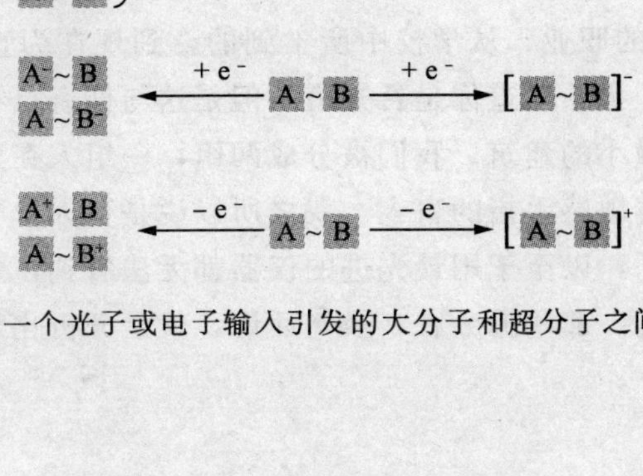

图 1.5　基于由一个光子或电子输入引发的大分子和超分子之间差异的示意图

1.4 “化大为小”的方法

器件和机器的元件结构微型化目前主要采用“化大为小”的手段[61]。物理学家和工程师们通过照相制版及相关技术来制备越来越小的器件，这种技术到现在为止已经发展到了极限。然而，显而易见，现代依靠硅基芯片的电脑技术会很快达到其物理容量的极限[4,62]，特别是当光刻法的线性极限尺寸小于 100 纳米的阶段。这个尺寸按日常经验的标准来说是非常的小（大约为人头发宽度的千分之一），但是相对于原子尺寸（十分之一纳米）和分子尺寸（纳米）来说则很大。因此，正如理查·费曼（Richard P. Feynman）[45]在 1959 年的一次美国物理会上的精彩演讲中所述的，进一步的微型化“还有很大的空间”，但是“化大为小”的方法似乎不能开拓更多的机会。为了实现进一步的微型化，科技需要寻找新的途径。

1.5 “积小为大”的方法

面向纳米技术的另一种很有前途的方法是“积小为大”的方法，即从原子或分子开始构造纳米结构。基于其学科的自身学科性质，化学家们可以直接操作原子和分子，已经处于基础层次。所以，化学家们在用“积小为大”的手段构造纳米尺度器件和机器方面处于优势[63]。

“积小为大”的方法对于纳米技术来说还是一个很新的方法。事实上，在几十年前，物理学家们还认为纳米技术是一个不可达到的目标[64]。这个由量子理论[65]衍生出的观点认为——原子是“不再被认为是可辨别的个体”的模糊实体[66]，也是“存在于潜在的而非现实世界”的模糊实体[67]。从量子理论的观点来看，分子结构不是一种本征的性质[68]，而是相当于一个隐喻[69]。化学家们当然不会认同这些概念，他们在很久以前就认为原子是物质的[70]，是可以用来构造分子的建筑材料，而分子有确定的尺寸和形状[71]。著名的化学家和作家，Primo Levi 在其著作“La Chianve a Stella[72]”中已经很完美地描述了这一概念：“我的职业，我真正的职业，从学校中所学到的，到现在为止我整个一生都在从事的职业就是化学。我不知道你是否知道，但是这与你有点相似：那就是我们仅仅是在装配和拆分微小的建筑。我们被分成两组，一组人在建筑而另一组人在拆分，两者都像是有着敏感手指的盲人。我之所以说是盲人，事实上是因为我们所操纵的东西都太小了，以至于用最先进的仪器都无法看到，所以我们发明了各种小玩意儿去认识他们。那些拆分者，换句话说，就是分析化学家，就是能够把一个结构尽可能不破坏地分成小块，或者至少不会破坏太多，然后把它们排列在桌子上，尽管看不见它们，但是可以一块一块地去认识它们，然后说出这些小块是如何连接的。”

原子可以用来构造纳米尺寸机器的观点是由理查·费曼（R. P. Feynman）在1959年其名为“基础研究还有很大空间[45]”的演讲中首次提出的。Feynman的演讲的关键语句如下：“物理原理不排除操作原子的可能性”。正如我们下面会看到，化学家们不会迷信通过原子途径以实现纳米结构这种可能性。

1.6 “积小为大”分子的堆积

在20世纪80年代中期[73]，德克斯勒（K. E. Drexler）就充满幻想并且令人振奋地描述了用原子来构造纳米尺寸器件这一思想，随后他以更为科学的方式（主要从理论上）支持了其关于纳米体系及分子制造的观点[74-77]，然而，这一观点对于物理学家十分具有吸引力，却不能让化学家所信服[74-77]，通过了解大多数原子的高反应活性以及化学键与分子特性之间的微妙联系，物理学家和化学家们坚信相对于原子，分子可以更为方便地构筑纳米器件与机器[53]。这一观点主要是基于以下几点：（ⅰ）分子较为稳定，而原子难以操纵；（ⅱ）自然界中用以构建大量各种各样用来维持生命的纳米器件和机器的都源于分子，而不是原子（参见下文）；（ⅲ）绝大部分实验室中化学过程的处理对象是分子而不是原子；（ⅳ）分子是有明显形状的实物，有着与器件相关的性能（如有能被光化学和电化学输入操纵的性能）；（ⅴ）分子可以自组装或者连接以形成更大的结构。

第五点使人们联想到超分子化学的基本原理（见1.3节），在过去的二十年间超分子化学的迅速发展已经表明“积小为大”的方法极有可能实现人工分子水平的器件和机器的设计和构造，这种方法也有助于更好地去理解生物过程中极为复杂的器件和机器的有关分子水平方面的内涵[14,42,43,82]。

然而，在这里不得不提的是，面向构建纳米器件和机器的超分子“积小为大”的方法，它的发展得益于从化学的其他领域获得的知识。有机合成的贡献尤其重要，它提供了各种构建单元；还有光化学[55,83]，它则提供了一种研究早期有关分子水平器件和机器实例的方法（如光控的分子水平的镊子[84]，用于研究垂直电荷分离的三元体系[85]，以及光放大天线[86]）。

与此同时，最近几年来有关纳米水平的分子实体的形状、尺寸以及其性能的概念已被最新、最有说服力的技术所证实，它们能够“看见”或者“操纵”单个分子，比如，扫描隧道显微镜[87]以及原子力显微镜[88]。

如上所述，化学上的积小为大的分子堆积方法很有可能实现纳米尺度范围超分子的构建。莱纳尔多·达·芬奇（Leonardo da Vinci）不是研究化学的，但是他的观点："自然界从哪里开始停止制造物系，人们就从哪里利用自然物开始创造他们所需要的东西……"[89]的确是对人工超分子化学迅速发展合适的评论[31]。

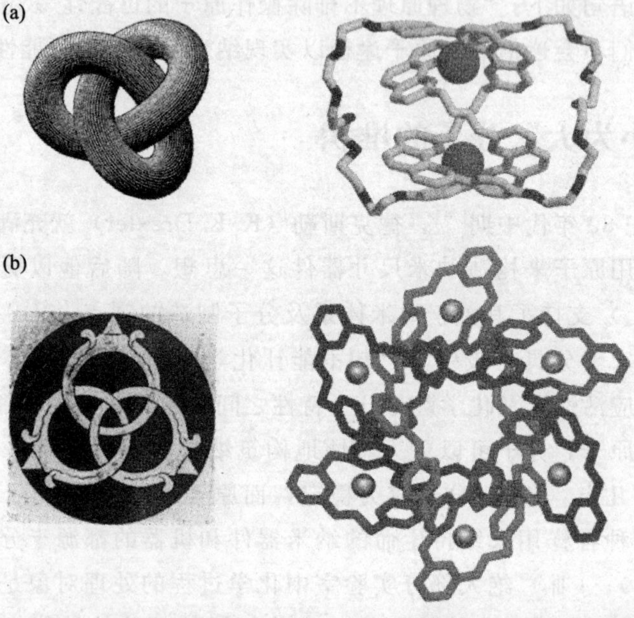

图 1.6 (a) 艺术家 M. C. Escher 描绘的一个三叶形扭结和一个分子三叶形扭结[91c]；(b) 鲍罗麦欧贵族家族会徽以及其相似构型的分子是由三个环交叉构成[91e]。由 (a) 法国斯特拉斯堡大学 Jean-Pierre Sauvage 教授以及 (b) 美国洛杉矶加利福尼亚大学 J. F. Stoddart 教授制得的晶体结构

有些超分子具有迷人的外形[53,90]，与我们日常生活中见到的宏观物体相似。一些具有美学特性的超分子结构如图 1.6[91]。如列威（Primo Levi）所述："事实上如同建筑一样，在化学中也可以建造'漂亮'的建筑物。即对称的和简单的是最常见的。简而言之，分子的建筑常常与中世纪教堂和桥相似"[92]。有趣的是，当化学家们构建模仿宏观艺术作品的超分子结构时（图 1.7）[93]，艺术家们则开始以模仿超分子化合物的结构来创造优秀的雕塑作品（图 1.8）[94]。

在以下章节中，我们将利用超分子化学的概念来设计和构建许多具有潜在特殊功能的人工合成化合物。基于宏观世界的设备和机器功能的观点来看，超分子化学的确非常有趣。它引入了新奇的概念，注入了大胆的思想并激发了人们的创造力。如图 1.1 所示，化学合成技巧和工程学思维[63]的结合对于纳米技术的发展的确是一个很好的方法。

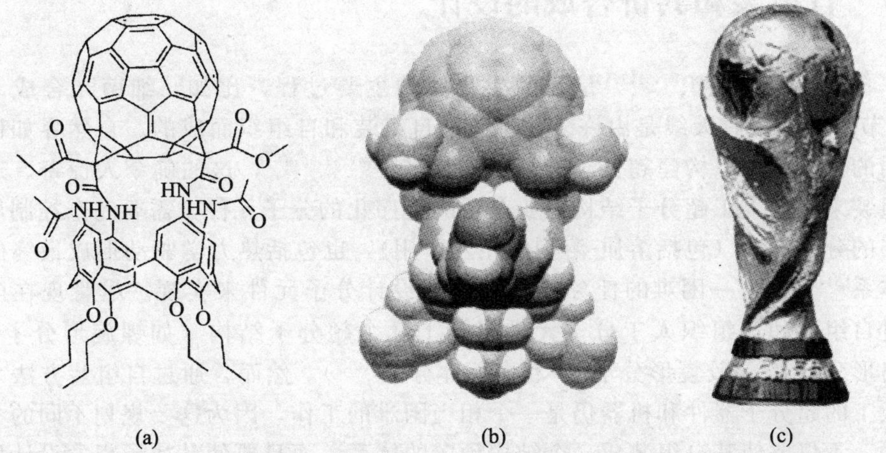

图 1.7　富乐烯和杯芳烃以共价键形式构成的一种超分子体系[93]：(a) 经典化学表示法；(b) PM3 计算的空间填充模型；(c) 展示了该超分子结构与足球世界杯的形状相似。图片的复制得到了皇家化学会（RSC）和 the Centre National de La Recherche Scientifique（CNRS）的许可

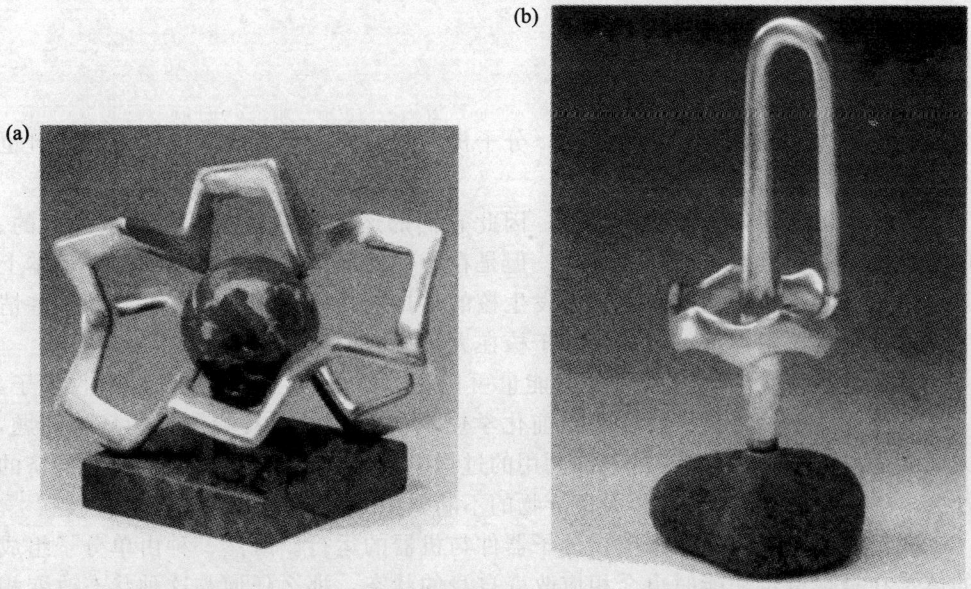

图 1.8　Vizi Bela 的两个经典超分子体系——穴醚（a）和套索醚（b）的雕塑作品

1.7 自组装和共价合成的设计

自组装和自组织[7,31,95]是活的生物体的主要过程，比如，细菌光合成（见6.2节）的光吸收天线是由许多分子元件自组装和自组织而成的。自然界如何控制弱的分子间力以构建超分子的器件和机器[14,43,82,96,97]，这的确令人惊奇。通过自组装来构造人工超分子结构需要合适的程序化的分子元件，需要完全控制所有的弱的分子间力（包括溶质-溶剂的相互作用），也包括热力学驱动形成最终的目标体系[31,50]。这一困难的任务可通过仔细设计分子元件来实现。尽管现在已经通过自组装和自组织人工分子元件得到了几个超分子结构（如螺旋形分子[98]、栅格形分子[99]、胶囊形分子[100]和多面体分子[101]）。然而，通过自组装方法来构建人工的超分子器件和机器仍是一个相当困难的工作，因为这要规划不同的分子元件，不仅要使其自组装成一个结构预定的体系，而且要使其按预想的设计发挥器件和机器的功能[10,102]。还有，基于弱相互作用的超分子体系很容易被破坏，因为它们很容易受外部变化（如溶剂变化，pH值变化）的影响；尽管可以利用这一特性来实现特定的目的（见第12章），但器件和机器通常不能经受这种破坏。因此，人工器件和机器常通过基于相互作用的共价键的设计，通过现代合成化学强有力的技术和方法来实现构造[103]。

1.8 能量与信号

与宏观世界的机器和器件一样，分子机器与器件的运转也需要能量，并且也需要与操作员进行交流的信号。

分子机器与器件属于化学体系，因此它们的运转是通过化学反应来进行的。广义地说，意味着电子和核的重排。但是在有些情况下，分子机器与器件基本上是在电子或能量转移的基础上（未发生核的重排）发挥作用的。而在其他某些情况下，分子机器与器件的运行是基于核在大范围内的转移。

分子机器与器件运转所需要的能量可以由（ⅰ）化学试剂，（ⅱ）吸收质子，（ⅲ）电子得失等途径提供。鉴于当前化学燃料的短缺以及日趋严峻的环境问题，太阳能是首选的理想能源，并且在利用的过程中不会产生废物。即使在知识经济的社会，不可再生能源的消耗以及废弃物的不断累积的确会带来非常严峻的问题[104]。

我们需要合适的信号来监控分子器件与机器的运行。既然一种由单分子组成的体系在呈现特定功能时也会相应改变自身的状态，那么任何与这种状态改变相关的信号都可用。在这点上，可以利用任何化学或物理的技术。最常用的是光谱技术（特别是核磁共振谱，UV-Vis吸收光谱和发光光谱），对于给体-受体相互作用的系统，电化学技术也相当有用。

因为机器必须重复循环工作，所以复原是一个重要的要求。这就意味着任何与运动有关的化学反应都必须是可逆的。尽管没有一个化学反应是完全可逆的，但是通过能量传递，电子传递（氧化还原）和质子转移（酸-碱变化）反应，以及光致异构化反应和一些金属-配体的配位反应，还是能很好地实现这个条件的。

分子机器的运行时间可短至皮秒，也可长达数天，这取决于所涉及的反应过程的性质。光诱导的能量和电子转移过程非常迅速，但是大的和各组成部分之间的复杂运动却要慢得多。可以通过常规的和脉冲的动力学方法来得到关于速率常数的信息。

在以后章节中，我们会讨论分子器件与机器的各种各样的功能。这些功能可能与信号转换（通常以能量，电子和质子转移的形式），信息处理过程（例如分子水平的逻辑门的例子），能量转化（例如光能转化为电能），机械性能（如膜渗透）等方面有密切的联系。

参考文献

1 *Funk & Wagnalls Standard Dictionary of the English Language* (1963) International edition.

2 McCartney, S. (1999) *ENIAC: The Triumphs and Tragedies of the World's First Computer*, Walker & Company, New York. See also www.computerhistory.org (accessed May 1, 2007).

3 The Intel®Core™2 Quad processor. (www.intel.com/pressroom/archive/releases/20070108comp.htm; accessed May 1, 2007) boasts more than 580 million transistors.

4 Keyes, R.W. (2001) *Proceedings of the IEEE*, **89**, 227. See also the International Technology Roadmap for Semiconductors (ITRS), 2005 edition and 2006 update, available at www.itrs.net/reports.html (accessed May 1, 2007).

5 Alivisatos, A.P. (2001) *Scientific American*, **285**(3), 58.

6 Rietman, E. (2001) *Molecular Engineering of Nanosystems*, Springer, New York.

7 Ozin, G.A. and Arsenault, A.C. (2005) *Nanochemistry – A Chemical Approach to Nanomaterials*, RCS Publishing.

8 Edwards, S.A. (2006) *The Nanotech Pioneers*, Wiley-VCH Verlag GmbH, Weinheim.

9 Thayer, A.M. (2005) *Chemical & Engineering News*, **83** (18), 17.

10 (a)Balzani, V., Credi, A. and Venturi, M. (1999) *Supramolecular Science: Where It is and Where It is Going* (eds R. Ungaro and E. Dalcanale), Kluwer, Dordrecht, p.1. (b) Balzani, V., Credi, A. and Venturi, M. (2000) *Stimulating Concepts in Chemistry* (eds M. Shibasaki , J.F. Stoddart and F. Vögtle), Wiley-VCH Verlag GmbH, Weinheim, p. 255.

11 Balzani, V., Credi, A., Raymo, F.M. and Stoddart, J.F. (2000) *Angewandte Chemie-International Edition*, **39**, 3348.

12 Kay, E.R., Leigh, D.A. and and Zerbetto, F. (2007) *Angewandte Chemie-International Edition*, **46**, 72.

13 The concept of molecular machine will be discussed in more detail in Chapter 10.

14 Jones, R.A.L. (2004) *Soft Machines, Nanotechnology and Life*, Oxford University Press, Oxford.

15 Nanotechnology has become a favorite, and successful, term among America's most fraudulent stock promoters. See

Reisch, M. (2004) *Chemical & Engineering News*, 82 (16), 8.
16 Joachim, C. (2005) *Nature Materials*, **4**, 107.
17 Halfford, B. (2005) *Chemical & Engineering News*, **83** (15), 31.
18 In the venture capital world of the nanotech-related start-up companies, nanotechnology is seen as the design of very tiny platforms upon which to raise enormous amounts of money [8].
19 Borisenko, V.E. and Ossicini, S. (2004) *What is What in the Nanoworld. A Handbook on Nanoscience and Nanotechnology*, Wiley-VCH Verlag GmbH, Weinheim.
20 Nalwa, H.S. (ed.) (2004) *Encyclopedia of Nanoscience and Nanotechnology*, American Scientific Publishers, Stevenson Ranch.
21 Rao, C.N.R. ,Müller, A. and Cheetham, A.K. (eds) (2004) *The Chemistry of Nanomaterials – Synthesis, Properties, and Applications*, Wiley-VCH Verlag GmbH, Weinheim.
22 Köhler, M. and Fritzsche, W. (2004) *Nanotechnology*, Wiley-VCH Verlag GmbH, Weinheim.
23 Balzani, V. (2005) *Small*, **1**, 278.
24 Hla, S.-W., Meyer, G. and Rieder, K.-H. (2001) *ChemPhysChem*, **2**, 361.
25 Nanotechnology. Innovation for Tomorrow's World European Commission, (2004) EUR 21 151, pp. 1–56. Available at www.cordis.lu/nanotechnology (accessed May 1, 2007).
26 Ball, P. (2004) *Chemistry World*, February, 30.
27 Gogotsi, Y. (ed.) (2006) *Nanomaterials Handbook*, Taylor & Francis/CRC Press, Boca Raton, FL.
28 Thayer, A.M. (2006) *Chemical & Engineering News*, **84** (18), 10.
29 (a)Rigler, R.,Orrit, M.,Talence, I. and Basché, T. (eds) (2001) *Single Molecule Spectroscopy*, Springer-Verlag, Berlin. (b)Moerner, W.E. (2002) *The Journal of Physical Chemistry. B*, **106**, 910. (c) Zander, Ch. ,Enderlein, J. and Keller, R.A. (eds) (2002) *Single Molecule Detection in Solution*, Wiley-VCH Verlag GmbH, Weinheim. (d) Garcia-Parajo, M.F., Hernando, J., Mosteiro, G.S., Hoogenboom, J.P., van Dijk, E.M.H.P. and van Hulst, N.F. (2005) *ChemPhysChem*, **6**, 819.
30 For reviews, see (a) STM manipulation: Rosei, F., Schunack, M., Naitoh, Y., Jiang, P., Gourdon, A., Laegsgaard, E., Stensgaard, I., Joachim, C. and Besenbacher, F. (2003) *Progress in Surface Science*, **71**, 95. (b) AFM manipulation: Giessibl, F.J. (2003) *Reviews of Modern Physics*, **75**, 949.
31 Lehn, J.-M. (1995) *Supramolecular Chemistry: Concepts and Perspectives*, VCH, Weinheim.
32 Balzani, V., Moggi, L. and Scandola, F. (1987) *Supramolecular Photochemistry* (ed. V. Balzani), Reidel, Dordrecht, p.1.
33 Gronheid, R., Hofkens, J., Köhn, F., Weil, T., Reuther, E., Müllen, K. and De Schryver, F.C. (2002) *Journal of the American Chemical Society*, **124**, 2418.
34 Koumura, N., Zijlstra, R.W., van Delden, R.A., Harada, N. and Feringa, B.L. (1999) *Nature*, **401**, 152.
35 Jiménez, M.C., Dietrich-Buchecker, C. O. and Sauvage, J.-P. (2000) *Angewandte Chemie-International Edition*, **39**, 3248.
36 Leigh, D.A., Wong, J.K.Y., Dehez, F. and Zerbetto, F. (2003) *Nature*, **424**, 174.
37 Badjic, J.D., Balzani, V., Credi, A., Silvi, S. and Stoddart, J.F. (2004) *Science*, **303**, 1845.
38 Magri, D.C., Brown, G.J., McClean, G.D. and de Silva, A.P. (2006) *Journal of the American Chemical Society*, **128**, 4950.
39 Qu, D.-H., Wang, Q.-C. and Tian, H. (2005) *Angewandte Chemie-International Edition*, **117**, 5430.
40 (a)Steinberg-Yfrach, G., Rigaud, J.-L., Durantini, E.N., Moore, A.L., Gust, D. and Moore, T.A. (1998) *Nature*, **392**, 479. (b) Bennet, I.M., Vanegas Farfano, H.M., Bogani, F., Primak, A., Liddell, P.A., Otero, L., Sereno, L., Silber, J.J., Moore,

A.L., Moore, T.A. and Gust, D. (2002) *Nature*, **420**, 398.

41 Sherman, W.B. and Seeman, N.C. (2004) *Nano Letters*, **4**, 1203.

42 Schliwa, M. (ed.) (2003) *Molecular Motors*, Wiley-VCH Verlag GmbH, Weinheim.

43 Goodsell, D.S. (2004) *Bionanotechnology*, Wiley-Liss, Hoboken.

44 Niemeyer, C.M. and Mirkin, C.A. (eds) (2004) *Nanobiotechnology*, Wiley-VCH Verlag GmbH, Weinheim.

45 (a)Feynman, R.P. (1960) *Engineering Science*, **23**, 22. (b)Feynman, R.P. (1960) *Saturday Review*, **43**, 45. See also http://www.its.caltech.edu/~feynman (accessed May 1, 2007).

46 Pedersen, C.J. (1988) *Angewandte Chemie-International Edition in English*, **27**, 1021.

47 Cram, D.J. (1988) *Angewandte Chemie-International Edition in English*, **27**, 1009.

48 Lehn, J.-M. (1988) *Angewandte Chemie-International Edition in English*, **27**, 89.

49 Lehn, J.-M. (1992) *Perspectives in Coordination Chemistry* (eds A.F. Williams , C. Floriani and A.E. Merbach), VCH, Basel, p. 447.

50 (a) Lindsey, J.S. (1991) *New Journal of Chemistry*, **15**, 153. (b) Whitesides, G. M., Mathias, J.P. and Seto, C.T. (1991) *Science*, **254**, 1312. (c) Vögtle, F. (1991) *Supramolecular Chemistry*, John Wiley & Sons, Ltd, Chichester. (d) Schneider, H.-J. and Dürr, H. (eds) (1991) *Frontiers in Supramolecular Organic Chemistry and Photochemistry*, VCH, Weinheim. (e) Balzani, V. and De Cola, L. (eds) (1992) *Supramolecular Chemistry*, Kluwer, Dordrecht. (f) Fabbrizzi, L. and Poggi, A. (eds) (1994) *Transition Metals in Supramolecular Chemistry*, Kluwer, Dordrecht. (g) Atwood, J.L. ,Davies, J.E. D. ,Macnicol, D.D. and Vögtle, F. (eds) (1996) *Comprehensive Supramolecular Chemistry*, vols 1–10,Pergamon Press, Oxford. (h) Echegoyen, L. and Kaifer, A. E. (eds) (1996) *Physical Supramolecular Chemistry*, Kluwer, Dordrecht. (i) Michl, J. (ed.) (1997) *Modular Chemistry*, Kluwer, Dordrecht. (j) Sauvage, J.-P. (ed.) (1999) *Transition Metals in Supramolecular Chemistry*, John Wiley & Sons, Inc., New York. (k) Ungaro, R. and Dalcanale, E. (eds) (1999) *Supramolecular Science: Where It is and Where It is Going*, Kluwer, Dordrecht. (l) Schneider, H.-J. and Yatsimirsky, A. (2000) *Principles and Methods in Supramolecular Chemistry*, John Wiley & Sons, Ltd, Chichester. (m) Steed, J.W. and Atwood, J.L. (2000) *Supramolecular Chemistry*, John Wiley & Sons, Ltd, Chichester. (n) Newkome, G.R., Moorefield, C.N. and Vögtle, F. (2001) *Dendrimers and Dendrons*, Wiley-VCH Verlag GmbH, Weinheim. (o) Rowan, S.J., Cantrill, S.J., Cousins, G.R.L., Sanders, J.K.M. and Stoddart, J.F. (2002) *Angewandte Chemie-International Edition*, **41**, 898. (p) Lehn, J.-M. (2002) *Proceedings of the National Academy of Sciences of the United States of America*, **99**, 4763. (q) Atwood, J.L. and Steed, J. W. (eds) (2004) *Encyclopedia of Supramolecular Chemistry*, Dekker, New York. (r) Badjic, J.D., Nelson, A., Cantrill, S.J., Turnbull, W.B. and Stoddart, J.F. (2005) *Accounts of Chemical Research*, **38**, 723. (s) Ariga, K. and Kunitake, T. (2006) *Supramolecular Chemistry – Fundamentals and Applications*, Springer, Berlin. (t) *Chemical Society Reviews*, (2007) **36** (2). Special issue (ed. P. Gale) on Supramolecular Chemistry Anniversary.

51 Balzani, V. and Juris, A. (2001) *Coordination Chemistry Reviews*, **211**, 97, and references therein.

52 Lehn, J.-M. (1987) *Supramolecular Photochemistry* (ed. V. Balzani), Reidel, Dordrecht, p. 29.

53 Balzani, V., Credi, A. and Venturi, M. (2002) *Chemistry – A European Journal*, **8**, 5525.

54 de Rege, P.J.F., Williams, S.A. and Therien, M.J. (1995) *Science*, **269**, 1409.
55 Balzani, V. and Scandola, F. (1991) *Supramolecular Photochemistry*, Horwood, Chichester.
56 Balzani, V. (1992) *Tetrahedron* **48**, 10443.
57 Balzani, V. and Scandola, F. (1996) *Comprehensive Supramolecular Chemistry*, vol. 10 (eds J.L. Atwood ,J.E.D. Davies ,D.D. Macnicol and F. Vögtle), Pergamon Press, Oxford, p.687.
58 Lehn, J.-M. (1993) *Organic Chemistry: Its Language and Its State of the Art* (ed. M. V. Kisakürek), VCH, Weinheim, p. 77.
59 Boulas, P.L., Gómez-Kaifer, M. and Echegoyen, L. (1998) *Angewandte Chemie-International Edition*, **37**, 216.
60 Kaifer, A.E. and Gómez-Kaifer, M. (1999) *Supramolecular Electrochemistry*, Wiley-VCH Verlag GmbH, Weinheim.
61 For a recent example, see Salaita, K., Wang, Y., Fragala, J., Vega, R.A., Liu, C. and Mirkin, C.A. (2006) *Angewandte Chemie-International Edition*, **45**, 7220.
62 Thompson, S.E. and Parthasarathy, S. (2006) *Materials Today*, **9**, 20.
63 In the Foresight Update 20, Foresight Institute, Palo Alto, CA, it is reported that Roald Hoffman reacted in this way when asked about the goal of nanotechnology: "I'm glad you guys (that includes women, of course) found a new name for chemistry. Now you have the incentive to learn what you didn't want to learn in college. Chemists have been practicing nanotechnology, structure and reactivity and properties, for two centuries, and for 50 years by design. What is exciting about modern nanotechnology is (a) the marriage of chemical synthetic talent with a direction provided by "device-driven" ingenuity coming from engineering, and (b) a certain kind of courage provided by those incentives, to make arrays of atoms and molecules that ordinary, no, extraordinary chemists just wouldn't have thought of trying. Now they're pushed to do so. And of course they will. They can do anything. Nanotechnology is the way of ingeniously controlling the building of small and large structures, with intricate properties; it is the way of the future, a way of precise, controlled building, with, incidentally, environmental benignness built in by design." www.foresight.org/Updates/Update20/Update20.1.html#anchor176004 (accessed May 1, 2007).
64 Rouvray, D. (2000) *Chemistry in Britain*, **36** (12), 46.
65 Dirac, P.A.M. (1929) *Proceedings of the Royal Society of London, Series A*, **123**, 714.
66 Schrödinger, E. (1951) *Science and Humanism: Physics in Our Time*, Cambridge University Press, Cambridge, p.27.
67 Heisenberg, W. (1958) *Physics and Philosophy*, Harper and Row, New York, p.186.
68 Woolley, R.G. (1978) *Journal of the American Chemical Society*, **100**, 1073.
69 Woolley, R.G. (1985) *Journal of Chemical Education*, **62**, 1082.
70 (a) van't Hoff, J.H. (1875) *La Chimie dans l'Espace*, Bazendijk, Rotterdam. (b)Werner, A. (1893) *Zeitschrift für Anorganische Chemie*, **3**, 267. (c) Fischer, E. (1894) *Berichte der Deutschen Chemischen Gesellschaft*, **27**, 2985.
71 (a) Dewar, M.J.S. (1965) *Introduction to Modern Chemistry*, University of London Athlone Press, London, p.1. (b) Atkins, P.W. (1982) *Physical Chemistry*, 2nd edn, Oxford University Press, Oxford, Chapter 1.
72 Levi, P. (1978) *La Chiave a Stella*, Einaudi, Torino, p.149. English translation: "My profession, my real one, the profession I studied in school and that as kept me alive so far is the profession of chemist. I don't know if you have a clear idea of it, but it's a bit like yours; only we rig and dismantle very tiny constructions. We're divided into two main branches, those who rig

and those who dismantle or break down, and both kinds are like blind people with sensitive fingers. I say blind because, actually, the things we handle are too small to be seen even with the most powerful microscopes: so we've invented various intelligent gadgets to recognize them without seeing them. Those who dismantle, the analytical chemists, in other words, have to be able to take a structure apart piece by piece without damaging it, or al least without damaging it too much; then they have to line up the pieces on the desk, naturally without ever seeing them, but recognizing them one by one. Then, they say in what order the pieces were attached." (P. Levi, *The Monkey's Wrench*, Penguin Books, New York, 1995, p. 142).

73 Drexler, K.E. (1986) *Engines of Creation, The Coming Era of Nanotechnology*, Anchor Press, New York.

74 Drexler, K.E. (1992) *Nanosystems. Molecular Machinery, Manufacturing, and Computation*, John Wiley & Sons, Inc., New York.

75 Regis, E. (1995) *Nano! Remaking the World Atom by Atom*, Bantam, London.

76 Drexler, K.E. (2001) *Scientific American*, **285** (3), 66.

77 Point/counterpoint debate between Smalley, R.E. and Drexler, K.E. (2003) *Chemical & Engineering News*, **81** (48), 37.

78 Jones, D.E.H. (1995) *Nature*, **374**, 835.

79 Stix, G. (1996) *Scientific American*, **274** (4), 94.

80 Smalley, R.E. (2001) *Scientific American*, **285** (3), 68.

81 Whitesides, G.M. (2001) *Scientific American*, **285** (3), 70.

82 Cramer, F. (1993) *Chaos and Order. The Complex Structure of Living Systems*, VCH, Weinheim.

83 (a) Moebius, D. (1981) *Accounts of Chemical Research*, **14**, 63. (b) Balzani, V. (ed.) (1987) *Supramolecular Photochemistry*, Reidel, Dordrecht.

84 Shinkai, S., Nakaji, T., Ogawa, T., Shigematsu, K. and Manabe, O. (1981) *Journal of the American Chemical Society*, **103**, 111.

85 Seta, P., Bienvenue, E., Moore, A.L., Mathis, P., Bensasson, R.V., Liddell, P., Pessiky, P.J., Joy, A., Moore, T.A. and Gust, D. (1985) *Nature*, **316**, 653.

86 Alpha, B., Balzani, V., Lehn, J.-M., Perathoner, S. and Sabbatini, N. (1987) *Angewandte Chemie-International Edition in English*, **26**, 1266.

87 (a)Binnig, G., Rohrer, H., Gerber, C. and Weibel, E. (1982) *Physical Review Letters*, **49**, 57. (b) Binnig, G. and Rohrer, H. (1987) *Reviews of Modern Physics*, **59**, 615.

88 (a) Binnig, G., Quate, C.F. and Gerber, C. (1986) *Physical Review Letters*, **56**, 930. (b) Greene, M.E., Kinser, C.R., Kramer, D.E., Pingree, L.S.C. and Hersam, M. C. (2004) *Microscopy Research and Technique*, **64**, 415.

89 Leonardo da Vinci, *Disegni Anatomici* in the Royal Library of Windsor. English translation: "... where nature finishes producing its species there man begins with natural things to make with the aid of this nature an infinite number of species ..." (*The Literary Works of Leonardo da Vinci*, compiled and edited from the original manuscripts by J.-P. Richter, commentary by C. Pedretti, Phaidon, Oxford, 1977, p. 102).

90 (a) Vögtle, F. (1992) *Fascinating Molecules in Organic Chemistry*, John Wiley & Sons, Ltd, Chichester. (b) Hopf, H. (2000) *Classics in Hydrocarbon Chemistry. Syntheses, Concepts, Perspectives*, Wiley-VCH Verlag GmbH, Weinheim.

91 (a) Timmerman, P., Verboom, W., Van Veggel, F.C.J.M., Vanhoorn, W.P. and Reinhoudt, D.N. (1994) *Angewandte Chemie-International Edition in English*, **33**, 1292. (b) Lawson, J.M. and Paddon-Row, M.N. (1993) *Journal of the Chemical Society Chemical Communications*, 1641. (c) Dietrich-Buchecker, C.O., Guilhem, J., Pascard,

C. and Sauvage, J.-P. (1990) *Angewandte Chemie-International Edition in English*, **29**, 1154. (d) Amabilino, D.B., Ashton, P.R., Balzani, V., Boyd, S.E., Credi, A., Lee, J.Y., Menzer, S., Stoddart, J.F., Venturi, M. and Williams, D.J. (1998) *Journal of the American Chemical Society*, **120**, 4295. (e) Chilchak, K.S., Cantrill, S. J., Pease, A.R., Chiu, S.-H., Cave, G.W.V., Atwood, J.L. and Stoddart, J.F. (2004) *Science*, **304**, 1308.

92 Levi, P. (1975) *Il Sistema Periodico*, Einaudi, Torino, p.182. English translation: "In fact it happens also in chemistry as in architecture that "beautiful" edifices, that is, symmetrical and simple, are also the most sturdy: in short, the same thing happens with molecules as with the cupolas of cathedrals or the arches of bridges." (P. Levi, *The Periodic Table*, Penguin Books, London, 2000, p. 149).

93 Soi, A. and Hirsch, A. (1998) *New Journal of Chemistry* **22**, 1337. In a footnote to the illustration reproduced in Figure 1.9, the authors say that the synthesis of the nanocup was a tribute to the French football team which in 1998 won the world cup.

94 V. Béla, booklet on Chemistry in Sculpures and catalogue. Vizi Béla, József A. u. 4, Felsoörs H-8227 (Hungary).

95 Lindoy, L.F. and Atkinson, I.M. (2000) *Self-Assembly in Supramolecular Systems*, Royal Society of Chemistry, Cambridge.

96 Vale, R.D. and Milligan, R.A. (2000) *Science*, **288**, 88.

97 Ritz, T. and Damjanovic, A. (2002) *ChemPhysChem*, **3**, 243.

98 (a) Albrecht, M. (2001) *Chemical Reviews* **101**, 3457. (b) von Zelewsky, A. and Mamula, O. (2000) *Journal of the Chemical Society Dalton Transactions*, 219. (c) Giuseppone, N., Schmitt, J.-L. and Lehn, J.-M. (2006) *Journal of the American Chemical Society*, **128**, 16748.

99 Stadler, A.-M., Kyritsakas, N., Graff, R. and Lehn, J.-M. (2006) *Chemistry – A European Journal*, **12**, 4503, and references therein.

100 (a) Biros, S.M. and Rebek, J. (2007) *Chemical Society Reviews*, **36**, 93, and references therein. (b) Rebek, J. (2007) *Chemical Communications*, 2777.

101 (a) Stang, P.L. and Olenyuk, B. (1997) *Accounts of Chemical Research*, **30**, 502. (b)Holliday, B.J. and Mirkin, C.A. (2001) *Angewandte Chemie-International Edition*, **40**, 2022. (c) Fujita, M., Tominaga, M., Hori, A. and Therrien, B. (2005) *Accounts of Chemical Research*, **38**, 371.

102 Balzani, V., Credi, A. and Venturi, M. (2002) *Proceedings of the National Academy of Sciences of the United States of America*, **99**, 4814.

103 Covalent interconnection is often the last step of synthetic strategies based on self-assembly. See, for example, (a) Amabilino, D.B. and Stoddart, J.F. (1995) *Chemical Reviews*, **95**, 2725. (b)Fyfe, M.C.T. and Stoddart, J.F. (1997) *Accounts of Chemical Research*, **30**, 393.

104 Armaroli, N. and Balzani, V. (2007) *Angewandte Chemie-International Edition*, **46**, 52.

第 2 章　通过分子和超分子体系传递能量和信号

2.1　概述

任何一种器件或机器都需要基质、能量和信息信号。如果我们想在纳米尺度上运作，必须用分子作为基质。的确，分子是纳米尺度的实体，尤其当它们在超分子体系中适当地组合，就可以像器件和机器一样利用能量和信号来运作。

基于分子的器件和机器的运作如图 2.1（a）所示。我们从物质 A 开始，可以通过一个合适的输入来监测（读）其性能，输入识别，I_r(A)（例如：吸收光谱)，产生一个输出，输出识别，O_r(A)。然后，我们用一个能量输入 I_w(A→B) 在 A 上写一个信息，把 A 转换成 B。因为 A 和 B 是分子，所以写入过程一定是一个化学反应[1]。应用 I_w 后用 I_r(B) 读体系产生一个输出，O_r(B)，这显示了该系统的新状态。

对一个机器来说，I_w 进行操作，而 I_r 和 O_r 监控机器的运动。对一个信息处理器件而言，执行功能是以 I_D，O_D 和 I_w（第 9 章）三者之间的关系为基础的。

写在分子上的最重要的能量输入是在天然电子（I_w^e），光子（I_w^p）和化学（I_w^c）之间的[2]。阅读输入 I_r 是多样的，确实，任何类别的物理信号都可以使用。由于一些原因，电子、光子和化学输出是最常用的。

一个分子器件或机器的运转依赖于写作输入与处理获得的类型（据阅读技巧）之间的原因/效果的关系。因此，根据原因物质（电子、光子或者化学输入）和效果物质（跟随着的电子、光子或者化学处理），它可能对分子器件和机器的分类有用。在最简单的情况下，输入和输出都是同一类型的物质：一个电子的输入能产生一个电子的释放（分子电子学），一个光子的吸收能产生一个光子的发射（分子光子学），以及一个化学的输入能产生一个化学反应（分子化学离子学）。

然而，将分子从一种类型的输入转化成另外一种类型的输出也是可能的。例如，一个化学反应能产生光子的释放，以及电子的输入能产生一个化学反应。此外，可以用一系列相同或不同类型的物质去刺激分子（一个超分子体系更好）而获得相同或不同类型物质的输出。举例来说，原来不能发射光子的分子，在进行伴随着光子吸收的化学反应时能发射出光子。

因此，除了分子电子学、分子光子学、分子化学离子学，六种原因/效果交叉成对可以被考虑，相对应的是电子光子学、电子化学、光子电子学、光子化学、化学光子学和化学电子学（如图 2.1（b）所示）。

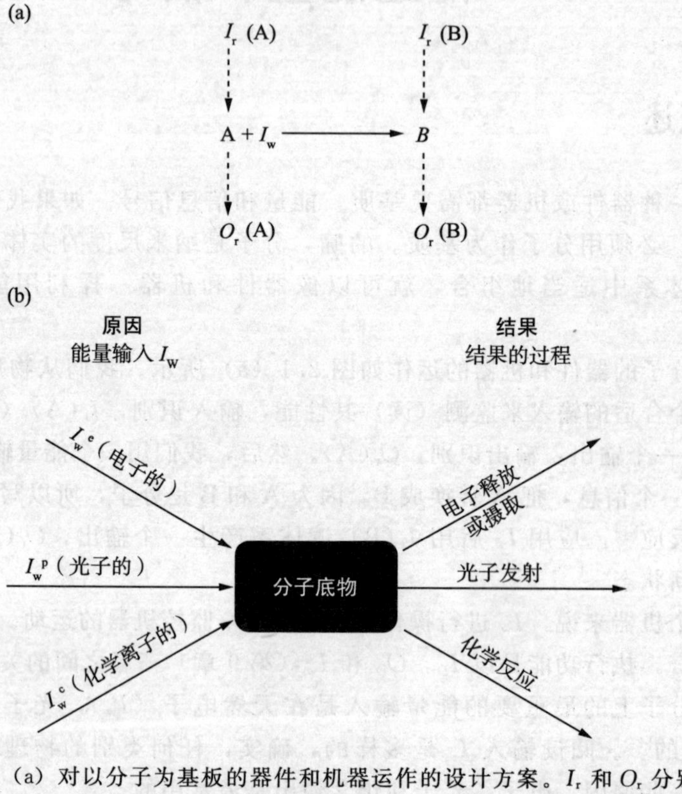

图 2.1　(a) 对以分子为基板的器件和机器运作的设计方案。I_r 和 O_r 分别是展现该系统状态的阅读输入和输出部分。I_w 是将 A 转化成 B 的写作输入。I_w 可以是一个电子（I_w^e）、光子（I_w^p）和化学离子（I_w^c）输入。(b) 分子基板上的能量输入的原因和相互关系示意图

在接下来的章节，我们将用一些基本的例子，简要地阐述一下三种类型的单写作输入配对获得的九大系统类型。

2.2　分子电子学

人们现在正在努力致力于单分子电子器件[3]的设计、施工和后续加工的简单分子规模电路[4]。这种电路会远远小于相应制造在传统固态半导体晶片上的微米

尺寸的数字逻辑电路。如一个典型的有机分子大约 0.3 nm 宽，这就意味着，要大约 200 个这种分子肩并肩，才能跨越 65 nm 宽的用于当今先进的逻辑芯片制造的金属线[5]。利用分子，可以得到比相应的用于制造晶体管电路的逻辑元件小大约 100 万倍的分子门[6]。

原则上，分子电子学建立在分子之中和穿过分子的电子传递过程上。这样的过程对生物学家和化学家是众所周知的。在自然界中，虽然它们不被用来处理信息，但电子传递过程在能量转换中执行着最基本的功能。光合作用，将太阳能转化成化学能，包括一系列的发生在适当变体的超分子蛋白质阵列上的光诱导电子传递（PET）反应（第 7 章）。在化学领域，溶液中各种各样的电子传递过程已经被研究，分离的分子间的和超分子体系内的都有（第 7 章）。支配化学和生物电子传递过程的原则已经很大程度上被阐明了。

分子电子学可以利用生物和化学方面的知识，但它的任务更加的困难：分子不是要在溶液中像化学实验一样发挥它的作用，而是要在固态中定向连接至少两个金属节点，来起到引导、开关、纠正电信号的作用。此外，信息处理功能不是依赖于一个单独的分子节点，而是整个分子阵列体系（图 2.2）。

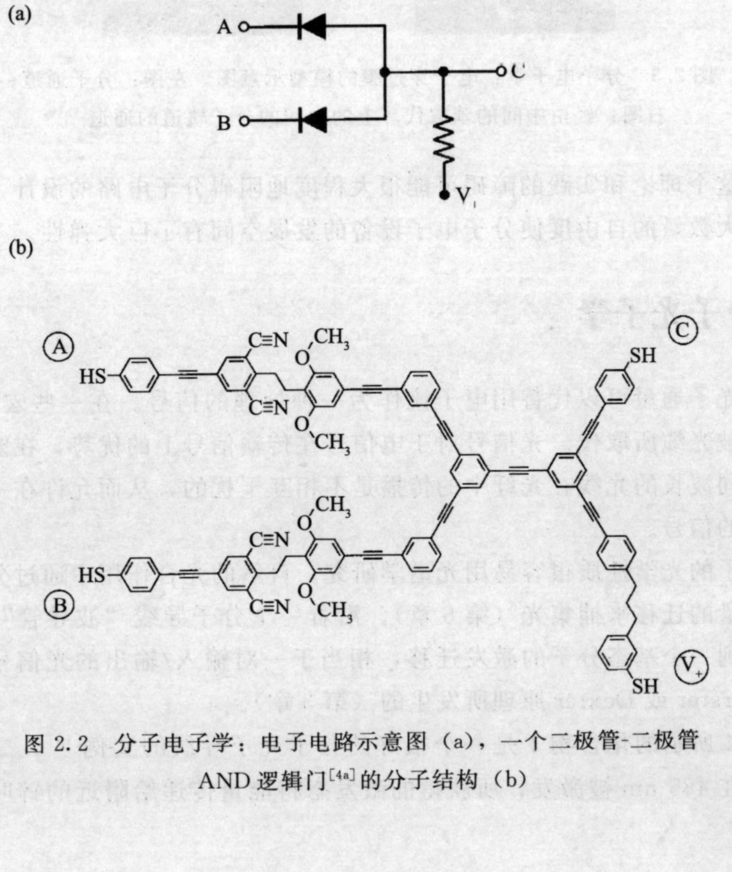

图 2.2 分子电子学：电子电路示意图（a），一个二极管-二极管 AND 逻辑门[4a]的分子结构（b）

最近，该领域取得了进展[7]。然而，尽管很多实验室在努力，但还有很多关于分子的电特性以及这些特性与它们结构的关系需要研究[8]。在少数情况下，已经表明，实验的伏安（*I-V*）曲线有一个真正的分子起源并且依赖于分子轨道的特异性（图 2.3）[9]。但是，大自然的分子-金属接触和特殊的几何学的交接处往往是不可控的，并且界面或金属效应会很容易被误认为纯粹的分子机制[10-13]。在类电路结构中，也存在操纵、键合和分子排序的困难。以此类推到传统的微电子学，它应该确定分子零件能如何组合来实现有用的电子功能[14-16]。

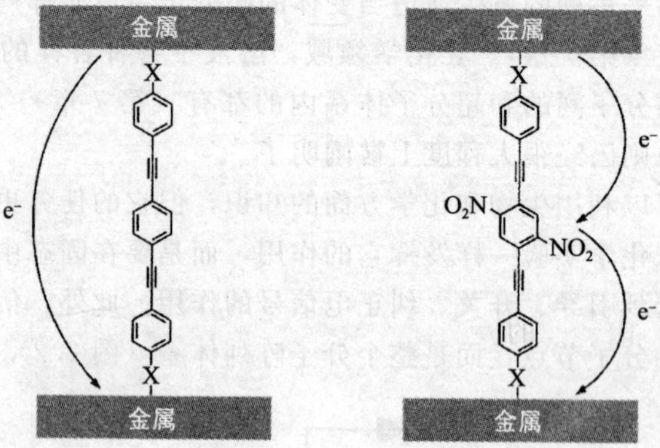

图 2.3　分子电子学：电子穿过膜的模型示意图。左图：分子通道；
右图：经由中间的苯取代环上的中间的分子轨道的通道[9b]

虽然这个理论和实践的障碍可能很大程度地阻碍分子电路的设计，但是分子结构上很大数量的自由度使分子电子设备的发展空间有了巨大弹性。

2.3　分子光子学

利用光子通量可以代替用电子流作为一种处理的信号。在一些宏观器件中，电缆已经被光缆所取代。光信号对于电信号在传输信号上的优势，在宏观层次上依赖于不同波长的光线在光纤中的传播是不相互干扰的，从而允许在一根光纤上传输大量的信号。

单分子的光学性质很容易用光谱学研究。自然的光合作用中通过分子阵列内的激发能量的迁移来捕集光（第 6 章）。沿着一个分子导线“波导管”从一个激发的分子到一个基态分子的激发迁移，相当于一对输入/输出的光信号，是由一个著名 Förster 或 Dexter 原理所发生的（第 3 章）。

图 2.4 所示的化合物 **1** 是一个很好的分子光子导线的实例[18]。二吡咯亚甲基硼染料在 485 nm 被激发，所获得的激发态将能量传递给附近的锌卟啉，能量

沿着线性方向传递，最终到达分子导线尾端的非金属卟啉，它发出红色荧光，这个线程大约长 9 nm，能量传递的量子效率为 76%。如果按照 Förster 机理的逐步递次能量传递计算，该效率大约小于 6%，这表明二芳基炔桥链在能量传递过程中起着很重要的作用。也存在几个类似的体系，通过用简单的模型分子，发现从锌卟啉到非金属卟啉的能量传递常数大约为 $4.2\times10^{10}\ s^{-1}$[19]。

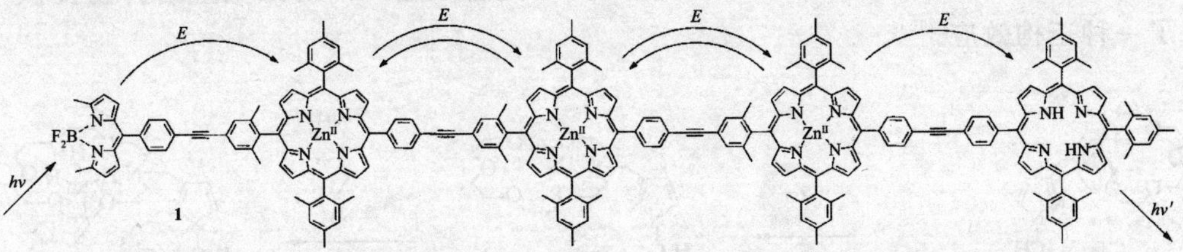

图 2.4　分子光子学：化合物 **1** 作为分子光子导线的表现形式

光子能在气态、液态，甚至固态中激发分子。但是，在样品甚至固体中很难确定分子的位置，因为光的波长，甚至在紫外光谱波段都远高于分子的尺寸。因此，要避免超分子阵列特殊分子的选择激发。这就是为什么固态光子的科学技术还没有发展为在分子水平的信号处理。设计分子水平的光学电路需要在衍射极限下规模的电磁辐射导向器件。在近场光学技术[20]和金属纳米粒子、等离子体光波导[21]电磁能量转移的进步中，可能开辟这种可能性。

2.4　分子离子学

代替电子或光子，化学实体（分子或离子）可以在分子基质上作为写作输入。自从化学过程发生在分子水平上，分子化学离子学可以简单地称为化学离子学。

基于化学反应，分子离子学经常是关于溶液系统的，实际上，它是最重要的处理信息的方法。除了 DNA 和 RNA 之间的信息交换，我们应该想到，神经元处理信号的行为依赖于离子的活动和被所谓的变构效应（第 12 章）调节的酶的活性；也就是说，由分子或离子的键合带来的外形上的变化[22,23]。两个最重要的感官系统，味觉[24]和嗅觉[25]，脊椎动物的信息素交流[26]和细菌的交流[27]都基于化学信号。

分子离子学最重要的特征是分子识别和分子结构的变化。为了超分子化学发展框架中的人工系统[28]，在过去的三十年中，这些普遍存在于自然的相连过程[22,23]已被广泛调查。金属离子协调，主客体和更普遍的各种基于多种分子间的力量（例如，氢键作用、疏水性和给予-接受相互作用）已经被彻底地研究与结构变化的关系。变构的影响是非常普遍的。就像化学机器中的机械运动（第14章和15章），化学离子学信号支配着大量带分子环分子线的穿梭/脱梭过程（第14章）。下面将解释一些化学离子学过程的例子。

由芳香杂环相连两个冠醚构成的化合物**2**[29]发生的正构效应如图2.5所示。两个冠醚能以合作的方式和一个合适的烷基二氨基离子相互作用，而这两个吡唑环可协调像Zn^{2+}这样的金属离子。金属离子配合（输入）对二氨基络合物提供了一种正构效应[29b]。

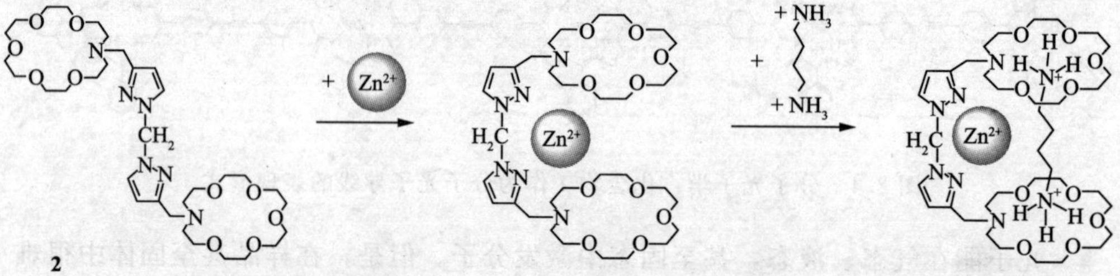

2

图2.5　分子离子学：化合物**2**的化学输入的正构效应[29b]

另一个单输入分子离子的过程例子是“分子注射器”**3**（图2.6）[30]，它采用一个1，3-交替的杯[4]芳烃作为一个管道，一端接一个含氮的冠醚“帽子”，另一端接两个乙氧基基团。当冠醚“帽子”中的氮原子质子化时，与氮杂冠醚相协调的Ag^+就通过管道被推到带有两个乙氧基基团的一端。当氮原子去质子化时，Ag^+又通过中间的杯芳烃被吸回。

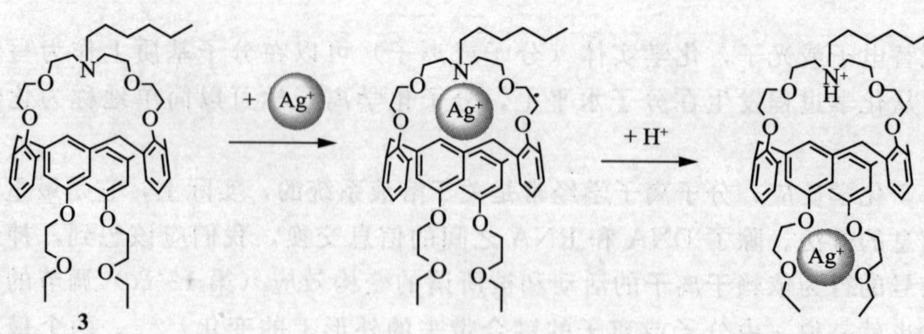

3

图2.6　分子离子学：“分子注射器”中的金属离子泵

一个化学离子输入主宰的穿梭-脱梭的例子是［**4**H］$^{2+}$化合物（图2.7（a）），在二氯甲烷的溶液中它本身是自包结的，是由于1，5-二氧萘电子供体和联吡啶电子受体基之间的供体-受体相互制约和与非极性溶剂分子[31]相比，大环的氧提供了更有利的环境。脱梭可以通过加三丁胺来实现，导致去质子化的化合物从

in-$\mathbf{4}^{+}$到 *out*-$\mathbf{4}^{+}$。这一过程可以通过加入定量的三氟乙酸来逆转。这个碱驱动的脱梭也可以引起另外一个电子受体 $\mathbf{5}^{2+}$ 镶嵌到 *in*-$\mathbf{4}^{+}$ 这样的大腔分子的络合反应，如图 2.7（b）所示。

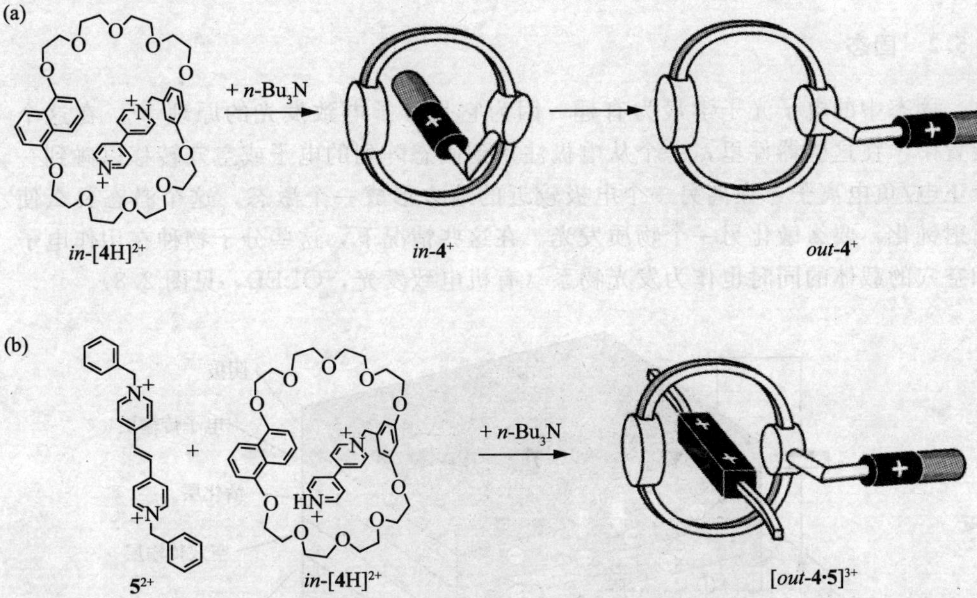

图 2.7　分子离子学：碱驱动下，(a) 化合物 $[\mathbf{4}H]^{2+}$ 穿梭-脱梭的过程和 (b) 与 $\mathbf{5}^{2+}$ 络合

2.5　分子电子光子学

分子电子光子学是关于这样一个系统，在分子上输入一个 I_{w}^{e}（如一个电子转移）能产生一个光子的释放。该领域的发光过程是在电子转移反应的基础上，不仅能在溶液中发生，也能在固态发生。

2.5.1　溶液系统

众所周知，在溶液中，一个发光的激发态可以在包括适当氧化或还原物种的外围的电子转移过程中获得。例如，$[Ru(bpy)_3]^{3+}$ 失去一个电子能产生发光的激发态 $^*[Ru(bpy)_3]^{2+}$，如式（2.1）和式（2.2）所示：

$$[Ru(bpy)_3]^{3+} \xrightarrow{+e^-} {}^*[Ru(bpy)_3]^{2+} \quad (2.1)$$

$$^*[Ru(bpy)_3]^{2+} \longrightarrow [Ru(bpy)_3]^{2+} + h\nu \quad (2.2)$$

在最简单的例子中，电子来自于处于一个适当电位的半导体电极

(Ta_2O_5)[32]。在大多数情况下，强的氧化和/或强还原是物种产生的电化学。后者系统也可以定义为化学光子学，因为电子输入源于分子。但是，分子光子学的术语可以保留给来源于反应的化学输入系统，该反应不涉及外围的电子转移（见下文）。

2.5.2 固态

固态中的电子光子学最为有趣，因为它是分子电致发光的原理[33]。在这个装置中，在这些器件里，一个从电极注入到固态阵列的电子或空穴转移以碰到一个正电/负电离子，在离另一个电极较近的地方形成一个激态，这个激态要么使发射钝化，要么敏化另一个物质发光。在这些情况下，这些分子物种在用作电子和空穴的载体的同时也作为发光物系（有机电致发光，OLED，见图 2.8）。

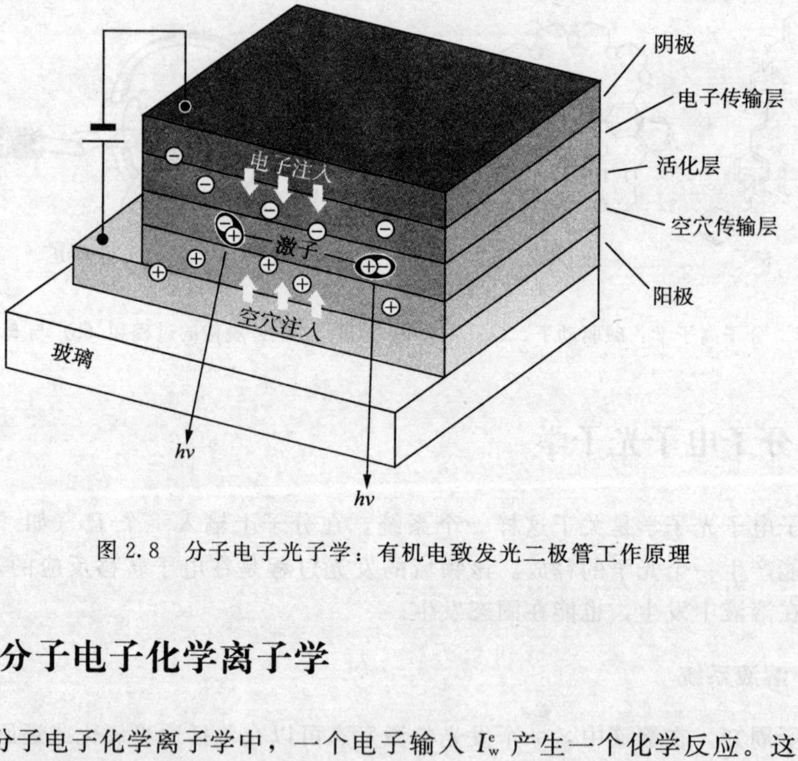

图 2.8　分子电子光子学：有机电致发光二极管工作原理

2.6　分子电子化学离子学

在分子电子化学离子学中，一个电子输入 I_w^e 产生一个化学反应。这就是伴随化学反应的电化学过程的领域。

例如，水溶液中 $[Co(NH_3)_6]^{3+}$ 的单电子还原（式（2.3））反应会伴随产生 6 个 NH_3 配体（式（2.4））[34]。

$$[Co(NH_3)_6]^{3+} \xrightarrow{+e^-} [Co(NH_3)_6]^{2+} \tag{2.3}$$

$$[Co(NH_3)_6]^{2+} \longrightarrow Co^{2+} + 6NH_3 \tag{2.4}$$

另一个电子化学离子学的例子如图 2.9 所示[35]。受体 **6** 由一个氢键单元连接一个蒽单元组成，受体 **7** 是一个酰化二氨基吡啶。两个主体都可以接受三个氢键，与客体 8 萘二酰亚胺相互作用。由于堆垛之间的相互作用，在 $CHCl_3$ 溶液中，主体 **6** 与客体 **8** 结合要比主体 **7** 与之结合强一个数量级（图 2.9（a）），然而由于堆积效应，主体 **6** 与客体 $\mathbf{8}^-$ 的结合要比其对主体 **7** 呈现出更强的作用力（图 2.9（b））。因此，由于［6·8］的单电子还原，$\mathbf{8}^-$ 从主体 **6** 转移至主体 **7**（图 2.9（c））。这样的过程也能发生在衍生电极上[36]。

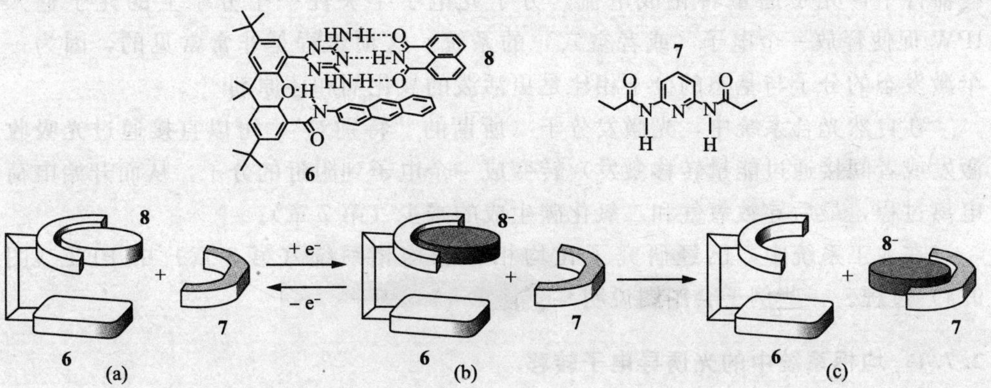

图 2.9　分子电子化学离子学：涉及受体 **6**，**7** 和供体 **8** 的分子识别过程的电子化学控制[35]

一个与分子机器有关的例子是如插图所示的索烃 $\mathbf{9}^{4+}$ 的开关（图 2.10）[37]。这个化合物由一个包含两个电子受体二吡啶单元的对称四价阳离子环，和一个包含两个不同的电子供体单元，即四硫代富瓦烯（TTF）基团和二氧萘（DON）单元的不对称环组成。由于 TTF 单元相对于 DON 单元是更理想的电子供体，发生氧化被看作有很大的潜在价值，索烃的热力学稳定的构象是对称环围绕的不对称环的 TTF 单元部分（图 2.10（a））。在溶液中经过电化学氧化后，TTF 单元失去了电子供体能量，获得了一个正电荷（图 2.10（b））。因此，这个单元

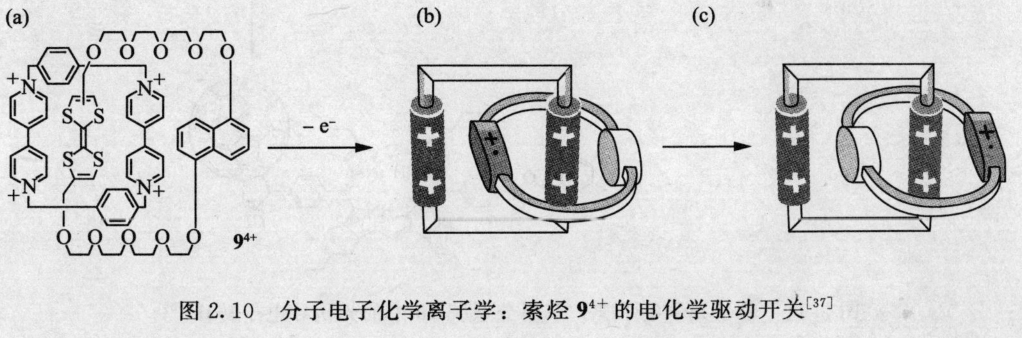

图 2.10　分子电子化学离子学：索烃 $\mathbf{9}^{4+}$ 的电化学驱动开关[37]

从四价阳离子环的腔内出来，被中性的 DON 单元所取代（图 2.10（c））。在这一阶段，氧化的 TTF 单元的还原使其恢复了它的供电子能力，系统又回到初始状态。

2.7 分子光电子学

固态的光电子学对于各种应用来说是最有意义的（例如光电子学）[38]。在这些器件中，光子通量转化成电流。分子光电子学关注一个分子上的光子输入 IPW 促使释放一个电子（或者空穴）的系统。这项工程是非常常见的，因为一个激发态的分子与基态的分子相比是更活泼的氧化剂和还原剂[39]。

在自然光合系统中，光激发分子（所谓的“特别对”，可以直接通过光吸收激发或者间接通过能量转移激发）转变成一个电子到附近的分子，从而开始电荷电离过程，最后导致氧气和二氧化碳生成的减少（第 7 章）。

在人工系统中，已经研究了在均相和非均相系统（第 3 章）中 PET（图 9.4）过程。一些例子会用图说明。

2.7.1 均相系统中的光诱导电子转移

在恰当设计的多元化系统中，组分的光激发可以导致有效的电子转移过程。例如，就双组分 **10**（图 2.11）来说，卟啉的发色团单元激发到单线态激发态（高于基态 1.97 ev），伴随着快速的到富勒烯的电子传递（$3.3\times10^{11}\,s^{-1}$），量子产率统一[40]。

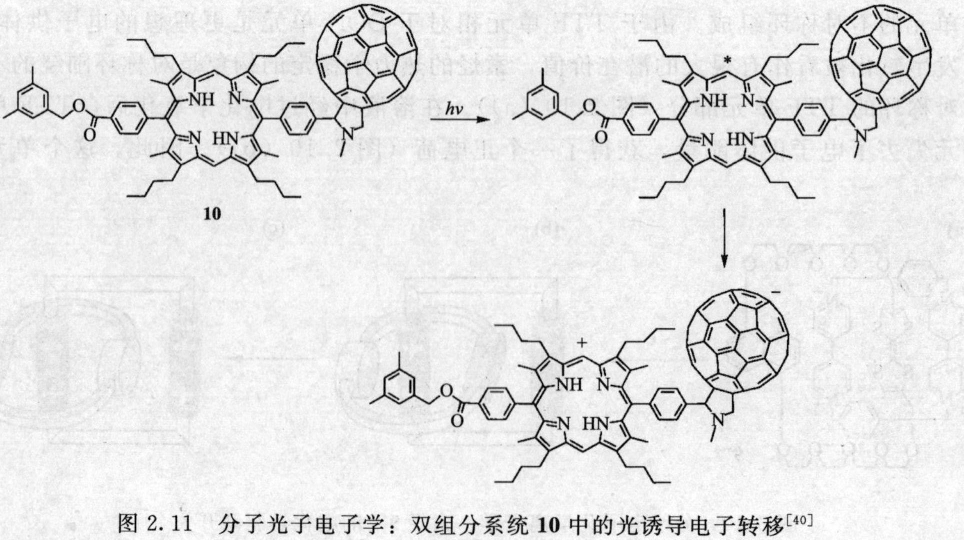

图 2.11 分子光子电子学：双组分系统 **10** 中的光诱导电子转移[40]

二元体、三元体、四元体和五元体的光诱导电子转移会在第 4 章中详细讨论。

2.7.2 非均相系统中光诱导的电荷的产生

电子输入到释放电子的转换也发生在染料敏化半导体电池上[41]。这些系统（图 2.12）由一个光敏剂 **P**（例如 $[Ru(bpy)_3]^{2+}$ 离子型复合体）以某种方式连接到半导体电极上构成。敏化剂经光激发（步骤 1：图 2.12），注射一个电子到半导体的导带中（步骤 2）[42]。为了使光诱导电荷的产生，氧化敏化剂就要通过继电器分子减少，扩散到相反的电极放电。结果，在开路条件下的两个电极之间就会产生一个光电位，关闭外电路后，通过适当的负载就可以获得相应的光电流（第 7 章）。

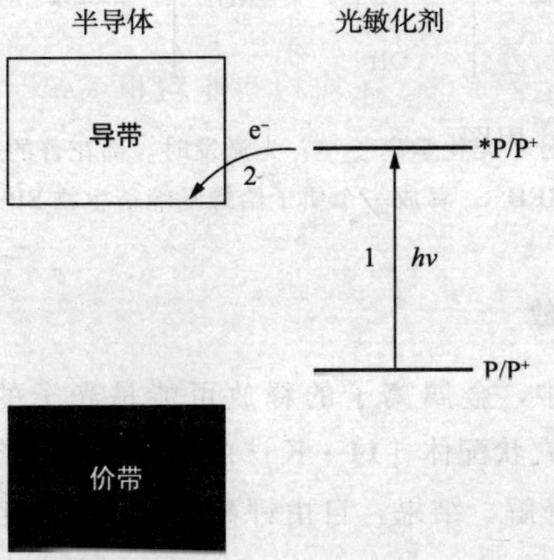

图 2.12 分子光子电子学：一个光敏（n 型）半导体细胞的工作原理。**P** 代表接到半导体细胞上的染料[41]

2.8 分子光化学离子学

分子光化学离子学关注这样一个系统，系统中，在分子上输入一种光子的能量 I_w^p 就能引起一个经历化学反应的激发态的形成。原则上，这种在分子上的写作能在任何光子化学反应中发生。

在自然界中，产生视觉的第一步是一个光的输入，导致了视网膜分子的顺反异构[43]。在人工系统中，光化学反应已经在溶液中得到了广泛的研究。

现在将说明几个由分子或超分子系统的光子激发所产生的化学反应过程。许多其他的例子在这本书的一些章节中有所阐述，它们说明了光子输入是如何用来向各式各样的分子器件和机器提供能量的。

2.8.1 光子的释放或吸收

分子的光子激发导致与基态相比经常是比较强的酸或碱的电子激发态[44]。在大多数情况下，质子从激发态释放（吸收）是由质子在失活到基态上吸收（释放）紧接伴随着。然而，当质子化或去质子化伴随着分子结构的变化时，质子就会被永久地释放或吸收。例如（图 2.13），这个部花菁的质子化形式 **MEH^+**，在激发态上伴随着可见光释放出一个质子，产生稳定的螺吡喃衍生物，**SP**[45]。

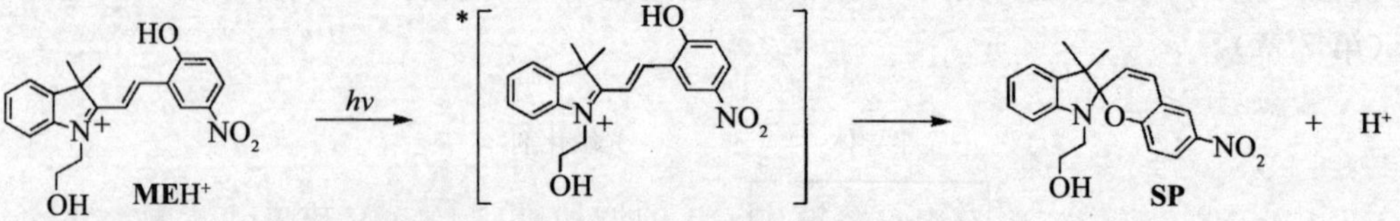

图 2.13　分子光化学离子学：光激发时，部花菁的质子化形式 **MEH^+**，释放一个质子给螺吡喃衍生物 **SP**[45]

2.8.2 金属离子的释放

在人工受体系统中，金属离子的释放可能是光子的激发产生的结果。图 2.14（a）显示了一个穴状配体［**11**・K］$^+$的例子[46]，这个例子，在光激发的作用下产生了不可逆的降解。结果，自由钾离子 K^+ 的浓度一直增长。与此相反，

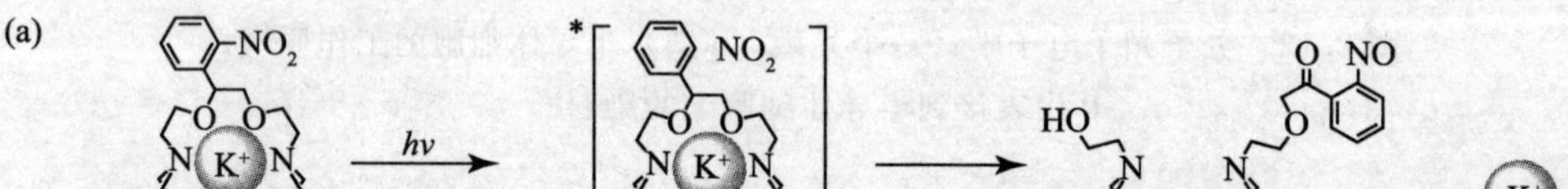

图 2.14　分子光化学离子学：(a) 光裂解空穴［**11**・K］$^+$[46]和 (b)［**12**・Ca］$^{2+}$中的 Ca^{2+} 光排斥[47]

化合物［**12**·Ca］$^{2+}$（图 2.14（b））的光反应是可逆的[47]，因此导致钙离子 Ca^{2+} 浓度的短暂增加。光子激发引起快速地金属离子的光喷射（皮秒时间），因为复杂物的稳定常数在激发态时大约低于稳定态时两个数量级，但是在激发态失活后，金属离子又再次被协调。因为许多生理作用是受细胞内金属离子浓度的局部波动控制的，所以这种光子化学离子过程可能引起生物界的兴趣。

2.8.3 阴离子的释放

光子输入也可以被用来获取阴离子的释放。以金属络合物 $[Co(CN)_6]^{3-}$[48] 为例，在 254 nm 或 365 nm 光的激发下（式（2.5））会从配体层释放一个 CN^- 配体（式（2.6））：

$$[Co(CN)_6]^{3-} \xrightarrow{+h\nu} {}^*[Co(CN)_6]^{3-} \qquad (2.5)$$

$$^*[Co(CN)_6]^{3-} \xrightarrow{+H_2O} [Co(CN)_5(H_2O)]^{2-} + CN^- \qquad (2.6)$$

在酸性或中性水溶液中，溶液中 pH 的增加说明 CN^- 释放增加，因为自由 CN^- 离子会经历质子化过程（式（2.7））：

$$CN^- + H_3O^+ \longrightarrow HCN + H_2O \qquad (2.7)$$

化合物 $[Co(CN)_6]^{3-}$ 因此可以被看作一个相片基线。式（2.5）～式（2.7）已经在一个模仿神经元初级性质的更复杂的系统中开发了，如第 9 章中的讨论（9.7.2 节）。

2.8.4 分子的释放

图 2.15 说明了一个分子释放作为光子输入结果的实例。系统 **13** 包括一个 $[Ru(phen)_2]^{2+}$ 碎片和一个联吡啶协调构成的大环[49]。在乙腈溶液中，大环受到光激发后释放一个 $[Ru(phen)_2]^{2+}$ 碎片。这个反应可以在用乙烯基乙二醇代替乙腈作为溶剂，并使混合物沸腾两个小时的情况下得到逆反。扩充光子化学离子效应包括用其他同等金属中心代替 $[Ru(phen)_2]^{2+}$ 碎片和用其他螯合物配体代替大环配体[51]，目的是设计光驱动的分子机器。

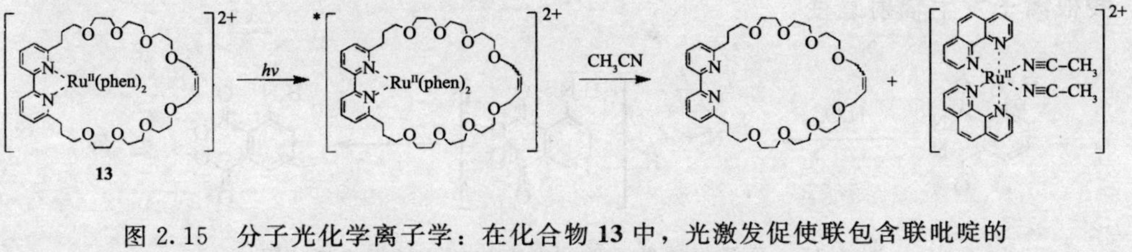

13

图 2.15　分子光化学离子学：在化合物 **13** 中，光激发促使联包含联吡啶的大环从二苯基钌离子碎片中解离[49]

2.8.5 构型的变化

在设计合适的分子和超分子体系中，光子输入能导致各种各样的构型变化。例如，光诱导的偶氮苯的顺反异构在自包结的化合物 **14**$^+$（图 2.16）中诱导分子内络合[52]。这个化合物含有一个大环多醚，头部桥接的是一个光敏感的偶氮苯单元，尾部是连接着一个铵终端的部分。在这种反式异构体中，铵所在的位置远离能与它包结的大环的一头。但是，在光激发下，发生顺反异构，铵的一端靠近冠醚的一端，允许它们发生分子内自包结。

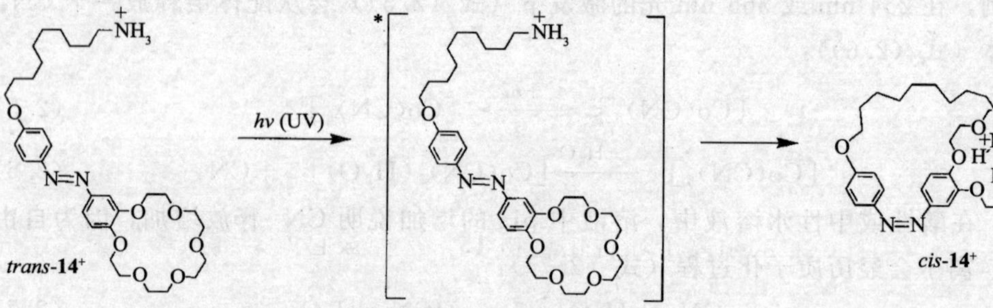

图 2.16　分子光化学离子学：**14**$^+$ 的偶氮苯单元的光诱导异构化作用伴随着阳离子尾部的移动，只与顺式异构体的大环的头部有相互作用[52]

2.9 分子化学光子学

分子化学光子学涉及这样一个系统，该系统中在发射光子的一个分子上化学输入 I_w^c。如上所述，化学离子输入意味着发生化学反应，通常在溶液里进行反应。分子化学发光过程通常称为化学发光过程。它们在自然界普遍存在（生物的发光）[53]，并在人造系统中得到广泛研究[54]。

著名的发光胺发生化学发光反应就是一个例子[55]。从碱性溶液中的发光氨而得到的二价阴离子（图 2.17）与过氧化氢反应，消除氮分子，生成活跃的草酸根离子发生辐射衰变。

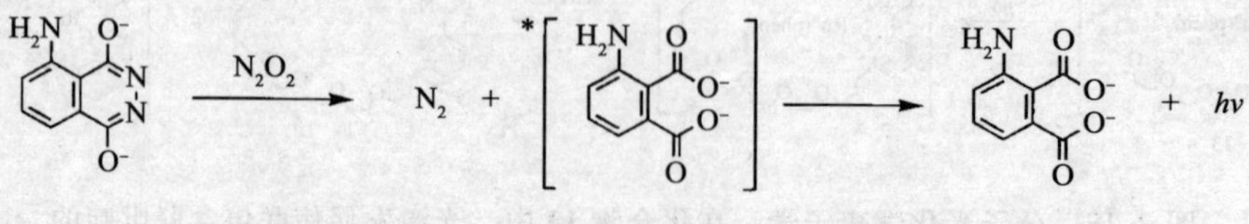

图 2.17　分子化学光子学：发光胺的化学发光反应[55]

2.10 分子化学电子学

分子化学电子学涉及这样的系统，该系统中在一个分子上化学输入 I_w^c 导致分子释放一个电子（或生成空穴）。

最简单的例子是一种化学输入导致分子的氧化还原电位发生了变化。在金属络合物的电化学中，主客体系统及其他加合物中可经常观察到这种现象（见第 12 章）。例如，在乙腈溶液中，相对饱和甘汞电极电势为－0.90 V时，亚铜离子 Cu^+ 不发生氧化反应（式（2.8））[56]，而与环番配体络合后，发生氧化反应[57]：

$$Cu^+ \xrightarrow{-0.90\ V} Cu^{2+} + e^- \tag{2.8}$$

$$Cu^+ + cyclam \longrightarrow [Cu^+(cyclam)] \tag{2.9}$$

$$[Cu^+(cyclam)] \xrightarrow{-0.90\ V} [Cu^{2+}(cyclam)] + e^- \tag{2.10}$$

另一个例子见图 2.18。在乙腈溶液中，相对于饱和甘汞电极电势为－0.33 V时，双中心阳离子环番化合物 **15**$^{2+}$ 不能被它的四价阳离子 **15**$^{4+}$ 氧化，当它被给电子的金属化合物 **16** 穿过时却能发生氧化[58]。

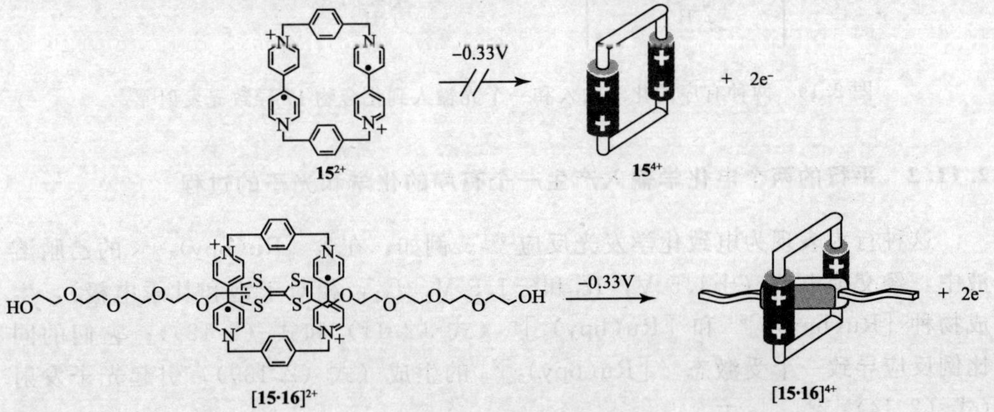

图 2.18 分子化学电子学：双中心阳离子环番化合物 **15**$^{2+}$ 不能被它的四价阳离子 **15**$^{4+}$ 氧化，当它被给电子的金属化合物 **16** 穿过时却能发生氧化[58]

2.11 多输入/过程

多（种类和数量）输入和产生过程也是可能的。事实上，本书所描述的分子器件和机器所展现的是各种电子和/或光子和/或化学输入的无止境的变化，人们认为用它们可设计功能性的分子水平的体系。

在本章末尾，我们简要说明了几个稍后将详细讨论的例子。

2.11.1 两种有序的化学输入和一个光输入产生的光发射

蒽衍生物 **17**（图 2.19）在甲醇溶液中没有表现出明显的发光现象。加入 H^+（化学输入 I_{w1}^{c}）和 Na^+（化学输入 I_{w2}^{c}），在 377 nm 的光辐射下（光子输入 I_{w3}^{p}）在 428 nm 发生发光现象[59]。正如第 9.4.3 节所讨论的，这种化合物的行为表现为一个与逻辑门。

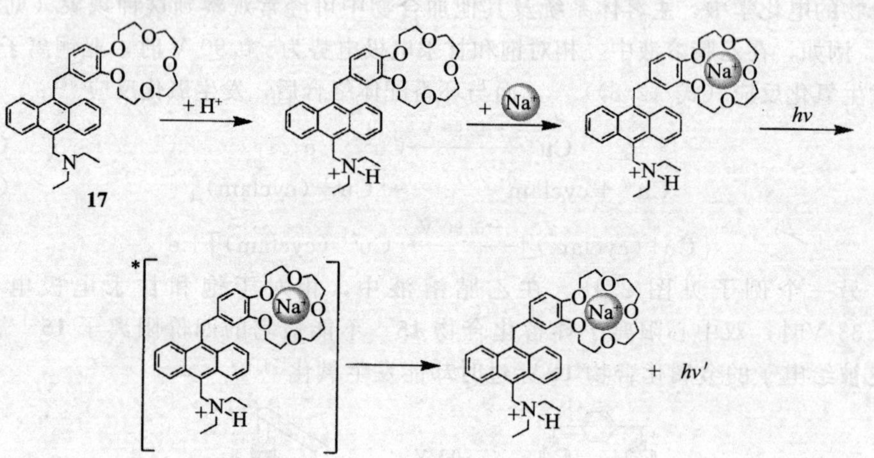

图 2.19 两种有序的化学输入和一个光输入到化合物 **17** 导致光发射[59]

2.11.2 平行的两个电化学输入产生一个有序的化学和光子的过程

这种行为表现为电致化学发光反应[60]。例如，在含 $[Ru(bpy)_3]^{2+}$ 的乙腈溶液中，经交换电位（+1.5 V，I_{w1}^{e} 和 −1.5 V，I_{w2}^{c}，相对于饱和甘汞电极），生成物种 $[Ru(bpy)_3]^{3+}$ 和 $[Ru(bpy)_3]^{+}$（式（2.11）和式（2.12））；它们的同比例反应导致一个受激态 $^*[Ru(bpy)_3]^{2+}$ 的生成（式（2.13）），引起光子发射（式（2.14））[61]：

$$[Ru(bpy)_3]^{2+} \xrightarrow{-e^-} [Ru(bpy)_3]^{3+} \tag{2.11}$$

$$[Ru(bpy)_3]^{2+} \xrightarrow{+e^-} [Ru(bpy)_3]^{+} \tag{2.12}$$

$$[Ru(bpy)_3]^{3+} + [Ru(bpy)_3]^{+} \longrightarrow {}^*[Ru(bpy)_3]^{2+} \tag{2.13}$$

$${}^*[Ru(bpy)_3]^{2+} \longrightarrow [Ru(bpy)_3]^{2+} + h\nu \tag{2.14}$$

2.11.3 光输入产生并行和串行的过程

在轮烷 **18**$^{6+}$ 中（图 2.20），其类似机器的行为将在第 14 章讨论，受激态 $^*[Ru(bpy)_3]^{2+}$ 物种的光发射之后紧接着是 $[Ru(bpy)_3]^{2+}$-型半族（光子输入，

I_w^p）的光激发，其与从* [Ru(bpy)$_3$]$^{2+}$到$\mathbf{A_1^{2+}}$紫精基团的电子转移竞争。后者物种的发展包括两个相互竞争的过程：一个电子回传从$\mathbf{A_1^{+}}$转移到氧化了的[Ru(bpy)$_3$]$^{3+}$单元，化学重排（从$\mathbf{A_1^{+}}$到$\mathbf{A_1^{2+}}$基团环的置换）。由重排产生的物种经电子回传使得该系统转变为异构体，然后再进化到原来的结构[62]。

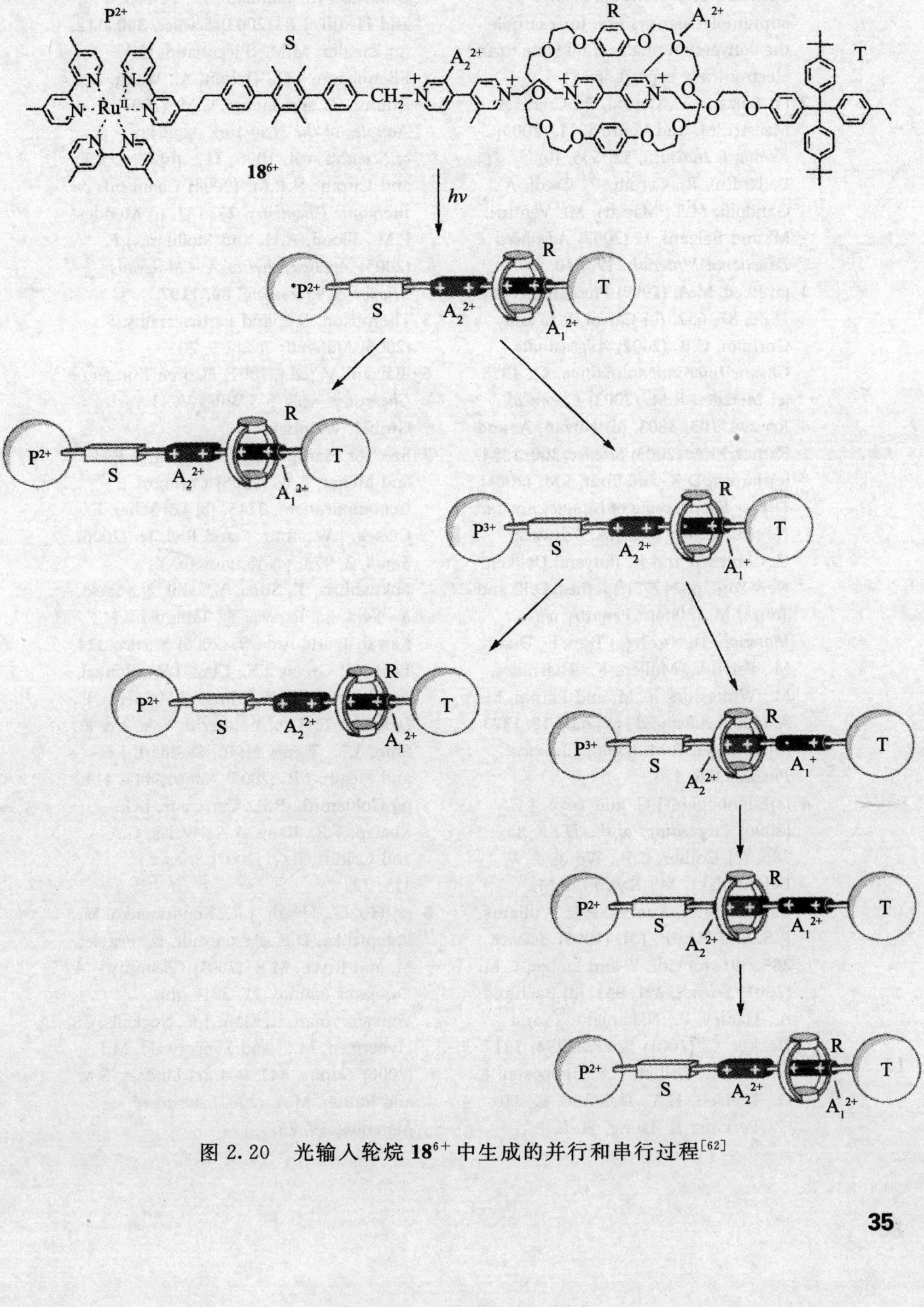

图 2.20　光输入轮烷 $\mathbf{18}^{6+}$ 中生成的并行和串行过程[62]

参考文献

1 In this context, "chemical reaction" can be regarded as any type of process changing the electronic or nuclear structure of a molecule or of a supramolecular system; for example, the conversion of a ground state to an electronically excited state.

2 (a) Balzani, V., Ceroni, P., Credi, A., Maestri, M. and Venturi, M. (2003) *Kemija u Indistriji*, **52**, 535. (b) Ballardini, R., Ceroni, P., Credi, A., Gandolfi, M.T., Maestri, M., Venturi, M. and Balzani, V. (2007) *Advanced Functional Materials*, **17**, 740.

3 (a) Reed, M.A. (1999) *Proceedings of the IEEE*, **87**, 652. (b) Carrol, R.L. and Gorman, C.B. (2002) *Angewandte Chemie-International Edition*, **41**, 4378. (c) Metzger, R.M. (2003) *Chemical Reviews*, **103**, 3803. (d) Nitzan, A. and Ratner, M.A. (2003) *Science*, **300**, 1384. (e) James, D.K. and Tour, J.M. (2004) *Dekker Encyclopedia of Nanoscience and Nanotechnology* (eds J.A. Schwarz, C. Contescu and K. Putyera),Dekker, New York, p. 2177. (f) James, D.K. and Tour, J.M. (2004) *Chemistry of Materials*, **16**, 4423. (g) Tran, E., Duatti, M., Ferri, V., Mullen, K., Zharnikov, M., Whitesides, G.M. and Rampi, M. A. (2006) *Advanced Materials*, **18**, 1323. (h) Metzger, R.M. (2006) *Chemical Physics*, **326**, 176.

4 (a)Ellenbogen, J.C. and Love, J.C. (2000) *Proceedings of the IEEE*, **88**, 386. (b) Collier, C.P., Wong, E.W., Belohradsky, M., Raymo, F.M., Stoddart, J.F., Kuekes, P.J., Williams, R.S. and Heath, J.R. (1999) *Science*, **285**, 391. (c) Cui, Y. and Lieber, C.M. (2001) *Science*, **291**, 851. (d) Bachtold, A., Hadley, P., Nakanishi, T. and Dekker, C. (2001) *Science*, **294**, 1317. (e) Luo, Y., Collier, C.P., Jeppesen, J. O., Nielsen, K.A., Delonno, E., Ho, G., Perkins, J., Tseng, H.-R., Yamamoto, T., Stoddart, J.F. and Heath, J.R. (2002) *ChemPhysChem*, **3**, 519. (f) Melosh, N.A., Boukai, A., Diana, F., Gerardot, B., Badolato, A., Petroff, P.M. and Heath, J.R. (2003) *Science*, **300**, 112. (g) Ziegler, M.M., Picconatto, C.A., Ellenbogen, J.C., Dehon, A., Wang, D., Zhong, Z. and Lieber, C.M. (2003) *Annales of the New York Academy of Sciences*, vol. 1006, 312. (h) Coe, B.J. and Curati, N.R.M. (2004) *Comments on Inorganic Chemistry*, **25**, 147. (i) Mendes, P.M., Flood, A.H. and Stoddart, J.F. (2005) *Applied Physics A – Materials Science & Processing*, **80**, 1197.

5 Thompson, S.E. and Parthasarathy, S. (2006) *Materials Today*, **9**, 20.

6 Balzani, V. (ed.) (2001) *Electron Transfer in Chemistry*, vols 1–5,Wiley-VCH Verlag GmbH, Weinheim.

7 See, for example, (a)Schenning, A.P.H.J. and Meijer, E.W. (2005) *Chemical Communications*, 3245. (b) Lörtscher, E., Ciszek, J.W., Tour, J. and Riel, H. (2006) *Small*, **2**, 973. (c) Yamamoto, Y., Fukushima, T., Suna, Y., Ishii, N., Saeki, A., Seki, S., Tagawa, S., Taniguchi, M., Kawai, T. and Aida, T. (2006) *Science*, **314**, 1761. (d) Green, J.E., Choi, J.W., Boukai, A., Bunimovich, Y., Johnston-Halperin, E., Delonno, E., Luo, Y., Sheriff, B.A., Xu, K., Shin, Y.S., Tseng, H.-R., Stoddart, J.F. and Heath, J.R. (2007) *Nature*, **445**, 414. (e) Goldsmith, B.R., Coroneus, J.G., Khalap, V.R., Kane, A.A., Weiss, G.A. and Collins, P.G. (2007) *Science*, **315**, 77.

8 (a) Ho, G., Heath, J.R., Kondratenko, M., Perepichka, D.F., Arseneault, K., Pézolet, M. and Bryce, M.R. (2005) *Chemistry – A European Journal*, **11**, 2914. (b) Venkataraman, L., Klare, J.E., Nuckolls, C., Hybertsen, M.S. and Steigerwald, M.L. (2006) *Nature*, **442**, 904. (c) Lindsay, S.M. and Ratner, M.A. (2007) *Advanced Materials*, **19**, 23.

9 See, for example, (a) Tour, J.M., Rawlett, A.M., Kozaki, M., Yao, Y., Jagessar, R.C., Dirk, S.M., Price, D.W., Reed, M.A., Zhou, C.-W., Chen, J., Wang, W. and Campbell, I. (2001) *Chemistry – A European Journal*, **7**, 5118. (b) Fan, F.-R. F., Lai, R.Y., Cornil, J., Karzazi, Y., Bredas, J.-L., Cai, L., Cheng, L., Yao, Y., Price, D.W., Jr, Dirk, S.M., Tour, J.M. and Bard, A.J. (2004) *Journal of the American Chemical Society*, **126**, 2568.

10 Service, R.S. (2003) *Science*, **302**, 556.

11 McCreery, R.L. (2004) *Chemistry of Materials*, **16**, 4477.

12 Zhirnov, V.Z. and Cavin, R.K. (2006) *Nature Materials*, **5**, 11.

13 For a recent discussion on what makes a junction "molecular," see Troisi, A. and Ratner, M.A. (2006) *Small*, **2**, 172.

14 Joachim, C., Gimzewski, J.K. and Aviram, A. (2000) *Nature*, **408**, 541.

15 Chen, Y., Yung, G.-Y., Ohlberg, D.A.A., Li, X., Stewart, D.R., Jeppesen, J.O., Nielsen, K.A., Stoddart, J.F. and Williams, R.S. (2003) *Nanotechnology*, **14**, 462.

16 Cerofolini, G.F., Arena, G., Camalleri, C. M., Galati, G., Reina, S., Renna, L. and Mascolo, D. (2005) *Nanotechnology*, **16**, 1040.

17 (a) Rigler, R., Orrit, M., Talence, I. and Basché, T. (eds) (2001) *Single Molecule Spectroscopy*, Springer-Verlag, Berlin. (b) Moerner, W.E. (2002) *The Journal of Physical Chemistry. B*, **106**, 910. (c) Zander, Ch., Enderlein, J. and Keller, R.A. (eds) (2002) *Single Molecule Detection in Solution*, Wiley-VCH Verlag GmbH, Weinheim. (d) Osad'ko, I.S. (2003) *Selective Spectroscopy of Single Molecules*, Series in Chemical Physics, Springer-Verlag, Berlin. (e) Lanzani, G. (ed.) (2005) *Photophysics of Molecular Materials: Optical Probing of Nanostructures*, Wiley-VCH Verlag GmbH, Weinheim. (f) Tkachenko, N.V. (2006) *Optical Spectroscopy: Methods and Instrumentations*, Elsevier, Amsterdam.

18 Wagner, R.W. and Lindsey, J.S. (1994) *Journal of the American Chemical Society*, **116**, 9759.

19 (a) Hascoat, P., Yang, S.I., Lammi, R.K., Alley, J., Bocian, D.F., Lindsey, J.S. and Holten, D. (1999) *Inorganic Chemistry*, **38**, 4849. (b) Yang, S.I., Seth, J., Balasubramanian, T., Kim, D., Lindsey, J.S., Holten, D. and Bocian, D.F. (1999) *Journal of the American Chemical Society*, **121**, 4008.

20 (a) Lieberman, K., Harush, S., Lewis, A. and Kopelman, R. (1990) *Science*, **247**, 59. (b) Higgins, D.A., Vanden Bout, D. A., Kerimo, J. and Barbara, P.F. (1996) *The Journal of Physical Chemistry*, **100**, 13794. (c) Irie, M. and Matsuda, K. (2001) *Electron Transfer in Chemistry*, vol. 5 (ed. V. Balzani), Wiley-VCH Verlag GmbH, Weinheim, p. 215. (d) Hillenbrand, R., Taubner, T. and Keilmann, F. (2002) *Nature*, **418**, 159. (e) Tominaga, J. and Nakano, T. (2005) *Optical Near-Field Recording: Science and Technology*, Springer-Verlag, Berlin.

21 (a) Maier, J.A., Brongersma, M.L., Kik, P.G., Meltzer, S., Requicha, A.A.G. and and Atwater, H.A. (2001) *Advanced Materials*, **13**, 1501. (b) Akimov, A.V., Mukherjee, A., Yu, C.L., Chang, D.E., Zibrov, A.S., Hemmer, P.R., Park, H. and Lukin, M.D. (2007) *Nature*, **450**, 402.

22 Goodsell, D.S. (2004) *Bionanotechnology: Lessons from Nature*, Wiley-Liss, Hoboken.

23 Jones, R.A.L. (2004) *Soft Machines: Nanotechnology and Life*, Oxford University Press, New York.

24 Chandrashekar, J., Hoon, M.A., Ryba, N. J.P. and Zuker, C.S. (2006) *Nature*, **444**, 288.

25 Bergmann, C.J. (2006) *Nature*, **444**, 295.

26 Brennan, P.A. and Zufall, F. (2006) *Nature*, **444**, 308.

27 Everts, S. (2006) *Chemical & Engineering News*, **84** (43), 17.

28 (a) Vögtle, F. (1991) *Supramolecular Chemistry*, John Wiley & Sons, Ltd, Chichester. (b) Balzani, V. and De Cola, L.

(eds) (1992) *Supramolecular Chemistry*, Kluwer, Dordrecht. (c) Lehn, J.-M. (1995) *Supramolecular Chemistry: Concepts and Perspectives*, VCH, Weinheim. (d) Atwood, J.L., Davies, J.E.D., Macnicol, D.D. and Vögtle, F. (eds) (1996) *Comprehensive Supramolecular Chemistry*, vols 1–10, Pergamon Press, Oxford. (e) Schneider, H.-J. and Yatsimirsky, A. (2000) *Principles and Methods in Supramolecular Chemistry*, John Wiley & Sons, Ltd, Chichester. (f) Steed, J.W. and Atwood, J.L. (2000) *Supramolecular Chemistry*, John Wiley & Sons, Ltd, Chichester. (g) Atwood, J.L. and Steed, J. W. (eds) (2004) *Encyclopedia of Supramolecular Chemistry*, Dekker, New York. (h) Ariga, K. and Kunitake, T. (2006) *Supramolecular Chemistry: Fundamentals and Applications*, Springer-Verlag, Berlin.

29 (a) Rodríguez-Ubis, J.C., Juanes, O. and Brunet, E. (1994) *Tetrahedron Letters*, **35**, 1295. (b) Brunet, E., Juanes, O., de la Mata, M.J. and Rodríguez-Ubis, J.C. (2000) *European Journal of Organic Chemistry*, 1913.

30 Ikeda, Y.A., Tsudera, T. and Shinkai, S. (1997) *The Journal of Organic Chemistry*, **62**, 3568.

31 Balzani, V., Ceroni, P., Credi, A., Gómez-Lopez, M., Hamers, C., Stoddart, J.F. and Wolf, R. (2001) *New Journal of Chemistry*, **25**, 25.

32 (a) Sung, Y.-E. and Bard, A.J. (1998) *The Journal of Physical Chemistry. B*, **102**, 9806. (b) Gaillard, F., Sung, Y.-E. and Bard, A.J. (1999) *The Journal of Physical Chemistry. B*, **103**, 667.

33 (a) D'Andrade, B.W. and Forrest, S.R. (2004) *Advanced Materials*, **16**, 1585. (b) Forrest, S.R. (2004) *Nature*, **428**, 911. (c) MacDonald, W.A. (2004) *Journal of Materials Chemistry*, **14**, 4. (d) Schubert, E.F. and Kim, J.K. (2005) *Science*, **308**, 1274. (e) Holder, E., Langeveld, B.M.W. and Schubert, U.S. (2005) *Advanced Materials*, **17**, 1109. (f) Service, R.F. (2005) *Science*, **310**, 1762. (g) Evans, R.C., Douglas, P. and Winscom, C.J. (2006) *Coordination Chemistry Reviews*, **250**, 2093. (h) Chou, P.T. and Chi, Y. (2006) *European Journal of Inorganic Chemistry*, 3319. (i) Lowry, M.S. and Bernhard, S. *Chemistry – A European Journal*, (2006) **12**, 7970. (j) Tung, Y.-L., Chen, L.-S., Chi, Y., Chou, P.-T., Cheng, Y.-M., Li, E. Y., Lee, G.-H., Shu, C.-F., Wu, F.-I. and Carty, A.J. (2006) *Advanced Functional Materials*, **16**, 1615. (k) Chou, P.-T. and and Chi, Y. (2006) *European Journal of Inorganic Chemistry*, 3319. (l) Berggren, M., Nilsson, D. and Robinson, N.D. (2007) *Nature Materials*, **6**, 3.

34 Venturi, M., Credi, A. and Balzani, V. (1999) *Coordination Chemistry Reviews*, **185–186**, 233.

35 Deans, R., Niemz, A., Breinlinger, E.C. and Rotello, V.M. (1997) *Journal of the American Chemical Society*, **119**, 10863.

36 For an example, see Cooke, G., Garety, J., Mabruk, S., Rotello, V., Surpateanu, G. and Woisel, P. (2004) *Chemical Communications*, 2722 For reviews see (a)Cooke, G. (2003) *Angewandte Chemie-International Edition*, **42**, 4860. (b) Drechsler, U., Erdogan, B. and Rotello, V.M. (2004) *Chemistry – A European Journal*, **10**, 5570.

37 Asakawa, M., Ashton, P.R., Balzani, V., Credi, A., Hamers, C., Mattersteig, G., Montalti, M., Shipway, A.N., Spencer, N., Stoddart, J.F., Tolley, M.S., Venturi, M., White, A.J.P. and Williams, D.J. (1998) *Angewandte Chemie-International Edition*, **37**, 333.

38 (a) Wilson, J. and Hawkes, J.F.B. (eds) (1998) *Optoelectronics: An Introduction*, III edn,Prentice-Hall, Indianapolis. (b) Steinmeyer, G. (2003) *Journal of Optics A: Pure and Applied Optics*, **5**, R1.

39 Balzani, V., Bolletta, F., Gandolfi, M.T. and Maestri, M. (1978) *Topics in Current Chemistry*, **75**, 1.

40 Kuciauskas, D., Liddell, P.A., Lin, S., Stone, S.G., Moore, A.L., Moore, T.A. and Gust, D. (2000) *The Journal of Physical Chemistry. B*, **104**, 4307.

41 Hagfeldt, A. and Grätzel, M. (2000) *Accounts of Chemical Research*, **33**, 269.

42 Electron injection occurs on the femto- and picosecond timescale. See, for example, Benkö, G., Kallioinen, J., Korppi-Tommola, J.E.I., Yartsev, A.P. and Sundström, V. (2002) *Journal of the American Chemical Society*, **124**, 489, and references therein.

43 Gärtner, W. (2001) *Angewandte Chemie-International Edition*, **40**, 2977.

44 Vander Donckt, E. (1970) *Progress in Reaction Kinetics*, vol. 5 (ed. G. Porter), Pergamon Press, Oxford, p. 273.

45 Raymo, F.M. and Giordani, S. (2001) *Journal of the American Chemical Society*, **123**, 4651.

46 Warrnuth, R., Grell, E., Lehn, J.-M., Bats, J.W. and Quinkert, G.R. (1991) *Helvetica Chimica Acta*, **74**, 671.

47 Martin, M.M., Plaza, P., Dai Hung N., Meyer, Y.H., Bourson, J. and Valeur, B. (1993) *Chemical Physics Letters*, **202**, 425.

48 Pina, F., Melo, M.J., Maestri, M., Passaniti, P. and Balzani, V. (2000) *Journal of the American Chemical Society*, **122**, 4496.

49 Collin, J.-P., Laemmel, A.-C. and Sauvage, J.-P. (2001) *New Journal of Chemistry*, **25**, 22.

50 Pomeranc, D., Heitz, V., Chambron, J.-C. and Sauvage, J.-P. (2001) *Journal of the American Chemical Society*, **123**, 12215.

51 Baranoff, E., Collin, J.-P., Furusho, J., Furusho, Y., Laemmel, A.-C. and Sauvage, J.-P. (2002) *Inorganic Chemistry*, **41**, 1215.

52 Shinkai, S., Ishihara, M., Ueda, K. and Manabe, O. (1985) *Journal of the Chemical Society Perkin Transactions*, **2**, 511.

53 (a) Stanley, P.E. and Kricka, L.J. (eds) (2002) *Bioluminescence & Chemiluminescence: Progress & Current Applications*, World Scientific Publishing Co. Inc., Hackensack, NJ. (b) Shimomura, O. (2006) *Bioluminescence: Chemical Principles and Methods*, World Scientific Publishing Co. Inc., Hackensack, NJ.

54 (a) Albrecht, S., Zimmermann, T. and Brandl, H. (eds) (2001) *Chemiluminescence at the Turn of the Millennium*, Schweda-Werdedruck GmbH, Dresden. (b) Bard, A.J. (2004) *Electrogenerated Chemiluminescence*, CRC Press, Boca Raton.

55 Shakhashiri, B.Z. (1983) *Chemical Demonstrations: A Handbook for Teachers of Chemistry*, vol. 1, University of Wisconsin Press, Madison, p. 156.

56 Mann, C.K. and Barnes, K.K. (1970) *Electrochemical Reactions in Nonaqueous Systems*, Marcel Dekker, New York.

57 Montalti, M., Credi, A., Prodi, L. and Gandolfi, M.T. (eds) (2006) *Handbook of Photochemistry*, III edn, CRC Taylor & Francis, Boca Raton.

58 Balzani, V., Credi, A., Mattersteig, G., Matthews, O.A., Raymo, F.M., Stoddart, J.F., Venturi, M., White, A.J.P. and Williams, D.J. (2000) *The Journal of Organic Chemistry*, **65**, (1924) .

59 de Silva, A.P., Gunaratne, H.Q.N. and McCoy, C.P. (1997) *Journal of the American Chemical Society*, **119**, 7891.

60 Richter, M.M. (2004) *Chemical Reviews*, **104**, 3003.

61 Tockel, N. and Bard, A.J. (1972) *Journal of the American Chemical Society*, **94**, 2862.

62 Balzani, V., Clemente-León, M., Credi, A., Ferrer, B., Venturi, M., Flood, A.H. and Stoddart, J.F. (2006) *Proceedings of the National Academy of Sciences of the United States of America*, **103**, 1178.

第 2 部分

用于处理电子和能量的分子器件

第 3 章　光激发的电子和能量转移的基本原理

3.1　分子和超分子光化学

光在分子器件和分子机器领域中起着非常重要的作用，原因在于：（ⅰ）它们中很多靠光诱导的过程提供能量；（ⅱ）光可以用于“读取”体系状态，从而监视和控制它的运转。因此，回忆一下分子和超分子体系与光相互作用的一些基本问题是很有必要的。更详细的讨论可参考书目[1～7]和综述[8～9]。

3.1.1　分子光化学

图 3.1 是一个普通的可以成为超分子体系的一部分的分子的能级示意图。在多数情况下，一个分子的基态是单线态（S_0），激发态是单线态（S_1，S_2 等）或三线态（T_1，T_2 等）。从理论上讲，相同多重态间的跃迁是允许的，而不同多重态间的跃迁是禁阻的。因此，在分子的紫外可见光谱中观察到的电子吸收带总是对应于 $S_0 \rightarrow S_n$ 的跃迁。这样得到的激发态不稳定，它会通过一级动力学反应迅速衰减，也就是化学反应（如解离、异构化）和/或辐射、非辐射失活。在下文的讨论中，没有对激发态的反应进行明确的讨论，可以将它归为非辐射衰减过程。当一个分子被激发到更高的激发单线态时（图 3.1），它总是经过一个非辐射的失活过程（内转换，ic）到达最低激发单线态 S_1，这一过程非常快而且效率达 100%。最低激发单线态 S_1 有三种方式失活：非辐射衰减回到基态（内转换，k_{ic}）；辐射衰减回到基态（荧光，k_{fl}）；转换到最低三线态 T_1（系间窜跃，k_{isc}），这三种方式相互竞争。同样，T_1 也可以通过非辐射失活（系间窜跃，k'_{isc}）或辐射失活（磷光，k_{ph}）衰减回基态 S_0。当分子中含有重原子时，原本禁阻的系间窜跃和磷光过程加快。激发态的寿命（τ）即激发态分子浓度降低至其初始浓度的 1/e 所经历的时间，τ 等于失活反应速率常数之和的倒数：

$$\tau(S_1) = \frac{1}{(k_{ic} + k_{fl} + k_{isc})} \tag{3.1}$$

$$\tau(T_1) = \frac{1}{(k'_{isc} + k_{ph})} \tag{3.2}$$

$\tau(S_1)$ 和 $\tau(T_1)$ 的数量级大约分别是 $10^{-9}\sim10^{-7}$ 和 $10^{-3}\sim10^{0}$ s。荧光量子产率（S_1 发射的光子数与吸收的激发光光子数之比）和磷光量子产率（T_1 发射的光子数与吸收的激发光光子数之比）在 0～1，用下式表示：

$$\Phi_{fl}=\frac{k_{fl}}{k_{ic}+k_{fl}+k_{isc}} \tag{3.3}$$

$$\Phi_{ph}=\frac{k_{ph}\times k_{isc}}{(k'_{isc}+k_{ph})\times(k_{ic}+k_{fl}+k_{isc})} \tag{3.4}$$

现在已经知道了很多分子的激发态寿命，荧光量子产率和磷光量子产率[10]。

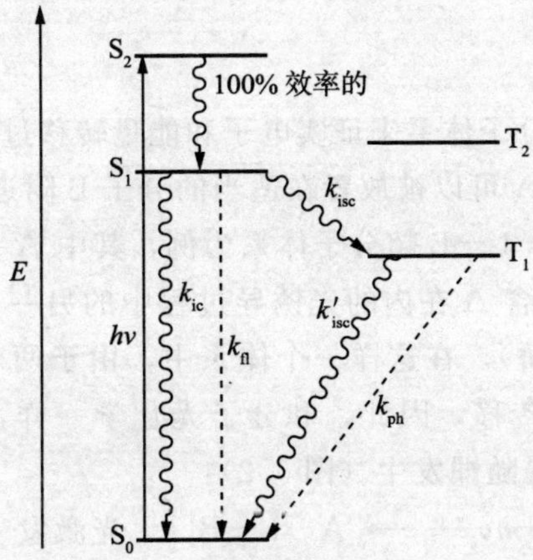

图 3.1　普通分子的能级示意图

当分子内失活过程不太快时，也就是说，激发态寿命足够长，激发态分子 *A将有机会遇到另一个溶质分子 B（图 3.2）。在这种情况下，会发生一些相互作用，从而导致激发态通过动力学二级反应失活。在两者相遇时，最重要的两种相互作用会导致电子和能量的转移。这些过程的发生会导致 *A 的本质特性的猝灭；能量的转移也会导致 B 的激发态性质敏化。简单的动力学讨论表明只有当

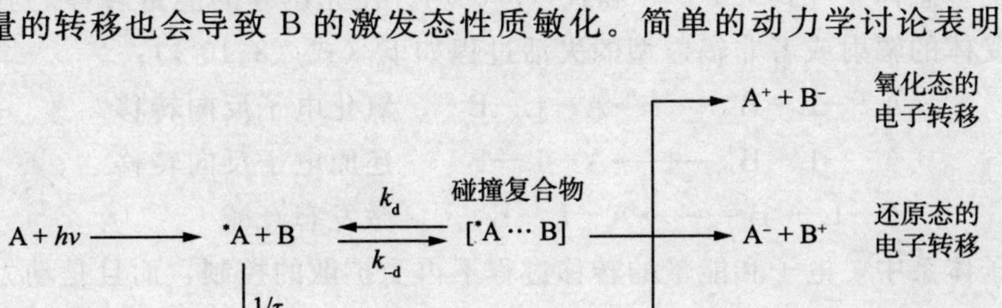

图 3.2　激发态的 *A 和 B 相遇后可能发生的双分子电子和能量转移过程示意图

激发态寿命大于 10^{-9} s 时，才有机会遇到其他的溶质分子。

随后将详细讨论电子和能量转移过程的动力学。需要指出的是，分子激发态的性质与基态相比有很大差别[1,2]。由于具有较高的能量，激发态相对于基态来说既是一个更强的还原剂，也是一个更强的氧化剂[8]。激发态的氧化还原电位可以通过基态电位和 0－0 激发能相对应的单电子的电位近似计算出来，如式（3.5）和式（3.6）所示：

$$E(A^+/{}^*A) \approx E(A^+/A) - E^{0-0} \quad (3.5)$$

$$E({}^*A/A^-) \approx E(A/A^-) + E^{0-0} \quad (3.6)$$

3.1.2 超分子光化学

可以预组装一个超分子体系来证实电子和能量转移过程的发生[2]。在超分子结构中，被激发的分子 A 可以被放置在适当的分子 B 附近。

为简单起见，以 A－L－B 超分子体系为例，其中 A 是一个光吸收的分子单元（式（3.7)），B 是包含 A 在内的光诱导过程中的另一个分子单元，L 是一个连接单元（通常被称为桥）。在这样一个体系中，由于两个反应分子相互作用的距离适合电子和能量的转移，因此，和分子光化学一样，A 经过光激发后，扩散控制的 *A 和 B 的相遇随即发生（图 3.2）：

$$A-L-B + h\nu \longrightarrow {}^*A-L-B \quad \text{光激发} \quad (3.7)$$

$${}^*A-L-B \longrightarrow A^+-L-B^- \quad \text{氧化电子转移} \quad (3.8)$$

$${}^*A-L-B \longrightarrow A^--L-B^+ \quad \text{还原电子转移} \quad (3.9)$$

$${}^*A-L-B \longrightarrow A-L-{}^*B \quad \text{电子能量转移} \quad (3.10)$$

在没有复杂化学过程（如氧化或者还原物系的快速分解）存在的情况下，在光诱导的电子转移过程之后又发生了自发的反向电子转移反应，这一反应又重新产生了最初的基态体系［式（3.8′）和式（3.9′）］。在光诱导的能量转移之后发生了激发态受体的辐射或者非辐射型的失活过程如下（式（3.10′））：

$$A^+-L-B^- \longrightarrow A-L-B \quad \text{氧化电子反向转移} \quad (3.8')$$

$$A^--L-B^+ \longrightarrow A-L-B \quad \text{还原电子反向转移} \quad (3.9')$$

$$A-L-{}^*B \longrightarrow A-L-B \quad \text{激发态衰减} \quad (3.10')$$

在超分子体系中，电子和能量的转移过程不再受扩散的控制，而且是动力学一级反应。结果，在经过适当设计的超分子体系中，这些过程所涉及的激发态的寿命非常短暂。

多数情况下，超分子体系中的基态组分和激发态组分的相互作用是很弱的。当相互作用较强时，会形成新的化学物质，根据两个相互作用部分的化学性质的相同和不同分别称为激基缔合物（激发态的两个同种分子的聚集体）和激基复合物（激发态的两个不同分子的聚集体）（图 3.3）。值得注意的是，它们的形成是可逆过程，而且有些时候它们都可以发光。与“单体”发光相比，激基缔合物和激基复合物的发光通常是低能级（长波长）的，总是对应于宽且弱的谱带。

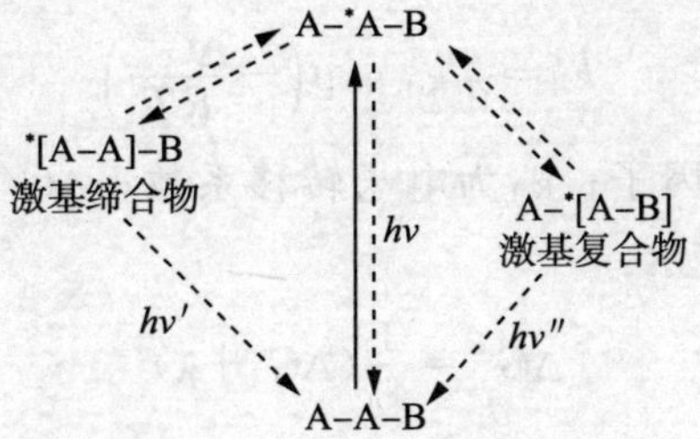

图 3.3　激基缔合物和激基复合物的形成示意图

当激发态的芳香族分子与同种类型的基态分子相互作用时，可以得到激基缔合物，比如，激发态和基态的蒽作用。当激发态的电子给体（受体）与基态的电子受体（给体）相互作用时，可以得到激基复合物，比如，激发态的芳香族分子（电子受体）与胺（电子给体）。

在超分子结构中，相邻的基态生色团之间可能存在不可忽略的电子相互作用。在这种情况下，吸收光谱可能会与组成单元的吸收光谱之和存在较大的差别。当两个单元具有相同的化学性质时，相互作用会形成二聚体。当两个单元具有不同的化学性质时，相互作用本质上是电荷转移，形成电荷转移复合物。二聚体的激发形成的激发态与相应的激基缔合物的激发态几乎一样，电荷转移基态复合物的激发形成的激发态与相应的激基复合物的激发态几乎一样。

接下来我们会看到，一些生物的人造的分子器件和机器的工作机制是以光诱导的电子和能量的转移为基础的。由于这些过程会与激发态固有的衰减竞争，一个关键的问题是将他们的反应速率最大化。因此，总结一些电子和能量转移动力学的基本原则是很合适的。关于这一问题各个方面的详细说明和讨论可参见其他资料[3,11-13]。

3.2 电子传递

从动力学角度讲，包含激发态和基态分子的电子转移过程可以用 Marcus 理论[14,15]以及一些更为成熟的理论模型[16-20]来解释。包含激发态分子的电子转移过程之间的唯一差别是在计算自由能变化时第一次用到了激发态电对的氧化还原电势［式（3.5）和式（3.6）］。

3.2.1 Marcus 理论

在绝对速率理论（Marcus 理论[14]）中，电子转移过程的速率常数可用下式表示[15]：

$$k_{el}=\nu_N\kappa_{el}\ \exp\left(-\frac{\Delta G^{\neq}}{RT}\right) \tag{3.11}$$

式中，ν_N 为核平均频率因子；κ_{el} 为电子转移系数；$\Delta G^{\neq}$ 为活化自由能。$\Delta G^{\neq}$ 可以用 Marcus 二次方程表示：

$$\Delta G^{\neq}=\frac{1}{4\lambda}(\Delta G^0+\lambda)^2 \tag{3.12}$$

式中，ΔG^0 为反应的标准自由能变化；λ 为反应重组能（图 3.4）。式（3.11）表明同种类型的反应（也就是说具有相同的 λ 和 κ_{el} 值的反应），$\ln k_{el}$ 对 ΔG^0 的曲线是钟形的（图 3.5），具体如下：

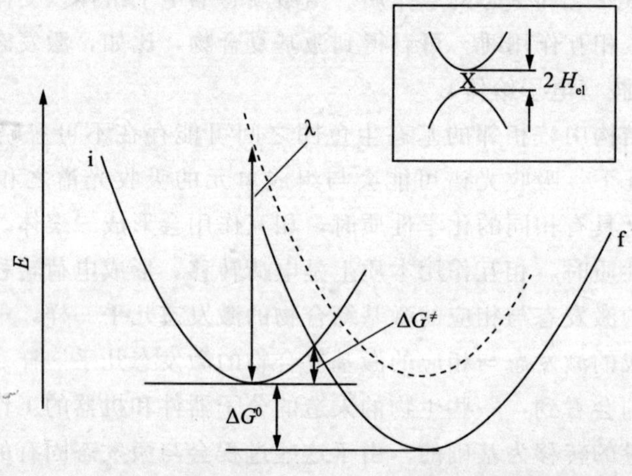

图 3.4 电子转移反应的势能曲线图：i 和 f 代表体系的初态和终态。虚线代表自交换过程的终态

- 通常情况下驱动力较小时（$-\lambda<\Delta G^0<0$），过程是热活化的，$\ln k_{el}$ 随驱动力的增加而增加；
- 失活情况下（$-\lambda\approx\Delta G^0$），驱动力的变化不会引起反应速率较大的变化；
- 强放热的“逆”过程（$\Delta G^0<-\lambda$），$\ln k_{el}$ 随着驱动力的增加而减小[21]。

反应重组能 λ 由两个独立的部分 λ_i 和 λ_o 相加组成，λ_i 为内层重组能（两个反应部分的键长和键角），λ_o 为外层重组能（溶剂在反应对周围的再定位）

$$\lambda=\lambda_i+\lambda_o \tag{3.13}$$

外层重组能是电子转移过程中的主要部分，它可以通过下式近似地计算出来。

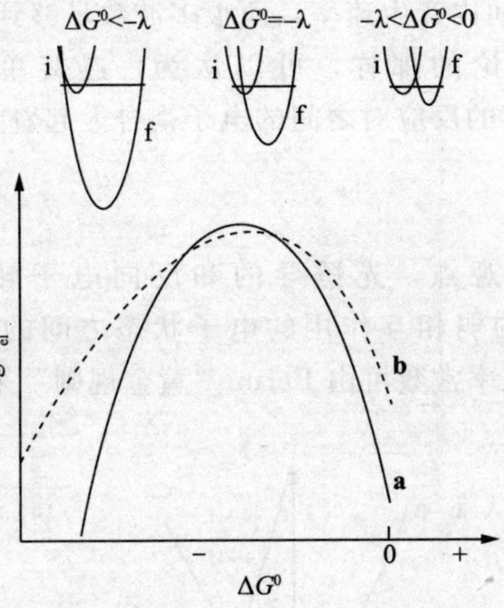

图 3.5　依据 Marcus 理论（a）和量子理论（b）处理的电子转移速率与自由能的关系（i 为初态，f 为终态）。三种动力学过程（正常、失活、逆过程）用 Marcus 抛物线表示的示意图

$$\lambda_o = e^2\left(\frac{1}{\varepsilon_{op}}-\frac{1}{\varepsilon_s}\right)\left(\frac{1}{2r_A}+\frac{1}{2r_B}-\frac{1}{r_{AB}}\right) \tag{3.14}$$

式中，e 为电子的电荷；ε_{op} 和 ε_s 分别是溶剂的光学和静止介电常数；r_A 和 r_B 是反应物的半径；r_{AB} 是反应物的中心间距。从式（3.14）可以看出，极性溶剂中，被远距离分开的反应物之间发生的反应的 λ_o 比较大。

电子转移系数 κ_{el} 与相交区域的窜跃概率有关（图 3.4）。它可以用式（3.15）表示出：

$$\kappa_{el} = \frac{2[1-\exp(-\nu_{el}/2\nu_N)]}{2-\exp(-\nu_{el}/2\nu_N)} \tag{3.15}$$

其中，

$$\nu_{el} = \frac{2(H^{el})^2}{h}\left(\frac{\pi^3}{\lambda RT}\right)^{1/2} \tag{3.16}$$

H^{el} 是电子转移耦合矩阵元（图 3.4）。

如果 H^{el} 大，$\nu_{el} \gg \nu_N$，$\kappa_{el}=1$，$k_{el}=\nu_N \exp\left(\frac{-\Delta G^{\neq}}{RT}\right)$，绝热　(3.17)

如果 H^{el} 小，$\nu_{el} \ll \nu_N$，$\kappa_{el}=\nu_{el}/\nu_N$，$k_{el}=\nu_{el} \exp\left(\frac{-\Delta G^{\neq}}{RT}\right)$，非绝热　(3.18)

在后一种情况下，k_{el} 与（H^{el}）^{2} 成比例。H^{el} 的值与电子给体和受体的电子波动函数的重叠有关，随着给体-受体距离的增大呈指数型减小。要注意，根据化学常识，促进光诱导的电子转移过程的电子相互作用的数量是很小的。事实上，在式（3.18）中取代适量的参数，可以很容易地证实在失活反应中，一些波数的

H^{el}足够在毫微秒的时间内产生速率，而很多波数足够到达绝热区（式（3.17））。

就像 2.4 节所讨论的那样，可以认为，连接单元 L（式（3.7）～式（3.10））在控制远距离的反应对之间的电子耦合上起着重要作用。

3.2.2 量子力学理论

根据量子力学的观点，光诱导的和反向电子转移过程都可以看作是 A－L－B超分子不同的弱相互作用的电子状态之间的无辐射的过渡过程（图 3.6）。而这一过程的速率常数可由 Fermi“黄金规则”来表述：

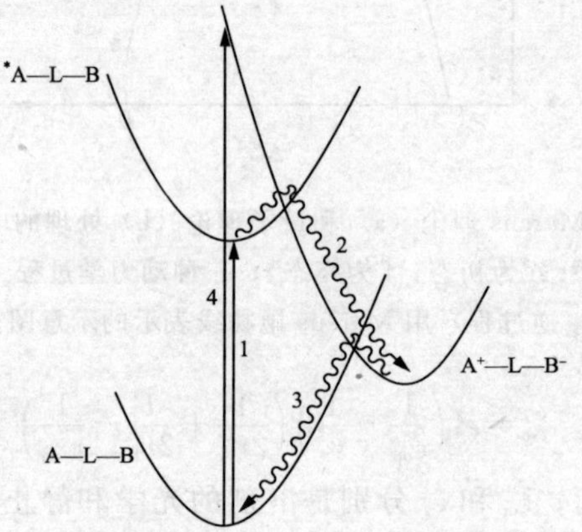

图 3.6 超分子体系中的电子转移过程：（1）光激发；（2）光诱导的电子转移；（3）热力学反向电子转移；（4）光电子转移

$$k_{el}=\frac{4\pi^2}{h}(H^{el})^2 FC^{el} \tag{3.19}$$

式中，电子因子 H^{el}和核因子 FC^{el}分别是从各种状态的电子耦合和 Franck-Condon 态密度得到的。

3.2.2.1 电子因子

在没有任何干扰媒介（though-space 机理）存在时，电子因子随着距离的增加呈指数级减少。

$$H^{el}=H^{el}(0)\exp\left[-\frac{\beta^{el}}{2}(r_{AB}-r_0)\right] \tag{3.20}$$

式中，r_{AB}是给体-受体间的距离；$H^{el}(0)$ 表示“接触”距离为 r_0 时的相互作用；β^{el}是衰减项。式中的 1/2 表示 β^{el}最初被定义为速率常数而并非电子耦合的指数次衰减参数（式（3.21））：

$$k_{el}\propto\exp(-\beta^{el}r_{AB}) \tag{3.21}$$

对于被真空隔开的给体-受体，β^{el}的大小为 2～5 Å^{-1}（译者著：1 Å$=10^{-10}$m）。

当给体和受体被“中间物质”隔开（在此例子中是桥 L）时，电子转移过程可以通过桥进行。如果电子临时停留在桥上，会形成中间产物，过程是连续或“跳跃”机理（如下文所述）。另一方面，电子耦合可以通过高能量，涉及中间介质的电子转移状态的体系的最初和最终状态的混合体系为媒介进行，如图 3.7（超交换机理）[16-22]所示。描述超交换耦合的第二个混合表达式为：

$$H^{el}=\frac{H_{ie}H_{fe}}{\Delta E_e}+\frac{H_{ih}H_{fh}}{\Delta E_h} \tag{3.22}$$

式中，H_{ie}，H_{fe}，H_{ih}和 H_{fh}是给体-桥和桥-受体的耦合元素（图 3.7（a）），ΔE_e和 ΔE_h 是实际状态和最初或最终状态之间的能量差异（这些能量差异存在于原子几何学的过渡态中，其中最初和最终状态的能量相同）。从式（3.22）可以看出易被还原的桥是较好的电子转移媒介，易被氧化的桥则是较好的空穴传输媒介。如图 3.7（b）所示，对于模型桥来说，超交换模型可以扩展到每一个模型单元中的实际的电子转移状态。对于包含 n 个相同模型单元的体系，式（3.20）可以用式（3.23）代替：

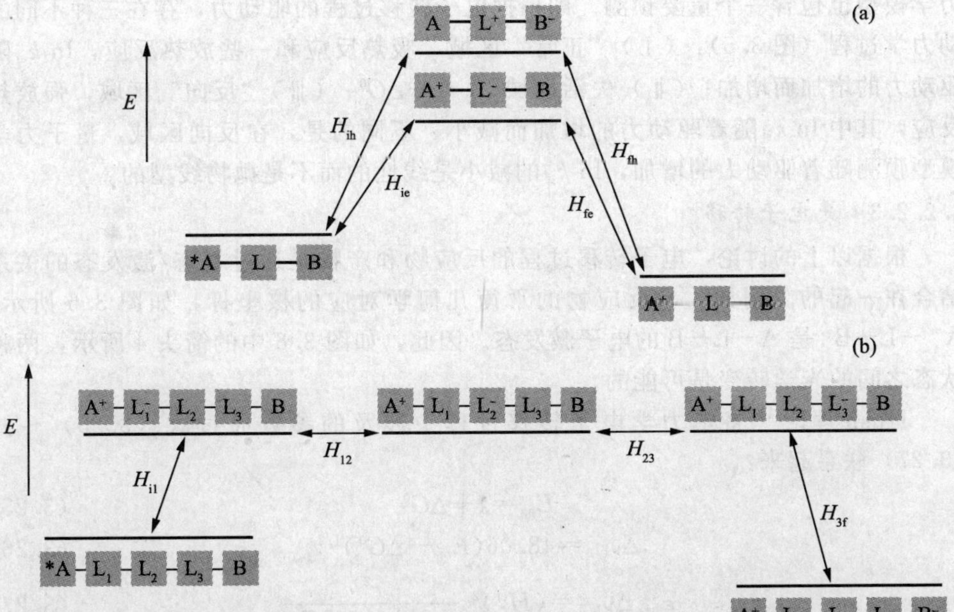

图 3.7　激发态电子给体（*A）和电子受体（B）通过简单桥（a）和模型桥（b）的超交换相互作用的状态示意图。（b）中只表示出电子转移的实际状态

$$H^{el}=\frac{H_{i1}H_{nf}}{\Delta E}\left(\frac{H_{12}}{\Delta E}\right)^{n-1} \tag{3.23}$$

在这种情况下，可以得到一个关于包含于桥中的模型单元数的指数式，这个指数式就是一个有关给体-受体间距离（沿着桥测量得到）的指数式。当 r_0 是与

单个模型相关的长度增量时，式（3.20）和式（3.23）相关，$H^{el}(0)$表示一个单模型桥的给体-受体之间的耦合（$H_{i1}H_{nf}/\Delta E$），衰减因子β^{el}是一个与桥紧密相关的参数，它是由临近模型间耦合级数以及在每一个模型中的电子（或空穴）转移状态的能量所决定的。

3.2.2.2 核因子

式（3.19）中的FC^{el}项是与最初和最终状态相关的热力学平均 Franck-Condon 因子。它表示含有相同能量的初终状态的核波函数间的重叠积分的总和，还包括内、外（溶剂）的振动模型。FC^{el}项的一般表述都比较复杂[16,17]。由参考文献［15］可以看出，高温时（$h\nu<k_BT$）的近似对于很多室温过程是足够精确的，核因子采用简单的形式：

$$FC^{el}=\left(\frac{1}{4\pi\lambda k_BT}\right)^{1/2}\exp\left[-\frac{(\Delta G^0+\lambda)^2}{4\lambda k_BT}\right] \tag{3.24}$$

式中，λ是内（λ_i）外（λ_o）重组能的总和。式（3.27）的指数项与建立在最初和最终状态的抛物线能量曲线基础上的经典 Marcus 模型[15]中预测的相同。量子力学模型也包含一个重要预测。即根据电子转移过程的驱动力，存在三种不同的动力学过程（图 3.5）：（ⅰ）“正常”区域，吸热反应和一些放热反应，$\ln k_{el}$随驱动力的增加而增加；（ⅱ）失活区域，$\lambda=-\Delta G^0$；（ⅲ）“反向”区域，强放热反应，其中$\ln k_{el}$随着驱动力的增加而减小。不同的是，在反向区域，量子力学模型预测随着驱动力的增加，$\ln k_{el}$的减小是线性的而不是抛物线型的。

3.2.2.3 光电子转移

根据以上的讨论，电子转移过程的反应物和产物是通过基态/激发态的关系结合在一起的。例如，与反应物的平衡几何学对应的核坐标，如图 3.6 所示，A^+-L-B^-是 A—L—B 的电子激发态。因此，如图 3.6 中的箭头 4 所示，两种状态之间的光学转变是可能的。

Hush 理论[23]将热力学电子转移过程中涉及的参数通过式（3.25）～式（3.27）联系起来：

$$E_{op}=\lambda+\Delta G^0 \tag{3.25}$$

$$\Delta\bar{\nu}_{1/2}=48.06(E_{op}-\Delta G^0)^{1/2} \tag{3.26}$$

$$\varepsilon_{max}\Delta\bar{\nu}_{1/2}=(H^{el})^2\ \frac{r^2}{4.20\times10^{-4}E_{op}} \tag{3.27}$$

式中，E_{op}、$\Delta\bar{\nu}_{1/2}$（单位均为 cm^{-1}）和ε_{max}分别是能量、半宽度和电子转移谱带的最大强度；r(单位是 Å）是中心到中心的距离。从式（3.25）～式（3.27）可以看出，能量与重组能和热力学有关，半宽度的公式表明，重组能和转变强度主要与两个氧化还原中心的电子耦合强度有关。

因此，从理论上讲，热力学电子转移过程的重要动力学信息可以通过研究相应的光学转变过程获得。然而，实际上，由于强度依赖于H^{el}，光学电子转移谱带可能只会在电子耦合较强的体系中观察到（举例来说，当 $E_{op}=15000\ cm^{-1}$，根据式（3.30）得到 $\Delta\bar{\nu}_{1/2}=4000\ cm^{-1}$，$r=7$ Å，H^{el} 分别等于 $10\ cm^{-1}$，$100\ cm^{-1}$ 和 $1000\ cm^{-1}$ 时，ε_{max} 分别等于 0.2 L·mol^{-1}·cm^{-1}，20 L·mol^{-1}·cm^{-1} 和 2000 L·mol^{-1}·cm^{-1}）。在 3.2.1 节的结尾，我们已经知道，弱耦合体系的电子转移过程相对较快，而且不会表现出光电子转移。关于光电子转移的详细信息和相关问题（即混合价态金属络合物）可参考文献［19，24］。

3.3 能量转移

干扰能量转移过程的激发态的热力学性能与其光谱能 E^{0-0} 相关。从动力学角度讲，双分子能量转移过程可以用 Marcus 模型法进行处理，也就是说，用式（3.11）和式（3.12）及 $\Delta G^0=E_A^{0-0}-E_B^{0-0}$ 和 $\lambda\sim\lambda_i$[25] 处理。

一个超分子体系中的能量转移可以看作是两个“定域”的电子激发态之间的无辐射的跃迁（式（3.10））。因此速率常数也可以利用“黄金规则”得到：

$$k_{en}=\frac{4\pi^2}{h}(H^{en})^2FC^{en} \tag{3.28}$$

式中，H^{en} 表示通过能量转移过程而相互转化的两个激发态之间的电子耦合；FC^{en} 是一个适当的 Franck-Condon 因子。对于电子转移过程来说，Franck-Condon 因子在经典方法[26] 和量子力学方法[27-29] 中都有应用。在经典方法中，它解释了能量梯度和核重组能的叠加效应。在量子力学中，FC 因子是振动重叠积分的热力学平均和。关于它的实验信息可以从给体的发射光谱和受体的吸收光谱的重叠积分中得到。

电子因子 H^{en} 是包含能量给体和能量受体的最高占有轨道（HOMO）和最低占有轨道（LUMO）的二电子矩阵元素。根据标准表述[1,2,18,19,30]，这个因子可以被分成两个加和项：库仑项和交换项。这两项在体系中取决于不同的参数（基态或者是激发态的旋转，给体-受体之间的距离等）。根据体系和实验条件的不同，每一项都可以成为主导项，因此，有两种不同的机理，它们的轨道情况如图 3.8 所示。

3.3.1 库仑机理

库仑机理也被称为共振，Förster 型[31] 或空间窜跃机理，库仑机理是一个不需要给体和受体间物理接触的长范围的机理。可以看出，库仑相互作用间最重要的一项是偶极-偶极项[31]，此项与相应的两组分（$^*A\rightarrow A$ 和 $B\rightarrow{}^*B$，图 3.8）的电子偶极过渡态一样也遵循相应的选择规则。因此，可以预料，库仑能量转移在与每一个组分的基态和激发态相联系的，有着较高的振荡强度辐射过渡态的体系中是有效的。偶极-偶极库仑能量转移的速率常数可以表示为两个分子组分的光物理性质和光谱性质的函数：

$$k_{\text{en}}^{\text{F}}=\frac{9\ 000\ \ln 10}{128\pi^5 N}\frac{K^2\Phi}{n^4 r_{\text{AB}}^6\tau}J_{\text{F}}=8.8\times 10^{-25}\frac{K^2\Phi}{n^4 r_{\text{AB}}^6\tau}J_{\text{F}} \tag{3.29}$$

$$J_{\text{F}}=\frac{\int \frac{F(\bar{\nu})\varepsilon(\bar{\nu})}{\bar{\nu}^4}\mathrm{d}\bar{\nu}}{\int F(\bar{\nu})\mathrm{d}\bar{\nu}} \tag{3.30}$$

式中，K 表示考虑到偶极-偶极相互作用（$K^2=2/3$ 是随机取向）的方向特性的取向因子；Φ 和 τ 分别表示发光量子效率和给体的寿命；n 是溶剂的折射率；r_{AB} 表示给体和受体之间的距离（单位 Å）；J_{F} 表示能量范围内（cm^{-1}）给体的发射光谱 $F(\bar{\nu})$ 和受体的吸收光谱 $\varepsilon(\bar{\nu})$ 的 Förster 重叠积分。当有一个好的光谱重叠积分和适当的光物理性能时，$1/r_{\text{AB}}^6$ 的距离项使得能量转移能在超过分子直径的距离内有效地发生。一个有效的库仑机理的典型例子就是在大芳香分子间的单线态-单线态间的能量转移，这一过程被用在自然界中的光合成器件的天线系统中[32]。

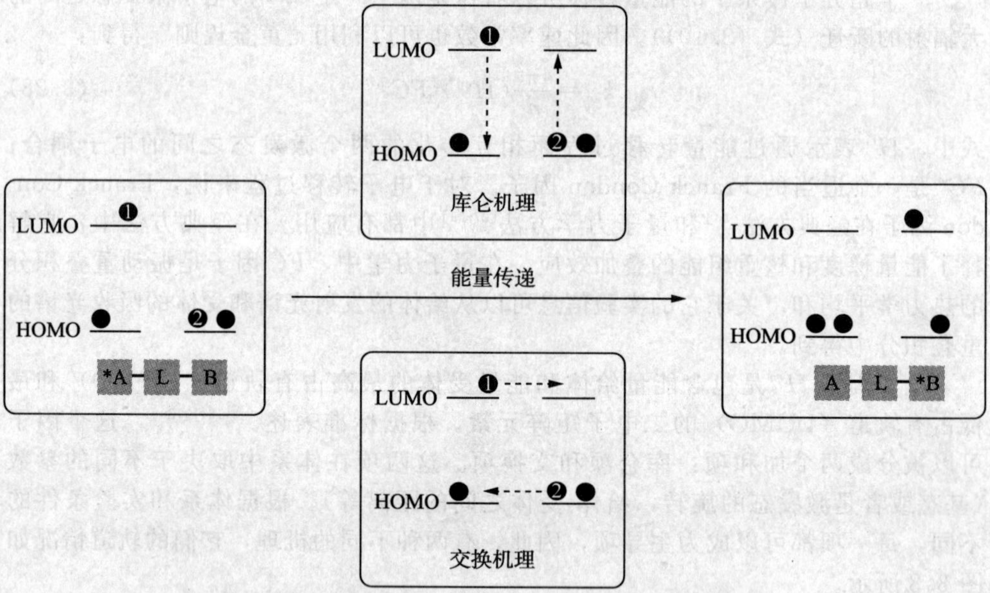

图 3.8　能量转移的库仑机理和交换机理示意图

3.3.2　交换机理

交换机理（也被称为 Dexter 型[33]）的速率常数可以用下式表达：

$$k_{\text{en}}^{\text{D}}=\frac{4\pi^2}{h}(H^{\text{en}})^2 J_{\text{D}} \tag{3.31}$$

式中，电子项 H^{en} 是从给体和受体之间的电子耦合中得到的，它和距离呈指数关系：

$$H^{\text{en}}=H^{\text{en}}(0)\exp\left[-\frac{\beta^{\text{en}}}{2}(r_{\text{AB}}-r_0)\right] \tag{3.32}$$

核因子 J_D 是给体的发射光谱和受体的吸收光谱之间的 Dexter 重叠积分：

$$J_D = \frac{\int F(\bar{\nu})\varepsilon(\bar{\nu})\mathrm{d}\bar{\nu}}{\int F(\bar{\nu})\mathrm{d}\bar{\nu}\int \varepsilon(\bar{\nu})\mathrm{d}\bar{\nu}} \tag{3.33}$$

交换机理被认为是一个双电子转移过程（图 3.8），一个电子从激发态给体的 LUMO 轨道跃迁到受体的 LUMO 轨道，另一个电子则从受体的 HOMO 轨道跃迁到给体的 HOMO 轨道。如图 3.9 所示，从图中可以很明显地看出交换能量转移的衰减因子 β^{en} 近似等于两个独立的电子转移过程的衰减因子的总和，这两个过程分别是给体和受体的 LUMO 轨道间的 β^{el} 以及 HOMO 轨道间的电子转移 β^{ht}（上标 ht 表示从给体到受体的空穴传递）。这已经被实验所证实[34]。

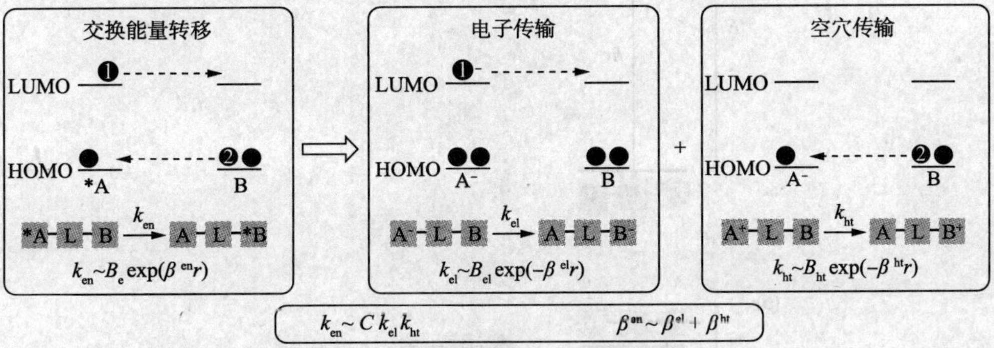

图 3.9　从电子转移和空穴转移的角度分析能量传递的交换机理。
三个过程的速率常数和衰减因子的关系

对于这种类型的反应，把反应对作为整体需要遵循自旋守恒，由此产生了自旋选择规则。这使得交换机理在很多情况下可以运用，这些情况涉及通常光谱学中自旋禁阻的激发态。因此，有效的交换机理的典型例子是三线态-三线态之间的能量转移：

$$^{*}\mathrm{A(T_1)-L-B(S_0)} \longrightarrow \mathrm{A(S_0)-L-{}^{*}B(T_1)} \tag{3.34}$$

最低自旋禁阻激发态的交换能量转移就是金属络合物的能量转移规则[35]。

尽管最初是在给体和受体轨道直接重叠的条件下描述交换机理的，但在如上所讨论的电子转移过程（跳跃机理和超交换机理）中，很显然它可以扩展到存在中间媒介的耦合情况（即连接桥基）[30,36]。

3.4　桥基的作用

以上讨论强调了超分子结构中给体和受体单元间电子或者能量转移过程中连

接单元（桥）的重要作用[37,38]。作为一种强调这一作用的通俗方法，习惯上将桥看作“分子线”并探讨他们的“导电”性能。然而，需要指出的是，在超交换机理中，桥的能量要高于那些给体和受体，所以从给体到受体的电子转移只需一步。因此，通过这种桥的电子和能量转移与宏观体系中的电子转移无法相比，宏观体系中的电子通过电线移动。然而，在一些情况下，桥的能量很低以至于使它成为介于最初和最终状态之间的中间态。结果，产生了电子或能量的转移（图3.10），而桥也直接包含在此过程中。

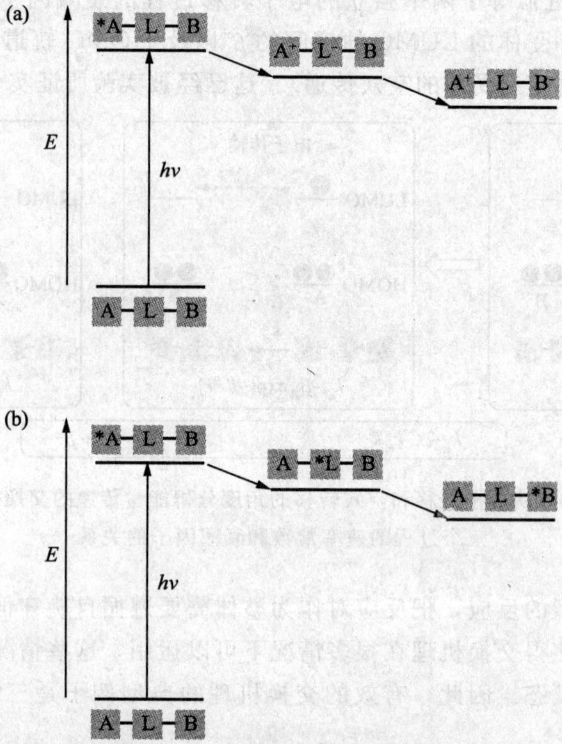

图 3.10　连续的电子转移（a）和能量传递（b）的跳跃机理示意图

当这样一个跳跃机理起作用时，可以预料，由于速率常数的存在会产生的微小的距离[39-43]。如果每一步跳跃距离相同，那么速率常数将与跳跃步骤的数目 N 呈小指数的反比例关系：

$$k_{\mathrm{el}} \propto N^{-\eta}(\eta \sim 1 \sim 2) \tag{3.35}$$

最后，当给体/桥/受体轨道完全混合时（大的耦合极限见参考文献［39，43～45］），桥的作用就像共轭的导电聚合物一样[46]相当于一个不连贯的分子线，体系的行为遵循欧姆定律，即由电子转移的速率产生的距离差异与桥的长度呈反向变化。

参考文献

1 Gilbert, A. and Baggott, J. (1991) *Essentials of Molecular Photochemistry*, Blackwell Science, London.

2 Balzani, V. and Scandola, F. (1991) *Supramolecular Photochemistry*, Horwood, Chichester.

3 Balzani, V. (ed.) (2001) *Electron Transfer in Chemistry*, vols 1–5, Wiley-VCH Verlag GmbH, Weinheim.

4 Nalwa, H.S. (ed.) (2003) *Handbook of Photochemistry and Photobiology*, vols 1–4, American Scientific Publishers, Stevenson Ranch, CA,

5 Michl, J. (2006) *Handbook of Photochemistry*,III edn (eds M. Montalti,A. Credi,L. Prodi and M.T. Gandolfi), CCR, Taylor & Francis, New York, p. 1.

6 *Topics in Current Chemistry* (2007) 280–281. Special volumes (eds. V. Balzani and S. Campagna) on the Photochemistry and Photophysics of coordination compounds.

7 Lakowicz, J.R. (2006) *Principle of Fluorescence Spectroscopy*,III edn, Springer, Singapore.

8 Balzani, V., Bolletta, F., Gandolfi, M.T. and Maestri, M. (1978) *Topics in Current Chemistry*, 75, 1

9 Sauvage, J.-P., Collin, J.-P., Chambron, J.-C., Guillerez, S., Coudret, C., Balzani, V., Barigelletti, F., De Cola, L. and Flamigni, L. (1994) *Chemical Reviews*, **94**, 993.

10 Montalti, M.,Credi, A.Prodi, L. and Gandolfi, M.T. (eds) (2006) *Handbook of Photochemistry*,3rd edn, CCR, Taylor & Francis, New York.

11 *Advances in Chemical Physics* (1999) **106–107**. Special volumes (eds M. Bixon and J. Jortner) on Electron Transfer: From Isolated Molecules to Biomolecules.

12 May, V. and Kühn, O. (2000) *Charge and Energy Transfer Dynamics in Molecular Systems*, Wiley-VCH Verlag GmbH, Weinheim.

13 Gray, H.B. and Winkler, J.R. (2003) *Quarterly Reviews of Biophysics*, **36**, 341.

14 Marcus, R.A. (1964) *Annual Review of Physical Chemistry*, **15**, 155.

15 Marcus, R.A. and Sutin, N. (1985) *Biochimica et Biophysica Acta*, **811**, 265.

16 Barbara, P.F., Meyer, T.J. and Ratner, M.A. (1996) *The Journal of Physical Chemistry*, **100**, 13148.

17 Newton, M.D. (2001) *Electron Transfer in Chemistry*, vol. 1 (ed.V. Balzani), Wiley-VCH Verlag GmbH, Weinheim, p. 3.

18 Paddon-Row, M.N. (2001) *Electron Transfer in Chemistry*, vol. 3 (ed. V. Balzani), Wiley-VCH Verlag GmbH, Weinheim, p. 179.

19 Demadis, K.D., Hartshorn, C.M. and Meyer, T.J. (2001) *Chemical Reviews*, **101**, 2655.

20 Scandola, F., Chiorboli, C., Indelli, M.T. and Rampi, M.A. (2001) *Electron Transfer in Chemistry*, vol. 3 (ed. V. Balzani), Wiley-VCH Verlag GmbH, Weinheim, p. 337.

21 The inverted regime is now a well-established feature of photoinduced electron-transfer processes. See, for example, Balan, B. and Gopidas, K.R. (2006) *Chemistry – A European Journal*, **12**, 6701, and references therein.

22 McConnell, H.M. (1961) *Journal of Chemical Physics*, **35**, 508.

23 Hush, N.S. (1967) *Progress in Inorganic Chemistry*, **8**, 391.

24 (a) Nelsen, S.F. (2001) *Electron Transfer in Chemistry*, vol. 1 (ed.V. Balzani), Wiley-VCH Verlag GmbH, Weinheim, p. 342.(b) Launay, J.-P. and Coudret, C. (2001) *Electron Transfer in Chemistry*, vol. 5 (ed.V. Balzani), Wiley-VCH Verlag GmbH, Weinheim, p. 3. (c) Brunschwig, B.S., Creutz, C. and Sutin, N. (2002) *Chemical Society Reviews*, **31**, 168.

25 Balzani, V., Indelli, M.T., Maestri, M., Sandrini, D. and Scandola, F. (1980) *The Journal of Physical Chemistry*, **84**, 852.

26 Balzani, V., Bolletta, F. and Scandola, F. (1980) *Journal of the American Chemical Society*, **102**, 2152.

27 Orlandi, G., Monti, S., Barigelletti, F. and Balzani, V. (1980) *Chemical Physics*, **52**, 313.

28 Murtaza, Z., Zipp, A.P., World, L.A., Graff, D., Jones, W.E. Jr, Bates, W.D. and Meyer, T.J. (1991) *Journal of the American Chemical Society*, **113**, 5113.

29 Naqvi, R.K. and Steel, C. (1993) *Spectroscopy Letters*, **26**, 1761.

30 Piotroviak, P. (2001) *Electron Transfer in Chemistry*, vol. 1 (ed. V. Balzani), Wiley-VCH Verlag GmbH, Weinheim, p. 215.

31 Förster, Th. (1959) *Discussions of the Faraday Society*, **27**, 7. Note that in this paper there is a misprint since in Equation 3.32 π^6 instead of π^5 is used. See (a) Förster, Th. (1965) *Modern Quantum Chemistry. Part III: Action of Light and Organic Crystals*, (ed. O. Sinanoglu), Academic Press, New York, p. 93. (b) Barigelletti, F. and Flamigni, L. (2000) *Chemical Society Reviews*, **29**, 1. (c)Scholes, G.D. (2003) *Annual Review of Physical Chemistry*, **54**, 57.

32 Pullerits, T. and Sundström, V. (1996) *Accounts of Chemical Research*, **29**, 381.

33 Dexter, D.L. (1953) *Journal of Chemical Physics*, **21**, 836.

34 Closs, G.L., Johnson, D.M., Miller, J.R. and Piotrowiak, P. (1989) *Journal of the American Chemical Society*, **111**, 3751.

35 Scandola, F. and Balzani, V. (1983) *Journal of Chemical Education*, **60**, 814.

36 Yeow, E.K.L., Haines, D.J., Ghiggino, K.P., Oliver, A.M. and Paddon-Row, M. N. (1999) *Journal of Physical Chemistry A*, **103**, 6517.

37 (a) For papers dealing with the role of the bridge in electron- and energy-transfer processes, see Lokan, N.G., Paddon-Row, M.N., Koeberg, M. and Verhoeven, J.W. (2000) *Journal of the American Chemical Society*, **122**, 5075. (b) Napper, A.M., Read, I., Waldeck, D.H., Head, N. J., Oliver, A.M. and Paddon-Row, M.N. (2000) *Journal of the American Chemical Society*, **122**, 5220. (c) Cho, H.S., Jeong, D.H., Yoon, M.C., Kim, Y.H., Kim, Y.R., Kim, D., Jeoung, S.C., Kim, S.K., Aratani, N., Shinmori, H. and Osuka, A. (2001) *Journal of Physical Chemistry A*, **105**, 4200. (d) Guldi, D.M., Luo, C., Prato, M., Troisi, A., Zerbetto, F., Scheloske, M., Dietel, E., Bauer, W. and Hirsch, A. (2001) *Journal of the American Chemical Society*, **123**, 9166. (e) Arimura, T., Ide, S., Suga, Y., Nishioka, T., Murata, S., Tachiya, M., Nagamura, T. and Inoue, H. (2001) *Journal of the American Chemical Society*, **123**, 10744. (f) Imahori. H., Tanaki, K., Araki, Y., Sekiguchi, Y., Ito, O., Sakata, Y. and Fukuzumi, S. (2002) *Journal of the American Chemical Society*, **124**, 5165. (g) Spinger, J., Kodis, G., de la Garza, L., Moore, A.L., Moore, T.A. and Gust, D. (2003) *Journal of Physical Chemistry A*, **107**, 3567.
(h) Winters, M.U., Pettersson, K., Mårtensson, J. and Albinsson, B. (2005) *Chemistry – A European Journal*, **11**, 562.

38 It has been noted that in particular supramolecular arrangements mediation of electron transfer by nonbonded interactions can compete effectively with electron transfer via bonded pathways: Lukas, A.S., Bushard, P.J. and Wasielewski, M.R. (2002) *Journal of Physical Chemistry A*, **106**, 2074.

39 Davis, W.B., Wasielewski, M.R., Ratner, M.A., Mujica, V. and Nitzan, A. (1997) *Journal of Physical Chemistry A*, **101**, 6158.

40 Jortner, J., Bixon, M., Langenbacher, T. and Michel-Beyerle, M.E. (1998) *Proceedings of the National Academy of Sciences of the United States of America*, **95**, 12759.

41 Bixon, M. and Jortner, J. (1999) *Advances in Chemical Physics*, **106**, 35.

42 Bixon, M., Giese, B., Wessely, S., Langenbacher, T., Michel-Beyerle, M.E. and Jortner, J. (1999) *Proceedings of the National Academy of Sciences of the United States of America*, **96**, 11713.

43 Grozema, F.C., Berlin, Y.A. and Siebbeles, L.D.A. (2000) *Journal of the American Chemical Society*, **122**, 10903.

44 Mujica, V., Nitzan, A., Mao, Y., Davis, W., Kemp, M., Roitberg, A. and Ratner, M.A. (1999) *Advances in Chemical Physics*, **107**, 403.

45 Tinnefeld, P., Heilemann, M. and Sauer, M. (2005) *ChemPhysChem*, **6**, 217.

46 Bredás, J.L., Cornil, J., Beljonne, D., Dos Santos, D.A. and Shuai, Z. (1999) *Accounts of Chemical Research*, **32**, 267.

第 4 章　导线及相关体系

4.1　概述

电子线路最简单的元件是导线。在宏观世界里，不同直径（10^{-1}～10^{-2} m）的金属导线将电输送到工厂和房间里。在电视机及其他电子器件中，用直径为 10^{-3} m的导线连接一系列的子单元。在电子计算机的逻辑电路中，晶体管用数量级为 10^{-5} m 的导线相连接。将导线直径进一步缩小至 10^{-7} m 以下就进入纳米分子世界。

自从 1974 年首次提出单分子作为电子导体的原理以来，分子水平的电线的设计已经引起了广泛的关注[1]。近年来已经合成出了许多各种各样线状或棒状的超分子化合物[2]。尽管“分子线”这个词常常被认为是一个长的、高度共轭的分子（图 4.1），然而大部分的研究都集中在相对短的、非共轭结构中。这些结构已经被证明对电极或者光分子元件及有氧化还原活性的分子元件的连接很有用，适当的线状化合物也已经被用来传递电子能（分子光子导线）而不是电子。

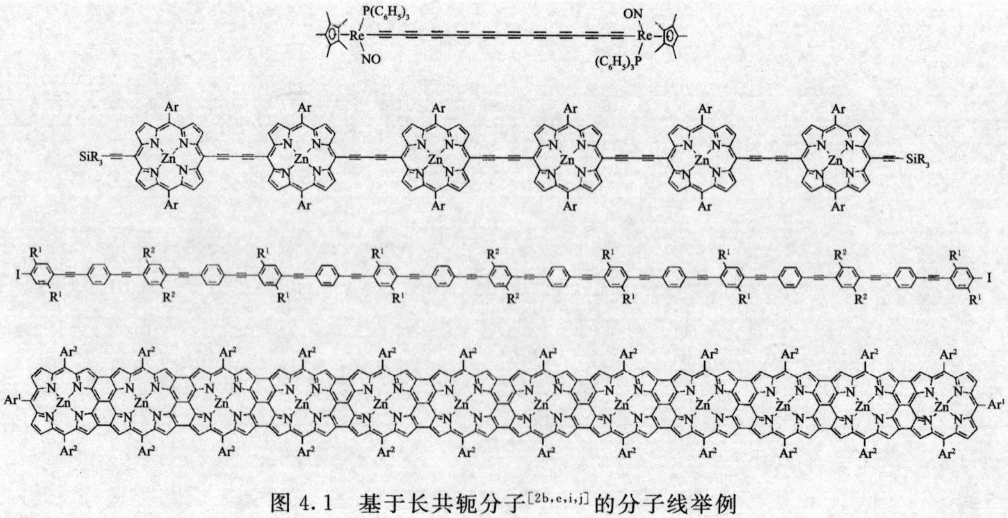

图 4.1　基于长共轭分子[2b,e,i,j]的分子线举例

在一些情况下，电导率已经可以通过用电流-电压法测定与两个电极相连的分子电线来直接获得。另外，对于发生电子传递的反应来说，速率常数可以通过以下桥连基团的连接测量出来：

- 电子活性单元与金属电极的桥连基团；
- 最常用的是溶液中电子受体/给体与光活性单元的桥连基团。

限于此书的篇幅及重点，我们将简要讨论第一个话题，并详细探讨第二个部分。

4.2 导电率的测量方法

近年来对于分子薄膜、分子小组装体以及单个分子的电导率的测定已经做了很多工作。这些试验的重点在于将分子导线插入电路，这也是分子电子学的一个基本要求（图 2.2）[3]。在单分子的测量中这意味着要使每一个分子的末端连接一个金属导体。在实践中，理论上的直接目标很难达到，因为要获得良好的、明显的接触通电还有很多问题有待解决[4]。

为了探究其电导率，已经有很多方法可以用来连接分子和电极，这些方法包括：

- 探索用扫描隧道显微镜（STM）和相关方法[5]将共轭分子插入一个自组装的单层（SAM）；
- 将二巯基金属分了键合到两个面对面断裂连接的金的探针上[6]；
- 在两个纳米级的金属电极之间插入一个 SAM[7]；
- 将纳米管浸入带有微型的扫描探针的汞池中[8]；
- 用一个导电的原子力显微镜（AFM）接触分子[9]；
- 两个单层与汞滴电极间的接触[10]；
- 在金的表面用金纳米颗粒和 AFM 结合成为一个单层[11]。

图 4.2 (a) 所展示的是最后一个技术的例子，首次得到了一个在金电极上的辛硫醇自组装的单层。一些分子用 1，8-辛二硫醇分子取代后，就能从两端与金进行化学键合。1，8-辛二硫醇分子膜表层的巯基基团通过培养有纳米金颗粒悬浮的单层而生成（直径<2 nm，然后用镀金的导电的 AFM 探针通过固定和接触，把单个颗粒键合在单分子层上。用伏安法测量超过 4000 nm 的颗粒仅产生了 5 个明显的曲线簇，这与和单个分子相接触的一个基本的多重积分曲线相对应。单个辛烷二硫醇分子的电阻是 900 MΩ，重复性较好，而辛烷硫醇分子（只有一端有化学键）的电阻则至少是它的 4 倍，甚至还高，其重复性较差[11]。

对于低聚苯基、低聚（苯基乙炔基）、低聚（噻吩基乙炔基）和低聚（苯基乙烯基）类型的分子的设计和合成已经有了许多系统的研究[12]。在物理学家和电子工程师的合作中很可能发现这种分子线确实能导电。除了在第 5 章里的研究，我们将回顾其他的一些研究。在金电线上形成的自组装的单层[13]，测定了低聚（苯基乙炔基）和低聚（苯基乙烯基）分子的导电性。对于用棒状分子形成的自组装单层，已经发现导电性与自组装单层的方向、填充及次序有关[14]。温度影响的研究中，发现烷基硫醇化的自组装单层上直接隧穿控制着电子转移[15]。在 7 nm 长的芳基乙烯基电线上，单分子电子学的研究最近才被报道[16]。大量的导电率的测定也在纳米管上进行，而这些纳米管用于构建场效应晶体管[17]。

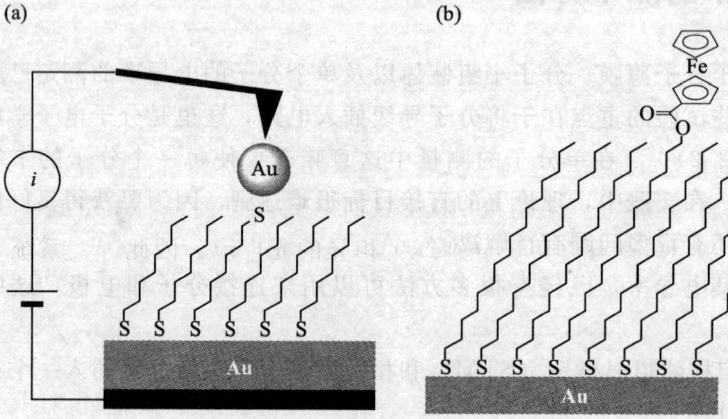

图 4.2 （a）单分子导电测试图[11]；（b）二茂铁和脂肪族链隔离的金电极的 SAM 系统[22]

总之，虽然全共轭有机芳香分子最有可能得到分子电线，但在分子电线真正被用于构建分子电子器件以前，还有很多的问题需要解决。

4.3 电极上的电子转移过程

电化学技术尤其适用于研究大范围的金属电极和相关氧化还原分子间的电子耦合和电子传输。在合适的电极表面上，化合物单层很容易以一种自发的方式（SAM）形成，这提供了一种形成表面结构的通常路径，其中氧化还原活性的分子能通过设计好的分子桥连接在电极上[18,19]。这些基于单层的结构对于研究以桥为媒介的电子传输[20]来说是很好的模型体系，并且也可以用作分析（如作为金属离子的传感器[21]）。

SAM 中研究最广泛的单元是二茂铁，因为它有着可逆的氧化还原性并且其衍生物的合成也比较容易。早在 10 年前，在这个领域的研究工作[22]中就有在金电极上以 SAM 方式通过把二茂铁连接在以过量的十六烷基硫醇稀释的十六烷基硫醇酯链上（图 4.2（b））。电子传递的动力学是通过监测 SAM 体系对一定范围内电位逐步扰动的计时电流响应来测量，这可以用 Marcus 理论来定量的解释。很多研究都集中在异相电子传输速率与距离的关系上；这是随 $\exp(-\beta r)$ 变化的（见 3.2 节），其中 β 是衰减因子，r 表示给体-受体间的距离。因为桥包含有 3～6个苯乙炔基单元，这与估计的 2.2 nm～4.3 nm 的电子传输距离相对应，当 β 的值为 0.36 Å^{-1}[23]时能得到一个好的线性对应关系，这比脂肪族的桥（约为 1 nm）要低很多[18,24,25]。短距离时预测的速率常数与共轭的脂肪族桥几乎相同，并与在电极上进行绝热电子传递的极限速率常数相同[23]。

对于通过在一个金电极和一个二茂铁单元[26]之间的苯乙烯基桥的电子传输也得到了类似的结果。对影响距离因素的分析表明，电子传输速率常数不会被桥的电子耦合所局限，甚至可长达 28 Å。

由两种光功能性的硫醇衍生物、连接到紫精联吡啶钌和酞菁衍生物[27]组成的 SAM 的金电极上构建一个阴极-阳极双回路的光电子器件。在这个混合的 SAM 中，这两个染料都可以用于分别产生相异的光电流，因此这个系统可用作一个 XOR 逻辑门。（见 9.4.4 节）。

4.4 基于光诱导电荷分离的线型体系

4.4.1 概述

在“线型”应用中，需要电子既快又高效长距离的传输。在合适的有机体系，这个过程通过实现光合成目的这个适当体系中的光诱导电荷分离来完成。正如我们将在 7.3 节看到的，对光合成应用速率和距离本身不是重点要求的，高的量子效率一定与每个吸收光子高的能量分数相关，而吸收光子在电荷分离之后仍可用。

在溶液中对线型超分子物系中的光诱导的电子传输作了广泛的研究。在 1991 年以前的工作已有文献综述［28］。从那时起发表了很多论文，最近也出版了好几篇关于其具体的特定子领域的综述（见后文）。我们只列出了几个特征明显、有严格的分子体系的光诱导电荷分离例子。限于篇幅，将简要讨论 DNA 的电子传输[29,30]。

4.4.2 双体、三体和更大的体系

电荷分离体系的最小模型是双体化合物，由一个电子给体（或电子受体）生色团、一个外加电子受体（或给电子体）功能基按照一个控制它们距离和电子相

互作用的组织原理（也就是电子传输的速率和产率）构成。已经构建并且研究了许多这样的双体化合物[28,31-39]。

图 4.3 为双体化合物的能级图。所有的二元体系会不同程度地受到快速电荷再结合的影响（过程 4）。一些“再结合双体”[40,41]，例如由 9-均三甲苯基-10-甲基吖啶离子[41]组成，已经发现存在一个电荷分离（CS）态（9-均三甲苯基-10-甲基吖啶离子的电子转移），其寿命从在溶液中的微秒级到低温固相基体中的几小时。由于 CS 态能量很高，在反转区条件下，后电子传输的能垒很高导致了其长的寿命。然而，人们对这些对光催化[42]和太阳能转化[43]非常重要结果提出了质疑[44]，至今仍关注 9-均三甲苯基-10-甲基吖啶离子这个特例，它证实了长寿命的电荷分离态的形成是不能发生的[45]。已有对再结合双体中增加其 CS 态寿命的其他方法（成功较少）的综述［46］。

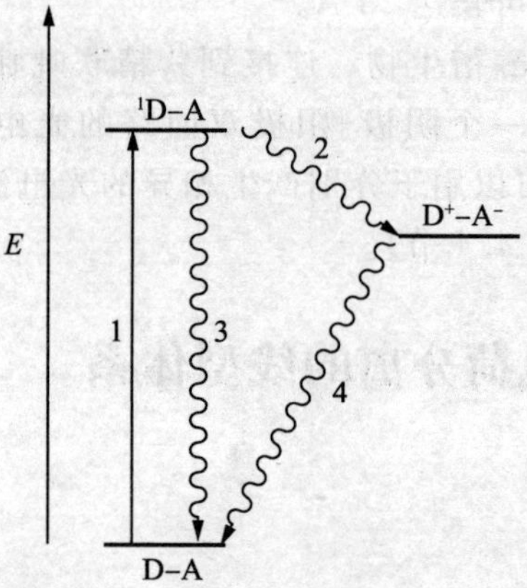

图 4.3　双体化合物的能级图

正如 7.2 节讨论的，快速电荷再结合的问题已经被自然界克服，通过一系列短程、快的、高效的电子传输过程使电荷分离达到长的距离。受这个模型的启发可以构建三个或更多元件的体系。

图 4.4 为三组分体系（三体物）的电荷分离[47]。图 4.4 下半部分轨道能级图为作用原理。在两个图中，首先是发色团组分的激发（步骤 1），接下来一个初级光诱导电子传输给一个初级受体（步骤 2）。接着是一个二级热力学型的电子传输过程（步骤 3）：电子传输从一个给体元件到一个被氧化的发色元件（图 4.4（a））或是电子传输从初级受体到一个二级受体元件（图 4.4（b））。初级过程与激发态的失活竞争（步骤 4），而二级过程与初级电荷再结合相竞争（步骤 5）。最后，距离远的分子元件间的电荷再结合导致三元体物回到初始态。

对于图 4.4（a），过程的顺序表明以上（1—2—3）并不唯一。事实上，另一个顺序 1—3—2 也将得到相同的电荷分离态。通常情况下，这两条线路对初级和二级步骤有不同的驱动力，因此可能一个比另一个更加受动力学控制。有时，一条线路受热力学控制而另一条不受，尽管在一个简单的单电子能级图4.4（a）上表述并不明显。

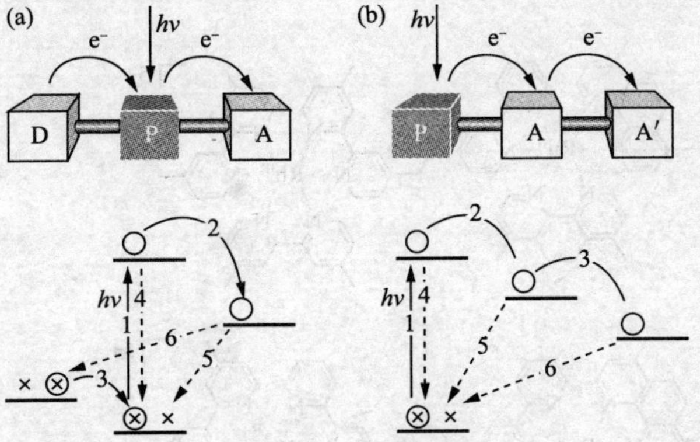

图 4.4　三体物电荷分离两种可能途径

在线型应用中三体物的性能与电荷分离形成的速率及量子产率有关（与向前和向后过程之间的竞争有关，$\Phi=[k_2/(k_2+k_4)][k_3/(k_3+k_5)]$）。因为能量转换的目的，重要的参数是电荷分离的寿命（与最后电荷再结合过程的速率有关，$\tau=1/k_6$）和能量转换效率（$\eta_{en.\ conv.}=\Phi\times F$，$F$ 为在最后电荷分离态中激发态能量转化的分数，能量是守恒的）。为了更好的认识，我们将在 7.2 节讨论细菌光合成反应中心的“三体物部分”转换光能，其中 $\tau\sim10$ ms，$\varphi=1$，$\eta_{en.\ conv}\sim0.6$。

更多分子元件（四体物和五体物）导致更多的电子传输步骤发生，也就是说在合适的设计体系里，电荷分离的距离越来越远。随着分子元件数量的增加，机理的复杂性也将增加，能量转移步骤中也可能会有电荷分离。

4.4.3　含有金属络合物的共价连接的体系

已经研究了许多能够发生光诱导电子传输的二金属的和多金属的体系[48]。对如图 4.5 所示的化合物 **1**$^{5+}$ ～**5**$^{5+}$ 作了系统的研究。尽管这些化合物的光化学行为很复杂[49,50]，但当激发选择在 Ru(Ⅲ) 发色团时，原先的金属到配体的电荷转移单线态（^{1}MLCT）快速发生系间窜跃将导致长寿命的^{3}MLCT 三线态，从而转移一个电子到 Ru(Ⅲ) 单元，同时还存在一个电子回传的过程。比较化合物 **1**$^{5+}$ 和 **2**$^{5+}$ 表明，尽管金属-金属间的距离较长，但是通过连苯基桥链的正向电子转移（$k=3.0\times10^9\ s^{-1}$）要比通过亚甲基桥链的电子转移（$k=1.7\times10^8\ s^{-1}$）来得快。这一结果可以归因于连苯基基团能量较低的 LUMO 轨道，这有利于超交换相互作用（见3.2.2.1节）。在同一族化合物**2**$^{5+}$～**4**$^{5+}$中的速率常数与金属-金属间的距离呈指数递减关系（图4.6），产生的β值为0.5 $Å^{-1}$，这比已知的刚性饱和桥链要低许多（0.8～1.2 $Å^{-1}$）[35]，这非常类似于两个卟啉环之间通过低聚亚苯基链的电子转移[51,52]。对于化合物**5**$^{5+}$，除了中心的亚苯基环上的两个可溶

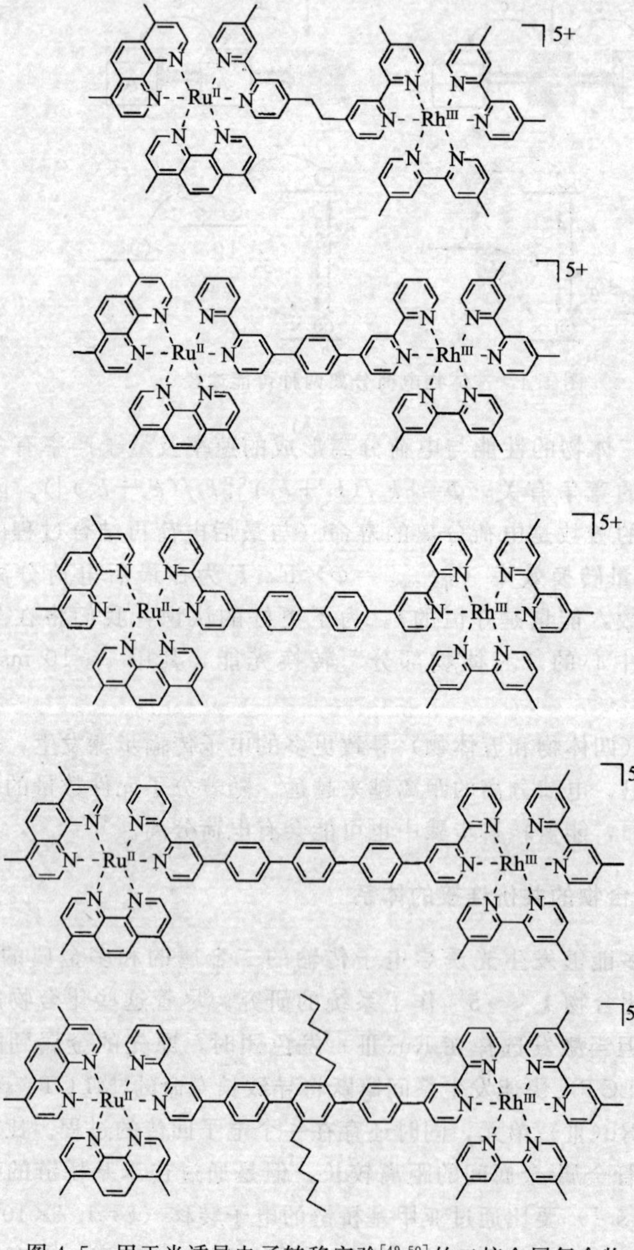

1^{5+}　$k = 1.7 \times 10^{8} s^{-1}$

2^{5+}　$k = 3.0 \times 10^{9} s^{-1}$

3^{5+}　$k = 4.3 \times 10^{8} s^{-1}$

4^{5+}　$k = 1.0 \times 10^{7} s^{-1}$

5^{5+}　$k = 1.1 \times 10^{6} s^{-1}$

图4.5　用于光诱导电子转移实验[49,50]的二核金属复合物**1**$^{5+}$～**5**$^{5+}$

的已基基团外，与化合物 **4**$^{5+}$几乎相同，但其光诱导的电子转移过程却为 4^{5+} 的 1/10（图 4.5 和图 4.6），据推测是因为已基取代基增加了亚苯基单元间的扭转角，从而减少了电子耦合。人们已经通过混合键有机体系的分子内的电子转移来研究亚苯基链的电导性[53]。有趣的是，对亚苯基低聚物及其他线型体系可以成为线状体穿过有“绝缘作用”的大环而制备出轮烷分子机器[54]。

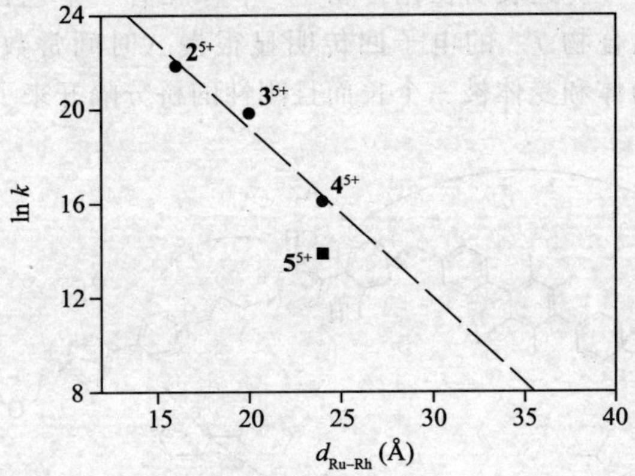

图 4.6　所示化合物的电子转移速率和距离的关系

我们已经设计和研究其中至少有一个分子元件（通常是吸光的）是过渡金属配位的三体化合物[48]。分子元件的受体通常是紫精或醌类化合物，而给体常常是吩噻嗪类或氨基类。已经报道了关于化合物 **6**$^{3+}$（图 4.7）[55]及相关体系[56]的人量研究工作。关于 R＝R′＝CH_3，猝灭取代基配体相互位置的不同产生的四个几何异构体被分离出来，并分别进行了研究[55a]。在图 4.4（a）中这些化合物的 k_2 和 k_3 比 $2\times10^8\ s^{-1}$更快，电荷再结合速率 k_6 的数量级为 $1\times10^7\ s^{-1}$。电荷分离态形成的产率约为 0.25。当 R＝COOH，R′＝CH_3 时，很小的能量改变就能提高电荷分离效率[55b]，自旋化学对这些化合物电荷转移速率进行控制的可能性也作了研究[57]。

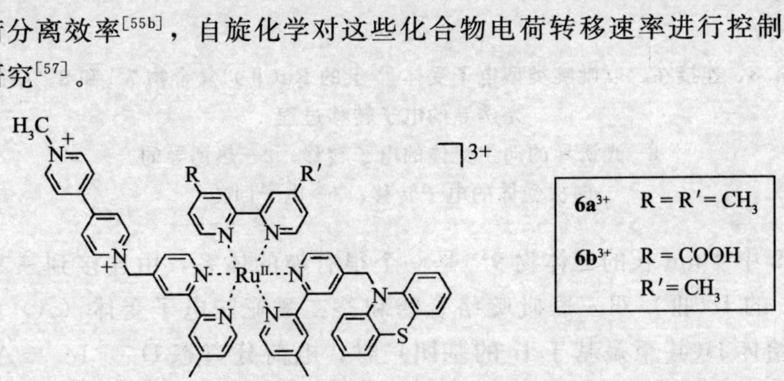

图 4.7　三体化合物 **6**$^{3+}$ 的结构式[55]

已经合成并研究了化合物 $\mathbf{7}^{6+}$ 和 $\mathbf{8}^{6+}$（图 4.8）[58]，主要用于光驱动类型的分子机器的导线功能（第 14 章）。在这两个化合物中，都发生了一个从 $[Ru(bpy)_3]^{2+}$ 类型的单元的 ^{3}MLCT 激发态到 A_1 电子受体的光诱导的电子转移过程。尽管两个化合物中从 Ru(Ⅱ) 给体到 A_1 受体之间的距离相差较大，但是速率常数间的差异却很小（室温下 $\mathbf{7}^{6+}$ 和 $\mathbf{8}^{6+}$ 在乙腈中的速率常数分别为 $2.4\times10^5\ s^{-1}$ 和 $5\times10^5\ s^{-1}$）。这表明在化合物 $\mathbf{7}^{6+}$ 中存在着一个包含 A 受体的渐进式机理（图 4.8）。化合物 $\mathbf{7}^{6+}$ 的电子回传明显很慢（时间常数为 1.2 μs），因为 Marcus 反转区及给体和受体被一个长而且刚性的桥分隔开来了。

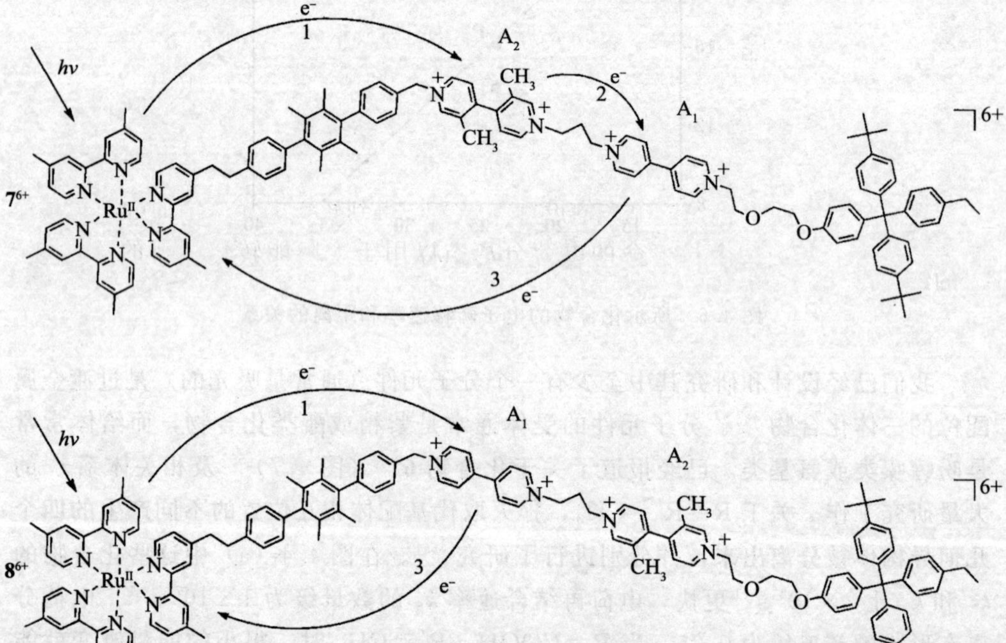

图 4.8　连接在二联吡啶类型电子受体[58]上的 Ru(Ⅱ) 复合物 $\mathbf{7}^{6+}$ 和 $\mathbf{8}^{6+}$ 中的光诱导的电子转移过程

1—光诱导的向主受体的电子转移；2—热诱导的向次受体的电子转移；3—电子回传

图 4.9 中 4 nm 长的三体物 $\mathbf{9}^{3+}$ 是一个很有趣的体系，由连接到三苯胺电子给体（D）的 Ir(Ⅲ) 双三联吡啶络合物和萘二酰亚胺电子受体（A）组成[59]。激发电荷给体 D(甚至是基于 Ir 的基团）时，电荷分离态 D^+-Ir^--A 在不到 20 ps形成，产率为 100%，接下来在 400 ps 产生 10% 的 D^+-Ir-A^-。显而易见，室温下在无氧的乙腈溶液中全电荷分离 D^+-Ir-A^- 的寿命为 120 μs。

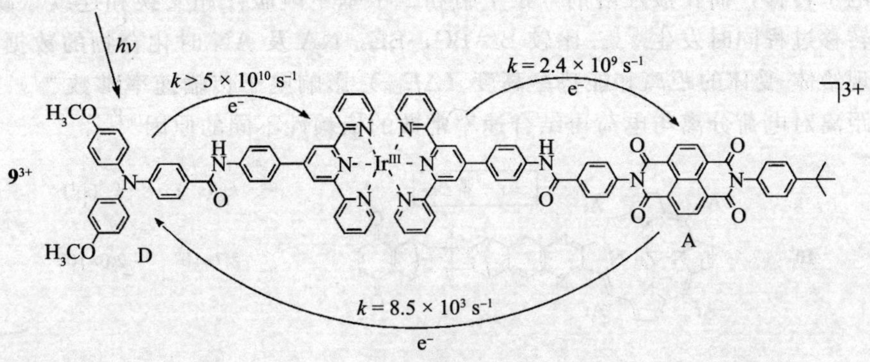

图 4.9　三体物 $\mathbf{9}^{3+}$ 的电子传输过程[59]

4.4.4　包含卟啉的共价连接体系

大部分包含卟啉单元的体系的设计不是为了得到较快的光诱导的电子转移速率，而是为了产生一个长寿命的电荷分离态以用于太阳能转化的目的（见 6.3 节）[32-35,38,39]。

如图 4.10 所示的三个有趣的双体化合物。卟啉-苯醌双体 **10**[60] 是用在光合成的细菌反应中心的一些电子传输方面的模型化合物（见 6.2 节）。化合物 **10** 中，从光诱导的激发态 Zn 卟啉到苯醌单元的光诱导的电子转移发生在纳秒级的时间范围内，这表明在长范围的电子转移过程中刚性的碳氢桥是一个良好的媒介。然而，其电荷的再结合速率则大约要小一个数量级。基于 C_{60} 的双体化合物 **11**[61]，在极性溶剂（亚纳秒级的时间范围内）中其类似的光诱导的电荷分离过程非常迅速，而电荷的再结合速率非常慢。化合物 **12**[62] 中，各个发色团是以柔性链相连的，其电荷分离过程的发生速率与化合物 **11** 相当，但是其电荷复合速率要比 **11** 快 3 个数量级（图 4.10）。化合物 **11** 和 **12** 与 **10** 相比电荷分离速率较快，是因为 C_{60} 有着曲折的表面，与平面结构相比较，它能够与更多其他原子耦合，因此 C_{60} 的 HOMO 轨道可以离域于桥链中[63]。对于化合物 **11** 和 **12** 来说，其电子回传过程速率的巨大差别归因于轨道的对称因素。化合物 **11** 是刚性的，并且属于 C_S 组。因为单线态的电荷分离状态是 A'' 对称的，而基态是 A' 对称的，电荷复合过程是禁阻的。而在化合物 **12** 中，桥链的柔性打破了对称的限制，从而使电荷复合过程更为迅速。应当指出的是包含富勒烯的电子转移速率会受到这类分子的很小的重组能的强烈影响[64]。

对给体-桥-受体型（D-B-A）体系的电子传输已做了大量的研究，其中给体是锌卟啉，ZnP，受体是金（Ⅲ）卟啉，AuP^+，桥是一个芳香共轭基（图 4.11）。当 B＝NA 时，在弱极性溶剂（2-甲基四氢呋喃）通过超交换机理发生光诱导电子转移，而在极性溶剂（正丁腈和二甲基甲酰胺）超交换和连续（跳跃）电子转移过程同时发生[65]。比较 B＝BC，BE，NA 及 AN 时化合物的数据，可以发现给体-受体的距离和能势垒高度（ΔE_{DB}）影响电子传输速率常数[66]。这是指数距离对电荷分离与电荷再结合速率常数的依赖性不同的原因[67]。

化合物	结构	k_{cs} (s^{-1})	k_{cr} (s^{-1})
10	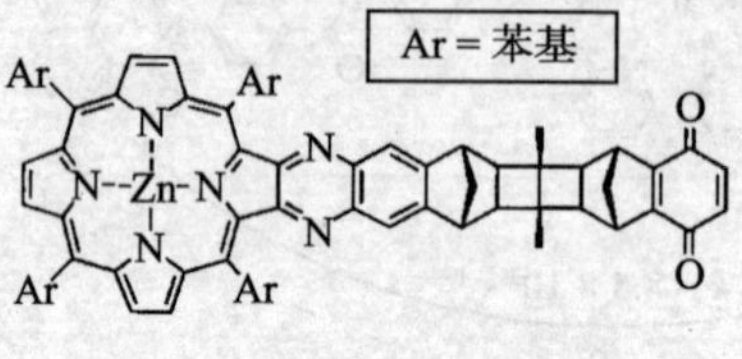	2.7×10^{9}	2.0×10^{8}
11	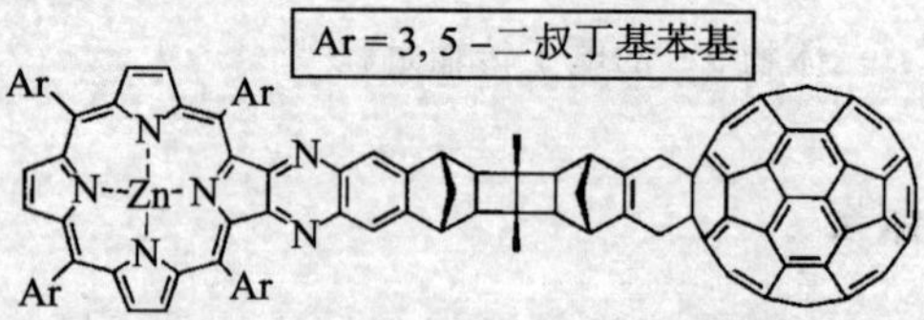	1.0×10^{10}	2.4×10^{6}
12	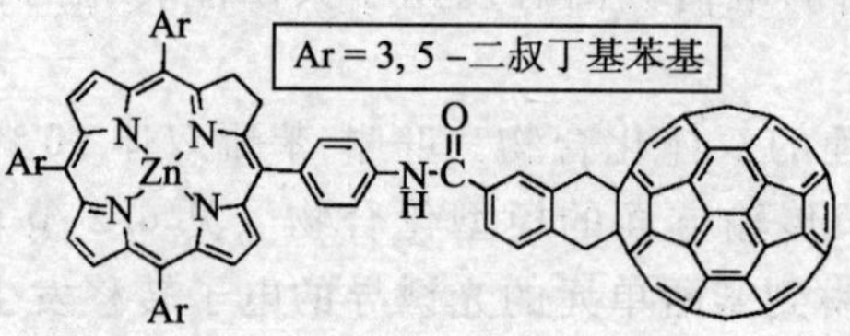	9.0×10^{9}	2.0×10^{9}

图 4.10 双体化合物 **10～12** 中的光致电荷分离（k_{cs}）和随后的电荷重组（k_{cr}）过程[60～62]

图 4.12 所示的三体物 **13** 以图 4.4（a）所示的方式工作，其中卟啉是吸光

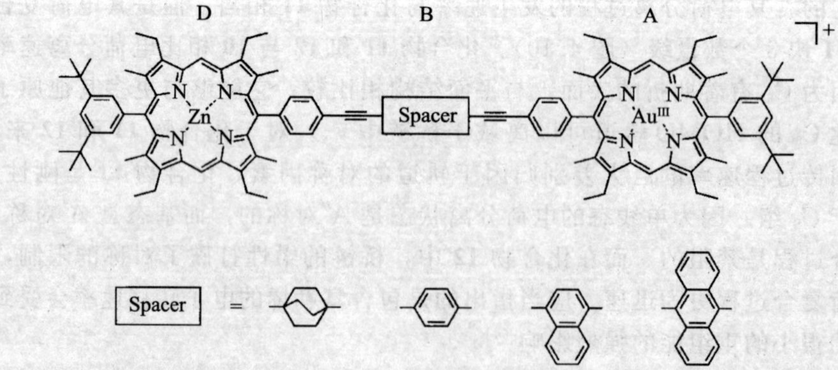

图 4.11 通过苯乙炔桥连接的包含卟啉的 D-A 双体化合物，用于光致电子传输研究[65]

发色团，苯醌是受体，二甲基苯胺是给体，三蝶烯桥为连接体[68]。室温下在正丁腈中电荷分离是高效（$\Phi=0.71$）且长寿命的（$\tau=2.5\ \mu s$），电荷分离的能量为 1.39 eV。冷却体系到低温刚性溶液时电荷分离被完全抑制，与自然界中光合成体系是相反的。相对流体溶液[69]，刚性溶液阻碍了溶液偶极矩的重新定向，使电荷分离更加不稳定。特别是在刚性溶液中，步骤三向前两级电荷分离（在流体溶液中释放 0.14 eV 的能量）是吸收能量的。由更高能量发色团、更好的电子受体和电子给体（流体溶剂中二级电子传输的驱动力为 0.45 eV）构成的三合体，在温度 5 K 下，二甲基四氢呋喃中有光诱导电荷分离发生[70]。有趣的是，在这些条件下通过自旋极化瞬态的 EPR 信号能检测到电荷分离态，由此给出给体-受体电子耦合的信息。

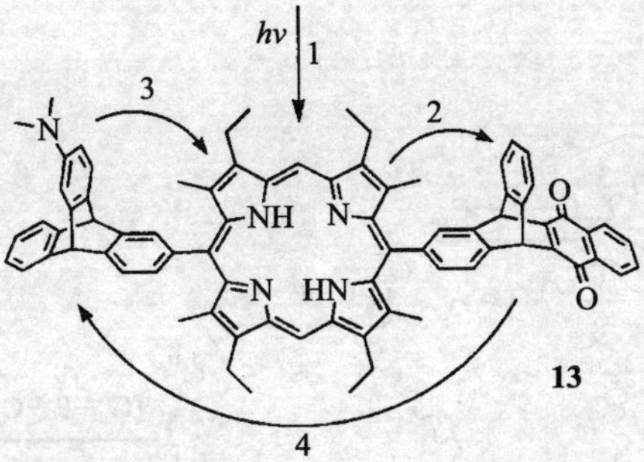

图 4.12　三元体 **13** 的结构和电子传输过程[68]

三元体 **14**（图 4.13）由一个附着在 C_{60} 电子受体的卟啉（P）和一个类胡萝卜素 C 电子给体构成。图 4.13 能级图[71,72]是三元体中卟啉单元在二甲基四氢呋喃的激发过程。$C-{}^1P-C_{60}$ 激发态的衰变基本上是通过电荷转移（步骤 2）并有 $C-P^{\cdot+}-C_{60}{}^{\cdot-}$ 生成，$k_{2-}=3.3\times10^{11}\ s^{-1}$ 且量子产率单一。也可获得少数的 $C-P-{}^1C_{60}$ 激发态（步骤 3），但这些也通过电子传输衰变为 $C-P^{\cdot+}-C_{60}{}^{\cdot-}$（步骤 4）。二元体 $P-C_{60}$ 的实验表明通过电子再结合 $C-P^{\cdot+}-C_{60}{}^{\cdot-}$ 能回到基态且 $k_7=2.1\times10^9\ s^{-1}$。然而从类胡萝卜素到卟啉的电子传输更快（$k_8=1.5\times10^{10}\ s^{-1}$）。因此生成 $C^{\cdot+}-P-C_{60}{}^{\cdot-}$ 的总量子产率为 0.88。它将通过电荷再结合逐渐衰变为类胡萝卜素三线态（$k_9=2.9\times10^6\ s^{-1}$）。总之，由于其 k 值是二元物$P-C_{60}$ 的 10^3 倍，三元体 **14** 中两步电子传输增加了电荷分离的寿命。我们也发现在三元体的反应中心有其他的性质，但在人工仿生系统[73,74]中不是普遍的。在 8K 时 $C^{\cdot+}-P-C_{60}{}^{\cdot-}$ 将形成。以一种特殊可检测的 EPR 自旋极化形式，通过 $C^{\cdot+}-P-C_{60}{}^{\cdot-}$ 电荷再结合生成 ${}^3C-P-C_{60}$，正如自发反应中心以自由基对机理[73]发生。此外，以接力机制的激发三线态能量传输与该三元体的一些反应中心相关。与二甲基四氢呋喃相反，在甲苯中化合物 **14** 的 $C-P-{}^1C_{60}$ 激发态不经过电子传输、衰变而是通过系间窜跃生成 $C-P-{}^3C_{60}$。这个激发三重态以速率常数 $9\times10^6\ s^{-1}$ 衰变为类胡萝卜素三线态，$^3C-P-C_{60}$，并吸收能量形成 $C-{}^3P-C_{60}$ 的激发态[75]。在自然界中，类胡萝卜素对叶绿素三线态的猝灭是重要的保护机理，以抑制单线态氧的光催化降解。

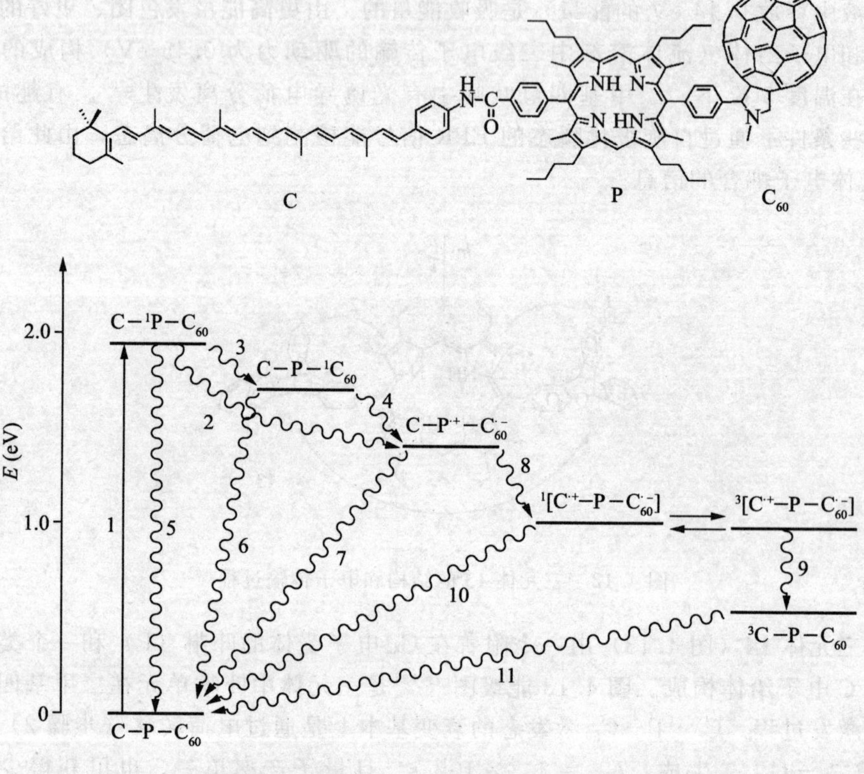

图 4.13　三元体 **14** 的结构和它的光诱导能量及电子传输过程的能级图[71]

已经报道了由二茂铁、Zn 卟啉、非金属卟啉和 C_{60} 组成的四元体，$Fc-ZnP-P-C_{60}$[76]。在这个体系里，Zn 或非金属卟啉的激发都会产生电子传输，生成 $Fc-ZnP-P^{\cdot+}-C_{60}{}^{\cdot-}$；连续的电子转移过程生成电荷分离态，$Fc^+-ZnP-P-C_{60}{}^{\cdot-}$，其中 $\Phi=0.24$，$\eta_{en.conv}=0.13$（苯甲腈溶液）。在溶液中寿命测定表明电荷再结合主要通过双分子过程发生，即分子内的电荷再结合太慢，以至于不能和有限扩散的分子间电子传输相竞争。通过时间分辨 EPR 实验测定冻结态的电荷分离的寿命；发现寿命明显变长了（193 K 在苯甲腈中为 380 ms）。在相关的四元体 $Fc-(ZnP)_2-C_{60}$[77]，最终激发态为 $Fc^+-(ZnP)_2-C_{60}{}^{\cdot-}$，在 295 K 苯甲腈溶液中激发 Zn 卟啉二聚物得到 $\varphi=0.80$（$\eta_{en.conv}\sim0.4$）。在这种情况下，电荷再结合（τ=19 μs）通过相反过程明显逐步地发生，即从（ZnP）$_2$ 到 Fc^+ 为限速电子传输，接下来为从 $C_{60}{}^{\cdot -}$ 到（ZnP）$_2{}^{\cdot +}$ 的快速电子传输，并重新生成基态。

我们将在 7.3.4.1 节讨论三元体、四元物及五元体物结果的比较。

正如能级图所介绍的，图 4.14 五元体物 **15** 表明电荷分离以连续和平行的电荷传输过程发生[78]。

15

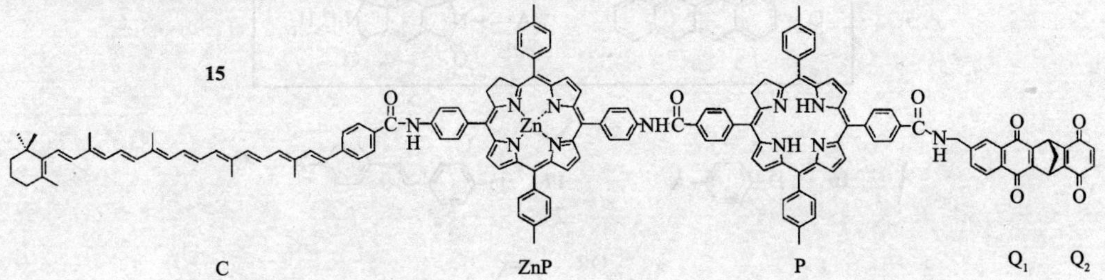

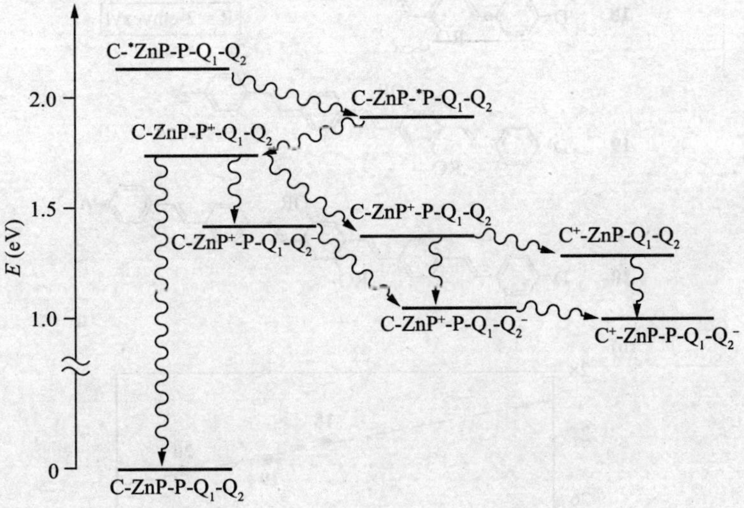

图 4.14　五元体 **15** 中的光致能量和电子转移过程[78]

4.4.5　基于有机化合物的共价相连体系

大部分研究光诱导的电子转移的体系都是基于有机化合物的共价相连体系。最近的几个综述［35，79］，可以作为有关这个领域不同方面的详细讨论（通过键传递与通过空穴传递的比较，通过键耦合的干扰因素、定向效应和电场作用下的电子转移动力学模型等）。

特别有趣的是化合物 **16～20**（图 4.15（a）），其中光诱导的电子传输过程开启了从隧穿（超交换）到分子跃迁的行为[80]。这些体系包含一个并四苯（TET）给体和一个吡咯苯甲酰亚胺（PI）受体，两者都是通过不同长度的对苯乙烯低聚物相连的，数目从一个芳香环（**16**）到 5 个芳香环（**20**）。从 TET 的激发态到 PI 的光诱导的电子传输是在甲基四氢呋喃中测量的。可以很明显地看到两种电

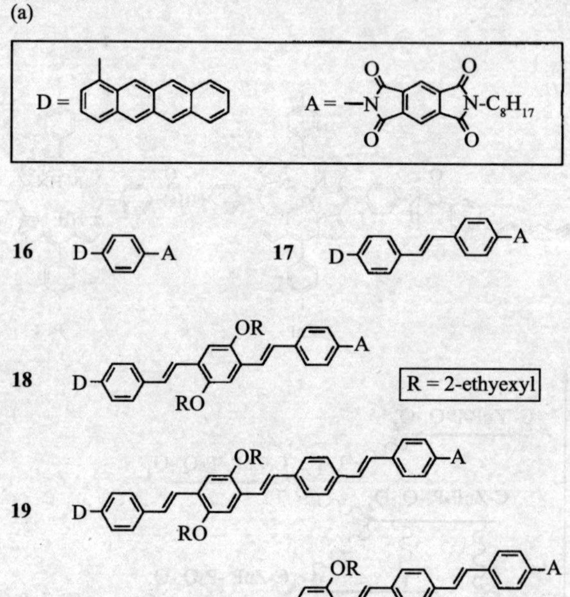

图 4.15 (a) 用于研究超分子电子转移行为的化合物 **16～20**[80]。(b) 电子传输速率和距离的关系

子传输不同类型的行为（图 4.15（b））。对于两个最短的桥来说，当β值为 0.4 $Å^{-1}$时电子传输速率的下降很快，这与通过芳香桥的超交换机理的作用一致。然而，从**18**开始机理有所改变，因为它的电子传输速率要比**16**大，尽管前一体系的桥长 13 Å 要比后者长。对于有着较长单元的化合物系列**18～20**，其给体-受体间的电子转移速率与距离的相关性已经很弱，因而可以被理解为是分子线的行为（3.4 节），因为桥的 LUMO 轨道与激发的 TET 发色团相接近，而且从能量角度来说一个 TET 电子注入到桥中是完全可能的。

对一系列给体-桥-受体（D-B-A）体系**21**（图 4.16）进行研究，D＝噻吩嗪（PTZ），B＝（p-C_6H_5）$_n$（n＝1～5），A＝苝-3，4：9，10-双（二甲酰亚胺）（PDI），通过超交换和电荷跃迁机理能够测定对电荷传输的贡献值[81]。从 n＝1 到 n＝3 时发现电荷再结合速率常数减小，从 n＝3 到 n＝5 几乎为常数。这个结果与所期望的随桥长的增加超交换速率常数减小是一致的，随着跃迁机理的发现，PTZ－$(ph)_n^+$-PDI^- 中间体的形成是热力学可行的。温度影响的研究[82]表明跃迁是热力学活性的，说明随着聚苯链的平面化电荷再结合过程的速率增加。在体系**22**中（图 4.16）$(ph)_n$ 桥被 2，7-齐聚芴桥取代，能够改变电子传输的距离，但没有明显改变相关桥的能量[83]。对这两个体系的研究表明，在 D-B-A 分子中桥的能量和分子的运动对获得高效的长距离的电子传输非常重要[79b]。

21

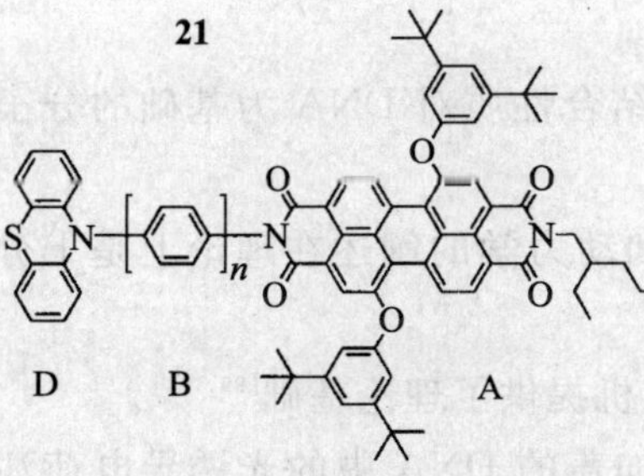

22

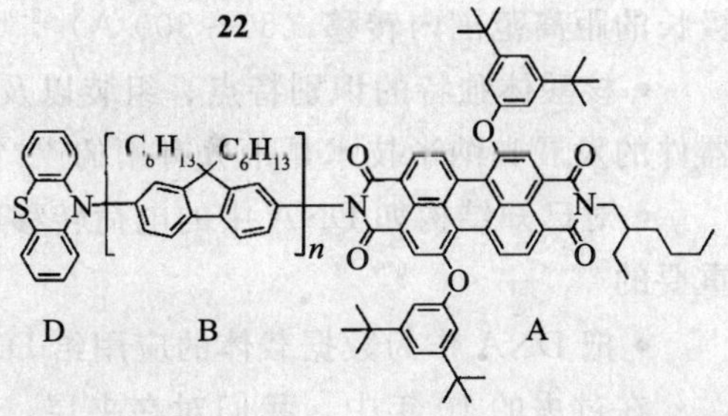

图 4.16 二元体 **21** 和 **22** 两族的结构[82,83]

含有芳香亚酰胺的三元体也已获得（图 4.17 三元体 **23**）。在这些线型、棒状化合物中，所有的相关状态，即芳香亚酰胺的激发单线态和离子对，其光谱是可区分的，完全可用瞬间吸收光谱区分[84-86]。三元体 **23** MeOAn－ANI－NI 中，ANI 激发导致 $MeOAn^{\cdot+}$－ANI－$NI^{\cdot-}$ 的电荷分离态在 1 ns 内生成，（在甲苯中产率为 92%），寿命为 310 ns[84]，然后衰变成 MeAn－ANI－^{3}NI 激发三重态[85]。通过瞬间直流电导率的测定可知电荷分离过程中的偶极距从 12 D 增加到 87 D[86]。

已经研究了基于酰胺受体四元体的光开关[87]（5.2.1.2 节）。在上面引用的综述中也已经报道了其他多组分体系的研究结果。总之，光诱导电荷分离的人工大分子体系到了非常好的发展阶段，偶尔也会接触到自发反应中心的进展。

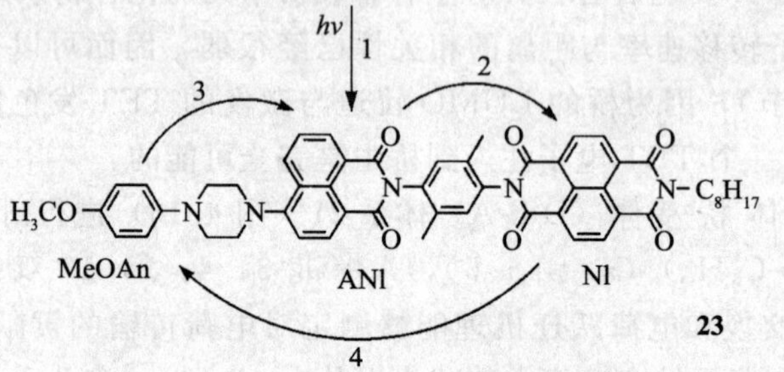

23

图 4.17 三元体 **23** 中光致电子传输过程[84-86]

4.4.6 DNA 及相关体系

虽然 DNA 的主要生物功能并不是传递电子或空穴，但了解一下在 DNA 中发生这个传递过程的快速性却十分重要，这主要有以下几个原因：

- DNA 的氧化损坏与修复都要涉及一个过程，在这个过程中电子或空穴在极长的距离范围内转移（50～300 Å）[88-90]；
- 核酸体独特的识别特点、组装以及特定的结合性质对 DNA 为基础的分子器件的发展和纳米技术是十分有用的[91-95]；
- 对已知结构如 DNA 中的电荷转移的机理和动力学的阐述在理论上是十分重要的[96-98]；
- 把 DNA 作为数据载体的应用给 DNA 计算机提供了理论基础[99,100]。

在过去的 10 年中，我们对在夹层、取代或加盖的 DNA 中的光诱导电荷注入、跃迁、诱捕以及重组过程做了详细的研究，研究发现在 DNA 中的电子转移过程有几个重要的特点[101-103]。同样值得注意的是，从 DNA 电荷转移所做研究中获得的结果也经常引起争议。

根据 3.4 节所讨论的，在 DNA 中电子或空穴转移的机理在很大程度上依赖于桥态（如 DNA 基）和初始态（给电子态）各自的能级。一方面，如果桥态的能量高于初始态的能量，那么电子或空穴就不能固定在桥上，电荷转移就必然会因为超转移机理而发生，例如，通过单个跃迁从给体跳到受体。在这种情况下（根据 3.2.2.1 节中式（3.21）），电荷转移动力学就会随着距离呈指数关系快速下降。另一方面，当桥态和给体的能量相近，电子或空穴会通过热力学注入桥态，这时转移是通过跃迁机理发生的，跃迁机理正如我们已在 3.4 节讨论的，它对距离的依赖很弱，与距离的变化相反。

由于其与距离呈指数关系，在DNA中，当给体-受体的分离距离超过15 Å时，超转移有关的电子或空穴的转移就不明显了，然而，跃迁转移机理能涉及更大范围的过程，能超过50 Å。从以上讨论我们可以得出，DNA分子中基本碱基对的组成和排列有着非常重要的影响。这方面我们注意到鸟嘌呤（G）比腺嘌呤（A）、胸腺嘧啶（T）或胞嘧啶（C）更容易氧化，胸腺嘧啶和胞嘧啶比鸟嘌呤和腺嘌呤更容易还原[103]。因此，在DNA螺旋体中注入空穴会产生一个G^+阳离子，注入电子会产生T或C。然而，电子注入比空穴注入要难得多，所以大部分的研究集中在空穴注入方面。

通过使用合成的双DNA分子我们可以得到很有趣的结果[89,104,105]，当G^+阳离子产生3对或4对AT碱基对时可以使G^+阳离子从GGG穴中分离出来（GGG的氧化电势比G低），足以完全抑止穴中的氧化分裂。对于研究的序列，与$\ln N$所对应的一系列$\ln k_{rel}$产生一个η，值为1.7，与式（3.21）呈线性关系的数据产生一个不合理的β值，值为0.07 $Å^{-1}$。当AT和GC碱基对的组合与G^+阳离子和GGG分离时，在更长的距离上能进一步观察到氧化分裂。例如，在含有单GC对的四碱基对序列中比在仅含有AT碱基对的三碱基对序列中更容易发现GGG的氧化分裂。这些以及其他的一些结论[89]显示出空穴能够在G碱基对中随机地跃迁。然而，使一个电子从一个G单元转移到另一个G单元应用到了超转化机理。沿着空穴转移途径中，G碱基对浓度越高，过程的转移率就会更快，空穴也会更进一步转移。长距离的电荷转移是有可能的，因为整个距离是分裂的，最长的一步是由速率决定的。如果G单元的位置明确，在超过54 Å的距离上我们也能发现电荷的快速转移。最近，在水中植入的DNA分子动力学模拟[106]显示出了在给体和受体之间有效的电子耦合经历了一个很大的波动，它的二次平均数要比它的平均值大一个数量级。这些波动可能就是给体和受体之间耦合的主要来源。DNA的横向运动是尤为重要的，然而，令人惊奇的是，其纵向运动的效率却相当得低[106]。对分布在长距离DNA中不同离子的电荷转移的研究发现，在转移机理中，DNA的纵向极性是十分重要的[107]。

就电子转移而言，因为要涉及T和C，而且在每个碱基对中都存在着它们中的一个，我们认为这个过程应当发生在很长的距离上，而且应该与序列无关[104,108]。事实上，最近发现[109]一个单电子能够在24 Å的距离上在DNA对上移动，与距离几乎无关（$\beta \sim 0.1$ $Å^{-1}$），这说明涉及了跃迁机理。

4.5 非均相的光诱导的电子转移

在材料科学领域，尺度越来越小的体系正受到广泛的关注。对于大量的金属和金属氧化物来说，我们可以制备功能化以及聚集纳米级的粒子[110]。纳米级的耦合分子或超分子化合物可以组成所谓的异类超分子体系。在这个体系中，单个的粒子成为超分子聚集体的补充成分。例如，它们可以被光激发，它们也可以给出电子或接受电子。在这个领域的很多研究都是关于用于太阳能转化的宽谱带半导体的光学敏感性[111,112]。从光诱导电子转移的角度来看，虽然至今为止所研究的大多数非均相超分子体系都是二元体，但我们也研究了在纳米晶体 TiO_2 上的异三元体[113]。光电图谱常用于显示电子是否注入了半导体。我们在 7.5 节介绍了一些例子。

4.6 能量传递

在过去的几年中，我们对超分子体系中的电子能量传递做了许多研究。1991 年以前的工作已有综述［28］。最近，又有一些新的研究成果发表如参考文献［37，48，114］。最有趣的化合物就是那些有着棒状结构的化合物。为了简化起见，我们在这仅介绍一些刚性的、特征明显的体系，在这些体系中，能量传递可以在长距离中进行。

4.6.1 含有金属络合物的共价连接体系

大多数具有能量传递的系统都包含聚吡啶金属络合物作为给电子或受电子单元[48]。通常，光激发的发色团是$[Ru(bpy)_3]^{2+}$（bpy＝2,2′-二联吡啶），能量受体是 $[Os(bpy)_3]^{2+}$。作为能量给体的 $[Ru(bpy)_3]^{2+}$ 激发态是最低的能态，通常都是三线态的，金属到配体的电荷转移激发态（^{3}MLCT），其在可见光激发（λ_{max}≈450 nm）下可观察到，电势比基态高大约 2.1 eV，在除氧溶液中的寿命大约为 1 μs[115]。这个相对较长的寿命是十分有用的，因为它使我们能在较长的距离上研究能量传递。能量传递过程的发生促使基态的 $[Os(bpy)_3]^{2+}$ 能量受体向它的最低能量激发态^{3}MLCT 转移，^{3}MLCT 态大约比给体激发态低 0.35 eV 左右。因为给体和受体的激发态都是发光的，所以能量传递的过程可以通过连续的和脉冲的激发，从而观察发光的猝灭和（或）敏化结果来检测。

Ru(Ⅱ）和 Os(Ⅱ）的聚吡啶单元可以通过各种桥配体和间隔基团来连接。当金属与金属的距离十分接近时，快速的能量传递就会通过 Förster 共振机理（3.3.1 节）而发生。在其他系统中，两个光活性单元被或长或短的间隔基所分隔。当这个间隔基是柔性链（例如—$(CH_2)_n$—）时，这个系统的几何形态很难确定，因此，我们很难使所获得的结果合理化。

化合物 **24**$^{4+}$[116] 和化合物 **25**$^{4+}$[117] 之间具有与金属到金属几乎相等的距离，这种特性（图 4.18）明显表示出桥基在能量传递速率方面的作用。在化合物

24^{4+}中，两个金属基团通过芳香桥键连接时，就发生了能量传递，即 $k>5\times 10^{10}\ s^{-1}$（丁腈，室温）；而在化合物$25^{4+}$中，桥键是脂肪链的，其速率常数至少低了 3 个数量级。

24^{4+}

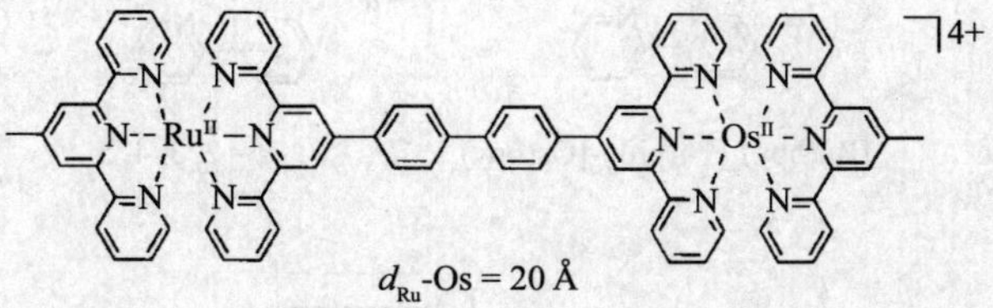

25^{4+}

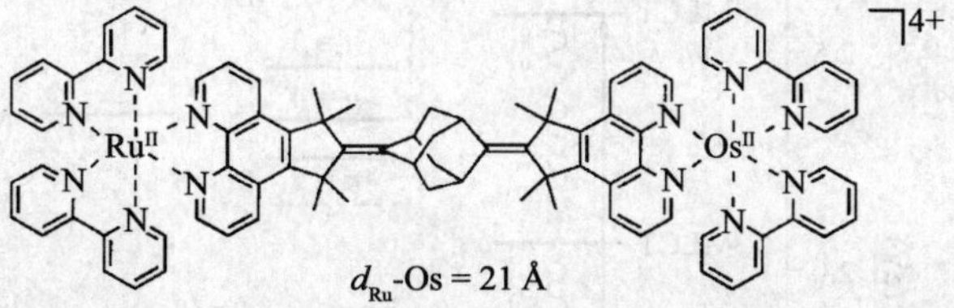

图 4.18　被用来研究能量传递过程中桥连作用的双核 Ru(Ⅱ)-Os(Ⅱ)络合物 24^{4+} 和 25^{4+}[116,117]

最有趣的系统就是那些双发色团是通过刚性的模板隔离基团连接起来的，如在图 4.19 中所示的化合物，$[Ru(bpy)]^{2+}-(ph)_n-[Os(bpy)]^{2+}$(ph=1,4-亚苯基,$n=2\sim5$)[118]。

在这些化合物中，一部分 $[Ru(bpy)_3]^{2+}$ 激发态的能量传递给 $[Os(bpy)_3]^{2+}$单元，如后者（CH_3CN，293 K）的受激辐射所示。其能级图如图 4.19 所示。随着亚苯基单元数目的增加，间隔基团的最低激发态的能量稍有减少，但总会高于能量传递过程中的给体与受体的各个能级。当间隔基团的三线态激发态的能量进一步减少时，它会使能量传递机理从超转移机理转向线性机理(3.4 节)，就像光诱导电子转移机理。如图 4.19 所示的一系列化合物中，能量传递的速率随着聚亚苯基间隔基团长度的增加而减小。我们发现这些速率常数比那些 Förster 型机理的常数高得多，而这些速率常数可以用超转移 Dexter 机理来解释，就如在金属到金属的距离上与 ln$k$ 有关所得到的线性关系，β 值为 0.5 $Å^{-1}$（图 4.20）。表 4.1 为系列化合物 $[Ru(bpy)_3]^{2+}-(ph)_nR_2-[Os(bpy)_3]^{2+}$[119]能量传递过程中得到的速率值，其中中间的苯环上连有两个己基长链的化合物所得的速率值，较未取代的化合物低。这极有可能是因为己基取代基 R 增加了亚苯基单元间的倾斜角。当 Ru-给体和 Os-受体通过间位连接的聚亚苯基桥键相连时，能量传递的速率常数会急剧减小[120]。

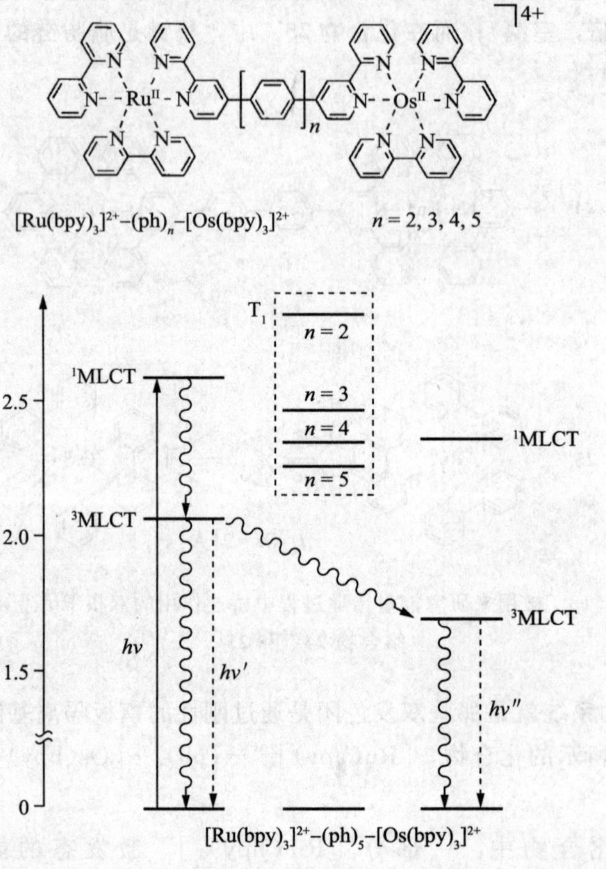

图 4.19　化合物 $[Ru(bpy)_3]^{2+}-(ph)_n-[Os(bpy)_3]^{2+}$ 的结构及其能量传递过程的能级图[118]

表 4.1　不同给体-桥链-受体结构的双金属络合物的能量转移速率常数

n	$k(s^{-1})$		
	$[Ru(bpy)_3]^{2+}-(ph)_n-[Os(bpy)_3]^{2+}$	$[Ru(bpy)_3]^{2+}-(ph)_nR_2-[Os(bpy)_3]^{2+}$	$[Ir(ppyF_2)_2(bpy)]^{+}-(ph)_n-[Ru(bpy)_3]^{2+}$
2	2.5×10^{11}	—	8.3×10^{11}
3	5.9×10^{10}	6.7×10^{8}	5.9×10^{11}
4	4.1×10^{9}	—	3.6×10^{11}
5	4.9×10^{8}	1.0×10^{7}	3.3×10^{11}
7	—	1.3×10^{6}	—

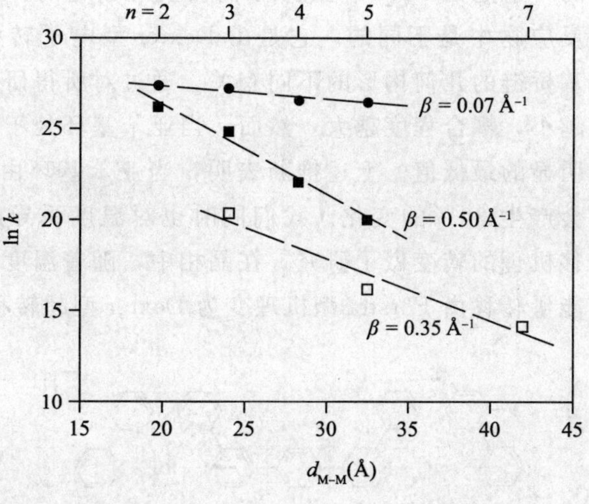

图 4.20　表 4.1 所示的三种化合物系统的能量传递速率与传递距离的关系

■=$[Ru(bpy)_3]^{2+}-(ph)_n-[Os(bpy)_3]^{2+}$[118]；

□=$[Ru(bpy)_3]^{2+}-(ph)_nR_2-[Os(bpy)_3]^{2+}$[119]；

●=$[Ir(ppyF_2)_2(bpy)]^{+}-(ph)_n-[Ru(bpy)_3]^{2+}$[121]

将上述讨论的 $[Ru(bpy)_3]^{2+}-(ph)_n-[Os(bpy)_3]^{2+}$ 化合物（图 4.19），与近期报道的 $[Ir(ppyF_2)_2(bpy)^+]^+-(ph)_n-[Ru(bpy)_3]^{2+}$（ph=1，4-亚苯基；$n$=2—5）系统（图 4.21）比较，将有很有趣的发现[121]。如表 4.1 所示，Ir-Ru化合物可以得到更高的速率常数，而且其速率与间隔基团的长度无关。从 Ir-Ru 化合物的能级图，如图 4.21 所示，可以看出给体的能级同间隔基团的三线态的能级几乎是等能的。因此，至少当 $n>2$ 时，基于 Ir 的给体可以通过桥链络合物将能量传递给基于 Ru 的受体。这种线性机理导致了能量转移速率几乎与间隔基团的长度无关（$\beta=0.07$ $Å^{-1}$，图 4.20）。

人们已经通过对图 4.22 所示的一系列化合物的系统的研究，探讨了基于亚苯基桥链的扭转角，对于从 $[Ru(tpy)_2]^{2+}$（tpy=2，2′：6′，2″-三吡啶）到 $[Os(tpy)_2]^{2+}$ 单元的能量传递速率的影响[122]。在这些化合物中，给体和受体单元通过次乙炔基取代的联苯桥链连接，而桥链本身就具有一定的抑制能带。这个能带可用于防止能级的倒转，同时它会填充二苯基单元的二氢键的键角。二氢键的键角也可通过碳正离子与冠醚的结合进一步调整。亚苯基桥链的扭转角一共有 11 种，它们一般为 37°～130°。为了防止过度扭转，含亚苯基的实验体系需在晶体（丁腈）中进行研究。由实验所得数据可以看出，能量转移过程的速率常数取决于两方面的因素，k_F 和 $k_D\exp(-\Delta G^{\#}/RT)$。第一个因素（$k_F$），对于所有化合物来说都是相同的，它是由 Förster 型偶极-偶极机理引起的，而第二影响因素(k_D)，在不同的反应物中是不同的，它是由 Dexter 型电子转移引起的，与控制电子耦合的联苯桥链的几何构形的不同有关。通过对所得研究结果的详尽分析可知，扭转角越小，耦合程度越大，然而，当亚苯基环处于垂直位置时，电子耦合程度出现明显的最低值。上述推断表明，当亚苯基环由 0°变为 90°的位置时，速率常数会产生 80%的变化。我们同时也对温度诱导的具有烷氧基带化合物的能量转移机理的转变做了研究，在晶相中，随着温度的升高，具有烷氧基带化合物的能量转移由 Förster 型机理变为 Dexter 型超转移机理[123]。

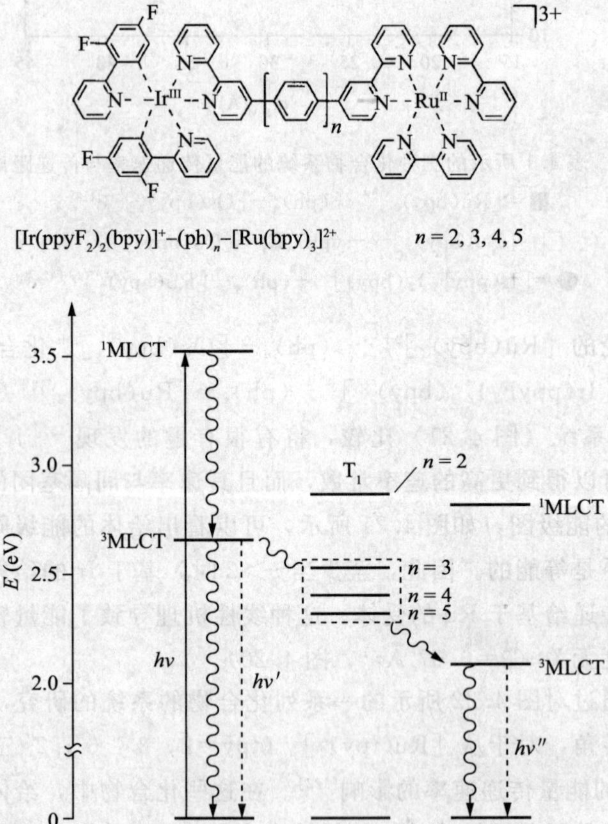

图 4.21 $[Ir(ppyF_2)_2(bpy)]^+-(ph)_n-[Ru(bpy)_3]^{2+}$ 的化合物结构及其能量传递过程的能级图[121]

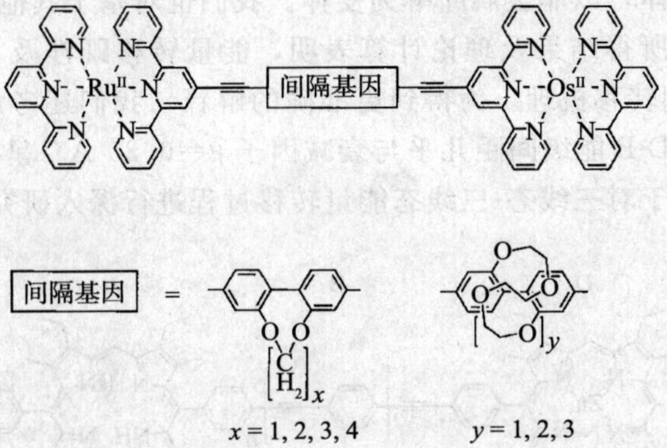

图 4.22　含 $[Ru(tpy)_2]^{2+}$ 和 $[Os(tpy)_2]^{2+}$ 两个单元，且通过次乙炔基取代的联苯桥链连接的化合物的结构[122]

4.6.2　包含卟啉的共价键合体系

卟啉型的发色团不仅是优良的电子传输单元，也是优良的能量传递单元。在这方面，最常用的化合物是锌卟啉和非金属卟啉[32-35,38,39]。前者的最低单线激发态比后者高大约 1600 cm^{-1}。我们也对锌卟啉和富勒烯卟啉进行了研究[124]。

本书 2.3 节中讨论的化合物 **1** 是一个有关基于卟啉的分子光子导线的很好的例子（图 2.4）。

图 4.23 所示的化合物 **26**[125] 也是一个有趣的例子。它包含一个苝输入单元、一个双转移（非金属卟啉）基团以及一个非金属酞菁输出单元。在 490 nm 激发处苝吸收很好，因此，能够从酞菁染料中发出独特的荧光（量子产率为 0.78）；能量传递非常快，因为激发态的酞菁在 2 ps(90%) 和 13 ps(10%) 的时间常数中产生。

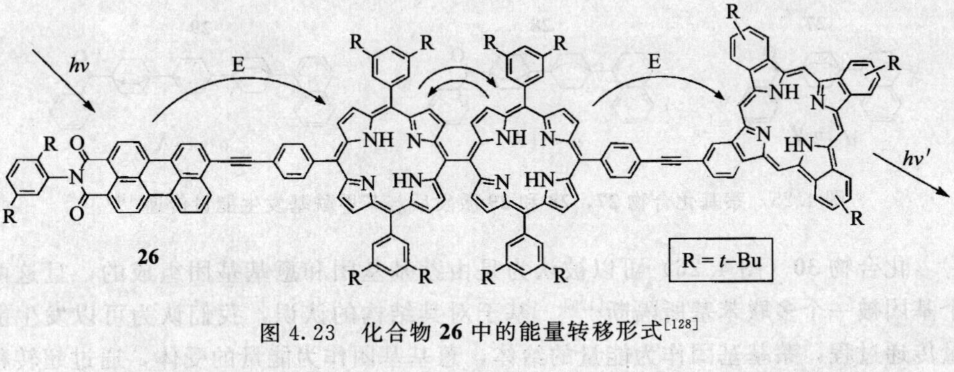

图 4.23　化合物 **26** 中的能量转移形式[128]

近期已有关于一系列具有聚对亚苯基次乙炔基桥链的 D-B-A 体系（图 4.24）的单线态-单线态能量转移的详细研究的报道发表。体系以锌卟啉（或具有苝配位的锌卟啉）为给体，以非金属卟啉为受体。我们也对基于其他几种桥链的体系进行了研究。实验所得结果及理论计算表明，能量转移既涉及了 Förster 机理，又涉及了 Dexter 超转移机理。为得到更准确的解释，我们还考虑了 D-B 的能级间距。研究发现，D-B 能级间距几乎与衰减因子 $\beta=0.20\ Å^{-1}$ 呈指数关系。同体系的化合物也被用于对三线态-三线态能量转移过程进行深入研究[127]。

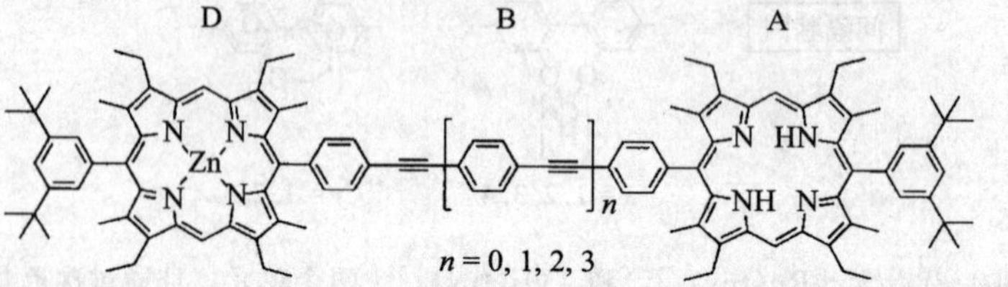

图 4.24　具有聚亚苯基次乙炔基桥链的给体-受体体系卟啉-非金属，用于能量转移的研究

4.6.3　基于有机化合物的共价相连的体系

在有机发色团单元中，能量传递能从短寿命的单线态或长寿命的三线激发态发生。

对于化合物 **27～29**（图 4.25），萘基的激发使得受体苯甲酰基荧光敏化[128]。正如我们所预料的，能量传递的速率常数随着间距的增大而减小（对于化合物 **27**，**28** 和 **29**，K 分别为 $4.0\times10^9\ s^{-1}$，$1.0\times10^9\ s^{-1}$ 以及 $7.4\times10^8\ s^{-1}$，室温，环己烷）。计算机分析显示通过价键起作用的 Dexter 机理和通过空间起作用的 Förster 机理都有所涉及。在短距离下，通过价键起作用的 Dexter 机理占主导地位，在长距离下，通过空间起作用的 Förster 机理占主导地位。

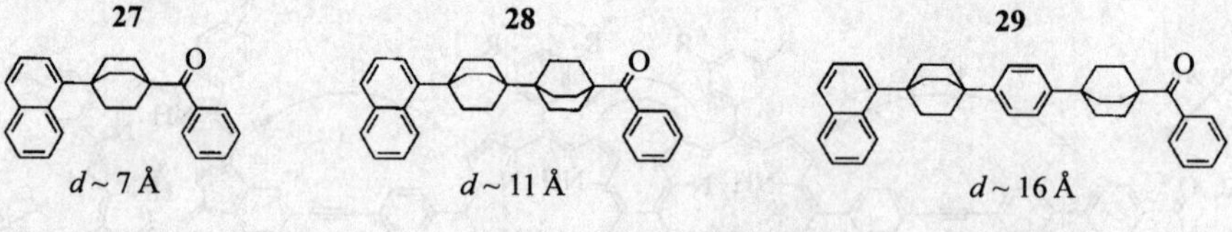

图 4.25　萘基化合物 **27**，**28** 和 **29** 激发后与苯甲酰基发生能量传递[128]

化合物 **30**（图 4.26）可以被认为是由萘基基团和蒽基基团组成的，且这两个基团被一个多联苯基所隔断[129]。基于对其结构的认识，我们认为可以发生能量传递过程，萘基基团作为能量的给体，蒽基基团作为能量的受体，通过超转移机理发生能量传递，与图 4.19 所示的化合物能量传递相似。但是将化合物 **30** 的荧光性质与标准给体化合物、受体化合物及间隔团的荧光性质相比，我们发现，

实际上化合物**30**的五联亚苯基的能量比能量给体的低（图 4.26）。因此，在化合物**30**中，激发态的能量离域在一部分的萘基-五联亚苯基中，就像在大型生色团中，然后被蒽基捕获（分子线性特性）[129]。换句话说，情况与所观察到的在化合物**18～20**中的电子转移相类似（图 4.15），我们在 4.4.5 节中已讨论过。

30

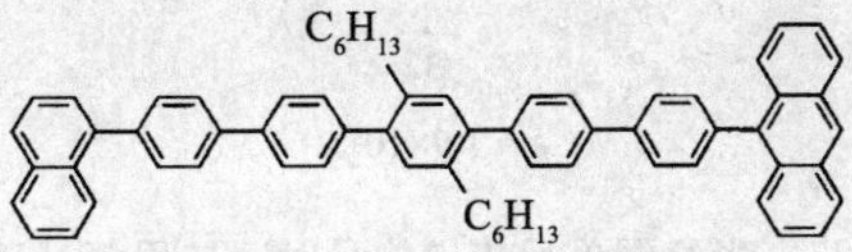

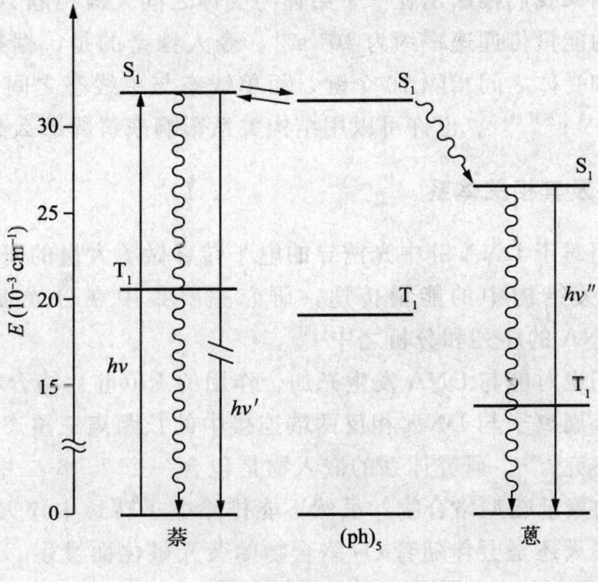

图 4.26　化合物**30**的能量传递图[129]

有充分的事实可以证明单线态与单线态之间和三线态与三线态之间的能量传递可以在很长的距离间发生，这种能量传递是在刚性结构中通过键间转移机理发生的，在这个刚性结构中，给体与受体是通过刚性的脂肪桥键连接的[28,130-132]。如果是键间机理（3.3.2 节），那么速率常数是与距离呈指数关系的，衰减系数 β 的经验值为每个键 2～2.5。例如，在化合物二甲氧基萘基桥酮化合物**31**和**32**中（图 4.27），单线态与单线态之间的能量传递所获得的 β 值约为 2/键，在这两个化合物中给体与给体单元之间各自相隔 4 个和 6 个键[133]。这个 β 值大约是在结构相关的化合物中电子转移的 2 倍，正如所预测的那样，能量交换可以看作是两个独立的电子转移过程（3.3.2节）。

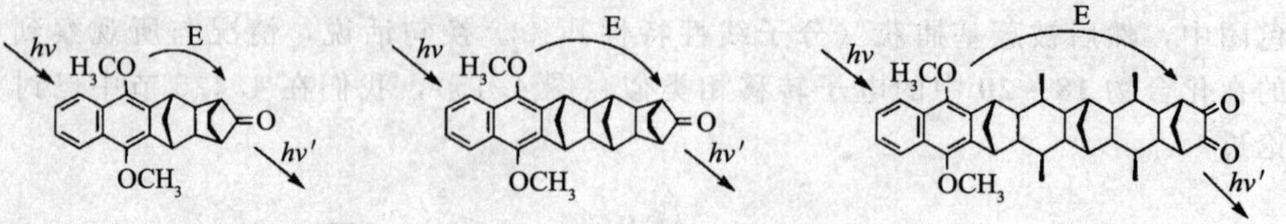

31
$k = 1.2\times10^{10}\ s^{-1}$

32
$k = 1.9\times10^{8}\ s^{-1}$

33
$k = 2.5\times10^{10}\ s^{-1}$

图 4.27　当给酮单元传递能量时，二甲氧基萘基桥酮化合物 **31**、**32**[133]及 **33**[134]产生激发

从这些结果我们推断出在一个给体与受体之间大概相隔10个键（～12.5 Å）的化合物中的能量传递速率约为 $10^5\ s^{-1}$。令人惊奇的是，据报道，在化合物 **33** 中，其给体和受体之间相隔10个键，而单线态与单线态之间的能量传递速率常数为 $2.5\times10^{10}\ s^{-1}$[134]。也许可以用结构关系影响来解释那么高的速率[135]。

4.6.4　DNA 及其相关体系

研究者们对于 DNA 链中光诱导的电子转移做了大量的研究。关于大多数在 DNA 以及相关结构中的能量传递，研究主要集中在分光度尺的技术应用方面[136]以及 DNA 的序列和分析之中[137]。

科学家们也对能与 DNA 发生光加合作用的 Ru(Ⅱ）络合物进行了研究[138]。

对于在金属离子与 DNA 相反两端连接中的长距离三重态的能量传递，我们也做了大量研究[139]。研究体系的嵌入物是包含一个7，8-二甲基配体的 Ru(Ⅱ）和 Os(Ⅱ）的聚吡啶型络合物。虽然不能排除电子转移中猝灭的发生，但 Ru 络合物的荧光猝灭还是会伴随着 Os 络合物的荧光敏化而发生。如果以远程官能团 Ru 的发射猝灭产率的对数值作图，图线斜率为 $-0.1\ Å^{-1}$，充分体现 DNA 是能量传递的良好载体。

我们也研究了通过共价键结合在合成 DNA 双螺旋体中的 Ru 和 Os 聚吡啶络合物之间的能量传递[140]。在其他研究中，3个不同的荧光团（一种荧光黄 F；一种若丹明 R；一种部花菁 C 及其衍生物）也通过共价键与单 DNA 分子相连[141]。F 单元在 488 nm 处激发，紧接着发生 F(525 nm)、R(585 nm）和 C(670 nm)发射，在这个过程中 F 的原始发射和大部分 C 的发射有99%猝灭。这种类型的系统可以用作生物标签和生物成像。其他包含三个发色团的分子体系已被成功应用于研究 DNA 分子束中的能量转移过程[142]。

为了实现具有多级荧光响应的能量传递过程的单向光子电线，我们引入了大量发色团[114]。我们将五种不同的发色团以共价键的形式连入不同长度的单链DNA分子（含有60或20个碱基）中[143]。标记DNA片断的杂化导致了含有60个碱基对的DNA双螺旋结构的形成。并且在所得的双螺旋DNA中，含有的五个发色团均处于最优位置和距离。光子电线的空间总长度为13.6 nm，它所适应的光谱区间为490～700 nm。上述体系是单分子状态的研究，研究结果表明，大约10％的光子电线会发生单向高效（约90％）多级的能量转移。

参考文献

1 Aviram, A. and Ratner, M.A. (1974) *Chemical Physics Letters*, **29**, 277.

2 (a) Tour, J.M. (1996) *Chemical Reviews*, **96**, 537. (b) Bartik, T., Bartik, B., Brady, M., Dembinski, R. and Gladysz, J.A. (1996) *Angewandte Chemie-International Edition*, **35**, 414. (c) Swager, T.M. (1998) *Accounts of Chemical Research*, **31**, 201. (d) Schwab, P.F.H., Levin, M.D. and Michl, J. (1999) *Chemical Reviews*, **99**, 1863. (e) Anderson, H.L. (1999) *Chemical Communications*, 2323. (f) Berresheim, A.J., Müller, M. and Müllen, K. (1999) *Chemical Reviews*, **99**, 1747. (g) McQuade, T.D., Pullen, A.E. and Swager, T.M. (2000) *Chemical Reviews*, **100**, 2537. (h) Roncali, J. (2000) *Accounts of Chemical Research*, **33**, 147. (i) Segura, J.L. and Martín, N. (2000) *Journal of Materials Chemistry*, **10**, 2403. (j) Tsuda, A. and Osuka, A. (2001) *Science*, **293**, 79. (k) Ward, M.D. (2001) *Journal of Chemical Education*, **78**, 321. (l) Watson, M.D., Fechtenkötter, A. and Müllen, K. (2001) *Chemical Reviews*, **101**, 1267. (m) Metzger, R.M. (2003) *Chemical Reviews*, **103**, 3803. (n) Zheng, Q., Hampel, F. and Gladysz, J.A. (2004) *Organometallics*, **25**, 5896. (o) Valásek, M., Pecka, J., Jindrich, J., Calleja, G., Craig, P.R. and Michl, J. (2005) *Journal of Organic Chemistry*, **70**, 405. (p)*Topics in Current Chemistry* (2005) **257**, Special volume on Molecular Wires (ed. L. De Cola).

3 (a)Carter, F.L. (ed.) (1982) *Molecular Electronic Devices*, Dekker, New York. (b)Carter, F.L.(ed.) (1987) *Molecular Electronic Devices*, vol. II, Dekker,New York. (c) Carter, F.L.,Siatkowski, H.L. and Wohltjen, H. (eds) (1988) *Molecular Electronic Devices*, Elsevier, Amsterdam. (d) Miller, J.S. (1990) *Advanced Materials*, **2**, 378. (e) Miller, J.S. (1990) *Advanced Materials*, **2**, 495. (f) Miller, J.S. (1990) *Advanced Materials*, **2**, 603. (g) Metzger, R. M. and Panetta, C.A. (1991) *New Journal of Chemistry*, **15**, 209. (h) Mirkin, C.A. and Ratner, M.A. (1992) *Annual Review of Physical Chemistry*, **43**, 719. (i) Jortner, J. andRatner, M. (eds) (1997) *Molecular Electronics*, Blackwell Science, London. (j) *Annals of the New York Academy of Sciences*, (1998) **852**, Special volume on Molecular Electronics: Science and Technology (A. Aviram and M.A. Ratner (eds). (k) Metzger, R.M. (1999) *Accounts of Chemical Research*, **32**, 950. (l) Joachim, C., Gimzewski, J.K. and Aviram, A. (2000) *Nature*, **408**, 541. (m) Tour, J.M. (2000) *Accounts of Chemical Research*, **33**, 791. (n) Ellenbogen, J.C. and Love, J.C. (2000) *Proceedings of IEEE*, **88**, 386. (o) Pease, A.R., Jeppesen, J.O., Stoddart, J.F., Luo, Y., Collier, C.P. and Heath, J.R. (2001) *Accounts of Chemical Research*, **34**, 433. (p) Luo, Y., Collier, C.P., Jeppesen, J. O., Nielsen, K.A., De Ionno, E., Ho, G., Perkins, J., Tseng, H.-R., Yamamoto, T., Stoddart, J.F. and Heath, J.R. (2002) *ChemPhysChem*, **3**, 519. (q) James, D.K. and Tour, J.M. (2004) *Chemistry of*

Materials, **16**, 4423. (r)Klauk, H. (ed.) (2006) *Organic Electronics Materials, Manufacturing and Applications*, Wiley-VCH Verlag GmbH.(s) Goldsmith, B. R., Coroneus, J.G., Khalap, V.R., Kane, A.A., Weiss, G.A. and Collins, P.G. (2007) *Science*, **315**, 77.

4 (a) Hipps, K.W. (2001) *Science*, **294**, 53. (b) McCreery, R.L. (2004) *Chemistry of Materials*, **16**, 4477. (c) Troisi, A. and Ratner, M.A. (2006) *Small*, **2**, 172.

5 (a) Donhauser, Z.J., Mantooth, B.A., Kelly, K.F., Bumm, L.A., Monnell, J.D., Stapleton, J.J., Price, D.W., Jr, Rawlett, A.M., Allara, D.L., Tour, J.M. and Weiss, P.S. (2001) *Science*, **292**, 2303. (b) Fan, F.-R.F., Yang, J., Dirk, S.M., Price, D.W., Jr, Kosynkin, D.V., Tour, J.M. and Bard, A.J. (2001) *Journal of the American Chemical Society*, **123**, 2454. (c) Fan, F.-R.F., Yang, J., Cai, L., Price, D.W., Jr, Dirk, S.M., Kosynkin, D.V., Yao, Y., Rawlett, A.M., Tour, J.M. and Bard, A.J. (2002) *Journal of the American Chemical Society*, **124**, 5550. (d) Blum, A.S., Kushmerick, J.C., Pollack, S.K., Yang, J. C., Moore, M., Naciri, J., Shashidhar, R. and Ratna, B.R. (2004) *Journal of Physical Chemistry B*, **108**, 18124. (e) Liu, B., Bard, A.J., Mirkin, M.V. and Creager, S.E. (2004) *Journal of the American Chemical Society*, **126**, 1485. (f) Liu, B., Bard, A.J., Li, C.-Z. and Kraatz, H.-B. (2005) *Journal of Physical Chemistry B*, **109**, 5193.

6 Reed, M.A., Zhou, C., Muller, C.J., Burgin, T.P. and Tour, J.M. (1997) *Science*, **278**, 252.

7 (a) Chen, J., Reed, M.A., Rawlett, A.M. and Tour, J.M. (1999) *Science*, **286**, 1550. (b) James. D.K. and Tour, J.M. (2004) *Dekker Encyclopedia of Nanoscience and Nanotechnology* (eds J.A. Schwarz, C. Contescu and K. Putyera),Dekker, New York, p.2177. (c) Lörtscher, E., Ciszek, J. W., Tour, J. and Riel, H. (2006) *Small*, **2**, 973.

8 Frank, S., Poncharal, P., Wang, Z.L. and de Heer, W.A. (1998) *Science*, **280**, 1744.

9 (a) Leatherman, G., Durantini, E.N., Gust, D., Moore, T.A., Moore, A.L., Stone, S., Zhou, Z., Rez, P., Liu, Y.Z. and Lindsay, S.M. (1999) *Journal of Physical Chemistry B*, **103**, 4006. (b) Rawlett, A.M., Hopson, T.J., Nagahara, L.A., Tsui, R.K., Ramachandran, G.K. and Lindsay, S.M. (2002) *Applied Physics Letters*, **81**, 3043. (c) Ishida, T., Mizutami, W., Liang, T.-T., Azehara, H., Miyake, K., Sasaki, S. and Tokumoto, H. (2003) *Annals of the New York Academy of Sciences*, **1006**, 164.

10 (a) Holmlin, R.E., Haag, R., Chabinyc, M.L., Ismagilov, R.F., Cohen, A.E., Terfort, A., Rampi, M.A. and Whitesides, G.M. (2001) *Journal of the American Chemical Society*, **123**, 5075. (b) Rampi, M.A. and Whitesides, G.M. (2002) *Chemical Physics*, **281**, 373. (c) Tran, E., Rampi, M.A. and Whitesides, G.M. (2004) *Angewandte Chemie-International Edition*, **43**, 3835. (d) Tran, E., Duati, M., Ferri, V., Mullen, K., Zharnikov, M., Whitesides, G.M. and Rampi, M.A. (2006) *Advanced Materials*, **18**, 1323.

11 Cui, X.D., Primak, A., Zarate, X., Tomfohr, J., Sankey, O.F., Moore, A.L., Moore, T.A., Gust, D., Harris, G. and Lindsay, S.M. (2001) *Science*, **294**, 571.

12 James, D.K. and Tour, J.M. (2005) *Topics in Current Chemistry*, **257**, 33.

13 (a) Kushmerick, J.G., Naciri, J., Yang, J. C. and Shashidar, R. (2003) *Nano Letters*, **3**, 897. (b) Blum, A.S., Kushmerick, J.G., Pollack, S.K., Yang, J.C., Moore, M., Naciri, J., Shashidar, R. and Ratna, B.R. (2004) *Journal of Physical Chemistry B*, **108**, 18124.

14 Dholakia, G.R., Fan, W., Koehne, J., Han, J. and Meyyappan, M. (2004) *Physical Reviews B*, **69**, 153402.

15 Lee, T., Wang, W. and Reed, M.A. (2003) *Annals of the New York Academy of Sciences*, **1006**, 21.

16 Ashwell, G.J., Urasinska, B., Wang, C., Bryce, M.R., Grace, I. and Lambert, C.J. (2006) *Chemical Communications*, 4706.

17 Avouris, P. (2002) *Chemical Physics*, **281**, 429.

18 Finklea, H.O. (1996) *Electroanalytical Chemistry*, vol. 19 (eds A.J. Bard and I. Rubinstein), Dekker, New York, p. 109.

19 Kaifer, A.E. and Gómez-Kaifer, M. (1999) *Supramolecular Electrochemistry*, Wiley-VCH Verlag GmbH, Weinheim, chapters 14 and 15.

20 (a) Galka, M.M. and Kraatz, H.-B. (2002) *ChemPhysChem*, **3**, 356. (b) Hirayama, D., Takimiya, K., Aso, Y., Otsubo, T., Hasobe, T., Yamada, H., Imahori, H., Fukuzumi, S. and Sakata, Y. (2002) *Journal of the American Chemical Society*, **124**, 532. (c) Wold, D. J., Haag, R., Rampi, M.A. and Frisbie, C.D. (2002) *Journal of Physical Chemistry B*, **106**, 2813.

21 Flink, S., Boukemp, B.A., van den Berg, A., van Veggel, F.C.J.M. and Reinhoudt, D.N. (1998) *Journal of the American Chemical Society*, **120**, 4652.

22 Chidsey, C.E.D. (1991) *Science*, **251**, 919.

23 Creager, S.E., Yu, C.J., Bamdad, C., O'Connor, S., MacLean, T., Lam, E., Chong, Y., Olsen, G.T., Luo, J., Gozin, M. and Kayyem, J.F. (1999) *Journal of the American Chemical Society*, **121**, 1059.

24 Sachs, S.B., Dudek, S.P., Hsung, R.P., Sita, L.R., Smalley, J.F., Newton, M.D., Feldberg, S.W. and Chidsey, C.E.D. (1997) *Journal of the American Chemical Society*, **119**, 10563.

25 Weber, K., Hockett, L. and Creager, S.E. (1997) *Journal of Physical Chemistry B*, **101**, 8286.

26 Sikes, H.D., Smalley, J.F., Dudek, S.P., Cook, A.R., Newton, M.D., Chidsey, C. E.D. and Feldberg, S.W. (2001) *Science*, **291**, 1519.

27 Nitahara, S., Akiyama, T., Inoue, S. and Yamada, S. (2005) *Journal of Physical Chemistry B*, **109**, 3944.

28 Balzani, V. and Scandola, F. (1991) *Supramolecular Photochemistry*, Horwood, Chichester.

29 *Topics in Current Chemistry*, (2004) 236–237 Special volumes on Long-Range Charge Transfer in DNA (ed G.B. Schuster).

30 Wagenknecht, H.-A. (2005) *Charge Transfer in DNA: From Mechanism to Application*, Wiley-VCH Verlag GmbH, Weinheim.

31 Gust, D., Moore, T.A. and Moore, A. (1993) *Accounts of Chemical Research*, **26**, 198.

32 Kurreck, H. and Huber, M. (1995) *Angewandte Chemie-International Edition*, **34**, 849.

33 Gust, D., Moore, T.A. and Moore, A. (2000) *The Porphyrin Handbook*, vol. 8 (eds K.M. Kadish,K.M. Smith andR. Guillard,), Academic Press, San Diego, p.153.

34 Gust, D., Moore, T.A. and Moore, A. (2001) *Accounts of Chemical Research*, **34**, 40.

35 Paddon-Row, M.N. (2001) *Electron Transfer in Chemistry*, vol. 3 (ed.V. Balzani),Wiley-VCH Verlag GmbH, Weinheim, p.179.

36 Gust, D., Moore, T.A. and Moore, A.L. (2001) *Electron Transfer in Chemistry*, vol. 3 (ed.V. Balzani),Wiley-VCH Verlag GmbH, Weinheim, p.272.

37 Scandola, F., Chiorboli, C., Indelli, M.T. and Rampi, M.A. (2001) *Electron Transfer in Chemistry*, vol. 3 (ed.V. Balzani),Wiley-VCH Verlag GmbH, Weinheim, p.337.

38 Guldi, D.M. (2002) *Chemical Society Reviews*, **31**, 22.

39 Holten, D., Bocian, D.F. and Lindsey, J. S. (2002) *Accounts of Chemical Research*, **35**, 57.

40 Ohkubo, K., Kotani, H., Shao, J., Ou, Z., Kadish, K.M., Li, G., Pandey, R.K., Fujitsuka, M., Ito, O., Imahori, H. and Fukuzumi, S. (2004) *Angewandte Chemie-International Edition*, **43**, 853.

41 Fukuzumi, S., Kotani, H., Ohkubo, K., Ogo, S., Tkachenko, N.V. and Lemmetyinen, H. (2004) *Journal of the American Chemical Society*, **126**, 1600.

42 Ohkubo, K., Najo, T. and Fukuzumi, S. (2005) *Organic Letters*, **7**, 4265.

43 Hasobe, T., Hattori, S., Kamat, P.V., Wada, Y. and Fukuzumi, S. (2005) *Journal of Materials Chemistry*, **15**, 372.

44 Benniston, A.C., Harriman, A., Li, P., Rostron, J.P. and Verhoeven, J.W. (2005) *Chemical Communications*, 2701.

45 (a) Verhoeven, J.W., van Ramesdonk, H. J., Zhang, H., Groeneveld, M.M., Benniston, A.C. and Harriman, A. (2005) *International Journal of Photoenergy* **7**, 103. (b) Benniston, A.C., Harriman, A., Li, P., Rostron, J.P., van Ramesdonk, H.J., Groeneveld, M.M., Zhang, H. and Verhoeven, J.W. (2005) *Journal of the American Chemical Society*, **127**, 16054.

46 Verhoeven, J.W., van Ramesdonk, H.J., Groeneveld, M.M., Benniston, A.C. and Harriman, A. (2005) *ChemPhysChem*, **6**, 2251.

47 Balzani, V. and Scandola, F. (1996) *Comprehensive Supramolecular Chemistry*, vol. 10 (eds J.L. Atwood, J.E. D. Davies, D.D. MacNicol and F. Vögtle),Pergamon, Oxford, p.687.

48 (a) Sauvage, J.-P., Collin, J.-P., Chambron, J.-C., Guillerez, S., Coudret, C., Balzani, V., Barigelletti, F., De Cola, L. and Flamigni, L. (1994) *Chemical Reviews*, **94**, 993. (b) Harriman, A. and Ziessel, R. (1996) *Chemical Communications*, 1707. (c) Balzani, V., Juris, A., Venturi, M., Campagna, S. and Serroni, S. (1996) *Chemical Reviews*, **96**, 759. (d) De Cola, L. and Belser, P. (1998) *Coordination Chemistry Reviews*, **177**, 301. (e) Barigelletti, F. and Flamigni, L. (2000) *Chemical Society Reviews*, **29**, 1. (f) Launay, J.-P. and Coudret, C. (2001) *Electron Transfer in Chemistry*, vol. 5 (ed. V. Balzani),Wiley-VCH Verlag GmbH, Weinheim, p.3. (g) De Cola, L. and Belser, P. (2001) *Electron Transfer in Chemistry*, vol. 5 (ed.V. Balzani), Wiley-VCH Verlag GmbH, Weinheim, p.97. (h) Launay, J.P. (2001) *Chemical Society Reviews*, **30**, 386. (i) Chiorboli, C., Indelli, M.T. and Scandola, F. (2005) *Topics in Current Chemistry*, **257**, 63.

49 Indelli, M.T., Bignozzi, C.A., Harriman, A., Schoonover, J.R. and Scandola, F. (1994) *Journal of the American Chemical Society*, **116**, 3768.

50 Indelli, M.T., Chiorboli, C., Flamigni, L., De Cola, L. and Scandola, F. (2007) *Inorganic Chemistry*, **46**, 5630.

51 Helms, A., Heiler, D. and McLendon, G. (1992) *Journal of the American Chemical Society*, **114**, 6227.

52 Note that in general β is not a purely bridge-parameter, but a system-specific parameter: Eng, M.P. and Albinsson, B. (2006) *Angewandte Chemie-International Edition*, **45**, 5626.

53 Rosokha, S.V., Sun, D.-L. and Kochi, J. K. (2002) *Journal of Physical Chemistry A*, **106**, 2283.

54 (a) Taylor, P.N., O'Connell, M.J., McNeill, L.A., Hall, M.J., Aplin, R.T. and Anderson, H.L. (2000) *Angewandte Chemie-International Edition*, **39**, 3456. (b) Frampton, M.J. and Anderson, H.L. (2007) *Angew. Chem. Int. Ed*, **46**, 1028.

55 (a) Treadway, J.A., Chen, P., Rutherford, T.J., Keene, F.R. and Meyer, T.J. (1997) *Journal of Physical Chemistry A*, **101**, 6824. (b) Maxwell, K.A., Sykora, M., DeSimone, J.M. and Meyer, T.J. (2000) *Inorganic Chemistry*, **39**, 71.

56 (a) Larson, S.L., Elliott, C.M. and Kelley, D.F. (1995) *Journal of Physical Chemistry*, **99**, 6530, and references therein. (b) Klumpp, T., Linsenmann, M., Larson, S.L., Limoges, B.R., Bürssner, D., Krissinel, E.B., Elliott, C. M. and Steiner, U.E. (1999) *Journal of the American Chemical Society*, **121**, 1076. (c) Weber, J.M., Rawis, M.T., MacKenzie, V.J., Limoges, B.R. and Elliot, C.M. (2007) *Journal of the American Chemical Society*, **129**, 313.

57 Klumpp, T., Linsenmann, M., Larson, S.L., Limoges, B.R., Bürssner, D., Krissinel, E.B., Elliot, M.C. and Steiner, U.E. (1999) *Journal of the American Chemical Society*, **121**, 1076.

58 (a) Ashton, P.R., Ballardini, R., Balzani, V., Credi, A., Dress, K.R., Ishow, E., Kleverlaan, C.J., Kocian, O., Preece, J. A., Spencer, N., Stoddart, J.F., Venturi, M. and Wenger, S. (2000) *Chemistry – A European Journal*, **6**, 3558. (b) Balzani, V., Clemente-León, M., Credi, A., Ferrer, B., Venturi, M., Flood, A.H. and Stoddart, J.F. (2006) *Proceedings of the National Academy of Sciences of the United States of America*, **103**, 1178. (c) Balzani, V., Clemente-León, M., Credi, A., Semeraro, M., Venturi, M., Tseng, H.-R., Wenger, S., Saha, S. and Stoddart, J.F. (2006) *Australian Journal of Chemistry*, **59**, 193.

59 Flamigni, L., Baranoff, E., Collin, J.-P. and Sauvage, J.-P. (2006) *Chemistry – A European Journal*, **12**, 6592.

60 Antolovich, M., Keyte, P.J., Oliver, A.M., Paddon-Row, M.N., Kroon, J., Veroheven, J.W., Jonker, S.A. and Warman, J.M. (1991) *Journal of Physical Chemistry*, **95**, (1933) .

61 Bell, T.D.M., Smith, T.A., Ghiggino, K. P., Ranasinghe, M.G., Shephard, M.J. and Paddon-Row, M.N. (1997) *Chemical Physics Letters*, **268**, 223.

62 Imahori, H., Hagiwara, K., Aoki, M., Akiyama, T., Taniguchi, S., Okada, T., Shirakawa, M. and Sakata, Y. (1996) *Journal of the American Chemical Society*, **118**, 11771.

63 Williams, R.M., Koeberg, K., Lawson, J. M., An, Y.-Z., Rubin, Y., Paddon-Row, M.N. and Verhoeven, J.W. (1996) *Journal of Organic Chemistry*, **61**, 5055.

64 Imahori, H. and Sakata, Y. (1999) *European Journal of Organic Chemistry*, 2445.

65 Winters, M.U., Pettersson, K., Mårtensson, J. and Albinsson, B. (2005) *Chemistry – A European Journal*, **11**, 562.

66 Pettersson, K., Wiberg, J., Ljungdahl, T., Mårtensson, J. and Albinsson, B. (2006) *Journal of Physical Chemistry A*, **110**, 319.

67 Wilberg, J., Guo, L., Pettersson, K., Nilsson, D., Ljungdahl, T., Mårtensson, J. and Albinsson, B. (2007) *Journal of the American Chemical Society*, **129**, 155.

68 Wasielewski, M.R., Niemczyk, M.P., Svec, W.A. and Pewitt, E.B. (1985) *Journal of the American Chemical Society*, **107**, 5562.

69 Gaines, G.L., III, O'Neil, M.P., Svec, W. A., Niemczik, M.P. and Wasielewski, M.R. (1991) *Journal of the American Chemical Society*, **113**, 719.

70 Wasielewski, M.R., Gaines, G.L., III, O'Neil, M.P., Svec, W.A. and Niemczyk, M.P. (1990) *Journal of the American Chemical Society*, **112**, 4559.

71 Liddell, P.A., Kuciauskas, D., Sumida, J. P., Nash, B., Nguyen, D., Moore, A.L., Moore, T.A. and Gust, D. (1997) *Journal of the American Chemical Society*, **119**, 1400.

72 For the electron-transfer chemistry of fullerene, see (a) Fukuzumi, S. and Guldi, D.M. (2001) *Electron Transfer in Chemistry*, vol. 2 (ed. V. Balzani), Wiley-VCH Verlag GmbH, Weinheim, p. 270. For a more recent paper, see (b) Kobori, Y., Yamauchi, S., Akiyama, K., Tero-Kubota, S., Imahori, H., Fukuzumi, S. and Norris, J.R., Jr (2005) *Proceedings of the National Academy of Sciences of the United States of America*, **102**, 10017.

73 Carbonera, D., Di Valentin, M., Corvaja, C., Agostini, G., Giacometti, G., Liddell, P.A., Kuciauskas, D., Moore, A.L., Moore, T.A. and Gust, D. (1998) *Journal of the American Chemical Society*, **120**, 4398.

74 Kuciauskas, D., Liddell, P.A., Moore, A. L., Moore, T.A. and Gust, D. (1998) *Journal of the American Chemical Society*, **120**, 10880, and references therein.

75 Gust, D., Moore, T.A., Moore, A.L., Kuciauskas, D., Liddell, P.A. and Halbert, B.D. (1998) *Journal of Photochemistry and Photobiology. B Biology*, **43**, 209.

76 Imahori, H., Guldi, D.M., Tamaki, K., Yoshida, Y., Luo, C., Sakata, Y. and

Fukuzumi, S. (2001) *Journal of the American Chemical Society*, **123**, 6617.

77 Imahori, H., Tamaki, K., Araki, Y., Sekiguchi, Y., Ito, O., Sakata, Y. and Fukuzumi, S. (2002) *Journal of the American Chemical Society*, **124**, 5165.

78 (a) Gust, D., Moore, T.A., Moore, A.L., Lee, S.-J., Bittersmann, E., Luttrull, D. K., Rehms, A.A., DeGraziano, J.M., Ma, X.C., Gao, F., Belford, R.E. and Trier, T. T. (1990) *Science*, **248**, 199. (b) Gust, D., Moore, T.A., Moore, A.L., Macpherson, A.N., Lopez, A., DeGraziano, J.M., Gouni, I., Bittersmann, E., Seely, G.R., Gao, F., Nieman, R.A., Ma, X.C., Demanche, L.J., Hung, S.-C., Luttrull, D.K., Lee, S.-J. and Kerrigan, P.K. (1993) *Journal of the American Chemical Society*, **115**, 11141.

79 (a) Weiss, E.A., Wasielewski, M.R. and Ratner, M.A. (2005) *Topics in Current Chemistry*, **257**, 103. (b) Wasielewski, M. R. (2006) *Journal of Organic Chemistry*, **71**, 5051.

80 (a) Davis, W.B., Svec, W.A., Ratner, M.A. and Wasielewski, M.R. (1998) *Nature*, **396**, 60. (b) Davis, W.B., Ratner, M.A. and Wasielewski, M.R. (2001) *Journal of the American Chemical Society*, **123**, 7877.

81 Weiss, E.A., Ahrens, M.J., Sinks, L.E., Gusev, A.V., Ratner, M.A. and Wasielewski, M.R. (2004) *Journal of the American Chemical Society*, **126**, 5577.

82 Weiss, E.A., Tauber, M.J., Kelley, R.F., Ahrens, M.J., Ratner, M.A. and Wasielewski, M.R. (2005) *Journal of the American Chemical Society*, **127**, 11842.

83 Goldsmith, R.H., Sinks, L.E., Kelley, R. F., Betzen, L.J., Liu, W.H., Weiss, E.A., Ratner, M.A. and Wasielewski, M.R. (2005) *Proceedings of the National Academy of Sciences of the United States of America*, **102**, 3540.

84 Greenfield, S.R., Svec, W.A., Gosztola, D. and Wasielewski, M.R. (1996) *Journal of the American Chemical Society*, **118**, 6767.

85 Hasharoni, K., Levanon, H., Greenfield, S.R., Gosztola, D., Svec, W.A. and Wasielewski, M.R. (1996) *Journal of the American Chemical Society*, **118**, 10228.

86 Smirnov, S.N., Braun, C.L., Greenfield, S.R., Svec, W.A. and Wasielewski, M.R. (1996) *Journal of Physical Chemistry*, **100**, 12329.

87 (a) O'Neil, M.P., Niemczyk, M.P., Svec, W.A., Gosztola, D.J., Gaines, G.L., III and Wasielewski, M.R. (1992) *Science*, **257**, 63. (b) Debreczeny, M.P., Svec, W. A. and Wasielewski, M.R. (1996) *Science*, **274**, 584.

88 Wagenknecht, H.-A., Rajski, S.R., Pascaly, M., Stemp, E.D.A. and Barton, J.K. (2001) *Journal of the American Chemical Society*, **123**, 4400.

89 (a) Giese, B. (2000) *Accounts of Chemical Research*, **33**, 631. (b) Giese, B. and Spichty, M. (2000) *ChemPhysChem*, **1**, 195. (c) Giese, B. and Biland, A. (2002) *Chemical Communications*, 667.

90 Schuster, G.B. (2000) *Accounts of Chemical Research*, **33**, 253.

91 Willner, I. (1997) *Accounts of Chemical Research*, **30**, 347.

92 Fox, M.A. (1999) *Accounts of Chemical Research*, **32**, 201.

93 Storhoff, J.J. and Mirkin, C.A. (1999) *Chemical Reviews*, **99**, 1849.

94 Patolsky, F., Gill, R., Weizmann, Y., Mokari, T., Banin, U. and Willner, I. (2003) *Journal of the American Chemical Society*, **125**, 13918.

95 Shlyahovsky, B., Pavlov, V., Kaganovsky, L. and Willner, I. (2006) *Angewandte Chemie-International Edition*, **45**, 4815.

96 Bixon, M. and Jortner, J. (2001) *Journal of the American Chemical Society*, **123**, 12556.

97 Olofsson, J. and Larsson, S. (2001) *Journal of Physical Chemistry B*, **105**, 10398.

98 Tong, G.S.M., Kurnikov, I.V. and Beratan, D.N. (2002) *Journal of Physical Chemistry B*, **106**, 2381.

99 Adleman, L.M. (1994) *Science*, **266**, 1021.

100 (a) Liu, Q., Wang, L.M., Frutos, A.G., Condon, A.E., Corn, R.M. and Smith, L. M. (2000) *Nature*, **403**, 175. (b) Wang, L. M., Liu, Q.H., Corn, R.M., Condon, A. E. and Smith, L.M. (2000) *Journal of the American Chemical Society*, **122**, 7435. (c) Sakamoto, K., Gouzu, H., Komiya, K., Kiga, D., Yokoyama, S., Yokomori, T. and Hagiya, M. (2000) *Science*, **288**, 1223. (d) Mao, C., LaBean, T.H., Reiff, J. H. and Seeman, N.C. (2000) *Nature*, **407**, 493. (e) Ogihara, M. and Ray, A. (2000) *Nature*, **403**, 143. (f) Faulhammer, D., Cukras, A.R., Lipton, R.J. and Landweber, L.F. (2000) *Proceedings of the National Academy of Sciences of the United States of America*, **97**, 1385. (g) Benenson, Y., Paz-Elizur, T., Adar, R., Keinan, E., Livneh, Z. and Shapiro, E. (2001) *Nature*, **414**, 430. (h) Braich, R.S., Chelyapov, N., Johnson, C., Rothemund, P.W.K. and Adleman, L. (2002) *Science*, **296**, 499.

101 Erkkila, K.E., Odom, D.T. and Barton, J. K. (1999) *Chemical Reviews*, **99**, 2777.

102 Barbara, P.F. and Olson, E.J.C. (1999) *Advances in Chemical Physics*, **107**, 647.

103 Lewis, F.D. (2001) *Electron Transfer in Chemistry*, vol. 3 (ed.V. Balzani), Wiley-VCH Verlag GmbH, Weinheim, p.105.

104 (a) Meggers, E., Kusch, D., Spichty, M., Wille, U. and Giese, B. (1998) *Angewandte Chemie-International Edition*, **37**, 460. (b) Meggers, E., Michel-Beyerle, M.E. and Giese, B. (1998) *Journal of the American Chemical Society*, **120**, 12950. (c) Giese, B., Wessely, S., Spormann, M., Lindemann, U., Meggers, E. and Michel-Beyerle, M.E. (1999) *Angewandte Chemie-International Edition*, **38**, 996. (d) Giese, B. and Wessely, S. (2000) *Angewandte Chemie-International Edition*, **39**, 3490. (e) Giese, B., Amaudrut, J., Köhler, A.-K., Spormann, M. and Wessely, S. (2001) *Nature*, **412**, 318.

105 Lewis, F.D., Wu, T., Liu, X., Letsinger, R. L., Greenfield, S.R., Miller, S.E. and Wasielewski, M.R. (2000) *Journal of the American Chemical Society*, **122**, 2889.

106 Troisi, A. and Orlandi, G. (2002) *Journal of Physical Chemistry B*, **106**, 2093.

107 Williams, T.T. and Barton, J.K. (2002) *Journal of the American Chemical Society*, **124**, 1840.

108 Bixon, M., Giese, B., Wessely, S., Langerbacher, T., Michel-Beyerle, M.E. and Jortner, J. (1999) *Proceedings of the National Academy of Sciences of the United States of America*, **96**, 11713.

109 Behrens, C., Burgdorf, L.T., Schwögler, A. and Carell, T. (2002) *Angewandte Chemie-International Edition*, **41**, 1763.

110 (a)Fendler, J. (ed.) (1998) *Nanoparticle Characterizations and Utilizations*, Wiley-VCH Verlag GmbH, New York. (b) Schmid, G. (ed.) (2004) *Nanoparticles*, Wiley-VCH Verlag GmbH, Weinheim.

111 (a) O'Regan, B. and Grätzel, M. (1991) *Nature*, **353**, 737. (b) Hagfeldt, A. and Grätzel, M. (1995) *Chemical Reviews*, **95**, 49. (c) Hagfeldt, A. and Grätzel, M. (2000) *Accounts of Chemical Research*, **33**, 269.

112 Bignozzi, C.A., Argazzi, R. and Kleverlaan, C.J. (2000) *Chemical Society Reviews*, **29**, 87.

113 See, for example, (a) Argazzi, R., Bignozzi, C.A., Heimer, T.A., Castellano, F.N. and Meyer, G.J. (1997) *Journal of Physical Chemistry B*, **101**, 2591. (b) Bonhote, P., Moser, J.E., Humphry-Baker, R., Vlachopoulos, N., Zakeeruddin, S.M., Walder, L. and Grätzel, M. (1999) *Journal of the American Chemical Society*, **121**, 1324. (c) Will, G., Boschloo, G., Rao, S.N. and Fitzmaurice, D. (1999) *Journal of Physical Chemistry B*, **103**, 8067. (d) Kleverlaan, C.J., Alebbi, M., Argazzi, R., Bignozzi, C.A., Hasselman, G.M. and Meyer, G.J. (2000) *Inorganic Chemistry*, **122**, 2840. (e) Kleverlann, C.J., Indelli,

M.T., Bignozzi, C.A., Pavanin, L., Scandola, F., Hasselman, G.M. and Meyer, G.J. (2000) *Journal of the American Chemical Society*, **122**, 2840. (f) Merrins, A., Kleverlaan, C.J., Will, G., Rao, S.N., Scandola, F. and Fitzmaurice, D. (2001) *Journal of Physical Chemistry B*, **105**, 2998.

114 Garcia Parajo, M.F., Hernando, J., Sanchez Mosteiro, G., Hoogenboom, J. P., van Dijk, E.M.H.P. and van Hulst, N. F. (2005) *ChemPhysChem*, **6**, 819.

115 Juris, A., Balzani, V., Barigelletti, F., Campagna, S., Belser, P. and von Zelewsky, A. (1988) *Coordination Chemistry Reviews*, **84**, 85.

116 Barigelletti, F., Flamigni, L., Balzani, V., Collin, J.-P., Sauvage, J.-P., Sour, A., Constable, E.C. and Cargill Thompson, A.M.W. (1993) *Journal of the Chemical Society. Chemical Communications*, 942.

117 Balzani, V., Barigelletti, F., Belser, P., Bernhard, S., De Cola, L. and Flamigni, L. (1996) *Journal of Physical Chemistry*, **100**, 16786.

118 Welter, S., Salluce, N., Belser, P., Groeneveld, M. and De Cola, L. (2005) *Coordination Chemistry Reviews*, **249**, 1360.

119 Schlicke, B., Belser, P., De Cola, L., Sabbioni, E. and Balzani, V. (1999) *Journal of the American Chemical Society*, **121**, 4207.

120 D'Aleo, A., Welter, S., Cecchetto, E. and De Cola, L. (2005) *Pure and Applied Chemistry*, **77**, 1035.

121 Welter, S., Lafolet, F., Cecchetto, E., Vergeer, F. and De Cola, L. (2005) *ChemPhysChem*, **6**, 2417.

122 Benniston, A.C., Harriman, A., Li, P., Patel, P.V. and Sams, C.A. (2005) *Physical Chemistry Chemical Physics*, **7**, 3677.

123 Benniston, A.C., Harriman, A., Li, P. and Sams, P.C.A. (2005) *Journal of the American Chemical Society*, **127**, 2553.

124 Vail, S.A., Krawczuk, P.J., Guldi, D.M., Palkar, A., Echegoyen, L., Tomé, J.P.C., Fazio, M.A. and Schuster, D.I. (2005) *Chemistry – A European Journal*, **11**, 3375.

125 Miller, M., Lammi, R.K., Prathapan, S., Holten, D. and Lindsey, J.S. (2000) *Journal of Organic Chemistry*, **65**, 6634.

126 Pettersson, K., Kyrychenko, A., Rönnow, E., Ljungdahl, T., Mårtensson, J. and Albinsson, B. (2006) *Journal of Physical Chemistry A*, **110**, 310.

127 (a) Eng, M.P. and Albinsson, B. (2006) *Angewandte Chemie-International Edition*, **45**, 5626. (b) Eng, M.P., Ljungdahl, T., Mårtensson, J. and Albinsson, B. (2006) *Journal of Physical Chemistry B*, **110**, 6483.

128 Zimmerman, H.E., Lapin, Y.A., Nesterov, E.E. and Sereda, G.A. (2000) *Journal of Organic Chemistry*, **65**, 7740.

129 Schlicke, B., De Cola, L., Belser, P. and Balzani, V. (2000) *Coordination Chemistry Reviews*, **208**, 267.

130 Speiser, S. (1996) *Chemical Reviews*, **96**, 1953.

131 Tungh, C.H., Zhang, L.P., Li, Y., Cao, H. and Tanimoto, Y. (1997) *Journal of the American Chemical Society*, **119**, 5348.

132 (a) Agyn, J.K., Timberlake, L.D. and Morrison, H. (1997) *Journal of the American Chemical Society*, **119**, 7945. (b) Timberlake, L.D. and Morrison, H. (1999) *Journal of the American Chemical Society*, **121**, 3618.

133 Kroon, J., Oliver, A.M., Paddon-Row, M. N. and Veroheven, J.W. (1990) *Journal of the American Chemical Society*, **112**, 4868.

134 Lokan, N., Paddon-Row, M.N., Smith, T. A., La Rosa, M., Ghiggino, K.P. and Speiser, S. (1999) *Journal of the American Chemical Society*, **121**, 2917.

135 See, for example, (a) Paddon-Row, M.N. and Shephard, M.J. (1997) *Journal of the American Chemical Society*, **119**, 5355. (b) Shephard, M.J. and Paddon-Row, M. N. (1999) *Chemical Physics Letters*, **301**, 281.

136 (a) Yang, M.S. and Millar, D.P. (1997) *Methods in Enzymology*, **278**, 417. (b) Liley, D.M.J. and Wilson, T.J. (2000)

Current Opinion in Chemical Biology, **4**, 507.

137 (a) Ju, J., Ruan, C., Fuller, C.W., Glazer, A. N. and Mathies, R.A. (1995) *Proceedings of the National Academy of Sciences of the United States of America*, **92**, 4347. (b) Jiao, G.-S., Thoresen, L.H., Gyum Kim, T., Haaland, W.C., Gao, F., Topp, M.R., Hochstrasser, R.M., Metzker, M.L. and Burgess, K. (2006) *Chemistry – A European Journal*, **12**, 7816.

138 See, for example, Lentzen, O., Defrancq, E., Constant, J.F., Schumm, S., Garcia-Fresnadillo, D., Moucheron, C., Dumy, P. and Kirsch-De Mesmaecker, A. (2004) *Journal of Biological Inorganic Chemistry*, **9**, 100.

139 See, for example, Holmin, E.R., Tong, R.T. and Barton, J.K. (1998) *Journal of the American Chemical Society*, **120**, 9724.

140 (a) Hurley, D.J. and Tor, Y. (1998) *Journal of the American Chemical Society*, **120**, 2194. (b) Joshi, H.S. and Tor, Y. (2001) *Chemical Communications*, 549.

141 Tong, A.K., Jockusch, S., Li, Z., Zhu, H-R., Akins, D.L., Turro, N.J. and Ju, J. (2001) *Journal of the American Chemical Society*, **123**, 12923.

142 Ohya, Y., Yabuchi, K., Hashimoto, M., Nakajima, A. and Ouchi, T. (2003) *Bioconjugate Chemistry*, **14**, 1057.

143 Heilemann, M., Tinnefeld, P., Sanchez Mosteiro, G., Garcia Parajo, M., van Hulst, N.F. and Sauer, M. (2004) *Journal of the American Chemical Society*, **126**, 6514.

第 5 章 分子开关中的电子转移和能量传递过程

5.1 概述

分子开关的表述通常有两种截然不同的定义[1-3]。第一种定义是将分子开关描述为一种带有分子导线的分子级器件，可以可逆地调节电子或电子的能量转移的过程，并且对一些外界刺激作出响应。第二种定义包含的范围更广，甚至包含了第一种定义。将分子开关与二进制的逻辑门计算联系起来，就可以认为，凡通过外界刺激可以可逆地在两种（或多种）不同状态间发生转化的任何分子体系都是分子开关[4-12]。可以预测，这两种器件都将在化学计算机的构建中发挥重要的作用[13]。在本章我们将讨论第一种分子开关，关于具有记忆和逻辑功能的开关将在第 8 章和第 9 章中详细讨论。

在分子级别的开关上需要一个外部刺激来引起电子和原子核的重排，通常两种重排中的一种占优势或者与分子开关所表现出的功能更密切相关。当开关涉及大的原子核运动，特别是在超分子体系中时，反应机理要比开关功能本身更有意义，这种类型的体系我们将在第 4 部分中讨论。

可以用于控制化学复合物开关动作的最重要的三种刺激是光能（光子），电能（电子或空穴）和化学能（光子、金属离子或特殊分子等形式）。在光化学激发中最常见的开关过程与光异构化和光诱导还原反应是相关的，如果输入的是电化学激发，就是还原反应的诱导过程。与化学激发相比，光化学和电化学激发具有使分子开关的开和关容易发生且反应迅速的优点。

更通俗地讲，以上两种开关过程的差异在于它们是由热力学控制的还是由动力学控制的[14]。前者的分子对激发的响应是由其周围的热力学平衡所控制的，所以当激发源移开后，分子会回到其最初状态，这个现象的最简单的例子就是 pH 指示剂。当 pH 值的变化为可逆时，状态无法“锁定”，即无法维持原先的光谱状态。通常由温度变化、溶剂效应和电化学能的变化而引起的开关过程也是由热力学控制的。动力学控制则是指两种状态被动力势垒隔开，通常它存在于对光激发有响应的体系中。对于动力学控制的不同反应，反应发生的时间相差很大，可从皮秒级时间（对一些电子的激发态）到几年的时间（对一些光化学体系）。

在动力学控制的体系中，捕获态的脱离通常要通过另一种不同的光激发来实现。值得一提的是，在热力学控制的体系中，由于两种状态间的迅速转换，要获得一种单一分子是不可能的。相反，对于一个动力学控制的体系，单一状态的分子开关是可以获得的，我们通常可以得到其开关的状态及转换的状态（例如，扫描通道显微镜或单分子光谱图）。

5.2 开关电子转移

正如我们在 3.2 节所见，在分子官能团间，电子从长链分子的一端转移到另一端，需要分子小单元中电子间的相互作用。对这种相互作用的适当而可逆的修饰能够调控电子转移过程的进行或停止。同时，电子间的相互作用也能控制未配对电子间的磁作用[15]及其他性质，例如荧光[16]和价键间的转移[17]等。几种不同类型的输入能够用来调节电子相互作用的开与关。

5.2.1 光输入

用单一分子来达到开关和调控目的的理念是分子电器件的基本概念之一[18]。图 5.1 以图表形式假设性地显示了光诱导电子转移应用到电信号开关上的情况[19]，继电器部件和电极相连并被光敏器 P 所隔开。当 P 在黑暗中时，加不同的电位到电极上并不能引起电子的跃迁，这是因为 P 的最低未占有轨道的能级和最高占有轨道的能级与电极的费米能级相关。而在光的激发下，一个电子能从最高被占有轨道跃迁到光敏器的最低未占有轨道，使电子在两种能级中的转移成为可能，也因此使电子在两电极中的转移成为可能。因为可以用光来调节它的电阻，所以这个假设的光学器件可以被认为是一种光电晶体。图 5.1 显示的器件是基于知名的三元光诱导电荷分离的原理而工作的，它是分子移动中央处理记录器理念的基础[20]。

在过去 10 年的大量工作中，人们通常是在溶液中研究电子转移过程中的光控开关的基本原理，并检测各种组成的分子的行为。

5.2.1.1 长寿命开关

一个典型的例子是通过光激发来控制电子间的相互作用，它是基于 1，2-二-(3-噻吩基)-乙烯的衍生物（图 5.2）的可逆的光异构化。这个特点显著、完全可逆且能抗疲劳的光致变色体系已经被看作是控制各种分子级的功能团的基础，这些分子级功能团包括在分子导线内的电子流、电化学性质、吸收和发射光谱、磁相互作用、主体-客体的相互作用、光波导开关和液晶相等[22]。

当噻吩环的 3 位与一部分乙烯相连时，如分子 **1** 所示，在开环的 **1a** 的异构体中，π 电子固定在开环异构体 **1a** 的噻吩环上，而在闭环的 **1b** 异构体中，π 电子离域在整个分子上。因此，不仅闭环异构体的吸收波长（在 600～700 nm）比开环异构体的（在可见光范围内无吸收）长，而且从开环到闭环形式中，**1** 中 X 和 Y 的取代基的相互作用迅速增强。由此，开环形式可以被看作是关的状态，关环形式又可以被看作是开的状态（图 5.2（a））。

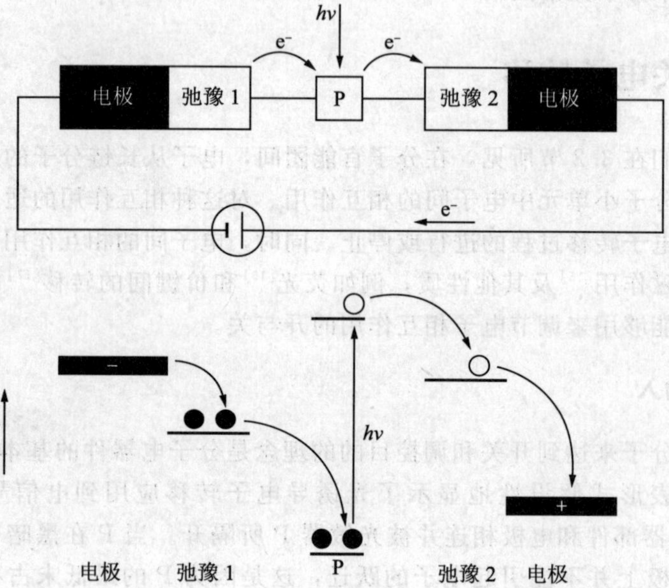

图 5.1　在光诱导电子转移下假设分子机器开关的电信号

图 5.2（b）中两个＋2 价的化合物，在开环的异构体 $\mathbf{2a}^{2+}$（λ_{max}＝325 nm）的两个吡啶环上的电子是相互独立的（关的状态）。在乙腈溶液中用紫外光照射，可以形成关环异构体 $\mathbf{2b}^{2+}$（λ_{max}＝662 nm），这是个可逆反应，与 SCE 有关的单电子还原波能量为 $E_{1/2}$＝－230 mV，而开环的异构体中不存在这个反应[23]。

对于（图 5.2（b））中的化合物 **3**，在乙腈溶液中，氧化过程分别在＋1.57 V发生闭环反应，在＋0.67 V 发生开环反应[24]。在乙腈溶液中，当 **3** 像“三明治”一样被夹在 Pt 和 Au 电极中分散在聚苯乙烯薄膜中时，空穴注射只发生在闭环异构体中，并且只在闭环异构体中可以观察到光开关的注射电流[22,25]。

当这样的光控发色团固定在电极上时，从电极到溶液中电活化物种的矢量电子流能用光激发来控制。这个结果可以通过将化合物 $\mathbf{4}^{2+}$（图 5.2（b））固定在正十八烷基硫醇修饰的金电极上，和含六聚高铁酸盐（Ⅲ）的溶液组成的体系得到[22]。

在含两个硝酮基硝基氧发射基团的化合物 **5**（图 5.2（b））中，几乎能看到完整的光化学相互转换，磁性测量显示两个异构体反铁磁性的相互作用相差很大

（**5a**：$2J/k_B=-2.2K$，**5b**：$-11.6K$）。无论在具有流动性的溶液中还是在坚硬的刚性物质中，分子内磁性的相互作用都可以被光所控制[26]。对亚苯基间隔基团的结合减弱了二酮基硝基氧之间的转换，同时使开关两个异构体量相差达到30%以上[27]。电子转移的过程也会受到所采用的偶氮苯衍生物的顺-反光学异构体的影响[28,29]。

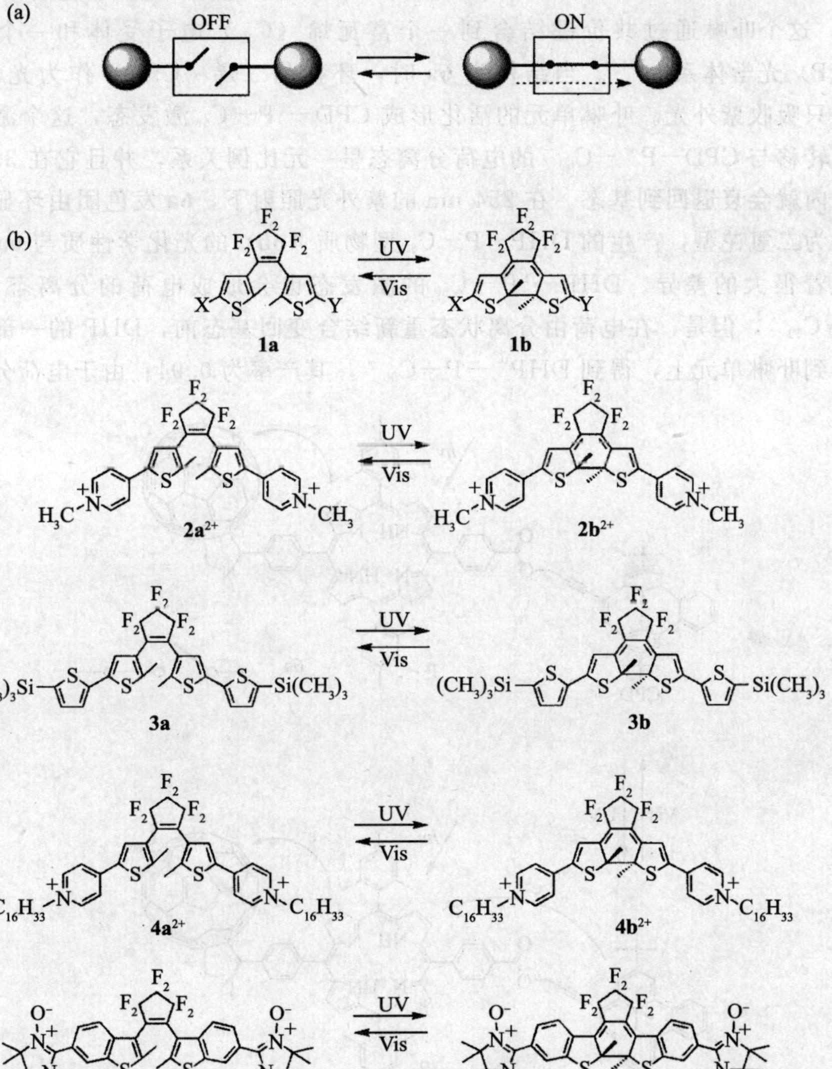

图 5.2 (a) 开关示意图，(b) 1，2-二-（3）-噻吩基乙烯的衍生物[22-27]。详细信息参见相关内容

有趣的光诱导电子转移的光控开关，指的是在光诱导下产生共轭 π 电子体系断裂或修复的分子，例如二氢芘环番二烯的可逆光致异构化[30]。

通过合理的选择分子的组成单元，同时恰当的排列它们，我们能够设计出具有光致电子转移过程的分子级别的光电开关。三元线性化合物 **6**（图 5.3）就是这样一个例子，它在光诱导下发生两个不同形式的发色团间的光致电子转移互变。这个三元线性化合物可作为单棒的分子开关，它的组成中包含一个卟啉（P），这个卟啉通过共价键结合到一个富瓦烯（C_{60}）电子受体和一个二氢芘（DHP）光学体系上[31]。当结构为 **6a** 时，环显晶二烯（CPD）作为光学体系，体系只吸收紫外光。卟啉单元的活化形成 CPD$-{}^{1}$P$-C_{60}$ 激发态，这个激发态的电子转移与 CPD$-$P$^{+}-C_{60}{}^{-}$ 的电荷分离态呈一元比例关系，并且它在 3.3 ns 的时间内就会衰退回到基态。在 254 nm 的紫外光照射下，**6a** 发色团由环显晶二烯型变为二氢芘型，产生的 DHP$-$P$-C_{60}$ 型物质（**6b**）的光化学性质与 **6a** 的性质存在着很大的差异。DHP$-{}^{1}$P$-C_{60}$ 的激发态也会形成电荷的分离态 DHP$-$P$^{+}-C_{60}{}^{-}$，但是，在电荷由分离状态重新结合变回基态前，DHP 的一部分电荷转移到卟啉单元上，得到 DHP$^{+}-$P$-C_{60}{}^{-}$，其产率为 0.94。由于电荷分离得更

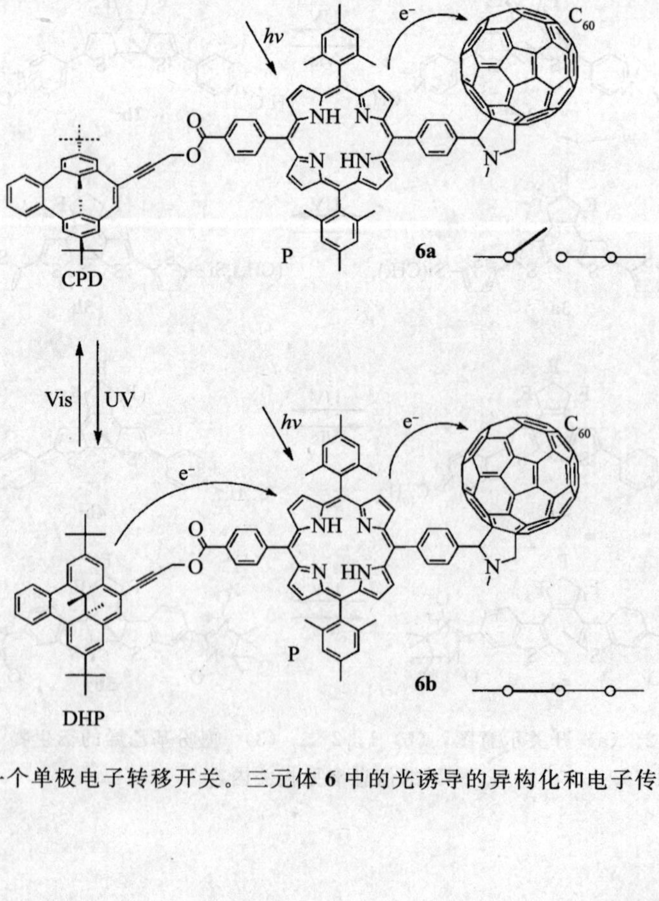

图 5.3　一个单极电子转移开关。三元体 **6** 中的光诱导的异构化和电子传输过程[31]

远，所得的状态比 CPD－P^+－C_{60}^-状态保留时间长（2.0 μs），因此电子的耦合程度也相对较小。体系的结构变形为 **6a** 的形式后，可以被可见光激发。

三元线性化合物 **7**（图 5.4）可以作为双向开关，它是由装配在二氢茚型发色团上的卟啉和富勒烯单元构成的。这种光学体系可以在光的诱导下在螺环（SP）和甜菜碱（BT）之间转换。[32] SP－P－C_{60}体系 **7a** 的卟啉单元的激发使电子转移到富勒烯上（图 5.4 中的右手方向），生成了电荷分离态的 SP－P^+－C_{60}^-，量子效率为 0.82，分离态的衰减寿命为 4.76 ns。用 366 nm 的 UV 光照射 **7a** 使得 SP 单元光异构化为 BT 单元，生成了 BT－P－C_{60}（**7b**）。激发 **7b** 的卟啉单元产生了从卟啉到 BT 的电子转移（图 5.4 中的“左手”方向），生成了 BT^-－P^+－C_{60}，量子效率为 0.99。用可见光（>590 nm）照射 **7b** 使体系恢复到 **7a**。

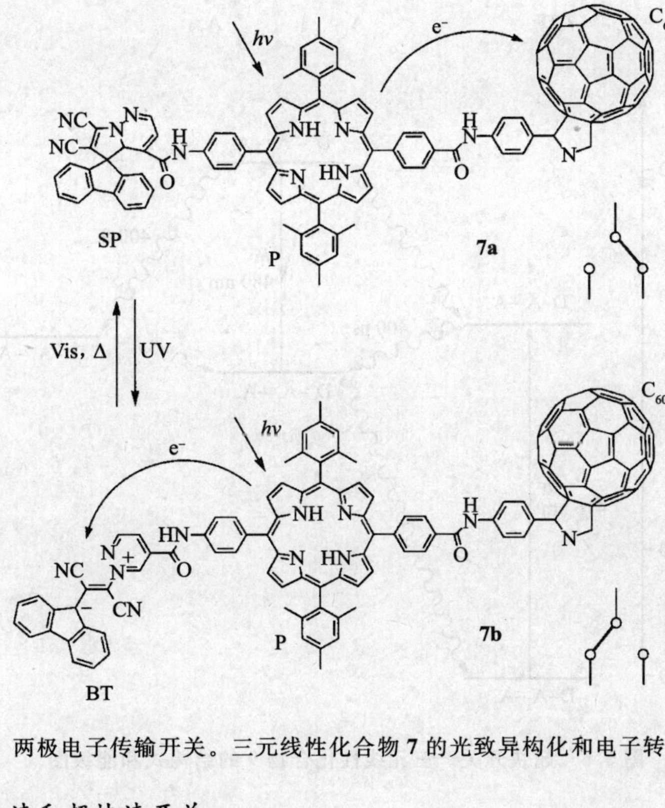

图 5.4　两极电子传输开关。三元线性化合物 **7** 的光致异构化和电子转移过程[32]

5.2.1.2　快速和超快速开关

可以通过应用两个连续的激光脉冲来实现快速和超快速的电子转移开关过程，从而来适当地设计多组分的体系[16f,33]。线性的三元体化合物 **8**（图 5.5）由 4-氨基萘单酰亚胺电子给体（D）和萘-1，8：4，5-二酰亚胺（A_1）和均苯四甲酰二亚胺（A_2）电子受体组成[34]。在甲苯溶液中用一个 416 nm 的激光脉冲选择性地激发 D 使电子传递到 A_1，τ＝400 ps，Φ＝0.95。然而由于 A_1^- 和 A_2 存在热力学上的能量壁垒，所以不会发生自发的电子转移。而在 3 ns 后用第二束 480 nm的光照射，这种波长的光正好可以被 A_1^- 所吸收，得到 $D^+-{}^*A_1^--A_2$ 的激发态，它会衰变为 ${}^*D-A_1-A_2$ 或者 $D^+-A_1-A_2^-$（图 5.5）。这两个过程的驱动力大致相等，但因为 A_1 和 D 之间是以苯基相隔的，所以 A_1 和 A_2 间的电子耦合要比在 A_1 和 D 间的强。只有在光量子率为 0.88，τ＝400 fs 时才会跃迁到 A_2。这个研究表明，在飞秒级范围内来控制多位点给体-受体体系内的电子运动是可行的。

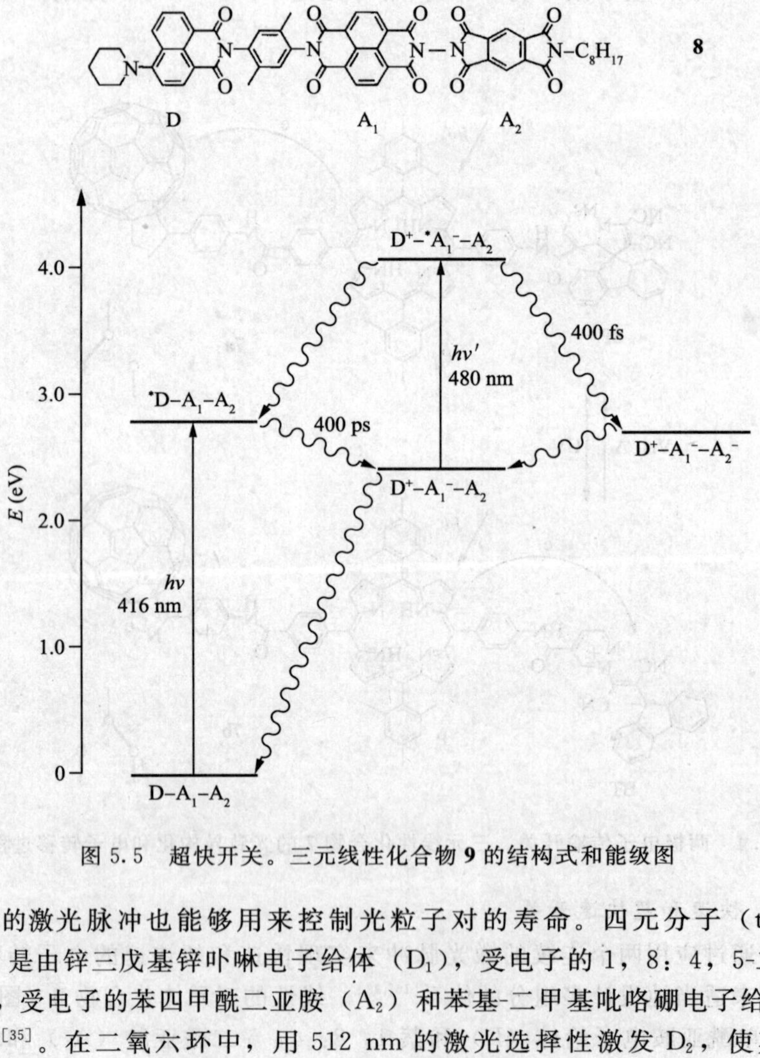

图 5.5　超快开关。三元线性化合物 **9** 的结构式和能级图

连续的激光脉冲也能够用来控制光粒子对的寿命。四元分子（tetrad）**9**（图 5.6）是由锌三戊基锌卟啉电子给体（D_1），受电子的 1，8：4，5-二萘酰亚胺（A_1），受电子的苯四甲酰二亚胺（A_2）和苯基-二甲基吡咯硼电子给体（D_2）所组成的[35]。在二氧六环中，用 512 nm 的激光选择性激发 D_2，使其在 τ＝

700 ps时导致 $D_1-A_1-A_2^--D_2^+$ 电荷分离态并产生大量光子。这种电荷分离态的寿命是1.3 ns。然而，在700 ps以后用第二束416 nm的激光激发 D_1，从电荷分离态到基态的衰变会加速一个数量级。这是因为在 $D_1^+-A_1^--A_2^--D_2^+$ 的形成过程中，由于 $D_1^+-A_1^-$ 偶极影响了其临近的 $A_2^--D_2^+$ 的电子环境而产生电场，从而影响了它的衰减速率。

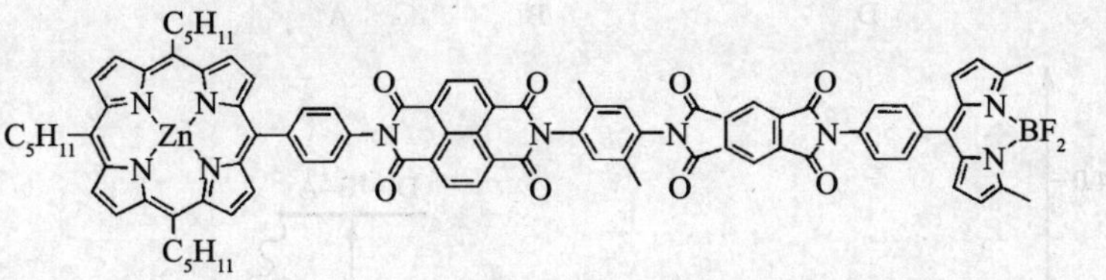

9

D_1　A_1　A_2　D_2

图 5.6　四元分子 $D_1-A_1-A_2-D_2$ 的结构式

在三元分子D－B－A中电子的转移速率可以通过改变桥的电子态来进行光控制。化合物**10**是由一个锌卟啉D，一个苝-3，4-二羧酰亚胺B和萘-1，8：4，5-二酰亚胺A[36]组成的（图5.7）。在D－B－A的四氢呋喃溶液中，用400 nm的光（130 fs）可将D选择性激发，发生光诱导电子转移（τ＝60 ps），从而产生 D^+-B^--A 离子对，它将在700 ns转化成长寿命的 D^+-B-A^-（τ＝140 ps）状态。用520 nm的对B有选择性的光激发 D^+-B-A^-，在500 ps后20％的 D^+-B-A^- 在 τ＝100 ps进行电荷的重排，要比正常的重排速度快7000倍。所以，D－B－A可以看作是用400 nm和520 nm的激光脉冲能使 D^+-B-A^- 态迅速的开或关的分子开关。

三元体化合物**8**的3个组分不同拓扑重排可以造成在不同方向的电子转移[37]。A_1-D-A_2 体系（如**11**，图5.8）由苯中心核和前面所述的三元物的 A_1，D，A_2 部分相连，它的能级图如图5.5所示。在甲苯溶液中用400 nm的激光选择性激发D（图5.8中过程1），使得电子只转移到 A_1（过程2）。在生成 $A_1^--D^+-A_2$ 2 ns后，用480 nm的激光自发的激发 A_1^-（过程3），则生成激发态的 $^*A_1^--D^+-A_2$，经过电荷复合形成 $A_1-{}^*D-A_2$（过程4，τ＝500 fs），而且电荷能转移到 $A_1^--D^+-A_2^-$（过程5，τ＝600 fs）。后者要比 $A_1^--D^+-A_2$ 高0.3 eV，比基态高2.7 eV。电荷重排到基态的过程（过程6）被称为Marcus转化过程，所以电荷转移回到其最初的电荷分离态（过程7，τ＝400 ps）是唯一的衰变路径。通过结合低能量的受体，即另一个 A_1 单元到 A_2[38]，使得 A_2 支链上的电子寿命大大提高。

被拆分的离子对的自旋性质已经被用于全光控开关[39]，同时，磁场在基本成对反应中的作用也已在研究中[15g,40]。

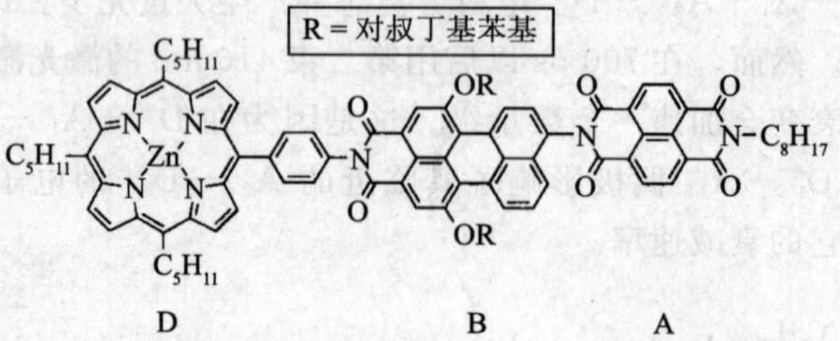

10

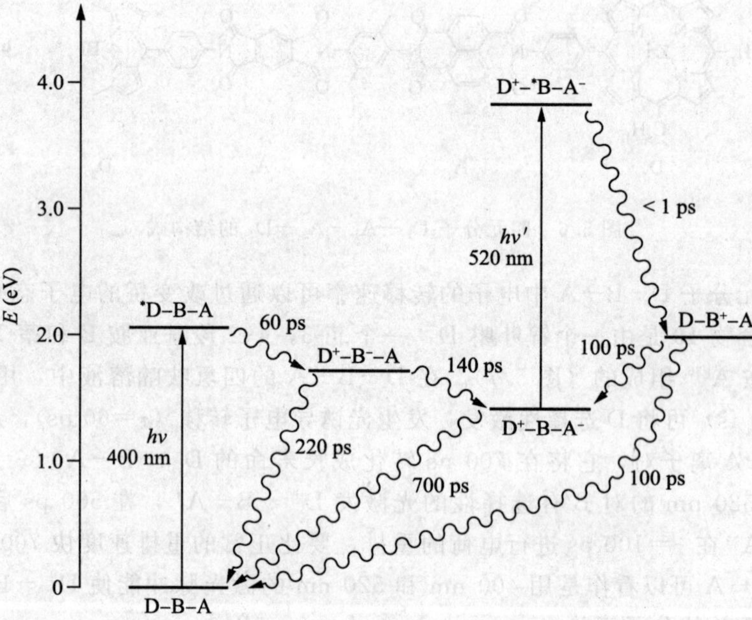

图 5.7 三元线性化合物 **10** 的电子传输速率控制

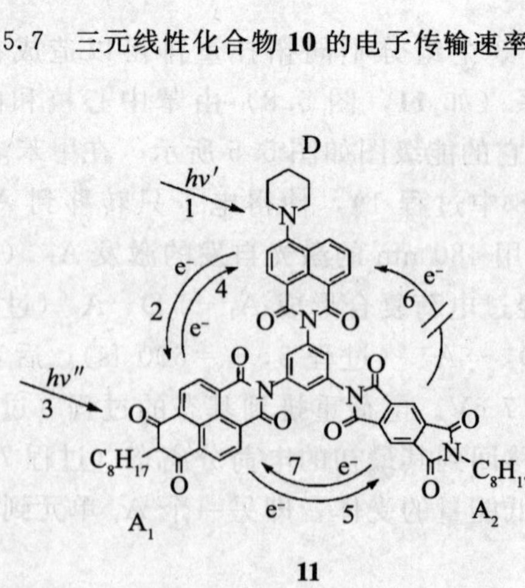

11

图 5.8 化合物 **11** 的光诱导电子转移过程[37]

5.2.2 氧化还原插入

在 $[Ru(bpy)_3]^{2+}-MV^{2+}$ 二元体（$MV^{2+}=4$，4′-二吡啶盐阳离子）中，从激发态的 Ru(Ⅱ）络合物到紫精基团的电子转移猝灭了 Ru(Ⅱ）络合物的激发态荧光，当紫精基团还原成 MV^{+} 或 MV 形式时，激发态的 Ru(Ⅱ）络合物也会发生荧光猝灭的现象，不过此时电子转移是反方向的，即络合物的激发态是减少的[41]。

图 5.9 中形象地显示了非均相超分子体系 **12**$^{4+}$，它包含了 TiO_2 的纳米晶体的共价组装体，一个 Ru 络合物和一个紫精基团[42]。在正的电压下，Ru 络合物发生的光激发导致的电子转移几乎全部集中在纳米粒子上。然而，负电压下，很大比例的光诱导电子转移趋于相反的方向。

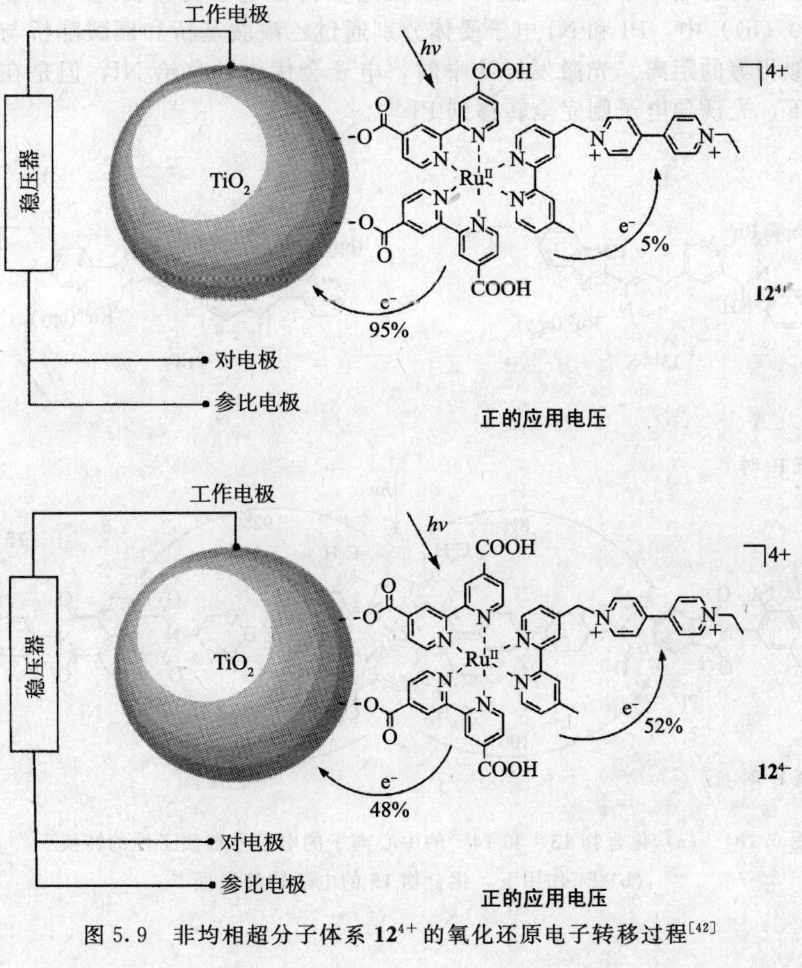

图 5.9　非均相超分子体系 **12**$^{4+}$ 的氧化还原电子转移过程[42]

通过氧化还原手段进行给体-受体组分体系的组装和拆分来控制电子转移和能量传递已经讨论过[2b,43]（见 12 章和 14 章）。在轮烷和索烃的电路中，氧化还原引发的电导变化也曾报道过[44]（见 16 章）。

5.2.3 酸碱输入

桥基上的酸或碱基团的质子化或脱质子反应可以控制金属中心窜跃桥链分子线的电子转移。这是因为桥基的离域的分子轨道上能量的变化使得电子迅速转移。如双核络合物 **13**$^{5+}$ 和 **14**$^{5+}$（图 5.10（a）所示）。在 **13**$^{5+}$ 中，由于桥链基上的一个 NH 基团的脱质子作用使得 $Ru^{2+} \rightarrow Ru^{3+}$ 的共价键的转移无法进行[45]。相反，在 **14**$^{5+}$ 中，一个 NH 的脱质子作用却导致 $Ru^{2+}-Ru^{3+}$ 的电子相互作用增加[46]。其他一些 Ru 络合物开关通过 pH 诱导的氧化还原反应发生[47]。

硼酸醚桥链是一个 Lewis 酸，可以被用于调控电子转移反应，在三元体 **15**（图 5.10（b））中，PI 和 NI 电子受体分别通过乙酰胺基桥和硼酸酯桥与锌卟啉保持近似相等的距离。光激发锌卟啉时，电子会优先转移给 NI，但是在氟离子的存在下，光诱导电子则完全转移到 PI[48]。

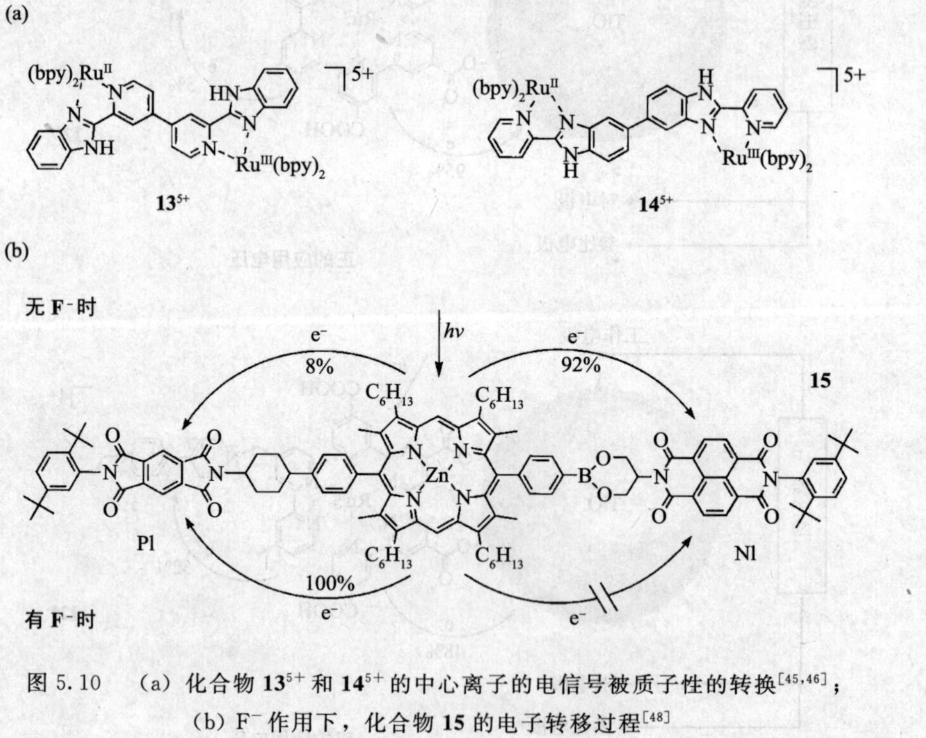

图 5.10　（a）化合物 **13**$^{5+}$ 和 **14**$^{5+}$ 的中心离子的电信号被质子性的转换[45,46]；（b）F^- 作用下，化合物 **15** 的电子转移过程[48]

在由外部的二茂铁基团和内部的氨基基团组成的树枝状分子中，二茂铁氧化反应的伏安特性可以通过在树枝内部的质子化中心的数目来进行可逆地调控[49]。

通过非共价键力[50]组装包含有给体-受体基团的超分子体系，然后可以通过调节相互的作用使给体-受体组装、分离或重组装，从而达到调控电子转移和能量传递过程的目的。这种体系有点类似于电器插头或插座[2b]，并且像其宏观上的对应体系那样能被可逆地相连或拆分，并且当插头和插座相连时，电子或能量会从插座流向插头（图 5.11（a））。

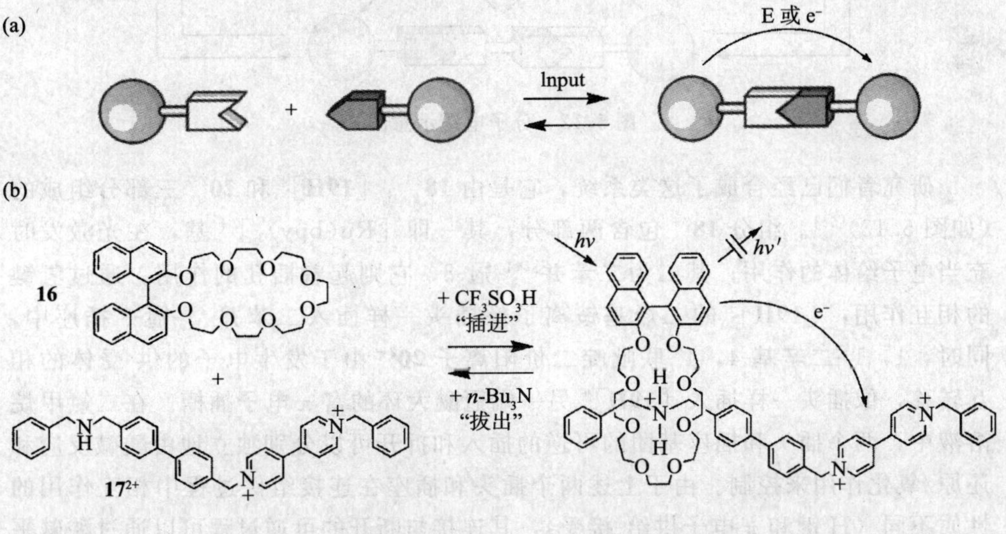

图 5.11　(a) 分子塞子和插座的示意图；(b) [**17**H]$^{3+}$ 离子由酸碱控制塞子出入的光电诱导过程（由化合物 **17**$^{2+}$ 和联萘二酚冠醚 **16** 所制的）[51]

铵离子和冠醚的氢键反应很容易生成分子级别的插头或插孔器件，它们可以通过酸碱输入迅速而可逆地被调控。图 5.11（b）所示的体系，在非极性溶液中，由于强氢键［N^+—H…O］的作用，插入功能是在（±）-联萘酚冠醚 **16** 中穿过线状铵［**17H**］$^{3+}$（由 **17**$^{2+}$ 质子化得到）而实现的[51]。在插入型的类轮烷结构中，当光激发大环的联萘基团时，电子会转移到［**17H**］$^{3+}$ 的二吡啶盐基团，发生典型的联萘基的荧光猝灭，加入化学计量的碱使铵离子脱质子，这可以使联萘基荧光恢复，从而使插头基团脱离类轮烷的结构。

插头和插孔的理念可以用来设计模拟宏观电缆功能的分子体系，扩充电缆比插头插座器件要复杂得多，因为三组分可以被两个可逆而独立的“结”所联结。在一个完全相连的体系中，电子或能量传递必须能够发生在任何远离的给体和受体之间（图 5.12）。

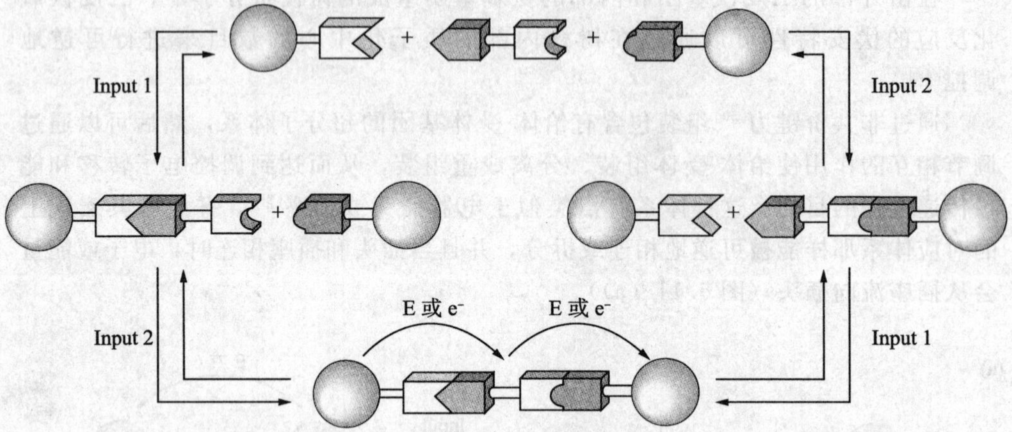

图 5.12　分子电缆示意图

研究者们已经合成了这类系统，它是由 $\mathbf{18}^{2+}$，[**19H**]$^{+}$和 $\mathbf{20}^{2+}$ 三部分组成的（如图 5.13）[52]。组分 $\mathbf{18}^{2+}$ 包含两部分，其一即 $[Ru(bpy)_3]^{2+}$ 基，在光激发时充当电子给体的作用；其二为二苯并[24]-冠-8，它则起着插孔的作用。通过氢键的相互作用，[**19H**]$^{+}$的二烃基铵离子像插头一样插入二苯并[24]-冠-8 插座中，同时，1，1′-二辛基-4，4′-联吡啶二价阳离子 $\mathbf{20}^{2+}$ 由于发生电子的供-受体的相互转移，像插头一样插入 [**19H**]$^{+}$另一端冠醚大环的富 π 电子插槽。在二氯甲烷溶液中，两个插头和插座基团的可逆的插入和拆开可以分别独立地由酸碱反应和还原/氧化作用来控制。由于上述两个插头和插座在连接组件过程中相互作用的性质不同（H 键和 π 电子供给-接受），其连接与断开的可逆过程可以通过酸碱平衡和氧化还原作用进行独立控制，并可通过吸收和发射光谱独立监测。在充分相连的三组分化合物中，$\mathbf{18}^{2+}$ 的 $[Ru(bpy)_3]^{2+}$ 基团的光激发紧随着组分 $\mathbf{20}^{2+}$ 的电子转移，其中，[**19H**]$^{+}$起到扩充电缆作用（图 5.13）。这一进程通过纳秒激光闪光光解实验得到证实，实验显示出自组装三元体内的光诱导电子转移所形成的 4，4′-联吡啶自由基阳离子的瞬态吸收信号。有趣的是，扩充组成部分 [**19H**]$^{+}$中存在自穿梭的构成[53]，直至它与来源组成部分的插座单元络合后，才能实现电子转移。这一功能实际上发挥安全捕获装置的功能，但它降低了效率，可被看作是一个局限。有趣的是，由于组成 $\mathbf{18}^{2+}$ 的 $[Ru(bpy)_3]^{2+}$ 部分在可见光谱区域存在很宽的强吸收带，因而可由日光引发其光诱导的电子转移过程。需要注意的是如上所述的分子开关所用的插头、插座式和扩充电缆中电子的转移过程的转换是以线性和非线性运动为基础的，这在构建分子机器中得到了广泛的应用（见第 4 部分）。

也可使用三联吡啶配体构建纳米电器插座[54]。

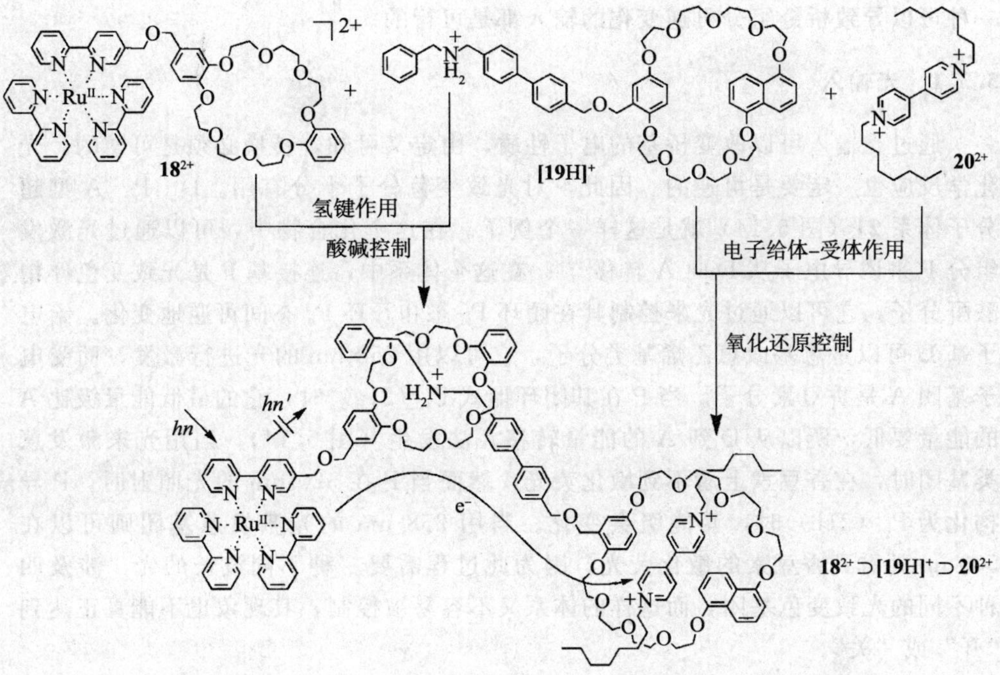

图 5.13　超分子体系宏观扩充功能模拟[63,65]

5.2.4　其他因素

我们也可以通过其他一些刺激手段来调控电子转移过程，最简单的例子就是从室温下的液相到 77K 时变为固相时的电子转移开关[55]。可以通过合适的修饰基团来调控非共价键相连的基团间的电子转移[56]。

共轭分子导线的电子传导性质可以通过改变 π 电子组分体系的共轭的量从而减少两端电子的耦合的变化来控制。例如，在聚亚苯烯型和相关的不饱和的分子导线中，我们也可以通过引入取代基增加苯烯基团的转动角来达到上述的目的（第 4.4 节）。一些研究人员开始注意到通过构型变化来调控在分子导线中电子传导的可能性[57]。在适当设计的体系中，可以通过施加外电场来调控结构，如共轭分子中的 π 重叠，以达到同样的目的[58]（见 16.5 节）。

5.3　开关能量传递

正如在第 3.3 节中提到的，在超分子体系中各组分间的电子转移能量传递能通过空间直接发生，或者能通过插入介质而发生转换。关于后者，控制插入的部分（例如三元体系中的桥）能够调控能量传递过程的进行或停止。原则上，任何一种可以导致桥链组分可逆变化的输入都是可行的。

5.3.1 光输入

通过光输入可以改变桥基的电子性质，由定义可知，转换必须是可逆的，光化学反应也一定要是可逆的。因此，对光致变色分子十分有用。D－P－A 型超分子体系 **21**（图 5.14）就是这样一个例子。在这个化合物中，可以通过光激发组分 P 来诱导电子从 D 向 A 转移[59]。在这个体系中，连接基 P 是光致变色俘精酸酐分子，它可以通过光来控制其在闭环 P_a 态和开环 P_b 态间可逆地变化。给电子基 D 可以是蒽基或蒽乙烯基类分子，它可以用 258 nm 的光进行激发，而受电子基团 A 是香豆素分子。当 P 在其闭环形式 P_a（21a）时，它的最低能量级比 A 的能量要低，所以从 D 到 A 的能量转移无法发生（图 5.14）。当用光来激发蒽类基团时，在香豆素上看不到敏化荧光，然而当 P 在 520 nm 的光照射时，P 异构化为 P_b（21b）时，其能级会变化。当用 258 nm 的光激发蒽基团则可以在 500 nm处看到香豆素的敏化荧光，因为此过程需要三种不同波长的光，涉及四种不同的光致变色基团，而这样的体系又不容易被控制，其现象也不能真正达到“开”或“关”。

21a **21b**

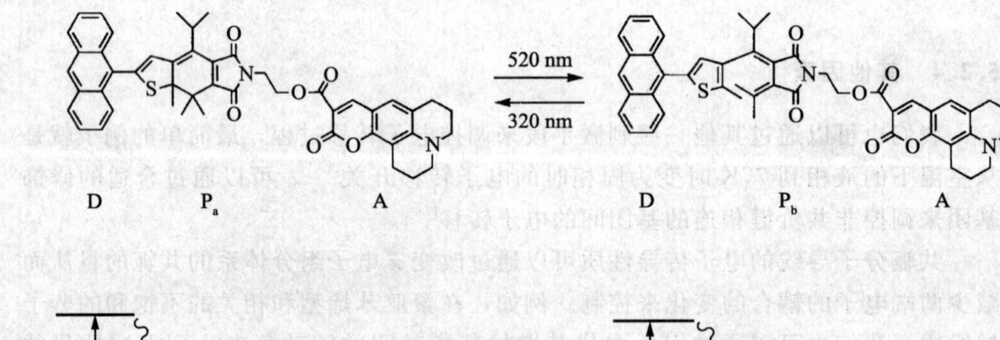

图 5.14 在光敏化条件下蒽类到香豆素类的能量转移[59]

由 $[Ru(bpy)_3]^{2+}$ 和 $[Os(bpy)_3]^{2+}$ 二分子通过蒽相连的三元体 **22**$^{4+}$（图 4.15），其现象相当独特[60,61]。因为在蒽烯桥上最低的能量轨道处，在 Ru 和 Os 络合物的最低 MLCT 激发态之间，能量从 $[Ru(bpy)_3]^{2+}$ 到 $[Os(bpy)_3]^{2+}$ 二元体的转移是十分有效的。在无氧的乙腈溶液中用可见光持续激发只能导致含 Os 络合物的敏化发射。而在有氧溶液中，相对长寿命的激发态 $[Os(bpy)_3]^{2+}$ 部分光致敏化生成单线态氧并进攻蒽环，从而生成内过氧化物衍生物 **22**$^{4+}$（图 5.15）。这样一来，桥基的 π 电子离域体系减小，使得其最低激发态能级升高，双组分间的能量转移被关闭。理论上讲，内过氧化物能够重新回到蒽，但实际反应很难进行。因此在 **22**$^{4+}$ 中的能量转移被定义为“自毒化”过程，并且已经有人提出了极具吸引力的“自修复”设计[61]。

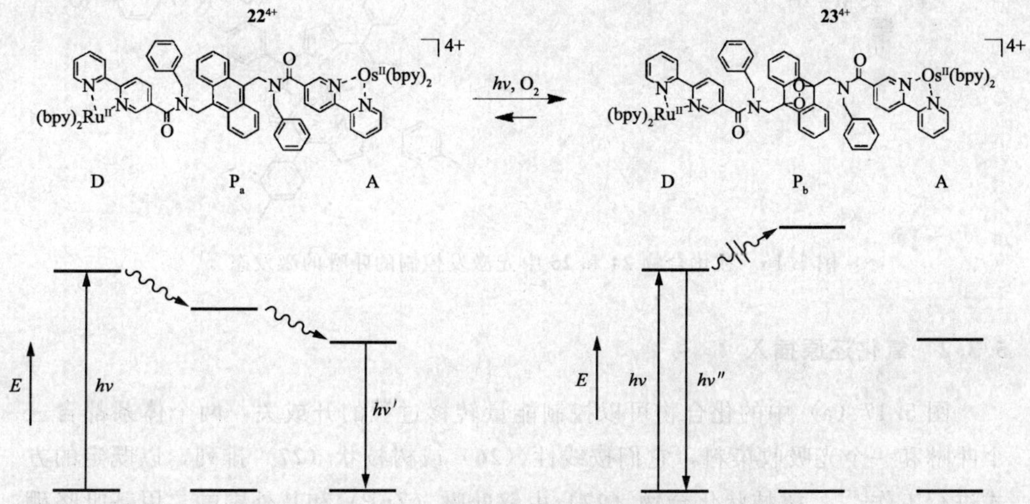

图 5.15　**22**$^{4+}$ 中的能量转移的“自毒化”过程[60,61]

图 5.16 中的化合物是由一个光致变色的硝基螺吡喃（SP）与锌（**24**）或非金属卟啉（**25**）相连形成的[62]。对螺吡喃自身而言，用近紫外的光照射时，导致螺吡喃开环生成部花菁式（merocyanine），它是两性离子和醌型化合物的杂化体，并在 600 nm 处有吸收。开环态可以通过热的形式（τ＝20 s，2-甲基四氢呋喃）或者用 600 nm 的光照射而发生关环。螺吡喃的开环形式不会影响卟啉的激发态发光，但是其部花菁式开环态则通过单线态-单线态的能量传递，对卟啉产生强烈的荧光猝灭现象，这种光控猝灭现象可以使激发态卟啉的光活性得到控制，并且可以在更复杂的分子器件中控制由激发态引起的任何后继的能量和电子转移过程。最近已有这类光控敏感的卟啉在光致变色天线构成过程中得到应用的报道[63]。

在三发色团线性体系中的光控能量转移已经被研究用于控制基于能量传递的

超分子移动寄存器之中[64]。

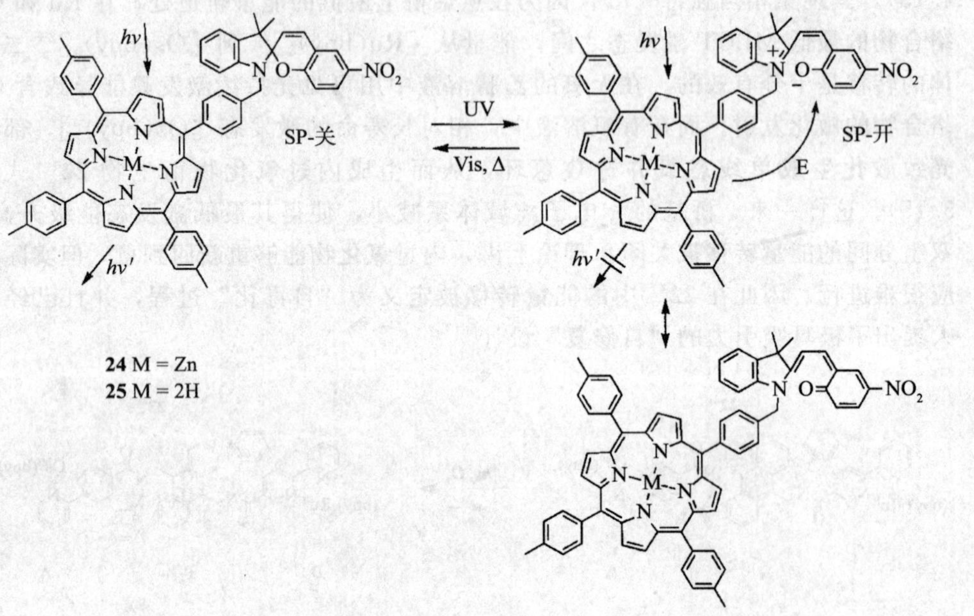

图 5.16　在化合物 **24** 和 **25** 中光激发控制的卟啉的激发态[62]

5.3.2　氧化还原插入

图 5.17（a）中的化合物可以控制能量转移过程的开或关，两个体系都含三个卟啉和一个光吸收染料，它们按线性（**26**）或树枝状（**27**）排列，以既定的方式进行工作[65]。树枝状化合物（**27**）由锌卟啉（ZnP）和其外围的二甲基吡咯硼（BDPY）、镁卟啉及非金属卟啉（MgP 和 P）组成。非金属卟啉的对位连有BDPY时，其激发态能量最低，发光最强。图 5.17（b）是化合物 **27** 的能级图。用 485 nm 光激发 BDPY 时会引起多步骤的能量转移，使 P 在 650 nm 处 $\Phi=0.8$ 时发光。化合物 **27** 的单电子电化学或化学（高氯酸铁）氧化反应（与 SCE 相关的 $E_{1/2}=+0.34$ V）可导致低能级的、非荧光的阳离子的 MgP^+ 的生成。因此，在 **27** 的氧化形式中，荧光的激发态既不富集又不被猝灭，经过电化学还原或者加入三乙胺，回到中性体系时，荧光信号可以被存储，需要强调的是，在这个体系中能量转移过程是非常迅速的，但是开关调控却很慢，是因为它只取决于氧化还原过程的扩散速度。

目前，已有研究人员报道了由含偶氮的基团[66,67]为桥连接双核 Ru－Os 联吡啶化合物发生氧化还原控制的能量转移过程。

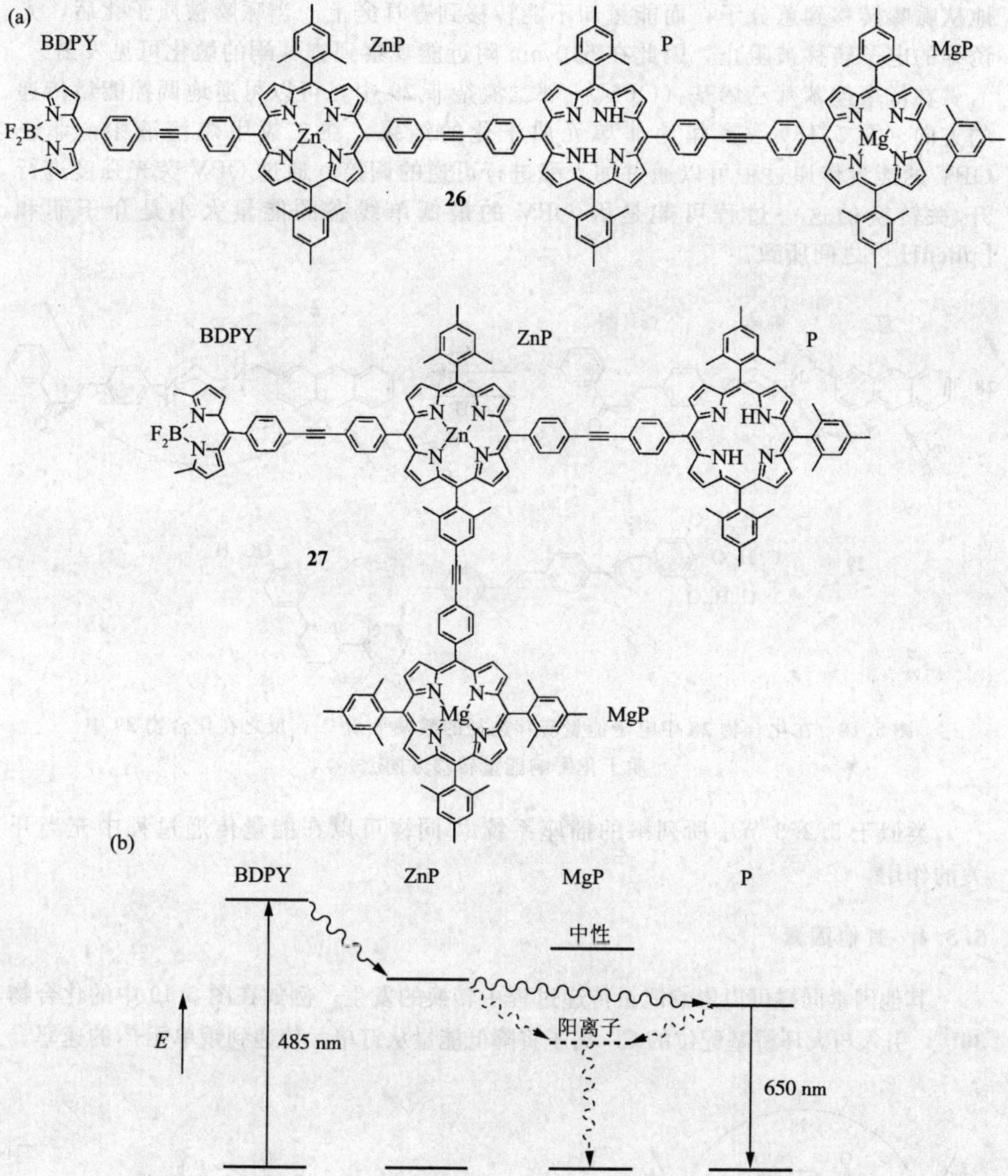

图 5.17　(a) 卟啉 **26**、**27** 的能级跃迁[65]；(b) 卟啉 **27** 的平均能级图

5.3.3 酸-碱插入

在化合物 **28**（图 5.18）中，酸-碱输入可以调控能量传递或电子转移[68,69]，这个化合物由蒽和查耳酮通过哌嗪基相连，蒽的荧光激发态要比查耳酮的激发态能量高，但哌嗪没有低能量的激发态，用近紫外光激发蒽，光诱导的电子会迅速

地从哌嗪转移到蒽分子，而能量却不能转移到查耳酮上。当哌嗪被质子化后，光诱导的电子转移被阻止，因此在 510 nm 附近能观察到查耳酮的敏化可见发射。

在低聚连苯基乙烯基（OPV）-邻二氮杂菲 **29** 中，可以可逆地调控能量传递的方向（图 5.18）[70]。作为非单元质子化的结果，在二氯甲烷溶液中，菲→OPV 的能量传递过程可以通过加入酸进行可逆的调控。通过 OPV 荧光强度进行开/关转换的这一过程可能是因 OPV 的最低单线态的能量大小是介于菲和 $[phenH]^+$ 之间所致。

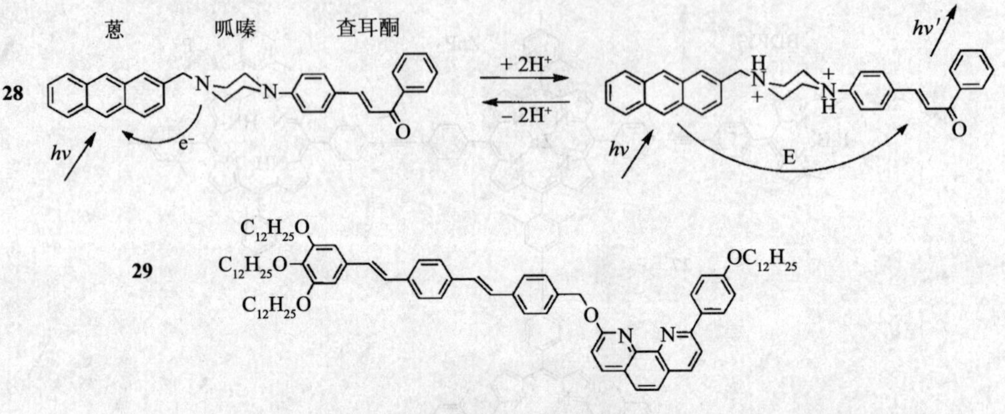

图 5.18　在化合物 **28** 中电子能量转移途径的酸碱平衡[68]；反之在化合物 **29** 中质子化影响能量转移方向[70]

类似于 5.2.3 节中所列举的插座系统[71]同样可以在能量传递过程中充当开关的作用。

5.3.4　其他因素

其他因素同样可以影响能量传递过程中转换的发生，例如在图 5.19 中的化合物 $\mathbf{30}^{4+}$，引入与大环桥基配位的 Cl^- 离子将降低能量从钌单元传递到锇单元[72]的速率。

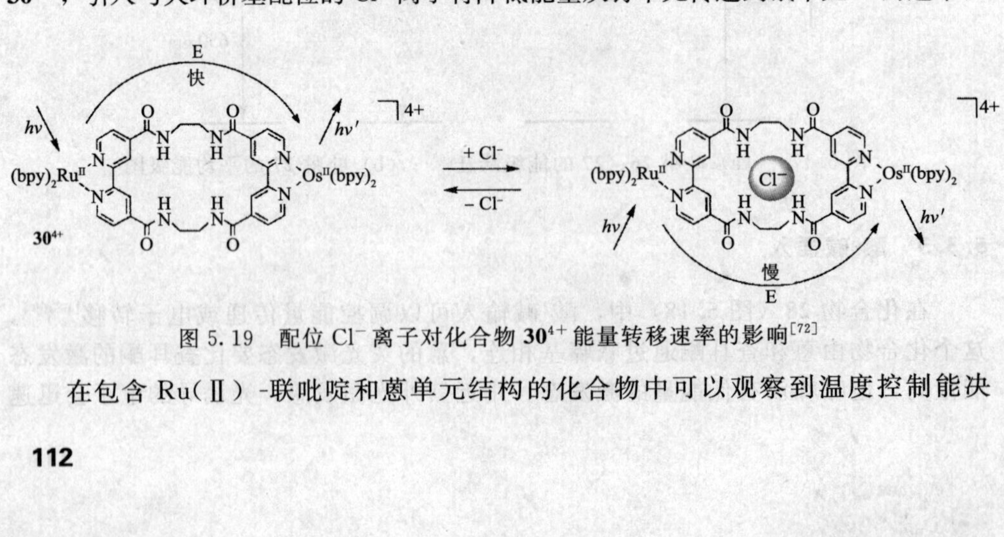

图 5.19　配位 Cl^- 离子对化合物 $\mathbf{30}^{4+}$ 能量转移速率的影响[72]

在包含 Ru(Ⅱ)-联吡啶和蒽单元结构的化合物中可以观察到温度控制能决

定能量传递的方向。77 K 温度下在刚性介质中蒽单元的磷光寿命较长，相反在液体溶液中室温下磷光则是来自金属络合物[73]，这种开关是由于两个结构单元最低激发态固有的寿命以及这些激发态之间的能级差不同而实现的。这些性质结合在一起可以实现通过热活化提高从蒽到钌（Ⅱ）单元的能量传递。

化合物 $\mathbf{31}^{3+}$（图 5.20）由发荧光的 Re(Ⅰ) 和 Ru(Ⅱ) 络合物组成，两个发光基团中间通过一个二氮杂[18]-冠-6-大环间隔基连接。由于 Re(Ⅰ) 络合物发光基团的激发态能级比 Ru(Ⅱ) 络合物的高，因此，理论上来说 Re(Ⅰ)→Ru(Ⅱ) 的能量传递是可以实现的。事实上这种化合物的能量传递依赖于具体的实验条件[74]。在室温下液体溶液中不会发生能量传递，因为 Re(Ⅰ) 络合物的激发态被来自氮杂冠醚单元的胺的电子传递所猝灭（图 5.20 (a)）。在氮杂冠醚中引入 Ba^{2+} 离子络合后，不会发生电子传递过程，也不会发生能量传递的过程（图 5.20 (b)）。在温度为 77 K 的刚性基体中，不能发生电子间的传递但是却能非常有效地发生能量的传递过程（$k=2\times10^{8}\ s^{-1}$）。如图 5.20 (c) 所示，敏化后的 Ru(Ⅱ) 络合物发光。当氮杂冠醚含有钡离子时，在 77 K 温度下的能量传递变得非常缓慢（$k=7\times10^{6}\ s^{-1}$），因此 Re(Ⅰ) 单元的荧光只是部分猝灭（图

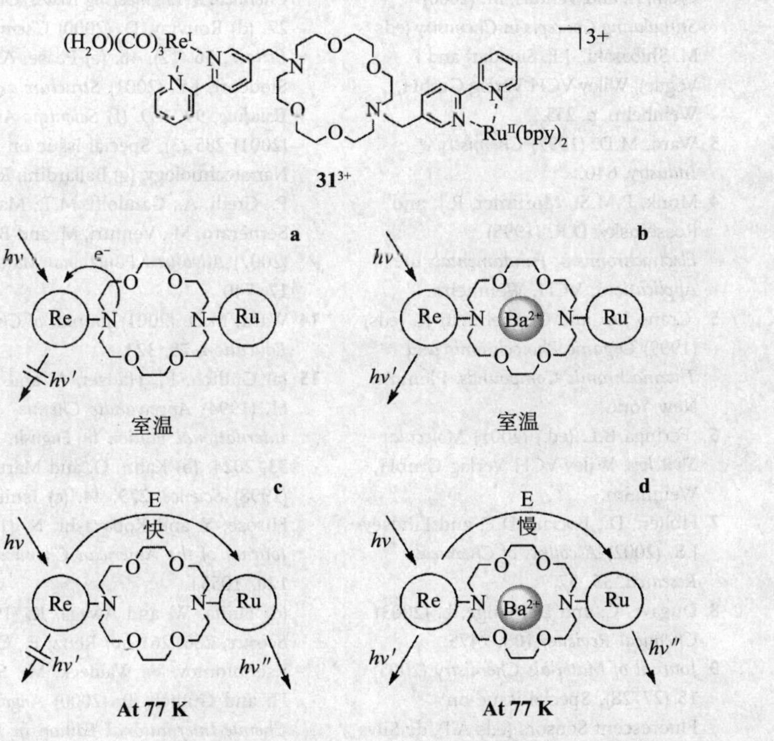

图 5.20 在化合物 $\mathbf{31}^{3+}$ 温度和 Ba^{2+} 离子对发光过程的影响[74]，(a) 室温，无 Ba^{2+} 离子存在；(b) 室温，有 Ba^{2+} 离子存在；(c) 温度为 77 K，无 Ba^{2+} 离子存在；(d) 温度为 77 K，无 Ba^{2+} 离子存在

5.20（d））。对这一结果的解释可能是因为在氮杂环桥上结合钡离子引起了结构上的重排，这一重排增大了 Re(Ⅰ) 与 Ru(Ⅱ) 原子中心之间的距离。

最后，在配位中心涉及 1，10-菲咯啉或 2，2′：6′，2″-三吡啶配位基的一些杂核双环索烃化合物中，光诱导过程发生的方向取决于适当的选择与菲咯啉联结的金属离子[75]，导致这种结果的原因是菲咯啉类化合物的配位点络合不同的正离子会对能级和氧化还原性质产生强烈的影响[76]。

参考文献

1 Balzani, V. and Scandola, F. (1991) *Supramolecular Chemistry*, Horwood, Chichester.

2 (a) Balzani, V. and Scandola, F. (1996) *Comprehensive Supramolecular Chemistry*, vol. 10 (eds J.L. Atwood, J.E.D. Davies, D. D. Macnicol and F. Vögtle), Pergamon Press, Oxford, p. 687. (b) Balzani, V., Credi, A. and Venturi, M. (2000) *Stimulating Concepts in Chemistry* (eds M. Shibasaki, J.F. Stoddart and F. Vögtle), Wiley-VCH Verlag GmbH, Weinheim, p. 255.

3 Ward, M.D. (1997) *Chemistry & Industry*, 640.

4 Monk, P.M.S., Mortimer, R.J. and Rosseinsky, D.R. (1995) *Electrochromism: Fundamentals and Applications*, VCH, Weinheim.

5 Crano J.C. and Guglielmetti R. (eds) (1999) *Organic Photochromic and Thermochromic Compounds*, Plenum, New York.

6 Feringa B.L. (ed.) (2001) *Molecular Switches*, Wiley-VCH Verlag GmbH, Weinheim.

7 Holten, D., Bocian, D.F. and Lindsey, J.S. (2002) *Accounts of Chemical Research*, **35**, 57.

8 Dugave, C. and Demange, L. (2003) *Chemical Reviews*, **103**, 2475.

9 *Journal of Materials Chemistry* (2005) **15** (27–28). Special issue on Fluorescent Sensors (eds A.P. de Silva and P. Tecilla).

10 Sauer, M. (2005) *Proceedings of the National Academy of Sciences of the United States of America*, **102**, 9433.

11 Raymo, F.M. and Tomasulo, M. (2006) *Chemistry – A European Journal*, **12**, 3186.

12 Altoè, P., Bernardi, F., Conti, I., Garavelli, M., Negri, F. and Orlandi, G. (2007) *Theoretical Chemistry Accounts*, **117**, 1041.

13 (a) Rouvray, D. (1998) *Chemistry in Britain*, **34** (2), 26. (b) Ball, P. (2000) *Nature*, **406**, 118. (c) Dagani, R. (2000) *Chemical & Engineering News*, October 16, 27. (d) Rouvray, D. (2000) *Chemistry in Britain*, **36** (12), 46. (e) Pease, A.R. and Stoddart, J.F. (2001) *Structure and Bonding*, **99**, 189. (f) *Scientific American*, (2001) **285** (3). Special issue on Nanotechnology. (g) Ballardini, R., Ceroni, P., Credi, A., Gandolfi, M.T., Maestri, M., Semeraro, M., Venturi, M. and Balzani, V. (2007) *Advanced Functional Materials*, **17**, 740.

14 Ward, M.D. (2001) *Journal of Chemical Education*, **78**, 323.

15 (a) Gütlich, P., Hauser, A. and Spiering, H. (1994) *Angewandte Chemie-International Edition in English*, **33**, 2024. (b) Kahn, O. and Martinez, C.J. (1998) *Science*, **279**, 44. (c) Ishii, K., Hirose, Y. and Kobayashi, N. (1998) *Journal of the American Chemical Society*, **120**, 10551.
(d) Fujita, W. and Awaga, K. (1999) *Science*, **286**, 261. (e) Renz, F., Oshio, H., Ksenofontov, V., Waldeck, M., Spiering, H. and Gütlich, P. (2000) *Angewandte Chemie-International Edition in English*, **39**, 3699. (f) Itoh K. and Kinoshita M. (eds) (2000) *Molecular Magnetism*, Gordon and Breach, Amsterdam.
(g) *Inorganica Chimica Acta*, (2001) **326** (1).

Special issue in memory of Professor O. Kahn. (h) Wasielewski, M.R. (2006) *The Journal of Organic Chemistry*, **71**, 5051.

16 (a) Ebbesen, T.W. (1991) *New Journal of Chemistry*, **15**, 191. (b) Feringa, B.L., Jager, W.F. and de Lange, B. (1993) *Tetrahedron*, **49**, 8267. (c) Tsivgoulis, G. M. and Lehn, J.-M. (1995) *Angewandte Chemie-International Edition in English*, **34**, 1119. (d) Fernández-Acebes, A. and Lehn, J.-M. (1999) *Chemistry – A European Journal*, **5**, 3285. (e) Kawai, T., Sasaki, T. and Irie, M. (2001) *Chemical Communications*, 711. (f) Lukas, A.S. and Wasielewski, M.R. (2001) *Electron Transfer in Chemistry*, vol. 5 (ed. V. Balzani),Wiley-VCH Verlag GmbH, Weinheim, p. 48. (g) Ramamurthy V. and Schanze K.S. (eds) (2001) *Optical Switches and Sensors*, Dekker, New York.

17 (a) Hush, N.S. (1967) *Progress in Inorganic Chemistry*, **8**, 391. (b) Launay, J.-P. and Coudret, C. (2001) *Electron Transfer in Chemistry*, vol. **5** (ed. V. Balzani), Wiley-VCH Verlag GmbH, Weinheim, p. 3. (c) Demadis, K.D., Hartshorn, C.M. and Meyer, T.J. (2001) *Chemical Reviews*, **101**, 2655. (d) Brunschwig, B.S., Creutz, C. and Sutin, N. (2002) *Chemical Society Reviews*, **31**, 168.

18 Aviram, A. and Ratner, M.A. (1974) *Chemical Physics Letters*, **29**, 277.

19 Balzani, V., Moggi, L. and Scandola, F. (1987) *Supramolecular Photochemistry* (ed. V. Balzani), Reidel, Dordrecht, p. 1.

20 (a) Hopfield, J.J., Onuchic, J.N. and Beratan, D.N. (1998) *Science*, **241**, 817. (b) Hopfield, J.J., Onuchic, J.N. and Beratan, D.N. (1989) *The Journal of Physical Chemistry*, **93**, 6350.

21 For some recent papers, see, for example, Terazono, Y., Kodis, G., Andréasson, J., Jeong, G., Brune, A., Hartmann, T., Dürr, H., Moore, A.L., Moore, T.A. and Gust, D. (2004) *The Journal of Physical Chemistry. B*, **108**, 1812. (b) Browne, W.R., de Jong, J.J.D., Kudernac, T., Walko, M., Lucas, L.N., Uccida, K., van Esch, J.H. and Feringa, B.L. (2005) *Chemistry – A European Journal*, **11**, 6430. (c) Katsonis, N., Kudernac, T., Walko, M., van der Molen, S.J., van Wees, J. and Feringa, B.L. (2006) *Advanced Materials*, **18**, 1397. (d) Odo, Y., Matsuda, K. and Irie, M. (2006) *Chemistry – A European Journal*, **12**, 4283. For some reviews, see, for example, Refs [9,10] and D. Gust, T.A. Moore, A.L. Moore, *Chemical Communications*, 2006, 1169.

22 Irie, M. (2001) *Molecular Switches* (ed. B. L. Feringa), Wiley-VCH Verlag GmbH, Weinheim, p. 37.

23 (a) Gilat, S.L., Kawai, S.H. and Lehn, J.-M. (1993) *Journal of the Chemical Society. Chemical Communications*, 1439. (b) Gilat, S.L., Kawai, S.H. and Lehn, J.-M. (1995) *Chemistry – A European Journal*, **1**, 275.

24 Saika, T., Irie, M. and Shimidzu, T. (1994) *Journal of the Chemical Society. Chemical communications*, 2123.

25 Collier, C.P., Ma, B., Wong, E.W., Heath, J.R. and Wuls, F. (2002) *ChemPhysChem*, **3**, 458.

26 (a) Matsuda, K. and Irie, M. (2000) *Journal of the American Chemical Society*, **122**, 7195. (b) Matsuda, K. and Irie, M. (2000) *Journal of the American Chemical Society*, **122**, 8309.

27 Matsuda, K. and Irie, M. (2001) *Chemistry – A European Journal*, **7**, 3466.

28 Rau, H. (1990) *Photochromism: Molecules and Systems* (eds H. Dürr and H. Bouas-Laurent), Elsevier, Amsterdam, p. 165.

29 Tsuchiya, S. (1999) *Journal of the American Chemical Society*, **121**, 48.

30 (a) Michell, R.H., Iyer, V.S., Mahadevan, R., Venugopalan, S. and Zhou, P. (1996) *The Journal of Organic Chemistry*, **61**, 5116. (b) Michell, R.H., Ward, T.R., Wang, Y. and Dibble, P.W. (1999) *Journal of the American Chemical Society*, **121**, 2601. (c) Sheepwash, M.A.L., Mitchell, R.H. and Bohne, C. (2002) *Journal of the American Chemical Society*, **124**, 4693.

31 Liddell, P.A., Kodis, G., Andréasson, J., de la Garza, L., Bandyopadhyay, S., Mitchell, R.H., Moore, T.A., Moore, A.L. and Gust, D. (2004) *Journal of the American Chemical Society*, **126**, 4803.

32 Straight, S.D., Andréasson, J., Kodis, G., Moore, A.L., Moore, T.A. and Gust, D. (2005) *Journal of the American Chemical Society*, **127**, 2717.

33 Lukas, A.S. and Wasielewski, M.R. (2001) *Molecular Switches* (ed. B.L. Feringa), Wiley-VCH Verlag GmbH, Weinheim, p. 1.

34 Debreczeny, M.P., Svec, W.A., Marsh, E. M. and Wasielewski, M.R. (1996) *Journal of the American Chemical Society*, **118**, 8174.

35 Debreczeny, M.P., Svec, W.A. and Wasielewski, M.R. (1996) *Science*, **274**, 584.

36 Hayes, R.T., Wasielewski, M.R. and Gosztola, D. (2000) *Journal of the American Chemical Society*, **122**, 5563.

37 Lukas, A.S., Miller, S.E. and Wasielewski, M.R. (2000) *The Journal of Physical Chemistry. B*, **104**, 931.

38 Lukas, A.S., Bushard, P.J. and Wasielewski, M.R. (2001) *Journal of the American Chemical Society*, **123**, 2440.

39 (a) Hasharoni, K., Levanon, H., Greenfield, S.R., Gosztola, D., Svec, W. A. and Wasielewski, M.R. (1995) *Journal of the American Chemical Society*, **117**, 8055. (b) Kuciauskas, D., Liddell, P.A., Moore, A.L., Moore, T.A. and Gust, D. (1998) *Journal of the American Chemical Society*, **120**, 10880.

40 See, for example, Gilch, P., Pöllinger-Dammer, F., Musewald, C., Michel-Beyerle, M.E. and Steiner, U.E. (1998) *Science*, **281**, 982.

41 Lomoth, R., Häupl, T., Johansson, O. and Hammarström, L. (2002) *Chemistry – A European Journal*, **8**, 102.

42 (a) Will, G., Boschloo, G., Hoyle, R., Rao, S.N. and Fitzmaurice, D. (1998) *The Journal of Physical Chemistry. B*, **102**, 10272. (b) Will, G., Sotomayor, J., Rao, S. N. and Fitzmaurice, D. (1999) *Journal of Materials Chemistry*, **9**, 2297.

43 Ashton, P.R., Balzani, V., Becher, J., Credi, A., Fyfe, M.C.T., Mattersteig, G., Menzer, S., Nielsen, M.B., Raymo, F.M., Stoddart, J.F., Venturi, M. and Williams, D.J. (1999) *Journal of the American Chemical Society*, **121**, 3951.

44 Luo, Y., Collier, C.P., Jeppesen, J.O., Nielsen, K.A., DeIonno, E., Ho, G., Perkins, J., Tseng, H.-R., Yamamoto, T., Stoddart, J.F. and Heath, J.R. (2002) *ChemPhysChem*, **3**, 519.

45 Haga, M., Ali, Md.M., Koseki, S., Fujimoto, K., Yoshimura, A., Nozaki, K., Ohno, T., Nakajima, K. and Stufkens, D. J. (1996) *Inorganic Chemistry*, **35**, 3335.

46 Haga, M., Ano, T., Kano, K. and Yamabe, S. (1991) *Inorganic Chemistry*, **30**, 3843. For another example, see P. Passaniti, W. R. Browne, F.C. Lynch, D. Hughes, M. Nieuwenhuyzen, P. James, M. Maestri, J.G. Vos, *Journal of the Chemical Society, Dalton Transactions*, 2002, 1740.

47 Marvaud, V. and Launay, J.-P. (1993) *Inorganic Chemistry*, **32**, 1376.

48 Shiratori, H., Ohno, T., Nozaki, K., Yamazaki, I., Nishimura, Y. and Osuka, A. (2000) *The Journal of Organic Chemistry*, **65**, 8747.

49 Alvarez, J., Ren, T. and Kaifer, A.E. (2001) *Organometallics*, **20**, 3543.

50 For reviews, see Ward, M.D., White, C. M., Barigelletti, F., Armaroli, N., Calogero, G. and Flamigni, L. (1998) *Coordination Chemistry Reviews*, **171**, 481. (b) Chang, C.J., Brown, J.D.K., Chang, M.C.Y., Baker, E.A. and Nocera, D.G. (2001) *Electron Transfer in Chemistry*, vol. **3** (ed. V. Balzani), Wiley-VCH Verlag GmbH, p. 409.

51 Balzani, V., Credi, A., Ishow, E., Mandolini, L. and Stoddart, J.F. unpublished results.

52 (a) Ferrer, B., Rogez, G., Credi, A., Ballardini, R., Gandolfi, M.T., Balzani, V., Liu, Y., Tseng, H.-R. and Stoddart, J.F. (2006) *Proceedings of the National*

Academy of Sciences of the United States of America, **103**, 18411. (b) Ballardini, R., Balzani, V., Clemente-Leon, M., Credi, A., Gandolfi, M.T., Ishow, E., Perkins, J., Stoddart, J.F., Tseng, H.-R. and Wenger, S. (2002) *Journal of the American Chemical Society*, **124**, 12786.

53 Rogez, G., Ferrer Ribeira, B., Credi, A., Ballardini, R., Gandolfi, M.T., Balzani, V., Liu, Y. and Stoddart, J.F. (2007) *Journal of the American Chemical Society*, **129**, 4633.

54 Tang, J., Wang, Y., Klare, J.E., Tulevski, G.S., Wind, S.J. and Nuckolls, C. (2007) *Angewandte Chemie-International Edition in English*, **46**, 3892.

55 See, for example, Armaroli, N., Accorsi, G., Felder, D. and Nierengarten, J.-F. (2002) *Chemistry – A European Journal*, **8**, 2314.

56 (a) Andersson, M., Linke, M., Chambron, J.-C., Davidsson, J., Heitz, V., Sauvage, J.-P. and Hammarström, L. (2000) *Journal of the American Chemical Society*, **122**, 3526. (b) Andersson, M., Linke, M., Chambron, J.-C., Davidsson, J., Heitz, V., Hammarström, L. and Sauvage, J.-P. (2002) *Journal of the American Chemical Society*, **124**, 4347.

57 (a) Seminario, J.M., Zacarias, A.G. and Tour, J.M. (1998) *Journal of the American Chemical Society*, **120**, 3970. (b) Donhauser, Z.J., Mantooth, B.A., Kelly, K.F., Bumm, L.A., Monnell, J.D., Stapleton, J.J., Price, D.W., Jr, Rawlett, A. M., Allara, D.L., Tour, J.M. and Weiss, P. S. (2001) *Science*, **292**, 2303.

58 Tour, J.M., Rawlett, A.M., Kozaki, M., Yao, Y., Jagessar, R.C., Dirk, S.M., Price, D.W., Reed, M.A., Zhou, C.-W., Chen, J., Wang, W. and Campbell, I. (2001) *Chemistry – A European Journal*, **7**, 5118.

59 Walz, J., Ulrich, K., Port, H., Wolf, H.C., Wonner, J. and Effenberger, F. (1993) *Chemical Physics Letters*, **213**, 321.

60 Belser, P., Dux, R., Baak, M., De Cola, L. and Balzani, V. (1995) *Angewandte Chemie-International Edition in English*, **34**, 595.

61 De Cola, L., Balzani, V., Belser, P., Dux, R. and Baak, M. (1995) *Supramolecular Chemistry*, **5**, 297.

62 Bahr, J.L., Kodis, G., de la Garza, L., Lin, S., Moore, A.L., Moore, T.A. and Gust, D. (2001) *Journal of the American Chemical Society*, **123**, 7124. See also P.A. Liddell, G. Kodis, A.L. Moore, T.A. Moore, D. Gust, *Journal of the American Chemical Society*, 2002, **124**, 7668.

63 Straight, S.D., Terazono, Y., Kodis, G., Moore, T.A., Moore, A.L. and Gust, D. (2006) *Australian Journal of Chemistry*, **59**, 170.

64 (a) McGimpsey, W.G., Samaniego, W.N., Chen, L. and Wang, F. (1998) *Journal of Physical Chemistry A*, **102**, 8679. (b) Tan, Z., Kote, R., Samaniego, W.N., Weininger, S.J. and McGimpsey, W.G. (1999) *Journal of Physical Chemistry A*, **103**, 7612.

65 (a) Wagner, R.W., Lindsey, J.S., Seth, J., Palaniappan, V. and Bocian, D.F. (1996) *Journal of the American Chemical Society*, **118**, 3996. (b) Lammi, R.K., Wagner, R. W., Ambroise, A., Diers, J.R., Bocian, D. F., Holten, D. and Lindsey, J.S. (2001) *The Journal of Physical Chemistry. B*, **105**, 5341.

66 Otsuki, J., Tsujino, M., Izaki, T., Araki, K., Seno, M., Takatera, K. and Watanabe, T. (1997) *Journal of the American Chemical Society*, **119**, 7895.

67 Akasaka, T., Otsuki, J. and Araki, K. (2002) *Chemistry – A European Journal*, **8**, 130.

68 Wang, P. and Wu, S. (1998) *Journal of Photochemistry and Photobiology A*, **118**, 7.

69 For a related example, see Albelda, M.T., Díaz, P., García-España, E., Lima, J.C., Lodeiro, C., Seixas de Melo, J., Parola, A. J., Pina, F. and Soriano, C. (2002) *Chemical Physics Letters*, **353**, 63.

70 Armaroli, N., Eckert, J.F. and Nierengarten, J.-F. (2000) *Chemical Communications*, 2105.

71 Ishow, E., Credi, A., Balzani, V., Spadola, F. and Mandolini, L. (1999) *Chemistry – A European Journal*, **5**, 984.

72 Beer, P.D., Szemes, F., Balzani, V., Salà, C.M., Drew, M.G.B., Dent, S.W. and Maestri, M. (1997) *Journal of the American Chemical Society,* **119**, 11864.

73 Serroni, S., Campagna, S., Pistone Nascone, R., Hanan, G.S., Davidson, G. J.E. and Lehn, J.-M. (1999) *Chemistry – A European Journal,* **5**, 3523.

74 (a) Encinas, S., Bushell, K.L., Couchman, S.M., Jeffery, J.C., Ward, M.D., Flamigni, L. and Barigelletti, F. (2000) *Journal of the Chemical Society Dalton Transactions,* 1783. (b) Ward, M.D. and Barigelletti, F. (2001) *Coordination Chemistry Reviews,* **216**, 127.

75 (a) Armaroli, N., Balzani, V., Barigelletti, F., De Cola, L., Flamigni, L., Sauvage, J.-P. and Hemmert, C. (1994) *Journal of the American Chemical Society,* **116**, 5211. (b) Cardenas, D.J., Collin, J.-P., Gavina, P., Sauvage, J.-P., De Cian, A., Fischer, J., Armaroli, N., Flamigni, L., Vicinelli, V. and Balzani, V. (1999) *Journal of the American Chemical Society,* **121**, 5481.

76 (a) Armaroli, N., De Cola, L., Balzani, V., Sauvage, J.-P., Dietrich-Buchecker, C.O., Kern, J.-M. and Bailal, A. (1993) *Journal of the Chemical Society Dalton Transactions,* 3241. (b) Armaroli, N. (2001) *Chemical Society Reviews,* **30**, 113.

第 6 章　光收集天线

6.1　概述

光收集天线（图 6.1）是一种组装的多组分系统，在这个系统中的某些发色团分子能够吸收入射光，并将激发的能量传递给通常的受体组分[1]。对人造系统而言，“天线效应”一词最早用于[2]表述在弱吸收的镧系离子周围连接有强吸收的配体，使这些镧系离子具有强发射的情况，实际上镧系离子的发光是通过配体中心的激发态敏化而被增强的。这一领域的研究现在仍然十分活跃[3]。自然界中天线系统被广泛用于将光转化为化学能的光合作用过程中[4]。当然，通过天线系统的方法收集光还有其他一些用途，例如用于荧光探测器的信号放大[5]，癌症的光动力学疗法[6]及升频转换等[7]。天线系统体积庞大，其发色团分子能够吸收光并将能量传递至发光中心，因此，我们也可以把它看成一种立体的光谱能量聚集器（“分子透镜”）[8]。

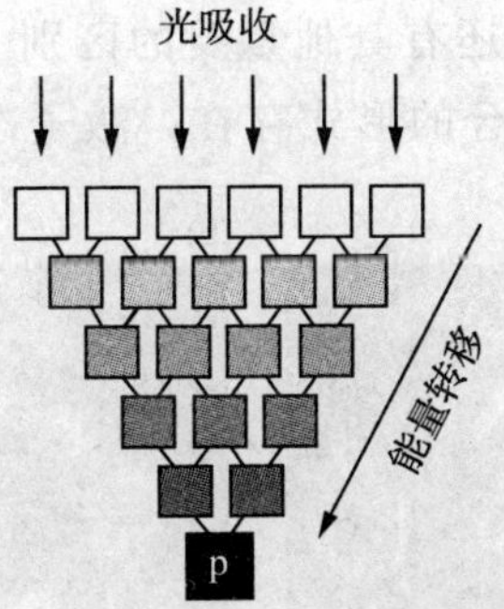

图 6.1　光收集天线

只有当超分子在合适的时间、能量及空间的维度排列时才会发生天线效应。每个组分必须吸收入射光并被激发，所获得的激发态在其辐射失活和非辐射失活之前（时间维度的分辨），必须将能量传递到附近的组分。传递给受体使其到达激发态的能量必须低于或者最多只能与给体的激发态能量相等（能量维度的分辨），只有这样，能量传递才能发生。最后，一系列有序的从给体到受体的能量传递步骤必须形成一个总的能量传递过程，使得激发能量最终都能达到超分子序列中的某一个选择性组分（空间维度的分辨）。

在进化过程中，自然界成功地构造了一个完全符合以上要求的天线系统，在绿色植物中这种天然形成的天线系统能收集大量太阳能，并将其转化为电子激发能量传送到反应中心，在反应中心物质转化成为氧化还原化学能。近几年，随着超分子化学（特别是树枝状分子化学）的发展以及光化学在实验和理论方面所取得的快速发展，科学家们设计并构造了非常有趣的人工天线系统。

6.2 天然天线系统

最广为人知的天然天线系统是紫菌光合作用中的光捕获（light-harvesting）络合物[9]，在这个领域最主要的突破是光捕获天线络合物 LH2 的高分辨晶体结构的 X 射线测定，络合物 LH2 是图 6.2 中 *Rhodopseudomonas acidophila* 的光合作用单元[10]，这种络合物由两类环状细菌叶绿素（BChl）分子组成，一类是 18 个靠近膜表面的分子按照一种近似面对面排列形成像涡轮一样的形状，另一类环是处于同一平面上的 9 个分子垂直于夹在两层中间的由细菌叶绿素（BChl）形成的第一类环。这种结构存在于两层蛋白质圆柱面之间，其半径分别为 1.8 nm和 3.4 nm。由于存在于不同的化学环境中，两类 BChl 具有不同的吸收和光物理性质。属于较大环的那些 18 个 BChl 的最低能量吸收的峰值为 850 nm（因此被命名为 B850）。而处于两层中间的 9 个 BChl 其最低能量吸收的峰值在 800 nm(B800)。这两类 BChl 还有其他重要的区别[11]——B800 主要是以单体存在，而 B850 则主要以激子耦合的形式存在，激子态离域在几种（假设为 4 种）

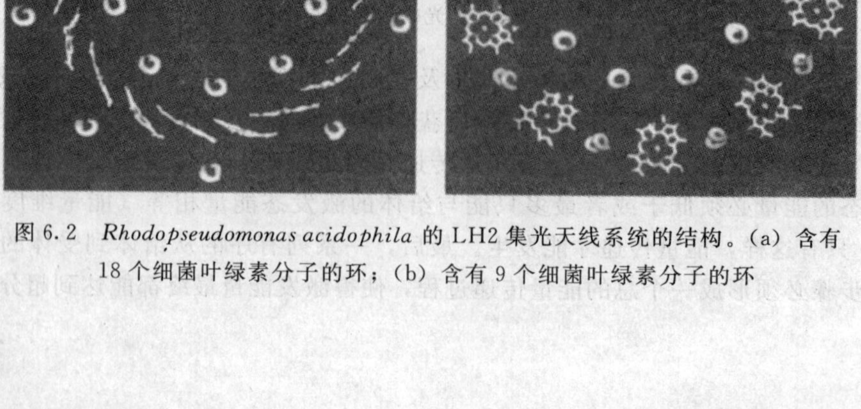

图 6.2　*Rhodopseudomonas acidophila* 的 LH2 集光天线系统的结构。(a) 含有 18 个细菌叶绿素分子的环；(b) 含有 9 个细菌叶绿素分子的环

BChl 分子中。所有的 BChl 分子都通过周围的多肽来保持一种固定的空间关系。类胡萝卜素也是通过这种双重功能的 LH2 结构相互发生联系以有助于光的收集并防止系统的光氧化；这一功能是通过猝灭单线态氧的光敏作用来实现的。B800 系列所吸收的光在 1 ps 内被传送到 B850 轮上，发生在 B850 不同激子态之间的能量转移在时间尺度上只需 300 fs。

由 LH2 收集到的能量随后传递到另一种天线络合物 LH1，LH1 则围绕在反应中心 RC 周围，RC 是所收集到的能量的最终目的地，并在那里发生电荷分离。图 6.3 是整个光收集过程的示意图。LH1 的结构不如 LH2 那样被人们准确地确定，但是通过对 *Rhodospirillum rubrum* 中 LH1 络合物二维晶体的电子结晶学分析[12]，我们可以获得 LH1 与 LH2 间较明显的相似性，LH1 由 32 个 BChl 分子构成并排列成类似于 LH2 中 B850 分子排列的形状，因此 LH1 轮更大。LH1 的吸收位于 880 nm(B880)。LH1 与 LH2 靠得很近（估计比 30 Å 还要近），因此 LH2→LH1 的能量传递速率非常快（3 ps）。而连续的能量由 LH1 传递给 RC 的速率是 LH2 传递给 LH1 的 1/10 以上（35 ps）。因为 LH1 轮的分子（如 B850）是激子耦合而成的，所以这种能量传递过程是从 LH1 的将近 8 个点位同时发生并到达 RC 的，每个点位包含 4 个离域的 BChl 亚单元（假设每 32 个 BChl 的 LH1 对应一个反应中心 RC)[11]。

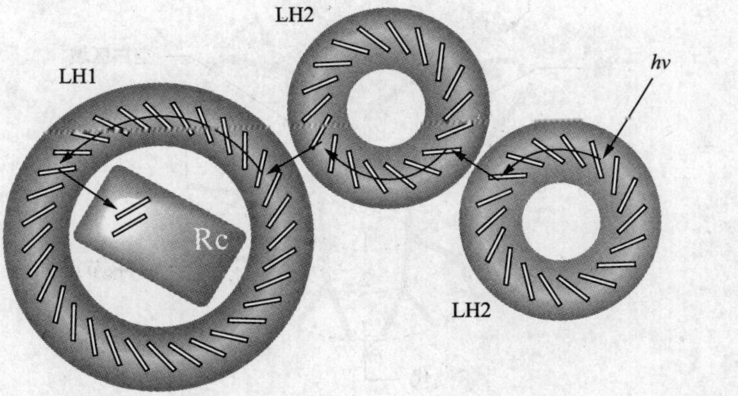

图 6.3　在生物的光合作用中 LH2 和 LH1 集光过程的示意图，RC 是反应中心

综上所述，在天然的光收集天线中，在单独一个络合物内，几乎等能量的次单元之间快速的能量转移，会同时伴随着较低的能量以最少的损失很快地传输到络合物上。所有这些过程都被认为是按 3.3.1 节中 Förster 机理所发生的。

最近的研究证实，量子相干性条件下能量可以像波一样传递[13]。重叠态使得刺激反复地从所有激子状态中抽提出弛豫速度，从而有效地引导能量转移，找到激发能量的明显的衰减。因此，量子相干体系主要根据能量的传递效率进行简单的量子计算，同时判断各种状态，并选择正确的结果。

人们对绿色植物中的光收集络合物的了解并不深入，而且它们可能比那些细菌的光合作用更加复杂[14,15]。然而有理由相信以上我们讨论的已很接近主导天线作用的主要规律。

6.3 树枝状分子

树枝状分子[16,17]是一类纳米尺寸，具有树一样结构的分子，首次由梯度合成方法合成，已经被明确定义为一种超分子[18]。树枝状分子化学无论是从基础研究还是从应用角度来讲都是一个迅速发展的领域[16,17,19]。在这一节中我们要讨论将树枝状分子应用于光收集中。

图 6.4 中树枝状分子的示意图类似于 6.2 节中天然光收集络合物的结构，天线分子围绕在反应中心周围。因为它们能收敛式或者发散式地被合成，在其中一些合成步骤中大部分发色团可以实现在特定空间的高度拓扑控制[20-23]，因此树枝状分子的结构非常适合建构人工天线。

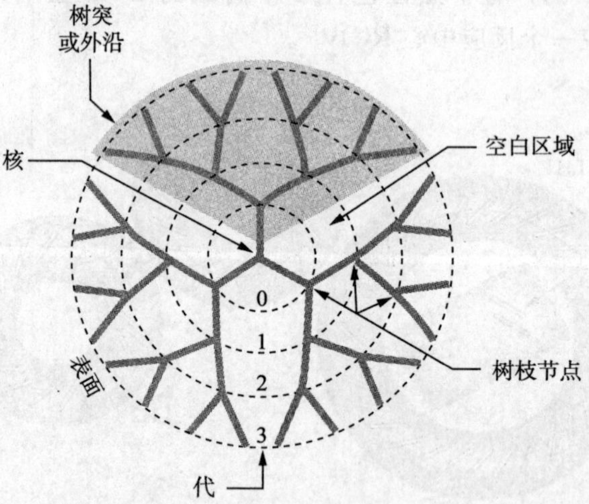

图 6.4　树枝状分子的示意图

拓扑树枝状分子包括三个不同区域：核心，分支和表面（图 6.4）。光活性单元通过共价键或配位键可以直接连接或者挂接在树枝状结构的不同区域，它们也可以非共价地嵌在树枝状分子的空腔中或“挂”在树枝状分子的表面，如图 6.5 所示。由于树枝状分子各种不同官能基团互相接近，它们之间可以很容易地发生相互作用。受激二聚物和激态络合物（3.1.2 节）在树枝状分子中很常见[22,23]。

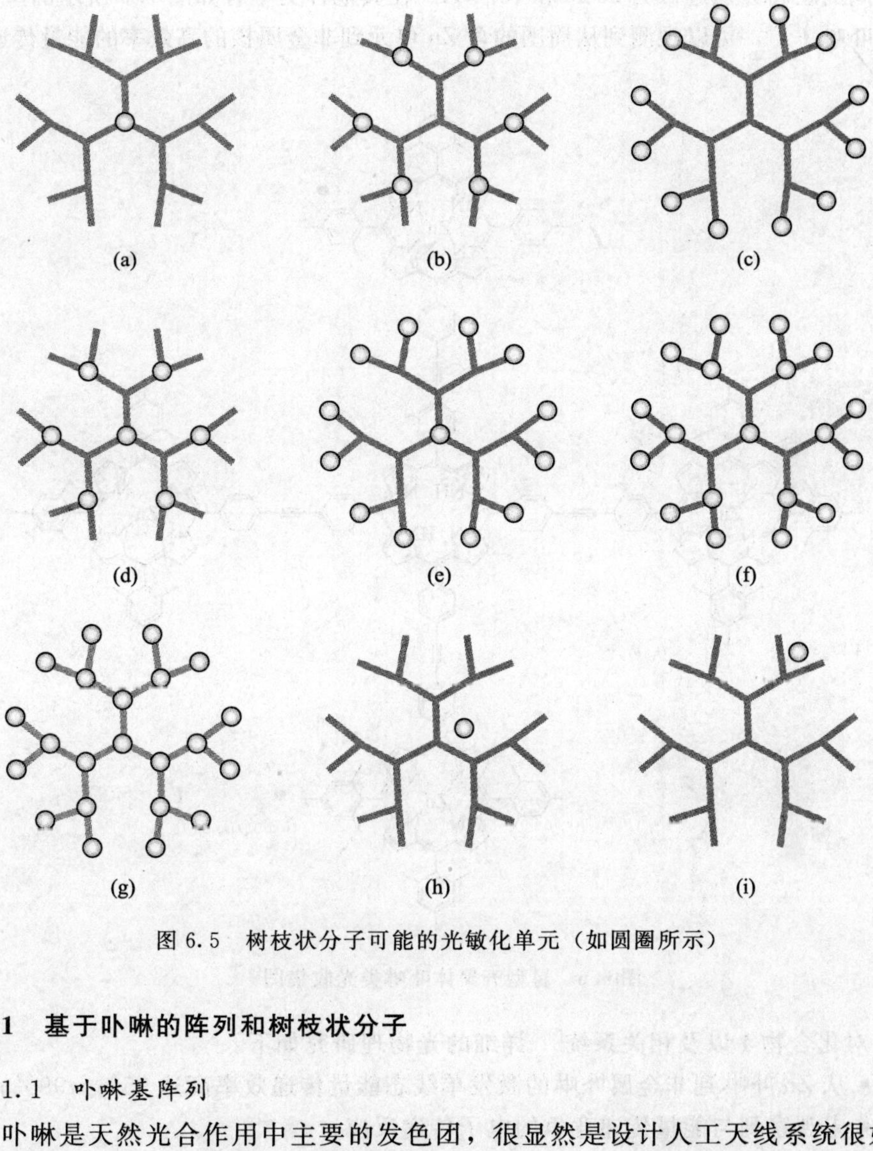

图 6.5　树枝状分子可能的光敏化单元（如圆圈所示）

6.3.1　基于卟啉的阵列和树枝状分子

6.3.1.1　卟啉基阵列

卟啉是天然光合作用中主要的发色团，很显然是设计人工天线系统很好的选择对象。含有卟啉分子的组装体系理所当然是人工天线中最庞大的体系。我们将在这里讨论一些有代表性的例子，更深入的讨论可以参考近期的综述文献[24～30]。

文献［31～35］已经系统地研究了系列多卟啉的合成和性质，通过建模的方法[32]可以获得二元、三元、四元以及五元卟啉阵列（参考 4.6.2 和 7.3.4.2 节），这一系列的物质在芳基与四芳基卟啉大环之间使用一个乙炔键连接，这种半刚性的结构可限制发色团之间直接的相互影响。在这些系统中卟啉中心之间以及边缘之间的距离分别近似为 20 Å 和 13.5 Å。在其他种类中有如图 6.6 所示的星型五聚体卟啉 **1**[31]，可以观测到从周围的含 Zn 单元到非金属核的高效率的能量传递。

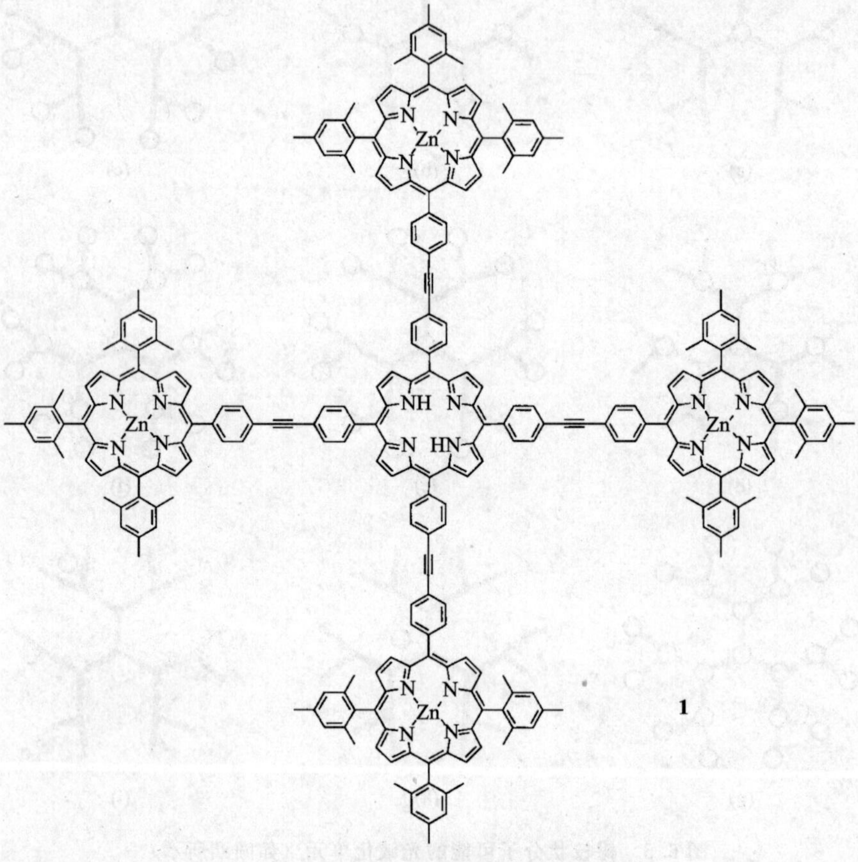

1

图 6.6　星型五聚体卟啉类光收集图[31]

对化合物 **1** 以及相关系统[33]详细的光物理研究如下：

- 从 Zn 卟啉到非金属卟啉的激发单线态能量传递效率高达 95%～99%；
- 未观察到与能量传递竞争的电子传递反应；
- 能量传递的机理主要涉及通过乙炔连接基的键传递；
- 在两个等能量的 Zn 卟啉之间的能量传递十分迅速。

文献［34］讨论了如何从结构上控制相邻位点与不相邻位点之间的能量传递。这些研究可以推测其他多卟啉系列的光物理特征和高效率集光的性质，同时设计出更多的多卟啉阵列。

图 6.7 中的光收集化合物 **2** 只含有一个卟啉结构[36]，周围 8 个二吡咯硼色素同时激发，能量传递到中心卟啉的量子效率高达 85%以上，传输速率为 5×

$10^{10}\ s^{-1}$。文献［37］研究了含有8个卟啉和一个酞菁的化合物用于能量收集器，当然还可以制备更大的阵列[38,39]。已经证实构型在非刚性卟啉阵列中起着非常重要的作用[40]。

在由24个卟啉单元组成的大环（直径大约7 nm）中，激子能量传递的效率很高。在这个大环中，能量以35 ps^{-1}的速率在相邻的四卟啉之间传递[41]。

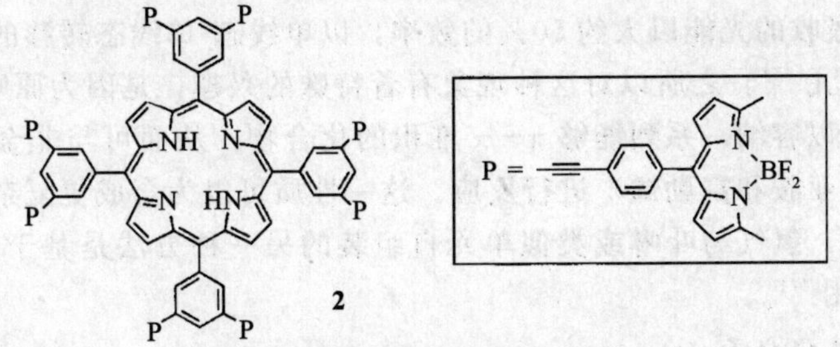

2

图 6.7　由外围的8个2，2′-二吡咯硼络合物和1个中心卟啉所组成的九组分天线系统2[36]

文献［42］报道了使用卟啉组分建造自组装的人工天线。图6.8中的化合物**3**是一种正交的边对面（side to face）五元卟啉阵列。它是由两类分子组分组成的：含有4′-吡啶取代基的卟啉和四个钌羰基四苯基卟啉[42]。这两类单元的组装是通过前者的4′-吡啶基与后者的金属中心轴向络合的。为了检测卟啉环相互定

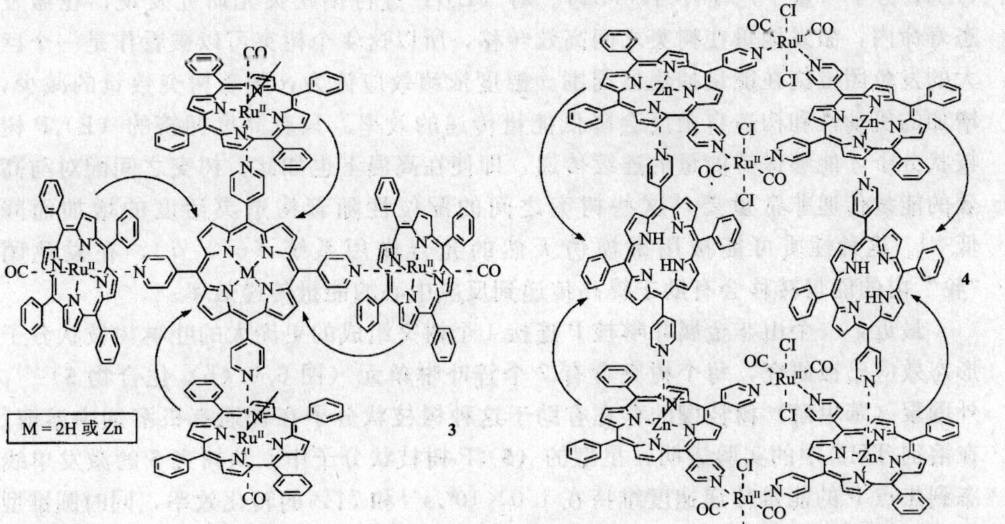

图 6.8　基于卟啉的自组装天线系统[42]

位的可能的影响，有人使用3′-吡啶取代基作为连接基团合成了类似倾斜的边对面卟啉阵列衍生物。事实上这一阵列的光物理行为与它们的垂直或者倾斜的几何角度没有关系，并且在非金属卟啉阵列中，三线态钌卟啉发生了不可逆的猝灭，同时非金属卟啉的三线态被敏化[42]，文献［42］中介绍了更多其他关于扩展的络合体系的研究，例如图6.8中所示的六元卟啉系列**4**。这个盒子状的化合物有着复杂的动力学行为，是天线效应的一个很好的例子。在此化合物中，由四个Zn-卟啉单元吸收的光能以大约50％的效率，以单线态-单线态转移的形式通过柱状的非金属单元[42]。之所以对这种现象有着特殊的兴趣，是因为原则上化合物**4**的中心空腔可以容纳一系列能够π-π堆积的化合物，从而可与非金属单元（例如芳烃、芳香亚胺和富勒烯）进行反应。这一性质可以为合成更复杂功能的体系开辟新的道路。氯气与卟啉或类似单元自组装的另一种方法是基于氢键和［π-π］的交互作用[43]。

6.3.1.2 树枝状分子

卟啉除了可以作为阵列的组分之外，它同样可以作为光收集树枝状大分子的组成部分。依赖形态的树枝状天线的性质[44]可以用一般公式$(L)_nP$表示，P表示非金属卟啉核，n表示中心卟啉的中间位置所带有聚（苯甲醚）树突L的个数（$n=1\sim4$），如图6.9（a）所示。在二氯甲烷中树突发光基团的激化会引起单线态-单线态的能量传递使卟啉核激发。研究发现具有球状形态的$(L)_4P$树枝状分子，其能量传递的量子转化率（0.8）大大高于部分取代的$(L)_1P$，$(L)_2P$，$(L)_3P$分子（量子产率小于0.32)。对$(L)_4P$进行偏正荧光研究发现，在激发态寿命内，激发能量在树突之间高效转移，所以这4个树突可以被看作是一个巨大的发色团围绕在能量捕集器周围。温度依赖效应认为，随着树突数量的减少，增加的机动性和构造自由度会降低能量传递的效率。只有高度拥挤的$(L)_4P$树枝状分子才能够保持能量的连续传递，即使在高温下也如此。树突之间配对与高效的能量传递非常重要，这些树突之间的配位性随着构造灵活度的增加而降低[44]。这种性质可能被用来模仿天然的光合作用系统（6.2节），在发色团“轮”内的能量转移会有助于提高传递到反应中心的能量传递效率。

最近，一个由非金属卟啉核P连接4个树突组成的更庞大的卟啉树枝状分子形态效应已被研究，每个树突含有7个锌卟啉单元（图6.9（b）化合物**5**）[45]。外围聚（苯甲醚）树枝楔的存在有助于这种树枝状分子在普通有机溶剂中溶解。在溶剂THF中的实验表明，星型的$(\mathbf{5})_4P$树枝状分子中，从树突**5**的激发单线态到焦点P的能量传递速度维持在$1.0\times10^9\ s^{-1}$和71％的转化效率，同时圆锥型的$(\mathbf{5})_1P$树枝状分子中能量传递速度只有前者的十分之一，转化效率也只有19％。这些结构表明树枝状分子的形态确实对能量传递速率有显著影响。用544 nm和偏振光对$(\mathbf{5})_4P$激发，得到了锌卟啉单元发出的去极化荧光（荧光各向异性因

	R_1	R_2	R_3	R_4
$(L)_1P$	L	tolyl	tolyl	tolyl
(*anti*-L)$_2$P	L	tolyl	L	tolyl
(*syn*-L)$_2$P	L	L	tolyl	tolyl
$(L)_3P$	L	L	L	tolyl
$(L)_4P$	L	L	L	L

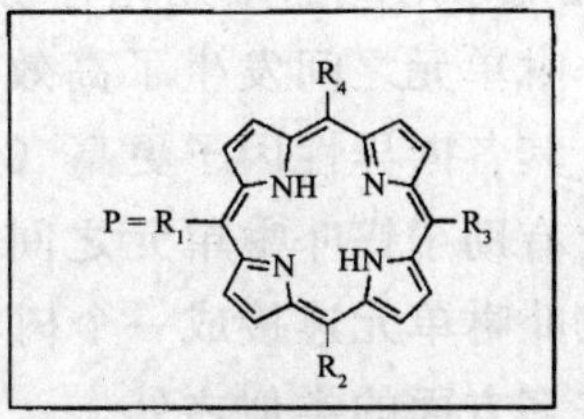

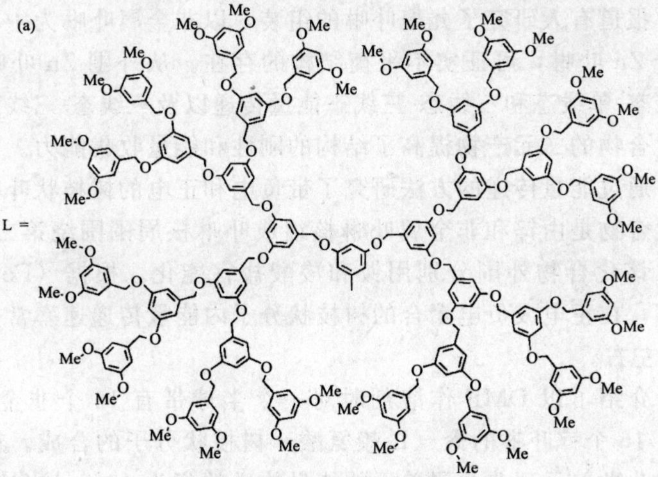

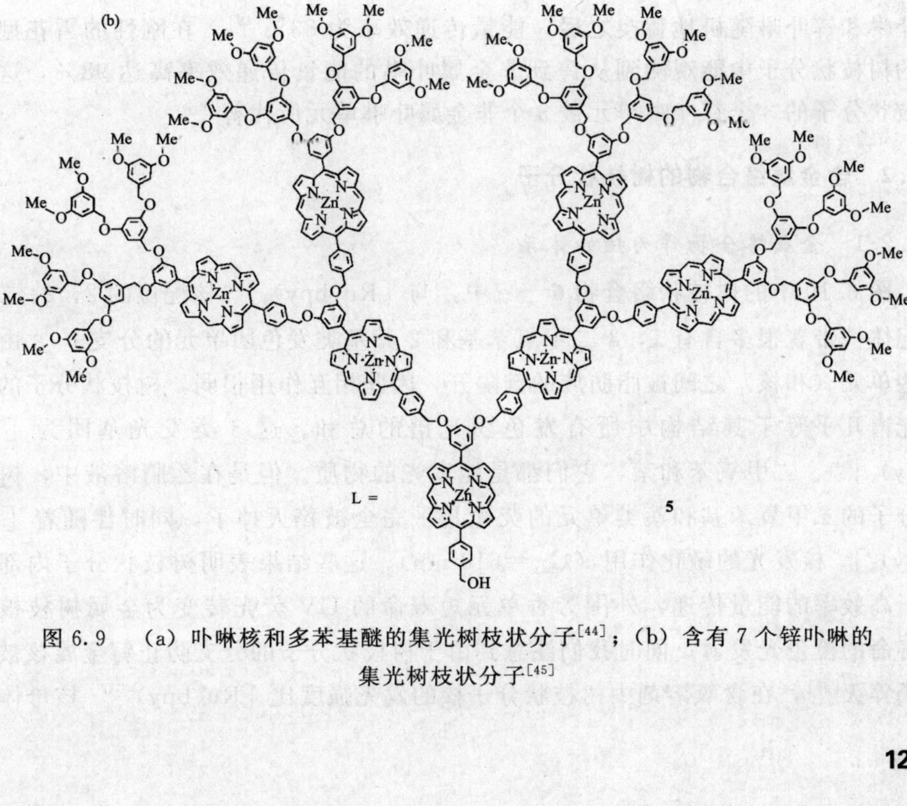

图 6.9 (a) 卟啉核和多苯基醚的集光树枝状分子[44]；(b) 含有 7 个锌卟啉的集光树枝状分子[45]

子 0.03，相对于对应的单元化合物的 0.19)，这标志着在将能量传递到非金属核之前，锌卟啉单元之间发生了高效率的能量转移。对于圆锥型的 $(\mathbf{5})_1$P 树枝状分子来说，其各向异性因子更高（达到 0.10)。这些结果表明 $(\mathbf{5})_4$P 的四个树突之间的配位有助于锌卟啉单元之间的能量转移。显然用一个能量接受核心将 28 个吸光的锌卟啉单元连接成一个树枝状圆盘的 $(\mathbf{5})_4$P 系统与天然的光放大 LH1 络合物有许多方面的类似之处。

文献 [46] 报道有人研究了九聚卟啉的组装，以非金属卟啉为中心，外围以核苷链连接 8 个 Zn-卟啉，可证实不平衡结构的存在。从外围 Zn-卟啉到中心非金属卟啉的单线态-单线态和三线态-三线态能量传递以及三线态-三线态猝灭都已探测得到。此化合物的二元产物提高了结构的刚性和能量收集能力。

文献 [47] 通过能量传递的方法研究了带负电和正电的树枝状卟啉的静电聚合。所使用的化合物是由锌和非金属卟啉核组成卟啉核周围围绕第二代 Fréchet 型树枝状分子，该化合物外围分别用铵和羧酸盐官能化。根据（Förster 机理）核与核之间距离，在正电或负电聚合的树枝状分子内能量传递速率常数一直保持在 $3.0\times10^9\ s^{-1}$左右。

文献 [48] 介绍了以 DMF 作溶剂时对一个半球带有 16 个非金属卟啉基，另一个半球带有 16 个锌卟啉的聚（L-赖氨酸）树枝状分子的合成。在这种树枝状分子内，从锌卟啉单元到非金属单元的能量传递效率为 43%。当这 32 个非金属卟啉和锌卟啉随机地替换之后，能量传递效率为 83%[49]。在刚性的雪花型结构的树枝状分子中能观测到从锌到非金属卟啉的能量传递效率高达 98%，这种树枝状分子的 3 个锌卟啉单元被 3 个非金属卟啉单元所代替[50]。

6.3.2 含金属络合物的树枝状分子

6.3.2.1 金属络合物作为核的体系

图 6.10 中的树枝状络合物 $\mathbf{6}^{2+}$[51] 中，与 $[Ru(bpy)_3]^{2+}$ 核配位的 2，2′-二吡啶配体携带着很多含有 1，3-二甲氧苯基和 2-萘基类发色团单元的分支[52]。由于这些单元（和核）之间被脂肪族的键隔开，因此相互作用很弱，树枝状分子的吸收光谱几乎等于其结构中所有发色团光谱的总和。这 3 类发光基团为 $[Ru(bpy)_3]^{2+}$、二甲氧苯和萘，它们都是能发光的物质。但是在乙腈溶液中，树枝状分子的二甲氧苯基和萘类单元的荧光几乎完全被猝灭掉了，同时伴随着 $[Ru(bpy)_3]^{2+}$ 核发光的敏化作用（$\lambda_{max}=610$ nm)。这些结果表明树枝状分子内部发生了高效率的能量传递，外围芳香单元短寿命的 UV 荧光转变为金属树枝核较长寿命的橙色光发射。同时我们注意到由于树枝状分子的分支防止钌金属核被氧分子猝灭[53]，在含氧溶剂中树枝状分子核的发光强度比 $[Ru(bpy)_3]^{2+}$ 核母体化

合物的发光强度强两倍以上。综上所述，由于萘基在UV区域的高强吸收光谱，高效率的能量传递以及$[Ru(bpy)_3]^{2+}$核的强发射，甚至在溶液浓度非常低（$10^{-7}\ mol \cdot L^{-1}$）的情况下[51]，用UV激发树枝状分子$\mathbf{6}^{2+}$（图6.10）会在可见区观察到强的发射。

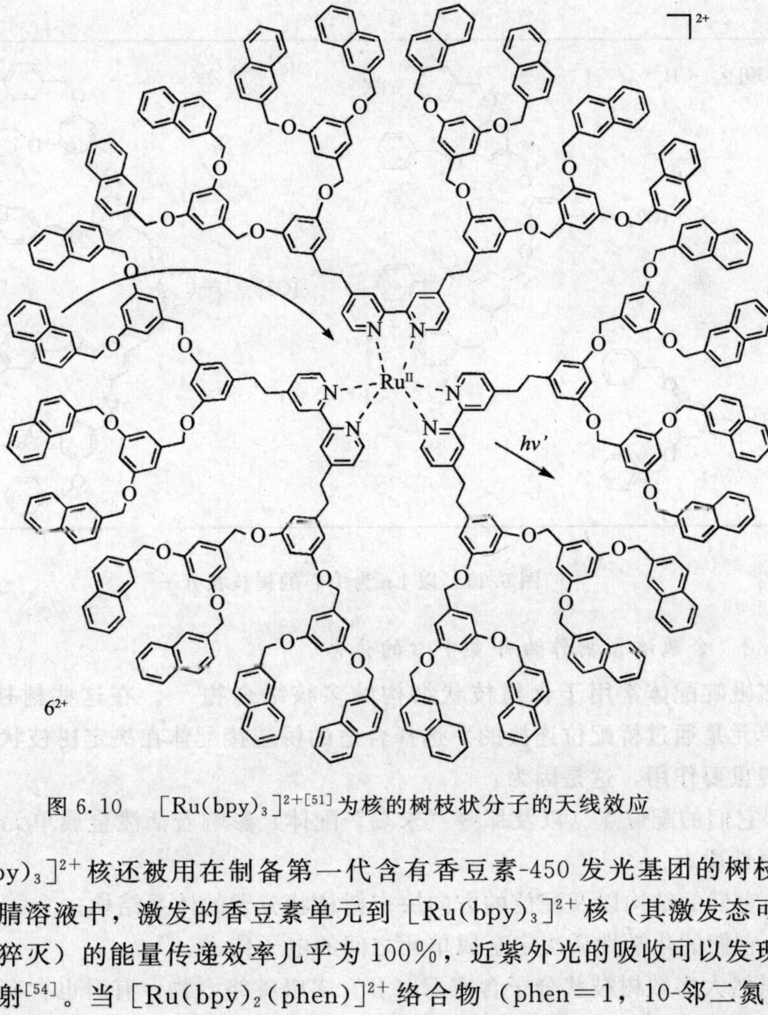

图6.10　$[Ru(bpy)_3]^{2+}$[51]为核的树枝状分子的天线效应

$[Ru(bpy)_3]^{2+}$核还被用在制备第一代含有香豆素-450发光基团的树枝状分子中。在乙腈溶液中，激发的香豆素单元到$[Ru(bpy)_3]^{2+}$核（其激发态可防止被氧气分子猝灭）的能量传递效率几乎为100%，近紫外光的吸收可以发现核的特征橙色发射[54]。当$[Ru(bpy)_2(phen)]^{2+}$络合物（phen＝1，10-邻二氮杂菲）的邻二氮杂菲配体3位和8位连接两个第一代或者第二代的1，3，5-亚苯基树枝状分子时，亚苯基树枝状分子被激发后会以很高的效率（大于98%）向钌（Ⅱ）基单元发生能量传递[55]。

功能化碳酸酯核在Ln^{3+}离子周围的自组装可以得到树枝状分子的结构[56,57]。如图6.11所示的树枝状分子中，从外围天线到Ln^{3+}（Er^{3+}，Yb^{3+}和Nd^{3+}）的能量传递效率很高，超过了90%由于芳醚树枝分子的屏蔽效应，产生了相应的很强的近红外敏化发射[57]。

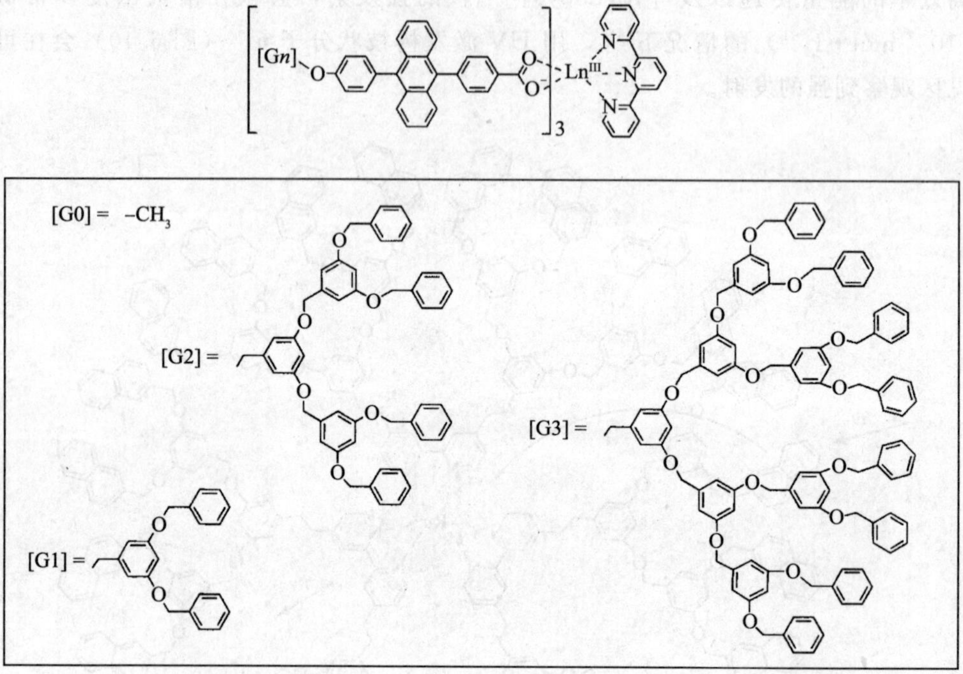

图 6.11　以 Ln 为中心的树枝状分子

6.3.2.2　金属络合物作为分支中心的体系

多吡啶配体常用于含树枝状结构的多核络合物[20]。在这些树枝状分子中，金属单元是通过桥配位连接的。选择合适的桥连接配体在决定树枝状分子的性质上起着重要作用，这是因为：

- 它们的配位点（以及那些“末端”配体）影响着活泼金属单元的光谱和氧化还原性质；
- 它们的结构以及配位的方向决定树枝状分子的体系结构；
- 它们的化学性质决定金属单元之间的电子传递。

虽然大多数树枝状分子含有 Ru(Ⅱ) 多吡啶络合物，有时也含有 Os(Ⅱ) 多吡啶络合物，但是从光物理的层面进行深入研究的只有那些以 2，3-和 2，5-二(2-吡啶基) 吡嗪（2，3-和 2，5-dpp）作为桥连配体、以 2，2′-二吡啶（bpy）和 2，2′-二喹啉（biq）作为终端配体（图 6.12）的树枝状分子[20,58]。使用 2，3-和 2，5-dpp 桥连接配体制备树枝状分子的典型方法就是所谓的“类金属络合物和类配体络合物”方法[59]；这就使得树枝状分子系列的结构中可以含有 4，6，10，13 和 22 个金属单元。图 6.12 所示的树枝状分子，其大小约为5 nm，它含有由 1090 个原子组成的 44 个阳离子。除了 22 个金属原子之外，它还含有 24 个端配体和 21 个桥连接配体，这种树枝状分子可以看作［$M(L)_n(BL)_{3-n}$］$^{2+}$ 的有序群络合物［M＝Ru(Ⅱ) 或 Os(Ⅱ)；L＝bpy 或 biq；BL＝2，3-或 2，5-dpp］，它具有以下性质：

- 在紫外区域有强的配体中心（LC）吸收带，在可见区域有中等强度的金属-配体的电荷转移带（MLCT）；
- 在红光区域比较长的发光寿命，来自于最低的^{3}MLCT 态。

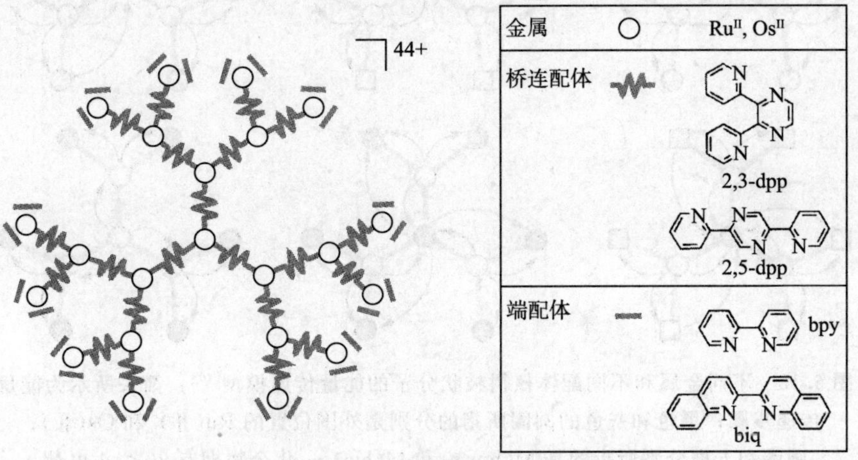

图 6.12　在每一个分支点含有 Ru 和/或 Os 络合物的树枝状分子示意图[20]，2，3-和 2，5-dpp 为桥连配体的分子以及-bpy 和-biq 为终端配体的分子

在树枝状分子中，邻近的单核单元之间仅仅只有很小的电子相互作用，因此其吸收光谱几乎是所有组成单元光谱之和。因此更大的树枝状分子其摩尔吸光系数在整个紫外-可见光区域都很大，对一个所有金属离子是 Ru(Ⅱ) 的多核树枝状分子，在 542 nm 处 $\varepsilon=202000\ L\cdot mol^{-1}\cdot cm^{-1}$］，因此能吸收大部分太阳光。

在这些树枝状分子中，相邻单元之间的电子影响虽然比较小，但不可忽略，这些电子影响足够引发非常快速的能量传递，猝灭较高能量^{3}MLCT 态发光单元的发光，同时敏化较低能量的发光单元。邻近单元间的能量传递在 fs 时间内就能完成，这是非热能激发单线态与系间窜跃竞争的结果[60]。

每个单元^{3}MLCT 激发态的能量取决于金属和配体以一种什么合成路线[59]来高度控制所合成的金属中心、桥连配体和终端配体的性质和位置。如图 6.13 中的 10 个核的化合物中所示，这种合成上的控制转化为树枝列中高度控制的能量流动的方向。然而，随着核的增加，选择两类金属［Ru(Ⅱ) 和 Os(Ⅱ)］和配体（bpy 和 2，3-dpp）可以获得单向梯度的能量传递（从核到外围或者相反方向)[20]。这种天线的另外一种扩展的类型是类似芘基带有有机发光基团的第一代杂金属树枝状分子。在四核种类 7^{8+} 中，包括以 Os(Ⅱ) 为核，外围由三个 Ru(Ⅱ) 单元和六个芘基单元环绕的化合物，如图 6.14 所示。若不考虑光吸收单元，则到 Os(Ⅱ) 核的能量传递效率可达 100%[61]。

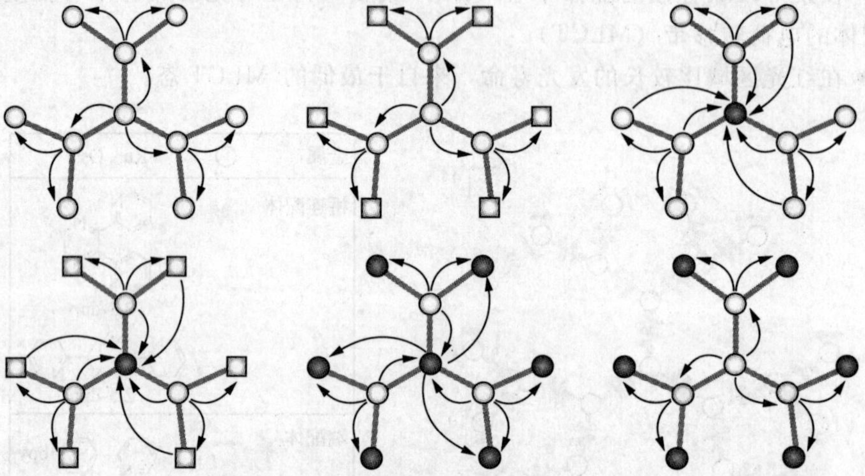

图 6.13　不同金属和不同配体核树枝状分子的能量传递模型[20]，箭头所示为能量传递步骤；黑色和灰色的圆圈所指的分别是外围位置的 Ru(Ⅱ) 和 Os(Ⅱ)；圆圈和方框分别所指的是 $M(bpy)_2$ 和 $M(biq)_2$；化合物拥有 20 个正电荷

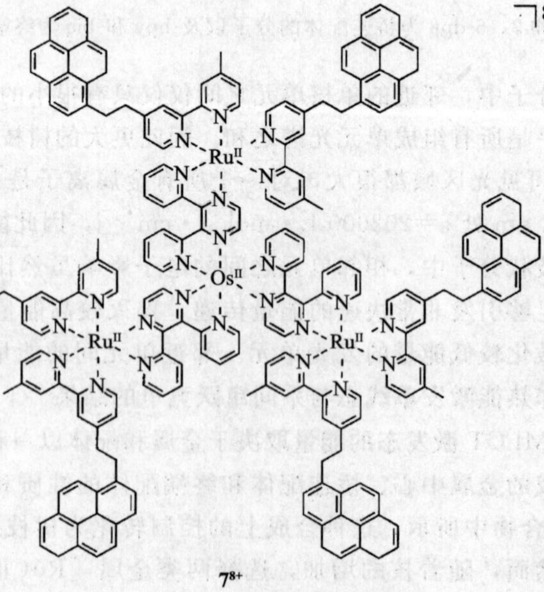

7^{8+}

图 6.14　以 Os(Ⅱ) 为核的树枝状分子

最近，有报道合成了一个以［$Cl_2Ru(\mu$-2，3-dpp$)_2$］为核，树枝连有两个［$Ru(\mu$-2，3-dpp$)_3$］$^{2+}$单元，并且外围环绕四个［$(bpy)_2Ru(\mu$-2，3-dpp$)$］$^{2+}$单元的七核化合物。此化合物的能量从外围传递到核，并经过高能中间体单元，经历了两步电子转移过程[62]。

我们会在 8.4.3 节介绍这些含金属的树枝状分子非常有趣的电化学性质。

6.3.3 基于有机发色团的树枝状分子

6.3.3.1 聚芳醚树枝状分子

文献［63］中介绍了一种有趣的天线系统，即末端用香豆素-2(λ_{em}＝435 nm)功能化聚芳醚中轴链和其中心上的香豆素-343(λ_{em}＝490 nm）所组成的。介绍了这一族中具有代表性的第 4 代树枝状分子 **8**，如图 6.15 所示。在这类用染料标识的树枝状分子中无数外围香豆素-2 单元吸收的光以非常高的效率传递到香豆素-343(在甲苯溶液中前 3 代为 98%，图 6.15 中的化合物 **8** 为 93%)。假设在给体发射和受体吸收之间有较大的传递动量和较好的交叠，那么能量传递就会按照 Föster 机理发生[63]。

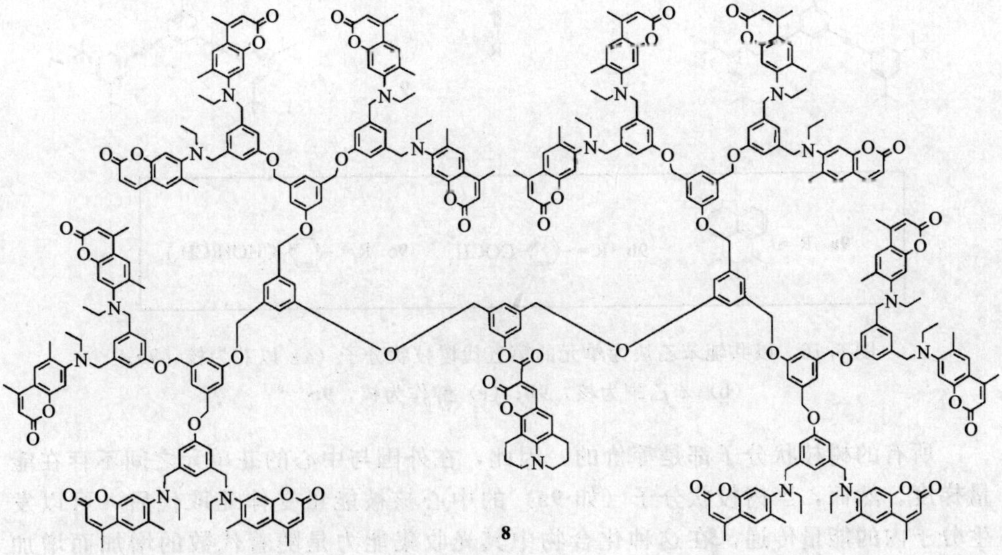

8

图 6.15 以香豆素-343 为焦点，外围围绕香豆素-2 的第四代树枝状分子

聚芳醚树枝状分子以苯并噻唑为中心核，外围围绕二芳胺芘单元，能量从外围传递到核，并伴有相同方向的电子转移[64]。

6.3.3.2 苯乙炔树枝状分子

能量梯度可以增加能量传递的效率，但同时是以能量消耗为代价的。每往下一级传递，便有一些能量被损失。因此，即使能量传递效率达到百分之百，受体所接受的能量也只有最初给体的很小的一部分。虽然效率稍差，但在等能量单元之间的传递并无如此大的损失。此问题曾在研究苯乙炔树枝状分子时予以讨论。在图 6.16 中，含有 PA 核的化合物周围连有 3 个（第一代）至 127 个（第六代）的 PA 次级单元。

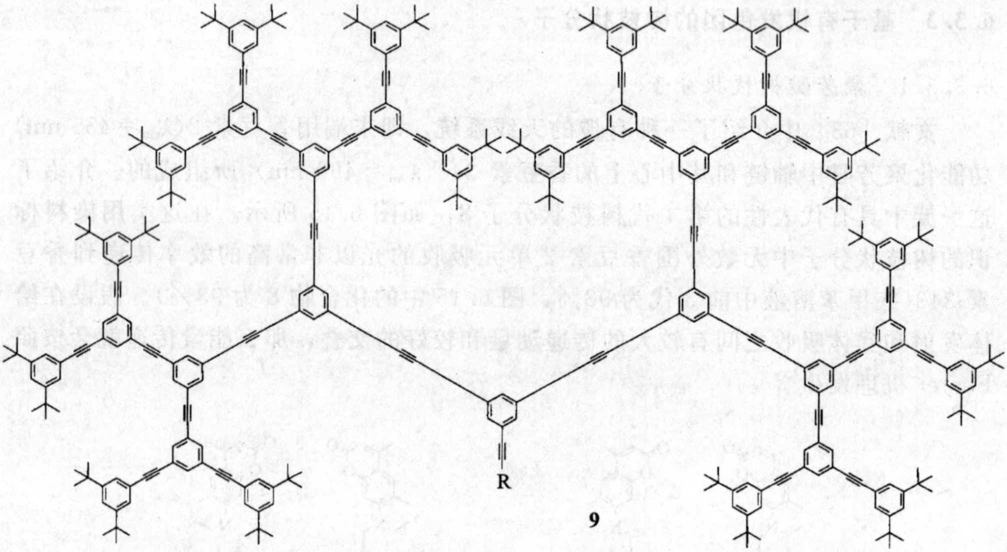

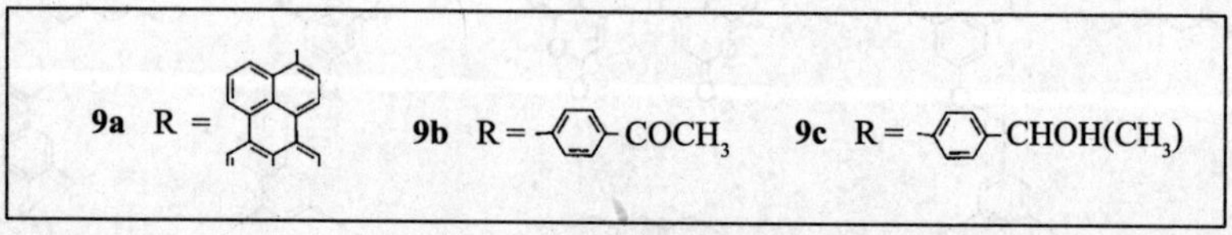

图 6.16　以共轭苯乙炔为单元的第五代树枝状分子 (a) 以苝为核，**9a**；(b) 苯乙酮为核，**9b**；(c) 醇作为核，**9c**[65,68]

所有的树枝状分子都是等价的，因此，在外围与中心的苝单元之间不存在能量梯度。然而，当树枝状分子（如 **9a**）的中心核被能量受体苝取代后，可以发生分子内的能量传递。在这种化合物中其光收集能力是随着代数的增加而增加的，而摩尔吸光系数随之增加，但从树枝分子到苝单元的能量传递的效率是随着代数增加而下降的（从第一代树枝状分子的约 95%降到第六代树枝状分子的约 54%）。每一代分子都含有各种不同的单体类型，因此在树枝分子与核之间存在能量梯度。在这类化合物中，能量传递到苝核是非常迅速的并且高效的（约 98%）[66]。这些结果表明，理论上[69]认为从外围至核的“随机”能量传递没有直接的多步过程的效率来得高。

芳乙酰基取代苝后，从树枝状分子的枝到核的能量传递（苝取代时发生）被终止了。PA 碎片被激发后，酮取代单元使体系间的交叉变得更加容易，表现为对能量的强效猝灭。而用醇取代酮，则可以阻止荧光的猝灭（例如化合物 **9c**）[68]。对含酮和醇取代单元的化合物研究证实，与树枝状分子的代数有关，激发态离域可以促进能量的传递（减少给体与受体的空间隔离），同时能量会慢慢衰减（发射横截面减少和能阶偏移导致给体与受体间更差的谱线重叠）。

6.3.3.3　聚亚苯基和低聚（对亚苯基次亚乙烯基）树枝状分子

在甲苯溶剂[70]中发现了带有苝亚胺和聚酯亚胺发光单元的形貌稳定的聚亚苯基树枝状分子的能量传递。在熵衰减时间[71]内苝亚胺发色团之间的能量跳跃速度达到 $4.6\times10^9\ s^{-1}$。当 3 个苝亚胺和 1 个聚酯亚胺连在树枝状分子轮上时，从前者到后者的能量传递效率大于 95%。所有观察到的能量传递过程都可以用 Förster 机理来解释。文献［72］介绍了以苝二亚胺为发光核的聚亚苯基树枝状分子。在薄膜中，树枝状分子抑制了发射核之间的相互作用，从而导致发射损失及发射红移。

以聚苯基围绕中心的二苯基单元为核，周围连接苝亚胺发色团的树枝状分子，在文献［73］中从宏观和单分子尺度两方面研究了它的时间和空间分辨行为。研究结果表明，其构象的类别在光物理过程的动力学中发挥着重要作用。关于单分子的其他研究最近也有报道[74~76]。如图 6.17 所示，聚苯乙炔树枝状分子以苯二亚胺（TDI）为核，树枝和周围分别连接四个苝亚胺（PMIS）和八个萘亚胺（NMIS）。分别从整体及单分子水平[76]对化合物的天线效应进行研究，可以观察到能量从 PMIS 或 NMIS 直接到核，或者从 NMIS 经 PMIS 到核的有效传递。在单分子实验中，NMI 发色团首先变白。

低聚（对亚苯基次亚乙基）（OPV）单元越来越多地被用于制备理想的 PPV 聚合物，用于光发射二极管（LEDs）[77]、场效应晶体管（FETs）[78]和太阳能电池中[79]。同时，OPV 单元也越来越多地用于制备光活性树枝状分子。在天然光收集络合物中可以观察到以下的现象，那就是在 2-甲基四氢呋喃中，OPV 取代的聚（丙烯胺）树枝状分子内部的发光非常强，而诱发了不仅一个发光团的激发产生离域[80]（6.2 节）。OPV 端取代的楔形树枝状分子在聚焦点用 C_{60} 官能化，激发的 OPV 单元在二氯甲烷溶液中，按照 Förster 型单线态-单线态发生机制，能量传递至富勒烯核[81]。最近，已经研究了在单个 OPV 囊中[82]，以氢键相连的 OPV 与卟啉的手性共组装体[83]和以苝二亚胺单元[84]功能化的自组装 OPV 中的能量传递。

6.3.4　主-客体系统

树枝状分子的一个重要性质是提供了离子和中性分子可以嵌入的内部空

腔[85-87]。根据这个性质可以开发更多功能的体系，包括可以作为催化剂[88]和药物载体[89]。能量从一个恰当的树枝状分子发光团传递到合适的客体可以制成光收集天线系统。这种主体-客体光收集系统的一个优点就是通过使用相同的树枝状分子和不同类型的客体可以调整最后敏化发射光的波长。

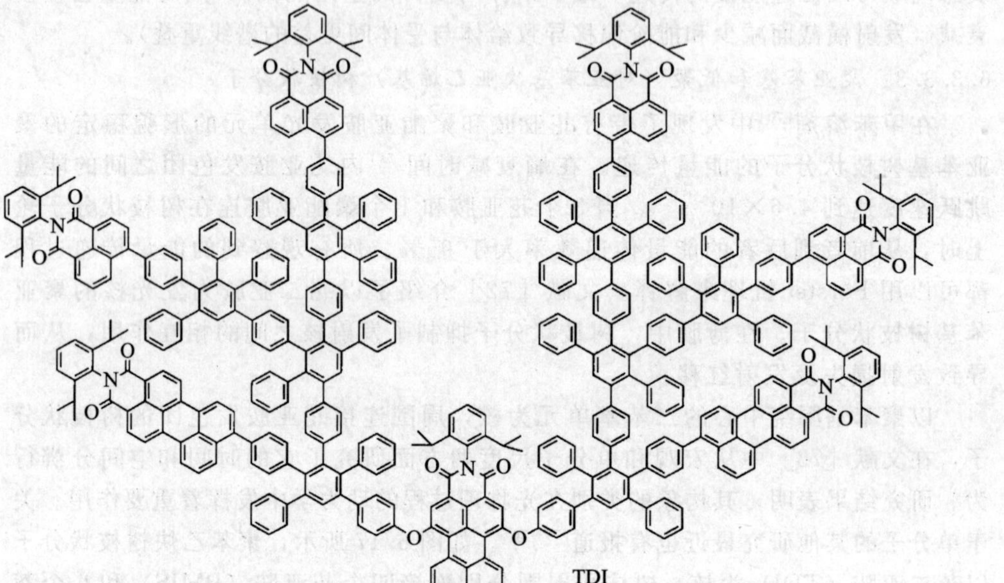

10

图 6.17 以 TDI 为核，与四个 PMIS 和八个 NMIS 相连的树枝状分子 **10**

6.3.4.1　主体有机分子系统

外围使用荧光丹磺酰（dansyl）单元对聚（丙烯胺）类树枝状分子外部进行功能化之后用于作为荧光染料分子的主体（dansyl 通常用来命名 5-二甲氧氨基-1-萘磺胺发光基团）[90]。若 n 表示代数从 1 到 5，每个树枝状分子 nD 外围含有 2^{n+1} 个（例如，5D＝64）丹磺酰官能团，内部含有 $2^{n+1}-2$ 个（例如，5D＝62）叔胺单元。第 4 代的树枝状分子 4D(**11**) 如图 6.18 所示。这类树枝状分子在近

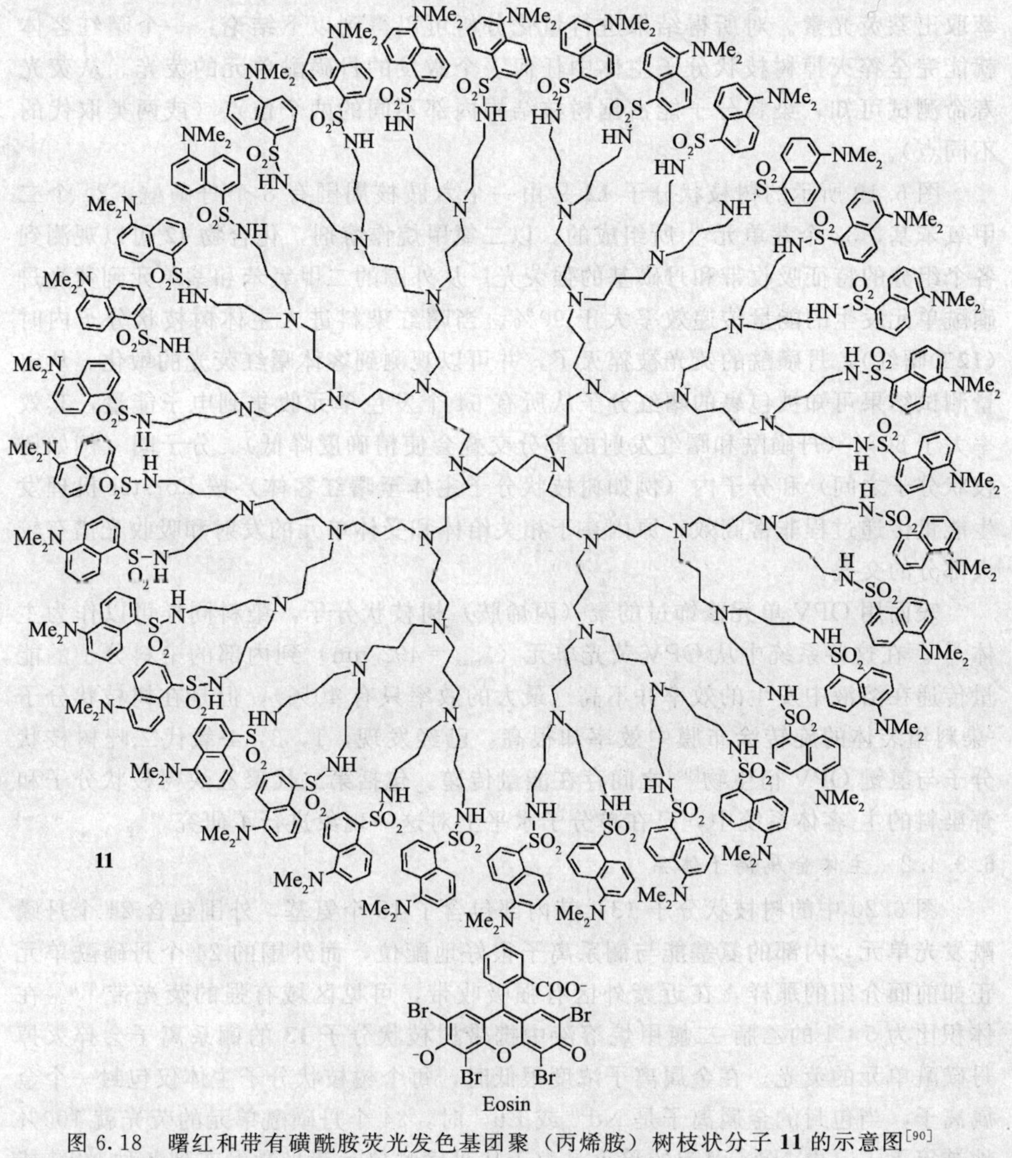

11

Eosin

图 6.18　曙红和带有磺酰胺荧光发色基团聚（丙烯胺）树枝状分子 **11** 的示意图[90]

紫外光区域有强的吸收带（对每一个丹磺酰单元，λ_{max}＝252 nm 和 339 nm；ε_{max} 分别约为 12000 $L \cdot mol^{-1}cm^{-1}$ 和 3900 $L \cdot mol^{-1}cm^{-1}$），在可见区域有强的荧光带（λ_{max}＝500 nm；Φ_{em}＝0.46；τ＝16 ns）。在二氯甲烷溶液中 nD 树枝状分子能从水相萃取出曙红，随着树枝状分子代数的增加，其内部的曙红分子数目也增加，对 5D 树枝状分子来说其最大值为 12。主体曙红分子发生的能量传递完全猝灭掉了树枝状分子外围丹磺酰单元的荧光（Förster 机理），同时对它的荧光（λ_{max}＝555 nm）得以敏化。荧光素以及玫瑰红的特征类似于曙红，但是不能萃取出萘荧光素。对所得结果进行量化分析可以得到以下结论：一个曙红客体就能完全猝灭掉树枝状分子主体中任何一个激发的丹磺酰单元的荧光。从荧光寿命测试可知，染料分子能占据树枝结构内部不同的两个位点（或两类取代的不同点）。

图 6.19 所示的树枝状分子 **12** 是由一个六胺核周围有 8 个丹磺酰，24 个二甲氧苯基，32 个萘单元[91]所组成的。以二氯甲烷作溶剂，化合物 **12** 可以观测到各个组分的特征吸收带和丹磺基的强荧光。从外围的二甲氧苯和萘单元到荧光丹磺酰单元发生的能量传递效率大于 90％。当曙红染料进入主体树枝状分子内时（**12**⊃曙红），丹磺酰的荧光被猝灭了，并可以观测到客体曙红荧光的敏化。从定量测试结果可知被包裹的曙红分子从所有 64 个发色单元收集到电子能量，其效率大于 80％（丹磺酰和曙红发射的部分交叠会使精确度降低）。分子间（例如树枝状分子之间）和分子内（例如树枝状分子主体至曙红客体）按 Förster 机理发生能量传递过程非常高效，原因在于相关给体和受体单元的发射和吸收光谱有较大部分的交叠。

表面用 OPV 单元修饰过的聚（丙烯胺）树枝状分子，染料同样可以作为主体[92]。在这些系统中从 OPV 荧光单元（λ_{max}＝492 nm）到内部的染料分子的能量传递在溶液中发生的效率并不高（最大的效率只有 40％），但是在树枝状分子-染料组装体的旋转涂布膜中效率却很高。已经发现，1，3，4-氧代二唑树枝状分子与氢键 OPV 衍生物[93]之间存在能量传递。包括第二代聚乙炔树枝状分子和菁染料的主-客体系统中，已在单分子水平上对这一现象进行了研究[94]。

6.3.4.2 主体金属离子体系

图 6.20 中的树枝状分子 **13**，其内部包含了 18 个氨基，外围包含 24 个丹磺酰发光单元，内部的氨基能与镧系离子很好地配位，而外围的 24 个丹磺酰单元正如前面介绍的那样，在近紫外区有强吸收带，可见区域有强的荧光带[95]。在体积比为 5∶1 的乙腈-二氯甲烷溶液中携带树枝状分子 **13** 的镧系离子会猝灭掉丹磺酰单元的荧光。在金属离子浓度很低时，每个树枝状分子主体仅包封一个金属离子，当包封的金属离子是 Nd^{3+} 或 Eu^{3+} 时，24 个丹磺酰单元的荧光就 100％地被猝灭了。由 Nd^{3+} 引起的猝灭是由于从丹磺酰单元荧光激发态到各种 Nd^{3+} 能

级的 Förster 型能量传递伴随着镧系离子在近红外区发生敏化发射（λ_{max} = 1064 nm）。Eu^{3+} 的猝灭并不伴随任何敏化发射，因为这种猝灭是由 Eu^{3+} 较低的还原电位引起的电子传递而发生的。但温度在 77 K 的刚性体中，没有发生电子的传递，被 Eu^{3+} 猝灭掉的甘磺酰单元是由于能量传递所致的，即敏化的 Eu^{3+} 进行的发射[95]。

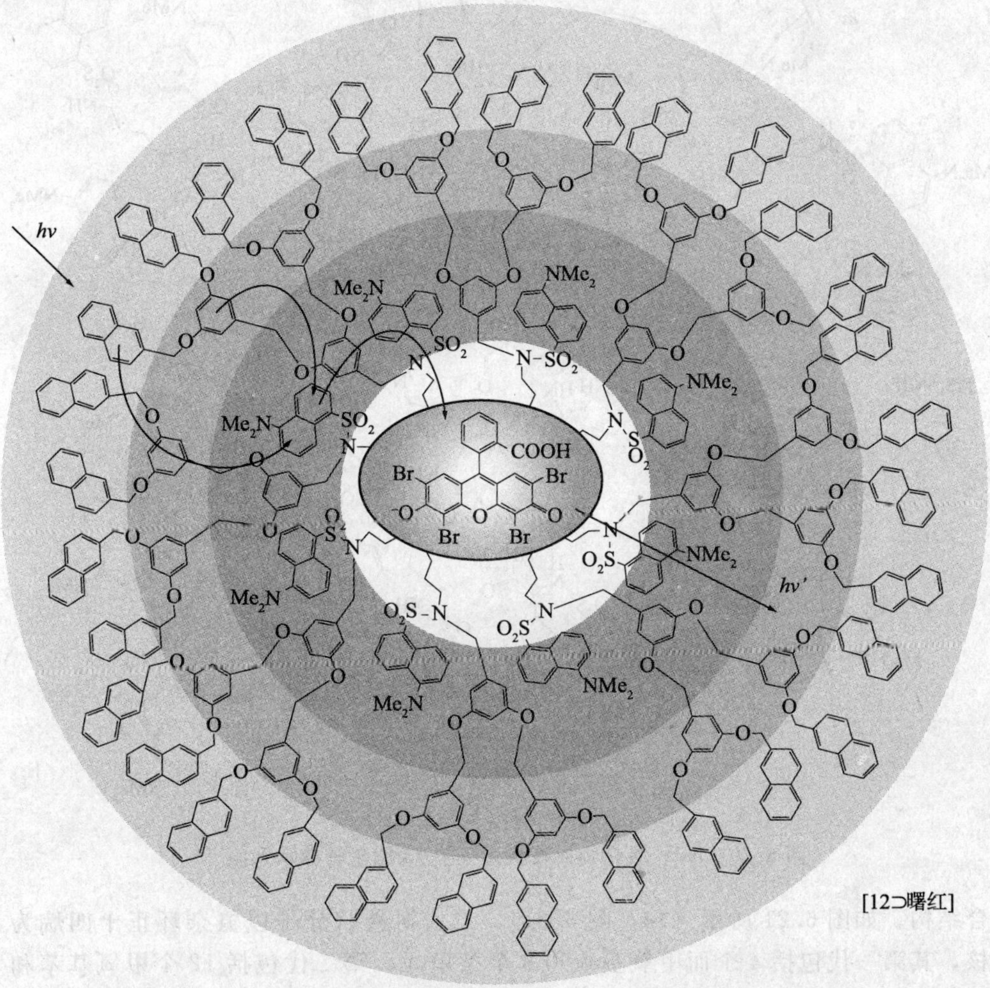

[12⊃曙红]

图 6.19　含有 3 个不同的集光发色基团树枝状分子 **12** 的能量传递过程[91]，所有这些激发态导入曙红分子。

以上讨论的树枝状部分含氨基（**11**）或酰胺结构（**13**）的树枝状分子，它们一般有不确定的配体数量和配位点，因此可以产生不同化学计量、结构未知的金属复合物。如果围绕精确的配位点构建一个树枝状分子，就能获得更加确定的配

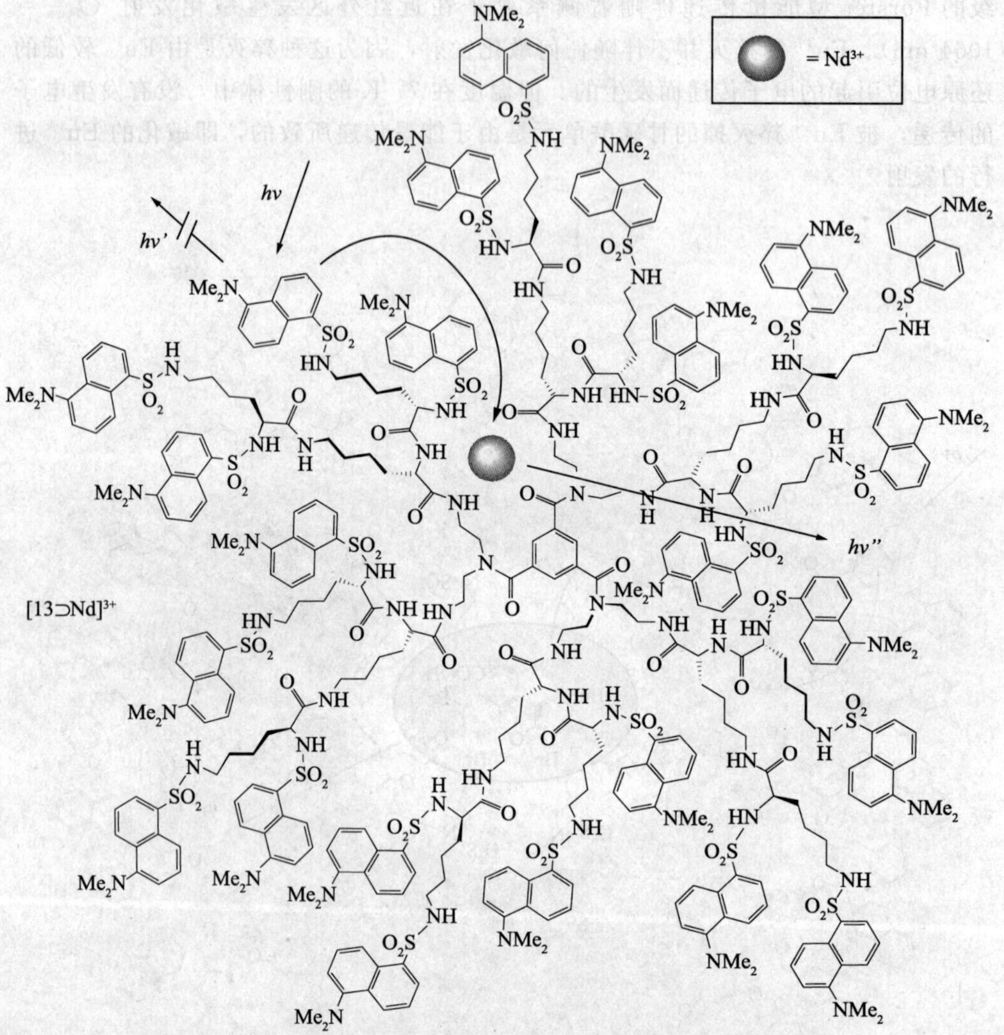

图 6.20　Nd^{3+}络合物树枝状大分子 **13** 能量转移示意图[95]

合结构。如图 6.21 所示（**14**，图 6.21），二代树枝状分子以氮杂环正十四烷为核，其第一代包括 4 个而甲氧基苯和 8 个萘单元，第二代包括 12 个甲氧基苯和 16 个萘单元[96,97]。与镧系离子（(Nd^{3+}，Eu^{3+}，Gd^{3+}，Tb^{3+}，和 Dy^{3+})[97] 配位时形成化学计量比为 1∶3 和 1∶2（金属/树枝状分子）的复合物。但是，总能观察到稀土离子的敏化发射。因此能量从萘单元的 S_1 或 T_1 激发态传递到稀土离子是无效的。相比之下，文献［98］研究了萘的发色团与 Eu^{3+}之间的能量传递是有效的，这种情况下萘一般通过酰胺或羧酸酯键与稀土离子连接。很明显，球形配位对能量传递效率起重要作用。

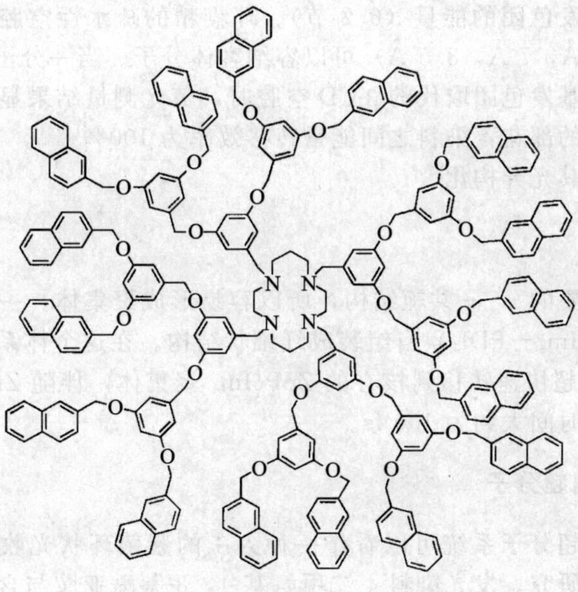

14

图 6.21　以环（1，4，8，11-四氮杂环正十四烷）为核，并被 12 个二甲氧基苯和 16 个萘单元取代的树枝状分子 **14**

文献［99］讨论了其他树枝状分子通过设计核的配位位点而被植入金属离子的情况。

6.4 其他系统

其他一些系统的捕光性能也有研究，但只有少部分被简单地提到过。当然，他们的基本原理是一致的，正如前面章节中所述利用活性组分构建超分子阵列。7.3.4 节讨论了捕光与光诱导电子转移配合进行的情况。

6.4.1 多发色团的环糊精

环糊精（CD）具有一种像截去顶端的圆锥形状的轮状低聚糖。常用的环糊精通常含有 6 个、7 个和 8 个葡萄糖单元，并分别称为 α-，β-和 γ-CD。文献［100，101］研究了经 7 个或者 14 个 2-萘甲酸基发色团功能化的 β-CD 的光物理性质。发色团之间的激发能量转化时间大体上是随机确定的并且要比发色团自身固有的衰减迅速得多。由于非均相的溶剂化作用会导致刚性玻璃中非均相展开，因此在红色波长激发边缘可以观测到能量传输的衰减。能量跳跃也因此变得很无序，但是方向都朝向较低能量发色团。这种影响作用类似于环境影响，自然系统用它来调整天线发色团的能量（6.2 节）。环糊精的疏水性空腔（α-，β-和 γ-CD 的尺寸分别是 5 Å，7 Å，8.5 Å）可以容纳客体分子。当一分子部花菁染料包结于被 7 个萘甲酰基发色团取代的 β-CD 空腔时，荧光测量结果显示光激发的取代发色团与被包结的部花菁染料之间能量转移效率为 100%[102]。当客体是硝酮时，天线效应会引起其光异构化[103]。

6.4.2 酞菁

酞菁含有重要的 π－π 共轭结构，所以容易形成聚集体。一个锌酞菁苝酰亚胺衍生物（$ZnPcIm_4$－PDI_4）自组装成纤维状结构。在这个体系里，能量可以从外周 PDI 发光团超快速转移到核心的 $ZnPcIm_4$ 聚集体，伴随 $ZnPcIm_4$ 聚发光团之间的激子转移时间大约为 100 fs。

6.4.3 方形金属超分子

方形的金属超分子系统可以看作一种人工的紫菌环状光收集复合物，文献［105］对此做过研究。发光染料 4-二甲氨基-1，8-萘酰亚胺与含有两个酰亚胺发光团的 *N*，*N′*-二吡啶苝的湾区相连接。这种以配位金属离子为指导的二配体自组装，形成了含有 16 个二甲氨基萘酰亚胺天线染料和 4 中心苝酰亚胺的多荧光发色团方形支架（图 6.22）。二甲氨基萘酰亚胺天线吸收的能量转移到苝二酰亚胺核，其效率可达 95%。

6.4.4 轮烷

最近有报道在一种聚轮烷中许多发色团机械地连接在一起形成人工天线系统[106]。这类化合物含有许多 α-环糊精单元，每一个环糊精单元带有一个或者多个萘发光基团，这些 α-环糊精单元以聚乙烯乙二醇链连接终止于大体积分子。研究人员用蒽单元作为聚轮烷的末端终止基团，事实上在聚轮烷中从 α-环糊精环的萘单元至蒽终止单元的能量传递效率非常高[106]，荧光各向异性的测试结果也表明存在萘发光单元之间的激发能量转移。轮烷的结构以及合成这类化合物使用的线性方法使得我们在制备这类轮烷化合物过程中可以轻易通过改变经修饰的萘和平板状的 α-CD 单元之间的比例来改变发光基团的数目。

6.4.5 沸石

文献［107］中详细介绍了有关基于沸石 L 的集光天线系统的研究。沸石 L 是一种明矾硅酸盐的晶体，其内部的 SiO_4 和 AlO_4 的四面体会引起在一维方向排列形成六边形通道结构。通道横截面半径为 0.71 nm，最大自由半径为 1.26 nm。可以得到确定的晶体相尺寸范围为 30～3000 nm。沸石 L 用来作为主体以组织染料排列成为具有天线性质的化合物。如图 6.23 所示，沸石纳米晶体的一个区域（例如，如图 6.23 中每个通道的中心区域）可以填充一个特殊的染料［Dye1 例如 1，2-二（5-甲基苯并唑-2-位）乙烯］，然后在适当的实验条件下接连将第二个（Dye2 例如派若宁）和第三个染料分子（Dye3 例如氧堇）插入通道。如果选择的 3 个染料合适，处在中间位置的染料 1 的光激化会引起通道各个面的能量转移过程并引发染料 3 的敏化发光[108]。开关分子（阀门）既可以用来防止染料离开管道又可以将管内的染料分子与外界隔离[109]。直线型的［$Ru(bpy)_2$（$bpy\text{-}ph_4\text{-}Si(CH_3)_3$）］$^{2+}$ 络合物可用做功能旋塞，将激发能量转移到包在沸石内部的噁嗪染料接受体[110]。文献［111］中已经得到了沿特定方向进行能量转移的体系，而文献［112］则报道了定向单层的染料-沸石晶体。

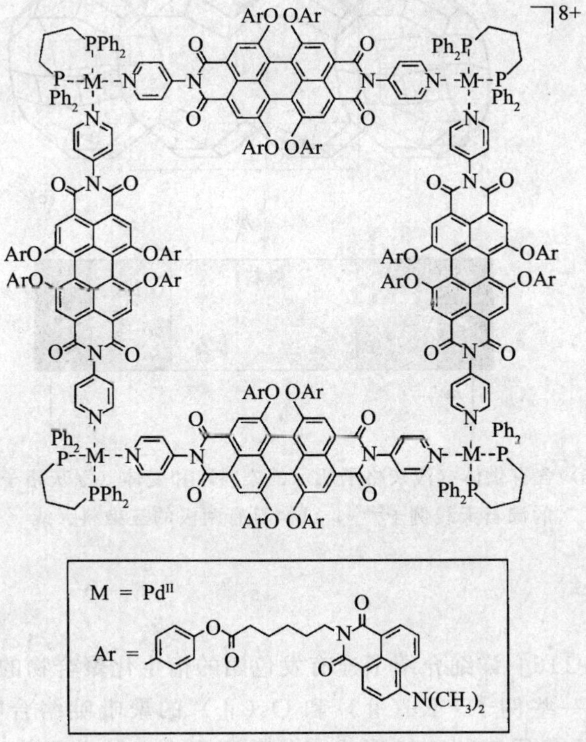

图 6.22　由 16 个二甲氨基萘酰亚胺天线和一个 Pd(Ⅱ) 配位离子指导下自组装形成的方形苝酰亚胺核构成的多发光团超分子体

6.4.6 聚电解质

在可溶于水的聚电解质中，天线效应已用于放大陷阱能的光反应活性[113]。这种物质被称作光酶（人工的光化学酶），发光团阵列吸收了光能并将能量转移到陷阱能，其激发态可以促进一个合适的光化学反应的进行。这种效应可用于破坏疏水的底物（污染物）[113a]、特殊反应[113b]或产生氢气[113c]。

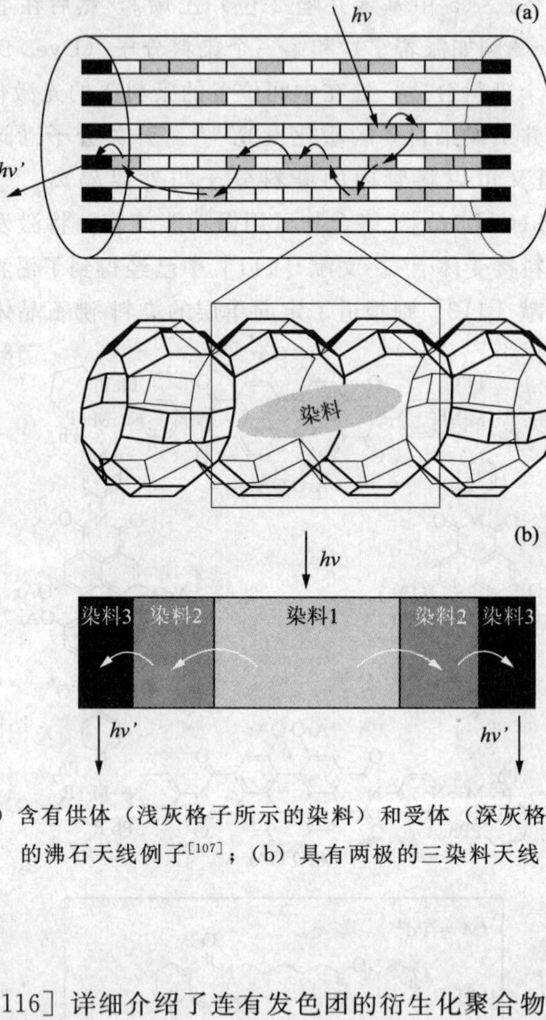

图 6.23　(a) 含有供体（浅灰格子所示的染料）和受体（深灰格子所示的染料）的沸石天线例子[107]；(b) 具有两极的三染料天线

6.4.7　聚合物

文献［114～116］详细介绍了连有发色团的衍生化聚合物的能量传递。这里只简单地提及了一些例子。Ru(Ⅱ) 和 Os(Ⅱ) 的聚吡啶络合物通过酰胺键与 1∶1 的苯乙烯-对-氨甲基苯乙烯形成多分散度为 1.5 的共聚物，其平均含有 16 个重复单元。通过序贯耦合制备一种混合聚合物，即首先与限量活性较差的 Os(Ⅱ) 配合，然后通过与更活泼的 Ru(Ⅱ) 配合填满剩余的自由位点。一个混合聚合物里低能量的 Os(Ⅱ) 络合物和高能量的 Ru(Ⅱ) 络合物之比为 3∶13（后来更正为 5∶11[114c]），在乙腈溶液中，能量从激发的 Ru(Ⅱ) 络合物的三线态转移到 Os(Ⅱ) 络合物的三线态的效率高于 90%。聚氨基酸也可作为构建天线系统的骨架。苯乙烯功能化的 $[Ru(bpy)_3]^{2+}$ 单体与苯乙烯功能化的香豆素-2 单体在二甲基甲酰胺（DMF）中以 1：3 形成共聚物，能量通过 Förster-type 机理高效地从给体香豆素-2 单元转移到受体［$Ru(bpy)_3$］$^{2+}$ 单元（效率可达 98%）[118]。

6.4.8 生物结构的自组装

通过自组装的生物结构与合成构造子之间的组合，就可以灵活地构建天线系统。文献［119］最近报道了通过把荧光发色团接在半胱氨酸残留物上来制备构造子，这种残留物来自烟草花叶病毒所包覆的蛋白质单体。这些结合物在适当的缓冲条件下，能组装成堆积的磁盘或长度为几百个纳米的杆。在这样的系统中还观察到了能量从许多给体高效地转移到单个受体的现象。

参考文献

1 Balzani, V., Credi, A. and Venturi, M. (1997) *Current Opinion in Chemical Biology*, **1**, 506.

2 Alpha, B., Balzani, V., Lehn, J.-M., Perathoner, S. and Sabbatini, N. (1987) *Angewandte Chemie-International Edition in English*, **26**, 1266.

3 Bünzli, J.-C.G. and Piguet, C. (2005) *Chemical Society Reviews*, **34**, 1048.

4 Blankenship, R.E. (2002) *Molecular Mechanism of Photosynthesis*, Blackwell Science, Oxford.

5 Balzani, V., Ceroni, P., Gestermann, S., Kauffmann, C., Gorka, M. and Vögtle, F. (2000) *Chemical Communications*, 853.

6 Oar, M.A., Dichtel, W.R., Serin, J.M., Fréchet, J.M.J., Rogers, J.E., Slagle, J.E., Fleitz, P.A., Tan, L.-S., Ohulchanskyy, T. Y. and Prasad, P.N. (2006) *Journal of the American Chemical Society*, **18**, 3682.

7 Yan, X., Goodson, T., III, Imaoka, T. and Yamamoto, K. (2005) *Journal of Physical Chemistry B*, **109**, 9321.

8 Hecht, S. and Fréchet, J.M.J. (2001) *Angewandte Chemie-International Edition*, **40**, 75.

9 Hu, X., Damjanovic, A., Ritz, T. and Schulten, K. (1998) *Proceedings of the National Academy of Sciences of the United States of America*, **95**, 5935.

10 McDermott, G., Prince, S.M., Freer, A. A., Hawthornthwaite-Lawless, A.M., Papiz, M.Z., Cogdell, R.J. and Isaacs, N. W. (1995) *Nature*, **374**, 517.

11 Pullerits, T. and Sundström, V. (1996) *Accounts of Chemical Research*, **29**, 381, and references therein.

12 Karrash, S., Bullough, P.A. and Ghosh, R. (1995) *EMBO Journal*, **14**, 631.

13 Engel, G.S., Calhoun, T.R., Read, E.L., Ahn, T-K., Mancal, T., Cheng, Y-C., Blankeship, R.E. and Fleming, G.R. (2007) *Nature*, **446**, 782.

14 Kühlbrandt, W., Wang, D.N. and Fujiyoshi, Y. (1994) *Nature*, **367**, 614.

15 (a)Formaggio, E., Cinque, G. and Bassi, R. (2001) *Journal of Molecular Biology*, **314**, 1157. (b) Rogl, H., Schodel, R., Lokstein, H., Kühlbrandt, W. and Schubert, A. (2002) *Biochemistry*, **41**, 2281. (c) Melkozernov, A.N., Schmid, V. H.R., Lin, S., Paulsen, H. and Blankenship, R.E. (2002) *Journal of Physical Chemistry B*, **106**, 4313.

16 (a) Tomalia, D.A. and Durst, H.D. (1993) *Topics in Current Chemistry*, **165**, 193. (b) Fréchet, J.M.J. (1994) *Science*, **263**, 1710. (c) Zeng, F. and Zimmerman, S.C. (1997) *Chemical Reviews*, **97**, 1681. (d) Venturi, M., Serroni, S., Juris, A., Campagna, S. and Balzani, V. (1998) *Topics in Current Chemistry*, **197**, 193. (e) Bosman, A.W., Janssen, H.M. and Meijer, E.W. (1999) *Chemical Reviews*, **99**, 1665.

(f) Newkome, G.R., He, E. and Moorefield, C. (1999) *Chemical Reviews*, **99**, 1689. (g) Grayson, S.M. and Frechét, J.M.J. (2001) *Chemical Reviews*, **101**, 3819. (h) Astruc, D. and Chardac, F. (2001) *Chemical Reviews*, **101**, 2991. (i) Newkome, G.R., Moorefield, C.N. and Vögtle, F. (2001) *Dendrimers and Dendrons*, Wiley-VCH Verlag GmbH, Weinheim. (j) Juris, A. (2001) *Electron Transfer in Chemistry*, vol. 3 (ed. V. Balzani), Wiley-VCH Verlag GmbH, Weinheim, p.655. (k) Twyman, L.J., King, A.S.H. and Martin, I.K. (2002) *Chemical Society Reviews*, **31**, 69. (l) Ballauff, M. and Likos, C. (2004) *Angewandte Chemie-International Edition*, **43**, 2998. (m) Tomalia, D.A. (2005) *Materials Today*, March,34. (n) De Schryver, F.C., Vosch, T., Cotlet, M., Van der Auweraer, M., Müllen, K. and Hofkens, J. (2005) *Accounts of Chemical Research*, **38**, 514.

17 Vögtle, F., Richardt, G. and Werner, N. (2007) *Dendritische Moleküle*, Teubner, Stuttgart.

18 Buhleier, E., Wehner, W. and Vögtle, F. (1978) *Synthesis*, 155.

19 (a) Fréchet, J.M.J. (2003) *Journal of Polymer Science Part A – Polymer Chemistry*, **41**, 3713. (b) Ceroni, P., Vicinelli, V., Maestri, M., Balzani, V., Lee, S.-K., Van Heyst, J., Gorka, M. and Vögtle, F. (2004) *Journal of Organic Chemistry*, **689**, 4375. (c) Nishiyama, N., Iriyama, A., Jang, W.-D., Miyata, K., Itaka, K., Inoue, Y., Takahashi, H., Yanagi, Y., Tamaki, Y., Koyama, H. and Kataoka, K. (2005) *Nature Materials*, **4**, 934. (d) Lee, C.C., MacKay, J.A., Fréchet, J.M.J. and Szoka, F.C. (2005) *Nature Biotechnology*, **23**, 1517. (e) Helms, B. and Meijer, W. (2006) *Science*, **313**, 929.

20 Balzani, V., Campagna, S., Denti, G., Juris, A., Serroni, S. and Venturi, M. (1998) *Accounts of Chemical Research*, **31**, 26.

21 Adronov, A. and Fréchet, J.M.J. (2000) *Chemical Communications*, 1701.

22 Balzani, V., Ceroni, P., Maestri, M. and Vicinelli, V. (2003) *Current Opinion in Chemical Biology*, **7**, 657.

23 Ceroni, P., Bergamini, G., Marchioni, F. and Balzani, V. (2005) *Progress in Polymer Science*, **30**, 453.

24 Gust, D., Moore, T.A. and Moore, A.L. (2001) *Accounts of Chemical Research*, **34**, 40.

25 Burrell, A.K., Officer, D.L., Plieger, P.G. and Reid, D.C.W. (2001) *Chemical Reviews*, **101**, 2751.

26 Holten, D., Bocian, D.F. and Lindsey, J. S. (2002) *Accounts of Chemical Research*, **35**, 57.

27 Guldi, D.M. (2002) *Chemical Society Reviews*, **31**, 22.

28 Choi, M.-S., Yamazaki, T. and Aida, T. (2004) *Angewandte Chemie-International Edition*, **43**, 150.

29 Jiang, D.-L. and Aida, T. (2005) *Progress in Polymer Science*, **30**, 403.

30 You, C.C., Dobrava, R., Saha-Möller, C. R. and Würthener, F. (2005) *Topics in Current Chemistry*, **258**, 39.

31 Prathapan, S., Johnson, T.E. and Lindsey, J.S. (1993) *Journal of the American Chemical Society*, **115**, 7519.

32 Wagner, R.W., Johnson, T.E. and Lindsey, J.S. (1996) *Journal of the American Chemical Society*, **118**, 11166.

33 Hsiao, J.-S., Krueger, B.P., Wagner, R. W., Johnson, T.E., Delaney, J.K., Mauzerall, D.C., Fleming, G.R., Lindsey, J.S., Bocian, D.F. and Donohoe, R.J. (1996) *Journal of the American Chemical Society*, **118**, 11181.

34 Lammi, R.K., Ambroise, A., Balasubramanian, T., Wagner, R.W., Bocian, D.F., Holten, D. and Lindsey, J. S. (2000) *Journal of the American Chemical Society*, **122**, 7579.

35 Nakano, A., Yamazaki, T., Nishimura, Y., Yamazaki, I. and Osuka, A. (2000) *Chemistry – A European Journal*, **6**, 3254.

36 Li, F., Yang, S.I., Ciringh, Y., Seth, J., Martin, C.H.M., III, Singh, D.L., Kim, D., Birge, R.R., Bocian, D.F., Holten, D. and Lindsey, J.S. (1998) *Journal of the American Chemical Society*, **120**, 10001.

37 Li, J. and Lindsey, J.S. (1999) *Journal of Organic Chemistry*, **64**, 9101.

38 Drain, C.M., Nifiatus, F., Vasenko, A. and Batteas, J.D. (1998) *Angewandte Chemie-International Edition*, **37**, 2344.

39 (a)Nakano, A., Osuka, A., Yamazaki, I., Yamazaki, T. and Nishimura, Y. (1998) *Angewandte Chemie-International Edition*, **37**, 3023. (b) Peng, X., Aratani, N., Takagi, A., Matsumoto, T., Kawai, T., Hwang, I-W., Ahn, T.K., Kim, D. and Osuka, A. (2004) *Journal of the American Chemical Society*, **126**, 4468.

40 Flamigni, L., Talarico, A.M., Ventura, B., Marconi, G., Sooambar, C. and Solladié, N. (2004) *European Journal of Inorganic Chemistry*, 2557.

41 Hori, T., Aratani, N., Takagi, A., Matsumoto, T., Kawai, T., Yoon, M.-C., Yoon, Z.S., Cho, S., Kim, D. and Osuka, A. (2006) *Chemistry – A European Journal*, **12**, 1319.

42 (a)Prodi, A., Chiorboli, C., Scandola, F., Iengo, E., Alessio, E., Dobrawa, R. and Würthner, F. (2005) *Journal of the American Chemical Society*, **127**, 1454. (b) Scandola, F., Chiorboli, C., Prodi, A., Iengo, E. and Alessio, E. (2006) *Coordination Chemistry Reviews*, **250**, 1471. (c) Prodi, A., Chiorboli, C., Scandola, F., Iengo, E. and Alessio, E. (2006) *ChemPhysChem*, **7**, 1514.

43 (a) Balaban, T.S., Eichhöfer, A. and Lehn, J.-M. (2000) *European Journal of Organic Chemistry*, 4047. (b) Balaban, T. S., Tamiaki, H. and Holzwarth, A.R. (2005) *Topics in Current Chemistry*, **258**, 1. (c) Röger, C., Müller, M.G., Lysetska, M., Miloslavina, Y., Holzwarth, A.R. and Würthner, F. (2006) *Journal of the American Chemical Society*, **128**, 6542.

44 Jiang, D.-L. and Aida, T. (1998) *Journal of the American Chemical Society*, **120**, 10895.

45 (a) Choi, M.-S., Aida, T., Yamazaki, T. and Yamazaki, I. (2001) *Angewandte Chemie-International Edition*, **40**, 3194. (b) Choi, M.-S., Aida, T., Yamazaki, T. and Yamazaki, I. (2002) *Chemistry – A European Journal*, **8**, 2668.

46 Flamigni, L., Talarico, A.M., Ventura, B., Sooambar, C. and Solladié, N. (2006) *European Journal of Organic Chemistry*, 2155.

47 Tomioka, N., Takasu, D., Takahashi, T. and Aida, T. (1998) *Angewandte Chemie-International Edition*, **37**, 1531.

48 Maruo, N., Uchiyama, M., Kato, T., Arai, T., Akisada, H. and Nishino, N. (1999) *Chemical Communications*, 2057.

49 Kato, T., Uchiyama, M., Maruo, N., Arai, T. and Nishino, N. (2000) *Chemistry Letters*, 144.

50 Mongin, O., Hoyler, N. and Gossauer, A. (2000) *European Journal of Organic Chemistry*, 1193.

51 Pleovets, M., Vögtle, F., De Cola, L. and Balzani, V. (1999) *New Journal of Chemistry*, **23**, 63.

52 Balzani, V., Bergamini, G., Marchioni, F. and Ceroni, P. (2006) *Coordination Chemistry Reviews*, **250**, 1254.

53 The dendrimer branches protect the excited state of the core also from quenching by other species: Vögtle, F., Plevoets, M., Nieger, M., Azzellini, G.C., Credi, A., De Cola, L., De Marchis, V., Venturi, M. and Balzani, V. (1999) *Journal of the American Chemical Society*, **121**, 6290.

54 Zhou, X., Tyson, D.S. and Castellano, F. N. (2000) *Angewandte Chemie-International Edition*, **39**, 4301.

55 Kimura, M., Shiba, T., Muto, T., Hanabusa, K. and Shirai, H. (2000) *Tetrahedron Letters*, **41**, 6809.

56 (a)Kawa, M. and Fréchet, J.M.J. (1998) *Chemistry of Materials*, **10**, 286. (b) Kawa, M. and Takahagi, T. (2004) *Chemistry of Materials*, **16**, 2282.

57 Baek, N.S., Kim, Y.H., Roh, S-G., Kwak, B.K. and Kim, H.K. (2006) *Advanced Functional Materials*, **16**, 1873.

58 (a) Balzani, V., Ceroni, P., Juris, A., Venturi, M., Campagna, S., Puntotiero, F. and Serroni, S. (2001) *Coordination Chemistry Reviews*, **219**, 545. (b) Balzani, V., Juris, A., Puntoriero, F. and Campagna, S. (2007) *Inorganic Polymers* (eds R. De Jaeger and M. Gleria), Nova Science Publishers, Hauppauge, USA. (c) Puntoriero, F., Nastasi, F., Cavazzini, M., Quici, S. and Campagna, S. (2007) *Coordination Chemistry Reviews*, **251**, 536.

59 Campagna, S., Denti, G., Serroni, S., Juris, A., Venturi, M., Ricevuto, V. and Balzani, V. (1995) *Chemistry – A European Journal*, **1**, 211.

60 (a)Baudin, H.B., Davidsson, J., Serroni, S., Juris, A., Balzani, V., Campagna, S. and Hammarstrom, L. (2002) *Journal of Physical Chemistry A*, **106**, 4312. (b) Andersson, J., Puntoriero, F., Serroni, S., Yartsev, A., Pascher, T., Polìvka, T., Campagna, S. and Sundström, V. (2004) *Faraday Discussions*, **127**, 295.

61 (a)McClenaghan, N.D., Loiseau, F., Puntoriero, F., Serroni, S. and Campagna, S. (2001) *Chemical Communications*, 2634. (b) Larsen, J., Puntoriero, F., Pascher, T., McClenaghan, N., Campagna, S., Sundström, V. and Åkesson, E. (2007) *ChemPhysChem*, **8**, 2643.

62 Puntoriero, F., Serroni, S., Galletta, M., Juris, A., Licciardello, A., Chiorboli, C., Campagna, S. and Scandola, F. (2005) *ChemPhysChem*, **6**, 129.

63 (a)Gilat, S.L., Adronov, A. and Fréchet, J.M.J. (1999) *Angewandte Chemie-International Edition*, **38**, 1422. (b) Adronov, A., Gilat, S.L., Fréchet, J.M.J., Ohta, K., Neuwahl, F.V.R. and Fleming, G.R. (2000) *Journal of the American Chemical Society*, **122**, 1175.

64 Thomas, K.R.J., Thompson, A.L., Sivakumar, A.V., Bardeen, C.J. and Thayumanavan, S. (2005) *Journal of the American Chemical Society*, **127**, 373.

65 Devadoss, C., Bharathi, P. and Moore, J. S. (1996) *Journal of the American Chemical Society*, **118**, 9635.

66 Shortreed, M.R., Swallen, S.F., Shi, Z.-Y., Tan, W., Xu, Z., Devadoss, C., Moore, J.S. and Kopelman, R. (1997) *Journal of Physical Chemistry B*, **101**, 6318.

67 Pan, Y., Lu, M., Peng, Z. and Melinger, J.S. (2003) *Journal of Organic Chemistry*, **68**, 6952.

68 Ahn, T.S., Thompson, A.L., Bharathi, P., Müller, A. and Bardeen, C.J. (2006) *Journal of Physical Chemistry B*, **110**, 19810.

69 (a) Bar-Haim, A., Klafter, J. and Kopelman, R. (1997) *Journal of the American Chemical Society*, **119**, 6197. (b) Bar-Haim, A. and Klafter, J. (1998) *Journal of Physical Chemistry B*, **102**, 1662.

70 Maus, M., De, R., Lor, M., Weil, T., Mitra, S., Wiesler, U.-M., Hermann, A., Hofkens, J., Vosch, T., Mullen, K. and De Schryver, F.C. (2001) *Journal of the American Chemical Society*, **123**, 7668. See also T. Weil, E. Reuther, K. Mullen, *Angewandte Chemie-International Edition*, 2002, **41**, 1900.

71 Maus, M., Mitra, S., Lor, M., Hofkens, J., Weil, T., Hermann, A., Müllen, K. and De Schryver, F.C. (2001) *Journal of Physical Chemistry A*, **105**, 3961.

72 Qu, J., Zhang, J., Grimsdale, A.C., Müllen, K., Jaiser, F., Yang, X. and Neher, D. (2004) *Macromolecules*, **37**, 8297.

73 (a) Hofkens, J., Latterini, L., De Belder, G., Gensch, T., Maus, M., Vosch, T., Karni, Y., Schweitzer, G., De Schryver, F. C., Hermann, A. and Mullen, K. (1999) *Chemical Physics Letters*, **304**, 1.(b)Karni, Y., Jordens, S., De Belder, G., Hofkens, J., Schweitzer, G., De Schryver, F.C., Hermann, A. and Mullen, K. (1999) *Journal of Physical Chemistry B*, **103**, 9378. (c) Hofkens, J., Maus, M., Gensch, T., Vosch, T., Cotlet, M., Köhn, F., Hermann, A., Mullen, K. and De Schryver, F.C. (2000) *Journal of the American Chemical Society*, **122**, 9278.

74 Gronheid, R., Hofkens, J., Köhn, F., Weil, T., Reuther, E., Müllen, K. and De

Schryver, F.C. (2002) *Journal of the American Chemical Society*, **124**, 2418.
75 Métivier, R., Kluulzer, F., Weil, T., Müllen, K. and Basché, T. (2004) *Journal of the American Chemical Society*, **126**, 14364.
76 Cotlet, M., Vosch, T., Habuchi, S., Weil, T., Müllen, K., Hofkens, J. and De Schryver, F.C. (2005) *Journal of the American Chemical Society*, **127**, 9760.
77 Lo, S.-C., Anthopoulos, T.D., Namdas, E.B., Burn, P.L. and Samuel, I.D.W. (2005) *Advanced Materials*, **17**, 1945.
78 Muccini, M. (2006) *Nature Materials*, **5**, 605.
79 Forrest, S.R. (2004) *Nature*, **428**, 911.
80 Meskers, S.C.J., Bender, M., Hübner, J., Romanovskii, Y.V., Oestreich, M., Schenning, A.P.H.J., Mejier, E.W. and Bässler, H. (2001) *Journal of Physical Chemistry A*, **105**, 10220.
81 Accorsi, G., Armaroli, N., Eckert, J.-F. and Nierengarten, J.-F. (2002) *Tetrahedron Letters*, **43**, 65.
82 Hoeben, F.J.M., Shklyarevskiy, I.O., Pouderoijen, M.J., Engelkamp, H., Schenning, A.P.H.J., Christianen, P.C. M., Maan, J.C. and Meijer, E.W. (2006) *Angewandte Chemie-International Edition*, **45**, 1232.
83 Hoeben, F.J.M., Pouderoijen, M.J., Schenning, A.P.H.J. and Meijer, E.W. (2006) *Organic and Biomolecular Chemistry*, **4**, 4460.
84 Zhang, J., Hoeben, F.J.M., Pouderoijen, M.J., Schenning, A.P.H.J., Meijer, E.W., De Schryver, F.C. and De Feyter, S. (2006) *Chemistry – A European Journal*, **12**, 9046.
85 Baars, M.W.P.L. and Meijer, E.W. (2001) *Topics in Current Chemistry*, **210**, 131.
86 Vögtle, F., Gestermann, S., Kauffmann, C., Ceroni, P., Vicinelli, V. and Balzani, V. (2000) *Journal of the American Chemical Society*, **122**, 10398.
87 (a)Kaanumalle, L.S., Nithyanandhan, J., Pattabiraman, M., Jayaraman, N. and Ramamurthy, V. (2004) *Journal of the American Chemical Society*, **126**, 8999. (b) Kaanumalle, L.S., Ramesh, R., Murthy, V.S.N., Maddipatla, J., Nithyanandhan, N., Jayaraman, V. and Ramamurthy, (2005) *Journal of Organic Chemistry*, **70**, 5062.
88 (a) Astruc, D. and Chardac, F. (2001) *Chemical Reviews.*, **101**, 2991. (b) Nlate, S., Plault, L. and Astruc, D. (2006) *Chemistry – A European Journal*, **12**, 903.
89 (a)Darbre, T. and Reymond, J.-L. (2006) *Accounts of Chemical Research*, **39**, 925. (b) Gingras, M., Raimundo, J.-M. and Chabre, Y.M. (2006) *Angewandte Chemie-International Edition*, **45**, 2.
90 (a)Balzani, V., Ceroni, P., Gestermann, S., Gorka, M., Kauffmann, C., Maestri, M. and Vögtle, F. (2000) *ChemPhysChem*, **1**, 224. (b) Balzani, V., Ceroni, P., Gestermann, S., Gorka, M., Kauffmann, C. and Vögtle, F. (2002) *Tetrahedron*, **58**, 629.
91 Hahn, U., Gorka, M., Vögtle, F., Vicinelli, V., Ceroni, P., Maestri, M. and Balzani, V. (2002) *Angewandte Chemie-International Edition*, **41**, 3595.
92 Schenning, A.P.H.J., Peeters, E. and Mejier, E.W. (2000) *Journal of the American Chemical Society*, **122**, 4489.
93 Wu, C-W. and Lin, H-C. (2006) *Macromolecules*, **39**, 7985.
94 Khön, F., Hofkens, J., Wiesler, U.-M., Cotlet, M., van der Auweraer, M., Mullen, K. and De Schryver, F.C. (2001) *Chemistry – A European Journal*, **7**, 4126.
95 Vicinelli, V., Ceroni, P., Maestri, M., Balzani, V., Gorka, M. and Vögtle, F. (2002) *Journal of the American Chemical Society*, **124**, 6461.
96 Saudan, C., Balzani, V., Gorka, M., Lee, S.-K., van Heyst, J., Maestri, M., Ceroni, P., Vicinelli, V. and Vögtle, F. (2004) *Chemistry – A European Journal*, **10**, 899.
97 Saudan, C., Ceroni, P., Vicinelli, V., Maestri, M., Balzani, V., Gorka, M., Lee, S.-K., van Heyst, J. and Vögtle, F. (2004) *Journal of the Chemical Society Dalton Transactions*, 1597.

98 (a)Beeby, A., Parker, D. and Williams, J. A.G. (1996) *Journal of the Chemical Society Perkin Transactions 1*, **2**, 1565. (b) Tung, C.-H. and Wu, L.-Z. (1996) *Journal of the Chemical Society Faraday Transactions*, **92**, 1381. (c) Parker, D. and Williams, J.A.G. (1995) *Journal of the Chemical Society Perkin Transactions 1*, **2**, 1305.

99 Balzani, V., Bergamini, G., Ceroni, P. and Vögtle, F. (2007) *Coordination Chemistry Reviews*, **251**, 525.

100 Berberan-Santos, M.N., Canceill, J., Brochon, J.C., Jullien, L., Lehn, J.-M., Pouget, J., Tauc, P. and Valeur, B. (1992) *Journal of the American Chemical Society*, **114**, 6427.

101 Berberan-Santos, M.N., Pouget, J., Valeur, B., Canceill, J., Jullien, L. and Lehn, J.-M. (1993) *Journal of Physical Chemistry*, **97**, 11376.

102 Jullien, L., Canceill, J., Valeur, B., Bardez, E., Lefèvre, J.-P., Lehn, J.-M., Marchi-Artzner, V. and Pansu, R. (1996) *Journal of the American Chemical Society*, **118**, 5432.

103 Wang, P.F., Jullien, L., Valeur, B., Filhol, J.-S., Canceill, J. and Lehn, J.-M. (1996) *New Journal of Chemistry*, **20**, 895.

104 Li, X., Sinks, L.E., Rybtchinski, B. and Wasielewski, M.R. (2004) *Journal of the American Chemical Society*, **126**, 10810.

105 You, C.-C., Hippius, C., Grüne, M. and Würthner, F. (2006) *Chemistry – A European Journal*, **12**, 7510.

106 (a)Tamura, M. and Ueno, A. (2000) *Bulletin of the Chemical Society of Japan*, **73**, 147. (b) Tamura, M., Gao, D. and Ueno, A. (2001) *Chemistry – A European Journal*, **7**, 1390.

107 Calzaferri, G., Huber, S., Maas, H. and Minkowski, C. (2003) *Angewandte Chemie-International Edition*, **42**, 3732.

108 Pauchard, M., Devaux, A. and Calzaferri, G. (2000) *Chemistry – A European Journal*, **6**, 3456.

109 Calzaferri, G., Maas, H., Pauchard, M., Pfenniger, M. and Dévaux, A. (2002) *Advances in Photochemistry*, **27**, 1.

110 Bossart, O., De Cola, L., Welter, S. and Calzaferri, G. (2004) *Chemistry – A European Journal*, **10**, 5771.

111 Minkowski, C. and Calzaferri, G. (2005) *Angewandte Chemie-International Edition*, **44**, 5325.

112 Ruiz, A.Z., Li, H. and Calzaferri, G. (2006) *Angewandte Chemie-International Edition*, **45**, 5282.

113 (a)Nowakowska, M., Sustar, E. and Guillet, J.E. (1991) *Journal of the American Chemical Society*, **113**, 253. (b) Nowakowska, M., Storsberg, J., Zapotoczny, S. and Guillet, J.E. (1999) *New Journal of Chemistry*, **23**, 617. (c) Nowakowska, M. and Guillet, J.E. (1998) *Journal of Photochemistry and Photobiology A: Chemistry*, **112**, 285.

114 (a)Dupray, L.M., Devenney, M., Striplin, D.R. and Meyer, T.J. (1997) *Journal of the American Chemical Society*, **119**, 10243.(b) Friesen, D.A., Kajita, T., Danielson, E. and Meyer, T.J. (1998) *Inorganic Chemistry*, **37**, 2756. (c) Fleming, C.N., Dupray, L.M., Papanikolas, J.M. and Meyer, T.J. (2002) *Journal of Physical Chemistry A*, **106**, 2328.

115 Hecht, S., Vladimirov, N. and Fréchet, J. M.J. (2001) *Journal of the American Chemical Society*, **123**, 18.

116 Huynh, M.H.V., Dattelbaum, D.M. and Meyer, T.J. (2005) *Coordination Chemistry Reviews*, **249**, 457.

117 Slate, C.A., Striplin, D.R., Moss, J.A., Chen, P., Erickson, B.W. and Meyer, T.J. (1998) *Journal of the American Chemical Society*, **120**, 4885, and references therein.

118 Schultze, X., Serin, J., Adronov, A. and Fréchet, J.M.J. (2001) *Chemical Communications*, 1160.

119 Miller, R.A., Presley, A.D. and Francis, M.B. (2007) *Journal of the American Chemical Society*, **129**, 3104.

第7章　太阳能转化

7.1　简介

能源是21世纪最重要的议题[1]。20世纪，化石燃料为西方发达国家带来了巨大的机遇，但如今其储存量正在急剧减少[2,3]，而且化石燃料燃烧带来的污染严重危害了人类健康，产生的温室气体导致全球气候不断变暖[4]。现在全世界正以1000桶/秒的速度开采石油（图7.1），也就是说平均每人每天消耗了2升[5]。当今全球能量消耗相当于13亿万瓦[6]，这种状态我们还能维持多久？能源将是我们面临的最严峻的挑战，也是一个尚待解决的重要问题。科学家们能否找到新能源来替代化石燃料？化学家们能否解决能源问题[7]？

40年前，看到从太空中拍摄到的第一张地球的照片，我们意识到地球就像一个宇宙飞船——毫无目的地在无穷的太空中遨游。作为这个飞船上的乘客，我们对解决其能源危机深感兴趣。作为父母，为了子孙后代的长远发展我们希望把地球建设成美好的家园。作为科学家，我们有责任解决即将到来的能源危机。作为化学家，我们有可能改变能源技术，从而从根本上解决能源问题[1]。

幸运的是，地球这艘飞船并非封闭体系，它能从太阳接收到取之不尽的能量：120 000万亿瓦的电磁辐射到达地球。这些能量远远超出了人类的需求。只要将地球上0.16%的地方所接收到的太阳能以10%的效率进行转化，就可以获得20亿万瓦能量[6]，这几乎是全世界化石燃料所释放能量的2倍，1－GWe核裂变的20 000倍。太阳光是我们最基本的能量来源，所以我们不但要认识太阳光怎样给自然界提供能量[8]，而且也要研究任何将太阳光转化成对我们建设现代文明有积极作用的能源[4,9]。

在地质学时代太阳光也给我们提供了化石燃料，是我们可以无限利用的能量源泉。然而，我们目前还不能充分利用太阳每天提供给我们的无穷能量，对于这一矛盾由Giacomo Ciamician在一次著名的主题为“光化学的未来”的报告首次指出这一论断。正如其在纽约第8届国际纯化学和应用化学会议上（1912）[10]所指出的那样：“到目前为止人类文明几乎完全依赖化石的太阳能源，难道我们就不能更加有效地利用一下太阳辐射能？”。同时Ciamician指出，以太阳能为基础的文明社会才能消除当时就存在的经济发展的南北地区差异：“太阳能并非均匀地分布在地球表面。一些区域常年丰富而其他一些地区受气候影响特别大。如果我们能够利用太阳能，那么前者区域就会变得繁荣起来。于是，人类文明就可以通过这种方式克服热带地区的酷热而重新回到它的发源地”。报告的最后一句话提出了一个直到今天（我们除了利用煤之外只学会了使用石油和核能）也是个非常有意义的概念：“如果在以煤为基础的黑色的焦虑的人类社会之后是由以利用太阳能为基础的安静的人类社会代替，那么对文明的进步和人类的幸福是没有什么坏处的。”

图 7.1　在这张 1970 年的图片中，一个美国家庭被每年消费的石油桶包围了。现在石油消耗量增加了 40%[1]

太阳能很有可能成为清洁、充足而又经济的能源，但这种状态不能直接利用，必须把它捕获并转化成有用的能源形式。因为太阳能是分散的、间歇式的，所以对它的转化需包括含量和储存。在今天的市场价格下，没有多少办法将太阳能转化成热或电的方式，而与化石燃料构成竞争。但是如果考虑到化石燃料“额外的”消耗时[1]，太阳能热转化已经走上价格竞争的进程，光电转换很快将成为一种有竞争力的手段。把太阳能燃料做成可储存和运输（如：氢气）的形式就可以解决能源和环境问题，但是现在还存在很大的挑战。

光的激发可以诱发很多种类的化学反应。正如本书其他章节中介绍的那样，在天然的和人造的系统中很多种类的光化学反应确实用来处理信息。然而到目前为止自然界还是使用光诱导的电子传递反应来实现能量转换。这一过程产生了一个等离子电荷分离态，这个等离子电荷分离态用以制备各种的高能分子以供给生物体燃料。在经过20世纪70年代的能源危机之后设想将几种类型的吸热的光化学反应（例如光解离，化合价的光异构化）[11]用于人工转化和储存太阳能，但是结果很令人失望。当自然界的光合作用机理被系统地解析之后，许多研究机构开始通过模仿自然过程来实现人工太阳能转换，正如Ciamician指出的那样[10]："迄今为止仍然没有解开的植物中的光化学过程的奥秘在不久的将来会被人类在工业化中掌握，人类知道如何比自然界生产出更多丰富的成果，到那个时候就不是自然界繁忙而是人类繁忙了。"但是需要指出的是，到目前为止有的不是充裕的成果而仅仅是太多的愿望。

在这一章中首先要介绍一下天然光合作用的工作原理，同时还将对近期在人工光合作用领域的一些成果进行一下综述。

7.2 自然界的光合成

7.2.1 概述

光合作用在自然界的生物体中广泛存在，它们负责为地球上的生命提供生活资料。虽然光合作用有很大的差异，但它们都遵循一个相同的基本原理：首先通过含有许多发色团的蛋白质天线进行集光（6.2节和图6.2），然后将捕获的能量通过电子转移反应的形式到达特殊反应的蛋白质中心（图6.3）[12]。

最简单最容易理解的反应中心是在紫菌中发现的，这种反应中心可以作为所有光合作用反应中心的模板[13-15]。然而，最重要的太阳光能量转换过程是发生在绿色植物之中的[16-18]。在绿色植物中，光系统Ⅱ的反应中心具有一个与细菌反应中心类似的电子受体位点，另外它的一个特殊给体位点可以把水作为电子源同时产生氧气分子而作为"废弃物"。因为这个特殊性质与人工的光诱导水分解系统极具相似性，因此，我们要对光系统Ⅱ反应中心的给体一侧进行讨论。

7.2.2 细菌的光合作用

通过对晶体X射线的研究，已经清楚地了解许多细菌反应中心的结构[19,20]。细菌及其他生物体光合反应中心主要是由蛋白质组成的，这些蛋白质嵌入并跨越了一个脂类双分子膜。基本的光化学过程由蛋白质中的辅基执行[21]。图7.2描述了简化的Rhodopseudomonas viridis反应中心的结构。通过对这种反应中心详细的光物理研究获得了其光诱导电荷分离中所起的具体作用[21,22]。关键的分子组分是一种细菌叶绿素"特殊对"（P）、一种细菌叶绿素单体（BC）、一种细菌脱镁叶绿素（BP）、一种醌（QA）以及一种四亚铁血红素c型细胞色素（Cy）。

这些分子通过围绕在蛋白质周围而保持一种固定的几何形状，这样 P 的二重轴[23]与膜平面垂直，细胞膜平面大约处于 P 和 Cy 之间，而细胞质的面与 QA 的平面相平。在反应中心，P 的激发是通过吸收光，或者更普遍的是单线态一单线态之间通过各种天线系统进行能量传递而发生的，紧接着（～3 ps）电子传递到达 BP 受体（究竟插入的 BC 是作为超交换机理中的介质还是作为中间体电子受体直接介于其中，仍是有争议的话题[24]）。后面一步是从 BP 到 QA 迅速的（～200 ps）电子传递，然后氧化的 P 被靠得最近的 Cy 的亚铁血红素缓慢还原（～270 ns）[25]。在这一阶段，通过有效的进入单一性和长寿命的电荷重排从而达到横跨膜的电荷分离。正如图 7.3 中所示的那样，电荷分离过程中不同电子转移步骤中的速率常数在能级图和未发生的 $BP^- \rightarrow P^+$ 和 $Q_A{}^- \rightarrow P^+$ 电荷重排过程（为过程中缺少可能性竞争修饰反应中心的实验所决定）的图示中做了描述[26]。图 7.2 和图 7.3 指出了反应中心超分子结构的重要性。通过对这个光化学器件的一些方面的最优化处理，使得长距离有效的光致电荷分离成为一种可能：

- 分子部件在空间的组织；
- 各种电荷转移步骤的热力学驱动力；
- 同向（有效的）和反向（消散的）电荷转移过程之间的动力学竞争。

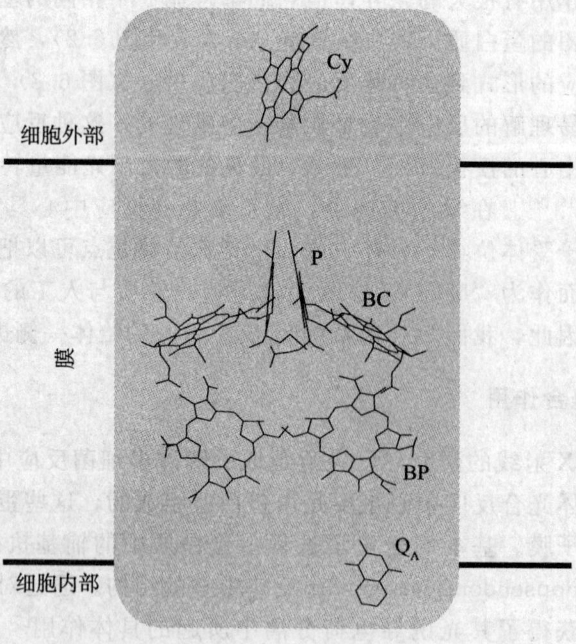

图 7.2　简化的 Rhodopseudomonas 反应中心

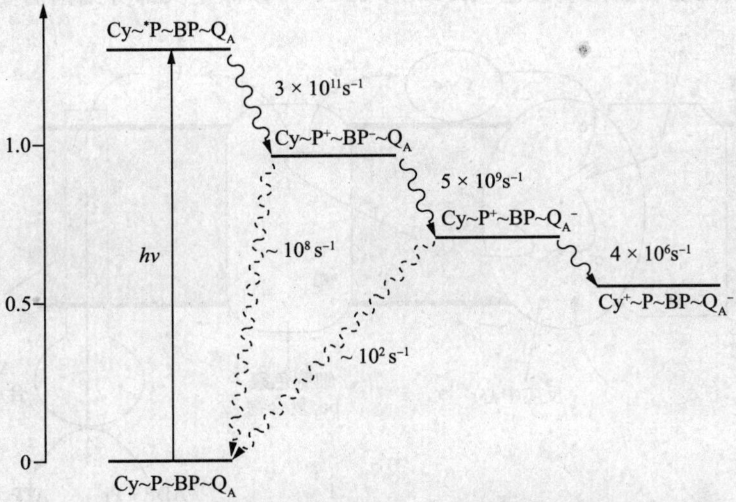

图 7.3 Rhodopseudomonas 反应中心的能级图以及
电荷分离过程中电子转移的速率常数

用电子转移理论可以很好地解释这些现象（3.2 节）。特别是，由于电荷重排过程发生在 Marcus 反转区域，因此该过程非常缓慢，电荷转移过程效率很高。因此，在光诱导的高效的电荷转移过程中，显然其只能在两个对称反应中心之一中进行（图 7.2）。可能是由于变化导致对称性的破坏，因此出现了不利的 Frank - Condon 的因素。人们也观察到[13]，如果 BP 和 QA 之间距离在几十纳米左右或者反应的驱动力在几十电子伏特左右，那么反应中心的量子效率就会像电荷重排那样变得更加普遍。另一方面，如果从 BP^- 到 P^+ 基态的反应动力减小了，转化区域的反应就会加速进行，并且电荷分离的效率就会降低，将反应中心置于电场中的实验就证明了这一点[27]。

在上述描述的过程中，最终的电子接受体是醌 Q_A。这个过程随后又发生了许多其他步骤。电子转移到第二个醌 Q_B，通过细胞色素 c 将氧化的特殊 P 电子对还原后，第二个光子的能量用来转移到第二个电子到达 Q_B。还原 Q_B 到其相应的氢化苯醌形式，此形式中包括从细胞膜的细胞质一侧的水分子中吸收的两个光子，然后氢化苯醌扩散到器件的另一部分——光泵中，表示为细胞色素 bc_1 复合物，如图 7.4 所示。这个络合物又将氢化苯醌氧化成醌，利用了光子透过膜释放的能量建立了光子浓度和电荷不平衡态（光推动力，pmf）。氧化过程被用来促使各种细胞色素还原，通过氧化特殊的 P^+ 电子对，它被还原成最初的形式。最后，ATP 合成酶（如 15 章中所述）像一种旋转的发动机，作为动力源使光子通过膜流回，随热动力学梯度下降，使腺苷二磷酸盐（ADP）和无机磷酸盐

(Pi) 释放出腺苷酶三磷酸盐（ATP）。ATP 可以满足大部分细菌需要的能量。

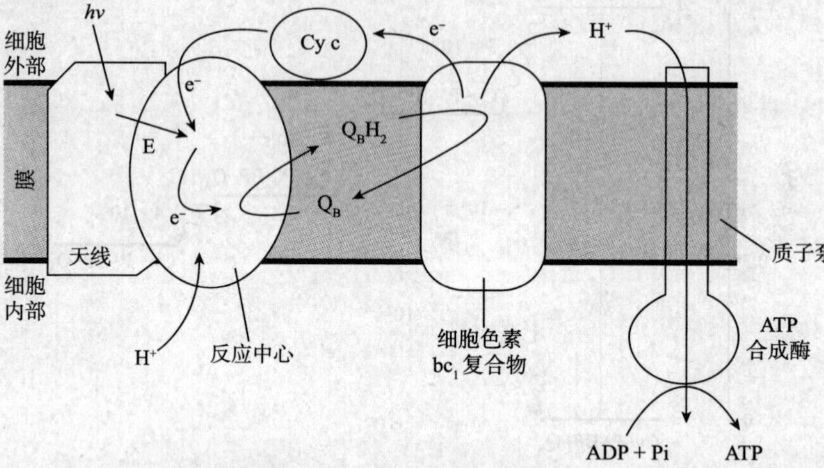

图 7.4　光合细菌隔膜和不同蛋白组分简图

7.2.3　光合系统Ⅱ

光合系统 Ⅱ（PSII）表现出光合成中所需过程：在天线系统中的光吸收，能量转移到反应中心，电荷分离和电荷稳定性[18]。此外，PSII 还能够用水作为醌的还原剂，醌位在电子受体的末端。为了做到上文所述的内容，PSII 必须：

- 达到足够能氧化水的电位（$>+0.9$ V，相对于 NHE）；
- 在易断裂的生物结构中能处理如此高的氧化电位；
- 单光子/单电子的电荷分离过程与 4 个电子水氧化过程相结合。

PSII 的水氧化物[16,28,29]包括：叶绿素的多聚体（指示 P_{680}），氧化还原活性酪氨酸（D_1 多肽的 Tyr_z 和 Y_{161}），一个称为释氧活性中心（OEC）的结构，和一个含有 4 个 Mn 原子和一个 Ca 原子（Mn_4Ca）的簇，Mn 与 Ca 之间通过 mono－μ－oxo，di－μ－oxo 和/或羟桥连接（图 7.5（a））。

PSII 横跨在叶绿体中的类囊体膜中，并且水氧化的三元体被固定在离膜很近的一边。在直接吸收光子或从天线单元发生能量转移的过程中，P_{680} 被激发并成为一个强还原剂。然后一个电子从激发的 P_{680} 中转移到膜另一边的电子受体（脱镁叶绿素和两个醌，Q_A 和 Q_B）（图 7.5（a））。氧化的初始电子给体 $P_{680}{}^{+}$ 是自然界中最具氧化性的物质之一，达到了 $+1.2$ V 的电位（相对于 NHE）。$P_{680}{}^{+}$ 则很快地被 Tyr_z 还原（$\tau=20\sim200$ ns，由 Mn_4Ca 簇的 S 状态决定，稍后提到），在它的还原状态下，它与临近的组氨酸产生氢键[30]。这样的氢键促进了 Tyr_z 的氧化，而氧化伴随着去质子化作用（电子-光子转移路径，EPT），如图

7.6 所示[31]。与一般的电子转移相比，EPT 提供了 9.5 kcal·mol^{-1}的能量优势，而这个能量避免了将 Tyr_z 氧化成高能量的自由基中间体 Tyr_zOH^+。这种方式氧化 Tyr_z 得到的自由基被来源于水的电子所还原。然而这一切如何发生，到现在其机理还是未知的。当 PSII 全速工作时，大约 200 个水分子在一秒内被氧化。这表明，这个过程的动力学能垒非常低。另一方面，氧化水到双氧化物是一个 4 电子过程，因此，四电荷分离的结果必须是累计的。靠近 Tyr_z 的 Mn_4Ca 簇起到了这样的作用，它由 Tyr_z 自由基逐步氧化为一系列状态 S_i（i 从 0 到 4），参见图 7.5（b）。簇从最高氧化态 S_4，经过一个 4 电子还原过程回到最高还原态 S_0 时，发生了生成双氧水的反应。这个过程包括能和 Mn 簇配位的两分子水。

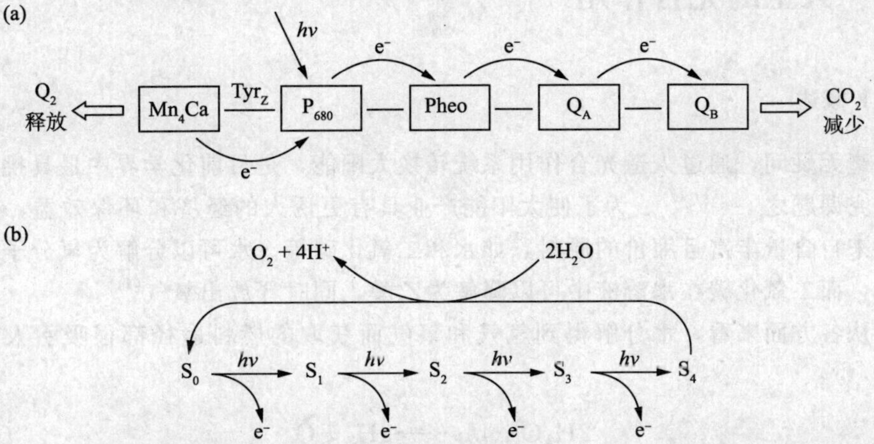

图 7.5 （a）PSII 中电子转移过程；（b）Mn_4Ca 簇的 5 个氧化还原步骤（$S_0 \rightarrow S_4$）

研究人员从很多方面对 Mn_4Ca 簇的结构进行了研究，其中包括通过 X 射线衍射（XRD）在 3.5[32]和 3.0 Å 分辨率[33]下研究 PSII 的单晶结构，Mn 的 X 射

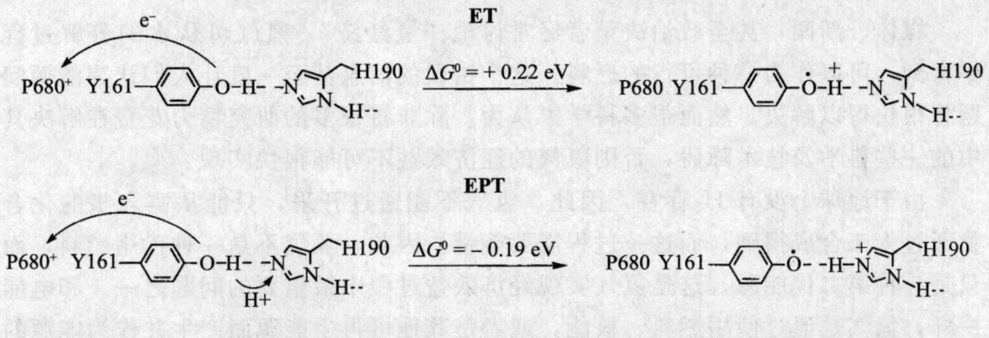

图 7.6 Tyr_z 通过电子转移（ET）或光子转移（EPT）方式氧化的能量比较

线吸收近边结构（XANES）[34,35]和 Mn 的 X 射线吸收精细结构（EXAFS）[35]。S_1 态时，Mn—Mn 键的距离大约为 2.7 Å，除了两 Mn 原子间距分裂为 3.3 Å，而且 Ca 原子相距两个 Mn 原子 3.4 Å. 获得的数据使 Mn_4Ca 簇的几何构型成为三个相似的高分辨率结构[35]。虽然还不能完整地解释自然界中锰簇与 Tyr_Z 自由基之间相互作用的性质，但是最近的研究表明，在酪氨酸基上 Mn 键和水分子的质子-电子转移（抽 H 反应）机理[20]达成共识。

只有当各种不同的 S_i 态的结构确定时才能得到一个关于这个络合物水氧化过程的令人信服的机理。

7.3 人工的光合作用

7.3.1 概述

毫无疑问，通过人造光合作用系统转换太阳能，是目前化学界中最具挑战性的研究课题之一[1,37-47]。为了使太阳能产业具有更诱人的经济和环保效益，燃料必须来自含量丰富且廉价的原料，如水和二氧化碳等。水可以分解为氢分子和氧分子，而二氧化碳在水溶液中可以降解为乙醇，同时释放出氧气[48]。

从各方面来看，水分解得到氢气和氧气而获取的燃料途径都很吸引人（式 7.1）[37]：

$$2H_2O + 4h\nu \longrightarrow 2H_2 + O_2 \tag{7.1}$$

氢气和氧气燃烧能产生热量和水，而在燃料电池中，氢气和氧气结合能产生电流，热量以及水。此外，氢气也可以用来制备液体燃料甲醇[3]。毫无疑问，如果氢气能够迅速地代替石油，那么地球上的能源和环境问题都能得以解决。

7.3.2 氢经济

媒体、新闻，甚至政治决策者经常讨论“氢经济”，氢气可从水的分解过程中得到，可以作为一种可行的燃料。这个错误的信息甚至一度让人们认为能源问题将很快得以解决。然而很多科学家认为，除非将很多的研究精力花费在解决其中的一些科学及技术障碍，否则氢气的经济效益不可能很快实现。[1,49]

由于地球上没有 H_2 存在，因此，氢气不能通过开采，只能从富含氢的化合物通过人工合成得到，而这一过程需要能量。因此，氢气不是一种代用燃料，而只是一种第二代能源，这是氢气实现经济效益过程中最重要的问题之一。和电能一样，氢气是通过使用燃料、核能，或者是其他可再生能源而产生并作为能源的传递介质而存在的，但是，相比于电能，它可以存储。

尽管合理地使用氢气不会产生环境问题，但氢气仍不是一种“洁净”的能源，事实上，氢气是否洁净取决于它是通过怎样的途径合成的。通过使用燃料和核能得到氢气与直接使用它们所引发的能源问题是基本相同的。由于大气污染没有地域性，在远郊燃烧燃料制造氢气，使之作为城市的洁净能源并不是一种行之有效的办法[50]。

显然，“洁净”的氢气只能通过开发可再生能源得到，理论上，这可以通过使用电能作为中间产物（通过使用风能或者光电池得到电能），然后将其用于电解水或者水的光化学分解得到。

7.3.3 水的光化学分解

建造人造光合成体系来实现人工光合成系统的最好的办法，是模仿自然中大分子及超分子体系的光合作用的过程：捕获的光能导致电荷分离，被氧化及被还原的物质转移到不同的催化部位，使得氢气和氧气分别得以释放（CO_2 的降解同理）。因此，一个可行的人造光合成系统必须包括以下几个基本特征（图 7.7）：

- 一个捕获光的天线；
- 一个电荷分离的反应中心；
- 用于电荷分离的单电子到多电子的界面催化剂；
- 提供产物物理分离的膜。

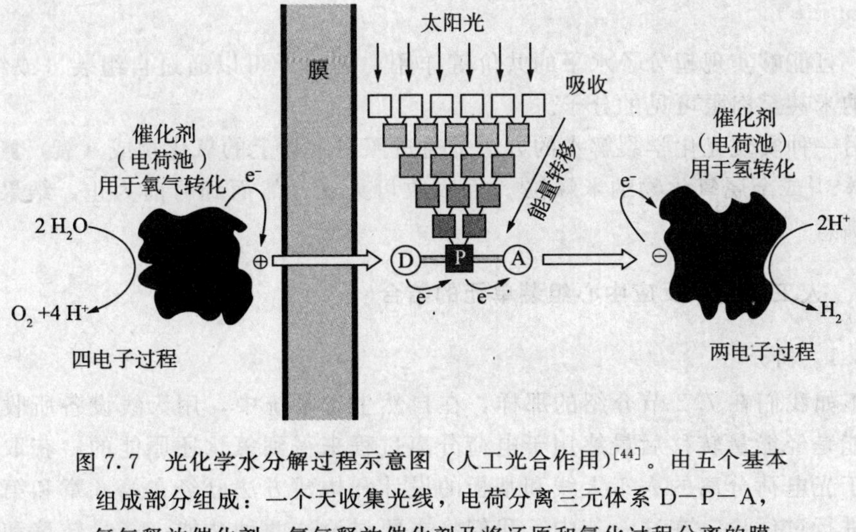

图 7.7　光化学水分解过程示意图（人工光合作用）[44]。由五个基本组成部分组成：一个天收集光线，电荷分离三元体系 D－P－A，氢气释放催化剂，氧气释放催化剂及将还原和氧化过程分离的膜

尽管在人工光合作用的每个方面都已取得一定的进展，但目前尚没有实现将各个组成部分整合在同一系统运行。

自然光合作用系统的复杂性显然超出了合成化学所能及的范围，这种复杂性主要是由自然体系的生物性质决定的，但是单一的光合功能，如光能和电能的转换对于人工合成体系是完全可行的。大自然告诉我们，要得到从光能到化学能的高效转换需要利用在组织层面（各部分的相对位置）、能量（激发能和氧化还原电位）和时间（竞争过程的速率）上具有非常精密结构的超分子。自然界的光合体系即满足这样的要求，其分子间具有非常复杂的相互作用，也可以通过利用共价键及非共价键合成这样的分子而应用于人工光合作用体系[51]。

高效的人工天线可以通过使用树枝状聚合物来制备（6.3 节）。人工电荷分离装置也可通过类似于光电分子水平的电路中的电线的合成方式而合成（4.4 节）。但是，天线及电荷分离膜在实际使用过程中可能会和预想中有差异。应用于线型体系中时，需要体系能进行快速而有效的（例如，高量子效率）长距离电子转移，应用于光合成系统时，更倾向于需要满足高量子产率及吸收的光子在电荷分离后仍具有较高的能量。

光合成中最关键的问题是光诱导电荷转移过程，这是一个单光子/单电子过程，而氧气的释放需要四个电子。为了保证两者的协调一致，大自然体系使用的水裂解反应的催化剂是 Mn_4Ca，它能够：

- 在恒定的电位下持续不断地释放电子；
- 以协调一致的方式氧化水分子，从而避免形成高能量中间体。

设计合成多电子氧化还原催化剂是现代化学中一个极富吸引力的和挑战性的问题[31,52,53]。

一旦能够实现超分子水平的共价键作用，超分子可以通过自组装（或组装）形成纳米甚至肉眼可见的分子。

另一种实现光化学裂解水的方法是通过照射水面上的氧化物或（氧）氮化物半导体[54]或金属氧化物纳米颗粒[55]而吸收可见光。然而到目前为止，结果并不令人满意。

7.3.4 人工天线和反应中心组装单元的结合

7.3.4.1 简介

正如我们在 7.2 节介绍的那样，在自然生态系统中，用天线设备所收集的太阳能是经能量转移后最终用于电荷分离过程来得到氧化还原能的。获取光能以用于光电荷分离的人工天线和基板的设计和构建方法已经在第 6 章和第 4 章分别进行过讨论。在这一节中，我们将主要讨论这两种功能（能量转移和电荷分离）是怎样结合在一起的。将能量和电子转移过程结合起来是一个非常艰巨的任务。

光诱导电子转移过程可以发生在许多两个以上的组成部分的体系中。研究这种较大体系的目的大多数是获得具有较长寿命的电荷分离状态，而不是天线和电荷分离元件的单纯结合。应用于光致电荷分离体系的扩展，如从三元体扩展到四元体乃至五元体的过程可以通过以下一系列化合物 **1**，**2**，**3**（图 7.8）实现[56,57]。关键是进一步引进分子单元（如图 7.8 中 **2** 和 **3** 的第二个受体，**3** 中的第二个给体/荧光团），这样，就能在更长的距离内通过更多的电子转移过程实现电荷分离。其中，化合物 **3** 的多步电荷分离过程如图 7.9 的能级图所示[58]，该图也具有能级转移过程的特征。对三元体及五元体的比较可以看出随着分子结构的复杂，其电荷分离效果也显著增加：其中化合物 **1**，$\tau=300$ ns，$\Phi=0.04$，$\eta_{en.conv}=0.02$（二氯甲烷）；**3**，$\tau=55$ μs，$\Phi=0.83$，$\eta_{en.conv.}=0.5$（氯仿）。

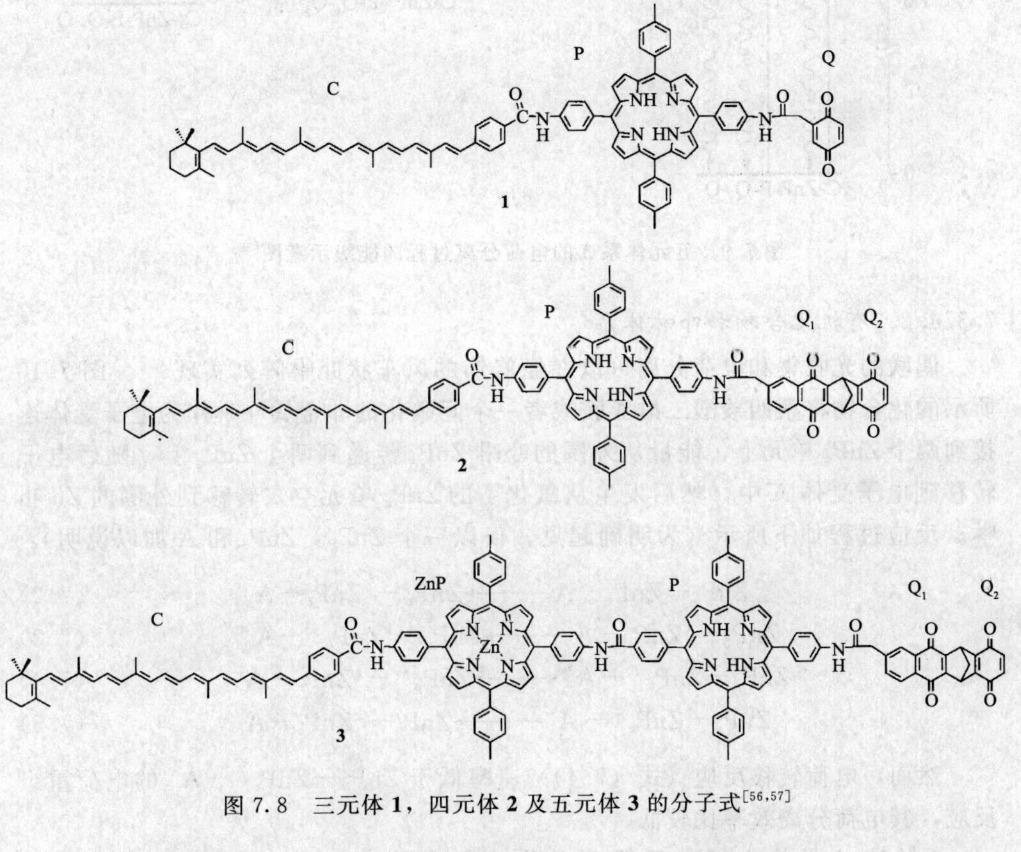

图 7.8　三元体 **1**，四元体 **2** 及五元体 **3** 的分子式[56,57]

其他几个多组分系统也都兼有光致能量和电子转移过程。然而，它们并没有模仿自然光合成组织将天线和反应中心基板结合在一起。以下几个例子中，我们可以清楚地将光能的吸收和电荷分离过程区分开来。其中几种类型的发色团用作天线，而卟啉富勒烯基由于可以导致高效率、长寿命的电荷分离状态而用作电荷分离装置[59]。

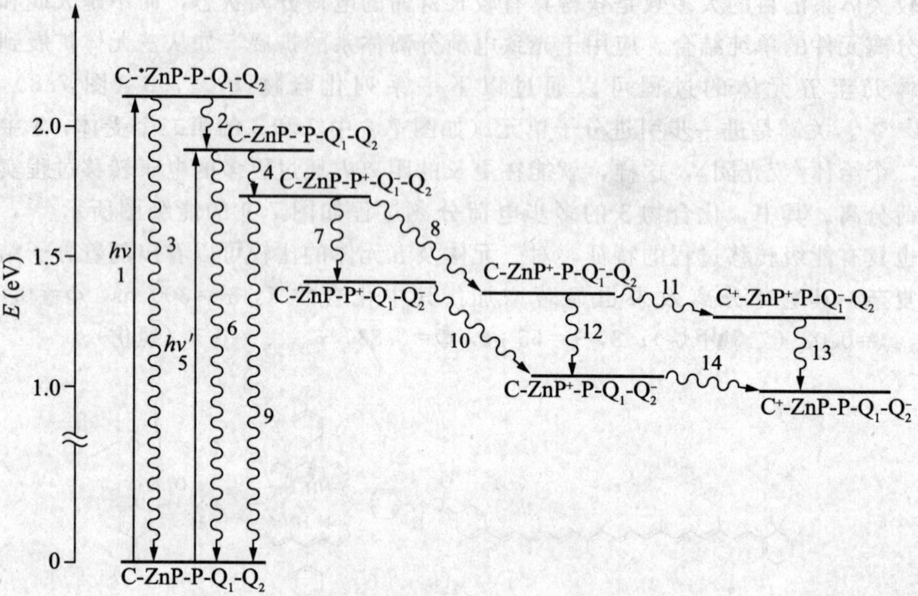

图 7.9　五元体系 **3** 的电荷分离过程的能级示意图[58]

7.3.4.2　有机化合物和卟啉体系

偶联的光收集和电荷分离可以在经修饰的风车状卟啉阵列实现[60]。图 7.10 所示的化合物将萘四羧酸二酰亚胺或者一个间硝化的非金属卟啉作为电子受体连接到两个 ZnP_c 单元上，能量从外围的卟啉 ZnP_p 传递到两个 ZnP_c 上，随后电子转移到电子受体 A 中，然后发生从氧化了的 ZnP_c 单元空穴转移到外围的 Zn 卟啉。反应过程如下所示（为明确起见，仅以一个 ZnP_P，ZnP_c 和 A 加以说明）：

$$^1ZnP_p-ZnP_c-A \longrightarrow ZnP_p-{}^1ZnP_c-A \tag{7.2}$$

$$ZnP_p-{}^1ZnP_c-A \longrightarrow ZnP_p-{}^1ZnP_c{}^+-A^- \tag{7.3}$$

$$ZnP_p-ZnP_c{}^+-A^- \longrightarrow ZnP_p{}^+-{}^1ZnP_c-A^- \tag{7.4}$$

$$ZnP_p-ZnP_c{}^+-A^- \longrightarrow ZnP_p-{}^1ZnP_c-A \tag{7.5}$$

然而，电荷转移反应（式（7.4））速率低于 $ZnP_p-ZnP_c{}^+-A^-$ 的电荷重组反应，其电荷分离效率比较低。

化合物 **4** 是将光捕集天线和电荷分离单元结合到一起的典型例子（图 7.11），它有四个四芳基锌卟啉，$(ZnP_p)_3-ZnP_c$（p 代表周围，c 代表中央），它通过共价键与卟啉-富勒烯邻位自由基 $P-C_{60}$ 相连，形成 $(ZnPp)_3-ZnPc-P-C_{60}$ 六元体[61]。在 2-甲基四氢呋喃溶液中，在对其进行与时间分辨的发射和吸收光谱研究中，与已获得的模型化合物相比可以得出以下结论：

• 所有周边的锌卟啉都是通过单线态-单线态能量转移过程将能量转移到中央的锌卟啉上的（式（7.6）），其反应速率常数 $k_6=2.0\times10^{10}\,s^{-1}$；

• 从中央的锌卟啉到非金属卟啉的能量转移（式（7.7））的反应速率常数 $k_7=4.1\times10^{9}\,s^{-1}$；

• 由激发态自由基到富勒烯单元的电子转移（式（7.8））是很迅速的，反应速率常数 $k_8=3\times10^{11}\,s^{-1}$；

• 电荷分离状态的寿命为 1.3 ns（式（7.9）），反应速率常数 $k_9=7.5\times10^{8}\,s^{-1}$。

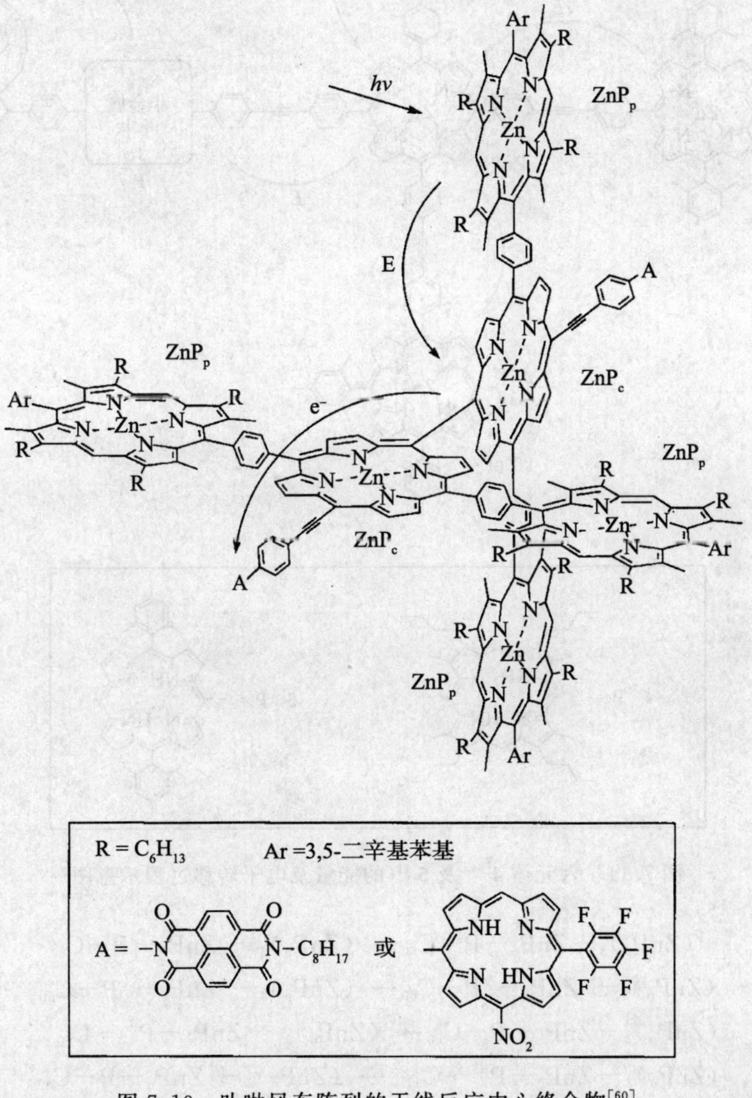

图 7.10　卟啉风车阵列的天线反应中心络合物[60]

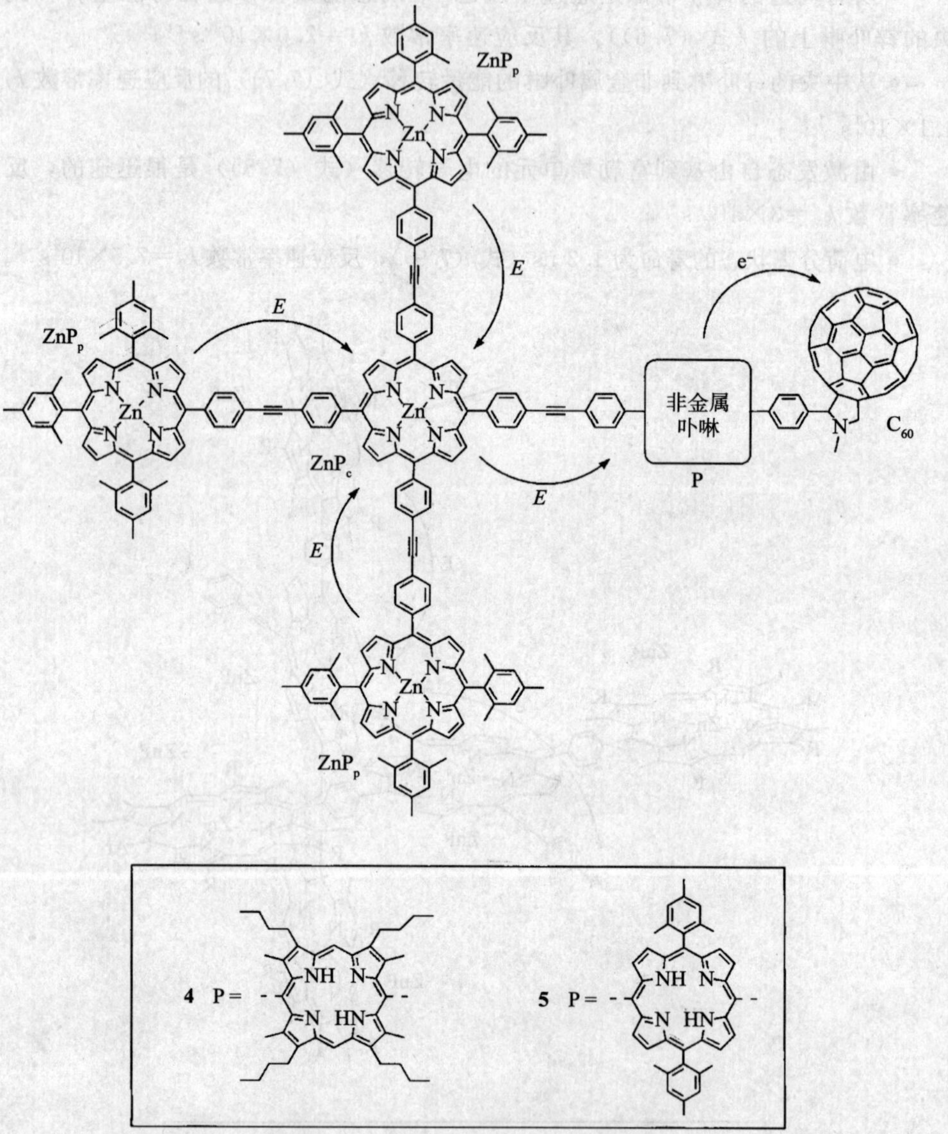

图 7.11　六元体 **4**[61] 及 **5**[62] 的能量及电子转移过程示意图

$$^1(ZnP_p)_3-ZnP_c-P-C_{60}\rightarrow(ZnP_p)_3-{}^1ZnP_c-P-C_{60} \qquad (7.6)$$

$$(ZnP_p)_3-{}^1ZnP_c-{}^1P-C_{60}\rightarrow(ZnP_p)_3-{}^1ZnP_c-{}^1P-C_{60} \qquad (7.7)$$

$$(ZnP_p)_3-ZnP_c-P-C_{60}\rightarrow(ZnP_p)_3-{}^1ZnP_c-P^+-C_{60}{}^- \qquad (7.8)$$

$$(ZnP_p)_3-ZnP_c-P^+-C_{60}{}^-\rightarrow(ZnP_p)_3-{}^1ZnP_c-P-C_{60} \qquad (7.9)$$

由于光诱导电子转移（式（7.8））的反应速率常数非常大，电荷分离状态的量子产率取决于非金属卟啉的激发态，但是由于自身衰减和向中央的非金属卟啉的能量转移之间的竞争，锌卟啉单元的量子产率仅为 0.70。这种电荷分离的量子产率和电荷分离状态的短寿命不一致为它的改良提供了一定的空间。将化合物 **4** 中的二烷基非金属卟啉更换为四芳基卟啉即可得到化合物 **2**（图 7.11）[62]。相比于化合物 **4**，在 2-甲基四氢呋喃溶液中，这种六元体能导致从锌卟啉到非金属卟啉的更快的能量转移过程，从而提高电荷分离的效率。由于化合物 **5** 中的四芳基卟啉比化合物 **4** 中的八烷基卟啉有更高的氧化电位，会发生从非金属卟啉到锌卟啉的电荷转移过程（式（7.10）），其反应速率为 $k_{10}=2.6\times10^{9}\,s^{-1}$，最终分离态电荷的寿命增加至 240 ns（式（7.11），速率常数为 $k_{11}=4.2\times10^{6}\,s^{-1}$）。

$$(ZnP_p)-ZnP_c-P^{+}-C_{60}^{-}\longrightarrow[(ZnP_p)_3-ZnP_c]^{+}-P-C_{60}^{-}\quad(7.10)$$

$$[(ZnP_p)_3-ZnP_c]^{+}-P-C_{60}^{-}\longrightarrow(ZnP_p)-ZnP_c-P-C_{60}\quad(7.11)$$

七元体 **6** 和 **7** 通过使用六苯基苯支架提供一个刚性天线发色团中心，从而实现与分离电荷的高效结合，从而使得量子效率得到进一步的提高[63,64]（图 7.12）。这

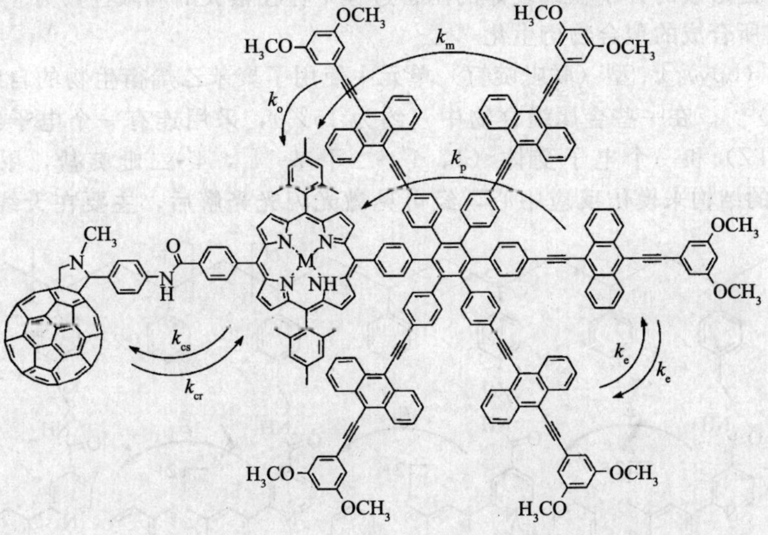

k (S^{-1})	**6** M = 2H	**7** M = Zn^{II}
k_e	2.5×10^{12}	2.5×10^{12}
k_o	1.1×10^{12}	8.3×10^{11}
k_m	1.3×10^{11}	1.4×10^{11}
k_p	2.5×10^{11}	1.8×10^{11}
k_{cs}	4.0×10^{8}	1.2×10^{10}
k_{cr}	1.1×10^{8}	6.5×10^{7}

图 7.12　七元体 **6** 及 **7**[64] 中的能量及电子转移过程，其中 e：能量转移；o：邻位；m：间位；p：对位；cs 电荷分离；cr 电荷重组

种化合物包含五个二（乙炔）蒽（BPEA）天线及一个卟啉富勒烯组成的电子给体-受体单元，之所以使用 BPEA 作为发色团，是由于它和光合成中的类胡萝卜素卟啉一样，在 430～475 nm 有强吸收。由这五个天线到卟啉之间的能量转移过程在皮秒的范围内即可完成，且其量子效率为 1.0，这和光合成天线体系具有一定的可比性。Förster 原理及通过化学键进行电子交换的机理在能量转移的过程中起着重要的作用。光吸收后，卟啉的第一级单线态激发态给其所附的富勒烯提供一个电子从而形成 $P^{+}-C_{60}^{-}$ 的电荷的分离态，其寿命为几个纳秒。非金属化合物 **6** 由天线发色团吸收的光所产生的电荷分离的量子产率为 80%，锌的类似化合物 **7** 为 96%。能量及电子转移过程的反应速率常数如图 7.12 所示。

已经通过使用富勒烯官能团化的卟啉双体化合物的自组装构建得到了仿生的反应中心[65]。

7.3.4.3 金属络合物体系

共价键形成的分子在组装体的制备过程中存在很大的局限性，另一种方式则是将之前所合成的聚合物衍生化[66]。

$[Ru(bpy)_3]^{2+}$ 型（联吡啶钌）单元中使用了聚苯乙烯衍生物的自组装过程(图 7.13)[67]。在一些金属络合物中（约为 15%），采用连有一个电子给体（吩噻嗪，PTZ）和一个电子受体（1，1′-二甲基- 4 ，4′-二吡啶盐，甲基紫精，MV^{2+}）的结构来模仿反应中心，经可见激光闪光光解后，主要在天线上的 Ru

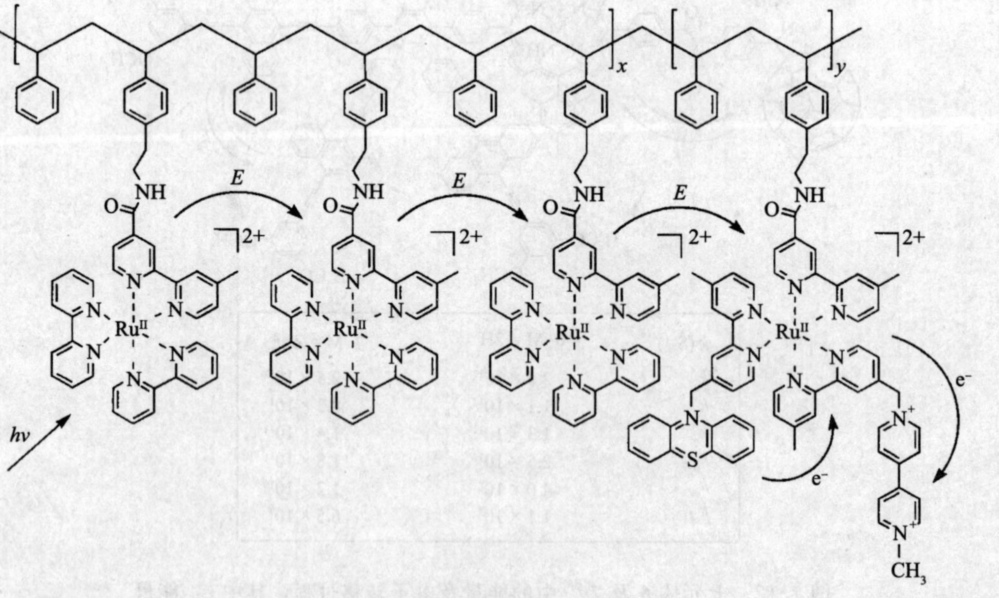

图 7.13 聚苯乙烯衍生物的能源和电子转移过程[67]

的位置上生成金属络合物的激发态，可以观察到它的氧化还原分离态 PTZ^+—MV^+，这一过程与 Ru 上的官能团单元无关。在整个反应中，天线激发态的 2.13 eV 的激发能转移到反应中心，并转换为 1.15 eV 的氧化还原电势能。由于激光强度的不同，氧化还原态的生成效率由 12%到 18%不等。高强度时，多光子激发和激发态会被光敏电子转移所湮没。电荷分离态的寿命为 160 ns。应该指出的是，此时也可以观察到一些长寿命的中间态（约 20 ms），这是由于聚合物中 PTZ^+ 和 MV^+ 形成了空间分隔位点。这个发现具有很重要的意义，它表明在光化学过程中可以产生等量的氧化还原态，并可在聚合物中存在一定的时间[66]。

7.3.5 多电子氧化还原过程与单光子电荷分离过程的结合

7.3.5.1 概述

从式（7.1）的两个对应的半反应过程的标准氧化还原电动势可以得知，方程式 7.1 所需的自由能为 1.23 eV。在 7.3 及第 4 章所讨论的电荷分离态中，分子的氧化及还原组分的氧化还原电势差异比这个数字要大很多。因此，根据式（7.12）及式（7.13），在该体系中使用光致电荷分离过程进行光能转换的方法在热力学上是可行的。

$$D^+-P-A^-+H_2O\longrightarrow D^+-P-A+\frac{1}{2}H_2+OH^- \quad (7.12)$$

$$D^+-P-A+\frac{1}{2}H_2O\longrightarrow DP-A+\frac{1}{4}O_2+H^+ \quad (7.13)$$

然而，这些体系中没有一种能够通过简单的照射水溶液而获得氢气和氧气，这就涉及动力学的问题，光致电荷分离是一个单电子过程（如 D^+ 和 A^- 都是单电子氧化剂和还原剂）。而尽管为了化学计量的目的，将描述反应的式（7.12）及式（7.13）写作单电子过程，但实质上它是一个多电子过程（式（7.12）为两个电子过程，式（7.13）为四个电子过程）。因此，虽然通过超分子体系能够实现长寿命的电荷分离，但是式（7.12）和式（7.13）所描述的反应速率很慢，难以与电荷重组过程进行竞争。这一问题普遍存在于燃料发电过程中。

解决这一问题的关键在于能否实现通过使用催化剂加快多电子氧化还原过程。用于多电子氧化还原过程的催化剂本质上是一个“富电荷体”，它能够

- 在持续电压下，通过逐步反应从单电子还原（或氧化）体系中得到电子；
- 同步的将这些电子（或电荷）转移到底物上，以免形成高能量中间体。

在各种各样的催化剂中，金属和金属氧化物是催化这类反应进程的最佳选项。由分子 P，A 及 D 参与的双生物分子“水裂解”光化学反应近来已经得到广泛的研究[38-41]。这些研究的主要成果是几种催化剂的最优化（尚没有应用在水

裂解的实际生产中)[68]。例如，胶状铂是光化学产生氢气过程的最优催化剂，而 RuO_2 是光化学形成氧气过程的最高效的催化剂。

除了固体材料，离散的超分子体系也可以用作多电子氧化还原反应的催化剂。这也就是7.2.3节中绿色植物光合作用的原理，其中的酶（含有四个锰中心，尚没有进行进一步的表征）催化了水的氧化进程。多电子氧化还原反应的超分子催化剂必须含有几个氧化还原中心（至少等于交换的电子数目），具有较好的氧化还原性质以实现电荷分离态与底物之间的调节。这些中心的电子的结合作用不宜太强，否则“电荷”(向催化剂的单电子转移）进程就不能在合适的恒压下进行。相反，这些中心应该离底物足够近，从而能够与底物相连，并能对它进行还原（或氧化)。尽管这些条件并不容易满足，但是目前这方面的研究很活跃[31,52,53]。

7.3.5.2　氧气释放中电子与质子转移

自然界告诉我们（7.2节)，当伴随着质子转移过程时，多电子转移过程更有利。它们可以作为两种截然不同的反应逐步进行，也可以作为一个协调一致的进程（PCET)。PCET进程就热力学观点而言是有利的，但由于电子和质子必须同时进行交换，该过程不可避免要比单纯的电子或者质子转移复杂得多。例如：顺-$[Ru^{IV}(bpy)_2(py)(O)]^{2+}$和顺-$[Ru^{II}(bpy)_2(py)(H_2O)]^{2+}$之间的质子-电子转移包括 $d\pi(Ru^{II})$ 轨道到 $d\pi(Ru^{IV})$ 之间的电子转移，以及由 σ_{O-H} 到氧孤对电子的质子转移（图7.14)[31,69]。因此在不同的条件下（pH值、驱动力、重组能垒、介电常数)，逐步及协调一致的电子转移过程之间会进行竞争[70]。

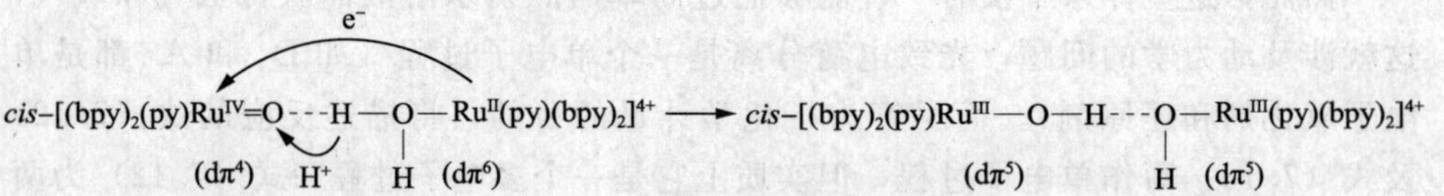

图7.14　*cis*-$[Ru^{IV}(bpy)_2(py)(O)]^{2+}$及*cis*-$[Ru^{II}(bpy)_2(py)(H_2O)]^{2+}$的电子与质子转移过程的耦合

氧气释放催化剂必须和电荷分离进行匹配才能实现氧气的释放。关于这一领域需要进行广泛深入的研究，但是已经涌现出了一些有趣的研究[71]。特别是Ru(Ⅱ)寡吡啶络合物 $[Ru(bpy)_3]^{2+}$[72~77]由于其具有很好的光化学、光物理以及电化学性质而在这一领域有着广泛的应用[78]，可以将大量的单核及多核Mn(Ⅱ）络合物通过共价键连接到Ru络合物上。此外，酪氨酸在自然过程中的锰簇光氧化过程中可以作为调节剂，故而酪氨酸或者其他类型的苯酚基团单元（以下简称ArOH）在整个体系的设计中也是必需的。

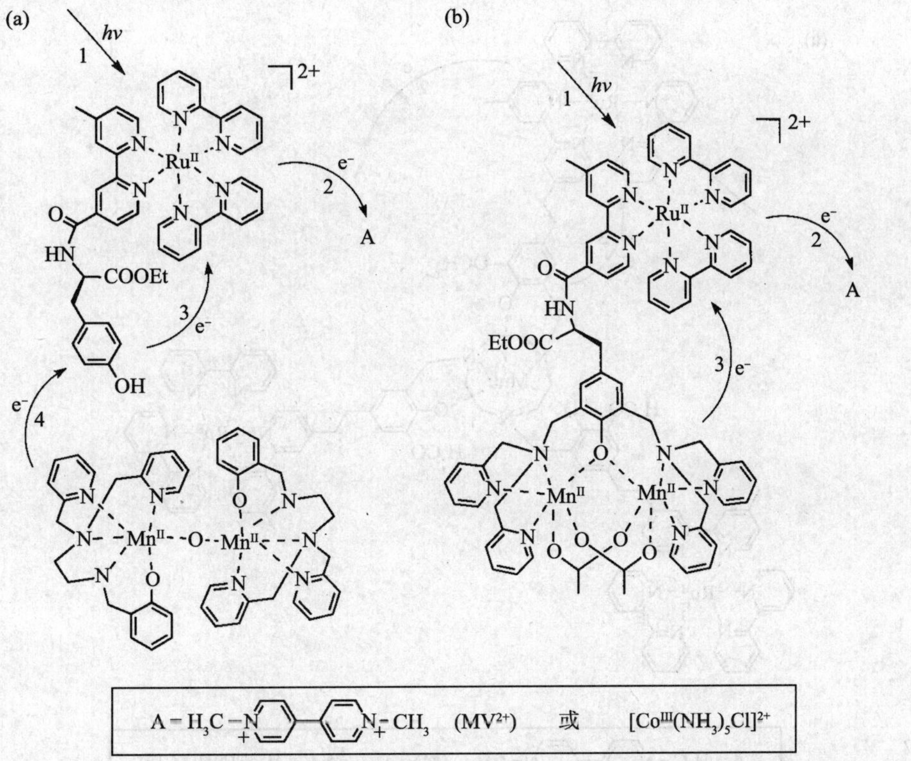

图 7.15 模型系统 PSII 中心的系统模型：双核 Mn(Ⅱ) 络合物的
(a) 分子间及 (b) 分子内的光化学氧化过程

对图 7.15 及图 7.16 中化合物的研究表明，氧化物并不是激发态的 $[Ru(bpy)_3]^{2+}$（相对于氢标准电极，$[Ru(bpy)_3]^{2+}/[Ru(bpy)_3]^{+}=+0.84$ V）这一个相对较弱的氧化基团，而通过激发态 $[Ru(bpy)_3]^{2+}$ 单元与电子受体（MV^{2+}）或者是 $[Co(NH_3)_5Cl]^{2+}$ 发生双分子反应而生成的 $[Ru(bpy)_3]^{3+}$（相对于氢标准电极，$[Ru(bpy)_3]^{3+}/[Ru(bpy)_3]^{2+}=+1.26$ V）才是真正的氧化基团。在图 7.15 (a) 的例子中[72,73]，首先发生的是分子内光致电荷转移过程，随后才是酪氨酸到 $[Ru(bpy)_3]^{3+}$ 的电子转移过程，该电子转移过程产生了酪氨酸自由基（可以通过 EPR 实验证明）从而将双核 Mn 络合物氧化。而在图 7.15 (b) 中[73]，双核的 Mn 络合物与 Ru(Ⅱ) 络合物相连，在闪光光解实验中，Ru(Ⅱ) 络合物的激发态通过分子内电子转移将电子转移到（MV^{2+}）或者是 $[Co(NH_3)_5Cl]^{2+}$（步骤 2）而猝灭，而获得的 Ru(Ⅲ) 络合物分子内的快速电荷转移过程（$k>1\times10^{7}\,s^{-1}$）通过将 Mn 络合物氧化为 Mn(Ⅱ)-Mn(Ⅲ) 态，同时自身被还原。图 7.16 (a) 所示的是由三个 $[Ru(bpy)_3]^{2+}$ 单元连接到一个

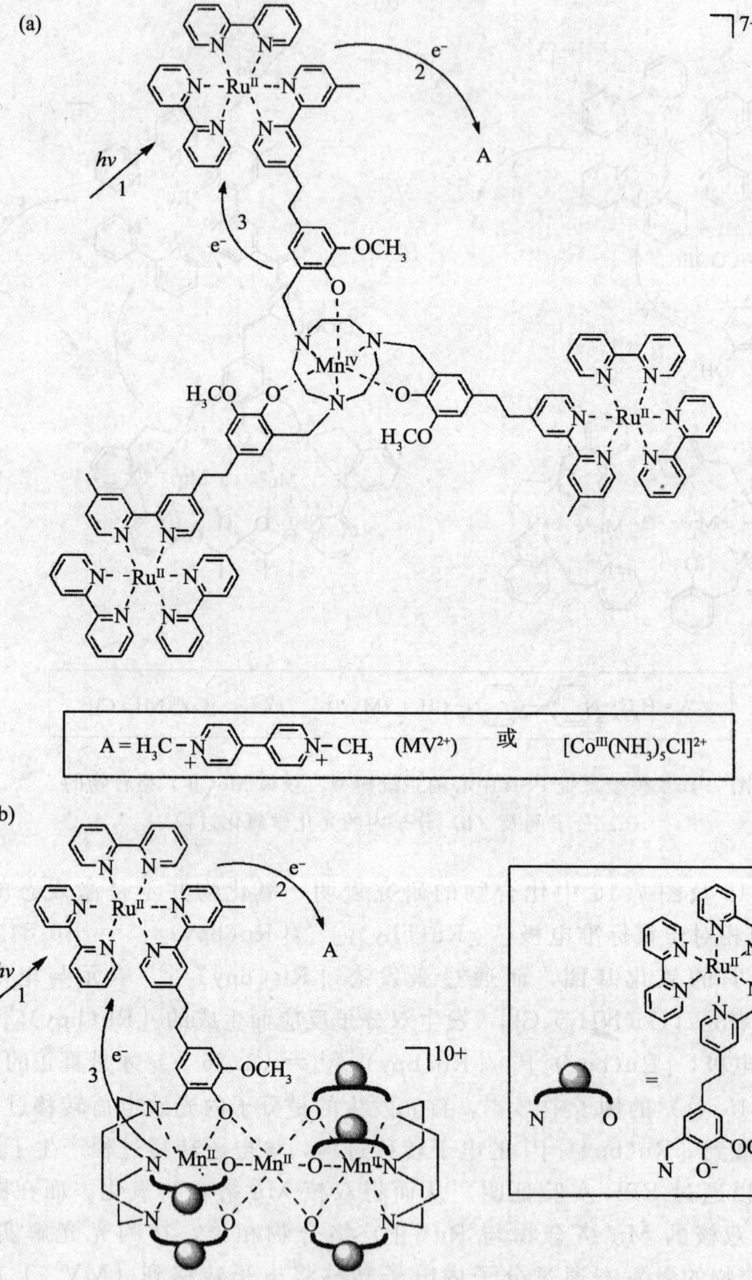

图 7.16 PSII 中心的模型系统：(a) 苯酚配体的分子内光化学氧化和 (b) Mn(Ⅱ) 的三核络合物[76]

Mn(Ⅳ)组成的络合物，其中的Mn与富电子的苯酚配位[76]。在（MV^{2+}）或者是［$Co(NH_3)_5Cl$］$^{2+}$存在下，光激发时首先生成［$Ru(bpy)_3$］$^{3+}$单元，然后发生了由苯酚配体到Ru络合物的氧化态之间的分子内电子转移（$k \geqslant 5\times10^7 s^{-1}$），同时生成苯氧基激发态络合物。而图7.16（b）所示的体系是［$Ru(bpy)_3$］$^{3+}$单元连接到三核Mn(Ⅲ）的络合物，在光化学还原过程中，使［$Ru(bpy)_3$］$^{3+}$得以还原的电子来源不是苯酚盐而是Mn(Ⅱ)[76]。

此外，也提出了其他一些用于光合成体系Ⅱ的氧气释放过程络合物的结构模型[79]，对其反应的机理也都进行了探索研究[80]。

7.3.5.3 其他体系

光致水裂解的其他研究也取得了一定的进展。目前已经可以通过铑络合物LRh^0-Rh^0L照射氢卤酸溶液（HX）而获得氢气，同时产生Rh的两种价态$LRh^0-Rh^{Ⅱ}X_2$的混合物。通过卤素的诱导作用，$LRh^0-Rh^{Ⅱ}X_2$在光照时转换为等量的不饱和LRh^0-Rh^0L，从而实现不使用其他任何电子调节而完成H_2产生的光循环过程[81]，光反应中的具体的动力学原理及所有的中间体化合物都进行了研究[82]。

双核的Ru－Ir[83]，Ru－Rh[84]及Ru－Pt[85]经历的是光化学双电子还原过程，光照时，以［$Ru(phen)_2$］$^{2+}$（phen＝1，10-邻菲罗啉）为中心的双核络合物可以被桥梁配体的四个电子可逆地还原[86]。一些树枝状聚合物能够储存等量的氧化还原物质[87]，在某些情况下，还原过程可以通过光激发完成[88]。

单晶TiO_2电极开创了半导体液体界面的体系的先河[89,90]，这一体系最大的难题在于半导体的稳定性及它们的带隙能否小到能够吸收可见光的程度[55]。另外，这一过程可以通过染料进行敏化[92]。

7.3.6 组装方案

7.3.6.1 概述

一个有效的人工光合成体系必须满足另外一个要求——氧化还原产物应当在体系内不同的位置产生，以防不可避免地产生逆反应而造成能源浪费和积压。因此，在自然生态系统中，需要有能将反应过程中的氧化和还原部分分离的膜（图7.7)。反过来讲，在分子中的电荷分离的设计策略中，应当特别考虑需要这种膜。在7.4节，我们将会看到，人工合成的三元体已经成功地插入到双层油脂膜当中。

7.3.6.2 自组装

当用于光捕集的天线与（或）电荷分离的物系具有特定的形状、大小，并能够提供氢键或者$\pi-\pi$相互作用时，它们就能进行自组装[93~95]。例如，化合物**8**

(图 7.17) 是由周边的四个苝酰亚胺单元 (PDI_p) 连接到一个苝酰亚胺中心单元上面，在水溶液中它能够自组装成为堆叠二聚体 ($\mathbf{8}$)$_2$[94]。飞秒瞬态吸收光谱表明，从 (PDI_p) 到 (PDI_c) 的能量传递过程在 21 ps 内完成，激发态$^{1*}(PDI_c)_2$对称地定量分裂为 $PDI_c^{+}-PDI_c^{-}$，电荷分离时间为 7 ps。离子对重组的时间为 420 ps。电子转移过程只会发生在二聚体体系中，而不会发生在解离的单体中，因此，二聚体体系在光合作用中可以用于模拟天线和特殊的配对功能。由给电子锌卟啉和受电子富勒烯阵列组成的光敏层是由连接有富勒烯的双吡啶化合物 (BFn，$n=1\sim3$) 的多卟啉单元 (DP_m，$m=6$，12，24) 的树枝状聚合物构成的[96]。在这种 DPm⊃BFn 体系中锌卟啉单元的光激发态导致了向富勒烯的电子转移。电荷分离速率常数 ($10^9\sim10^{10}\ s^{-1}$) 随着 m 和 n 的增加而增加。而电荷重新结合的过程在各种情况下都很缓慢 (约 $5\times10^6\ s^{-1}$)。

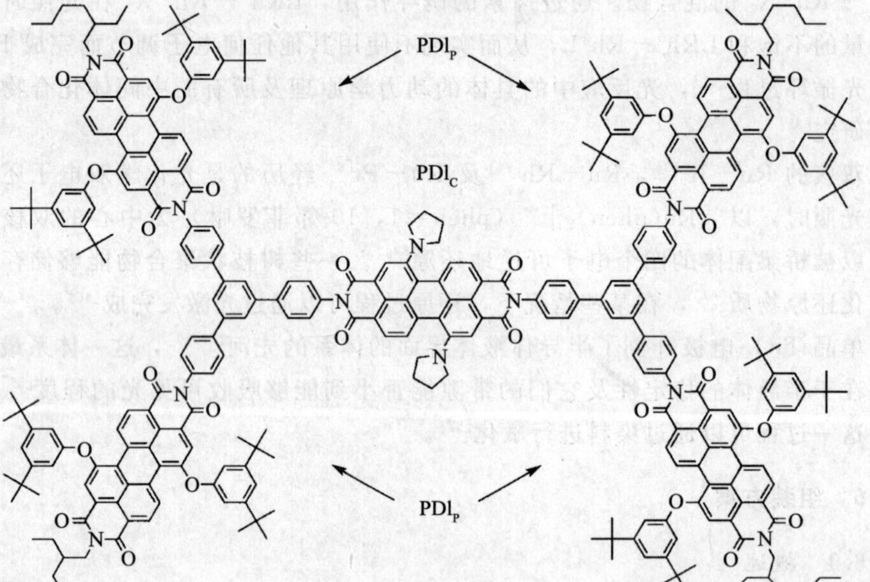

8

图 7.17　化合物 **8** 的分子结构式，详见文献 [94]

含有香豆素-2 和香豆素-343 的混合物已经在硅晶片上实现了自组装[97]。这两种染料与 6.3.3 节中应用于光收集的树枝状聚合物功能化的染料相类似。单纯的香豆素-2 和包含两个及四个香豆素-2 给体单元的树枝状结构都曾被采用过。正如预期的那样，从激发态香豆素-2 到香豆素-343 的能量转移效率取决于混合物的组成及能量给体的分支的性质。

制备在金表面的混合自组装单分子膜 (SAMs) 可用于研究光吸收和光电流

产生的过程[98]。芘或者硼-邻联吡啶可以作为采光基团，卟啉作为受体。当给体：受体＝7：3时，能量转移效率为100％。包含有硼-联吡啶能量给体和二茂铁-卟啉-富勒烯（Fc—P—C_{60}）三元体的SAM体系中先发生由硼-联吡啶到卟啉的能量转移，然后是由富勒烯到氧化了的卟啉的能量转移过程，同时生成Fc^{+}—P—C_{60}^{-}的电荷分离态。当有电子载体如MV^{2+}存在时，还原态的富勒烯会通过双分子过程再次氧化，生成的富勒烯盐离子从金电极得到一个电子而产生电流，这种光电转换效率为1％～2％[99]。

刚性的辛基酚棒状体用来生成蓝光的四聚体π体系，红色荧光的萘二酰亚胺则能够跨越双分子脂膜[100]。以苯醌作为电子受体，并以包围在其周围的乙二胺四乙酸为空穴受体的脂质泡的多层离域的π体系能接受外界电子给体提供的电子，并将电子转移给小泡内的苯醌，并将其还原为对苯二酚。若将体系中添加一个富电子的二烷氧基苯衍生物，萘二酰亚胺序列将转换为一个空的不具有光活性的共组装体系。在这种情况下，将不再发生电子传输作用，而支架也转换为离子通道。

7.3.6.3 双层膜

目前，已经合成了由两个两亲分子组成的双分子膜[101]。一个两亲分子含一个*N*-乙基咔唑基（记作A）的光吸收单元，另一个两亲分子则将能量受体蒽基（记作B）连接到作为电子受体的紫精基团（记作C）上。A受光激发后，然后能量在A基团中发生能量转移，最终将能量以70％的效率不可逆地转移到B基团上，激发后的B基团以95％的效率将电子转移到其附加的紫晶基团上。

7.4 掺杂体系

7.4.1 掺杂的光合反应中心

将载有$[Ru(bpy)_3]^{2+}$基团的冠醚连接到索烃上而形成的环二（百枯草-p-亚苯基）单元（$CBPQT^{4+}$）作为人工光合反应中心的$\mathbf{9}^{6+}$已经通过辅助重建作用应用于蛋白质表面（图7.18）[102,103]。含有$\mathbf{9}^{6+}$的脱辅基红蛋白（Mb）的重建合成了以Mb为中心的$Mb(Fe^{III}OH_2)$—$[Ru(bpy)_3]^{2+}$—$CNPQT^{4+}$三元体，在这个体系的水溶液中，$[Ru(bpy)_3]^{2+}$的激发态引发由Ru络合物到电子给体单元的$CBPQT^{4+}$光致电荷转移过程。随后发生了质子耦合的电子转移过程，并产生了卟啉阳离子自由基及还原态的紫精自由基$Mb(Fe^{IV}=O)$—$[Ru(bpy)_3]^{2+}$—$CBPQT^{3+}$，这个过程中的量子产率为0.005。相对于自然光合过程，这种化合物的自由基能量比基态高1 eV，其寿命＞2 ms。在类似的化合物Mb(Zn)—[Ru

$(bpy)_3]^{2+}$—$CBPQT^{4+}$中，可以得到电荷分离态的Mb(Zn^+)—[$Ru(bpy)_3]^{2+}$—$CBPQT^{3+}$，它具有相同的自由基能量和较高的量子产率（0.08），但是其再结合的速率很快（10^2～10^3 倍）。质子参与了电子转移过程，$\mathbf{9}^{6+}$ 的衍生物具有较高的寿命。

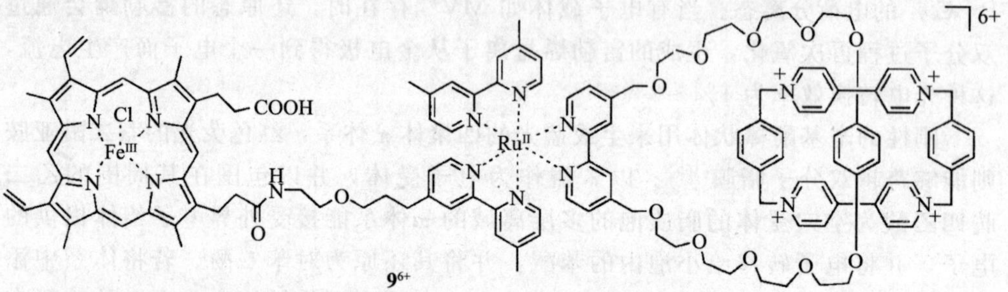

$\mathbf{9}^{6+}$

图 7.18　化合物 $\mathbf{9}^{6+}$ 的分子结构式[102]

7.4.2　光向质子驱动力的转换

尽管通过人工系统将光能转换为化学能似乎是一个遥不可及的目标，目前已经合成了用光能得到质子驱动力，然后用于 ATP 的天然-人工掺杂体系[104-106]。通过将人工合成的三元体的光致电子转移过程与质子穿透膜的过程结合起来即可实现上述结果。

如图 7.19 所示[104]，由可以吸收光能的四芳基卟啉（P）通过共价键结合到苯醌受体（Q）及类胡萝卜素给体（C）上的三元体分子 **1**（图 7.8）就是脂质体

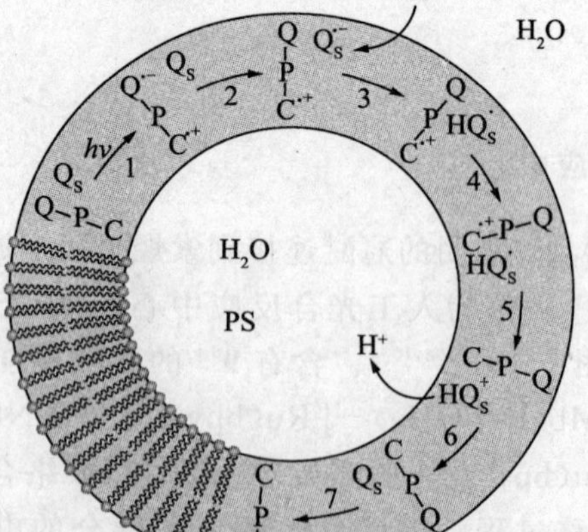

图 7.19　脂质体为中心的质子泵的光诱导电荷分离过程示意图[104]（PS=吡喃三磺酸盐）

双分子层的一部分。当该分子在不同体系激发时，它通过光致电子转移过程从卟啉的单线态得到电荷分离态中间体 $C-P^+-Q^-$，其量子产率约为 1。随后发生由类胡萝卜素到卟啉的激发态阳离子的电子转移与电荷再结合过程的竞争，并得到 C^+-P-Q^- 的电荷分离态，其量子产率为 0.15。脂质体是由含有脂溶性的 2，5-二苯基苯醌（Q_S）及吡喃三磺酸盐（PS）及通过荧光来指示溶液 pH 的水溶性染料制备而得的。

矢量电子及质子转移过程要求三元体不对称地插入脂质体双层膜。这是由于苯醌附近的羧酸负电荷固定在脂质体表面外侧，而亲脂性的类胡萝卜素则会延伸到双层结构的油性部分。类胡萝卜素自由基阳离子的瞬态吸收光谱显示，脂质体上 **1** 中的卟啉的激发态在 5 ns 的 930 nm 激光脉冲下会产生 C^+-P-Q^-。这种物质的产率约为 0.1，当没有 Q_S 存在时，其寿命约为 110 ns，当脂质体上有 Q_S 存在时，其寿命减弱到 60 ns。后者染料 Q_S 的存在表明光的激发加快了质子向脂质体的水相转移的过程，这可以用图 7.19 所示的 Q_S 的穿梭机理进行解释。第一步包含了激发态及两步电荷分离过程，第二步中，根据热力学原理，接近于外部水相中的 Q_S 接受来自 C^+-P-Q^- 的一个电子，第三步中，根据 Q_S 的 pK_a 值，Q_S^- 接受水相中的质子。形成的单蒽醌穿过双分子膜（第四步）并被类胡萝卜素基态阳离子所氧化（第五步）。第六步中，质子化的醌释放一个质子，其释放的速度与它的 pK_a 值相关，然后 Q_S 重新返回到双分子层的内侧（第七步），从而生成了脂质体内外两侧的 pH 值差异。照射第一分钟内，质子转移的量子产率约为 0.004，增加离子载体如缬氨霉素从而释放膜的电位可以提高该体系的效率。

在这个体系中，光能首先被转化为膜的氧化还原电位，然后转换为质子动力，也就是说，该体系是通过化学循环机制来实现电动势的生物模拟。和自然界一样，它不需要额外的电子给体或受体，氧化还原电位仍仅取决于膜本身。

7.4.3 三磷酸腺苷（ATP）的光驱动产生

理论上说，以上所述的以由光产生的质子驱动力的过程可以应用于实际生产当中。这一结果已经由图 7.20 所描述的系统得以实现[105]。F_0F_1-ATP 合酶（ATP＝三磷酸腺苷）和能够渗透到外侧水溶液中的 ATP 的合成部分一起，已经应用于含有质子驱动的脂质体的光循环过程中，如第 15 章所述，F_0F_1-ATP 合酶是以质子变化为动力的分子级别的旋转马达，并能将二磷酸腺苷（ADP）和无机磷酸盐（Pi）合成三磷酸腺苷。图 7.20 中，在可见光的照射下，脂质膜会产生电荷分离态，并导致前面所述的电荷的质子转移过程，并产生质子推动力。当质子推动力堆积到一定程度时，质子流过 F_0F_1-ATP 合酶，并将 ADP 和

Pi 制成了 ATP。对这个系统的虫荧光素-荧光素酶检测的分析结果表明，合成的 ATP 的化学势能约为 12 kcal · mol^{-1}，且其量子产率大于 7%。每吸收 14 个 633 nm的光子就能合成一个 ATP 分子，观测表明初始能量的高达 4%的能量能被系统所储存。这个光循环体系能以每个 F_0F_1-ATP 合酶每秒钟合成 7 个 ATP 的效率运转几小时以上。这个数据与噬菌调理素/ATP 合酶结构所观察到的数据很接近[107]。

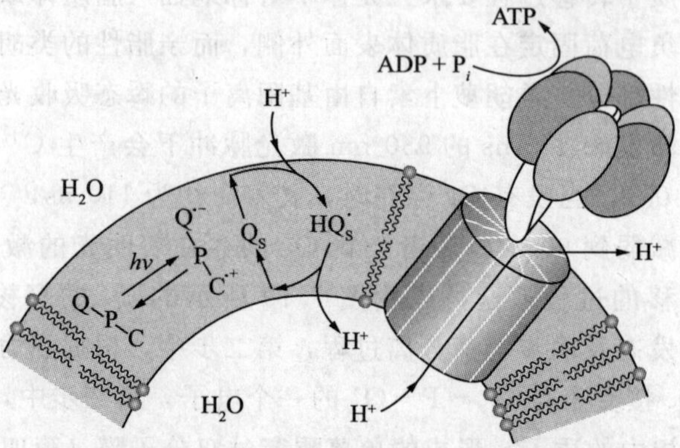

图 7.20　以光为驱动力制备 ATP 的[105]

这是第一个用由光致电子转移导致的 ADP - ATP 转换时所产生的化学电动势从而模拟细菌光合成的首个完整的仿生系统。如 15 章所述，它有一个人工合成的生物马达，理论上说它可以用于驱动任何需要质子梯度的物质或者 ATP 的工作，如：或者驱动钙离子穿透双脂层膜[108]甚至纳米机器。

7.5　通过光电化学电池将光能转换为电能

通过光伏电池或者光电化学电池可以将太阳能直接转换为电能[90]。目前只有无机半导体材料的光伏电池应用于市场。

太阳能发电可以有效地应用于发达及发展中国家[1]。到 2005 年，发展中国家中有多达 200 万户已经使用家用太阳能系统获取电能。对这个领域发展的必要性及市场规模的调查研究结果估计，世界范围内有 3.5 亿户并没有进入到中央动力系统。

分散发电系统的蔓延使目前建立一个广泛而昂贵的输电网络越来越没有必要，正如移动通信网络一样，在世界的一些发展中地区，需要跳蛙式的修建一些电力网，在发达国家，增加这么多的电力网连接的光伏系统并不能满足需求。目前，欧盟成员国已经对太阳能发电的潜力进行了细致的研究[109]。

光伏电池不是分子或超分子体系工作的，因此不予讨论。光电化学太阳能电池则涉及分子。该电池以其开发者瑞士科学家 Grätzel 的名字命名为 Grätzel 电池[110]。光电化学电池使用具有宽的半导能带的染料作为敏化剂，并使用可见光为光能。尽管半导体染料敏化剂的原理已经提出很长的一段时间了[111]，但是这种转换光能的技术的实用价值在具有高表面积的纳米晶半导体电极被开发出来以后才开始引起人们的注意[112-114]。

染料敏化太阳能电池的工作原理如图 7.21 所示[115]，该系统是由一个光敏剂（P）以某种方式连接到半导体表面（通常是通过—COOH，—PO_3H_2 或—$B(OH)_2$官能团），含氧化还原介质的溶液（R）及一个金属对电极组成。敏化剂首先吸收光能而激发，在皮秒或飞秒的时间内将一个电子注入到导体的导带中[116]（图 7.21（a）中的第一步）。氧化了的敏化剂被氧化还原介质还原（第 2 步），然后扩散到另一个电极导电玻璃上进行电荷交换（第 3 步）。最终，在开路条件下，两个电极之间产生光电压，当关闭电路且加上一定的负载后，会产生相应的电流。已经由很多光敏化剂应用到这个体系中，其中效率最高的是含有两个 NCS^- 和两个取代 bpy 配体的 Ru(Ⅱ）络合物，它能够在可见光下有很强的吸收峰。具有不同黏度和氧化还原介质的溶剂应用于该体系中，其中最常用的是 I_3^-/I^- 的乙腈溶液，目前整体转换效率最高为 11%[90]。Zn-卟啉被证明是最具有应用前途的敏化剂[118]。

乍一看，这种电池似乎和 7.2 节讨论的光合成体系不同，但进一步观察就会

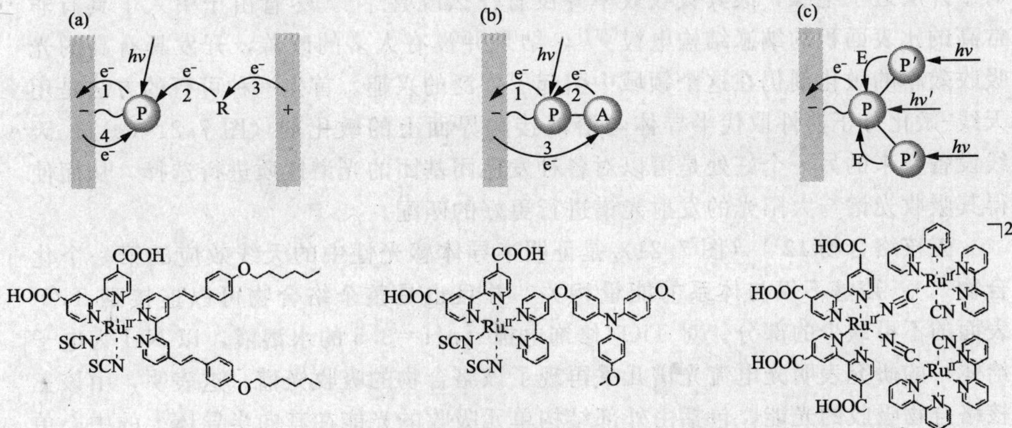

10　　11　　12^{2+}

图 7.21 (a)（n-型）半导体光敏电池的工作原理：P 是连接在半导体电极上的敏化剂，R 是电子的中转分子[115]。(b) 有一对敏化剂的半导体电池[124]。(c) 有天线系统的半导体光敏电池[131]。其中化合物 **10**[117]，**11**[128]，**12**[131] 分别是光敏剂，光敏对，天线系统的例子

发现，它们其实很相似，只是它是基于光诱导电荷分离的体系。从这个角度看，这个体系可以看作是一种“伪三元体”的异构体，在这个体系中，半导体表面作为首要受体，而传递层则作为中间给体。和其他三元体体系一样，电荷分离与能量传递的效率主要取决于各种不同的传递和电荷重组的动力学竞争。它和光合成系统的主要区别在于电荷分离态的氧化还原电势能并不是存储于反应产物中，而是直接用于产生光电流[119]。此外，目前已经合成混合光电化学生物燃料电池[120]。

对其进行进一步的对比分析可以发现使用一些光合成方法能够提高光电化学电池的效率[121-123]。在这个体系中，一些过程会对光电化学电池产生“短路”。在这些损耗中最重要的氧化态敏化剂的空穴与注入电子的重组过程（图 7.21 (a)，第 4 步)。由于这一过程是热力学允许的，因而只能通过提高其他有利反应的动力学因素来避免它的发生。用图 7.21（b）当中的异三元体体系在远空间位点产生空穴可以避免这一不利的电荷重组过程。为了使这一方案生效，必须解决一些基本的问题[124]（详见 4.5 节及图 5.9)。Meyer 等对连接吩噻嗪的 $[Ru(bpy_3)]^{2+}$ 络合物[125]、Ru(Ⅱ) 及 Os(Ⅱ) 寡糖嘧啶化合物[126]，Ru(Ⅱ)-Ru(Ⅲ) 染色体[127]及含有一个[128]或两个[129]三苯胺单元的 Ru 络合物染料修饰的 TiO_2 电极进行了一系列实验。

在这些体系中，天线效应也可以得到很好的应用。用简单的分子敏化剂进行单层修饰的半导体电极的光吸收效率很低，而对它进行多层修饰时，由于内层相对于外层近乎绝缘，故其吸收效率并没有什么改善[130]。尽管由于引入了具有非常高的比表面积的纳米结构电极[113]，结果并没有太多的改善，开发具有高的光吸收效率的敏化剂仍在这个领域中引起了广泛的兴趣。首先一种可行的方法是用天线-敏化分子器件取代半导体与溶液接触界面上的敏化剂（图 7.21（c))。天线设备带来的另一个好处是可以对各种发色团基团的光谱性质进行选择，从而使得其吸收光谱与太阳光的发射光谱进行更好的匹配。

三核络合物 $\mathbf{12}^{2+}$（图 7.21）是证明半导体感光性中的天线效应的第一个化合物[131]。羧基不仅与体系的能量相关，并且也是整个络合物可以连接到 TiO_2 表面的不可缺少的部分。对 TiO_2 修饰电极（pH=3.5 的水溶液，以 NaI 为电子给体）的研究表明光电流光谱几乎再现了该络合物的吸收光谱。这表明，由该三核络合物吸收的光能，包括由外部结构单元吸收的光能在其向半导体上的中心单元能量转移后，都用作电子注射过程。将三核络合物应用到具有高比表面的纳米晶 TiO_2 薄膜上能得到很高的光电转换效率（～7%）。其他相关络合物也能得到类似的转换率[132]。可垂直堆积于 TiO_2 表面的一维体系（与不同的天线单元串联工作，而不是并联工作）是增加表面上荧光团组分的比例的很好的方法。此外，含有富勒烯的卟啉超分子阵列也已应用于该体系[133]。

参考文献

1 Armaroli, N. and Balzani, V. (2007) *Angewandte Chemie-International Edition*, **46**, 52.

2 Simmons, M.R. (2005) *Twilight in the Desert*, John Wiley & Sons, Inc., Hoboken, NJ.

3 Olah, G.O. Goepert, A. and Prakash, G.K.S. (2006) *Beyond Oil and Gas: The Methanol Economy*, Wiley-VCH Verlag GmbH, Weinheim.

4 *Science*, (2007) Special section on Sustainability and Energy. **315**, 781–813.

5 Tertzakian, P. (2006) *A Thousand Barrels a Second*, McGraw-Hill, New York.

6 Service, R.F. (2005) *Science*, **309**, 548.

7 Other important related questions will be discussed in Chapter 17.

8 This fundamental issue of scientific research has been beautifully expressed in poetical sentences by Wilhelm Ostwald: "Die Rolle des fallenden Wasser aber wird bei der Maschine des Lebens von den Sonnenstralen übernommen; ohne die Sonnenstralen kann das rad des Lebens nicht im Gang erhalten werden und wir werden noch genauer erforschen müssen, auf welchen Verhältnissen und Naturgesezen diese merkwürdige Umwandlung der Sonnenstralen in Nahrungsmittel und Wärme beruht". W. Ostwald, *Die Muehle des Lebens*, Thomas, Leipzig 1911. This book has not been translated in English. The English translation of the sentence was kindly supplied by Prof. Horst Hennig (Leipzig) who first quoted it [H. Hennig, R. Billing, H. Knoll, in *Photosensitization and Photocatalysis* (eds K. Kalyanasundaram and M. Grätzel), Kluwer, Dordrecht, 1993]: "Life is a water mill: the effect produced by the falling water is achieved by the rays of the sun. Without the sun the wheel of life cannot be kept going. But we have to investigate more closely which circumstances and laws of Nature bring about this remarkable transformation of the sunrays into food and warmth."

9 *Inorganic Chemistry*, (2005) Special issue on Forum on Solar and Renewable Energy, **44**, 20.

10 Ciamician, G.*Science*, (1912) ,**36**, 385. This paper has been published in four languages (English, German, French, and Italian). Giacomo Ciamician, one of the most important pioneers of photochemistry, was Professor of Chemistry at the University of Bologna, where the Chemistry Department is now named in his honor. For more information on G. Ciamician, see, for example, N.D. Heindel, M. Pfau, *Journal of Chemical Education*, 1965, **42**, 383.

11 See, for example, Hautala, R.R., King, R.B. and Kutal, C. (eds) (1979) *Solar Energy: Chemical Conversion and Storage*, Humana Press, Clifton.

12 Blankenship, R.E. (2002) *Molecular Mechanisms of Photosynthesis*, Blackwell Science, Oxford.

13 Moser C.C., Page C.C. and Dutton P.L. (2001) *Electron Transfer in Chemistry*, vol. 3 (ed.V. Balzani), Wiley-VCH Verlag GmbH, Weinheim, p.25.

14 Ritz, T., Damjanovic, A. and Schulten, K. (2002) *ChemPhysChem*, **3**, 243.

15 Zinth, W. and Wachtveitl, J. (2005) *ChemPhysChem*, **6**, 871.

16 Ort, D.R. and Yocum, C.F. (eds) (1996) *Oxygenic Photosynthesis: The Light Reactions*, Kluwer, Dordrecht,

17 Rhee, K.-H., Morris, E.P., Barber, J. and Kühlbrandt, W. (1998) *Nature*, **396**, 283.

18 Krauss, N. (2003) *Current Opinion in Chemical Biology*, **7**, 540.

19 (a)Deisenhofer, J., Epp, O., Miki, K., Huber, R. and Michel, H. (1985) *Nature*, **318**, 618. (b) Deisenhofer, J. and Michel, H. (1989) *Angewandte Chemie-International Edition in English*, **28**, 829.

(c) Huber, R. (1989) *Angewandte Chemie-International Edition in English*, **28**, 848.

20 Allen, J.P., Feher, G., Yeates, T.O., Komiya, H. and Rees, D.C. (1987) *Proceedings of the National Academy of Sciences of the United States of America*, **84**, 5730.

21 Norris, J.R. and Schiffer, M. (1990) *Chemical and Engineering News*, **68**, 22.

22 Balzani, V. and Scandola, F. (1991) *Supramolecular Photochemistry*, Horwood, Chichester, Chapter 5, and references therein.

23 Of the two structurally equivalent branches, usually called A and B, only one (A branch) is used for electron transfer; see, for example,Katilius, E. Katiliene, Z. Lin, S., Taguchi, A.K.W. and Woodbury, N.W. (2002) *Journal of Physical Chemistry. B*, **106**, 1471.

24 (a)Marcus, R.A. (1987) *Chemical Physics Letters*, **133**, 471. (b) Bixon, M., Jortner, J., Michel-Beyerle, M.E., Ogrodnik, A. and Lersch, W. (1987) *Chemical Physics Letters* **140**, 626. (c) Fleming, G.R., Martin, J.L. and Breton, J. (1988) *Nature*, **333**, 190. (d) Holzapfel, W., Finkele, U., Kaiser, W., Oesterhelt, D., Scheer, H., Stilz, H.U. and Zinth, W. (1988) *Chemical Physics Letters*, **160**, 1.

25 For a detailed discussion, see Ref. [13].

26 Dutton P.L. Leigh J.S. Prince R.C. and Tiede D.M. (1979) *Tunneling in Biological Systems*, (eds B. Chance, D.C. DeVault, H. Frauenfelder, R.A. Marcus, J.R. Schrieffer and N. Sutin), Academic Press, New York, p.319.

27 Moser, C.C., Sension, R.J., Szarka, A.Z., Repinec, S.T., Hochstrasser, R.M. and Dutton, P.L. (1995) *Chemical Physics*, **197**, 343.

28 Dinner B.A. and Babcock G.T. (1996) *Oxygenic Photosynthesis: The Light Reactions*, (eds D.R. Ort and C.F. Yocum), Kluwer, Dordrecht, p. 213.

29 Danielsson. R., Suorsa, M., Paakkarinen, V., Albertsson, P.-Å., Styring, S., Aro, E.-M. and Mamedov, F. (2006) *Journal of Biological Chemistry*, **281**, 14241.

30 Mamedov, F., Sayre, R.T. and Styring, S. (1998) *Biochemistry*, **37**, 14245.

31 Meyer, T.J., Huynh, M.H.V. and Thorp, H.H. (2007) *Angewandte Chemie-International Edition*, **46**, 5284.

32 Ferreira, K.N., Iverson, T.M., Maghlaoui, K., Barber, J. and Iwata, S. (2004) *Science*, **303**, 1831.

33 Loll, B., Kern, J., Saenger, W., Zouni, A. and Biesiadka, J. (2005) *Nature*, **438**, 1040.

34 Yano, J., Kern, J., Irrgang, K.-D., Latimer, M.J., Bergmann, U., Glatzel, P., Pushkar, Y., Biesiadka, J., Loll, B., Sauer, K., Messinger, J., Zouni, A. and Yachandra, V.K. (2005) *Proceedings of the National Academy of Sciences of the United States of America*, **102**, 12047.

35 Yano, J., Kern, J., Sauer, K., Latimer, M.J., Pushkar, Y., Biesiadka, J., Loll, B., Saenger, W., Messinger, J., Zouni, A. and Yachandra, V.K. (2006) *Science*, **314**, 821.

36 Tommos, C. and Babcock, G.T. (1998) *Accounts of Chemical Research*, **31**, 18.

37 Balzani, V., Moggi, L., Manfrin, M.F., Bolletta, F. and Gleria, M. (1975) *Science*, **189**, 852.

38 Connolly, J.S. (ed.) (1981) *Photochemical Conversion and Storage of Solar Energy*, Academic Press, New York.

39 Grätzel, M. (ed.) (1983) *Energy Resources Through Photochemistry and Catalysis*, Academic Press, New York.

40 Meyer, T.J. (1989) *Accounts of Chemical Research*, **22**, 163.

41 Serpone, N. and Pelizzetti, E. (eds) (1989) *Photocatalysis: Fundamentals and Applications*, John Wiley & Sons, Inc., New York.

42 Willner, I. and Willner, B. (1991) *Topics in Current Chemistry*, **159**, 153.

43 Bard, A.J. and Fox, M.A. (1995) *Accounts of Chemical Research*, **28**, 141.

44 Balzani, V., Credi, A. and Venturi, M. (1997) *Current Opinion in Chemical Biology*, **1**, 506.

45 Collings, A. and Critchley, C. (eds) (2005) *Artificial Photosynthesis*, Wiley-VCH Verlag GmbH, Weinheim.
46 Eisenberg, R. and Nocera, D.G. (2006) *Inorganic Chemistry*, **45**, 6799.
47 Kamat, P.V. (2007) *Journal of Physical Chemistry C*, **111**, 2834.
48 For recent studies concerning the catalytic reduction of CO_2 see, for example, Ogo, S., Kabe, R., Hayashi, H., Harada, R. and Fukuzumi, S. (2006) *Journal of Chemical Society Dalton Transactions*, 4657.
49 (a) Coontz, R. and Hanson, B. (2004) *Science*, **305**, 957. (b) Chalk, S.G., Romm, J. and Jacoby, M. (2005) *Chemical and Engineering News*, **83** (34), 30.
50 Akimoto, H. (2003) *Science*, **302**, 1716.
51 Balzani V. and Scandola F. (1996) *Comprehensive Supramolecular Chemistry*, vol. 10 (eds J.L. Atwood J.E.D. Davies D. D. MacNicol and F. Vögtle), Pergamon, Oxford, p. 687.
52 Rüttinger, W. and Dismukes, G.C. (1997) *Chemical Reviews*, **97**, 1.
53 (a)Limburg, J., Vrettos, J.S., Liable-Sands, J.M., Rheingold, A.L., Crabtree, R.H. and Brudvig, G.W. (1999) *Science*, **283**, 1524. (b) Astruc, D. (2003) *Pure and Applied Chemistry*, **75**, 461. (c) Chen, H., Tagore, R., Das, S., Incarvito, C., Faller, J.W., Crabtree, R.H. and Brudvig, G.W. (2005) *Inorganic Chemistry*, **44**, 7661. (d) Chen, H., Collomb, M.-N., Blondin, G., Rivière, E., Faller, J.W., Crabtree, R.H. and Brudvig, G.W. (2005) *Inorganic Chemistry*, **44**, 9567. (e) Das, S., Incarvito, C., Crabtree, R.H. and Brudvig, G.W. (2006) *Science*, **312**, 1941.
54 See, for example, Maeda, K., Takata, T., Hara, M., Saito, N., Inoue, Y., Kobayashi, H. and Domen, K. (2005) *Journal of the American Chemical Society*, **127**, 8286.
55 See, for example, Maeda, K., Teramura, K., Lu, D., Takata, T., Saito, N., Inoue, Y. and Domen, K. (2006) *Nature*, **440**, 295.
56 Gust, D. and Moore, T.A. (1989) *Science*, **244**, 35.
57 Gust, D., Moore, T.A. and Moore, A. (1993) *Accounts of Chemical Research*, **26**, 198.
58 Gust, D., Moore, T.A., Moore, A.L., Macpherson, A.N., Lopez, A., DeGraziano, J.M., Gouni, I., Bittersmann, E., Seely, G.R., Gao, F., Nieman, R.A., Ma, X.C., Demanche, L. J., Hung, S.-C., Luttrull, D.K., Lee, S.-J. and Kerrigan, P.K. (1993) *Journal of the American Chemical Society*, **115**, 11141.
59 (a) Kobori, Y., Yamauchi, S., Akiyama, K., Tero-Kubota, S., Imahori, H., Fukuzumi, S. and Norris, J.R., Jr (2005) *Proceedings of the National Academy of Sciences of the United States of America*, **102**, 10017. (b) For the electron-transfer chemistry of fullerene, see Fukuzumi, S. and Guldi, D.M. (2001) *Electron Transfer in Chemistry*, vol. 2 (ed. V. Balzani), Wiley-VCH Verlag GmbH, Weinheim, p. 270.
60 Nakano, A., Osuka, A., Yamazaki, T., Nishimura, I., Akimoto, S., Yamazaki, I., Itaya, A., Murakami, M. and Miyasaka, H. (2001) *Chemistry – A European Journal*, **7**, 3134.
61 Kuciauskas, D., Liddell, P.A., Lin, S., Johnson, T.E., Weghorn, S.J., Lindsey, J. S., Moore, A.L., Moore, T.A. and Gust, D. (1999) *Journal of the American Chemical Society*, **121**, 8604.
62 Kodis, G., Liddell, P.A., de la Garza, L., Clausen, P.C., Lindsey, J.S., Moore, A. L., Moore, T.A. and Gust, D. (2002) *Journal of Physical Chemistry. A*, **106**, 2036.
63 Terazono, Y., Liddell, P.A., Garg, V., Kodis, G., Brune, A., Hambourger, M., Moore, A.L., Moore, T.A. and Gust, D. (2005) *Journal of Porphyrins and Phthalocyanines*, **9**, 706.
64 Kodis, G., Terazono, Y., Liddell, P.A., Andrèasson, J., Garg, V., Hambourger, M., Moore, T.A., Moore, A.L. and Gust, D. (2006) *Journal of the American Chemical Society*, **128**, 1818.
65 D'Souza, F., Chitta, R., Gadde, S., Rogers, L.M., Karr, P.A., Zandler, M.E.,

Sandanayaka, A.S.D., Araki, Y. and Ito, O. (2007) *Chemistry – A European Journal*, **13**, 916.

66 Huynh, M.H.V., Dattelbaum, D.M. and Meyer, T.J. (2005) *Coordination Chemistry Reviews*, **249**, 457.

67 Sykora, M., Maxwell, K.A., De Simone, J.M. and Meyer, T.J. (2000) *Proceedings of the National Academy of Sciences of the United States of America*, **97**, 7687.

68 See, for example, Kotani, H., Ohkubo, K., Takai, Y. and Fukuzumi, S. (2006) *Journal of Physical Chemistry. B*, **110**, 24047.

69 Lebeau, E.L., Binstead, R.A. and Meyer, T.J. (2001) *Journal of the American Chemical Society*, **123**, 10535.

70 Sjödin, M., Styring, S., Wolpher, H., Hu, Y., Sun, L. and Hammarström, L. (2005) *Journal of the American Chemical Society*, **127**, 3855.

71 Sun, L., Hammarström, L., Åkermark, B. and Styring, S. (2001) *Chemical Society Reviews*, **30**, 36.

72 Sun, L., Berglund, H., Davidov, R., Norrby, T., Hammarström, L., Korall, P., Börje, A., Philouze, C., Berg, K., Tran, A., Anderson, M., Stenhagen, G., Mårtensson, J., Almgren, M., Styring, S. and Åkermark B. (1997) *Journal of the American Chemical Society*, **119**, 6996.

73 Sun, L., Raymond, M.K., Magnuson, A., LeGourriérec, D., Tamm, M., Abrahamsson, M., Mårtensson, J., Stenhagen, G., Hammarström, L., Styring, S. and Åkermark B. (1999) *Journal of Inorganic Biochemistry*, **78**, 15.

74 Magnuson, A., Frapart, Y., Abrahamsson, M., Horner, O., Åkermark, B., Sun, L., Girerd, J.-J., Hammarström, L. and Styring, S. (1999) *Journal of the American Chemical Society*, **121**, 89.

75 Sun, L., Burkitt, M., Tamm, M., Raymond, M.K., Abrahamsson, M., LeGourriérec, D., Frapart, Y., Magnuson, A., Kenéz, P.H., Brandt, P., Tran, A., Hammarström, L., Åkermark, B. and Styring, S. (1999) *Journal of the American Chemical Society*, **121**, 6834.

76 Burdinski, D., Wieghardt, K. and Steenken, S. (1999) *Journal of the American Chemical Society*, **121**, 10781.

77 Burdinski, D., Bothe, E. and Wieghardt, K. (2000) *Inorganic Chemistry*, **39**, 105.

78 (a) Juris, A., Balzani, V., Barigelletti, F., Campagna, S., Belser, P. and von Zelewsky, A. (1988) *Coordination Chemistry Reviews*, **84**, 85. (b) Balzani, V., Bergamini, G., Marchioni, F. and Ceroni, P. (2006) *Coordination Chemistry Reviews*, **250**, 1254.

79 (a) Robblee, J.H., Cinco, R.M. and Yachandra, V.K. (2001) *Biochimica et Biophysica Acta*, **1503**, 7. (b)Vrettos, J.S., Limburg, J. and Brudvig, G.W. (2001) *Biochimica et Biophysica Acta*, **1503**, 229.

80 Aullón, G., Ruiz, E. and Alvarez, S. (2002) *Chemistry – A European Journal*, **8**, 2508.

81 Heyduk, A.F. and Nocera, D.G. (2001) *Science*, **293**, 1639.

82 Esswein, A.J., Veige, A.S. and Nocera, D.G. (2005) *Journal of the American Chemical Society*, **127**, 16641.

83 Molnar, S.M., Nallas, G., Bridgewater, J. S. and Brewer, K.J. (1994) *Journal of the American Chemical Society*, **116**, 5206.

84 Elvington, M. and Brewer, K.J. (2006) *Inorganic Chemistry*, **45**, 5242.

85 Ozawa, H., Haga, M.A. and Sakai, K. (2006) *Journal of the American Chemical Society*, **128**, 4926.

86 (a) Konduri, R., Ye, H., MacDonnell, F. M., Serroni, S., Campagna, S. and Rajeshwar, K. (2002) *Angewandte Chemie-International Edition*, **41**, 3185. (b) de Tacconi, N.R., Lezna, R.O., Konduri, R., Ongeri, F., Rajeshwar, K. and MacDonnell, F.M. (2005) *Chemistry – A European Journal*, **11**, 4327.

87 Supramolecular species of this type are often referred to as "molecular batteries" (Section 8.4.3): (a) Balzani, V., Campagna, S., Denti, G., Juris, A.,

Serroni, S. and Venturi, M. (1998) *Accounts of Chemical Research*, **31**, 26. (b) Cuadrado, I., Morán, M., Casado, C. M., Alonso, B. and and Losada, J. (1999) *Coordination Chemistry Reviews*, **193–195**, 123. (c) Astruc, D. (2000) *Accounts of Chemical Research*, **33**, 287. (d) Astruc, D. (2001) *Electron Transfer in Chemistry*, vol. 2 (ed.V. Balzani), Wiley-VCH Verlag GmbH, Weinheim, p.174. (e) Astruc, D., Daniel, M.-C., Nlate, S. and Ruiz, J. (2004) *Trends in Molecular Electrochemistry* (eds A.J.L. Pombiero and C. Amatore), Fontis Media S.A. and Marcel Dekker Inc., Lausanne/New York, p.283.

88 Marchioni, F., Venturi, M., Ceroni, P., Balzani, V., Belohradsky, M., Elizarov, A.M., Tseng, H.-R. and Stoddart, J.F. (2004) *Chemistry – A European Journal*, **10**, 6361.

89 Khaselev, O. and Turner, J.A. (1998) *Science*, **280**, 425.

90 Bignozzi, C.A., Argazzi, R. and Caramori, S. (2007) Encyclopedia of Life Supporting Systems (EOLSS) Developed under the Auspices of the UNESCO. inInorganic and Bioinorganic Chemistry, (ed. I. Bertini) Eolss Publishers, Oxford, UK. http://www.eolss.net.

91 Fujishima, A. and Honda, K. (1972) *Nature*, **238**, 37.

92 Abe, R., Sayama, K. and Arakawa, H. (2004) *Journal of Photochemistry and Photobiology A: Chemistry*, **166**, 115.

93 Wasielewski, M. (2006) *Journal of Organic Chemistry*, **71**, 5051.

94 Rybtchinski, B., Sinks, L.E. and Wasielewski, M. (2004) *Journal of the American Chemical Society*, **126**, 12268.

95 Kelley, R.F., Shin, W.S., Rybtchinski, B., Sinks, L.E. and Wasielewski, M. (2007) *Journal of the American Chemical Society*, **129**, 3173.

96 Li, W.-S., Kim, K.S., Jiang, D.-L., Tanaka, H., Kawai, T., Kwon, J.H., Kim, D. and Aida, T. (2006) *Journal of the American Chemical Society*, **128**, 10527.

97 Chrisstoffels, L.A.J., Adronov, A. and Fréchet, J.M.J. (2000) *Angewandte Chemie-International Edition*, **39**, 2163.

98 Imahori, H., Norieda, H., Yamada, H., Nishimura, Y., Yamazaki, I., Sakata, Y. and Fukuzumi, S. (2001) *Journal of the American Chemical Society*, **123**, 100.

99 For more recent studies see, for example,Chukharev, V., Vourinen, T., Efimov, A., Tkachenco, N.V., Kimura, M., Fukuzumi, S., Imahori, H. and Lemmetyinen, H. (2005) *Langmuir*, **21**, 6385.

100 Boshale, S., Sisson, A.L., Talukdar, P., Füstenberg, A., Banerji, N., Vauthey, E., Bollot, G., Mareda, J., Röger, C., Würthner, F., Sakai, N. and Matile, S. (2006) *Science*, **313**, 84.

101 Morita, T., Kimura, S. and Imanishi, Y. (1999) *Journal of the American Chemical Society*, **121**, 581.

102 Hu, Y.-Z., Tsukiji, S., Shinkai, S., Oishi, S. and Hamachi, I. (2000) *Journal of the American Chemical Society*, **122**, 241.

103 Hu, Y.-Z., Takashima, H., Tsukiji, S., Shinkai, S., Nagamune, T., Oishi, S. and Hamachi, I. (2000) *Chemistry – A European Journal*, **6**, 1907.

104 Steinberg-Yfrach, G., Liddell, P.A., Hung, S.-C., Moore, A.L., Gust, D. and Moore, T.A. (1997) *Nature*, **385**, 239.

105 Steinberg-Yfrach, G., Rigaud, J.-L., Durantini, E.N., Moore, A.L., Gust, D. and Moore, T.A. (1998) *Nature*, **392**, 479.

106 Gust, D., Moore, T.A. and Moore, A. (2001) *Accounts of Chemical Research*, **34**, 40.

107 Pitard, B., Richard, P., Dunach, M. and Rigaud, J.-L. (1996) *European Journal of biochemistry*, **235**, 779.

108 Bennet, I.M., Vanegas Farfano, H.M., Bogani, F., Primak, A., Liddell, P.A., Otero, L., Sereno, L., Silber, J.J., Moore, A.L., Moore, T.A. and Gust, D. (2002) *Nature*, **420**, 398.

109 Súri, M., Huld, T.A., Dunlop, E.D. and Ossenbrink, H.A. (2007) *Solar Energy*, **81**, 1295.

110 (a) O'Regan, B. and Grätzel, M. (1991) *Nature*, **335**, 737. (b) Kalyanasundaram,

K. and Grätzel, M. (1998) *Coordination Chemistry Reviews*, **77**, 347.

111 Gerischer, H. and Willig, F. (1976) *Topics in Current Chemistry*, **61**, 31.

112 Vlachopoulos, N., Liska, P., Augustynski, J. and Grätzel, M. (1988) *Journal of the American Chemical Society*, **110**, 1216.

113 Hagfeldt, A. and Grätzel, M. (2000) *Accounts of Chemical Research*, **33**, 269.

114 Direct or dye-sensitized excitation of semiconductors can be used for photocatalytic processes. See, for example,Kisch, H. and Macyk, W. (2002) *ChemPhysChem*, **3**, 399.

115 Grätzel, M. (2005) *Inorganic Chemistry*, 446841.

116 (a)Benkö, G., Kallioinen, J., Korppi-Tommola, J.E.I., Yartsev, A.P. and Sundström, V. (2002) *Journal of the American Chemical Society*, **124**, 489. (b) Wenger, B., Grätzel, M. and Moser, J. E. (2005) *Journal of the American Chemical Society*, **127**, 12150.

117 Wang, P., Klein, C., Humphry-Baker, R., Zakeeruddin, S.H. and Grätzel, M. (2005) *Journal of the American Chemical Society*, **127**, 808.

118 Schmidt-Mende, L., Campbell, W.M., Wang, Q., Jolley, K.W., Officer, D.L., Nazeeruddin, Md.K. and Grätzel, M. (2005) *ChemPhysChem*, **6**, 1253.

119 In open systems, water splitting by visible light with very low quantum yields can be observed by using metal-doped semiconductors. See, for example, Refs [54,55] and Sayama, K., Mukasa, K., Abe, R. and Arakawa, H. (2001) *Chemical Communications*, 2416.

120 Brune, A., Jeong, G., Liddell, P.A., Sotomura, T., Moore, T.A., Moore, A.L. and Gust, D. (2004) *Langmuir*, **20**, 8366.

121 Bignozzi, C.A., Schoonover, J.R. and Scandola, F. (1997) *Progress in Inorganic Chemistry*, **44**, 1.

122 Bignozzi, C.A., Argazzi, R. and Kleverlaan, C.J. (2000) *Chemical Society Reviews*, **29**, 87.

123 Qu P. and Meyer G.J. (2001) *Electron Transfer in Chemistry*, vol. 4 (ed. V. Balzani), Wiley-VCH Verlag GmbH, Weinheim, p.353.

124 Bignozzi, C.A., Argazzi, R., Indelli, M. T. and Scandola, F. (1994) *Solar Energy Materials and Solar Cells*, **32**, 229.

125 Argazzi, R., Bignozzi, C.A., Heimer, T. A., Castellano, F.N. and Meyer, G.J. (1997) *Journal of Physical Chemistry. B*, **101**, 2591.

126 Lees, A.C., Kleverlaan, C.J., Bignozzi, C. A. and Vos, J.G. (2001) *Inorganic Chemistry*, **40**, 5343.

127 Kleverlaan, C.J., Indelli, M.T., Bignozzi, C.A., Pavanin, L., Scandola, F., Hasselmann, G.M. and Meyer, G.J. (2000) *Journal of the American Chemical Society*, **122**, 2840.

128 Hirata, N., Lagreff, J.J., Palomares, E.J., Durrant, J.R., Nazeeruddin, M.K., Grätzel, M. and di Censo, D. (2004) *Chemistry – A European Journal*, **10**, 595.

129 Haque, S.A., Handa, S., Peter, K., Palomares, E., Thelakkat, M. and Durrant, J.R. (2005) *Angewandte Chemie-International Edition*, **44**, 5740.

130 See, however, Nomoto, A. and Kobuke, Y. (2002) *Chemical Communications*, 1104.

131 Amadelli, R., Argazzi, R., Bignozzi, C. A. and Scandola, F. (1990) *Journal of the American Chemical Society*, **112**, 7099.

132 Argazzi, R., Bignozzi, C.A., Heimer, T. A. and Meyer, G.J. (1997) *Inorganic Chemistry*, **36**, 2.

133 (a)Hasobe, T., Kashiwagi, Y., Absalon, M.A., Sly, J., Hosomizu, K., Crossley, M. J., Imahori, H., Kamat, P.V. and Fukuzumi, S. (2004) *Advanced Materials*, **16**, 975. (b) Hasobe, T., Hattori, S., Kamat, P.V., Urano, Y., Umezawa, N., Nagano, T. and Fukuzumi, S. (2005) *Chemical Physics*, **319**, 243. (c)Hasobe, T., Hattori, S., Kamat, P.V. and Fukuzumi, S. (2006) *Tetrahedron*, **62**, 1937.

第 3 部分

存储器、逻辑门和相关体系

第 8 章　双稳态和多稳态体系

8.1　概述

在第 5 章已经提到，关于“分子水平开关”[1]的定义有着两种截然不同的表达[1-5]。第一个定义指一个包含有分子水平导线的分子器件，它在外部刺激下可以可逆地开启和关闭电子转移和能量传递，这种类型的开关在第 5 章中有所描述。第二个定义代表了那些可以在外部激发下发生两种或多种不同状态之间的可逆互变的任何分子体系。这些体系被广泛用于分析法中并且涉及二进制的逻辑计算单元[6-8]。

在外部刺激下，任何能够在两个状态间可逆转换的分子体系都可以用来存储信息，即作为存储介质[1]。一个理想的分子存储介质应该是稳定的、易写的，并且它的开关形式也应该是稳定的，易读且可擦写。发生不可逆变化的体系可作为永久的存储介质（例如照片，化检）。在更复杂的体系中，开关也可以表现出多于两种的状态。这些都可以用来开发永久存储的介质，除非它们用于擦写目的，或者用于逻辑操作（第 9 章）。

正如第 5 章所说述，开关过程可以在热力学或动力学控制下进行[3]。在热力学下的系统更具稳定性，易写、易读和可擦写，然而这些性质对于一些功能是无用的，因为它们需要永久的激发，一旦除去激发源，分子就会返回到其原始状态。其中一个例子就是荧光传感器，其发射强度可以由特殊的基质来调节。用于存储目的最有趣的是系统中至少有一个进程是由动力学来控制的，从热力学稳定状态分离出来的亚稳态，有足够高的能垒来延迟返回的过程，或者在一个限制情况下防止反向的热力学反应。动力学控制可以适应各种时间操作，从皮秒（ps）（对一些激发态）到年。在动力学控制的系统中，另一种激发能够用来解除亚稳态并使反转过程得以发生。必须注意的是，在热力学控制的系统中，由于快速的平衡，不可能将单个的分子定位。相反，在动力学控制体系中，单个分子积累能够定位，并能保持在开关状态（例如单分子光谱[9]）。

开关的领域非常宽广，也有许多综述。本章中将重点讨论一些基本的开关规律和开关过程的特殊方面，并引用一些文献中的例子加以说明。读者如果需要深入了解许多材料的开关过程，可以参考一些书[1,10-16]和大量的关于荧光传感器[17]、电化学传感器[18]、光学开关[7,8,19]、光致变色分子[20]、光响应聚合物[21]、光致变色晶体[22]、光折射材料[23]、电致变色材料[24]、自旋跃迁材料[25]、单分子磁体[26]、非线性光学[27]、光开关生物材料[28]、手性光开关[29]，表面、单分子层和 LB 膜[30]、液晶[31]、全息数据存储[32]、胶束[33]、以聚合物为基础的电池[34]、量子化学模型[35]的资料。

目前，已经有很多基于电极上光致变色分子开关的研究，目的是研制出可逆导电的开关[36-40]（可参见 2.2 节）。

8.2 能量激发

三种重要的激发类型能够用在开关分子或者超分子类型中，它们分别为光能（光子）、电能（电子/空穴）和化学能（存在形式为质子和金属离子等）。在光化学激发中，大多数常见的开关过程是光异构化或者光致氧化还原反应。有趣的是，分子开关过程也可以在扫描电镜下通过对单个分子进行操作而观察到[41]。

和化学激发、光化学激发相比，电化学激发在某种程度上能够更容易更快地开和关。光化学和电化学技术的更大优点是，光子和电子除了提供开关的激发外（例如，“写”信息字节），还能够作为“读”信息的手段，并能控制和检测操作的过程。同时应该注意到，光化学和电化学的输入和输出很容易转化为宏观信号，使它们满足实际的器件制备的多尺度工程的要求。

其他还有一些重要的区别[4,8,42]。外部的刺激必然致使分子体系电子和核的重排，通常两种类型中的一种更能体现其功能。当开关涉及大的核运动时，特别是在超分子体系中，过程的机理比开关的过程更有趣[8,42-44]。这些将在第 5 部分讨论。

8.2.1 光子激发：光致变色体系

光致变色定义为分子能够可逆地在两种不同吸收光谱的状态之间的转化，至少有一个反应是光激发的。当然，两种不同的状态不仅是它们的吸收光谱不同，并且其他参数如氧化还原电位、酸/碱强度、电介质常数等也有所不同。

不同于本书中讨论的大多数主题，光致变色（曾称为向光性）很早就在科学文献中有记载，第一个例子是 1867 年报道的[45]。在著名的题名为“The photochemistry of the future”[46]的文献中，Giacomo Ciamician 讨论了光致变色物质的重要性，并且提到用这种物质能达到不曾预料到的目的：“光致变色物质，在光中显现出一种很深的颜色，当放回暗处时就会回到它们原来的颜色，它们可以被很有效地使用。这样的物质可能会吸引时装界的注意力……可以制备妇女的衣服，这些衣服随着光的强度而改变颜色。从暗处到明处的颜色将变亮，因此它将会随环境自动变色，在未来，光致变色将会是最新潮的词语。”光致变色也是许多自然界生物光吸收体的特征现象，像视网膜紫质光敏色素（视觉）和生化光敏色素（光形态发生）[47]。直到 20 世纪中叶，光致变色的研究主要集中在几个研究中心。然而，大约在 1960 年，人们意识到这一现象有着可观的商业价值（例如光致变色眼镜）；从那时起，越来越多的研究在工业实验室中完成。光致变色分子的设计和合成是非常热门的研究，因为它们在信息存储、成像系统、智能窗户、眼科眼镜、保护镜和滤色镜等方面有潜在的应用价值。

如果开关元素小到分子尺寸，则电脑的存储密度能提高几个数量级，而输入能量则有很明显的减少[48]。如果用光致变色材料并考虑到衍射限制的点尺寸以及三维编码[49]，则存储密度能够上升到 2×109 字节/cm^2，用激子波导[50]和近场光学技术[51]还能够大大提高存储密度。光致变色存储的其他优点还包括易读出、光学复制的随意性、选择性擦除和重写功能。

光致变色系统中能够相互转化的物质是其异构体，因为光反应只是简单地导致分子中电子和核结构的重排，存在或不存在可逆的键断裂。光激发导致从一个稳定的异构体 A 到一个高能量的异构体 B 的开关过程，B 只要克服或低或高的能垒就反过来转变为 A（图 8.1）。因此，光致变色是动力学控制的。当光化学过程完成后（用激光的话，在千万亿分之一秒的过程[52]），将会发生自发的反向反应。然而，不同的系统这种反应可快可慢。有时，这种光致变色产物是动力学惰性的，需要用第二束的光照引发可逆反应。根据光致异构体的热稳定性，光致变色体系可分为两类：

- T 类型（热可逆型）即热可使光致异构体变回原来的状态；
- P 类型（光化学可逆型）即光致异构体不会在升温的状态下变为原来的状态。

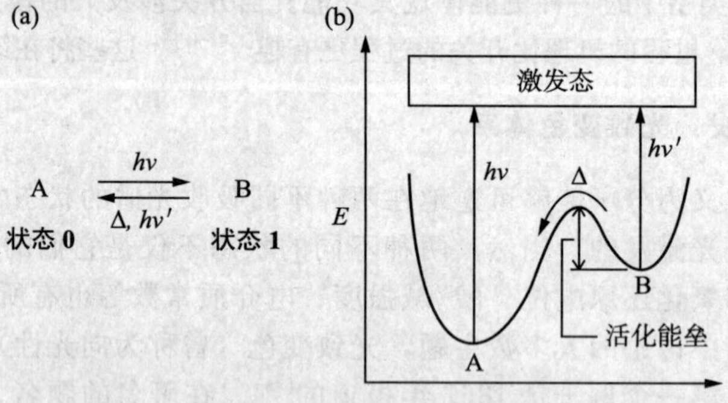

图 8.1　光致变色系统（a）及其能级图（b）

对后一类化合物，如果选择性激发要得到纯的物质，则两个异构体的吸收带不能重叠，这一点是非常重要的。值得注意的是，只有几个例外[53,54]，光致异构体 B 不能通过相同或不同波长的光激发而转化为第三个异构体 C[55]。在 8.2.2 节中将讨论电致变色和光致变色的不同之处。

使用最广泛的光致变色化合物主要是（图 8.2）二芳乙烯[56]、俘精酸酐[57]、螺吡喃[20b]、偶氮苯[58]、双氢嗯唑啉[59]和 2-苯基苯并（喃）化合物[60]。只有两类化合物，俘精酸酐衍生物和二芳乙烯衍生物是 P 型化合物。也有许多研究集中在本征的和修饰的生物光致变色分子作为光信息存储的单元方面[61]。

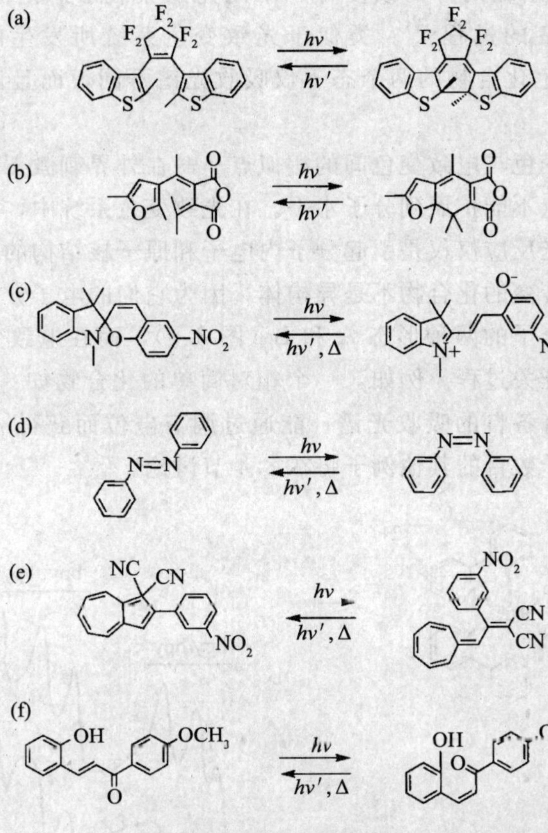

图 8.2　一些重要的光致变色化合物簇：(a) 二噻吩乙烯；(b) 俘精酸酐；(c) 螺吡喃；(d) 偶氮苯；(e) 双氢嗯唑啉；(f) 2-苯基苯并（喃）化合物

光致变色反应通常伴随着不受欢迎的副反应，这可能会影响到化合物的实际应用。如果一个光致变色反应的量子产率几乎百分之百，仅伴随 0.001 量子产率的副反应，在循环 1000 次后，63%的化合物已发生分解。大部分光致变色化合物的抗疲劳度非常低。然而，二芳乙烯却能进行次数达 10^4 次光致变色的循环[56]。

光致变色反应的响应时间一般来说是很短的。对于二芳乙烯，其光化学开环和闭环的反应以共旋转的模式发生，在溶液和固相状态下[56,62]都只要几个皮秒。有趣的是，当光致变色单元与金属络合物配位后，可以得到光致变色反应产生的光传感器，它是金属络合物的三线态由于能量传递到内部配位体的激发态而引起的。

8.2.2 电子激发：电致变色体系

“电致变色”是指在两种（或多种）不同光谱吸收形态之间通过可逆的氧化还原反应相互转变的过程[14]。类似于光致变色系统所发生的（8.2.1 节），相互转变的电致变色化合物的两个态不仅吸收光谱不同，而且许多其他性质也不同。

应该指出光致变色与电致变色间的相似点——在外界刺激下，均有颜色的改变——但这种相似点不能扩展到分子水平。在光致变色系统中，相互转变的化合物是异构体，因为光反应仅仅是引起分子内电子和原子核结构的重排；而在电致变色系统中，相互转变的化合物不是异构体，因为它们的电子数不同。光致变色体系通常包含一个分子的两种形态 A 和 B（图 8.1），而在电致变色体系中却经常发生许多相继的开关过程。例如，一个相对简单的化合物如 $[Ru(bpy)_3]^{2+}$ 有 8 种态[64]，每种都有各自的吸收光谱，能通过调节电位而获得（图 8.3）。通过调节电位而改变电子数目的其他例子将在 8.4 节讨论。

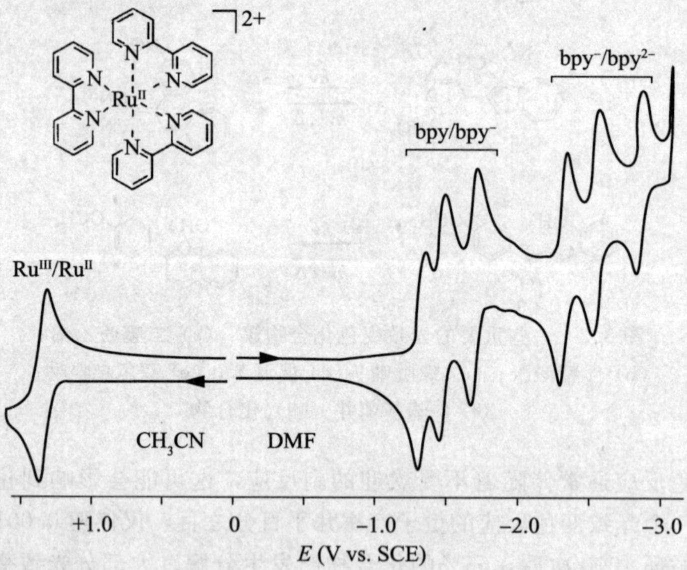

图 8.3　$[Ru(bpy)_3]^{2+}$ 的氧化还原状态，中间体次单元的氧化还原电位也可观察到[64]

其他参数（如疲劳度），光致变色和电致变色化合物的要求是相似的。应该说明的是光激发的开/关非常快（达到飞秒范围），而电化学电位的改变则慢些（亚微秒范围）。

8.3 双稳态体系

8.3.1 主-客体相互作用模型

通过光致变色的方法开启主-客体相互作用可导致多种传感器和客体分子穿透膜而传递，如下例所示。

硼酸被广泛地应用于糖类识别，化合物 **1**（图 8.4）是一个连有两个硼酸的二噻吩乙烯，可以通过两个面对面的硼酸和四个羟基酯化反应可逆地与葡萄糖结合成 1∶1 的络合物[65]。然而，光异构化形成闭环态时，两个硼酸基相互之间离得更远，络合物的配合能力更弱，这种络合能力的变化可以用圆二色谱测量。从一个“机器”的观点出发，这个体系可以被看作是一对钳子，其功能将在 12.3.1 节中有更详细的讨论。

1

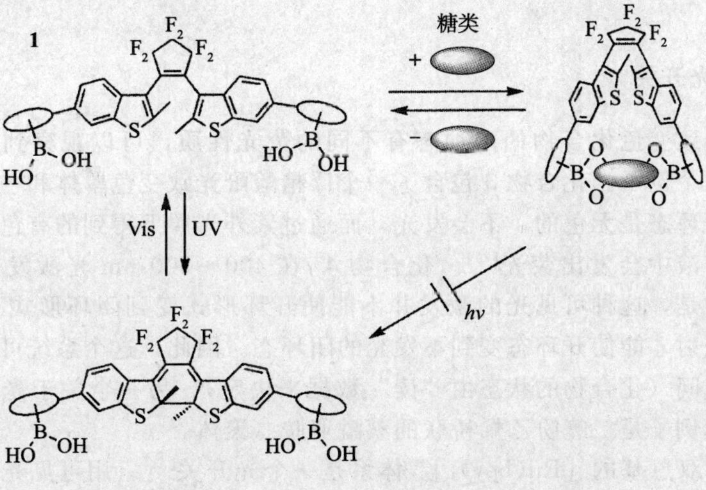

图 8.4 通过二噻吩乙烯衍生物 **1** 的糖类开关识别[65]

在 366 nm 光照下化合物 **2** 在乙腈溶液中形成了光致环合加成物，该化合物在暗反应中会转化（图 8.5）[66]。在 $HgCl_2$ 或 $NaClO_4$ 参与下光反应量子产率增加，表明这两种金属离子会使两个蒽单元预组织以利于光致环合加成。Na^+ 加合物的热分解反应的速率要慢得多。类似的作用以前已经在双蒽冠状化合物获得[67]。这些结果也可以依据逻辑推理给予解释（AND 逻辑，9.4.3 节）。

光激发的与两个 β-环糊精络合的二苯基噻吩乙烯改变了两个环糊精之间的距离，进而也就改变了它们的配合能力[68]。通过光致变色反应而改变 π-共轭系统已经被用于二芳基乙烯的衍生物的 pK_a 开关[69]。

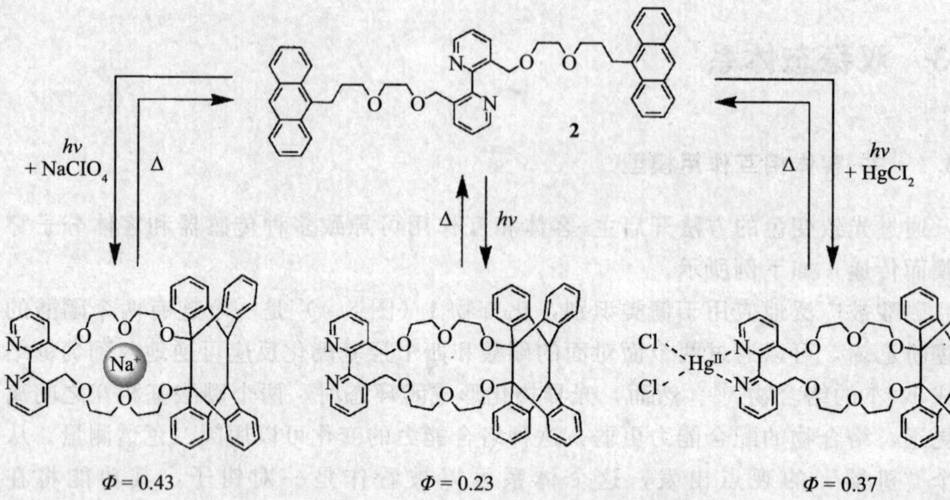

图 8.5　在 $HgCl_2$ 或 $NaClO_4$ 参与下 **2** 的光致环合加成物的量子产率增加[66]

8.3.2　荧光开关

许多光致变色化合物的两种态有不同的荧光性质，可以观察到开/关变化。图 8.6 有两个例子。化合物 **3** 包含了一个俘精酸酐光致变色单体和一个双萘酚取代基，其开环态是无色的，不会发光，而通过紫外光照下得到的有色态，在室温下的甲苯溶液中会发出荧光[70]。化合物 $\mathbf{4}^{+}$ 在 400～500 nm 光激发下发很强的光。有趣的是，这种可见光的激发并不能使开环形式变到闭环形式[71]，而是需要紫外光照射才能使开环态变到不发光的闭环态。因此，这个系统可以进行非破坏的信息访问（化合物的状态由“读”数据来决定）。另一个关于光致变色单元荧光开关的例子是二噻吩乙烯桥联的萘酰亚胺二聚体[72]。

连接有双蒽基的 $[Ru(bpy)_3]^{2+}$ 体系是一个光开关[73]。用可见光激发 Ru(Ⅱ) 络合物并不发光，因为它的三线态由于能量传递到低能级的双蒽基三线态而被猝灭。体系在 390 nm 的光照射下，双蒽基环化，双蒽的低能级三线态消失，导致 Ru(Ⅱ) 络合物发光。这种现象在除氧溶液中和聚苯乙烯中都能观察到。

一些金属络合物，如 Ni(Ⅱ) 的络合物，当温度改变时会产生高旋或低旋的互变体，利用该性质可以得到一个荧光分子温度计[74]。

机械运动在荧光开关过程中起重要作用的例子，我们将在第Ⅳ部分讨论。

8.3.3　手性光开关

手性的光双稳态分子是光致变色化合物中特别有趣的一类[29,75-84]。这种分子可逆的光化学转化能导致手性的改变，这使得与不同的立体异构联系起来探讨独特的应用成为可能。手性开关的重要性进一步加强，因为手性控制了绝大多数的自然化学过程，包括分子识别、运输，信息存储，催化，组装和复制。

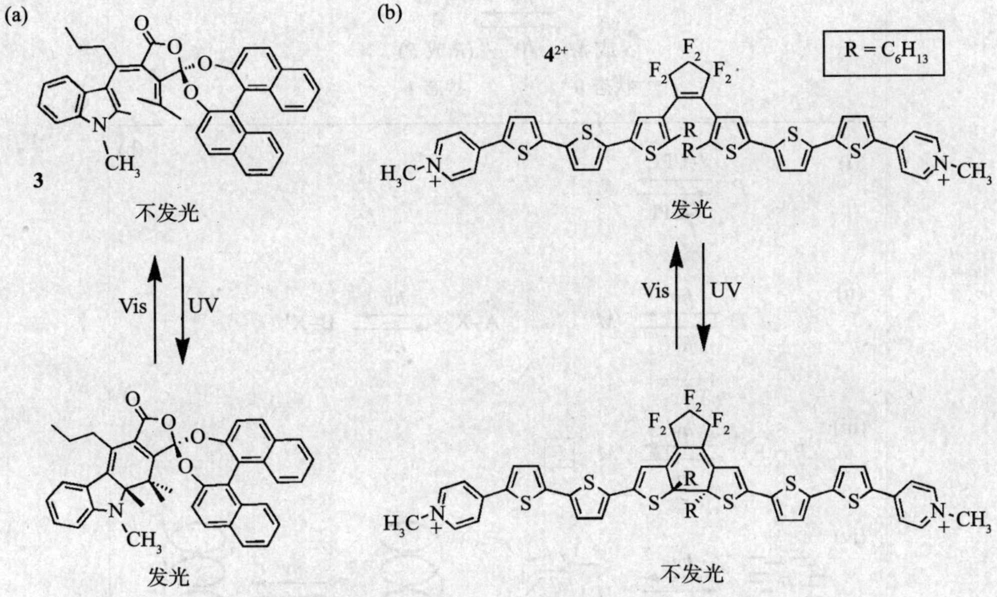

图 8.6　俘精酸酐衍生物 3[70]（a）和二噻吩乙烯衍生物 4[71]（b）的荧光开/关转换

在一个手性光致变色系统中（图 8.7（a）），左旋手性（S 或 M）和右旋手性（R 或 P）代表了分子双逻辑体系里的两种不同状态（A 或 B）。光照激发时，元素的改变伴随着手性状态的改变。基于光致变色分子的手性开关可被分为如下几类（图 8.7（b））。

（1）对映体开关　除非使用偏振光，否则手性光致变色分子（R/S 或 P/M）的任何一种对映体在光照下都会产生外消旋混合物，因为两种对映体有相同的吸收特性。通过使用左或右圆偏振光，才能形成对映选择开关。

（2）非对映异构体开关　在这些体系中两个非对映异构体的光双稳态形式，如 P（右旋）和 M′（左旋）在不同的波长 λ_1 和 λ_2 下经历异构化。换句话说，这个体系由一个非手性的光致变色单体 A 和一个可以控制手性变化的手性辅基 X 组成。

（3）功能手性开关　在这些体系里，手性变化可以调节一些功能，比如：荧光、分子识别或分子运动。

（4）大分子或超分子开关　例如：光双稳态分子（手性或非手性）能够成为主-客体的一部分或与聚合物以共价键连接，光异构化可以诱导周边分子或手性聚合物的性质变化。

光致变色开关除了一般的需求外，手性光开光必须是热外消旋稳定的。下面简单介绍一些手性光开光的例子，广泛而完整的讨论可参考其他文献[29]。

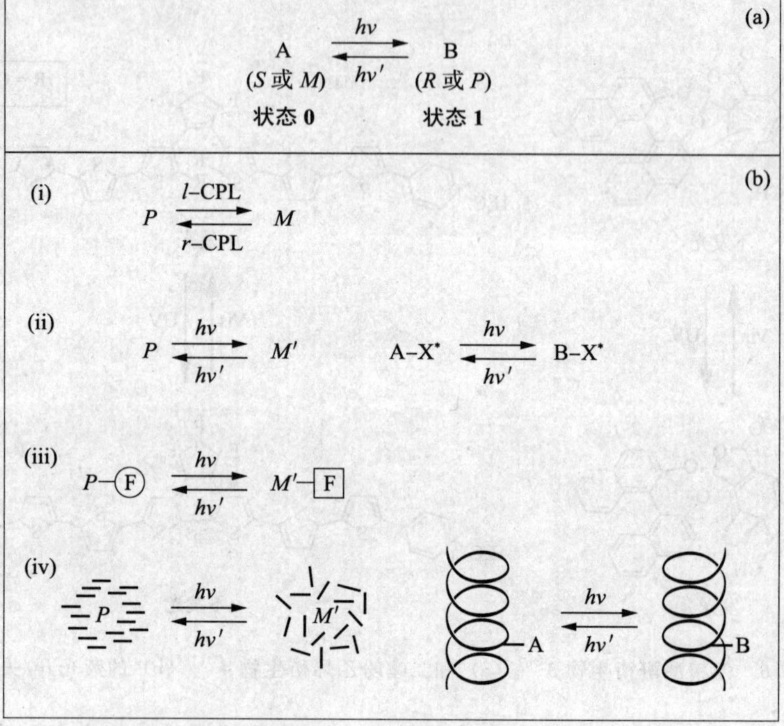

图 8.7　手性光致变色系统（a）和手性开关（b）

第一个手性光开关是基于空间位阻很大的烯烃 **5**，其热异构化和光化学异构过程见图 8.8[79]。加热纯的异构体（*M*)-顺-**5** 的二甲苯溶液时，随着（*P*)-顺-**5** 的产生，可观察到外消旋体，没有明显的顺–反异构过程。用 300 nm 光照 (*M*)-顺-**5** 将产生 64％的（*M*)-顺-**5** 和 36％的（*P*)-反-**5** 的混合物，这由手性 HPLC、NMR 和圆二色谱确定。在 250 nm 光照下导致一个包含 68％（*M*)-顺-**5** 和 32％（*P*)-反-**5** 的光平衡态。用 250 nm 和 300 nm 交替光照，可检测到在 262 nm 处的圆二色谱的变化。尽管在 20 次开关循环后可观察到 10％的外消旋体，但这个开关过程确实证实了 *M* 和 *P* 螺旋的立体定向的相互转变。通过一系列的结构修饰可以提高体系的稳定性，增加反应的立体选择性，并可以将光异构化的诱导波长改变到可见光区[80]。手性光开关观念通过使用过度拥挤的烯烃的进一步发展已使单向转动的马达出现了（第 15 章）。

8.3.4　光化学生物分子开关

众所周知，许多生物过程是由光信号引发的。因此，很多人致力于半合成光生物开关[28,85-88]。这些系统包含生物活性物质或能被人造光响应单元活化/钝化的环境。如图 8.9 所示的生物材料，它的功能已因化学修饰而被阻碍（“笼子中”的生物材料）。如果钝化基团包含适当的光活化小分子，它就能够被光激发而除去，同时释放活性生物材料[28a]。

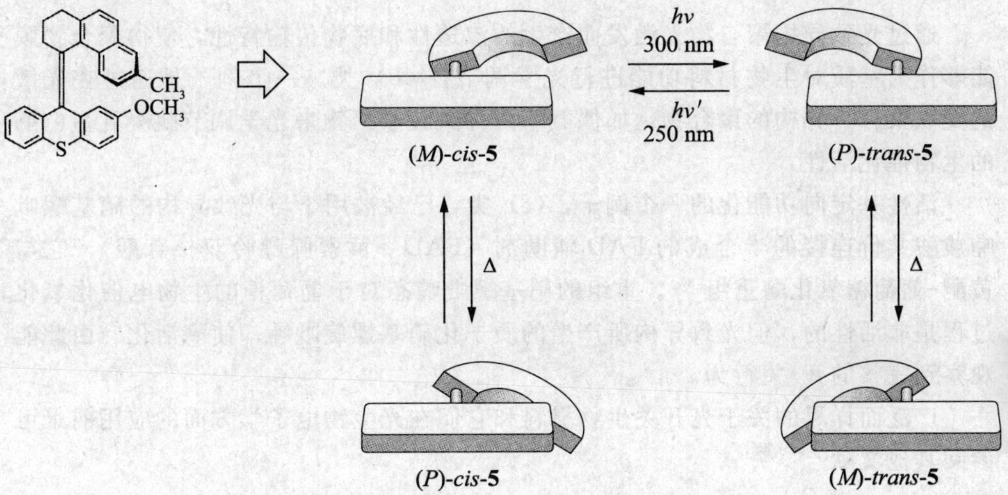

图 8.8　手性光开关 7 的热异构和光化学异构过程[79]

更有趣的是，化学工程化的生物材料可以在活性与非活性态之间可逆开启生物功能。原则上，三种光控生物功能的过程是：成键、识别、催化[28c]。

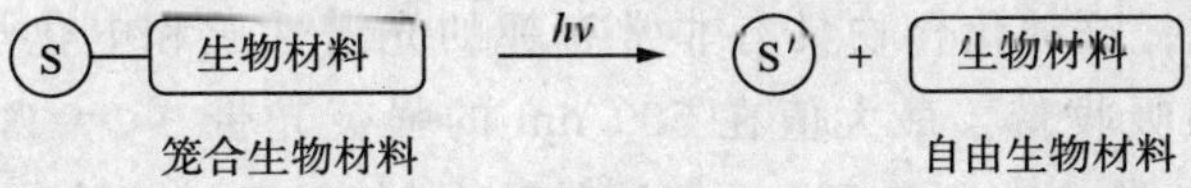

图 8.9　生物材料通过光诱导分解光保护基团而释放[28a]

(a) 连接光异构单元到蛋白质 当光异构单元在 A 状态时，蛋白质的三级结构得以保持，生物材料能发挥其功能（如：底物连接和催化）。光活化基团从 A 到 B 的光异构化扭曲了三级结构并扰乱了生物材料的功能。如果光反应是可逆的，生物材料的功能就能被开或被关。许多光异构基团都能应用在该体系中。

(b) 生物材料在光敏化环境里的组装 生物材料固定在基质中（如：聚合物、单分子层），它的性质（如：润湿性、渗透性）能通过光照来控制。用这种方法，连有生物材料的基质运输就可能可逆地被光调节。

(c) 使用光异构的抑制剂或辅助剂 能被生物材料识别的低分子量光异构的

组分，可以起到抑制作用或辅助作用，例如，加入分子 A 可能是抑制剂，但当它光异构化为 B 后便失去了抑制能力。

a 类的一个例子是卵磷脂球蛋白 A，通过连接光异构噻吩俘精酸酐[85]，以及光活性的手性吡喃衍生物的蛋白质通道，可以用来建立一个光驱动的纳米阀（12.7.3 节）。

通过光致异构聚合物光激发而产生的渗透性和底物传输特性，使得聚合物膜能够作为基质对生物材料功能进行光学调节，（b）类。一个例子是通过在光敏的交联聚合、异构的聚合物，如偶氮苯丙烯酰胺共聚物来光学调节胰凝乳蛋白酶的生物催化活性。

活性基定向功能化的一个例子，（c）类，已经被用于与光致异构的硝基螺吡喃羧酸共价连接的半合成的 FAD 辅助剂（FAD＝黄素腺嘌呤双核苷酸），它与黄酮-葡萄糖氧化酶重组[87]。重组的硝基螺吡喃态对于葡萄糖的生物电催化氧化过程是非活性的，但光致异构所产生的质子化硝基螺旋吡喃却使酶活化。由此能观察到完整的开/关行为。

广泛而详尽的关于光开关生物材料和它们在光生物电子学方面的应用前景可参阅其他文献[28]。

8.3.5 氧化还原开关

最近几年报道了许多氧化还原开关[12,18]。其中一部分将在 12.4.3 节讨论。这里我们只描述一些典型的例子。

化合物（*R*)-**6**（图 8.10）由一个手性 1，1′-二萘酚衍生物和两个二吡咯基甲烷硼分子构成。这种化合物具有非常有趣的光谱性质和电化学性质[90]，一个最大吸收处的强吸收带，最大值在 509 nm 的强荧光带（Φ＝0.69），最大值在 501 nm 的圆二色带，一个在 $E_{1/2}=-1.515$ V（相对于二茂铁）的可逆的双原子还原过程（每个发色团一个电子），以及在 $E_{1/2}=+0.795$ V 的部分可逆的氧化过程。当氧化还原交替进行时可观察到电化学发光现象。光电化学谱研究表明，

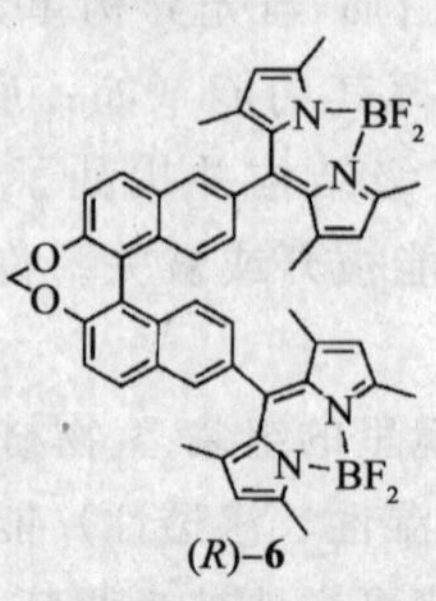

(*R*)-**6**

图 8.10　化合物（*R*)-**6** 是手性光信号氧化还原开关的一例[90]

当（*R*)-**6** 还原到其双自由基二价阴离子形式时，在 495 nm 的吸收带和 501 nm 的圆二色带消失；当返回到中性形式时这两个带又恢复了。这样（*R*)-**6** 结合了光电性能和手性，因而可能有许多应用，包括手性荧光传感器和极化发光二极管等。

8.3.6 其他体系

还有很多其他的开关系统。在这里简单地举几个特殊的例子。

最近报道了双环糊精化合物 **7**（图 8.11）能催化化学发光反应，这是由于化学发光染料（发光氨）和氧化剂（Ce^{4+}）的预组织结果[91]。在生物催化过氧化酶/发光氨存在下，用萘醌在电催化还原功能修饰的磁性颗粒上可以发现磁场诱导的生物化学发光开关[92]。Co-手性络合物制取具有立体选择性的催化剂中，手性可起到标记和锁定作用[93]，聚合物膜在光激发下以分子晶体形态的直接弯曲和高速可逆的转换已经有所报道[94]。后者的一个晶棒能作为光学激发活性点，在 30 μm 的距离里固定超过自生质量 90 多倍的金微粒[95]。最近出现的一些有趣的研究是关于表面性质的电化学开关和相关的生物电子催化过程[97]。

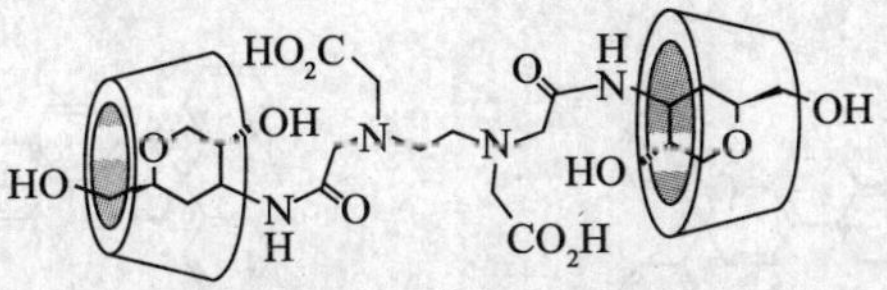

7

图 8.11 双环糊精化合物 **7** 能催化化学发光反应[91]

8.4 多稳态体系

8.4.1 双-多光致变色超分子体系

近年来，人们试图把两个光致变色单元耦合到同一个超分子物质上，目的是为了获得两单体的协同作用，以期创造出具有新型光动力学性质的材料。

在系统研究中，人们已经合成了包含相互以共轭或非共轭形式连接的螺嗯嗪和苯并吡喃系列单元的双光子超分子体系[2-4]。螺嗯嗪和苯并吡喃的发色带分别在 600 nm 和 450 nm 左右，因此包含了两者的化合物体系应该可以发出相互调谐的颜色。图 8.12 显示的化合物 **8～10** 含有两个相同或不同的光致变色基团（萘酚螺嗯嗪和苯并-[2*H*]-吡喃），它们之间由乙烯桥相连。这些化合物的光化学和动力学性质与只包含一个光致变色团的不同。在紫外照射下，化合物 **8** 会因为其热致可逆性的消失[98]而导致发色能力的稳定性增强。另外，用可见光激发并不能使其发生可逆反应，但是会引起由于体系分解而产生的缓慢的光漂白过程。紫外光照射化合物 **9**，**10** 可产生一般在暗反应中生成的有色中间体，并使其回到热力学稳定态，对于 **9**，在可见光照射下会部分变回到初始状态。在这些体系中，中间双键[100]的反应活性会与光致变色基团的反应活性相竞争，从而产生不可逆的环状化合物。在化合物 **11**，**12** 中，两个光致变色基团分别通过一个刚性乙炔桥、韧性酯桥相连，成为一个典型的热致可逆的光致变色体系[99]。然而通常在单分子苯并吡喃中可以观察到的光化学可逆过程在双体中并不会发生。在含有螺噁嗪和苯并吡喃分子的化合物 **9** 中，稳定的有色态几乎覆盖了整个可见光区域。

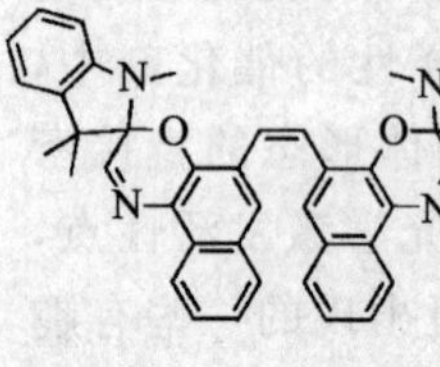
8

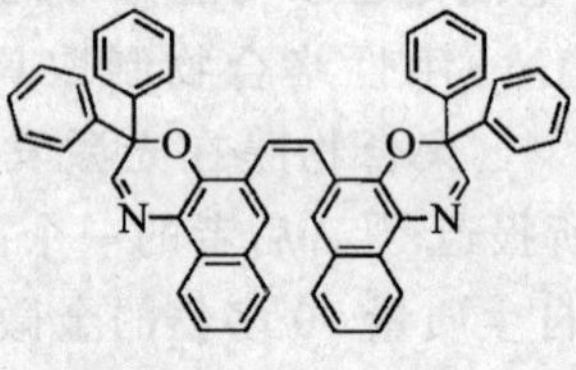
9

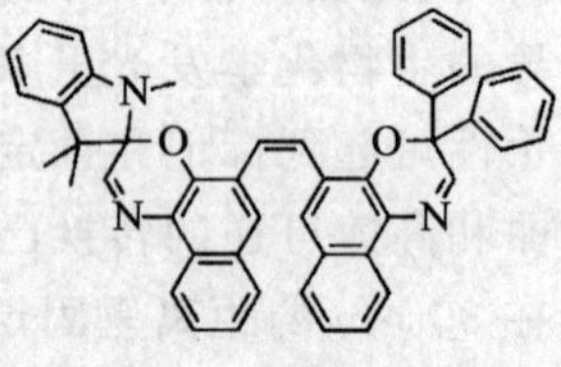
10

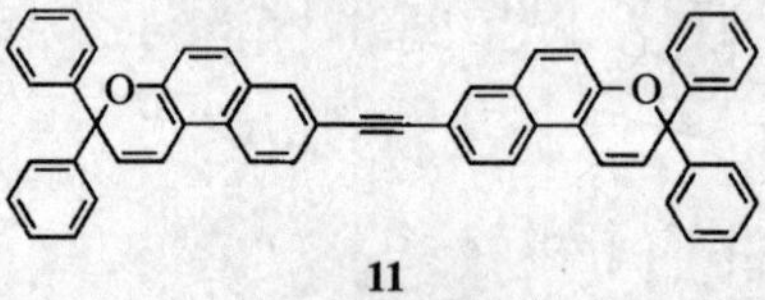
11

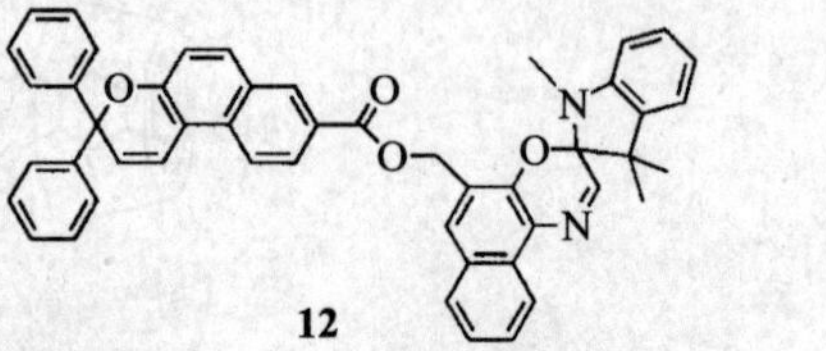
12

图 8.12　含有通过不同连接体相连接的螺噁嗪和苯并吡喃系列的双光致化合物 **8**～**12**[98-100]

化合物 **13**（图 8.13）包含两个萘吡喃单元，它们在 3 位上通过富电子的联二噻吩基团相连。因为存在富电子基取代基，所以一经激发[101]，一个萘吡喃单元的响应和发色都非常迅速。第一个单元的开环导致螺环上 C(3) 的构型从 C(sp^3) 转变到 C(sp^2)，从而使得缺电子的部花菁结构与联二噻吩单元相结合。于是，当第一个萘吡喃开环时，联二噻吩作为一个电子供体的最初作用大大减弱。这个变化影响着第二个光致变色基团的性质，其开环导致两个光致变色基团

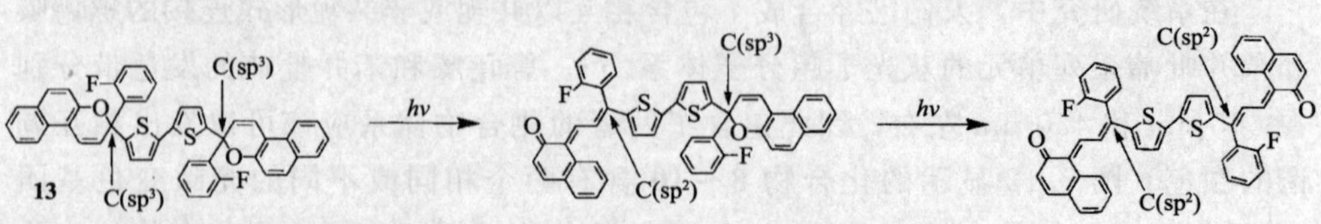

图 8.13　通过联二噻吩连接的含有两个萘吡喃单元的双光致变色化合物 **13**

完全处于共轭状态，产生一个新型双部花菁体系，与单体相比其吸收波长具有明显的红移。在褪色过程中，这一影响正好相反，单一开环态的褪色要慢一些[101]。两个荧光团之间的交联度取决于聚噻吩桥联之间的长度。当两个吡喃通过四噻吩桥联时，我们观察到了顺序的光致变色和温度影响的光致变色现象[102]。

最近，人们报道了一个多频率光致变色化合物[103]，该化合物薄膜包含三个不同吸收光谱的二芳基乙烯结构。当用适合的紫外和可见光照射时，三位八个态的信息就存储在了这个聚合物膜上。八个态可以通过适当的红外波长实现非破坏性的读出，而存储在其上的信息能够用紫外光得以擦除。人们基于光致变色化合物的混合体系所表现出来的复杂光学性质也进行了研究报道[104]。

8.4.2 伴随其他刺激的光化学输入

用来激发光致变色化合物的光化学输入也可以与其他类型的刺激耦合，这就产生了一系列有趣的体系。

8.4.2.1 三态体系：写—锁—读—解锁—擦除过程的循环

正如 8.2.1 节所描述的，大多数光致变色化合物在光激发下改变颜色，保存在暗条件下，它们又可以或快或慢地回到其初始状态（图 8.14（a））。有这种行为的化合物（称为 T 型）对于信息存储（或开关操作）并没有用处，因为写上去的信息（开关态）经过一小段时间后会自动消失（转变）。有一些其他的光致变色化合物是热稳定的，但它可以进行可逆的光转换（图 8.14（b））。这样的化合物（称为 P 型）有一个严重的问题，就是用来读取数据的光（如检测体系的开关态）可

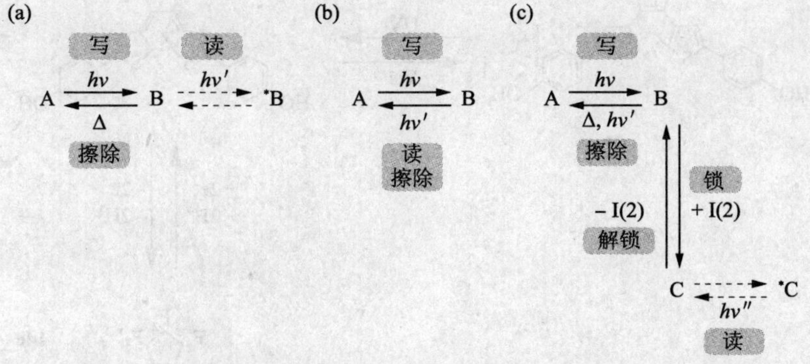

图 8.14　三种类型光致变色体系的典型示意图[115]。(a) 状态 B 在暗条件中可以进行热致转换反应而得到状态 A；(b) 只能在光激发下状态 B 才能发生可逆变化得到状态 A；(c) 状态 B 能够在第二个刺激 I（2）作用下转变成光稳定的状态 C，状态 C 可以转变回到 B 状态

以使得分子发生可逆转换，这会导致信息的逐渐丢失（状态不变）。人们做了很多的努力以期解决这一问题，包括用非光化学活性的红外光来读取体系的状态[105,106]。

一个用以避免破坏性读出的常用方法是结合两个不同的可逆过程（即双模体系）[107-113]。这些附加的激发可以是另外一个光子[107]、热[108]、电子[109-111]、质子[112]或者诸如形成氢键等其他更微妙的刺激[113]。在这个体系中（图 8.14（c））用光来使状态 A 转变成 B 状态（写入）。另一种激发 I(2)（例如质子、电子等）使 B 状态（可以直接由光读出过程转变回 A）变为 C 状态，这是体系的另一个稳定态（锁定），这样一来可以在不被破坏的情况下进行光学检测（读出）。通过这一过程，由写入光子而导致的存储信息的破坏就可以避免。当写入的信息需要擦除时，可以通过与 I(2) 相反的刺激使 C 重新变回 B（解锁，例如通过用碱、空穴等），然后 B 又转变为 A（擦除）。这样的写－锁－读－解锁－擦循环可用来构建可多次存储并具有非破坏性读出能力的光学存储体系。

人们已经报道了一些可以进行写－锁－读－解锁－擦循环的体系。化合物 **14**（图 8.15）有 **14a**，**14b**，**14c** 相对应于图 8.14 中的 A、B、C 三种状态。开关控制可以通过光化学和电化学两种相互独立的方式进行[114]。在可见光的照射下可导致 **14b** 完全转化为开环的 **14a**。在紫外光下可发生其逆反应。单独的化合物 **14a** 和 **14b** 不能被用作有效的数据存储体系，因为任何读出数据的动作都会导致其状态的改变，所以数据在读出的过程中会被擦除。然而，将 **14b** 进行氧化反应就可以得到对光不敏感的 **14c**，并能通过还原反应回到 **14b**，所以，这个体系可

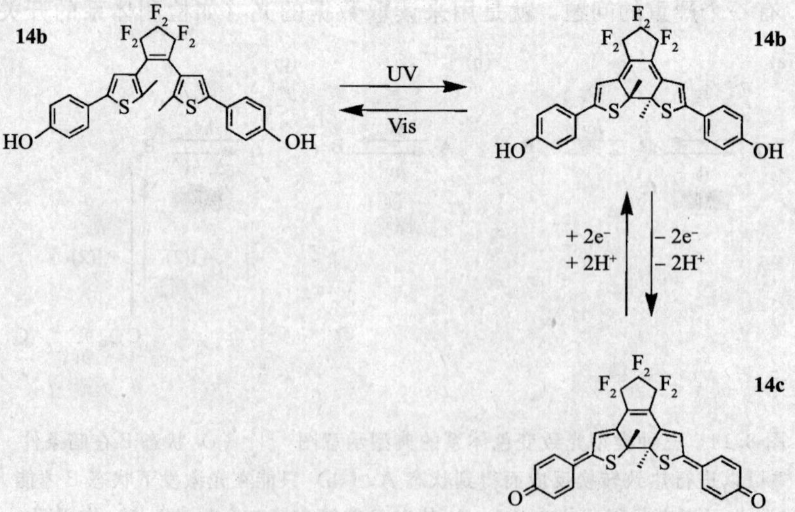

图 8.15　二芳乙烯类衍生物通过光电开关进行写－锁－读－解锁－擦除循环[114]

以按图 8.14（c）显示的写－锁－读－解锁－擦除循环进行。

一些苯并吡喃鎓衍生物也可以进行上述的循环过程[115-118]。在水溶液中，光激发或 pH 的变化（图 8.16（a））都可以使得这一系列的化合物发生各种结

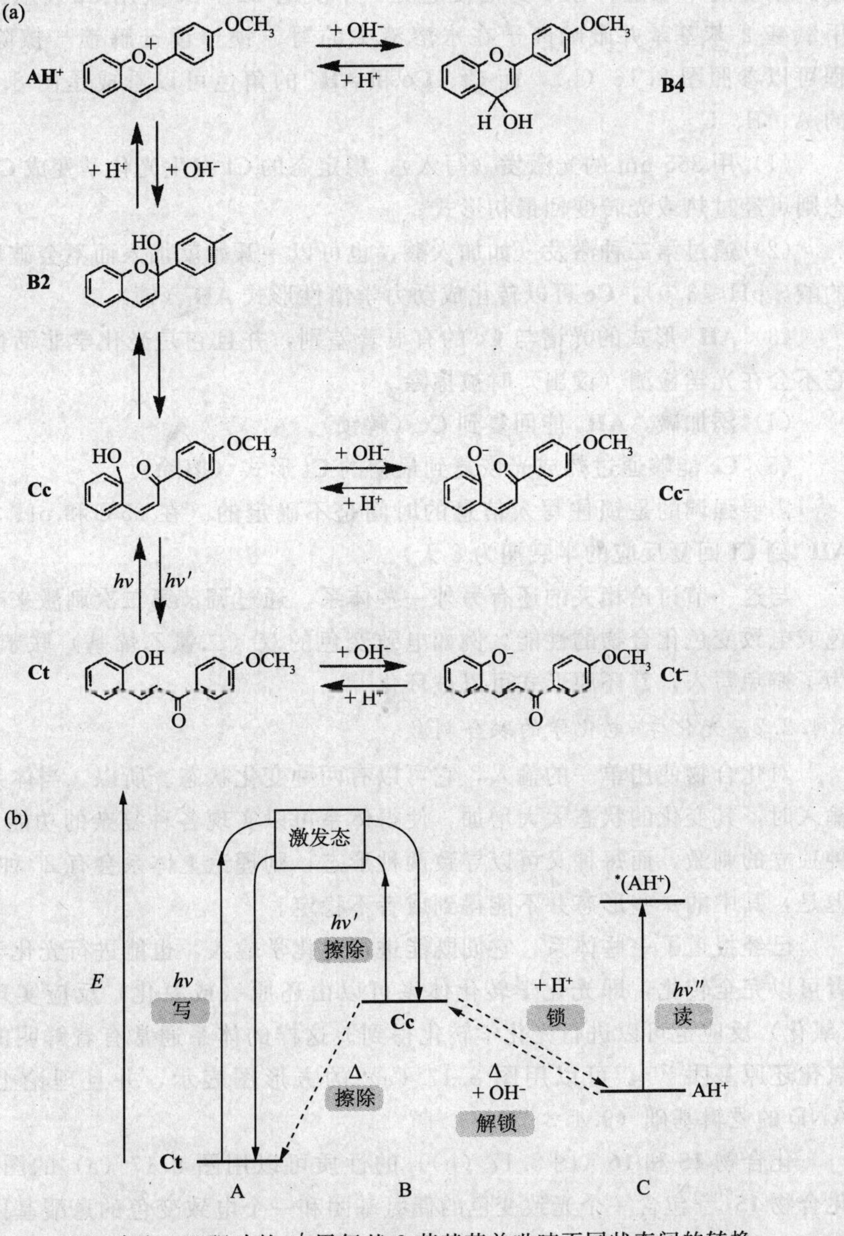

图 8.16 （a）光和 pH 驱动的 4′-甲氧基-2-苯基苯并吡喃不同状态间的转换；（b）4′-甲氧基-2-苯基苯并吡喃阳离子写－锁－读－解锁－擦除的循环示意图[118]

构的变化[118,119]，并常常伴随着较强的颜色变化或消失。**Ct** 和 **Cc** 的形式是查耳酮类化合物的顺式（较稳定）和反式（不稳定）异构体。$\mathbf{AH^+}$ 是苯基苯并吡喃鎓阳离子（它可以在强酸溶液中转变为最稳定的体系）。**B**2 是与 **Cc** 能迅速达到平衡的半缩醛体系（为简便起见，下文的 **B**2＋**Cc** 就用 **Cc** 表示），这个 4′-甲氧基-2-苯基苯并吡喃离子在水溶液中的写－锁－读－解锁－擦除的循环过程可以参照图 8.16（b），而 **Ct**、**Cc** 和 $\mathbf{AH^+}$ 的角色可以看成是图 8.14（c）中的 A、B、C。

（1）用 365 nm 的光激发（写入），稳定态的 **Ct** 发生光化学变成 **Cc** 形式，**Cc** 态则可经过热或光转变回最初形式。

（2）通过第二种激发（如加入酸，也可以一开始就加入而不会破坏体系性质的酸，pH≤3.0），**Cc** 可以转化成动力学惰性形式 $\mathbf{AH^+}$（锁）。

（3）$\mathbf{AH^+}$ 形式的光谱与 **Cc** 的有显著差别，并且它是光化学非活性的，所以它不会在光学检测（读出）时被擦除。

（4）添加碱，$\mathbf{AH^+}$ 能回复到 **Cc**（解锁）。

（5）**Cc** 能够通过热或光恢复到最初的 **Ct** 形式（擦除）。

需要强调的是锁住写入信息的时间是不确定的（在 25℃和 pH 3.0 时，从 $\mathbf{AH^+}$ 到 **Ct** 回复反应的半衰期为 8 天）。

与这一节讨论相关的还有另外一些体系，通过调节第二次刺激来改善光致变色或电致变色化合物的性能。例如电致变色的双（二氰乙烯基）联苯衍生物中，为了避免写入，其还原形式可以被环化[120]。

8.4.2.2 光化学-电化学的联合刺激

对化合物使用单一的输入，它可以有两种变化状态。所以，当体系存在多种输入时，其变化的状态大大增加，使得体系可以实现各种复杂的功能。如果有 n 种独立的刺激，而每种又可以导致两种形态，则理论上体系会有 2^n 种不同形态，但是，其中的一些形态并不能得到或者不稳定。

已经报道了一些体系，它们既能进行电化学输入，也能进行光化学输入，两者可以完全转化，即光化学转化体系可以由还原（或氧化）反应实现，而还原（氧化）反应也可以进行光化学转化得到。这样的体系通常有着鲜明的光活性或氧化还原基团[121]，可以用图 8.17（a）的方形图表示，并且理论上可以用作 AND 的逻辑基础（9.4.3 节）。

化合物 **15** 和 **16**（图 8.17（b））的性质可以用图 8.17（a）的图解来解释。化合物 **15**[122] 包含一个光致变色的偶氮基团和一个电致变色的蒽醌基团，这个偶氮基团可以发生顺反光异构化反应，这与氧化还原态的苯醌/氢醌无关，后者可以进行与偶氮组分异构态无关的电化学开关反应。值得一提的是，苯醌的顺反热异构化速率比氢醌快 30 倍。化合物 **16** 并没有这个非稳定态，因为通过苯醌的电化学反应及芳环的共价光异构化所产生的 4 种状态都十分稳定[123]。

化合物 **17**[124] 和 **18**[125]（图 8.17（c））是由蒽醌分别连接到可光异构化的 1，2-二苯乙烯和二氢甘菊环部分所组成的，利用蒽醌在质子和非质子溶剂中生成的不同还原产物，它们可以得到至少 8 种稳定状态。

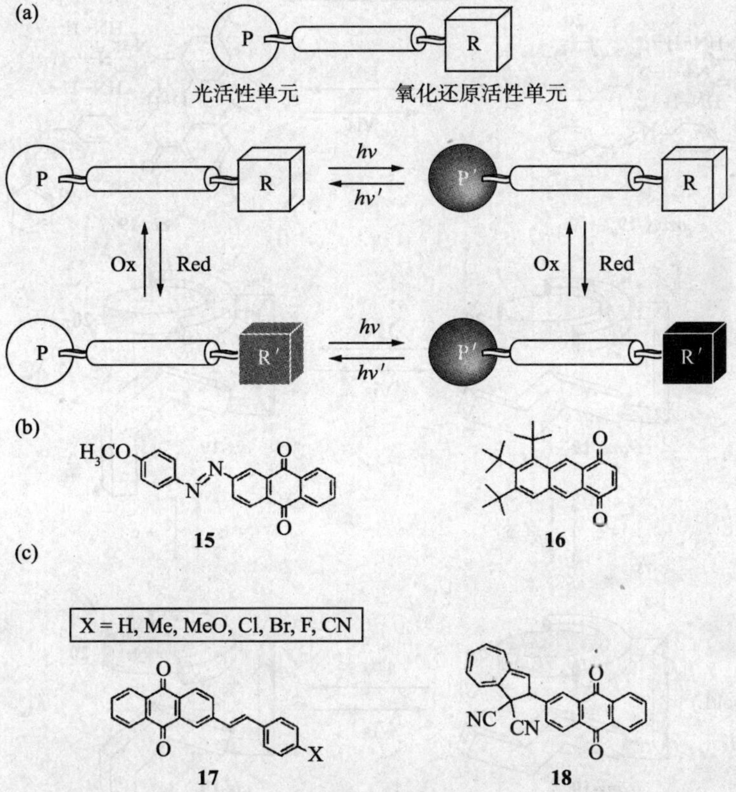

图 8.17　(a) 方形图表示包含具有光活性和氧化还原性单元的体系行为；(b) 表现出 (a) 中所示行为的化合物 **15**[122] 和 **16**[123]；(c) 化合物 **17**[124] 和 **18**[125] 可以具有 8 种不同形态

光化学和电化学输入的联合激发可以用来控制客体的多阶段识别，化合物反-**19**（图 8.18（a））含有一个可光异构化的偶氮苯基团和一个可组成氢键的部分[126]。这个化合物能够作为客体 **20**（萘酰二亚胺）的主体，其中萘酰二亚胺有 3 种稳定的氧化态（**20**，**20**$^{-}$，**20**$^{2-}$）。如图 8.18（b）中所示，这种主-客体系有 6 种可能的键合态。因为失去了异构化的最佳堆积作用力，顺-**19** 的结合常数为反-**19** 的 **1/16**（通过在 $CDCl_3$ 中测定 NMR 谱）。电化学电势被用来测定各种氧化还原对的结合常数，该常数可跨越 70 倍的范围。

另一个有趣的多模式光致变色开关是芳香杂化的二氢甘菊环戊二烯（DHA－VHF）体系[127]。DHA 基团可以发生光致变色行为；芳香杂环基团可以进行可逆氧化；DHA－VHF 基团可以进行不可逆还原。

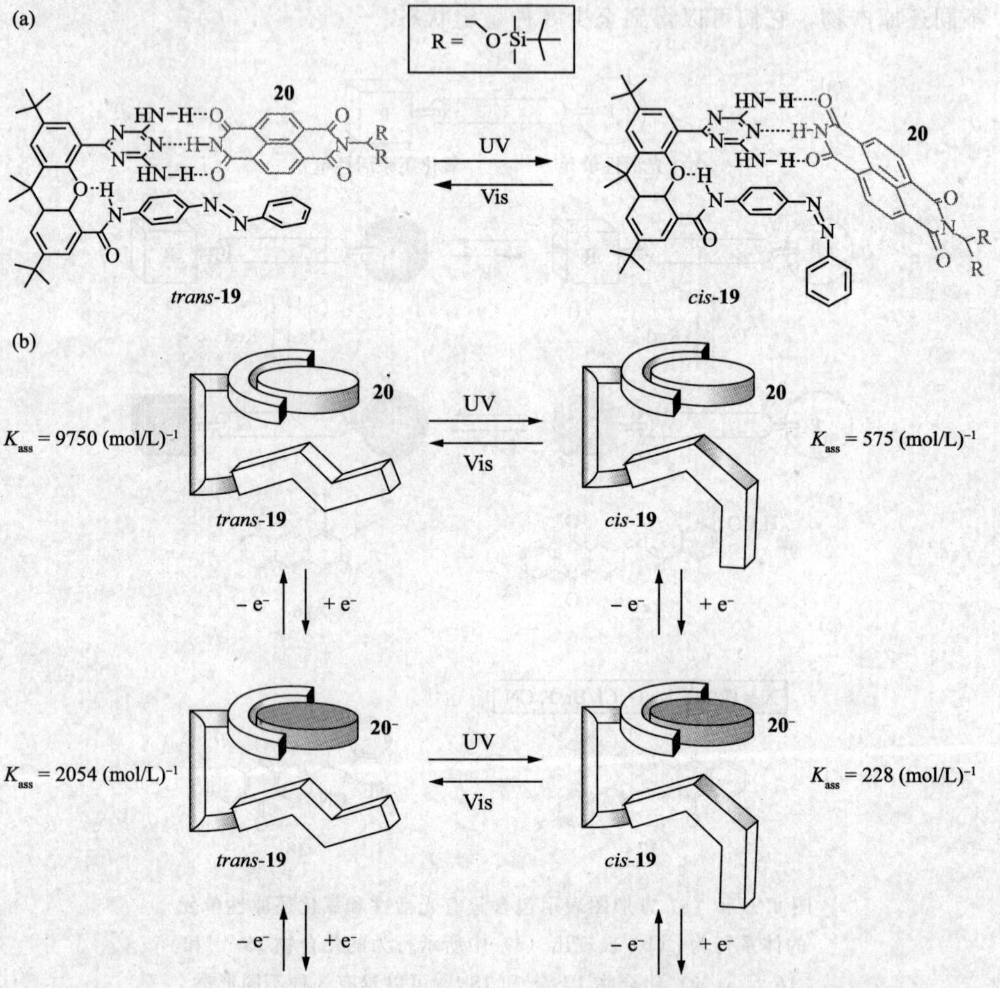

图 8.18　主－客体开关体系（a）及其 6 个状态（b）

人们也制备和研究了既有光电性能又有光致变色性质的双功能薄膜[128]。这些薄膜由可作为光致变色成分的萘并螺吲哚噁嗪衍生物和硝基螺吡喃类衍生物组成，能够通过适当的电场来调节薄膜光的透过率以及发生变色。

8.4.2.3　光化学与（酸-碱）联合刺激

人们通常也会将光化学输入与酸碱反应作为体系的联合刺激。

光致变色体系中一个总的问题是其初始态形式（如图 8.16（a）中 2-苯基苯并吡喃化合物的 **Ct** 状态）具有光活性的体系，所以若没有输入，它就不能通过吸收光谱读出。而在 4′-羟基-2-苯基苯并吡喃体系中，可以通过去质子化反应生成顺式和反式异构体的一价或二价负离子（如图 8.19 所示），所以从 $\mathbf{AH^+}$ 开始（其在 pH1 时稳定）进行如图 8.20（a）所示的循环时，就可以解决这一困难[115]。因为 $\mathbf{AH^+}$ 不是光敏感物质，它就可以在不写入的情况下通过光激发被读

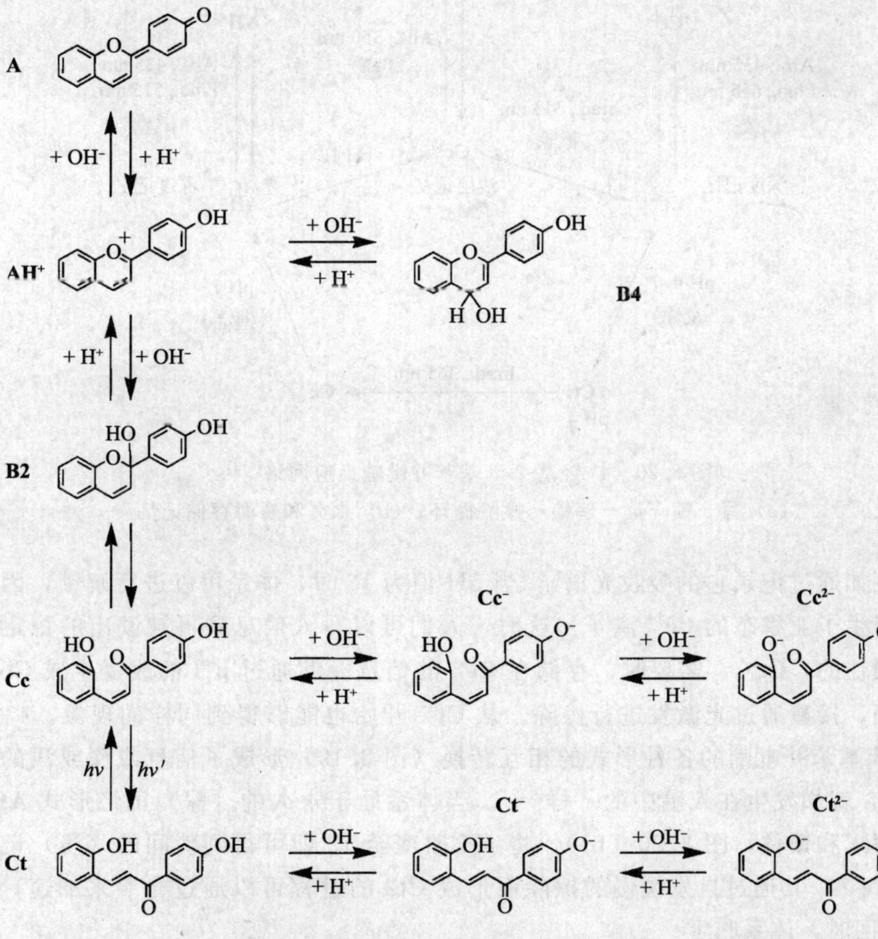

图 8.19　在 4′-羟基-2-苯基苯并吡喃的各种状态中光和 pH 驱动的相互转换

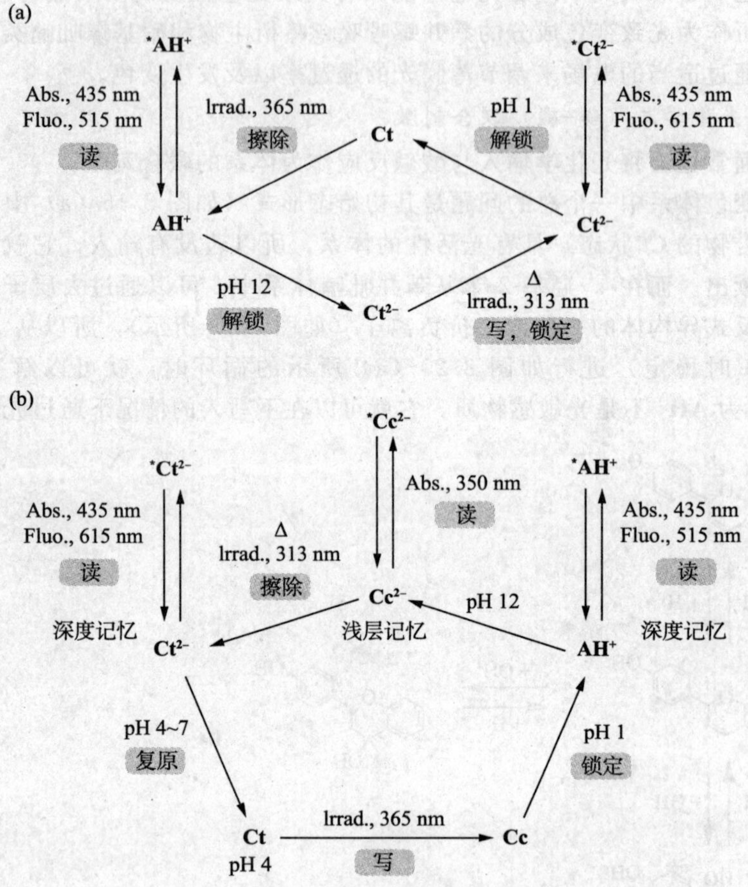

图 8.20　4′-羟基-2-苯基苯并吡喃反应网络[115]：

(a) 写一锁一读一解锁一擦除循环；(b) 永久和暂时存储记忆

出（例如通过记录它的吸收光谱），当 pH 值为 12 时，体系可以进行解锁，因为这时产生了亚稳态的 $\mathbf{Cc}^{2-}$ 离子。这时，人们可以写入信息到可被读出的稳定状态（锁住的）$\mathbf{Ct}^{2-}$。需要时，存储在 $\mathbf{Ct}^{2-}$ 的信息能够通过 pH 的改变生成 **Ct** 而被解锁，接着通过光激发进行擦除。从 $\mathbf{Ct}^{2-}$ 开始也能够得到同样的现象。4′-羰基-2-苯基苯并吡喃的各种形式的相互转换（图 8.19）形成了信息或深或浅的记忆[115]，就如发生在人脑中的一样[129]。当体系处于永久的（深）记忆形式 $\mathbf{AH}^{+}$ 时（写入和锁住，图 8.20（b）），将 pH 改变至 12 即可得到瞬间的（浅）记忆状态 $\mathbf{Cc}^{2-}$，其通过自发缓慢的擦除而形成 Ct2 的过程可以通过光照来加速，当 pH 返回时，体系归零。

多态-多功能体系具有复杂而有趣的反应网络，未取代的 4′-羟基-2-苯基苯并吡喃[117]，除了与图 8.16（b）所示的相似的循环外，也可以发生另一个基于阴离子体系（在碱性介质中存在）的循环（图 8.21）。后者循环在 pH＝11 时以 **Ct**⁻ 的形式开始，它不是光敏感的，并且在无输入时便可以读出。接着可以进行两种不同路径的变化：第一条路径是 pH 改变到 6 时，生成 **Ct**，可按前述过程进行；第二种路径发生在 pH 从 11 变为 0 时，生成的 **Ct** 可以进行光化学写入而生成 **AH**$^+$（因为 pH 低而被锁住），在这种形式，信息可以被永久的存储且读出时不会被擦除，因为 **AH**$^+$ 是热力学和光化学稳定的。当需要 **AH**$^+$ 进行解锁时，就可以通过将 pH 改变到 11 来完成，这时会发生热力学擦除，重新生成 **Ct**$^-$。这个循环的优点在于无需通过写入或擦除就能在初态（非写入态）和终态（写入态）读出体系的信息。**Ct**$^-$ 比 **Ct** 更稳定，所以体系的耐久性会更好。这个体系的一个缺点是自锁（和自解锁）不能发生，所以必须改变每个循环的 pH。对 2-苯基苯并吡喃型的多态—多功能体系的其他特殊性质已经有人进行了综述[118]。

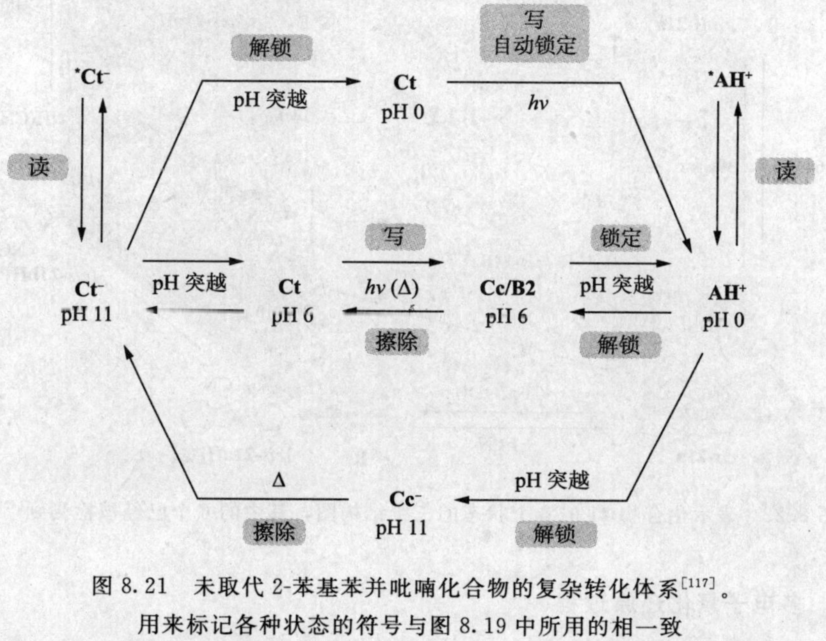

图 8.21　未取代 2-苯基苯并吡喃化合物的复杂转化体系[117]。
用来标记各种状态的符号与图 8.19 中所用的相一致

如图 8.22 所示的化合物 **21** 是由 3 个具有独立寻址能力的单元组成：

• 一个四乙炔基乙烯核（DMA），它能在顺式和反式间发生可逆的光异构化；

• 先前已看到的二羟基甘菊环（DMA）基团，它能可逆地光异构化为乙烯基七亚甲基环戊二烯（VHF）；

• 一个对质子化敏感的 *N*，*N*-二甲基苯胺（DMA）成分[130]。

因为有这 3 种可能的开关过程，理论上这一体系具有 8 种可以相互转换的状态，它们可以用图 8.22 所示的三维空间图形来表示，人们已经检测到了其中的 6 种状态和一些个别的相互转化过程，这就使得体系能够进行 3 种写一擦过程和一种“AND”逻辑门模式（*trans*-**14a**/[*trans*-**14aH**]$^+$/[*trans*-**14b**H]$^+$）。TEE 的异构化完全在光驱动下进行，但是其反应并不完全，并且以 VHF→DHA 的热异构化速率非常快。

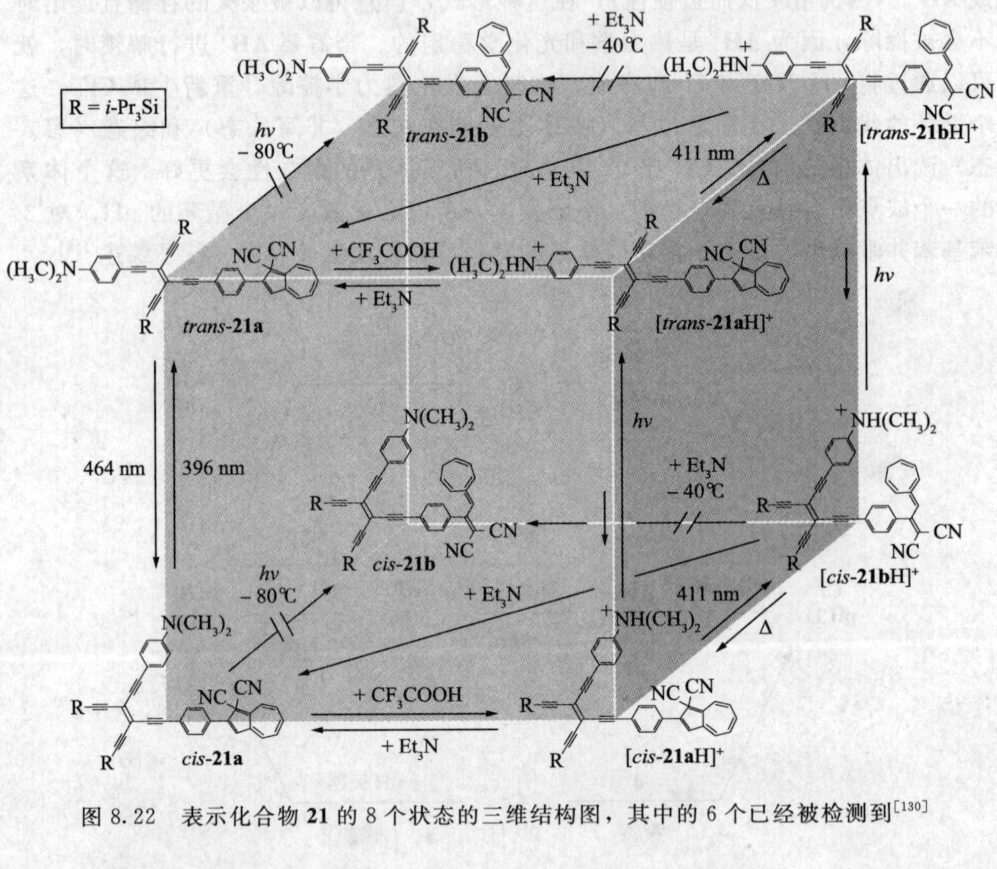

图 8.22　表示化合物 **21** 的 8 个状态的三维结构图，其中的 6 个已经被检测到[130]

8.4.3　多电子氧化还原过程

如在 8.2.2 节所提到的，即使是在简单的化合物中，电化学激发也可以导致一些同时或者逐步发生的开关过程。除了金属络合物（图 8.3），其他的有机分子体系也可能有这些性质，如甲基紫精 MV^{2+}（1，1′-二甲基-4，4′-二吡啶的二价阳离子）可以进行两个连续可逆的单电子还原[131]，四硫富瓦烯（TTF）可以被可逆氧化到 TTF^+ 和 TTF^{2+} 形式[132]；而足球烯（C_{60}）的伏安图表示有 6 个等价独立的可逆还原过程（图 8.23）[133]。

最近几年超分子化学的发展使得人们可以设计和制备各种化合物，如多核金属络合物[134]和树枝状大分子[18a,135-148]等，它们能交换许多电子。这类多氧化还原体系包括：

- 相同的但不相互作用的氧化还原单体，每个都能在相同的势能下进行单电子氧化还原反应；
- 不相同的氧化还原单体可以在不同势能下交换电子，从而产生复杂的氧化还原模式。

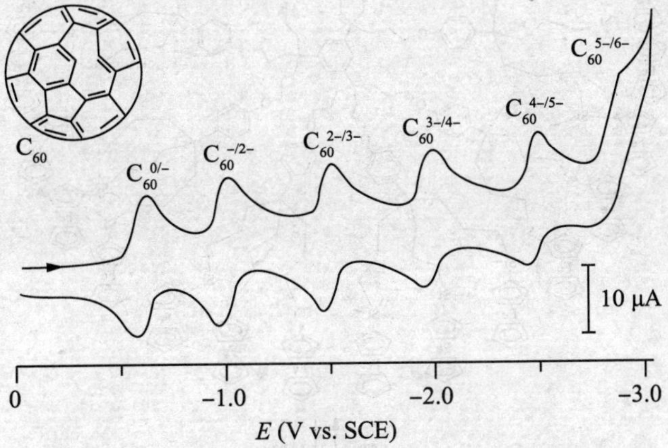

图 8.23 C_{60}还原的循环伏安图（乙腈：甲苯＝1：5；－10℃）[133]

这两种体系在催化、分子识别、能量转化和信息处理过程中都能得到应用。

8.4.3.1 具有相同氧化还原单体的体系

众所周知，含有适当氧化还原活性取代基的聚合物，可以在相同势能下交换许多电子，如二茂铁[149]。但是聚合物一般都无法进行精确的定义。最近十年人们已经精确地制备了许多具有相同而且不会相互作用的氧化还原单体的树枝状大分子。

二茂铁是众所周知的简单的化合物，其在一个正常电势（＋0.390 V，相对于 SCE 在乙腈中）下可以发生可逆的单电子氧化，目前已被广泛地用来进行树枝状大分子的边缘功能化[150,151]。人们合成了包含 27（图 8.24）[151d]，54，81 和 243 个二茂铁单体的树状化合物，并研究了它们的电化学性质。其中二茂铁单体在相同势能下能被可逆地氧化，同时体系中可以交换许多电子，其数量在实验误差范围内与边缘的二茂铁单体相等（树状化合物包含 243 个单体，发生交换的电子数量是 250±30）。二茂铁的氧化电势与树枝状化合物的代数几乎无关，这就说明二茂铁单体间相互独立。氧化产物难溶于 CH_2Cl_2 溶液中而沉积在电极表面。最近报道了一种含 64 个二茂铁单元的树枝状化合物，它能够在－30℃的甲苯中化学计量地还原 C_{60}[151e]。

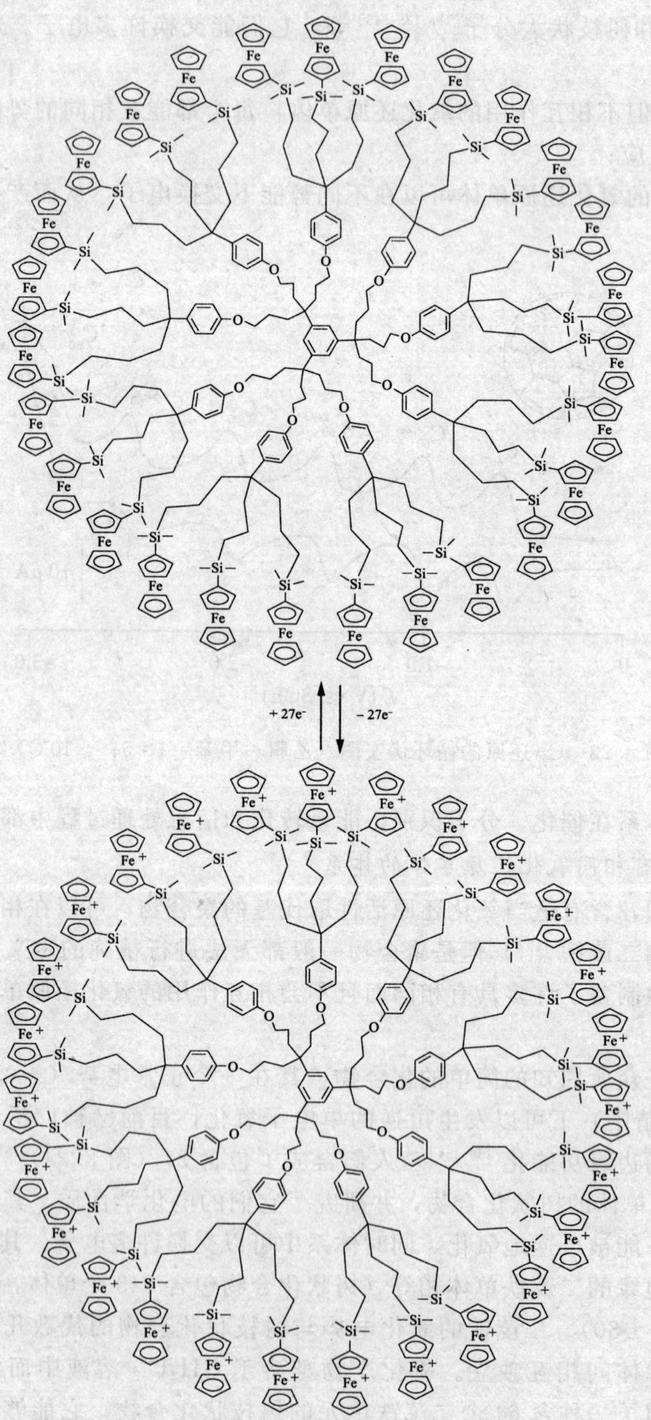

图 8.24　在树枝状大分子中二茂铁单体同时被氧化[151d]

这种电子多稳态的氧化还原化合物可以被看成是用于分子电路中的分子电池[151d,e]。它们还能被直接或者经电极沉积后用作多电子转移催化剂[152]和传感器[511a,153,154]。此外，人们也已研究了边缘用二茂钴单体[155]或二茂铁和二茂钴两单体[156]来功能化的树枝状大分子，包括后者与环糊精组成的包结物[150b,155a]。

能可逆地单氧化或双氧化（相对于 Ag/AgCl 分别是+0.34 和+0.78 V）的四硫富瓦烯（TTF）已广泛应用于制备具有氧化还原活性的树枝状大分子中。目前已经合成了边缘含有 12[157a,b]，21[157c]，24，48 和 96[158]个 TTF 的此类分子。96-TTF 树枝状大分子的氧化生成了具有 192 个正电荷的多阳离子型化合物。用冠醚-TTF 功能单体修饰树枝状大分子可以制备用于感应金属阳离子的大分子修饰电极[158]。在含有 TTF 单体的树枝状大分子中，所有的 TTF 单体会同时发生氧化，不管它们是在核中还是在边缘部分[159]（如 **22**，图 8.25）。人们也已合成了另一类的树枝状大分子（如 **23**，图 8.25），其中两个分支上连有电子给体 TTF，而另一个上连有一个蒽醌（AQ）电子受体[160]。树枝状大分子内部电子给体和受体的相互作用是很小的。在乙腈中测试的循环伏安图上有两个氧化峰（TTF）和两个还原峰（AQ），其在本质上都是可逆的，并且电子交换的数量与树枝状大分子中氧化还原活性单体相一致。因此，这些化合物能在阳离子和阴离子的状态下进行可逆的开关控制，在化合物 **23** 中可以明显地观察到+16，+8，－4，和－8 这几个状态。

目前人们已经制备了含有 21 个[161]和 45 个[162]4，4′-二吡啶单体的树枝状大分子（如 $\mathbf{24}^{42+}$，图 8.26），并研究了它们的电化学行为。化合物 $\mathbf{24}^{42+}$ 含有 21 个 4，4′-二吡啶单体[161]。人们发现，$\mathbf{24}^{42+}$ 只有一部分单体被还原。即 14 个单体在电化学实验（MeCN 溶液中），9 个单体被二（苯）铬还原（McCN 溶液），13 个单体在作为光敏剂的 9-甲基蒽和作为还原剂的 CH_2Cl_2 溶液中通过光诱导传输电子。结果表明，随着一小部分二吡啶单体被还原，树枝状大分子的结构慢慢缩小，导致的结果是大体积的终端基团保护了其他的单体不被还原。有趣的是，在 CH_2Cl_2 溶液中，含有 9 或 21 个二吡啶单体的树枝状大分子能和红色染料的二价阴离子形成强的主客体络合物[163]。滴定实验表明，树枝状大分子中每个二吡啶单体与红色染料的二价阴离子相结合，因此在主树枝状大分子中的客体分子的位置很容易被确定。通过增加氯离子或恢复被银离子沉淀的氯离子，可以破坏主客体的相互作用。

另外，也有人报道了用富勒烯进行边缘功能化的小树枝状分子体系[164,165]。

8.4.3.2 具有不同氧化还原单体的体系

在复杂系统中也可以同时存在多个相同或者不同的可以相互作用的氧化还原单体，它们可以在不同势能下进行电子交换，产生特征的氧化还原状态。

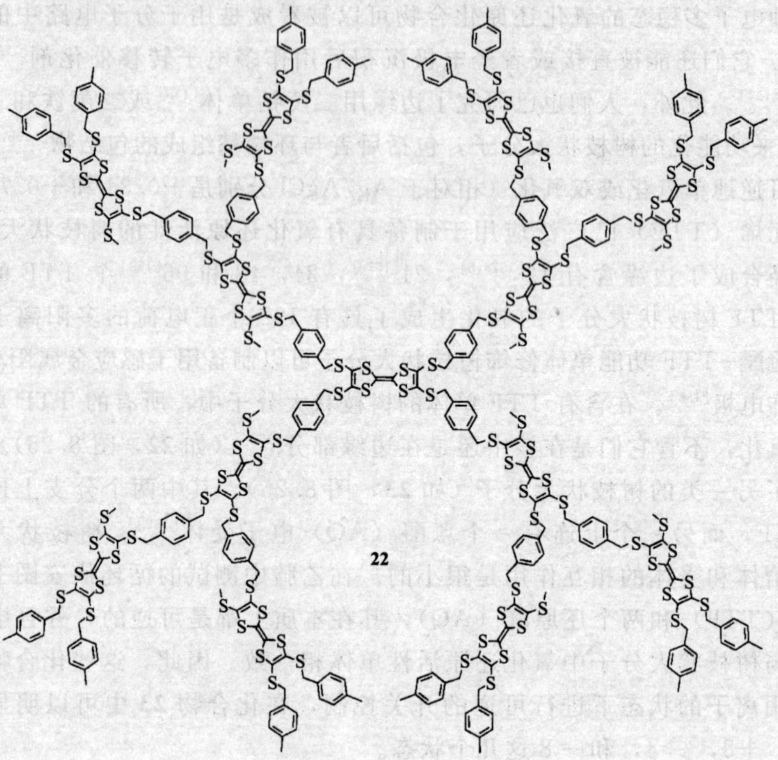

22

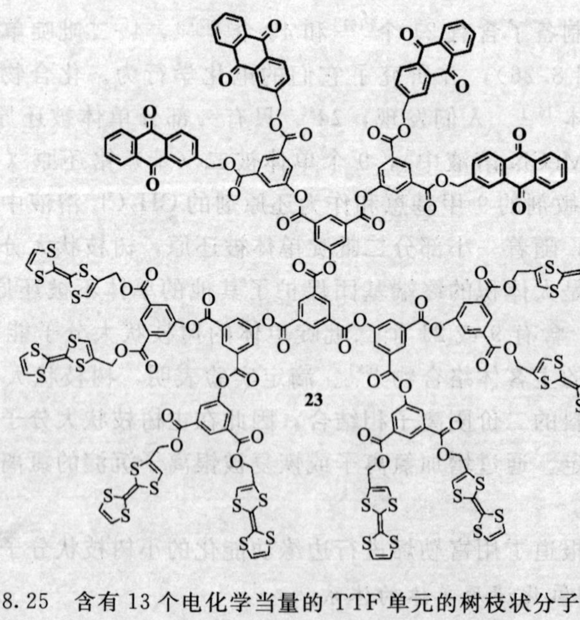

23

图 8.25　含有 13 个电化学当量的 TTF 单元的树枝状分子 **22**[159]；
树枝状分子 **23** 的两个分支带有给电子体 TTF 单元，另一个
分支带有受电子体蒽醌（AQ）[160]

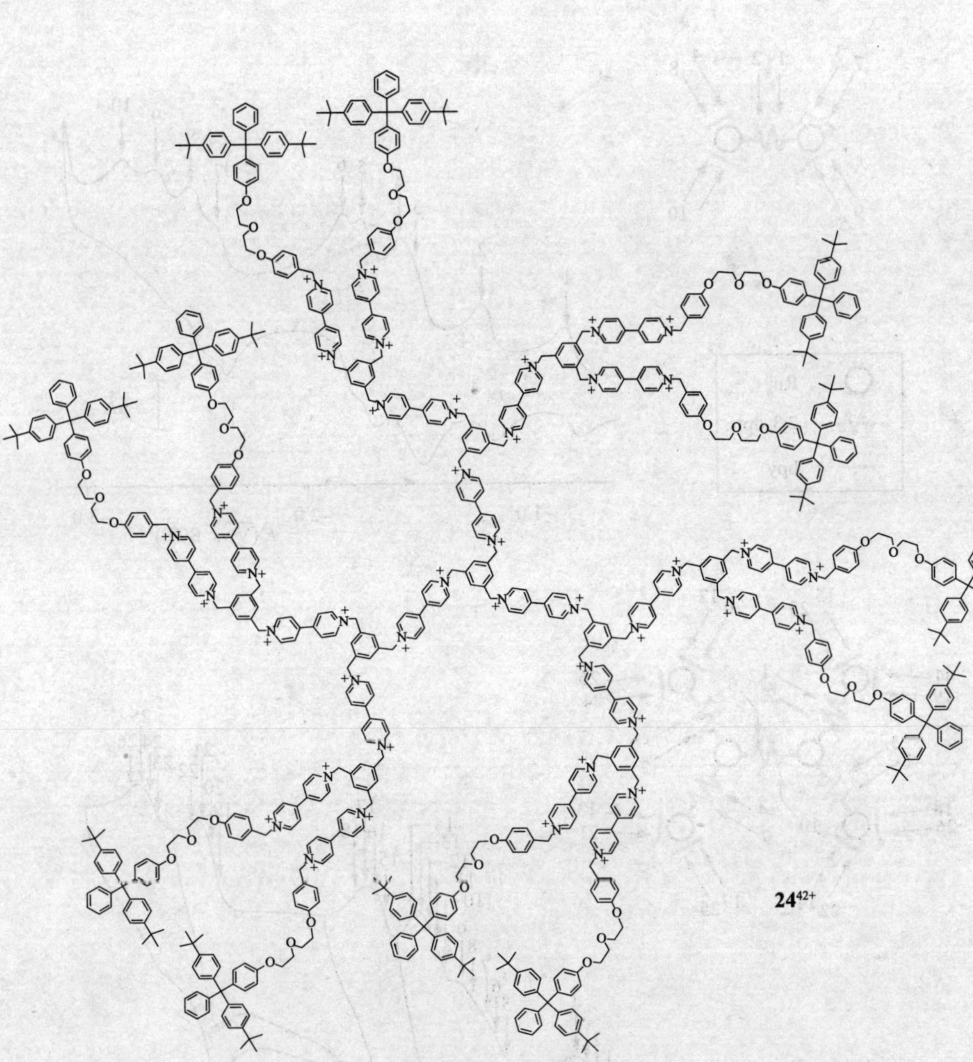

24^{42+}

图 8.26　含有 21 个电化学当量的 4，4′-二吡啶离子单元的树枝状分子 17^{42+}[161]

这类体系中特别有趣的是以二吡啶配位的单核金属络合物[134,137,166,167]，其中研究得最为广泛的是前述作为光收集天线的体系（6.3.2 节）如图 5.11 所示。在这些化合物中，每个金属中心都能进行一次或两次氧化过程，每个配位体能进行两次或两次以上的还原过程。因为桥配体能够使得金属中心之间进行电子相互作用，所以即使是化学性质和空间位置完全相同的单体也会有不同的氧化还原行为，这就使得体系的氧化还原性质显得特别复杂。

图 8.27 所示的是双核 $[(bpy)_2Ru(2,3\text{-dpp})Ru(bpy)_2]^{4+}$ 和六核 $[\{(bpy)_2Ru(2,3\text{-dpp})\}_2Ru(2,3\text{-dpp})Ru\{(2,3\text{-dpp})Ru(bpy)_2\}_2]^{12+}$ 络合物在－55℃下的 *N*，*N*-二甲基甲酰胺溶液中进行还原后得到的循环伏安（CV）

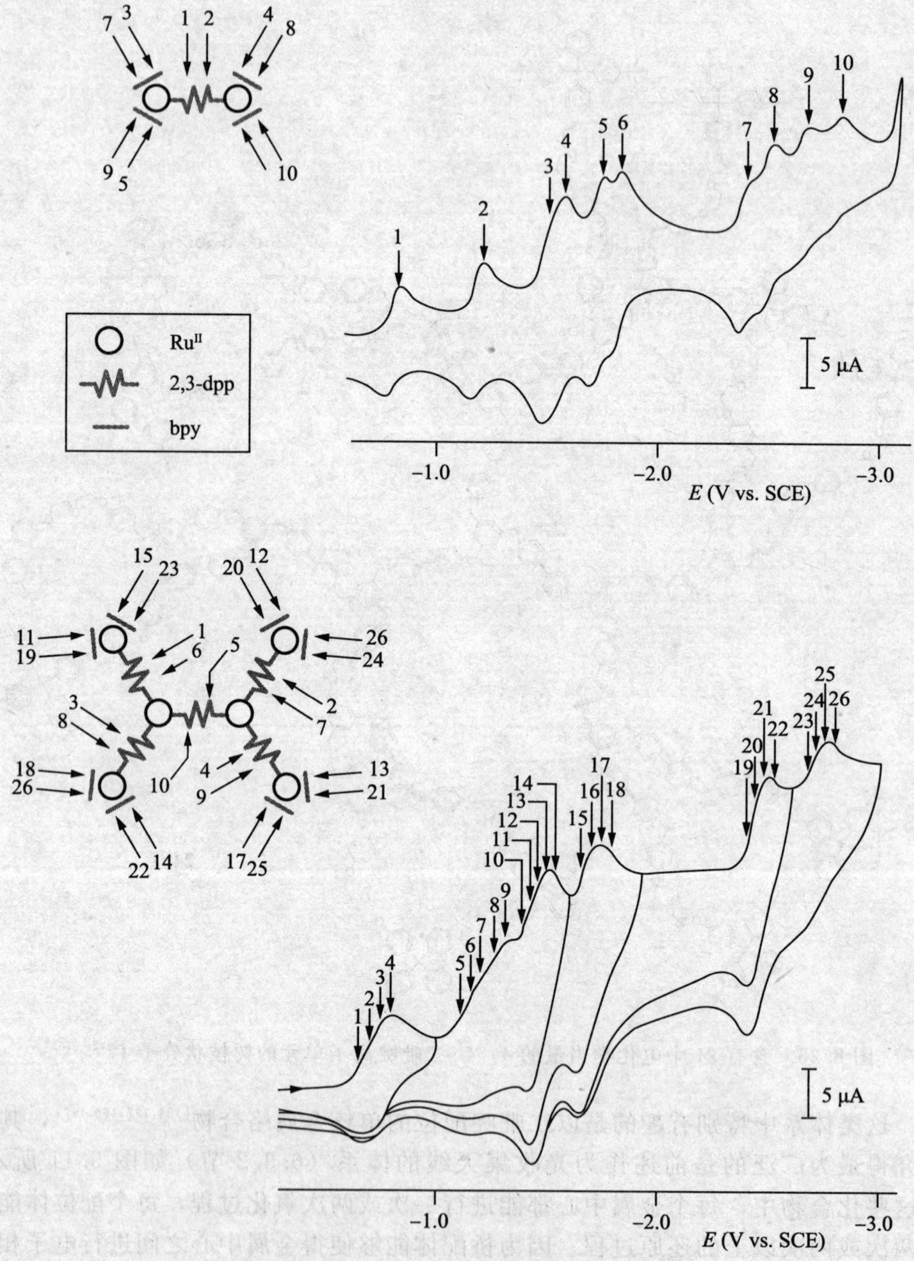

图 8.27　双核［$(bpy)_2Ru(2, 3\text{-}dpp)Ru(bpy)_2$］$^{4+}$和六核［$\{(bpy)_2Ru(2, 3\text{-}dpp)\}_2Ru(2, 3\text{-}dpp)Ru\{(2, 3\text{-}dpp)Ru(bpy)_2\}_2$］$^{12+}$络合物在−55℃下的 *N*，*N*-二甲基甲酰胺溶液中进行还原后得到的循环伏安（CV）图[168]

图[168]。在后者中可以交换 26 个电子，所有过程的设计都能够基于一、二、三以及四核化合物的还原形态而得到。图 6.12 中所示的组分也已可以被用来构建含有 10，13 和 22 个金属中心的树枝状大分子，除了用于光收集天线外还可以进行许多氧化还原过程。其中，当体系被还原时，可以观察到许多较难归属的重叠波。而氧化过程则相对简单，可以通过体系组分的合成控制来预测得到。因而可以通过在特定电势下实现特定数量电子的可逆交换[169-171]，图 8.28 给出十核树枝状分子的例子。对于 Ru_{10} 树枝状分子 [Ru{(2，3-dpp) Ru[(2，3-dpp)Ru(bpy)$_2$]$_2$}$_3$]$^{20+}$，其第一个氧化过程包括在相同电势下（+1.35 V，相对于 SCE）交换 6 个电子，相应于边缘 6 个 Ru(Ⅱ) 离子的同时氧化。而对于 [Os{(2，3-dpp) Ru [(2，3-dpp)Ru(bpy)$_2$]$_2$}$_3$]$^{20+}$（Ru_9Os，图 8.28），Os(Ⅱ) 离子的氧化发生在 6 个边缘 Ru(Ⅱ) 离子之间，电子交换方式是 1∶6（即在 +1.35 V 下发生单电子氧化，接着在 +1.55 V 下发生六电子氧化）。最后，在 [Os{ (2，3-dpp) Ru[(2，3-dpp)Ru(bpy)$_2$]$_2$}$_3$]$^{20+}$（Ru_3Os_7，图 8.28）体系的金属核心是 Os(Ⅱ)，连接位置上有 3 个 Ru(Ⅱ) 单元，边缘连有 6 个以 Os(Ⅱ) 为中心的基团，其氧化过程从周围 6 个 Os(Ⅱ) 离子的氧化开始，然后是位于中心的 Os(Ⅱ) 离子，电子交换是以产生 6∶1 的形式进行的（即先在 +1.05 V 下发生一个六电子过程，在 +1.39 V 下发生单电子过程），不同于 Ru_9Os 的 1∶6 方式。在 −70℃ 的液态 SO_2 中，所有的金属离子都可以被氧化[172]。在更大的树枝状分子中，相同基团的数量变得更多，因此会出现各种电荷交换形式。在由 Os(Ⅱ) 和 21 个 Ru(Ⅱ) 配体结构组成的多核树枝状分子中，由 Os(Ⅱ) 离子的氧化而在 +1.42 V 的电势下发生单电子转移过程，接着在 +1.54 V下由于 12 个相同并相互独立的边缘Ru(Ⅱ) 单元的同时氧化而发生十二电子转移[171]。

在包含以硅桥键相连的双二茂铁单元的树枝状分子中，电子间的相互作用同样存在于两个二茂铁结构单元中[173]。

复杂氧化还原模式有时也存在于多核栅条型低聚吡啶络合物中。由 4，6-二(2，2′-吡啶) -2-苯基喹啉配体的四核 Co(Ⅱ) 体系中，通过 10 步可逆过程可以发生 11 个电子的交换[174]。

另一类可用于通过氧化还原来进行多位信息存储的物质是卟啉[175]类化合物。人们对卟啉[176]和二茂铁-卟啉[177]类化合物进行了系统的研究，以期构造适于实际应用的金表面自组装单层（SAM）[178,179]。有人合成并表征了包括铕和卟啉的三层夹心型的络合物[179]。对这类化合物 SAM 的电化学研究可以看出，在适当的电位下，体系存在 3 个清晰的可逆氧化峰。

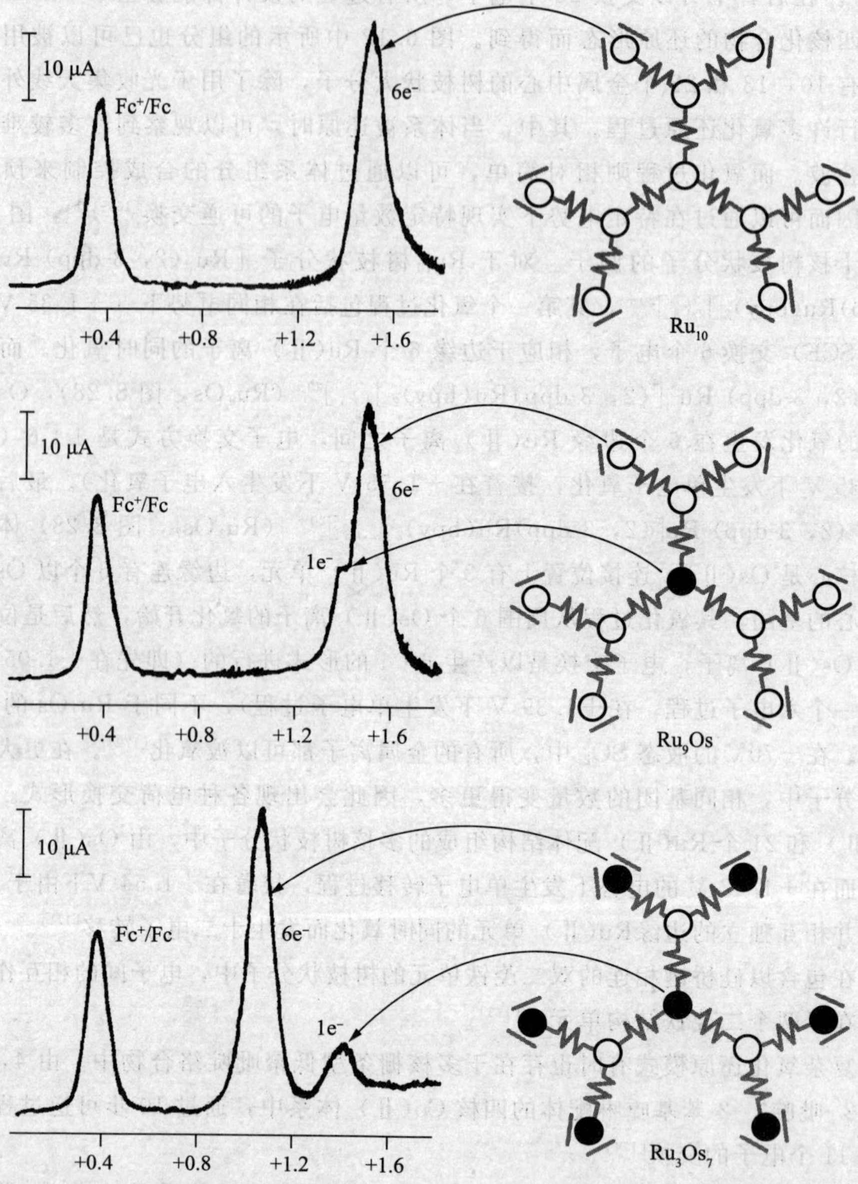

图 8.28　3 个十核的树枝状大分子体系在不同脉冲电压下的氧化还原状态图[169-171]。二茂铁单元氧化的 Fe^{+}/Fe 峰作为内标；所用的符号与图 5.11 中的相同

8.4.4　电化学输入与化学输入的联合使用

电化学输入不仅可以与光化学输入联合使用（8.4.2.2 节），也可以与化学

刺激相结合[12,18b,43,180-182]。这种在氧化还原和分子识别间相互作用的模拟生物过程可以用来调节各种变化的发生。

包含黄素辅助因子 FAD 和 FMN 的黄素蛋白是一种经常发生氧化还原的生物酶，形成氧化还原电位的变化幅度甚至会超过约 500 mV[183]。这是由各种相互作用引起的，包括氢键，芳环堆积，空间及偶极化作用等。为了更好地了解这些制约因素，人们制备并研究了许多模拟体系[184-186]并设计了一个第 2 章中介绍的（图 2.9）的体系。

有人构建了一种能够用于调节钠离子识别的体系[187]，其主要结构是两种具有氧化还原活性的二茂铁配体 **25** 和 **26**$^+$（图 8.29）。如图 8.29（b）所示，在乙腈溶液中加入等物质的量的 **26**$^+$ 和 **25** 的钠离子络合物，再加入两倍量的 Zn^+ 会生成 **26**$^+$ 的 Zn^{2+} 离子络合物，这时氨基二茂铁 **26**$^+$ 转变为强氧化剂，能定量地氧化［**25**. Na］$^+$。被氧化的氧杂二茂铁穴状物与自由 Na^+ 的亲和力大大减弱。在反应混合物中加入一种能置换出［**26**. Zn_2］$^{5+}$ 中 Zn^{2+} 的强配体就可以重新恢复二茂铁穴状物对钠离子的结合能力。

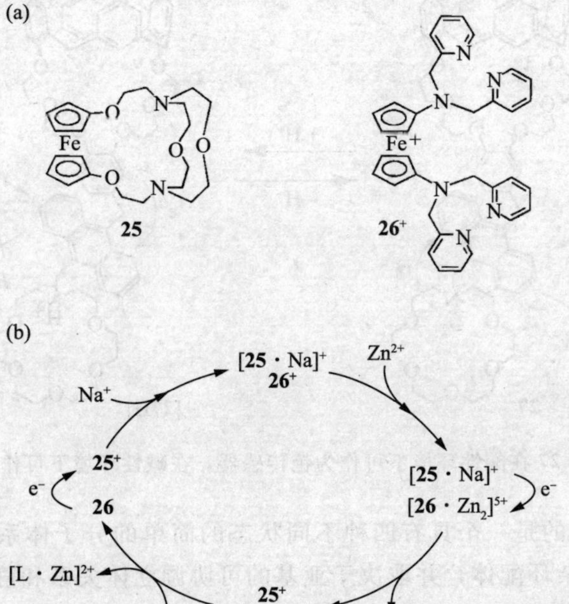

图 8.29　钠离子结合的调节体系[187]。(a) 基于二茂铁的还原活性体系；(b) 循环中的各个步骤

质子化和氧化还原控制光化学和电化学发光已经成功应用在苯硫基替代的硼-二吡咯亚甲基染料上[188]。

8.4.5 多种化学输入

人们也构建了基于多种化学输入下的开关体系，如图 8.30 所示的一个有趣的例子[103]。超分子体系 **27** 由一个与蒽相连的氮杂环冠醚以及一个杯芳烃状冠醚组成，其中，前者对 K^+ 有较强的络合能力，在氮上还能进行质子化，后者对 Cs^+ 具有较强亲和力。在体系 **27** 中，蒽的荧光被来自氨基的光诱导电子转移所淬灭，而与 Cs^+ 的络合并没有明显的效果。**27** 经氨基的质子化后，由于杯芳烃中的二苯氧基部分产生的光诱导电子转移猝灭作用，其荧光强度并不会有太大的增加（图 8.30）。而将 Cs^+ 引入［**27**H］$^+$ 中可以使荧光增加 4 倍。相反地，K^+ 能使 **27** 的荧光强度增加 7 倍，而对［**27**H］$^+$ 却没有作用。因此，这类化合物可以从一种酸性环境的铯传感器转变为一种在碱性环境中的钾传感器。

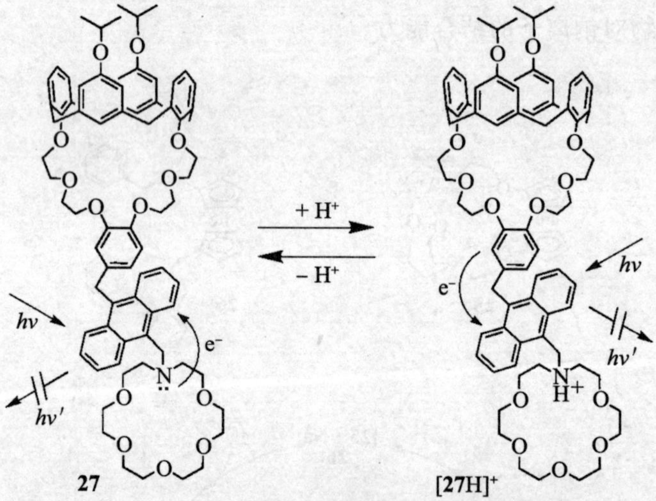

图 8.30　化合物 **27** 在酸性环境下可作为铯传感器，在碱性环境下可作为钾传感器

图 8.31 所示的是一个具有四种不同状态的简单的分子体系。它是一种基于金属离子和三元杂环配体，并取决于亚基的可协调立体关系和静电性能这两种不同约束力的选择性络合物。亚基分别与 Cu(Ⅰ) 以双齿结合成四面体或与Zn(Ⅱ) 以三齿结合成八面体时会引起其自身构型的变化。络合物立体形状的改变控制了分子体系的四种不同状态，使其显示出不同的属性。

3-邻二氮杂菲钌与两个氮杂冠醚结合为配体，可以作为一个有四通道的传感器[191]。通过吸收、光致发光、电化学光谱法和循环伏安法，可以实现选择性和定量性地分析 Pb^{2+}，Cu^+ 和 Hg^{2+}。

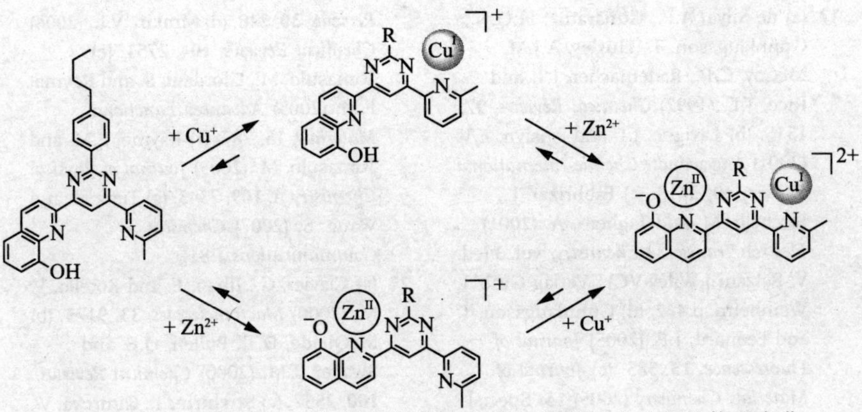

图 8.31　配体通过与 Cu^+ 和 Zn^{2+} 有选择性、协调结合引起的构型变化

参考文献

1 Feringa, B.L. (ed.) (2008) *Molecular Switches*, 2nd edition, Wiley-VCH Verlag GmbH, Weinheim, vol. 1–2.

2 Balzani, V. and Scandola, F. (1991) *Supramolecular Photochemistry*, Horwood, Chichester.

3 Ward, M.D. (1997) *Chemistry & Industry*, 640.

4 Balzani, V., Credi, A. and Venturi, M. (1999) *Supramolecular Science: Where It is and Where It is Going* (eds R. Ungaro and E. Dalcanale), Kluwer, Dordrecht, p.1.

5 Ward, M.D. (2001) *Journal of Chemical Education*, **78**, 323.

6 (a) Rouvray, D. (1998) *Chemistry in Britain*, **34** (2), 26. (b) Ball, P. (2000) *Nature*, **406**, 118. (c) Dagani, R. (2000) *Chemical & Engineering News*, **78** (42), 27. (d) Pease, A.R. and Stoddart, J.F. (2001) *Structure and Bonding*, **99**, 189. (e) Ballardini, R., Ceroni, P., Credi, A., Gandolfi, M.T., Maestri, M., Semeraro, M., Venturi, M. and Balzani, V. (2007) *Advanced Functional Materials*, **17**, 740. (f) Credi, A. (2007) *Angewandte Chemie-International Edition*, **46**, 5472.

7 Gust, D., Moore, T.A. and Moore, A.L. (2006) *Chemical Communications*, 1169.

8 Kay, E.R., Leigh, D.A. and Zerbetto, F. (2007) *Angewandte Chemie-International Edition*, **46**, 5472.

9 (a) Zander, Ch., Enderlein, J. and Keller, R.A. (eds) (2002) *Single Molecule Detection in Solution*, Wiley-VCH Verlag GmbH, Weinheim. (b) Samorì, P. (ed.) (2006) *Scanning Probe Microscopies Beyond Imaging: Manipulation of Molecules and Nanostructures*, Wiley-VCH Verlag GmbH, Weinheim.

10 Ramamurthy, V. and Schanze, K.S. (eds) (2001) *Optical Switches and Sensors*, Dekker, New York.

11 Valeur, B. and Brochon, J.-C. (eds) (2001) *New Trends in Fluorescence Spectroscopy: Applications to Chemical and Life Sciences*, Springer, Berlin.

12 Kaifer, A.E. and Gómez-Kaifer, M. (1999) *Supramolecular Electrochemistry*, Wiley-VCH Verlag GmbH, Weinheim.

13 Crano, J.C. and Guglielmetti, R.J. (eds) (1998/1999) *Organic Photochromic and Thermochromic Compounds*, vols 1 and 2, Plenum Press, New York.

14 Monk, P.M.S., Mortimer, R.J. and Rosseinsky, D.R. (1995) *Electrochromism: Fundamentals and Applications*, VCH, Weinheim.

15 Irie, M. (1994) *Photoreactive Materials for Ultrahigh-Density Optical Memories*, Elsevier, Amsterdam.

16 Dürr, H. and Bouas-Laurent, H. (eds) (2003) *Photochromism: Molecules and Systems*, Elsevier, Amsterdam.

17 (a) de Silva, A.P., Gunaratne, H.Q.N., Gunnlaugsson, T., Huxley, A.J.M., McCoy, C.P., Rademacher, J.T. and Rice, T.E. (1997) *Chemical Reviews*, **97**, 1515. (b) Lavigne, J.J. and Anslyn, E.V. (2001) *Angewandte Chemie-International Edition*, **40**, 3118. (c) Fabbrizzi, L., Licchelli, M. and Taglietti, A. (2001) *Electron Transfer in Chemistry*, vol. 3 (ed. V. Balzani),Wiley-VCH Verlag GmbH, Weinheim, p.462. (d) Gunnlaugsson, T. and Leonard, J.P. (2005) *Journal of Fluorescence*, **15**, 585. (e) *Journal of Materials Chemistry* (2005) **15**. Special issue (eds A.P. de Silva and P. Tecilla) on Fluorescent Sensors. (f) Prodi, L. (2005) *New Journal of Chemistry*, **29**, 20. (g) Byrne, R. and Diamond, D. (2006) *Nature Materials*, **5**, 421.

18 (a) Casado, C.M., Cuadrado, I., Morán, M., Alonso, B., Garcia, B., González, B. and Losada, J. (1999) *Coordination Chemistry Reviews*, **185–186**, 53. (b) Kaifer, A.E. (1999) *Accounts of Chemical Research*, **32**, 62. (c) Rotello V.M. (2001) *Electron Transfer in Chemistry*, vol. 4 (ed. V. Balzani), Wiley-VCH Verlag GmbH, Weinheim, p.68. (d) Murphy, L. (2006) *Current Opinion in Chemical Biology*, **10**, 177.(e) Bakker, E. and Quin, Y. (2006) *Analytical Chemistry*, **78**, 3965.

19 (a) Ebbesen, T.W. (1991) *New Journal of Chemistry*, **15**, 191. (b) Fernández-Acebes, A. and Lehn, J.-M. (1999) *Chemistry – A European Journal*, **5**, 3285. (c) Kawai, T., Sasaki, T. and Irie, M. (2001) *Chemical Communications*, 711. (d) Lukas A.S. and Wasielewski M.R. (2001) *Electron Transfer in Chemistry*, vol. 5 (ed.V. Balzani), Wiley-VCH Verlag GmbH, Weinheim, p.48.

20 (a)*Chemical Reviews* (2000) **100** (5). Special issue (ed. M. Irie) on Photochromism: Memories and Switches. (b) Berkovic, G., Krongauz, V. and Weiss V. (2000) *Chemical Reviews*, **100**, 1741. (c) Bouas-Laurent, H., Castellan, A., Desvergne, J.-P. and Lapouyade, R. (2001) *Chemical Society Reviews*, **30**, 248. (d) Minkin, V.I., (2004) *Chemical Reviews*, **104**, 2751. (e) Tomasulo, M., Giordani, S. and Raymo, F.M. (2005) *Advanced Functional Materials*, **15**, 787. (f) Raymo, F.M. and Tomasulo, M. (2005) *Journal of Physical Chemistry A*, **109**, 7343. (g) Tian, H. and Wang, S. (2007) *Chemical Communications*, 781.

21 (a) Clavier, G., Ilhan, F. and Rotello, V. M. (2000) *Macromolecules*, **33**, 9173. (b) McQuade, D.T., Pullen, Q.E. and Swager, T.M. (2000) *Chemical Reviews*, **100**, 2537. (c) Srikhirin, T., Cimrova, V., Schiewe, B., Tzolov M., Hagen, R., Kostromine, S., Bieringer, T. and Neher, D. (2002) *ChemPhysChem*, **3**, 335.

22 (a) Irie, M., Kobatake, S. and Horichi, M. (2001) *Science*, **291**, 1769. (b) Shibata, K., Muto, K., Kobatake, S. and Irie, M. (2002) *Journal of Physical Chemistry A*, **106**, 209.

23 (a) Wang, L., Ng, M.-K., Wang, Q. and Yu, L. (2001) *Molecular and Supramolecular Photochemistry*, vol. 7 (eds V. Ramamurthy and K.S. Schanze),Dekker, New York, p.257. (b) West, D.P. and Rahn, M.D. (2001) *Electron Transfer in Chemistry*, vol. 5 (ed. Balzani V.),Wiley-VCH Verlag GmbH, Weinheim, p.472.

24 (a) Mortimer, R.J. (1997) *Chemical Society Reviews*, **26**, 147. (b) Mortimer, R.J. (1999) *Electrochimica Acta*, **44**, 2971. (c) McDonagh, A.M., Bayly, S.R., Riley, D.J., Ward, M.D., McCleverty, J.A., Cowin, M.A., Morgan, C.N., Varrazza, R., Penty, R.V. and White, I.H. (2000) *Chemistry of Materials*, **12**, 2523. (d) Cummins, D., Boschloo, G., Ryan, M., Corr, D., Rao, S.N. and Fitzmaurice, D. (2000) *Journal of Physical Chemistry B*, **104**, 11449. (e) Granqvist, C.-G. (2006) *Nature Materials*, **5**, 89.

25 (a) Itoh, K. and Kinoshita, M. (eds) (2000) *Molecular Magnetism*, Gordon and Breach, Amsterdam. (b) *Inorganic Chimica Acta* (2001) **326**, 1–110. Special issue in memory of Professor O. Kahn. (c) Real, J.A., Gaspar, A.B. and Muñoz,

M.C. (2005) *Journal of the Chemical Society Dalton Transactions*, 2062.

26 (a) Cristou, G., Gatteschi, D., Hendrickson, D.N. and Sessoli, R. (2000) *MRS Bulletin*, **25**, 66. (b) Boskovic, C., Brechin, E.K., Streib, W. E., Folting, K., Bollinger, J.C., Hendrickson, D.N. and Christou, G. (2002) *Journal of the American Chemical Society*, **124**, 3725. (c) *Structure and Bonding* (2006) **122**. Special volume (ed R. Winpenny) on Single-Molecule Magnets and Related Phenomena.

27 (a) Delaire, J.A. and Nakatani, K. (2000) *Chemical Reviews*, **100**, 1817. (b) Malaun, M., Reeves, Z.R., Paul, R.L., Jeffery, J.C., McCleverty, J.A., Ward, M. D., Asselberghs, I., Clays, K. and Persoons, A. (2001) *Chemical Communications*, 49. (c) Houbrechts, S., Hendrickx, E., Verbiest, T., Clays, K. and Persoons, A. (2001) *Electron Transfer in Chemistry*, vol. 5 (ed. V. Balzani), Wiley VCH Verlag GmbH, Weinheim, p. 243.

28 (a) Willner, I. and Willner, B. (2001) *Molecular Switches* (ed. B.L. Feringa), Wiley-VCH Verlag GmbH, p. 165. (b) Kennis, J.T.M., van Stokkum, I.H.M., Crosson, S., Gauden, M., Moffat, K. and van Grondelle, R. (2004) *Journal of the American Chemical Society*, **126**, 4512. (c) Dong, S.-L., Löweneck, M., Schrader, T.E., Schreier, W.J., Zinth, W., Moroder, L. and Renner, C. (2006) *Chemistry – A European Journal*, **12**, 1114.

29 (a) Feringa, B.L., van Delden, R.A., Koumura, R.A. and Geertsema, E.M. (2000) *Chemical Reviews*, **100**, 1789.(b) Feringa, B.L., van Delden, R.A. and ter Wiel, M.K.J. (2001) *Molecular Switches* (ed.B.L. Feringa), Wiley-VCH Verlag GmbH, p.123.

30 (a) Goldenberg, L.M., Bryce, M.R. and Petty, M.C. (1999) *Journal of Materials Chemistry*, **9**, 1957. (b) Shipway, A.N. and Willner, I. (2001) *Accounts of Chemical Research*, **34**, 421. (c) Baron, R., Onopriyenko, A., Katz, E., Lioubashevski, O., Willner, I., Wang S. and Tian, H. (2006) *Chemical Communications*, 2147. (d) Pace, G., Ferri, V., Grave, C., Elbing, M., von Hänisch, C., Zharnikov, M., Mayor, M., Rampi, M.A. and Samorì, P. (2007) *Proceedings of the National Academy of Sciences of the United States of America*, **104**, 9937.

31 (a) Ikeda, T. and Kanazawa, A. (2001) *Molecular Switches* (ed. B.L. Feringa), Wiley-VCH Verlag GmbH, p. 363. (b) Eelkema, R. and Feringa, B.L. (2006) *Organic and Biological Chemistry*, **4**, 3729.

32 (a) Zilker, S.J. (2002) *ChemPhysChem*, **3**, 333. (b) Shen, X.A., Nguyen, A.-D., Perry, J.W., Huestis, D.L. and Kachru, R. (1997) *Science*, **278**, 96.

33 Diaz-Fernandez, Y., Foti, F., Mangano, C., Pallavicini, P., Patroni, S., Perez-Gramatges, A. and Rodriguez-Calvo, S. (2006) *Chemistry – A European Journal*, **12**, 921.

34 Suga, T., Konishi, H. and Nishide, H. (2007) *Chemical Communications*, 1730.

35 Lumento, F., Zanirato, V., Fusi, S., Busi, E., Latterini, L., Elisei, F., Sinicropi, A., Andruniów, T., Ferré, N., Basosi, R. and Olivucci, M. (2007) *Angewandte Chemie-International Edition*, **46**, 414.

36 (a) Dulic, D., van der Molen, S.J., Kudernac, T., Jonkman, H.T., de Jong, J.D.D., Bowden, T.N., van Esch, J.H., Feringa, B.L. and van Wees, B.J. (2003) *Physical Review Letters*, **91**, 207402. (b) van der Molen, S.J., van der Vegte, H., Kudernac, T., Amin, I., Feringa, B. L. and van Wees, B.J. (2006) *Nanotechnology*, **17**, 310. (c) Katsonis, N., Kudernac, T., Walko, M., van der Molen, S.J., van Wees, B.J. and Feringa, B.L. (2006) *Advanced Materials*, **18**, 1397.

37 Yasuda, S., Nakamura, T., Matsumoto, M. and Shigekawa, H. (2003) *Journal of the American Chemical Society*, **125**, 16430.

38 Kaway, T., Nakashima, Y. and Irie, M. (2005) *Advanced Materials*, **17**, 309.

39 He, J., Chen, F., Liddell, P.A., Andreasson, J., Straight, S.D., Gust, D., Moore, T.A., Moore, A.L., Li, J., Sankey, O.F. and Lindsay, S.M. (2005) *Nanotechnology*, **16**, 695.

40 Choi, B-Y., Kahng, S-J., Kim, S., Kim, H., Kim, H.W., Song, Y.J., Ihm, J. and Kuk, Y. (2006) *Physical Review Letters*, **96**, 156106.

41 (a) Moresco, F., Meyer, G. and Rieder, K.-H. (2001) *Physical Review Letters*, **86**, 672. (b) Loppacher, C., Guggisberg, M., Pfeiffer, O., Meyer, E., Bammerlin. M., Lüthi, R., Schlittler, R., Gimzewski, J.K., Tang, H. and Joachim, C. (2003) *Physical Review Letters*, **90**, 066107. (c) Qiu, X.H., Nazin, G.V. and Ho, W. (2004) *Physical Review Letters*, **93**, 196806.

42 Balzani, V., Credi, A. and Venturi, M. (2000) *Stimulating Concepts in Chemistry* (eds M. Shibasaki , J.F. Stoddart and F. Vögtle),Wiley-VCH Verlag GmbH, Weinheim, p.255.

43 (a) Balzani, V., Credi, A., Raymo, F.M. and Stoddart, J.F. (2000) *Angewandte Chemie-International Edition*, **39**, 3348. (b) Credi, A. (2006) *Journal of Physics: Condensed Matter*, **18**, S1779. (c) Balzani, V., Credi, A., Silvi, S. and Venturi, M. (2006) *Chemical Society Reviews*, **35**, 1135.

44 *Structure and Bonding* (2001) **99**. Special volume (ed. J.-P. Sauvage) on Molecular Machines and Motors.

45 Fritzsche, J. (1867) *Comptes Rendus des Seances de l'*Academie des Sciences, **69**, 1035.

46 Ciamician, G. (1912) *Science*, **36**, 385.

47 Horspool, W.M. and Song, P-S. (eds) (1995) *Handbook of Organic Photochemistry and Photobiology*, CRC, Boca Raton.

48 (a) Carter, F.L. ,Siatkowsky, R.E. and Woltjien, H. (eds) (1988) *Molecular Electronic Devices*, Elsevier, Amsterdam. (b) Miller, J.S. (1990) *Advanced Materials*, **2**, 378, 495, 601. (c) Thompson T. (1996) *Byte*, **21** (4), 45. (d) Keyes, R.W. (1989) *Molecular Electronics – Science and Technology* (ed.Aviram A.), Engineering Foundation, New York, p. 197.

49 (a) Parthenopoulos, D.A. and Rentzepis, P.M. (1989) *Science*, **245**, 843. (b) Toriumi, A., Kawata, S. and Gu, M. (1998) *Optics Letters*, **23**, 1924. (c) Yuan, W., Sun, L., Tang, H., Wen, Y., Jiang, G., Huang, W., Jiang, L., Song, Y., Tian, H. and Zhu, D. (2005) *Advanced Materials*, **17**, 156.

50 Lieberman, K., Harush, S., Lewis, A. and Kopelman, R. (1990) *Science*, **247**, 59.

51 (a) Higgins, D.A., Vanden Bout D.A., Kerimo, J. and Barbara, P.F. (1996) *Journal of Physical Chemistry*, **100**, 13794. (b) Hillenbrand, R., Taubner, T. and Keilmann, F. (2002) *Nature*, **418**, 159.

52 Lukas, A.S. and Wasielewski, M.R. (2001) *Molecular Switches* (ed. B.L. Feringa), Wiley-VCH Verlag GmbH, Weinheim, p.1.

53 (a) Michell, R.H., Iyer, V.S., Mahadevan, R., Venugopalan, S. and Zhou, P. (1996) *Journal of Organic Chemistry*, **61**, 5116. (b) Michell, R.H., Ward, T.R., Wang, Y. and Dibble, P.W. (1999) *Journal of the American Chemical Society*, **121**, 2601.

54 Zhao, W. and Carreira, E.M. (2002) *Journal of the American Chemical Society*, **124**, 1582.

55 Of course, this restriction does not apply to interconversions between excited states. See, for example, [20f].

56 Irie, M. (2001) *Molecular Switches* (ed.B. L. Feringa), Wiley-VCH Verlag GmbH, p. 37.

57 Yokoyama, Y. (2001) *Molecular Switches* (ed.B.L. Feringa), Wiley-VCH Verlag GmbH, p.107.

58 Shinkai, S. (2001) *Molecular Switches* (ed. B.L. Feringa), Wiley-VCH Verlag GmbH, p.281.

59 Mrozek, T., Daub, J. and Ajayaghosh, A. (2001) *Molecular Switches* (ed. B.L. Feringa), Wiley-VCH Verlag GmbH, p.63.

60 Maestri, M., Pina, F. and Balzani, V. (2001) *Molecular Switches* (ed. B.L. Feringa), Wiley-VCH Verlag GmbH, p.309.

61 See, for example, Hampp, N. (2000) *Chemical Reviews*, **100**, 1755.

62 Ern, J., Bens, A.T., Martin, H-D., Kuldova, K., Trommsdorff, H.P. and Kryschi, C. (2002) *Journal of Physical Chemistry A*, **106**, 1654, and references therein.

63 Ko, C-C., Kwok, W-M., Yam, V.W-W. and Phillips, D.L. (2006) *Chemistry – A European Journal*, **12**, 5840.

64 (a) Roffia, S., Casadei, R., Paolucci, F., Paradisi, C., Bignozzi, C.A. and Scandola, F. (1991) *Journal of Electroanalytical Chemistry*, **302**, 157. (b) Juris, A., Balzani, V., Barigelletti, F., Campagna, S., Belser, P. and von Zelewsky, A. (1988) *Coordination Chemistry Reviews*, **84**, 85.

65 Takeshita, M., Uchida, K. and Irie, M. (1996) *Chemical Communications*, 1807.

66 McSkimming, G., Tucker, J.H.R., Bouas-Laurent, H. and Desvergne, J.-P. (2000) *Angewandte Chemie-International Edition*, **39**, 2167.

67 Tucker, J.H.R., Bouas-Laurent, H., Marsau, P., Riley, S.W. and Desvergne, J.-P. (1997) *Chemical Communications*, 1165.

68 Mulder, A., Jukovic, A., Huskens, J. and Reinhoudt, D.N. (2004) *Organic and Biomolecular Chemistry*, **2**, 1748.

69 Odo, Y., Matsuda, K. and Irie, M. (2006) *Chemistry – A European Journal*, **12**, 4283.

70 (a) Yokoyama, Y., Uchida, S., Yokoyama, Y., Sugawara, Y. and Kurita, Y. (1996) *Journal of the American Chemical Society*, **118**, 3100. (b) Inada, T., Uchida, S. and Yokoyama, Y. (1997) *Chemistry Letters*, 321.

71 Tsivgoulis, G.M. and Lehn, J.-M. (1996) *Chemistry – A European Journal*, **2**, 1399.

72 Jiang, G., Wang, S., Yuan, W., Jiang, L., Song, Y., Tian, H. and Zhu, D. (2006) *Chemistry of Materials*, **18**, 235.

73 Tyson, D.S., Bignozzi, C.A. and Castellano, F.N. (2002) *Journal of the American Chemical Society*, **124**, 4562.

74 Engeser, M., Fabbrizzi, L., Licchelli, M. and Sacchi, D. (1999) *Chemical Communications*, 1191.

75 Geertsema, E.M., Meetsma, A. and Feringa, B.L. (1999) *Angewandte Chemie-International Edition*, **38**, 2738.

76 Koumura, N., Zijlstra, R.W., van Delden, R.A., Harada, N. and Feringa, B.L. (1999) *Nature*, **401**, 152.

77 Zahn, S. and Canary, J.W. (2000) *Science*, **288**, 404.

78 Nichida, J., Suzuki, T., Ohkita, M. and Tsuji, T. (2001) *Angewandte Chemie-International Edition*, **40**, 3251.

79 Feringa, B.L., Jager, W.F., de Lange, B. and Meijer, E.W. (1991) *Journal of the American Chemical Society*, **113**, 5468.

80 Jager, W.F., de Jong, J.C., de Lange, B., Huck, N.P.M., Meetsma, A. and Feringa, B.L. (1995) *Angewandte Chemie-International Edition in English*, **34**, 348.

81 Yamaguchi, T., Uchida, K. and Irie, M. (1997) *Journal of the American Chemical Society*, **119**, 6066.

82 (a) Danekamp, C. and Feringa, B.L. (1998) *Advanced Materials*, **10**, 1080. (b) Yamaguchi, T., Inagawa, T., Nakazumi, H., Irie, S. and Irie, M. (2000) *Chemistry of Materials*, **12**, 869.

83 Asakawa, M., Brancato, G., Fanti, M., Leigh, D.A., Shimizu, T., Slawin, A.M. Z., Wong, J.K.Y., Zerbetto, F. and Zhang, S. (2002) *Journal of the American Chemical Society*, **124**, 2939.

84 de Jong, J.J.D., Lucas, N.L., Kellogg, R. M., van Esch, J.H. and Feringa, B.L. (2004) *Science*, **304**, 278.

85 Willner, I., Rubin, S., Wonner, J., Effenberger, F. and Bäuerle, P. (1992)

Journal of the American Chemical Society, **114**, 3150.
86 (a) Willner, I., Rubin, S. and Zor, T. (1991) *Journal of the American Chemical Society*, **113**, 4013. (b) Willner, I., Rubin, S., Shatzmiller, R. and Zor, T. (1993) *Journal of the American Chemical Society*, **115**, 8690.
87 Willner, I., Blonder, R., Katz, E., Stocker, A. and Bückmann, A.F. (1996) *Journal of the American Chemical Society*, **118**, 5310.
88 (a) Hu, Y.-Z., Tsukiji, S., Shinkai, S., Oishi, S. and Hamachi, I. (2000) *Journal of the American Chemical Society*, **122**, 241. (b) Hu, Y.-Z., Takashima, H., Tsukiji, S., Shinkai, S., Nagamune, T., Oishi, S. and Hamachi, I. (2000) *Chemistry – A European Journal*, **6**, 1907.
89 Koçer, A., Walko, M., Meijberg, W. and Feringa, B.L. (2005) *Science*, **309**, 755.
90 Beer, G., Niederalt, C., Grimme, S. and Daub, J. (2000) *Angewandte Chemie-International Edition*, **39**, 3252.
91 Yuan, D-Q., Lu, J., Atsumi, M., Izuka, A., Kai, M. and Fujita, K. (2002) *Chemical Communications*, 730.
92 Ichia, L.S.-H., Katz, E., Wasserman, J. and Willner, I. (2002) *Chemical Communications*, 158.
93 Chin, J., Chong, Y.S., Bobb, R., Studnicki, L. and Hong, J-I. (2007) *Chemical Communications*, 120.
94 Yu, Y., Nakano, M. and Ikeda, T. (2003) *Nature*, **425**, 145.
95 Kobatake, S., Takami, S., Muto, H., Ishikawa, T. and Irie, M. (2007) *Nature*, **446**, 778.
96 Riskin, M., Basnar, B., Chegel. V.I., Katz, E., Willner, I., Shi, F. and Zhang, X. (2006) *Journal of the American Chemical Society*, **128**, 1253.
97 (a) Granot, E., Katz, E., Basnar, B. and Willner, I. (2005) *Chemistry of Materials*, **17**, 4600. (b) Baron, R.R., Willner, B. and Willner, I. (2007) *Chemical Communications*, 323.
98 (a) Ortica, F., Levi, D., Brun, P., Guglielmetti, R., Mazzucato, U. and Favaro, G. (2001) *Journal of Photochemistry and Photobiology A: Chemistry*, **138**, 123.(b) Ortica, F., Levi, D., Brun, P., Guglielmetti, R., Mazzucato, U. and Favaro, G. (2001) *Journal of Photochemistry and Photobiology A: Chemistry*, **139**, 133.
99 Favaro, G., Levi, D., Ortica, F., Samat, A., Guglielmetti, R. and Mazzucato, U. (2002) *Journal of Photochemistry and Photobiology A: Chemistry*, **149**, 91.
100 Ortica, F., Levi, D., Brun, P., Guglielmetti, R., Favaro, G. and Mazzucato, U. (2001) *International Journal of Photoenergy*, **3**, 153.
101 Zhao, W. and Carreira, E.M. (2002) *Journal of the American Chemical Society*, **124**, 1582.
102 Zhao, W. and Carreira, E.M. (2007) *Chemistry – A European Journal*, **13**, 2671.
103 Uchida, K., Saito, M., Murakami, A., Kobayashi, T., Nakamura, S. and Irie, M. (2005) *Chemistry – A European Journal*, **11**, 534.
104 Tsivgoulis, G.M. and Lehn, J.-M. (1997) *Advanced Materials*, **9**, 627.
105 Dvornikov, A.S. and Rentzepis, P.M. (1994) *Molecular Crystals and Liquid Crystals*, **246**, 379.
106 Seibold, M. and Port, H. (1996) *Chemical Physics Letters*, **252**, 135.
107 Uchida, K. and Irie, M. (1993) *Journal of the American Chemical Society*, **115**, 6442.
108 Irie, M. (1993) *Molecular Crystals and Liquid Crystals*, **227**, 263.
109 Daub, J., Salbeck, J., Knöchel, T., Fischer, C., Kunkely, H. and Rapp, K.M. (1989) *Angewandte Chemie-International Edition in English*, **28**, 1494.
110 Iyoda, T., Saika, T., Honda, K. and Shimidzu, T. (1989) *Tetrahedron Letters*, **30**, 5429.
111 Daub, J., Fischer, J., Salbeck, J. and Ulrich, K. (1990) *Advanced Materials*, **8**, 366.

112 Yokoyama, Y., Ymamane, T. and Kurita, Y. (1991) *Journal of the Chemical Society Chemical Communications*, 1722.

113 Irie, M., Miyatake, O., Uchida, K. and Eriguchi, T. (1994) *Journal of the American Chemical Society*, **116**, 9894.

114 Kawai, S.H., Gilat, S.L., Posinet, R. and Lehn, J.-M. (1995) *Chemistry – A European Journal*, **1**, 285.

115 Pina, F., Roque, A., Melo, M.J., Maestri, M., Belladelli, L. and Balzani, V. (1998) *Chemistry – A European Journal*, **4**, 1184.

116 Pina, F., Melo, M.J., Maestri, M., Ballardini, R. and Balzani, V. (1997) *Journal of the American Chemical Society*, **119**, 5556.

117 Pina, F., Melo, M.J., Maestri, M., Passaniti, P., Camaioni, N. and Balzani, V. (1999) *European Journal of Organic Chemistry*, 3199.

118 (a) Pina, F., Maestri, M. and Balzani, V. (1999) *Chemical Communications*, 107. (b) Maestri, M., Pina, F and Balzani, V. (2001) *Molecular Switches* (ed. B.L. Feringa), Wiley-VCH Verlag GmbH, Weinheim, p.309.

119 Brouillard, R. and Dubois, J.E. (1997) *Journal of the American Chemical Society*, **99**, 1359.

120 Suzuki, T., Takahashi, H., Nishida, J. and Tsuji, T. (1998) *Chemical Communications*, 1331.

121 For an example of a mixture of an electrochromic and a photochromic compound, see Sortino, S., Petralia, S., Di Bella, S., Tomasulo, M. and Raymo, F.M. (2006) *New Journal of Chemistry*, **30**, 515.

122 Saika, T., Iyoda, T., Honda, K. and Shimidzu, T. (1993) *Journal of the Chemical Society Perkin Transactions*, **2**, 1181.

123 Miki, S., Noda, R. and Fukunishi, K. (1997) *Chemical Communications*, 925.

124 Newell, A.K. and Utley, J.H.P. (1992) *Journal of the Chemical Society Chemical Communications*, 800.

125 Achatz, J., Fischer, C., Saltbeck, J. and Daub, J. (1991) *Journal of the Chemical Society Chemical Communications*, 504.

126 Goodman, A., Breinlinger, E., Ober, M. and Rotello, V.M. (2001) *Journal of the American Chemical Society*, **123**, 6213.

127 Speitzer, H. and Daub, J. (1996) *Chemistry – A European Journal*, **2**, 1150.

128 (a) Favaro, G., Chidichimo, G., Formoso, P., Manfredi, S., Mazzucato, U. and Romani, A. (2001) *Journal of Photochemistry and Photobiology A: Chemistry*, **140**, 229. (b) Chidichimo, G., Formoso, P., Manfredi, S., Favaro, G., Mazzucato, U. and Romani, A. (2001) *Journal of Applied Physics*, **90**, 4906.

129 (a) Eichenbaum, H. (1997) *Science*, **277**, 330. (b) For an example of an artificial system showing deep and shallow memory forms, see Wals, J., Ulrich, K., Port, H., Wolf, H.C., Wonner, J. and Effenberger, F. (1993) *Chemical Physics Letters*, **213**, 321.

130 (a) Gobbi, L., Seiler, P. and Diederich, F. (1999) *Angewandte Chemie-International Edition*, **38**, 674. (b) Gobbi, L., Seiler, P., Diederich, F., Gramlich, V., Boudon, C., Gisselbrecht, J.-P. and Gross, M. (2001) *Helvetica Chimica Acta*, **84**, 743. (c) Diederich, F. (2001) *Chemical Communications*, 219.

131 (a) Summers, L.A. (1980) *The Bipyridinium Herbicides*, Academic Press, London. (b) Monk, P.M.S. (1998) *The Viologens: Physicochemical Properties, Synthesis, and Applications of the Salts of 4,4′-Bipyridine*, John Wiley & Sons, Ltd, Chichester.

132 Nielsen, M.B. and Becher, J. (1997) *Liebigs Annalen-Recueil*, 2177.

133 Echegoyen, L. and Echegoyen, L.E. (1998) *Accounts of Chemical Research*, **31**, 593.

134 Balzani, V., Juris, A., Venturi, M., Campagna, S. and Serroni, S. (1996) *Chemical Reviews*, **96**, 759.

135 Ardoin, N. and Astruc, D. (1995) *Bulletin de la Societe Chimique de France*, **132**, 875.

136 Bryce, M.R. and Devonport, W. (1996) *Advances in Dendritic Macromolecules*, vol. 3 (ed.G.R. Newkome), JAI Press, London, p.61.

137 Balzani, V., Campagna, S., Denti, G., Juris, A., Serroni, S. and Venturi, M. (1998) *Accounts of Chemical Research*, **31**, 26.

138 (a) Gorman, C. (1998) *Advanced Materials*, **10**, 295. (b) Gorman, C.B. (2003) *C.R. Chimie*, **6**, 911.

139 Cuadrado, I., Morán, M., Casado, C.M., Alonso, B. and Losada, J. (1999) *Coordination Chemistry Reviews*, **193–195**, 395.

140 Nielsen, M.B., Lomholt, C. and Becher, J. (2000) *Chemical Society Reviews*, **29**, 153.

141 Astruc, D. (2000) *Accounts of Chemical Research*, **33**, 287.

142 Serroni, S., Campagna, S., Puntotiero, F., Di Pietro, C., McClenaghan, N.D. and Loiseau, F. (2001) *Chemical Society Reviews*, **30**, 367.

143 Alonso, B., Astruc, D., Blais, J.-C., Nlate, S., Rigaut, S., Ruiz, J., Sartor, V. and Valério, C. (2001) *Comptes Rendus Academy of Sciences Paris Chimie/ Chemistry*, **4**, 173.

144 Juris, A., Venturi, M., Ceroni, P., Balzani, V., Campagna, S. and Serroni, S. (2001) *Collection of Czechoslovak Chemical Communication*, **66**, 1.

145 Newkome, G.R., Moorefield, C.N. and Vögtle, F. (2001) *Dendrimers and Dendrons*, Wiley-VCH Verlag GmbH, Weinheim.

146 Juris A. (2001) *Electron Transfer in Chemistry*, vol. 3 (ed V. Balzani),Wiley-VCH Verlag GmbH, Weinheim, p.655.

147 Astruc, D. and Chardac, F. (2001) *Chemical Reviews*, **101**, 2991.

148 Chase, P.A., Gebbink, R.J.M.K. and van Koten, G. (2004) *Journal of Organometallic Chemistry*, **689**, 4016.

149 Flanagan, J.B., Margel, S., Bard, A.J. and Anson, F.C. (1978) *Journal of the American Chemical Society*, **100**, 4248.

150 (a) Takada, K., Díaz, D.J., Abruña, H.D., Cuadrado, I., Casado, C., Alonso, B., Morán, M. and Losada, J. (1997) *Journal of the American Chemical Society*, **119**, 10763. (b) Castro, R., Cuadrado, I., Alonso, B., Casado, C., Morán, M. and Kaifer, A.E. (1997) *Journal of the American Chemical Society*, **119**, 5760. (c) Casado, C.M., Cuadrado, I., Morán, M., Alonso, B., Barranco, M. and Losada, J. (1999) *Applied Organometallic Chemistry*, **13**, 245. (d) Cuadrado, I., Morán, M., Casado, C.M., Alonso, B. and Losada, J. (1999) *Coordination Chemistry Reviews*, **189**, 123.

151 (a) Valério, C., Fillaut, J.-L., Ruiz, J., Guittard, J., Blais, J.-C. and Astruc, D. (1997) *Journal of the American Chemical Society*, **119**, 2588. (b) Sartor, V., Djakovitch, L., Fillaut, J.-L., Moulines, F., Neveu, F., Marvaud, V., Guittard, J., Blais, J.-C. and Astruc, D. (1999) *Journal of the American Chemical Society*, **121**, 2929. (c) Nlate, S., Ruiz, J., Blais, J.-C. and Astruc, D. (2000) *Chemical Communications*, 417. (d) Nlate, S., Ruiz, J., Sartor, V., Navarro, R., Blais, J.-C. and Astruc, D. (2000) *Chemistry – A European Journal*, **6**, 2544. (e) Ruiz, J., Pradet, C., Varret, F. and Astruc, D. (2002) *Chemical Communications*, 1108.

152 Méry, D. and Astruc, D. (2006) *Coordination Chemistry Reviews*, **250**, 1965.

153 Casado, C.M., Cuadrado, I., Alonso, B., Morán, M. and Losada, J. (1999) *Journal of Electroanalytical Chemistry*, **463**, 87.

154 Valério, C., Alonso, E., Ruiz, J., Blais, J.-C. and Astruc, D. (1999) *Angewandte Chemie-International Edition*, **38**, 1747.

155 (a) González, B., Casado, C.M., Alonso, B., Cuadrado, I., Morán, M., Wang, Y. and Kaifer, A.E. (1998) *Chemical Communications*, 2569. (b) Takada, K., Díaz, D.J., Abruña, H.D., Cuadrado, I., González, B., Casado, C.M., Alonso, B.,

Morán, M. and Losada, J. (2001) *Chemistry – A European Journal*, **7**, 1109.
156 Casado, C.M., González, B., Cuadrado, I., Alonso, B., Morán, M. and Losada, J. (2000) *Angewandte Chemie-International Edition*, **39**, 2135.
157 (a) Bryce, M.R., Devonport, W. and Moore; A.J. (1994) *Angewandte Chemie-International Edition in English*, **33**, 1761. (b) Devonport, W., Bryce, M.R., Marshallsay, G.J., Moore, A.J. and Goldenberg, L.M. (1998) *Journal of Materials Chemistry*, **8**, 1361. (c) Christensen, C.A., Goldenberg, L.M., Bryce, M.R. and Becher, J. (1998) *Chemical Communications*, 509.
158 Le Derf, F., Levillain, E., Trippé, G., Gorgues, A., Sallé, M., Sebastían, R.-M., Caminade, A.-M. and Majoral, J.-P. (2001) *Angewandte Chemie-International Edition*, **40**, 224.
159 Wang, C., Bryce, M.R., Batsanov, A.S., Goldenberg, L.M. and Howard, J.A.K. (1997) *Journal of Materials Chemistry*, **7**, 1189.
160 Bryce, M.R., de Miguel, P. and Devonport, W. (1998) *Chemical Communications*, 2565.
161 Marchioni, F., Venturi, M., Credi, A., Balzani, V., Belohradski, M., Elizarov, A., Tseng, H-R. and Stoddart, J.F. (2004) *Journal of the American Chemical Society*, **126**, 568.
162 Heinen, S. and Walder, L. (2000) *Angewandte Chemie-International Edition*, **39**, 806.
163 Marchioni, F., Venturi, M., Ceroni, P., Balzani, V., Belohradski, M., Elizarov, A., Tseng, H-R. and Stoddart, J.F. (2004) *Chemistry – A European Journal*, **10**, 6361.
164 Armaroli, N., Boudon, C., Felder, D., Gisselbrecht, J.-P., Gross, M., Marconi, G., Nicoud, J.-F., Nierengarten, J.-F. and Vicinelli, V. (1999) *Angewandte Chemie-International Edition*, **38**, 3730.
165 Nierengarten, J.-F. (2000) *Chemistry – A European Journal*, **6**, 3667.
166 Serroni, S., Campagna, S., Denti, G., Juris, A., Venturi, M. and Balzani V. (1996) *Advances in Dendritic Macromolecules*, vol. **3** (ed. G.R. Newkome),JAI Press, London, p.61.
167 Balzani, V., Juris, A., Pink, M., Venturi, M., Campagna, S. and Serroni S. (1999) *Conjugated Polymers Oligomers and Dendrimers* (ed. J.L. Bredas), De Boeck et Larcier, Paris, p.291.
168 Marcaccio, M., Paolucci, F., Paradisi, C., Roffia, S., Fontanesi, C., Yellowlees, L.J., Serroni, S., Campagna, S., Denti, G. and Balzani, V. (1999) *Journal of the American Chemical Society*, **121**, 10081.
169 Denti, G., Campagna, S., Serroni, S., Ciano, M. and Balzani, V. (1992) *Journal of the American Chemical Society*, **114**, 2944.
170 Campagna, S., Denti, G., Serroni, S., Juris, A., Venturi, M., Ricevuto, V. and Balzani, V. (1995) *Chemistry – A European Journal*, **1**, 211.
171 Serroni, S., Juris, A., Venturi, M., Campagna, S., Resino, I.R., Denti, G., Credi, A. and Balzani, V. (1997) *Journal of Materials Chemistry*, **7**, 1227.
172 Ceroni, P., Paolucci, F., Paradisi, C., Juris, A., Roffia, S., Serroni, S., Campagna, S. and Bard, A.J. (1998) *Journal of the American Chemical Society*, **120**, 5480.
173 Cuadrado, I., Casado, C.M., Alonso, B., Morán, M., Losada, J. and Belsky, V. (1997) *Journal of the American Chemical Society*, **119**, 7613.
174 Ruben, M., Breuning, E., Gisselbrecht, J.-P. and Lehn, J.-M. (2000) *Angewandte Chemie-International Edition*, **39**, 4139.
175 Yang, S.I., Seth, J., Strachan, J.P., Gentemann, S., Kim, D., Holten, D., Lindsey, J.S. and Bocian, D.F. (1999) *Journal of Porphyrins and Phthalocyanines*, **3**, 117.
176 (a) Gryko, D.T., Clausen, C., Roth, K.M., Dontha, N., Bocian, D.F., Kuhr, W.G. and Lindsey, J.S. (2000) *Journal of Organic Chemistry*, **65**, 7345. (b) Clausen, C., Gryko, D.T., Dabke, R.B.,

Dontha, N., Bocian, D.F., Kuhr, W.G. and Lindsey, J.S. (2000) *Journal of Organic Chemistry*, **65**, 7363. (c) Clausen, C., Gryko, D.T., Yasseri, A.A., Diers, J.R., Bocian, D.F., Kuhr, W.G. and Lindsey, J.S. (2000) *Journal of Organic Chemistry*, **65**, 7371.

177 Gryko, D.T., Żhao, F., Yasseri, A.A., Roth, K.M., Bocian, D.F., Kuhr, W.G. and Lindsey, J.S. (2000) *Journal of Organic Chemistry*, **65**, 7556.

178 Roth, K.M., Dontha, N., Dabke, R.B., Gryko, D.T., Clausen, C., Lindsey, J.S., Bocian, D.F. and Kuhr, W.G. (2000) *Journal of Vacuum Science & Technology B*, **18**, 2359.

179 Li, J., Gryko, D.T., Dabke, R.B., Diers, J. R., Bocian, D.F., Kuhr, W.G. and Lindsey, J.S. (2000) *Journal of Organic Chemistry*, **65**, 7379.

180 Balzani, V., Gómez-López, M. and Stoddart, J.F. (1998) *Accounts of Chemical Research*, **31**, 405.

181 Niemz, A. and Rotello, V.M. (1999) *Accounts of Chemical Research*, **32**, 44.

182 Balzani V., Credi A. and Venturi M. (1999) *Supramolecular Science: Where It is and Where It is Going* (eds R. Ungaro and E. Dalcanale), Kluwer, Dordrecht, p.1.

183 (a) Müllen, F. (ed.) (1991) *Chemistry and Biochemistry of Flavoenzymes*, vols 1–3, CRC, Boca Raton. (b) Ghisla, S. and Massey, V. (1989) *European Journal of Biochemistry*, **181**, 1.

184 (a) Breinlinger, E., Niemz, A. and Rotello, V.M. (1995) *Journal of the American Chemical Society*, **117**, 5379. (b) Ge, Y., Lilienthal, R.R. and Smith, D. K. (1996) *Journal of the American Chemical Society*, **118**, 3976.(c) Breinlinger, E. and Rotello, V.M. (1997) *Journal of the American Chemical Society*, **119**, 1165.(d) Boal, A.K. and Rotello, V. M. (1999) *Journal of the American Chemical Society*, **121**, 4914.

185 Kajiki, T., Moriya, H., Kondo, S., Nabeshima, T. and Yano, Y. (1998) *Chemical Communications*, 2727.

186 König, B., Pelka, M., Reichenbach-Klinke, R., Schelter, J. and Daub, J. (2001) *European Journal of Organic Chemistry*, 2297.

187 Plenio, H. and Aberle, C. (1998) *Angewandte Chemie-International Edition*, **37**, 1397.

188 Röhr, H., Trieflinger, C., Rurack, K. and Daub, J. (2006) *Chemistry – A European Journal*, **12**, 689.

189 Ji, H.-F., Dabestani, R. and Brown, G. M. (2000) *Journal of the American Chemical Society*, **122**, 9306.

190 Petitjean, A., Kyritsakas, N. and Lehn, J-M. (2005) *Chemistry – A European Journal*, **11**, 6818.

191 Schmittel, M. and Lin, H.-W. (2007) *Angewandte Chemie-International Edition*, **46**, 893.

第 9 章　逻辑门和逻辑电路

9.1　概述

9.1.1　基于电子学的信息处理

在现在的计算机网络中，数据以电信号形式通过微处理器进行处理，这是依靠大量固体半导体利用电子输入和输出信号形式的电路，并且以光信号的形式进行短距离交换。计算机电路是由大量互相连接的基本元件（逻辑门）构成的，这些基本元件大部分是同一种类。建立巨大的逻辑门数组能够实现变化的复杂事物的选择功能。

数据的处理及通信需要对二进制形式的电学及光学信号中的信息进行编码[1]。这个选择是提供一种坚定的“全部或没有”表示法，确保保护数据免受一系列操作积累和来自信号传导和传递噪声的破坏。为了数字化编码（固有类似的）物理或化学信号，需要规定阈值和逻辑规则。在正逻辑规则中，0 代表低于阈值电压的信号，1 代表高于阈值电压的信号。例如，阈值电压为 2 V，给一个电信号确定正逻辑规则。这种情况下，3 V 高于阈值对应于 1，而 1 V 低于阈值对应于 0。在负逻辑规则中则相反。根据类似假定，微处理器系统的逻辑电路通过一系列逻辑门来处理二进制数据，逻辑门是根据乔治布尔二进制数学规则运作的[2]。

值得回顾一下，在网络传输中，由于不同波长的光线不会互相干扰[3,4]，一束光纤在一秒内能传输千兆位信息。光信号通过网络传输的路线是由每根光纤接受终端的光电装置决定的。这些装置将光输入信号转变成电信号，电信号再转变成光输出信号沿着另一根光纤传输。然而，光信号的这种互不干扰的性质不适用于电信号，因为一根电线只能传送一种电信号，这就意味着光电装置中电的部分不能处理来自光信号的如此大量的信息，所以必须开拓新途径用光刺激而非电刺激来传送光信号[5]。

9.1.2　生物学信息处理

在生物系统中，信号的处理不是通过电子沿着电线传输，而是通过离子或分子的移动及分子的结构变化进行的。在细胞中，以及细胞之间，通过使用分子信使及依靠布朗运动将信息从一个地方传送到另一个地方。在细胞范围内，扩散运动相当迅速，在一个微米级细胞中任意两个分子每秒都能相遇[6]。但是，长距离跨度，简单的化学信号将变得很弱以至于进化过程中创造出距离更长的不等通信和信息处理系统，即大脑和神经系统。与电子计算机的信号发射机理相比较，大脑和神经系统的信号发射机理也完全不同。事实上，尽管神经脉冲表现本身为一个脉冲电势，但它不是携带信息的电子运动，而最终是离子穿过薄膜的运动[7,8]。

需要强调的是硅基和生物信息处理的另一个不同点[7]。在电子计算机，硬件和软件之间有一个显著的差异。硬件是物理实体，没有软件的指导毫无用处。相比之下，软件是瞬变的非物质体，但能够催动其他惰性硬件去执行需求的任务。在生物处理系统中，逻辑的基本元件是明确的化学实体，硬件和软件之间的显著差异是不切实际的。例如，遗传密码，就是有机体的“软件”，体现在 DNA 分子中，DNA 分子是具有特定组成的物理实体，“硬件”也是有分子组成的（蛋白质聚集形成执行有机体功能的机器）。还有一些分子，诸如 RNA，严格说来可以当作硬件和软件，这是由于它们不仅能够读取，还能够将信息从 DNA 传送到蛋白质机器中，根据基因密码的指示创造新分子，但它们本身也可以作为机器。

9.1.3 化学电脑

分子级的信息处理能够潜在地用于发展比当今使用的硅基电脑更小更强大的“分子电脑”[9-11]。这个概念对大多数化学家来说仍然不可思议，大约二十年前在 Pimentel 的发现中，他的报告是明确的、乐观的。那些驳回这个理念的人是因为无法想出人造分子级别电脑……但自从我们知道分子电脑是从蚂蚁到斑马所有动物的日常零件，问题就从是否有人造分子电脑变成了什么时候成为现实和谁将主宰它的发展。时间问题可以根据化学基础研究得到答案，而谁将主宰的问题则根据哪个国家提供研究用的必要资源和创造人员[12]。

实现建立分子计算机来淘汰现代硅基计算机的最终目标的道路相当漫长，尽管如此，化学合成的最新进展是超分子体系的设计和构造成为现实，超分子体系中离散的若干结构完整的组分执行十分复杂的功能。尽管分子电脑的元件将要用类似于传统微电子电路的方法操作是不确定的[13]，但还是为模拟半导体逻辑门操作在设计、合成和表征分子系统作出了大量的努力[14]。

9.2 逻辑门的基本概念

逻辑门是在一个或更多输入信号执行布尔数学逻辑操作生成一个输出信号的操作。每一种类型的逻辑门拥有一个特定的输入输出信号关联模式，通过所谓的真值表描述，真值表列出输入输出值中所有可能的组合。基本的逻辑门有 3 个[1,2]，即 NOT，AND 和 OR 门。图 9.1 列出了这 3 个逻辑门的符号及它们的真值表。NOT 门将输入信号 1 转变为输出信号 0，反之也成立。由于它的输入输出值之间的倒反关系，NOT 门经常被称为反向器。其他非常简单的信号输入逻辑门是 YES，PASS 0 和 PASS 1 门。YES 门的输入复制了输入值没有变化，而 PASS 0 和 PASS 1 无论输入值多少总是分别输出 0 和 1。OR 门合并了两个输入信号[15]，即 $\mathbf{In_1}$ 和 $\mathbf{In_2}$。$\mathbf{In_1}$ 或 $\mathbf{In_2}$ 为 1 时，输出 **Out** 是 1，当 $\mathbf{In_1}$ 和 $\mathbf{In_2}$ 均为 0 时，则输出 **Out** 为 0。AND 门也是将两个输入合并为一个输出，然而，在这种情况下，仅当输入 $\mathbf{In_1}$ 和 $\mathbf{In_2}$ 都为 1 时，输出 **Out** 才为 1，其他 3 种 **Out** 均为 0。

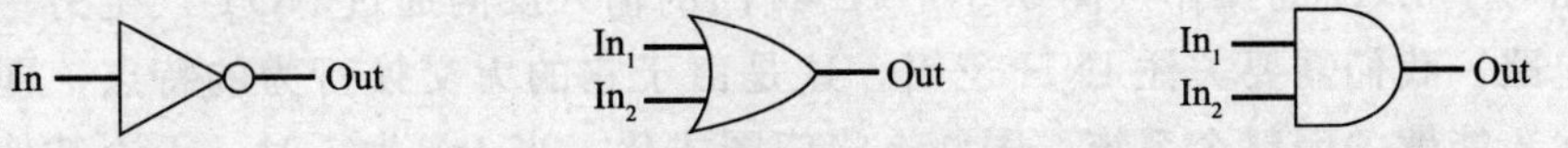

NOT

In	Out
0	1
1	0

OR

In_1	In_2	Out
0	0	0
0	1	1
1	0	1
1	1	1

AND

In_1	In_2	Out
0	0	0
0	1	0
1	0	0
1	1	1

图 9.1　NOT，OR 及 AND 门的符号表示和真值表

更多先进的逻辑功能，符合不同的真值表，可通过连接 NOT，OR 和 AND 门形成组合电路（也可参照 9.5 节）获得。NOR 门（图 9.2）相当于 OR 的反向功能，因此，可以通过将 OR 门的输出与 NOT 门输入相连来表示。因此，两个

NOR

In_1	In_2	Out
0	0	1
0	1	0
1	0	0
1	1	0

NAND

In_1	In_2	Out
0	0	1
0	1	1
1	0	1
1	1	0

图 9.2　NOR 和 NAND 的符号表示及真值表

输入 **In**$_1$ 和 **In**$_2$ 在两个连续的逻辑操作后转换成输出。类似的，NAND 门（图 9.2）是把 AND 门的输入与 NOT 门的输入相连组成的，由于任何想象得到的逻辑门操作都仅仅通过这两者之一来执行，所以 NOR 门和 NAND 门被誉为通用功能逻辑单元。实际上，数字电路一般都是仅仅将 NOR 或 NAND 门连接制成的[1]。

其他重要的组合逻辑电路还有 XOR 和 XNOR（图 9.3），它们引入了排异功能。除了当两个输入均为 1，输出为 0 外，XOR 逻辑门的真值表与 OR 门的功能完全一样。XNOR 逻辑门的功能与 XOR 相反，所以如果两个输入值相同，则输出 1，不相同则输出 0。

相对于 INH 的操作（图 9.3），AND 门的输入反向通过 NOT 产生另一种有趣的电路。我们需要关注 INH 逻辑，这是由于它的无交换行为的特点，即其中一个输入能够关闭整个系统。图 9.3 将门图式化，当 **In**$_2$ 为 1 时，无论其他输入为多少，门将输出 0。

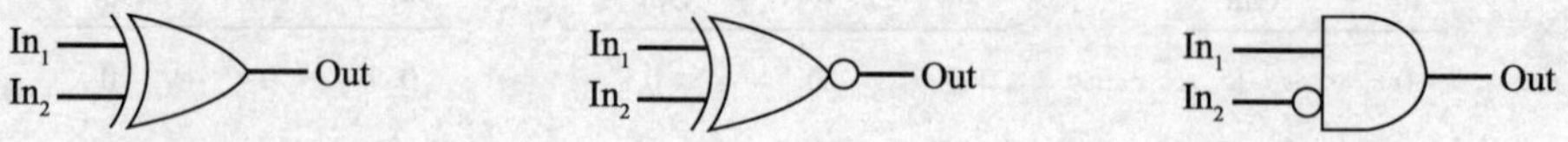

XOR

In_1	In_2	Out
0	0	0
0	1	1
1	0	1
1	1	0

XNOR

In_1	In_2	Out
0	0	1
0	1	0
1	0	0
1	1	1

INH

In_1	In_2	Out
0	0	0
0	1	0
1	0	1
1	1	0

图 9.3　XOR，XNOR 和 INH 逻辑门的符号表示和真值表

将三极管相互连接就组成了微处理器系统的逻辑门，其输入及输出都是电信号[1]。然而，二进制逻辑的概念是广义的，因而可以扩展到任何信息类型，包括化学信息、光化学信息和力学信息。当然，还需要制备一些按照逻辑门规则对信息响应的器件。

9.3　作为逻辑门的分子开关

9.3.1　输入/输出信号

分子开关与逻辑门的相似性是很明显的。从上文可看到，分子开关将输入刺激转变成输出信号，因此，二进制逻辑规则同样能应用于分子开关的信号转换。应当注意开关系统没有必要对相关的信号作出完全的是-非转换，因为可以借助于在对输入输出信号指定合适的阈值的基础上来对逻辑行为进行分析。有趣的是，输入输出信号并不需要应用相同的逻辑规则。对相同的分子装置运用不同的逻辑规则能产生不同的逻辑功能，对于半导体装置也一样[1]。

应当指出的是分子水平的输入/输出过程是很普通的，但是直到最近才认识到它们具有逻辑特征[16]。例如，很多化合物发射的荧光（光学输出）可以通过加入猝灭剂（化学输入）而猝灭[17]，从而表现为一个 NOT 逻辑门。尽管首次提出在分子水平执行逻辑操作可追溯到 1988 年[12]，但是直到 5 年后，通过实验证明了分子开关与逻辑门的相似性[19]，该领域才真正开始发展。在过去几年中，已有文献报道并讨论了一些分子开关的逻辑功能[11,19-28]。

如上所述，任何类型的输入输出信号都可以用于执行分子开关的逻辑操作。实例包括基于磁学[29]和电学[30]领域的刺激，光迁移和高的 Rydberg 态[31]，双光子过程[27,32]，振荡反应[33]，量子干扰作用[34]，反应动力学[35]和环形[36]和电线性[30]二向色性读出系统。

发展至今大多数例子都基于光致电子转移（PET）过程产生的荧光开关，如图 9.4 所示[20a]。此图中，F 是一个荧光发射团（如蒽分子），它的荧光激发态被来自电子给体的受体 D（如氨基单元）的 HOMO 轨道的 PET 过程而被猝灭。

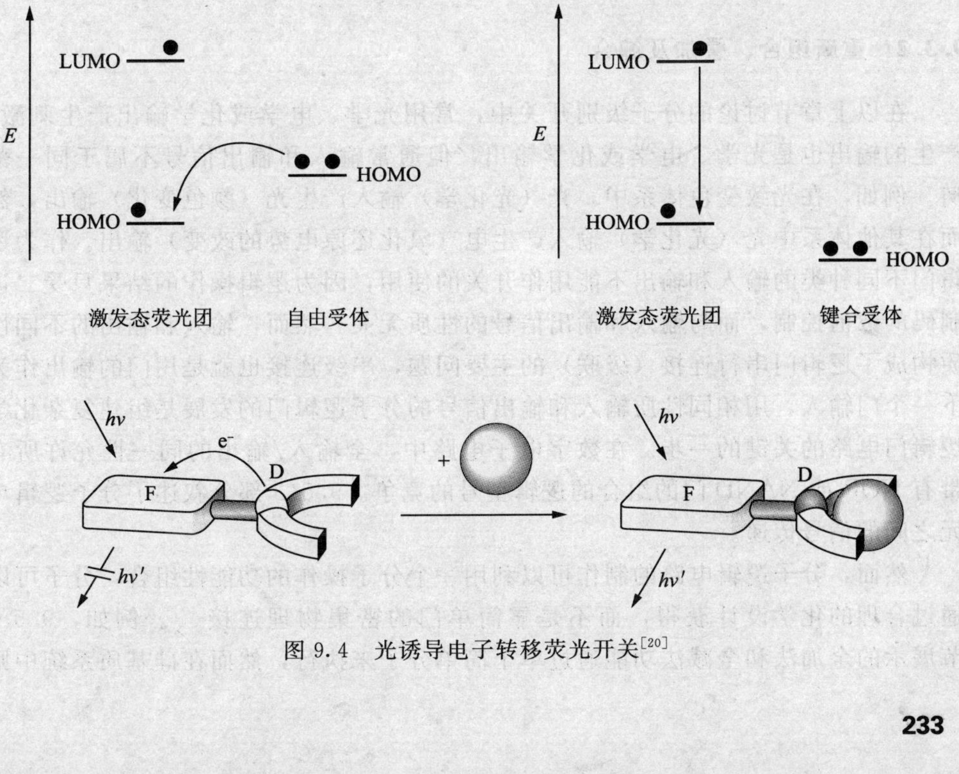

图 9.4　光诱导电子转移荧光开关[20]

当电子给体的 HOMO 轨道被加入的一个合适的分子或离子（如对于氨基可通过质子化）占据，就可观察到荧光，因为电子给体的 HOMO 轨道能量降低了，电子转移停止。因此，化学离子系统处理化学输入并给出光学输出。

荧光是一个理想的输出，因为即便是单个分子也很容易地检测荧光[37]。化学输入信号显示出多样性，因为大量的分子和离子可以被使用。此外，利用分子识别的优点，原则上，使用门特有的化学输出，逻辑门能够自我定位，因此绕过了当器件的空间定位问题。另一方面，化学输入需要连接分子的物理通道，在扩散限定的速度和双分子反应速度下操作，需要液相，重复装置的循环操作，将导致溶剂体积和副产品的增加。

使用微电子装置，由于它们的兼容性，至少在定性上，基于电子输入/输出信号的分子逻辑门是有用的。分子能轻易地固定在电极上并合并到电路中。然而，对探索这些装置提供的大密度物质至关重要的单个分子（或小的体系）的电信号的识别仍是主要的技术挑战[39]。

上述讨论的许多问题都能用光输入和输出[11,21,24b]来避免。光信号能在能量、时间领域及三维空间上被精确控制，尽管衍射在空间分辨有限制，而空间分辨可通过远场处理得到。它们能轻易快速地开和关；无需与装置有物理连接；与物质选择性相互作用；通过某些物质而被其他物质吸收。所有光学分子装置能够在刚性或半刚性介质中运作及循环而不产生副产物。光的确可以把分子世界与宏观世界连接起来。

9.3.2 重新组合、叠加及综合

在以上章节讨论的分子级别开关中，常用光学、电学或化学输出产生刺激。产生的输出也是光学、电学或化学输出，但通常输入和输出信号不属于同一范畴。例如，在光致变色体系中，光（光化学）输入产生光（颜色变化）输出，然而在其他体系中光（光化学）输入产生电（氧化还原电势的改变）输出。作为逻辑门不同种类的输入和输出不能用作开关的使用，因为逻辑操作的结果只受二进制码的数值控制，而与输入和输出信号的性质无关。然而，输入和输出的不同性质构成了逻辑门串行连接（级联）的主要问题，串级连接也就是用门的输出作为下一个门输入，用相同性质输入和输出信号的分子逻辑门的发展是组建复杂化学逻辑门电路的关键的一步。在数字电子电路中，全输入/输出的同一性允许所有带有 NOR 或 NAND 门的组合的逻辑型号的竞争。9.5.3 部分叙述了分子逻辑单元之间的信号传递。

然而，分子逻辑电路的制作可以利用一个分子操作的功能性组合，分子可以通过合理的化学设计获得，而不是靠简单门的密集物理连接[40]。例如，9.5.5 节展示的全加法和全减法功能通过单个简单分子来执行，然而在硅基质系统中则

需要 5 个内部连接的门组成的电路。

这种高功能性的组合可能有分子逻辑门和电路的另一个重要的特征，即重新组合性[20c,41]。这个性质涉及定义同一门的不同逻辑操作的可能性。在硅基质电路中，逻辑操作的重新组合有门数组的断续选择性连接执行，通常是不可逆的方式[42]。分子逻辑系统可通过改变输入/输出信号的类型或通过使用独立的选择性刺激来重新组合。例如，光学输出信号的分子逻辑门的逻辑表达和显著输入引发光谱迁移能通过在不同波长测定输出轻易地重新组合。

在波长重新组合的逻辑门中，通过测定输入信号的波长观测不同的逻辑类型。由于可同时观测多个波长，在给定的输入集合门同时执行不同的逻辑功能，这个性质涉及逻辑门的叠加作用[43]或多重性[20c,41]。由于逻辑叠加作用是光的多通道性质的结果，则它不出现在电子系统中。

逻辑重新组合、叠加和组合的定义将在说明性实例的基础上得到很好的解释，为了增加逻辑复杂性，实例将在以后章节展示。为了更加详细地讨论，可以参照优秀的综述文章[11,20-27]。

9.4 基础逻辑门

我们已经指出，尽管将 NOR、NAND、XOR、XNOR 门作为基本逻辑算子会更方便，然而任何逻辑功能都可以通过将简单的 NOT、OR 和 AND 门连接起来而实现。因此，我们将在下文中讨论以下 9 个基本功能——YES、NOT、OR、AND、NOR、NAND、XOR、XNOR 及 INH。基于双分子和多相系统将分别在 9.8 节和 9.9 节叙述。

9.4.1 YES 和 NOT 门

YES 逻辑门具有一个输入和一个输出——输入为 0 则输出为 0，输入为 1 则输出为 1。这是一个如此普通的操作以至于没有人从电子学的角度考虑它，其实它代表了一个电导体。然而，从更大范围的不同类型的输入输出信号来讲，它并非不重要。在分子水平上数以百计的 YES 型行为已为人所知，大多数已开发做其他之用，却没有从逻辑的角度认知它。例如，通过一个化学输入刺激引发一个光输出是很多荧光分子传感器的基础[17]。

NOT 门将任何所接收的信号反向（图 9.1），因此，它在电子仪器中很重要。在化学体系中，NOT 逻辑行为是很常见的，因此通过化学输入将发光（输出）猝灭是很容易的。基于该原理的传感器已应用到众多领域（如空气动力学工程中的风洞研究）[44]。图 9.5[45]显示一个能够执行 YES 和 NOT 功能的分子的例子。在二氯甲烷中，芳香三元环化合物 **1** 并不显示出典型的萘单元的强荧光，而是在 438 nm 波长下显出宽的发射谱带，导致萘分子单元与氨中心的 CT 相互作用。在加入 4 当量的酸之后得到质子化的 **1**。结果，在 438 nm 波长下的发射光谱完全被猝灭，而在 342 nm 波长下显出强的萘荧光。因此，化学输出（H^+）和光输出的关系转变成 YES 和 NOT 操作的真值表，分别决定于输出是否在 342 nm 或 438 nm 被检测（图 9.5）。化合物 **1** 是波长-重新组合逻辑门的例子，展示 YES 和 NOT 功能的叠加。许多其他 YES 和 NOT 门的例子都是可行的。

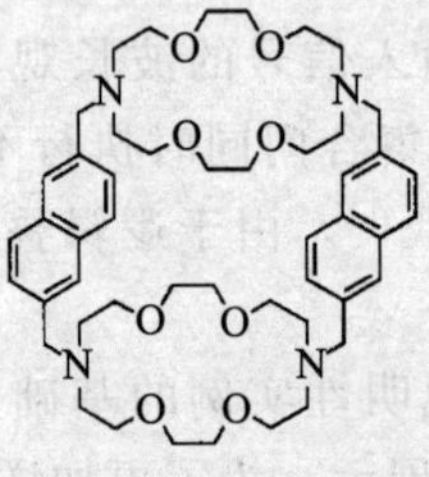

1

In (H^+)	**YES** H^+ ⇧ Out₁ (342 nm)[a]	**NOT** H^+ ⇧ Out₂ (438 nm)[a]
0	0	1
1	1	0

a 荧光

图 9.5 化合物 **1** 的结构式和其叠加 YES 和 NOT 门操作的真值表

9.4.2 OR 和 NOR 门

最小的 OR 门有两个输入和输出（图 9.1）。在电学上它可看作一个具有两个并联开关的电路。在化学体系中，OR 门最初是作为非选择性 Na^+/K^+ 的传感器[19]。其他基于此原理的例子也有报道[46]。在这些系统中，可用输入通道的数量受到能引起类似输出变化的不同客体物质数量的限制。一个性能好的 OR 门在打开时要有同样高的输出。图 9.6 展示的例子有关载有 4-氨基邻苯二甲酰胺发光单体的传感器[47]。在 THF 中 **2** 的发射谱带（$\lambda_{max}=454$ nm）被猝灭了，这是由于从二（2-吡啶甲基）胺接收器到荧光团的 PET 作用。加入 1 当量的 Zn^{2+} 或 Cd^{2+} 离子，发光量子增加了大概八倍。在加入 Pb^{2+} 离子后也看到了同样的效果，引起一个三输入 OR 行为。也讲述了基于多组分类胡萝卜素卟啉物系的光输入和输出信号的 OR 门[48]。其他最近的 OR 门的例子参照参考文献［49］。

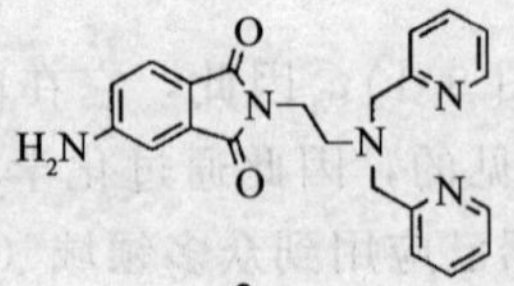

2

In₁ (Zn^{2+})	In₂ (Cd^{2+})	Out (480 nm)[a]
0	0	0
0	1	1
1	0	1
1	1	1

a 荧光

图 9.6 化合物 **2** 的结构式和其 NOR 操作的真值表[47]

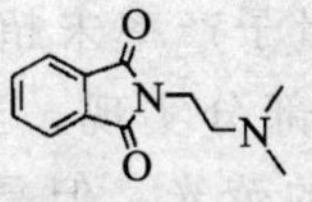

3

In_1 (O_2)	In_2 (Et_3N)	Out (544 nm)[a]
0	0	1
0	1	0
1	0	0
1	1	0

a 磷光

图 9.7　化合物 **4** 的结构式和 Tb^{3+} 络合物的 NOR 门的真值表[51]

NOR 运算与 OR 运算相反，因而，可通过一个简单的组合电路来表示（图 9.2）。在分子水平上，NOT 操作与 OR 操作的组装可在一种化学物质中实现[50]。在乙腈中化合物 **3** 与 Tb^{3+} 离子按 1∶1、2∶1、3∶1 组成混合物，其中邻苯二甲酰胺发色团使镧系元素荧光变得敏感[51]。向 **3** 和 Tb^{3+} 组成为 1∶1 的混合物中加入氧气或三乙胺（化学输入）引起荧光输出的降低，这是由于它们对天线发色团的三线态激发态都有猝灭作用。最近论述了基于表面活性剂包围的聚乙烯含氧金属复合物的荧光 NOR 门[51]，展示重新组合 OR/NOR 门的接收器[49b]，以及三输入 NOR 门[53]。值得关注的是，链接到两张彩色照片的三价元素组成的卟啉已经被发现可作为两输入的 NOR 门，只用光输入和光输出[54]。所有光学三输入 NOR 逻辑行为已经通过耦合基于光致变色化合物的三开关器件来证明[55]。

9.4.3　AND 和 NAND 门

AND 算子同样有两个输入和一个输出（图 9.1）。在一个简单的电路图中，它可表示为两个串联的开关。分子水平的 AND 逻辑门与大量已知的荧光探针密切相关，此前，对荧光传感器早有研究却一直没有认识到它们的逻辑特点[56]。那些基于两个化学输入及一个光学（荧光）输出的 AND 门是水平最好的 AND[49a,c,58,59]。但是也有一些已知的具有 AND 门功能的分子体系能处理化学和光学输入[49a,c,58,59]或两个光学输入[60]。图 9.8 所示的模块化设计的蒽衍生物

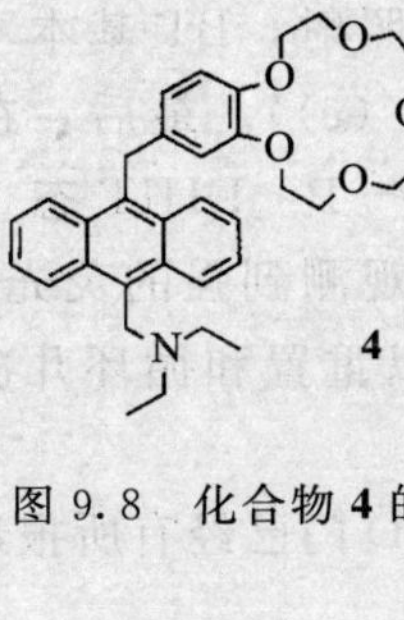

4

In_1 (H^+)	In_2 (Na^+)	Out (428 nm)[a]
0	0	0
0	1	0
1	0	0
1	1	1

a 荧光

图 9.8　化合物 **4** 的结构式和其 AND 操作的真值表[62]

4 能产生一张实际上很完美的真值表[62]。在甲醇溶液中，加入 10^{-3} mol·l^{-1} 的 H^+ 和 10^{-2} mol·l^{-1} 的 Na^+，**4** 的量子产率是 0.22（输出为 1，真值表的第 4 行，图 9.8），而 3 种输出状态为 0 的情况，量子产率未超过 0.009。在真值表中的前两种状况下，PET 猝灭过程通过氨基部分实现，当然第 3 种情况是通过冠醚。有趣的是，仅仅靠冠醚不能猝灭蒽的荧光，但是当氨基被质子化，通过冠醚的猝灭过程变得热力学允许而能发生。**4** 的少许改进版被用来执行在胶团内部提供的纳米级空间中的 AND 逻辑[63]。近来，通过从连接苯基亚胺乙酰乙酸盐接收器中得到三输入 AND 门[64]，能够将 Zn^{2+} 锁定到三取代氨基团中[65]。

对所谓的"关—开—关"（或"开—关—开"）体系的 AND 门特征也有研究[58e,f,61]，典型的例子就是仅能在一个确定的 pH 范围内检测金属离子的荧光传感器。离子成对识别也能在 AND 逻辑门的例子中看到。

在荧光团-光致变色多组分系统中荧光的调节是用全光学信号处理执行逻辑的一个新奇的有前途的方法[21]。这种方法通过三价的 **5** 表示出来，包含连接二氢吲哚锌（DHI）和二氢芘（DHP）光致变色单元的卟啉[67]。总体来说，紫外辐射（366 nm）将 DHI 组分转变成三甲基氨内酯（BT）同分异构体，加热同分异构回到 DHI（包括红外激光辐射）。用红外光（590～900 nm）可将 DHP 同分异构化产生开环的 CPD，在紫外辐射（366 nm 或 254 nm）下，CPD 又转化为 DHI 同分异构体。设计这种系统的关键是保证两种光致变色体系独立且可逆地光致异构能力，和利用能量或电子转移过程中的任一个通过不同通道门猝灭卟啉单线态激发态。已经展示了在 2-甲基四氢呋喃中作为分子 AND 门的化合物 **5** 的功能，将两种输入分别加热（55℃下加热 30 分钟）和红外光辐射，在 720 nm 输出是卟啉荧光。通过在 366 nm 光下照射，随后在 254 nm 光照射（这也与门的重置结果一致）使分子最初位于 DHP－P－BT 态（图 9.9 (a)）。在这种状态下，通过单独的 PET 过程用 DHP 和 BT 组分将卟啉荧光猝灭。加热条件下（输入 1），BT 转变为 DHI，生成 DHP－P－DHI（图 9.9 (b)）。DHI 单体不会猝灭 P 的荧光，但是 DHP 仍然猝灭荧光；因此，输出仍然低于固定阈值。或者，如果系统用红外光照射（输入 2），DHP 异构为 CPD，它不猝灭荧光。然而，用定量的红外光照射，BT 基本不受影响，仍能猝灭卟啉荧光，保持门处于关的状态（图 9.9 (c)）。最后，在运用双输入的情况下，两个光致变色体都异构化，生成 CPD－P－DHIT 态（图 9.9 (d)）。两个光致变色体都不能猝灭卟啉单线激发态，观测到强的荧光，输出是 1。然后分子完成 AND 操作的真值表。虽然系统可以重置和循环几次，但由于 DHI 组分的分解，系统抗疲劳较差。

基于电子化学试验和快速发射光谱学的 AND 门已经有所报道[29,32,68]。

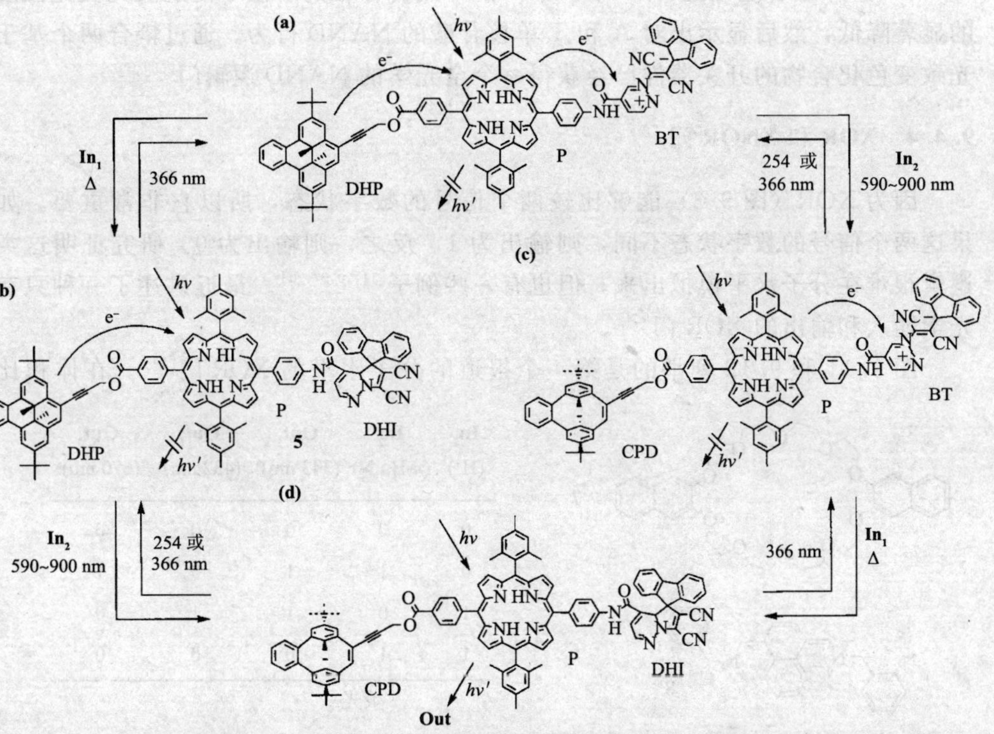

图 9.9　在加热（In_1）和红外线（In_2）输入的作用下，三价的 **5** 的四种同素异构态之间的内部转换。AND 逻辑下卟啉荧光（**Out**）对这些输入的反映。紫外辐射下完成复位[67]

NAND 算子是由 AND 和 NOT 门连接而成的（图 9.2）。已经报道了表现 NAND 逻辑行为的分子系统的一些例子[69]，图 9.10 画出了其中的一种。化合物 $\mathbf{6}^{2+}$，一种染料，能够嵌入腺嘧啶（A）-胸腺嘧啶（T）盐基对区域，根据它的荧光光谱的迁移被用作识别 DMSO/水中的 A－T 对[68e]。通过对控制放射波长

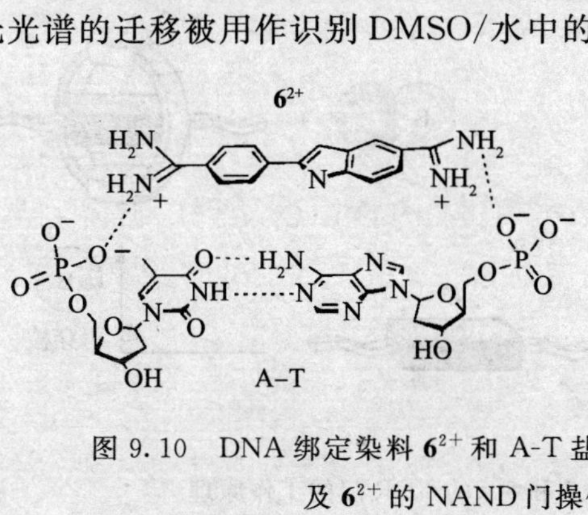

In_1 (A)	In_2 (T)	Out (455 nm)[a]
0	0	1
0	1	1
1	0	1
1	1	0

a 荧光

图 9.10　DNA 绑定染料 $\mathbf{6}^{2+}$ 和 A-T 盐基对之间复合物的结构式，及 $\mathbf{6}^{2+}$ 的 NAND 门操作的真值表

(455 nm) 作出合适的选择，只有当 A 和 T 同时存在的时候才能观测到荧光强度的显著降低，然后显示出对 A 和 T 单核苷酸的 NAND 行为。通过耦合两个基于光致变色化合物的开关器件已经获得一个全光学的 NAND 逻辑门[55]。

9.4.4 XOR 和 XNOR 门

因为 XOR（图 9.3）能够比较两个信号的数字状态，所以它非常重要。如果这两个信号的数字状态不同，则输出为 1，反之，则输出为 0。研究证明这类逻辑很难在分子水平模拟出来，但也有一些例子[11,20,27,70]。最近讲述了一种只有光学输入和输出的 XOR 门[54]。

图 9.11 和 9.12 列举的是第一个报道的分子水平的 XOR 门[71]。在体积比

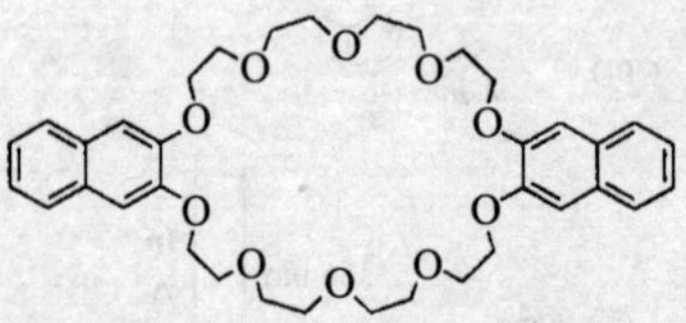

7

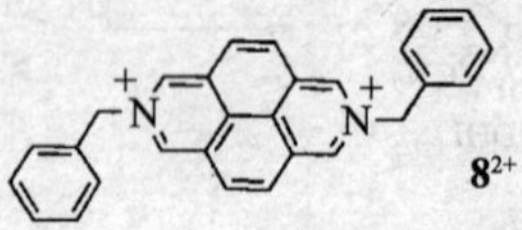

$\mathbf{8}^{2+}$

In_1 (H^+)	In_2 (n-Bu_3N)	Out_1 (343 nm)[a]	Out_2 (432 nm)[a]	Out_3 (670 nm)[a]
0	0	0	0	0
0	1	1	0	1
1	0	1	1	0
1	1	0	0	0

a 荧光

图 9.11　化合物 **7** 和 $\mathbf{8}^{2+}$ 结构式，XOR（343 nm 处有荧光输出）和 INH（432 和 670 nm 处有荧光输出）逻辑行为的真值表。在图 9.12 中说明了系统的全部工作机理

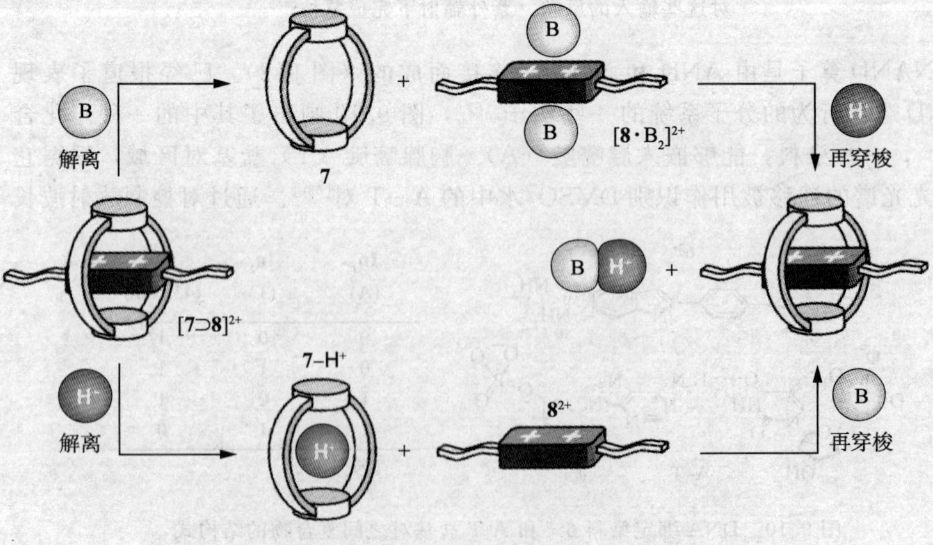

图 9.12　基于化合物 **7** 和 $\mathbf{8}^{2+}$ 的 XOR 门的工作原理

为 9∶1 的二氯甲烷和乙腈混合液中，一个缺电子的线状分子如 $\mathbf{8}^{2+}$ 穿过富集电子的大环分子 **7** 所形成的类轮烷络合物 $[\mathbf{7} \Leftrightarrow \mathbf{8}]^{2+}$ 通过电荷转移作用连在一起。有多达 3 种不同的光学方法可表示出该络合作用：(i) 出现红色，因为在可见光区出现 CT 吸收带；(ii) $\mathbf{8}^{2+}$ 的蓝绿色荧光消失；(iii) 在 $\lambda_{max}=343$ nm 的紫外荧光消失（这两个荧光信号的消失是由于络合物中存在能级较低的 CT 态）。对于 XOR 功能，质子及正丁基胺都是输入，**7** 在 343 nm 处的荧光是输出，图 9.12 画出了这个体系的工作机理。如上所述，由于胺与 $\mathbf{8}^{2+}$ 之间更强的 CT 作用，使络合物解离。在这种情况下，**7** 释放出来，它的荧光没有被猝灭（胺输入 1，输出 1）。$\mathbf{8}^{2+}$ 自由体荧光也被猝灭，却发现 $\mathbf{8}^{2+}$ 和胺之间的复合物在 $\lambda_{max}=670$ nm 处出现荧光。H^+ 的加入引起 **7** 质子化，同样是类轮烷解离。因此，$\mathbf{8}^{2+}$ 自由体的荧光（$\lambda_{max}=432$ nm）被还原。与中性分子相比，**7** 的荧光发射并没有因为它的质子化而受到干扰，即在 343 nm 处 H^+ 输入 1，输出为 1。因此，当两个输入中只有一个存在的情况下，输出逻辑状态始终为 1。然而，当等量地加入这两个输入时，发生酸碱中和反应，络合物完好无损，343 nm 处的荧光猝灭（输出为 0）。如下所讨论的，在 432 和 670 nm 处荧光发射通道的分析表示在这种系统中两个迥异的 INH 功能与 XOR 操作重叠。

XNOR 门相当于一个 XOR 门接上一个 NOT 门（图 9.3）。这种逻辑门的分子执行只有少许例子是可行的[72]。蒽[4]并冠醚显示出 XNOR 门行为，可通过改变化学输入的类型重新组合成 NOR 或 INH[72b]。在金属复合物和 1，4，8，11-四吖环癸烷人造分子之间大分子加和物描述了酸介质化学刺激和荧光读出器中 XOR 和 XNOR 操作的叠加。

9.4.5 INH 门

INH 禁止门本质上是有一个反相输入经过 NOT 逻辑操作的 AND 门（图 9.3）。在分子尺度上通过化学设计可达到两个逻辑门间的线路连接。最近几年讲述了分子 INH 门的一些例子[20-27,47,49a,50,52,67,72b,73,74]。图 9.13 表示的是化合物 **9**，一个带有喹啉的 Tb^{3+} 的络合物[73a]。无论是在有氧的还是无氧的碱溶液中（pH=11），

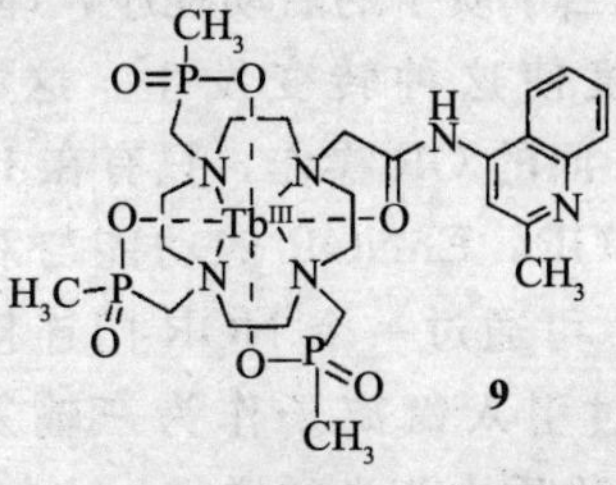

9

In_1 (H^+)	In_2 (O_2)	Out (547 nm)^a
0	0	0
0	1	0
1	0	1
1	1	0

a 磷光

图 9.13　化合物 **9** 的结构式和其 INH 逻辑操作的真值表

这个化合物在 548 nm（λ_{exc}＝330 nm）处都有一个较弱的 Tb^{3+} 的发射带。在酸性条件（pH＝2.9）和无氧的情况下，可观察到它的发射强度增加了 50 倍，那是由于喹啉氮原子的质子化影响了从喹啉激发态到稀土金属激发态的能量传递，从而使发射强度增加，而氧气能使喹啉三线态激发态猝灭，因此，使能量传递到 Tb^{3+} 络合物的效率降低。

通过改变到 Zn^{2+} 和 H^+ 的输入类型 OR 门（图 9.6）的重新组合产生 INH 功能[47]。前面（图 9.11 和图 9.12）讲述的 XOR 门[71]在荧光读出器波长重新组合下表现出双 INH 行为。如果在 432 nm 处有输出（$\mathbf{8}^{2+}$ 自由体的荧光），系统表现为三丁基胺为禁止输入的 INH 门。通过控制 $\mathbf{8}^{2+}$ 和三丁基胺（λ＝670）之间的 CT 复合物放射，得到质子输入的禁止 INH 门（图 9.11）。

9.5 组合逻辑电路

组合电路是它的输出值仅由输入的当前值决定[1,2]。组合电路是基础逻辑门的网络，执行布尔数学体系功能，可通过真值表形式说明。与连续的电路相比，组合电路信息只在一个方向上流动（见 9.6 节）。如前讨论，如果用一个分子装置实现所需逻辑功能的合理组合，则可避免单个门之间的物理连接。从一个实际的角度来看，问题是识别分子系统，完成想得到的电路执行布尔体系功能的真值表。在此，我们将讲述一些这样的系统，包括模拟用作二进制加法和减法的电路。

9.5.1 EnOR 和 EnNOR

EnOR 门是一个具有 3 个输入的体系，它相对于一个只有在第三个存在的情况下才起作用的具有两个输入的 OR 逻辑操作，可以用一个反馈 AND 门的 OR 门来表示（图 9.14（a））。2-苯基苯并吡喃鎓化合物 **10**（9.14（b））是这类行为的一个例子，在光照（$\mathbf{In}_1$）和质子（$\mathbf{In}_2$）的作用下，**10** 转变为 $\mathbf{11}^+$（输出是吸收光谱的改变）[75]。这一个 AND 门通过第三个输入（$\mathbf{In}_3$），即十二烷基磺酸钠（SDS），就扩展成了一个 EnOR 门。SDS 充当了质子的启动程序，即便是在较高的 pH 值，也能把质子聚集到足够的程度使这种转变发生。这种行为（图 9.14（c））相当于 $\mathbf{In}_2$（H^+）与 $\mathbf{In}_3$（SDS）间的 OR 操作，只有在 $\mathbf{In}_1$（365 nm 光照）存在的情况下才起作用。类比于 EnOR，EnNOR 的功能与双输入 NOR 功能相似，只有在三输入情况下才被激活，可通过一个 NOR 门连接一个 AND 门表示。在 9.4.2 节讲述的 NOR 门可通过引入氯离子作为三输入[51]扩展为 EnNOR。这些阴离子的出现引起 Tb（III）物质中荧光的增加，这归咎于水或镧系元素的配位球体中溶剂分子的移出。因此，氧气和三乙胺为输入的 NOR 门，当提供氯离子时是开启的。

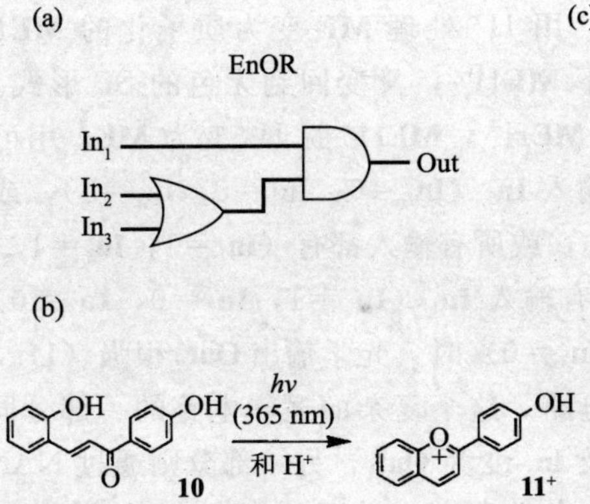

(c)

In_1 (365 nm)[a]	In_2 (H^+)	In_3 (SDS)	Out (434 nm)[b]
0	0	0	0
0	0	1	0
0	1	0	0
0	1	1	0
1	0	0	0
1	0	1	1
1	1	0	1
1	1	1	1

a 激发，b 吸收

图 9.14　组合电路方案（a），分子执行（b），基于化合物 10 和 11^+ NOR 逻辑的真值表（c）

9.5.2　其他功能

组合逻辑中讨论的几种分子系统的输入/输出特征现在是可行的[73c,76,77]。图 9.15 中列举了一个三线开关，这个有意思的系统是彩色照片，它对两个光学输入（**In_1**，紫外光，和 **In_2**，可见光）及一个化学输入（**In_3**，H^+）响应产生两个光学输出（**Out_1**，401 nm 处的吸收；和 **Out_2**，563 nm 处的吸收）[76]。通过应用

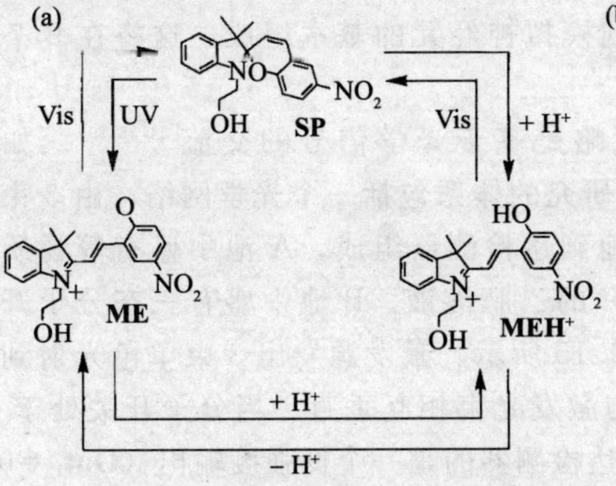

(b)

In_1 (UV)	In_2 (Vis)	In_3 (H^+)	Out_1 (401 nm)[a]	Out_2 (563 nm)[a]
0	0	0	0	0
0	0	1	1	0
0	1	0	0	0
1	0	0	0	1
0	1	1	0	0
1	0	1	1	0
1	1	0	0	1
1	1	1	1	0

a 吸收

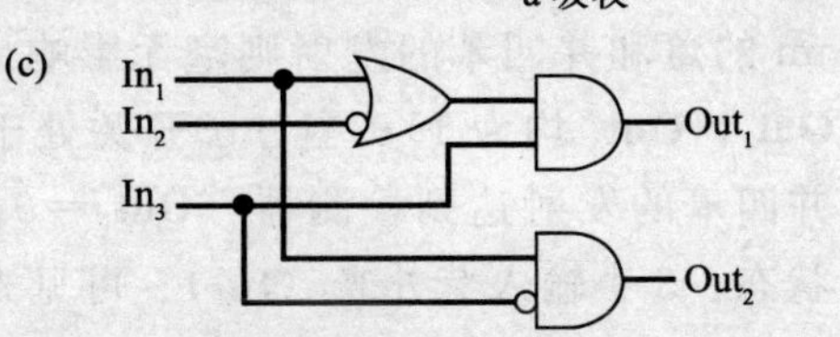

图 9.15　三线态，三输入，两输出分子开关（a）；真值表（b）；组合逻辑方案（c）[76]

正逻辑规则（低＝0，高＝1），可将二进制数字在每个信号进行编码，图 9.15a 按逆时针循环，在紫外光照射下，无色的螺吡喃衍生物 SP 在乙腈溶液中变为部花菁形式 ME（563 nm 处有吸收）；用 H^+ 处理 **ME** 变为质子化的 **ME**H^+（在 401 nm 处有吸收）；在可见光激发下 **ME**H^+，又变回到无色的 SP 形式。或者，按顺时针循环，用 H^+ 处理 SP 变为 **ME**H^+，**ME**H^+ 脱 H^+ 变为 **ME**，用可见光激发 **ME** 又变回到 SP。因此，当只有输入 $\mathbf{In_3}$（$\mathbf{In_1}$＝0，$\mathbf{In_2}$＝0，$\mathbf{In_3}$＝1），或仅仅没有输入 $\mathbf{In_2}$（$\mathbf{In_1}$＝1，$\mathbf{In_2}$＝0，$\mathbf{In_3}$＝1），或所有输入都有（$\mathbf{In_1}$＝1，$\mathbf{In_2}$＝1，$\mathbf{In_3}$＝1）时，光学输出 $\mathbf{Out_1}$ 很强（1）；当只有输入 $\mathbf{In_1}$（$\mathbf{In_1}$＝1，$\mathbf{In_2}$＝0，$\mathbf{In_3}$＝0），或仅仅没有输入 $\mathbf{In_3}$（$\mathbf{In_1}$＝1，$\mathbf{In_2}$＝1，$\mathbf{In_3}$＝0）时，光学输出 $\mathbf{Out_2}$ 很强（1）。图 9.15 列出了相应的真值表及等价的逻辑电路。这个复杂的逻辑电路的一部分同 AND，NOT 及 OR 操作 3 个输入 $\mathbf{In_1}$，$\mathbf{In_2}$ 及 $\mathbf{In_3}$ 变为 $\mathbf{Out_1}$，另一部分则通过 NAND 操作将同样的输出变为 $\mathbf{Out_2}$。这个系统的光学和光化学开关也在溶胶-凝胶二氧化硅单体内部被执行[78]，尽管它的行为导致与在乙腈溶剂中观测的明显不同。

9.5.3 分子开关之间的信号交流

鉴于在不同分子间建立电信号交流所存在的固有困难，迫使人们需要开拓其他处理和传递分子级别信号的方法来构建分子装置网络。信息处理本质上经常基于化学信号的交换。例如，我们大脑的操作依靠溶液中的离子行为，及在 RNA 细胞中分子从 DNA 中将信息传送到创造新的蛋白质分子的机器中[6]。在 9.6.1 节讨论了基于一个化学信号的分子间交流的记忆作用。由分子开关组成的能够交换 H^+ 的人造系统已经被用到模拟神经元的基本组成，这将在 9.7 节中讲述。

两个分子间数字传递的另一个策略是基于光学信号的交流[24,55,79]。如图 9.16a 阐述了这个方法的一个例子。所研究的体系包括一个光学网络，由 3 束从激发源发出的光学信号通过两个石英池到达检测器组成。A 池中盛有等物质的量的萘（N），蒽（An）和并四苯（T）的乙腈溶液。B 池中盛有三态分子开关 **SP**，**ME**H^+ 和 **ME** 的乙腈溶液，如图 9.15 所示。激发源发出 3 束单色光射到 A 池，激发 3 个荧光体发射，发射的光与激发光束相互垂直。当分子开关处于 **SP** 态，萘在 365 nm 的发射被吸收时，到达检测器的是一个低强度输出（$\mathbf{Out_1}$＝0），而在 401 nm 和 544 nm 的蒽和并四苯的发射则毫无影响地通过 B 池，到达检测器的是高强度输出（$\mathbf{Out_2}$，$\mathbf{Out_3}$ 均为 1）；当分子开关处于 **ME**H^+ 状态，萘和蒽的发射被吸收，只有并四苯的发射达到检测器（$\mathbf{Out_1}$＝0，$\mathbf{Out_2}$＝0，$\mathbf{Out_3}$＝1）；当分子开关处于 ME 状态，3 个输入紫外光（$\mathbf{In_1}$）、可见光（$\mathbf{In_2}$）或 H^+（$\mathbf{In_3}$），就可促使分子开关在 3 个状态间进行转换，以两个光学输入和一个化学输入刺激分子开关就可调节 3 个独立的光学输出（$\mathbf{Out_1}$，$\mathbf{Out_2}$，$\mathbf{Out_3}$），图 9.16（b）中的真值表列出了这 3 个输入与 3 个输出间的关系。等效逻辑电路（图 9.16（c））表明由三个输入控制着蒽的信道输出（**Out**$_2$），只有 **In**$_1$ 和 **In**$_3$ 影响并四苯的信道输出（**Out**$_3$），而萘的信道输出强度总是很低并且不受三个输入的影响[79]。

(a)

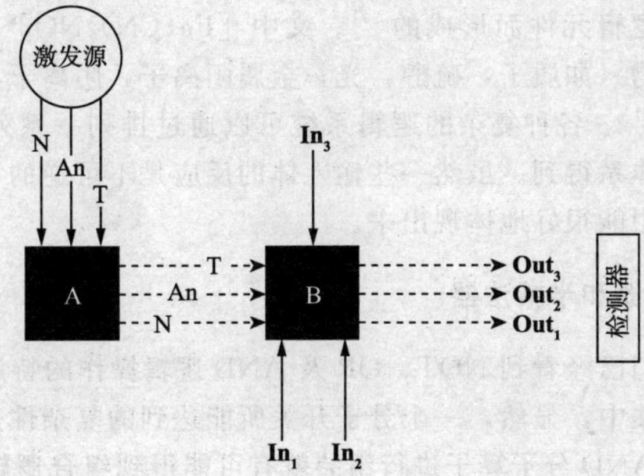

(b)

In_1 (UV)	In_2 (Vis)	In_3 (H^+)	Out_1 (335 nm)^a	Out_2 (401 nm)^a	Out_3 (544 nm)^a
0	0	0	0	1	1
0	0	1	0	0	1
0	1	0	0	1	1
1	0	0	0	0	0
0	1	1	0	1	1
1	0	1	0	0	1
1	1	0	0	0	0
1	1	1	0	0	1

a 透光度

(c)

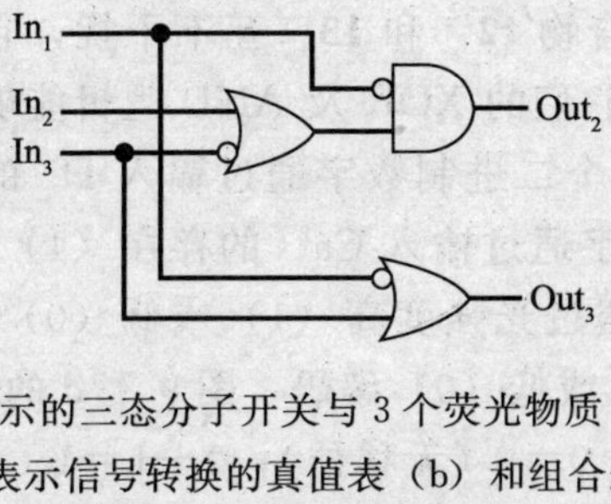

图 9.16　图 9.15 所示的三态分子开关与 3 个荧光物质（见正文）间信号交流（a），表示信号转换的真值表（b）和组合逻辑电路（c）[79]。**Out**$_1$ 总是最低，因此在电路表示中忽略不计

光致变色系统（图 9.15）中光吸收的开关常用来调控芘的荧光[80]。虽然目前离实际的运用还很远，但该光学信号门的运行原理促进了基于分子组件的所有光学开关的发展。

另外一种有趣的方法则依赖于光吸收调控，该光吸收是通过耦合基于某一络合物水溶液的逻辑元件而形成的[59]。文中 $[Fe(CN)_5NO]^{2-}$ 在其吸收光谱范围内对各种刺激物（如质子，硫醇，光，金属阳离子、阴离子，温度和压力）的变化都有所响应[81]。各种复杂的逻辑系统可以通过排列一系列包含不同几何模型的分子开关的体系得到。虽然一些输入体的反应是不可逆的，但研究表明理化性能在逻辑体系中能很好地体现出来。

9.5.4 半加法器和半减法器

上文中我们已经看到 NOT、OR 及 AND 逻辑操作的特定顺序可设计在一个单元分子的开关中，显然，一个分子开关所能达到的复杂性是有限的。将独立的 NOT、OR 及 AND 分子算子进行组装就有可能得到组合逻辑电路。如果这些体系并行操作，它们之间不需要进行数字交流。独立分子算子进一步组合便产生半加法体系。

半加法器是基于二进制算数的一个组合电路[1,2]。它的功能是将两个一位数的二进制数字相加。半加法器由两个并行的 AND 门和 XOR 门组成（图 9.17 (a)）。AND 门的输出给出此加法的移位数字，XOR 门的输出给出总和数字。将并行连接的概念转移到分子世界，可以想象两个具有逻辑显示的功能的分子，它们受到相同的激励，而输出不同。图 9.17 中的化合物 $\mathbf{12}^{4-}$ 和 $\mathbf{13}^{4-}$ 就是以此目的而设计的[82]。化合物 $\mathbf{12}^{4-}$ 将众所周知的 Ca^{2+} 和 H^+ 受体与一个推拉发色团连接在一起，这个发色团的吸收光谱对该两种阳离子反应灵敏。将 390 nm 处的透光率作为输出，选定一个适当的阈值，从图 9.17（b）中的真值表就可清楚地看出，这个分子在水溶液中就起了 XOR 逻辑门的作用。然后设计作为 AND 逻辑的化合物 $\mathbf{13}^{4-}$（图 9.17（c）)，因为如果要观察到荧光受体就要同时接受到 Ca^{2+} 和 H^+。因为化合物 $\mathbf{12}^{4-}$ 和 $\mathbf{13}^{4-}$ 互不干扰，它们的化学输入及能量供应方式也完全兼容，所以它们的 XOR 及 AND 逻辑能够并行操作，执行二进制加法（图 9.17（d)）。第一个二进制数字通过输入 H^+ 的存在（1）或不存在（0）编码，第二个二进制数字通过输入 Ca^{2+} 的存在（1）或不存在（0）编码，总和数字通过 390 nm 处的透过光强度高（1）或低（0）编码，移位数字通过 419 nm 处发射光强度高（1）或低（0）编码。图 9.17d 的表格显示了一个可执行二进制加法的分子体系：0＋0＝0（无移位）；0＋1＝1（无移位）；1＋0＝1（无移位）；以及 1＋1＝0（移位 1）。在十进制中，这些操作变为 0＋0＝0，0＋1＝1，1＋0＝1，1＋1＝2。应该指出[82]，这样一个体系：

(a)

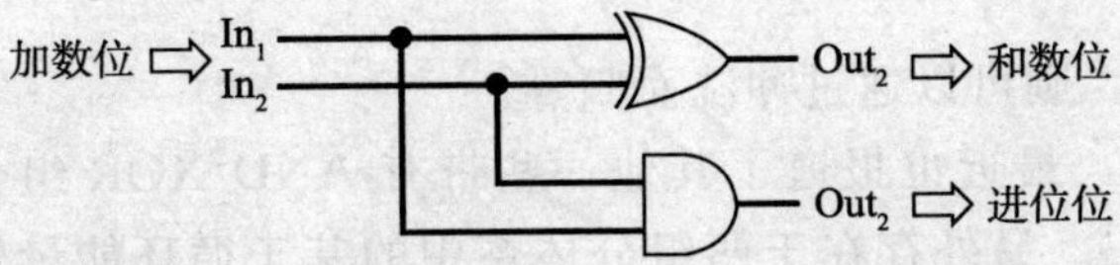

(b)

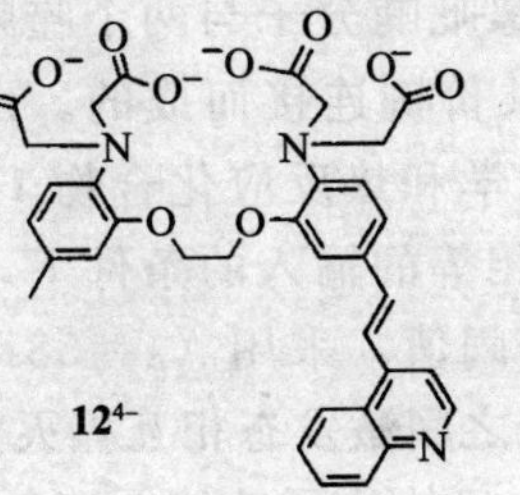

12^{4-}

In₁ (H⁺)	In₂ (Ca²⁺)	Out (390 nm)[a]
0	0	0
0	1	1
1	0	1
1	1	0

a 透光度

(c)

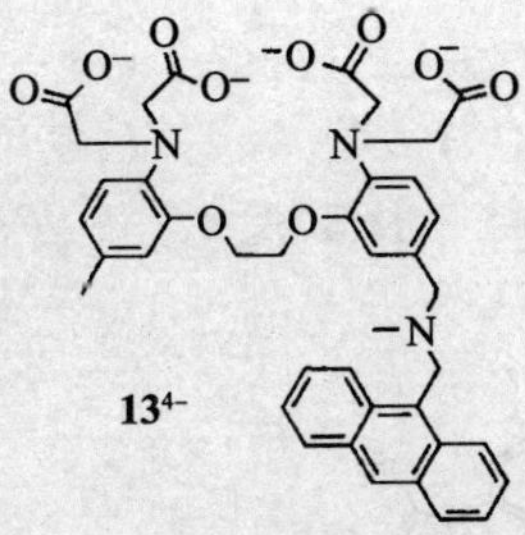

13^{4-}

In₁ (H⁺)	In₂ (Ca²⁺)	Out (419 nm)[b]
0	0	0
0	1	0
1	0	0
1	1	1

a 荧光

(d)

加数		和	进位
In₁ (H⁺)	In₂ (Ca²⁺)	Out₁ (390 nm)[a]	Out₂ (419 nm)[b]
0	0	0	0
0	1	1	0
1	0	1	0
1	1	0	1

a 透光度，b 荧光

图 9.17　组合逻辑图示（a)，分子结构及 XOR12^{4-} 真值表（b)，AND13^{4-} 真值表（c)，分子半加法器的组件（d)[82]

• 是基于普遍原则的，因而可扩展到更多的输入；
• 以无线模式运行；
• 如果是形成聚合物，则可以通过冲洗而归零。

该开创性的工作之后，最近也报道了其他一些带有 AND/XOR 组合功能的分子半加法器的例子[83-88]。另外存在于两组分体系中的基于循环能量转移的分子半加法器也已被假设[89]。

最近也已经报道了基于多组分物质 **14**（图 9.18）的带有光输入和光输出信号的分子半加法器[88b]。化合物 **14** 是由一个螺吡喃分子与两个喹啉衍生物（二氢中氮茚光敏色素）通过 1，3，5-三取代苯共价键连接而成的。由于每个光致变色基都可以以两种形式存在，所以通过光化学和热反应化合物 **14** 的六种同分异构体可以相互转换。在 355 nm 光照及两个相等的输入的条件下，该体系在 2-甲基四氢呋喃溶液中运行起来。若输入适当的阈值，采用（λ=581 nm）的吸收光谱则具有 AND 门的分子功能：通过由各组分之间激发态相互猝灭作用形成的关-开-关的荧光（λ=690 nm）效应则具有 XOR 门的分子功能。诸如化合物 **14** 这样的光学单分子器件引起了人们的广泛兴趣，原因在于它们不需要接线，也不需要化学输入、输出就能够在非流体媒介中快速运行[88]。

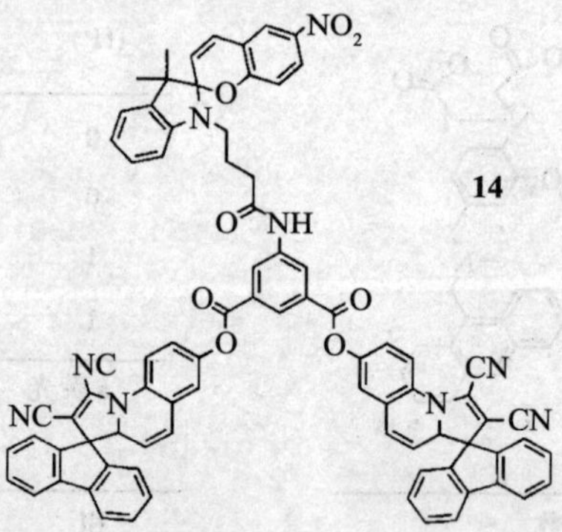

14

图 9.18 化合物 **14** 的结构式，具有光输入输出信号的分子半加法器[88b]

半减法器是一个组合电路（图 9.19（a）），该电路将两个二进制数相减并产生两者的差值。它需要两个输入才能产生两个输出，同时给出两者的差值以及调用的数值，就像一个半加法器。输入体系间 XOR 门运行需要不同的二进制数，而调用的二进制数则是对 INH 门的运行输出的响应。第一次报道的分子半加法器基于非常简单易得的分子，该报道表明在化学体系中物理性质和化学反应的结合可以很容易地产生一种相当复杂的逻辑行为。在 *N*，*N*-二甲基甲酰胺溶液中添加酸（HCl）或碱（*t*-BuOK），四苯基卟啉 **15**（图 9.19（b））可以形成二价阳离子或二价阴离子。化合物**15**的不带电形态在417 nm波长下有很强的吸收，而其二价阴、阳离子形态与其中性形态相比吸收波长都要比417 nm小很多。不论是加酸还是加碱，该物质在Soret光谱带下都会发生15 nm波长的红移。这种行为连同两个输入的相互湮灭就产生了XOR逻辑。在同样的输入的条件下，INH逻辑门的运行取决于系统的荧光效应。中性价态的化合物**15**在波长654 nm适度的发光，二价阴离子态在波长637 nm光下强烈发光，而二价阳离子态在波长654 nm光照下只有微弱的荧光。因此加入酸、碱和等物质的量的混合酸碱可在波长为637 nm光照下检测荧光同时产生INT的逻辑运作。该半减法器功能的真值表见图9.19（c）。下面是二进制数差值的计算：0－0＝0（不借数），1－1＝0（不借数），1－0＝1（不借数），0－1＝1（借1）。上述减法器运行的结果意味着当被减数小于减数时就要从减法器的更高阶层借用1。实际上借来的1相当于把2加到被减数上，例如：二进制数的差值变为2－1＝1。

(a)

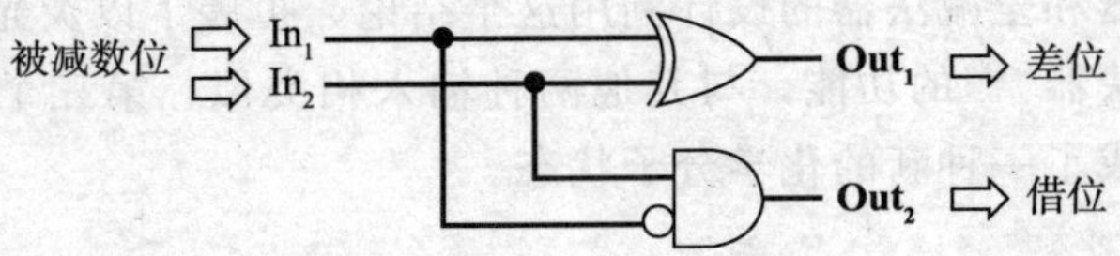

(b)

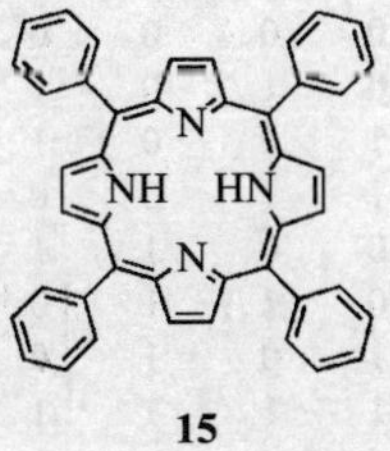

15

(c)

被减数 In_1 (H^+)	减数 In_2 (*t*-BuOK)	差数 Out_1 (417 nm)[a]	借位数 Out_2 (440 nm)[b]
0	0	0	0
0	1	1	1
1	0	1	0
1	1	0	0

a 透光度，b 荧光

图9.19　组合逻辑体系（a），四苯基卟啉的结构（b），分子半减法器的真值表（c）[90]

值得注意的是，9.4.4节中讨论的INH/XOR复合门（图9.11和图9.12）具有带有荧光输出和敏锐开-关效应的半减法器的功能，尽管该功能原先并没有被认识到[71]。事实上，由于两个互补的INH门的叠加使得该系统能同时完成（例如，$x-y$和$y-x$）双向减法。其他一些基于INH/XOR逻辑叠加的半减法器的例子也已被报道[84,86,91]。

9.5.5　全加法器和全减法器

全减法器和全减法器都是重要的数字逻辑元件，通过串联可将多于一位数的二进制数进行算数运算[1,2]。相应的组合电路与真值表在图 9.20（a）与图 9.20（c）中列出。全加法器（减法器）的功能是取出三个二进制数，把它们相加（相减）来产生二进制输出：总和（差值）和进位（借位）的数字。半加法器和半减法器只能进行两个二进制数输入，与它们相比较，全加法器与全减法器能够进行三个二进制数的输入。第三个输入的引入很重要，因为它能够使串联的元件进行多位数相加和相减。比如说，下游的加法器能取出两个独立的加数，并且通过上游加法器输出的一个进位数得到第三个输入数。

对于任何新型的计算范例来说，全加法器和全减法器元件的组合是一个关键的挑战。近期已经能够实现一些基于合成分子体系的逻辑电路实例的应用[92,93]。

仔细分析全加法器和全减法器的真值表可以发现，每一器件仅仅控制八分之一的可得的运行，即对于加法 1＋1＋1＝3 和对于减法 0－1－1＝－2，具有与半加法器和半减法器不同的逻辑输出（代数结果）。通过引入第三个化学输入，第一个分子全加法器和全减法器的设计利用这个结论，扩展了以荧光效应为基础的半加法器和半减法器[84b]的功能，与其他两种输入相类似，第三个输入与其他两种输入相结合形成了一种新的化学分子状态。

(a)

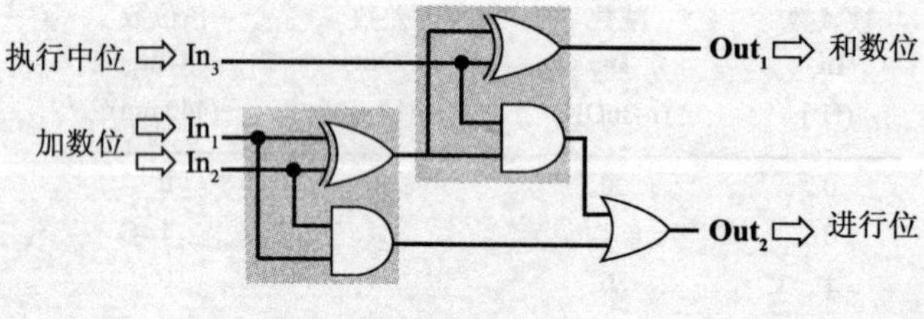

(b)

加数 In_1	In_2	执行 In_3	和 Out_1	进行 Out_2
0	0	0	0	0
0	1	0	1	0
1	0	0	1	0
1	1	0	0	1
0	0	1	1	0
0	1	1	0	1
1	0	1	0	1
1	1	1	1	1

(c)

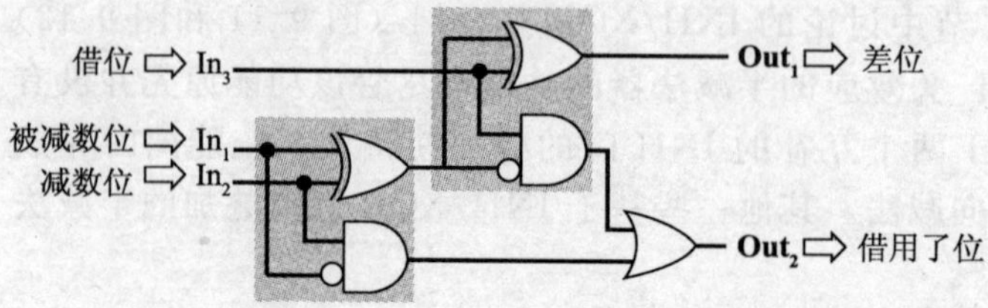

(d)

被减数 In_1	减数 In_2	借 In_3	差 Out_1	借 Out_2
0	0	0	0	0
0	1	0	1	1
1	0	0	1	0
1	1	0	0	0
0	0	1	1	1
0	1	1	0	1
1	0	1	0	0
1	1	1	1	1

图 9.20 （a 和 b）全加法器和（c 和 d）全减法器的组合逻辑图与真值表。（a）和（c）中的阴影部分分别代表半加法器和半减法器单元

这个系统是以众所周知的染料荧光（**16**，图 9.21（a））为基础的。该染料荧光在不同吸收光谱下能表现出四种 pH 依赖型电离状态。基于荧光效应的全加法器的三个输入（加数 1，加数 2，进位数）以相同的化学种类编码，即 OH^- 离子[94]。输出状态以正逻辑规定，用 447 nm 波长下的透过率（总和）和 474 nm 波长下的吸收率（进位）来表示。开始状态是在 pH 小于 2 的水中得到的一价阳离子 **16**H^+，下表列出仔细选择阈值后的 447 nm 下透光度和 474 nm 下吸光度（图 9.21（c）真值表第一行）。三个输入中（加入一定量的 NaOH 调 pH 为 3.3）任何一个被激活都将促使中性价态化合物 **16** 的形式，这种形式在 447 nm 下透光度将高于阈值（真值表的第二，第三和第五行）。三种输入（加入大量 NaOH 调 pH 到 5.6）其中的两个被激活则主要表现一价阴离子 **16**$^-$ 的荧光。在这种状态下，447 nm 波长下溶液的透光度低于阈值，而 474 nm 的吸光度则高于阈值（真

(a)

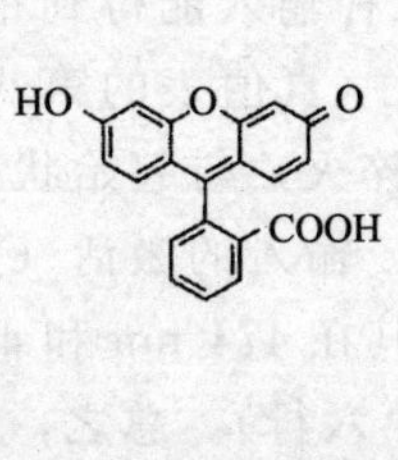

16

(b)

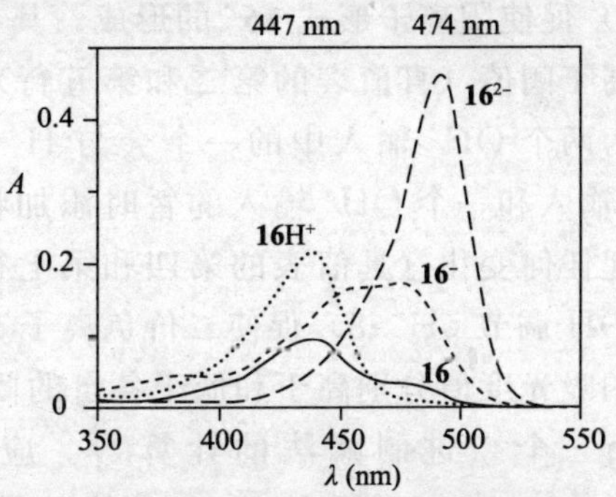

(c)

加数		执行	和	进行
In₁ (OH⁻)	In₂ (OH⁻)	In₃ (OH⁻)	Out₁ (447 nm)ᵃ	Out₂ (474 nm)ᵇ
0	0	0	0	0
0	1	0	1	0
1	0	0	1	0
1	1	0	0	1
0	0	1	1	0
0	1	1	0	1
1	0	1	0	1
1	1	1	1	1

a 透光度，b 吸收

(d)

被减数	减数	借	差	借
In₁ (H⁺)	In₂ (OH⁻)	In₃ (OH⁻)	Out₁ (447 nm)ᵃ	Out₂ (474 nm)ᵃ
0	0	0	0	0
0	1	0	1	1
1	0	0	1	0
1	1	0	0	0
0	0	1	1	1
0	1	1	0	1
1	0	1	0	0
1	1	1	1	1

a 吸收

图 9.21　(a) 荧光 **16** 的结构式，(b) 四种离子形态的典型吸收光谱（水溶液，6 μM），(c) 用 **16H**＋为全加法器的真值表，(d) 用 **16** 为全减法器的真值表[93]

值表的第四，第五和第七行)。最后，三个输入都被激活则需要加入更大量的 NaOH 调节 pH 大于 8。在这些 pH 下就可以得到荧光二价负离子 $\mathbf{16}^{2-}$。其 447 nm 的透光度和 474 nm 的吸光度值都高于阈值（真值表第八行)。因此，这样就可以进行三位的二进制加法了[93]。

通过 (i) 假定中性价态的 **16** 为起始状态，(ii) 把减数输入换成 H^+ 离子，(iii) 检测 447 nm 下的吸光度而不是透光率，先前的体系能够重新组装成全加法器。总之，二进制减数通过质子添加进行编码，被减数和借位数则通过 OH^- 添加进行编码。全加法器的输出状态通过正逻辑规定，用 447 nm（差值）和 474 nm（借数）波长下的吸光度表示。起始状态（**16**）在 447 和 474 nm 波长下显示小的吸光度（图 9.21（d）真值表的第一行)。H^+ 输入的激活（加入定量的 HCl 调节 pH<2）促使阳离子形式 $\mathbf{16}H^+$ 的形成，其 447 nm 下吸光度超过阈值（真值表第三行)。另一方面，OH^- 输入的激活（加入定量的 NaOH 调节 pH 到 5.6）促使阴离子形式 $\mathbf{16}^-$ 的形成，其在 447 nm 和 474 nm 波长下的吸光度的值均高于阈值（真值表的第二和第五行)。激活所有三种输入能得到相同的结果，因为两个 OH^- 输入中的一个会与 H^+ 输入发生猝灭（真值表的第八行)。一个 H^+ 输入和一个 OH^- 输入的暂时添加将导致它们的猝灭，与起始状态比较没有引起任何变化（真值表的第四和第七行)。两个 OH^- 输入的激活（加入定量的 NaOH 调节 pH>8）促使二价负离子 $\mathbf{16}^{2-}$ 的形成，其在 474 nm 和 447 nm 波长下的吸光度值分别高于和低于各自的阈值（真值表第六行)。总之，这样就可以进行三个二进制减法的计算[93]。应该注意的是：正如以前报道的半加法器[71,84,87,90,91]，运行 1－1＝0 依赖于两种化学输入的猝灭，因此不受任何分子处理器的干扰。这也可以看作一个小伎俩，因为恰当选择的化学输入确实能经历"自减"过程。这种现象事实上是分子逻辑系统的着力点并且为其扩张和重新配置提供了新的可能性。

上述的全加法器和全减法器为一些新思想提供了基础。首先，值得注意的是一个非常简单的分子就能表现出由五个基本逻辑门组成的组合逻辑电路的功能，并且能很容易重新组装表现出另外由五个不同的逻辑门组成的组合逻辑电路的功能。输入类型通过简单易得的化学物质激发来得到，输出信号使用简单便宜的仪器就能读出。这样也就能在每次操作循环后使体系的化学物质重置。然而，即使在实验室里利用这种装置进行任务计算也是不实用的。主要的困惑是使用的化学输入物的量不能够平衡并且彼此不能独立，原因涉及化学平衡的固有性质和水的拉平效应。比如说，在全加法器运算过程中，第一个 OH^- 输入物必须能够使 pH（值）从 3.3 提高到 5.6（图 9.21（d）真值表第三和第五行)。然而，如果加入了 H^+ 输入物（真值表第四和第七行)，就需要足够的 OH^- 输入物用以中和酸类输入物。原则上说，两种情况下需要添加的碱的量是不同的；换句话说，

OH⁻ 输入物的浓度应该根据其他输入物的状态进行调整。尽管溶液体积的增加及盐的积累最终将需要对输入物的浓度进行调整，但这个问题可以通过起始溶液缓冲来解决[84,93]。另一方面，在有机溶剂中会发生定量的甚至化学计量形式的质子转移反应，可以利用酸和碱分别强于水合质子和 OH⁻ 离子的方法解决。

在 2-苯乙基-*N*，*N*-二甲氨气相中通过一个和两个质子激发能导致光物理反应，基于这种反应的全加法器也已被报道过[86]。但是，因为输出状态的检测基于离子碎裂反应，一个循环过程后分子将被破坏。

9.5.6 2-to-1 分子数字多路器

数字多路器是一组合电路，该电路从某一输入通道选择二进制信息并将该信息直接导入某一单一的输出信道（图 9.22（a））[1,2]。这有点类似于机械旋转开关，它能将任何一个可能的输入体系连接到一个输出体系。多路器由 2^n 输入体系，一个输出体系和 n 个控制通道组成，控制通道的位元组合决定不同的输入状态中哪一个被转移到输出态。这种类型的最简单的装置就是 2-to-1 多路器，图 9.22（b）和图 9.22（c）分别给出了它的组合逻辑电路和真值表。

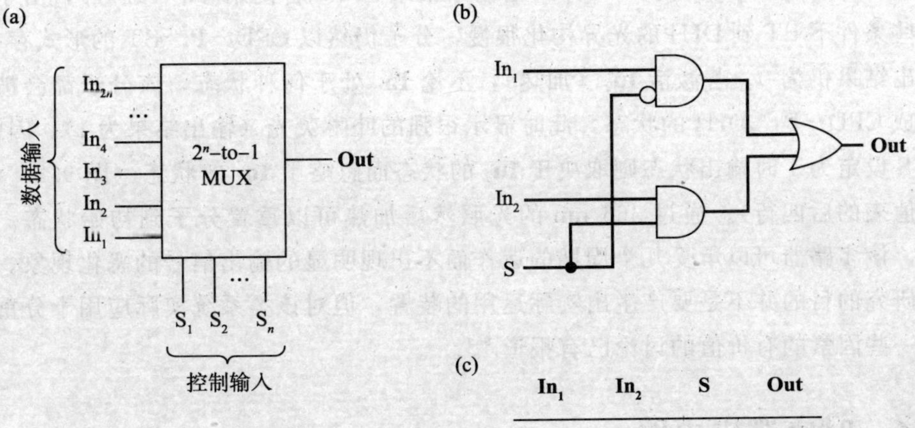

(c)

In$_1$	In$_2$	S	Out
0	0	0	0
1	0	0	1
0	1	0	0
1	1	0	1
0	0	1	0
1	0	1	0
0	1	1	1
1	1	1	1

图 9.22 数字多路器的一般图示（a），组合逻辑体系图（b），
2-to-1 多路器的真值表（c）

最近报道的化合物 **5**（图 9.9）能应用于 2-to-1 数字多路器[95]。与作为 AND 逻辑功能的化合物 **5**（9.4.3 节）相比较，增加第三个输入（绿灯）用来控制二进制位，而开始状态则设定为热力学稳定的 DHP－P－DHI 的形式。输出信号依然通过卟啉荧光表示出来。当不使用控制输入体系 **S** 且关闭输入 $\mathbf{In_1}$ 和 $\mathbf{In_2}$（分别为红灯、加热）时，由于 DHP 基到卟啉衍生物的聚酯作用，分子依然处于 DHP－P－DHI 的形式且没有荧光。当转换到开关 $\mathbf{In_2}$（加热）时则无响应，这是由于系统已经处于热稳定形式。另外，当转换到开关 $\mathbf{In_1}$（红灯）时将导致 DHP 单元的光致异构化进而生成 CPD－P－DHI（图 9.9（d））。卟啉激发态不再猝灭并且可以观察到很强的荧光，从而输出状态变为 1。最后，$\mathbf{In_1}$ 和 $\mathbf{In_2}$ 的同时应用也能产生光稳定状态，该状态下主要含有物质 CPD－P－DHI。因此，当 **S** 的值为 0 时（无绿灯照射），输出态反映了 $\mathbf{In_1}$ 的状态而忽略了 $\mathbf{In_2}$ 的状态（图 9.22（c）真值表的前四行）。

控位体系 **S** 的打开相当于用 530 nm 的绿光照射化合物 5 的溶液直至其转换成主要由 CPD－P－BT 组成的光稳定的络合物（图 9.9（c））。若 $\mathbf{In_1}$ 和 $\mathbf{In_2}$ 的值都为 0 时，卟啉发射物将被 BT 猝灭且输出结果为 0。若使用 $\mathbf{In_1}$（红灯），由于在这些条件下 BT 到 DHI 的光异构化很慢，分子仍然以 CPD－P－BT 的形式存在，输出结果仍为 0。若激活 $\mathbf{In_2}$（加热），不论 $\mathbf{In_1}$ 处于何种状态，该分子都会被转化成 CPD－P－ DHI 的状态，此时显示很强的卟啉荧光（输出结果为 1）。因此，当 **S** 设定为 1 时输出状态则取决于 $\mathbf{In_2}$ 的状态而忽略了 $\mathbf{In_1}$ 的状态（图 9.22（c）真值表的后四行）。通过 366 nm 的光照然后加热可以重置分子到初始状态。此外，该多路器可以承受几个周期的运作而不出现明显的输出信号的恶化现象。虽然研究的目的并不是要产生出实际运用的装置，但对该类系统实际应用十分重要的一些因素的有价值的讨论已有报道[95]。

9.6 时序逻辑电路

时序电路是一种逻辑网络，其输出决定于当前和过去的输入值[1]。换句话说，时序逻辑电路使用有序的输入状态来决定输出，而组合逻辑电路以某种方式组合当前的各种输入状态从而产生输出，因此组合逻辑电路没有记忆功能。时序逻辑电路能记忆自身过去的输入输出，这是因为其输出取决于过去的输入。事实上，记忆电路本质上就具有时序性。

在逻辑设计中，通过引入反馈回路可以获得时序，也就是说，某一逻辑门的输出被送回作为该逻辑门的另一输入或是另一逻辑门的输入。这种反馈机制扰乱了单向信息流，而单向信息流是组合逻辑电路的基本特征。根据化学相关要点，通过利用逻辑门运作过程中的反应动力学可以将时间变量运用到体系中。从化学角度来看，依靠平衡状态可以获得分子水平的组合逻辑电路，而时序逻辑电路则需要对体系的运作过程进行分析及尽可能的优化。

在时序逻辑运作方面，体系特性已得到很好解释的化学体系的例子很少。接下来的章节我们将介绍简单的记忆器件，这些器件基于分子开关与最近被报道的某一体系之间的信号通信，该体系能够识别三个二进制输入的正确序列。

9.6.1 分子存储器

两个独立分子开关之间化学信号的通信可以利用光诱导的质子转移过程建立起来[96]。在乙腈溶液中一价阳离子 **17**$^+$ 和二价阳离子 **17**H^{2+}（图 9.23（a））通过加入酸碱可以相互转化。在 −0.64 V 的 Ag/Ag^+ 对电极的条件下，二价阳离子显示了吡啶衍生物的典型还原过程。正如我们在 9.5.2 节中看到的（图 9.15），螺吡喃 **SP** 通过酸化可以转换为质子化的部花菁 **ME**H^+。在可见光照射的条件下，**ME**H^+ 释放质子转换回 **SP**。在无光照条件下，**SP** 吸收质子又转换成 **ME**H^+。因此，用光来控制 **SP** 和 **ME**H^+ 之间的平衡可以用来控制溶液中质子的吸收和释放。当 **17**$^+$/**17**H^{2+} 和 **SP**/**ME**H^+ 分子开关在溶液中相组合时，用光来调节 H^+ 浓度可被开发应用到调节 **17**$^+$ 和 **17**H^{2+}（图 9.23（a））两种状态之间的转换。在 −0.64 V 条件下，**17**$^+$ 和 **17**H^{2+} 之间的相互转换可通过探测电流强度的电化学方法检测出来。在无光照条件下，**17**H^{2+} 和 **SP** 等物质的量的溶液中质子发生转移产生出 **17**$^+$ 和 **ME**H^+，约五天时间才能达到稳定状态（**SP**：**ME**H^+ = 30：70）。电流强度为 −0.64 V 时这一过程将会衰减。经可见光照射 **ME**H^+ 释放质子诱导 **17**$^+$ 向 **17**H^{2+} 转变，从而增强了电流的强度。在这些被采用的条件下，经 15min 的光照射就能到达一个光稳定状态，该状态下 **SP** 与 **ME**H^+ 的比例是 90：10。被光照射过的溶液在无光条件下保存五天可再次得到主要含有 **17**$^+$ 和 **MEH**$^+$ 的原溶液。

电流的增强和减弱在时间上有着明显的差异，这一特点可被应用到记忆体元件上。在记忆体元件上信息通过光被写入，通过电化学被读出且不会有所损失（图 9.23（b））。当电流值到达最大值的 85％时输出阈值可以任意的固定，同时还可应用正逻辑规定。起初，无光照条件下热力学平衡体系（主要含有 **17**$^+$ 和 **MEH**$^+$），输出结果为 0。若输入由 0 转向 1（光照），输出状态也将由 0 转向 1。若关闭光照，输出状态将保持 1～11 小时，即电流强度衰减到阈值以下所需的时间。因此，通信分子组件通过可见光记录着变化过程并将保留二进制位信息几个小时。

对时序电路这种系统的逻辑运作进行分析是非常有趣的。值得注意的是，仅根据目前的输入状态是不能确定输出状态的。具体来说，如果目前的输入是 0，可输出 0 或 1，而这取决于原先输入的是 0 还是 1。因此，当前的输入和原先的输入状态共同决定着输出状态，如图 9.23（c）真值表所示。相应的逻辑电路（图 9.23（d））包括一个 OR 门，其输出可以被反馈成该体系的某一输入。使用相同的方法，记忆元件和带有吸收[96b,97]、发光[98]输出更为复杂的时序电路的模拟可获得。

(a)

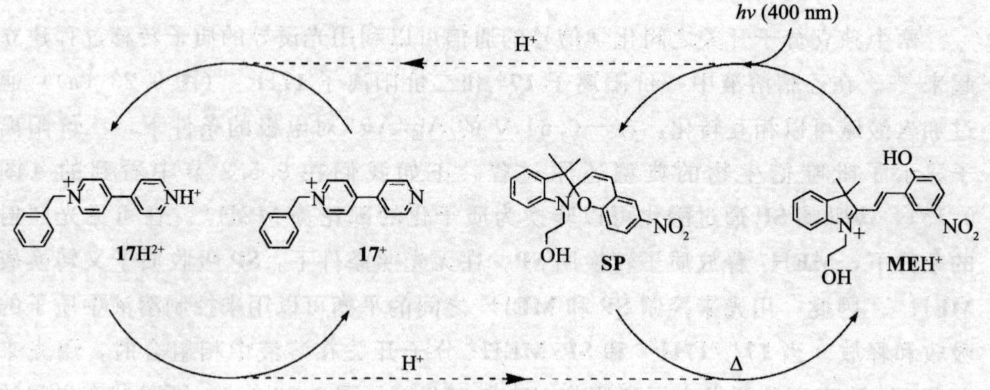

(b)

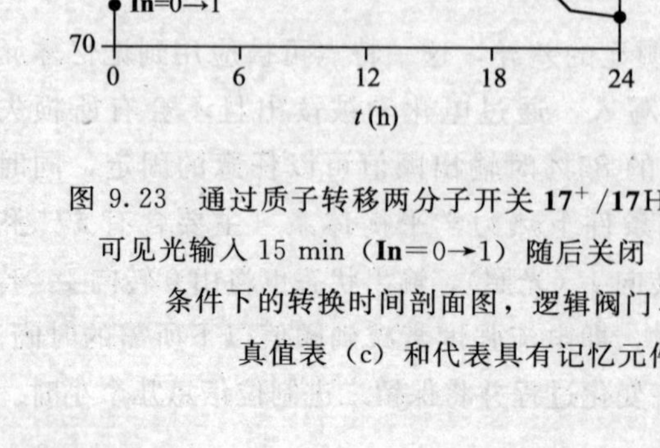

(c)

In		Out
电流	前位	
0	0	0
0	1	1
1	0	1
1	1	1

(d)

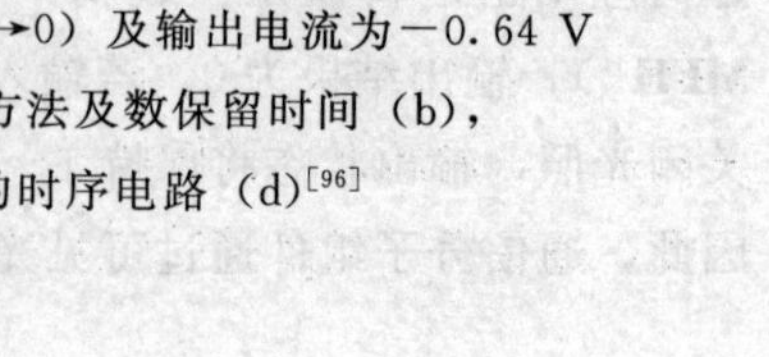

图 9.23 通过质子转移两分子开关 **17**$^+$/**17**H^{2+} 和 **SP**/**ME**H$^+$ 之间的可逆转换（a），可见光输入 15 min（**In**=0→1）随后关闭（**In**=1→0）及输出电流为－0.64 V 条件下的转换时间剖面图，逻辑阀门、采用方法及数保留时间（b），真值表（c）和代表具有记忆元件功能的时序电路（d）[96]

9.6.2 分子键盘锁

最近研究了某一溶液中的化学体系，该体系只对三个输入信号的正确序列有荧光效应[99]。这样的一个体系使人联想到电子键盘锁，一种能控制门和器件安全的普遍安全器件。图 9.24 显示的就是一个简化的具有代表性的时序逻辑电路。应该指出的是，该逻辑电路的功能不同于具有三个输入体系的 AND 门的功能，这是因为切换到输出不能充分传送所有三个输入信号，需要提供正确的输入顺序才行。基于 Fe（Ⅲ）的络合物 $\mathbf{18}^{2+}$（图 9.25（a））的分子键盘锁包括[84a]一个荧光素和芘荧光基团，两者通过一个能与 Fe 离子有选择性地强烈结合的 Fe 配体连接着。在乙醇中络合物 $\mathbf{18}^{2+}$ 含有其一价阴离子形式存在的荧光基（见 9.5.5 节）并很有可能显示出折叠结构，在该结构中荧光素和芘基能相互接近。这些输入是通过 Fe（Ⅲ）的螯合物（乙二胺四乙酸，EDTA，$\mathbf{In}_1$），基本反应物（醋酸钠，$\mathbf{In}_2$）和紫外光照射（$\mathbf{In}_3$）来进行编码的，而输出则用 525 nm 的荧光发射来鉴别。在开始状态下，由于金属离子的存在荧光阴离子基团发生猝灭（图 9.25（a））。而 EDTA 的加入不仅能从含铁络合物中提取出 Fe 离子，而且将荧光基团质子化，从而将质子传递到中性状态的物质（图 9.25（b））。随后醋酸离子的加入促使有着很强荧光效应的二价阴离子荧光基团的形成（图 9.25（c））。另外，将醋酸离子添加到 $\mathbf{18}^{2+}$ 中可形成二价阴离子荧光基团，但由于金属离子的作用其荧光将会发生猝灭（图 9.25（d））。很明显，反转输入的顺序（先加

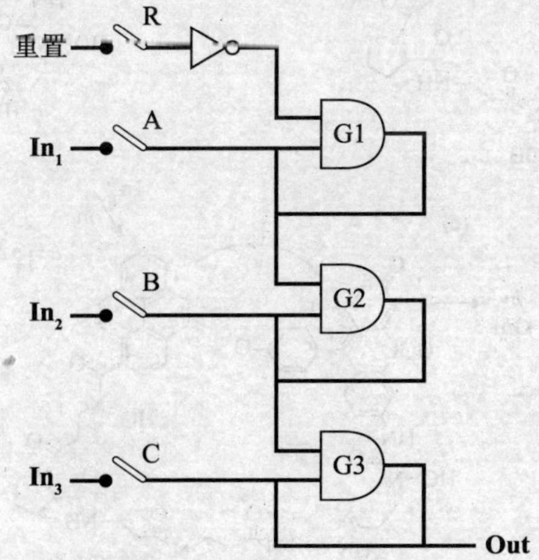

图 9.24　时序逻辑电路器件，只有三个输入信号提供了正确的序列（$\mathbf{In}_1$，$\mathbf{In}_2$，$\mathbf{In}_3$）。其输出才打开。合上开关 A 激活 $\mathbf{In}_1$，锁住门 G1，输出门 G2 可使用。当合上开关 B 时 $\mathbf{In}_2$ 激活，G2 输出被锁门，G3 可以使用。最后合上开关 C，激活 $\mathbf{In}_3$，门 G3 可输出，输出结果为 1。推动开关 R 可以完成电路的重设

碱，后加 EDTA）最终将导致同样的结果，即 525 nm 处有强发射（图 9.25(c)）。然而，当 EDTA 从含铁络合物中提取出的 Fe 离子被抑制在一个基本环境中，两条路线（a→b→c 和a→d→c）之间反应速率的差异显而易见。相反，没有光激发就不可能检测到光致发光：这为第三个输入提供了基础，即 344 nm 的

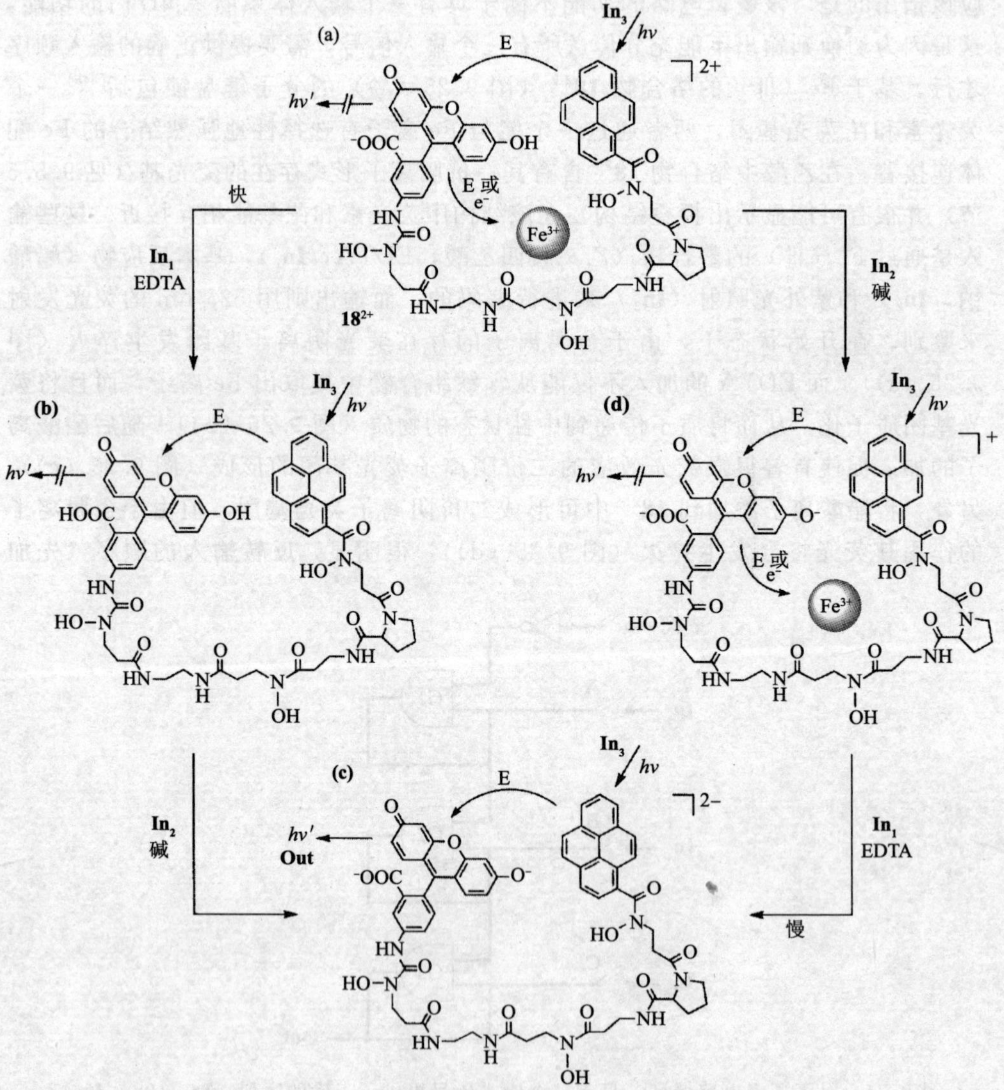

图 9.25 (a) Fe(Ⅲ) 络合物 18^{2+} 的结构式及 (b) EDTA 的加入引起的化学反应 (d) 碱的加入引起的化学反应 (c) EDTA 和碱同时加入引起的化学变化[99]。该分子器件能识别三个输入信号的正确序列（EDTA，碱，344 nm 光激发）。详情见正文

光照。而这一波长段的光主要被芘单元吸收，芘单元是通过能量的转移激发荧光基团发光。因此，只有通过对输入体系激活后的几分钟内器件的反应的解释，并且提供正确输入顺序 $\mathbf{In_1}$（EDTA），$\mathbf{In_2}$（碱基）和 $\mathbf{In_3}$（紫外光照射）才能在 525 nm 光波下观察到荧光。而任何其他输入组合只能产生较弱的荧光或没有荧光。

9.7 神经中枢型体系

9.7.1 本征阈值机制控制下的 XOR 逻辑体系

神经元依靠溶液中的离子的特性，以一种类似于小型逻辑装置运行的方式处理信号[100,101]。除非在一段时间内输入信号的总和超过了临界值，否则神经元会处于静止状态。当达到这一阈值时，神经元就会打开了，产生一个输出信号。通过简单的化学体系，人们可以模拟神经元的一些基本特征[58g,102,103]。

一个起阈值装置作用并把两个输入合并为一个输出的光化学体系是很有意思的[102]。这样一个水溶液体系中含有 4′-甲氧基-2-苯基苯并吡喃鎓离子（$\mathbf{AH^+}$）反-查耳酮形式（**Ct**，图 9.26（a））和 $[Co(CN)_6]^{3-}$ 络合离子（钾盐），**Ct** 是 2-苯基并吡喃鎓在 pH＝3～7 的热力学稳定态，以 365 nm 光激发时，则会发生反-顺光异构化反应（$\Phi=0.04$）。如果溶液酸性足够强（pH＜4），异构体 **Cc** 会很快质子化变成 4′-甲氧基-2-苯基苯并吡喃鎓离子 $\mathbf{AH^+}$，在这样的 pH 条件下，$\mathbf{AH^+}$ 是动力学稳定的，它具有最大值在 434 nm 处的强吸收带和最大值在 530 nm 处的发射带，然而，在较高的 pH 下，光异构化产物 **Cc** 不会发生质子化而重新转变为 **Ct**。至于 $[Co(CN)_6]^{3-}$，在酸性或中性水溶液中以 254 nm 或 365 nm 的光激发使得 CN^- 配体从金属配体球体上脱离（$\Phi=0.31$），造成 pH 上升（图 9.26（b））。

当用 365 nm 的光照射含有 2.5×10^{-5} mol·L^{-1} **Ct** 和 2.0×10^{-2} mol·L^{-1} $[Co(CN)_6]^{3-}$ 的酸性溶液（pH3.6）时，**Ct** 吸收了大部分入射光，并发生了光异构化反应变为 **Cc**，由于溶液酸性足够强，**Cc** 很快发生质子化（图 9.26（a）），出现了 $\mathbf{AH^+}$ 物种特征值在 434 nm 处的强吸收带和最大值 530 nm 处的发射带。如果继续照射，可以观察到吸收（图 9.26（c））和发射（没有显示）带强度增加，达到一最大值后，减小直至完全消失，换言之，随着照射时间延长，$\mathbf{AH^+}$ 先是形成而后又消失了。在持续光激发下，$\mathbf{AH^+}$ 的开关开的特性与 $[Co(CN)_6]^{3-}$ 的光反应对 **Ct** 的光反应影响有关。随着 **Ct** 的消耗，$\mathbf{AH^+}$ 的形成，越来越多的入射光被 $[Co(CN)_6]^{3-}$ 吸收，$[Co(CN)_6]^{3-}$ 的光反应使得溶液的 pH 升高。pH 的这一变化不仅阻止了 $\mathbf{AH^+}$ 的进一步形成（即阻止了由光激发 **Ct** 产生的 Cc 分子的质子化），也使先前生成的 AH^+ 分子发生逆反应形成 Cc（然后再形成 Ct）。显然，就输入（光）-输出（AH^+ 的光谱特征）的关系而言，该溶液体系起到了阈值装置的作用。

脉冲（闪光）光照可以用来代替连续光源（图 9.26（c））[102]。只在一次闪光作用下，可观察到 434 nm 处的吸收变化，因为形成了 AH^+。然而两次闪光后，吸收变化几乎消失了。换句话说，只有输入 1（闪光 1）或输入 2（闪光 2）时能得到输出（434 nm 处的吸收），而没有任何输入或同时有两个输入时，则得不到输出。这个发现表明在本征阈值机制控制下，上述体系按 XOR 逻辑运行（图 9.3）。

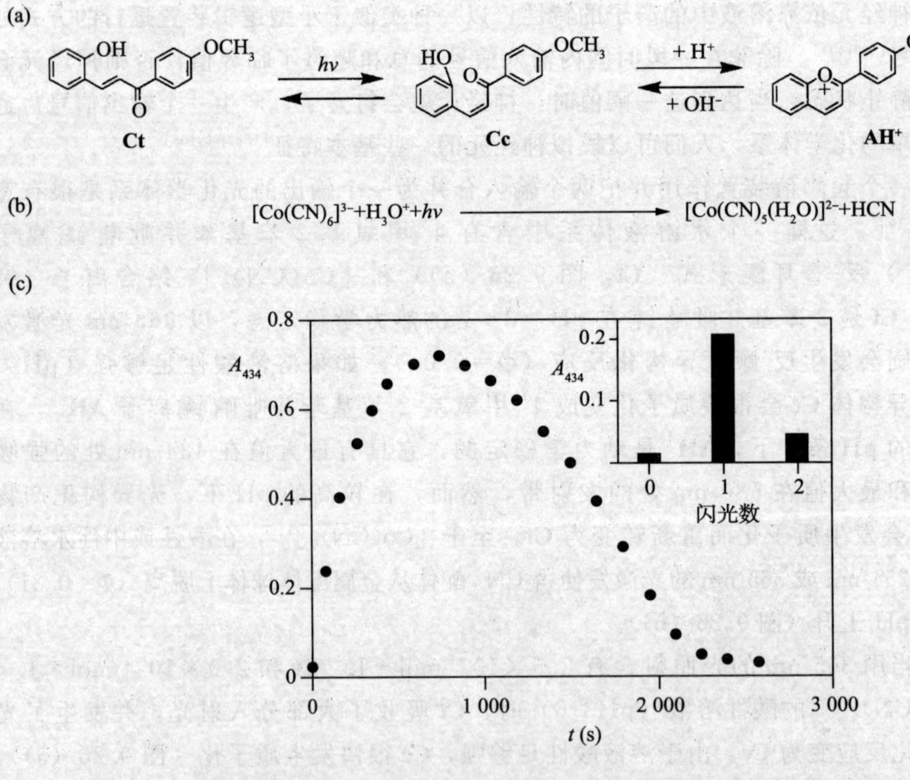

图 9.26 固有阀门机制控制下的 XOR 逻辑体系。(a) 和 (b) 两个光反应包含在内。(c) 在持续脉冲照射下吸光度的变化（$\lambda_{max}=434$ nm）[102]

应当着重指出上述体系的两个非常重要的特点。第一，体系的运行是建立在分子间信号传递的基础上的，分子间的交流是以 H^+ 形式进行的。另一个重要的特点就是输入输出信号具有同样的性质（光），而且原则上，荧光输出可传到另一个装置上。

9.7.2 感知器型电路

对前一节的概念的进一步发展会导致更复杂，也更灵活的人工化学网络设计。图 9.27 就类似于感知器的一个最小配置[102]，它的人工智能单元被用来模拟神经元的特性[101,104,105]。在这样的体系中，$\mathbf{In}_1$ 和 $\mathbf{In}_2$ 是两个强度（I°）相等的 266 nm 的脉冲紫外光，由两个独立光源（闪光 1 和闪光 2）发射。每个脉冲光均被等分，强度为 $I^{\circ}/2$，每个脉冲光的一束射入 B 池，B 池中盛有荧光体（如萘）溶液，它吸收 266 nm 的光会产生大约在 365 nm 处的发射光。这束发射光用来激发盛放在 A 池中的一合适的 **Ct**-［$Co(CN)_6$］$^{3-}$ 水溶液（见上节）。每个脉冲的另一束，在到达 A 池之前，必须先通过 C 池，C 池中盛放有能吸收 266 nm 的光并被其漂白的溶液（如［$Co(CN)_6$］$^{3-}$ 水溶液）。在这样一个体系中，只有一个输入（也就是两个闪光中的一个）时，一束 266 nm 光完全被 C 池吸收，而另一束则激发 B 池中的荧光体，产生 365 nm 的光，被 A 池中的 **Ct** 所吸收（图 9.27），使之转变为 $\mathbf{AH}^+$（图 9.26（a）），造成 434 nm 处的吸收和 530 处的发射增强。当连续使用两个闪光，由 B 池产生的照射于 A 池的 365 nm 的光强度就会翻倍，也就

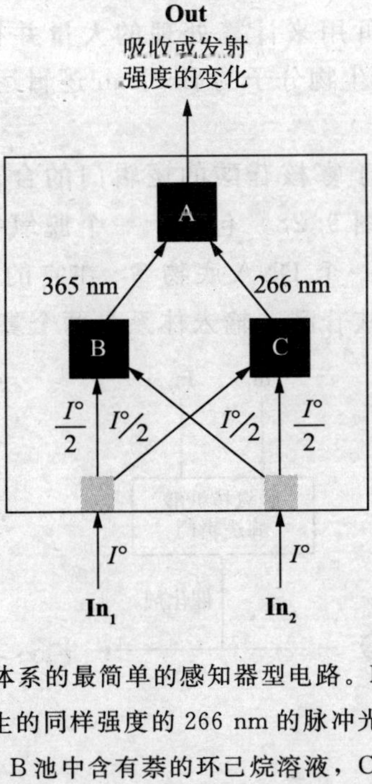

图 9.27　基于图 9.26 体系的最简单的感知器型电路。$\mathbf{In}_1$ 和 $\mathbf{In}_2$ 是由闪光光源（闪光 1 和闪光 2）产生的同样强度的 266 nm 的脉冲光束。A 池中含有 **Ct** 和［$Co(CN)_6$］$^{3-}$ 的水溶液。B 池中含有萘的环己烷溶液，C 池中含有［$Co(CN)_6$］$^{3-}$ 的水溶液。输出的结果为在 A 池中形成的 AH^+ 的吸收（λ_{max}＝434 nm）和发射（λ_{max}＝530 nm）谱带[102]

意味着 **Ct** 转变成的 $\mathbf{AH^+}$ 量翻倍。同时，在 C 池中，第一个脉冲将 $[Co(CN)_6]^{3-}$ 溶液漂白了，因此第二个 266 nm 的脉冲就可传送到 A 池。这导致 $[Co(CN)_6]^{3-}$ 发生光反应（图 9.26（b）），造成 pH 上升，起先形成的 $\mathbf{AH^+}$ 又变回 **Cc**，再回到 **Ct**。显然，这个体系也起到了阈值装置的作用，起到 XOR 逻辑门的作用（图 9.26（c））。而且，在这种情况下，通过改变联系信号的"权重"（如每束入射脉冲的分裂比或者各式中的溶液组成），就可任意改变输入-输出关系。总之，这个体系阐明了通过分子间的光信号进行数字交流的概念，而且，这个体系也适合于模糊逻辑[106]。

9.8 生物逻辑器件

活着的生物体通过自身复杂的生物化学电流来阐述信息和控制过程[6]。在人工条件下使用生物大分子进行计算任务对于发展出一种信息处理的新模式有着可观的前景。以 DNA 为例，当作为一种计算底物时，它可以说是万能的。因为 Watson-Crick 底物不仅可作用于分子级别的编码信息，编码过程与 DNA 时序的不同相互作用有关，同时还提供了改变结构和推动计算的能量需求。虽然通过 DNA 就可以获得典型的可用来计算处理的大量并行体系在十年前已经被证实[107-109]，但是带有核酸和生物分子的 Boolean 逻辑运算的实现目前仍然是一个比较热的领域[107,110]。

最近设计出了一种基于寡核苷酸的逻辑门的合理而又模型化的途径[111]。总的来说，这个逻辑门（图 9.28）包括：一个脱氧核酶（具有磷酸二酯酶活性基于 DNA 的活化剂），一个 DNA 底物 S，在它的两端以荧光体及猝灭剂标记且能裂解出单一的核糖核苷酸。输入体系是两个寡核苷酸：$\mathbf{In_1}$ 和 $\mathbf{In_2}$，输出

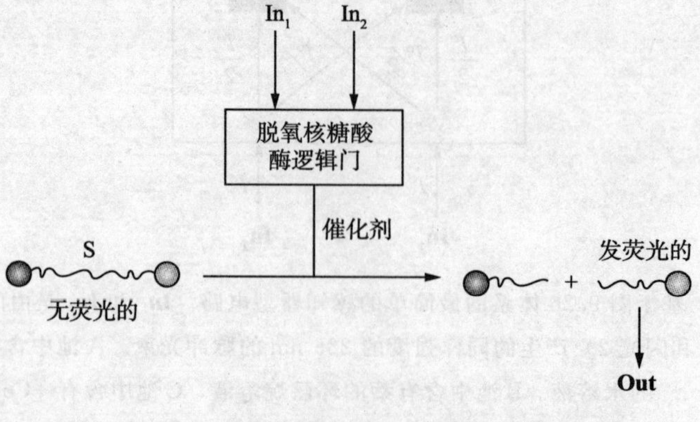

图 9.28　基于脱氧核糖酶分子的逻辑门的图示[111]。
连接到底物 S 上的两个环代表一个荧光体和一个猝灭单元

体系是另一个寡核苷酸，该酸可通过荧光光谱检测出来。脱氧核糖酸酶物种包含一个能通过酶异构来分裂S的催化区域及能识别寡核苷酸输入 $\mathbf{In}_1$ 和 $\mathbf{In}_2$ 的控制部分，这样脱氧核糖酶的催化活性的有无就可通过是否绑定 $\mathbf{In}_1$ 和 $\mathbf{In}_2$ 来控制。当提供一组正确的输入，脱氧核糖酶的催化活性就打开了。因此S就被分成两部分，其中一部分——荧光体标记的部分——形成输出（Out)。结果，先前在S中由于能量传递到了相连的猝灭剂而被猝灭的荧光此时由于荧光体与猝灭剂分开了而增强。将控制部分与催化区域进行合适连接，就可得到不同的具有单输入YES和单输入NOT功能以及双输入AND和双输入XOR功能的脱氧核糖酶逻辑门[111]。这种方法已经应用到全加法器和作为井字游戏自动执行者的发展中[112]。目前，已经报道了用来运行核苷酸字符串的脱氧核酶逻辑门[113]，它可以绑定底物但本身不发生裂解[114a]且可以控制核酸识别体的绑定状态[114b]。

最近报道了不需要酶类物质的DNA逻辑门[115]。这些体系的功能运作基于链置换并且是由碱基的配对和分裂所确定的。这一想法在图9.29中的二输入AND门中得以体现。该门由两个闸门链G和N及一个输出链O组成。每个门链包含一个可以用来补充输入的识别区（“支点”)。起初，除离输出链最远的支点外，其他所有门链的识别区都是双链的，因此具有惰性。当添加输入链F时，它将绑定支点并通过分支迁移置换出门链G。结果释放出一惰性双链废弃物，第二个支点也显露出来。类似的过程如：输入链M将会释放出链O。只有当二输入体系都被输入时输出链才会被释放出来[115]。该系统显示了全输入、输出的均匀性，因为某一个逻辑门的输出链还可以作为某一输入链进一步过渡到下一流程的门链。如果时序逻辑是理想化的，输出体系就能和上一流程的输入体系很好地连接形成一个反馈环路。换句话说，本不应该相互作用的DNA链之间的干扰是可以避免的，因为在某一链上的二进制编码通过合适的编译门就可以转移到另一条链上。

值得指出的是：上述方法中，DNA序列组成了一逻辑门并且成为一项具体的指示及执行任务时所需的条件[116]。这不同于电子计算机，其硬件和软件是同一的（见9.1.2节)。

我们已经描述了基于分子插入[117]和空穴传输[118]的双链DNA逻辑门。另一体系充分利用了适配子[115]或合成肽的网络结构。最近发展起来的一项非常有趣的策略就是依靠酶的方法，它们是连续的或者并联的发挥作用的[121]。输入和输出信号分别是酶作用物和生物催化产物。通过这个途径大量的逻辑功能包括半加法器和半减法器[121b]都已经实现了。

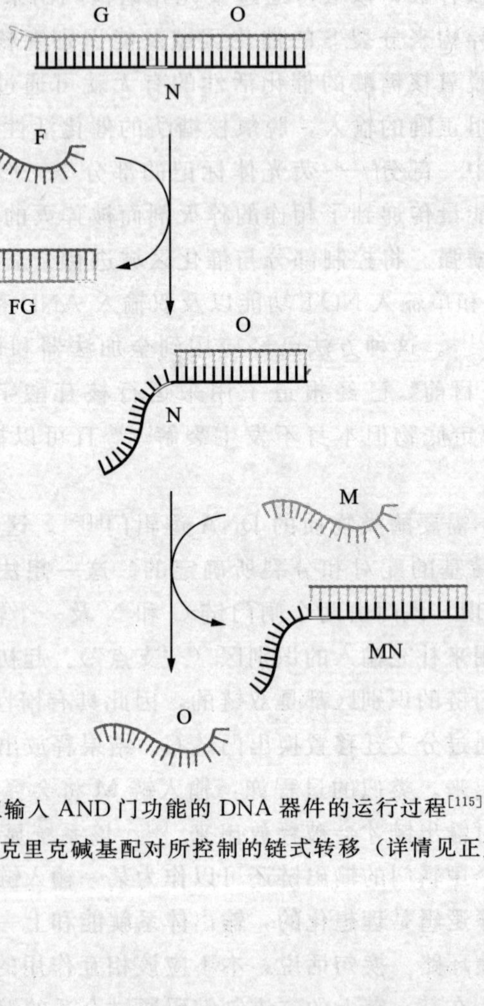

图 9.29　具有双输入 AND 门功能的 DNA 器件的运行过程[115]。该机制基于沃森-克里克碱基配对所控制的链式转移（详情见正文）

9.9　非均相体系

虽然在原理验证以及一些应用中，溶液中的分子逻辑门系统是很有用的（例如：传感器），但要想把它融合到外界的实际装置中却是不太现实的。而且，微型电子电路的兼容性问题，需要发展出一种可行的混合技术，这种混合技术能够不断把制造技术推向它们的物理极限[13]。基于这样一个原因，有必要促使分子逻辑门向着能够在多相环境中都能起作用的方向发展，比如：在表面上或在界面中。

这一方向的首要步骤就是要制造出一种合适的功能电极，并用 Boolean 逻辑分析它的性质。举一个例子，比如：由化学物质派生出来的电极被广泛地用在太阳能电池、显示器、转换装置上，但是它们的电势电位可作为逻辑系统却是最近才被认识到的[23,122,123]。

基于将钌簇元素吸附在 TiO_2 表面的纳米晶体电极而制成的光电化学太阳能电池（见 7.5 节）的逻辑门见图 9.30[123b]。与光电设备所要求的不同之处在于，金属配位化合物的激发态是由半导体还原猝灭的。在这样一个体系中，TiO_2 能带间隙激发（比如：λ=350 nm）引起阳极电流，就像平常在二氧化钛电极上观察到的一样。然而，用 425 nm 光照射的结果是金属基团的激发以及由于接受了 TiO_2 价带的一个电子而形成的激发态。被还原的基团转移一个电子给氧化还原催化剂（I_2）于是产生了负极电流。这些性质可以被开发用来实现逻辑运算。用 350 nm 或 425 nm 的光照射（输入）则得到纯粹的光电流输出。然而用相同波长的光同时照射阴极和阳极则电流量相互抵消，于是没有电流输出。于此就论证了 XOR 逻辑门[123b]。这一系统的一个相应的特点就是把光输入信号转变成了电输

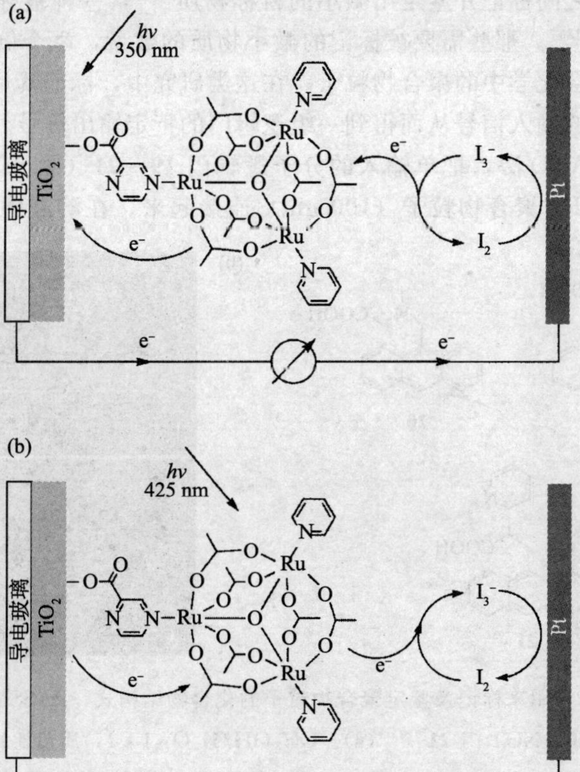

图 9.30　基于钌簇化合物吸附于 TiO_2 表面的纳米电极而制成的光电化学电池，以光输入信号及电流输出信号来演示 XOR 门的示意图。用 350 nm（a）和 425 nm（b）的光照射产生光电流的机理已经描述在图上了。更多细节参见正文[123b]

出信号。在一个相关的系统中已经指出过了，将电势应用到电极中来实现逻辑门的重置[123c]。

如果原料及/或产物在每次循环操作后能被轻易除掉，从而能得到想要的化学反应信号的话，那么把逻辑门固化于固体基质中（比如：聚合物[124]）也是可行的。

9.10 分子逻辑的应用

用分子体系尝试模拟 Boolean 逻辑函数的主要科学驱动力就是新计算体系机构的发展。把与化学计算机设计相关的未来应用搁置一边不说，近来的工作显示，在不久的将来就能把分子逻辑设备投入到实际应用中。其中一个例子就是用分子逻辑门在大量的对象之间标记并鉴定出微小的目标物质[125]，一种被称作分子计算鉴定（MCID）的方法[126]。那些需要被标记的微小物质的数量，举个例子，就像是医学中的细胞或者组合化学中的聚合物粒子。在这类研究中，标记就是在给定的实验条件下由一个规定的输入信号从而得到一组逻辑门的特定输出信号。

为了测试 MCID 法，把单输入的分子逻辑门 **19～21**（图 9.31）通过肽偶联与 Tentagel-S-NH_2 聚合物粒子（100 μm）连接起来。在溶液中，输入一个质子

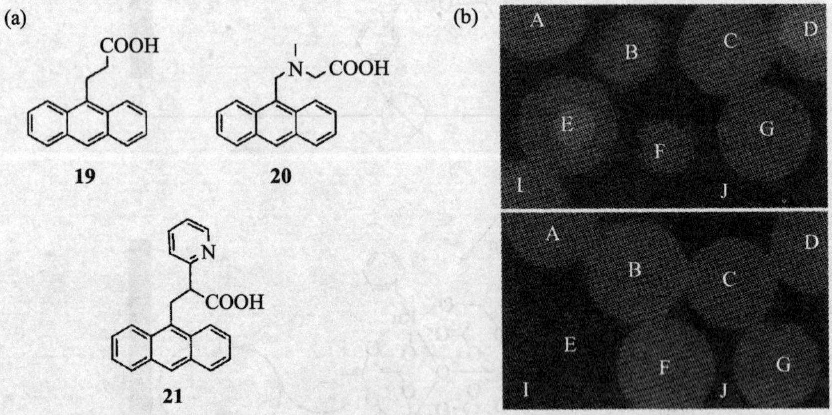

图 9.31 用来标记及鉴定聚合物粒子的化合物结构式，PASS 1 门 **19**，YES 门 **20**，NOT 门 **21**[126]（a）。CH_3OH/H_2O（1∶1，质量比）体系中，不同逻辑标记的混合粒子的荧光显微图谱，在 HCl 存在的情况下（上图），在 NaOH 存在的情况下（下图）（b）。通过不同的化学输入信号得到的逻辑信号就能清晰地鉴定出图中的每个粒子：A，C 和 G：PASS 1；B 和 F：NOT；D，PASS 1＋YES（1∶1）；E 和 I：YES；F：NOT；J：PASS 0。在得到许可的条件下，至文献［126］翻印。版权归属于 2006 MacMillan 杂志

信号，则化合物 **19**，**20**，**21** 分别由 PASS 1，YES，NOT 逻辑输出荧光信号。独创性的，粒子实现了 PASS 0 逻辑。图 9.31（b）指出，在一个体系中，用不同分子逻辑标记的粒子能通过加入酸和碱液从而得到不同的荧光这一性质来轻易地辨别出。这些独特的化学转换标签可以通过增加逻辑类型和输入信号（AND，OR，XOR，INH 等）来增加它们的数量。不同于蒽信号单元，在化合物 **19～21** 中使用的发光体也是有用的，它们每一个都有独特的激发/发射光谱和发光寿命。用来影响输出信号变化的初始输入信号是另外一个变量，这取决于分子受体的亲和力（例如：化合物 **20** 和 **21** 中质子受体的 pK_a 值）。

概括来讲，在设计好的实验条件下（激发/发射波长，初始输入值，温度等），通过化学（离子或分子的输入）或者物理（光照或热量）的刺激，就能让大量的分子逻辑门分别显示出它们特有的信号（发光信号输出）。如果在选定的物质的量的比率下目标物用混合的逻辑门标记，那么初始的标签数就能进一步增加，并且能得到大于两种的输出值级别。这样一个多值逻辑是可行的，因为荧光强度测量中的错误小到足以让几个逻辑门用实验的方法被辨别出来[126]。一个给定物质的最终 MCID 标签地址能用关系序列表示出来，就像汽车牌照或者 IP 地址一样，例如：($\lambda_{max,exc}$)、($\lambda_{max,em}$)、(逻辑类型和组合方式)、(输入类型)、(输入值)。举个例子：图 9.31（b）中粒子 D 的标签能被表示成（368）、（422）、(PASS 1＋YES，1∶1)、(H^+，H^+)、(none，pH 4.9)[126]。

分子逻辑对于应用在治疗方面的纳米系统的发展也是很有帮助的。根据设定好的逻辑功能，通过处理化学输入信号，分子设备能够产生化学输出信号，因此，分子设备可以被看作是“安全的”或者“聪明的”传递系统。这样的系统能够释放出一个药物分子，只是作为对于一系列预定外部输入信号的回应或者当化学输入信号在一个特定值的情况下，例如，一种疾病，高于（或低于）适当的初始值时。

有关这方面的一个有趣的例子就是通过分子逻辑门激活药物前体[127]。药物前体这一术语就是指一种药物经过化学修饰来改变它的物理化学性质。在有机体内通过代谢或者周围的条件作用，药物前体能够转变成活性药物。用一个简单的连接物掩饰目标药物的官能团，其中的半部分各自能够用不同的机制断开，这就形成了一个分子逻辑门。这个门的输入信号就是能断开连接物的化学物质。门的响应转化为随后释放活性药物分子的链断裂。描绘上述原理的分子 OR 门，以化合物 **22** 为例（图 9.32）[127]。这一例子中包含了两种不同的酶解物，并且以对硝基苯酚作为模型化合物表示潜在的药物分子。这两个酶解物，一个是羟醛缩合物通过催化抗体（Ab）38C2 断开，另外一个是苯甲酰胺通过青霉素 G 酰胺酶（PGA）部分断开。在生理学条件下，通过抗体 38C2 或者 PGA（化学输入）反应得到中间体 **23** 或者 **24**，随后分别分子内重排得到对硝基苯酚（输出）。因此可以用 OR 逻辑控制两种不同的酶以产生化学输出。这一设想已经被成功地应用在真实药物前体的激活上[127]。

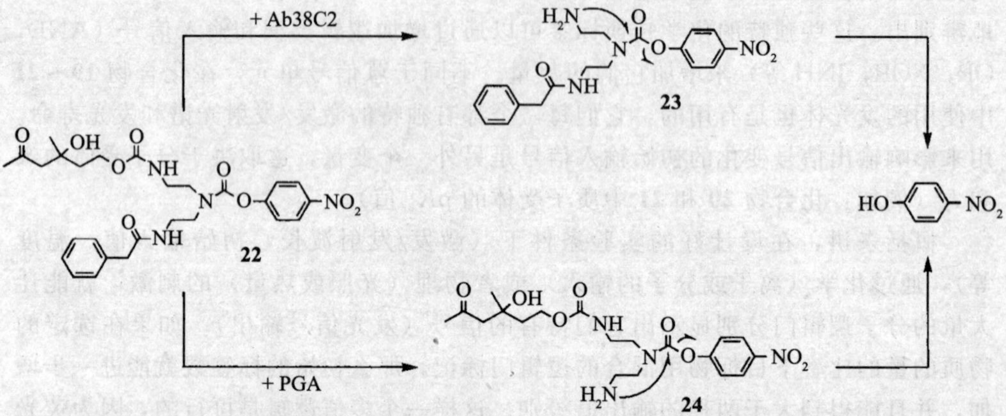

图 9.32 在磷酸盐缓冲液中通过酶抗体 38C2（输入 1）或者青霉素 G 酰胺酶（输入 2）来释放出对硝基苯酚（输出）的作用机理[127]

已经有报道，一种能运用 AND 逻辑通过 ATP 和光刺激来控制蛋白质折叠的半生物分子机器[128]。值得注意的是，一种基于 DNA 和 DNA 操控酶[129]的分子自动化操作已经被用来完成基因表达的逻辑分析和随之而来的对于活性生物分子的操控。这一自动化操作被设计成，在生物体外鉴定和分析一些与癌症有关的病毒基因的 RNA 信息，并形成一个单链 DNA 分子来模拟抗癌药物[129b]。这项工作对于创造一种能在有机体内运转并且可以自动诊断治疗疾病的分子计算机是很重要的一步。

9.11 结论

尺寸超小并且性能远超于硅技术的计算机[130]的发展，对于正在寻找用分子技术进行信息处理的想法是一种强有力的推动力。

不同理论的两种途径可以达成这一目标。一种途径是用分子作为纳米级别的元件（比如：电线和二极管）来构建小尺寸的电路[131-133]。在这样一个分子电子学方法中，信息处理功能是由电路机制产生的而不是其中所用分子的“聪明”行为。就像在第 4 章和第 5 章中提到的，大量对于单个分子及超分子的电子传导性和转换性的研究已经完成了[134,135]。然而，关于分子电线和开关的传导机制[134]、操纵方式、连接及电路结构的布置还需要进行大量研究[25,39,131]。关于这条途径的前景和成果仍存在许多争论[136]。如果它成功了，就有可能制造出超高密度的分子电路，这将是对于计算机科学的巨大冲击（针头上的奔腾处理器）[131a]。

另外一条途径，是从生命有机体的信息处理中得到的提示，基于一种在溶液中运转的设计合理的分子系统，这种系统以化学物质、光子或者电子作为输入/输出信号[11,20,22,24,40]。这章中所描述的设备就属于这一类，在分子电子电路中，Boolean 数学体系用来进行数据的描述。值得一提的是，其他的选择，例如：多值的，模糊逻辑或者可变阈值（神经的）的装置也是可行的。

这条分子电子的路径有着潜在的优势，这个优势在于与现代微电子技术的式样密切相关[130]。然而，以“化学的”手段制造分子逻辑给通过单分子或超分子体系执行更复杂的逻辑操作提供了机会。目前，还很难预言两种策略哪种技术的影响更大。关于分子计算机到来的这样那样的问题（如串联或并联结构，固态或软物质态）是对纳米技术提出的巨大挑战之一。

最后要强调的是，本章所描述的大多数逻辑门都是基于简单的化合物，它们在溶液中发生化学、电化学、光化学和光物理过程，所获得的结果都是依赖于在同一时间内激发大量分子。从这个角度可以说就是一些化学反应的类型。

然而，我们试图强调这些过程在概念上的一个新的解释。不去讨论在 9.10 节中所讨论的短期应用的可能性，我们相信研究这个领域是非常有趣的，理由如下：(i) 至少在理论上讲，某些效应可小至单个分子中实现；(ii) 合成的多态多功能体系是我们理解复杂生物过程的化学基础的开端；(iii) 通过以化学信号的光信号为基础的分子间交流可成功地实现分子水平装置的连接，从而克服在不同分子间建立电信号交流的困难；(iv) 通过分子间的光信号实现的数字交流可扩展到模糊逻辑领域；(v) 最后这些研究给化学中这个“古老”领域引入了新的概念，激发从事纳米技术“从小到大”方式的研究者的灵感。

参考文献

1 Mitchell, R.J. (1995) *Microprocessor Systems: An Introduction*, Macmillan, London.

2 Gregg, J.R. (1998) *Ones and Zeros: Understanding Boolean Algebra, Digital Circuits, and the Logic of Sets*, Wiley-IEEE Press, New York.

3 Mynbaev, D.K. and Scheiner, L.L. (2001) *Fiber Optic Communication Technology*, Prentice-Hall, Upper Saddle River.

4 Kahn, J.M. and Ho, K.-P. (2001) *Nature*, **411**, 1007.

5 (a) Nolte, D.D. (1999) *Journal of Applied Physics*, **85**, 6259. (b) Arsenault, A., Fournier-Bidoz, S., Hatton, B., Miguez, H., Tétreault, N., Vekris, E., Wong, S., Yang, S.M., Kitaev, V. and Ozin, G.A. (2004) *Journal of Materials Chemistry*, **14**, 781. (c) Dintinger, J., Robel, I., Kamat, P.V., Genet, C. and Ebbesen, T.W. (2006) *Advanced Materials*, **18**, 1645.

6 Goodsell, D.S. (2004) *Bionanotechnology – Lessons from Nature*, John Wiley & Sons, Inc., Hoboken.
7 Jones, R.A.L. (2004) *Soft Machines: Nanotechnology and Life*, Oxford University Press, New York.
8 An enlightening discussion about the difference between the brain and an electronic computer is presented in Ref. [7].
9 *Scientific American* (2001) **285** (3). Special issue on Nanotechnology.
10 (a) Clarkson, M.A. (1989) *Byte*, **14**(5), 268. (b) Rouvray, D. (1998) *Chemistry in Britain*, **34** (2), 26. (c) Rouvray, D. (2000) *Chemistry in Britain*, **36** (12), 46. (d) Ball, P. (2000) *Nature*, **406**, 118.
11 Ballardini, R., Ceroni, P., Credi, A., Gandolfi, M.T., Maestri, M., Semeraro, M., Venturi, M. and Balzani, V. (2007) *Advanced Functional Materials*, 17, 740.
12 Pimentel, G.C. and Coonrod, J.A. (1985) *Opportunities in Chemistry*, National Academy of Sciences, National Academy Press, Washington.
13 Tullo, A. (2006) *Chemical & Engineering News*, **28**, 22.
14 A completely different approach to computers much more powerful than the current ones is that of quantum computing. See, for example, (a)Ball, P. (2006) *Nature*, **440**, 398. (b) Prevedel, R., Walther, P., Tiefenbacher, F., Böhi, P., Kaltenbaek, R., Jennewein, T. and Zeilinger, A. (2007) *Nature*, **445**, 65, and references therein. Another interesting strategy relies on transistor-free logic gates based on magnetic nanostructures. See A. Imre, G. Csaba, L. Ji, A. Orlov, G.H. Bernstein and W. Porod, *Science*, 2006, **311**, 205.
15 All basic logic gates – with the exception of YES, NOT and PASS gates, that perform inherently one-input, one-output operations – operate with two or more inputs. Here we will deal with two-input, one-output gates, which are most common.
16 For examples of chemical reactions that can be described in terms of Boolean logic operations, see (a) Yoshizawa, M., Tamura, M. and Fujita, M. (2004) *Journal of the American Chemical Society*, **126**, 6846. (b) Schneider, H.-J., Liu, T.J., Lomadze, N. and Palm, B. (2004) *Advanced Materials*, **16**, 613.
17 (a) Bissel, R.A., de Silva, A.P., Gunaratne, H.Q.N., Lynch, P.L.M., Maguire, G.E.M. and Sandanayake, K. R.A.S. (1992) *Chemical Society Reviews*, **21**, 187. (b) *Journal of Materials Chemistry* (2005) **15** (27/28). Special issue (eds A.P. de Silva and P. Tecilla) on Fluorescent Sensors. (c) Callan, J.F., de Silva, A.P. and Magri, D.C. (2005) *Tetrahedron*, **61**, 8551.
18 Aviram, A. (1988) *Journal of the American Chemical Society*, **110**, 5687.
19 de Silva, A.P., Gunaratne, H.Q.N. and McCoy, C.P. (1993) *Nature*, **364**, 42.
20 (a) de Silva, A.P., Gunaratne, H.Q.N., Gunnlaugsson, T., Huxley, A.J.M., McCoy, C.P., Rademacher, J.T. and Rice, T.E. (1997) *Chemical Reviews*, **97**, 1515. (b) de Silva, A.P., McClenaghan, N.D. and McCoy, C.P. (2001) *Electron Transfer in Chemistry*, vol. **5** (ed. Balzani, V.) Wiley-VCH Verlag GmbH, Weinheim, p. 156. (c) de Silva, A.P. and McClenaghan, N.D. (2004) *Chemistry – A European Journal*, **10**, 574. (d) de Silva, A. P., Leydet, Y., Lincheneau, C. and McClenaghan, N.D. (2006) *Journal of Physics-Condensed Matter*, **18**, S1847. (e) Magri, D.C., Vance, T.P. and de Silva, A.P. (2007) *Inorganica Chimica Acta*, **360**, 751. (f) de Silva, A.P., Uchiyama, S., Vance, T.P. and Wannalerse, B. (2007) *Coordination Chemical Reviews*, **251**, 1623.
21 Gust, D., Moore, T.A. and Moore, A.L. (2006) *Chemical Communications*, 1169.
22 (a) Balzani, V., Credi, A., Venturi, M. and Di Fabio, A. (2003) *Molecular Electronics: Bio-Sensors and Bio-

Computers (eds. L. Barsanti, V. Evangelista,P. Gualtieri,V. Passarelli and S. Vestri), Kluwer, Dordrecht, p. 29. (b) Balzani, V., Credi, A. and Venturi, M. (2003) *ChemPhysChem*, **3**, 49. (c) Venturi, M., Balzani, V., Ballardini, R., Credi, A. and Gandolfi, M.T. (2004) *International Journal of Photoenergy*, **6**, 1.

23 Szacilowski, K. and Macyk, W. (2006) *Comptes Rendus Chimie*, **9**, 315.

24 (a) Raymo, F.M. (2002) *Advanced Materials*, **14**, 401. (b) Raymo, F.M. and Tomasulo, M. (2006) *Chemistry – A European Journal*, **12**, 3186.

25 (a) Pease, A.R. and Stoddart, J.F. (2001) *Structure and Bonding*, **99**, 189. (b) Luo, Y., Collier, C.P., Jeppesen, J.O., Nielsen, K.A., DeIonno, E., Ho, G., Perkins, J., Tseng, H.-R., Yamamoto, T., Stoddart, J. F. and Heath, J.R. (2002) *ChemPhysChem*, **3**, 519.

26 Tian, H. and Wang, Q.C. (2006) *Chemical Society Reviews*, **35**, 361.

27 Pischel, U. (2007) *Angewandte Chemie-International Edition*, **46**, 4026.

28 Steinitz, D., Remacle, F. and Levine, R. D. (2002) *ChemPhysChem*, **3**, 43.

29 Kuciauskas, D., Liddell, P.A., Moore, A. L., Moore, T.A. and Gust, D. (1998) *Journal of the American Chemical Society*, **120**, 10880.

30 Andréasson, J., Terazono, Y., Albinsson, B., Moore, T.A., Moore, A.L. and Gust, D. (2005) *Angewandte Chemie-International Edition*, **44**, 7591.

31 (a) Kompa, K.L. and Levine, R.D. (2001) *Proceedings of the National Academy of Sciences of the United States of America*, **98**, 410. (b) Remacle, F., Schlag, E.W., Selzle, H., Kompa, K.L., Even, U. and Levine, R.D. (2001) *Proceedings of the National Academy of Sciences of the United States of America*, **98**, 2973.

32 (a) Witte, T., Bucher, C., Remacle, F., Proch, D., Kompa, K.L. and Levine, R. D. (2001) *Angewandte Chemie-International Edition*, **40**, 2512. (b) Remacle, F., Speiser, S. and Levine, R.D. (2001) *Journal of Physical Chemistry. B*, **105**, 5589.

33 Steinbock, O., Kettunen, P. and Showalter, K. (1996) *Journal of Physical Chemistry*, **100**, 18970.

34 Duchemin, I. and Joachim, C. (2005) *Chemical Physics Letters*, **406**, 167.

35 Remacle, F. and Levine, R.D. (2004) *Proceedings of the National Academy of Sciences of the United States of America*, **101**, 12091.

36 Zhou, Y., Zhang, D., Zhang, Y., Tang, Y. and Zhu, D. (2005) *Journal of Organic Chemistry*, **70**, 6164.

37 (a) Weiss, S. (1999) *Science*, **283**, 1676. (b)Zander, J.Ch.Enderlein, J. and Keller , R.A. (eds) (2002) *Single Molecule Detection in Solution*, Wiley-VCH Verlag GmbH, Berlin.

38 For an interesting example see Takinoue, M. and Suyama, A. (2006) *Small*, **2**, 1244.

39 (a) Ball, P. (2007) *Nature*, **445**, 362. (b) Green, J.E., Choi, J.W., Boukai, A., Bunimovich, Y., Johnston-Halperin, E., DeIonno, E., Luo, Y., Sheriff, B.A., Xu, K., Shin, Y.S., Tseng, H.-R., Stoddart, J. F. and Heath, J.R. (2007) *Nature*, **445**, 414.

40 de Silva, A.P. (2005) *Nature Materials*, **4**, 15

41 de Silva, A.P. and McClenaghan, N.D. (2002) *Chemistry – A European Journal*, **8**, 4935.

42 For an example of irreversible reconfiguration in a molecule-based electronic device, see Collier, C.P., Wong, E.W., Behloradsky, M., Raymo, F.M., Stoddart, J.F., Kuekes, P.J., Williams, R.S. and Heath, J.R. (1999) *Science*, **285**, 391.

43 This concept is different from the superposition of qbit states in quantum computing. See Ref. [14].

44 Gouterman, M. (1997) *Journal of Chemical Education*, **74**, 697.

45 Ballardini, R., Balzani, V., Credi, A., Gandolfi, M.T., Kotzyba-Hibert, F., Lehn, J.-M. and Prodi, L. (1994) *Journal* *of the American Chemical Society*, **116**, 5741.

46 See Ref. [20c] and references therein.

47 Banthia, S. and Samanta, A. (2005) *European Journal of Organic Chemistry*, 4967.

48 Gust, D., Moore, T.A., Moore, A.L., Gao, F., Luttrull, D., DeGraziano, J.M., Ma, X.C., Makings, L.R., Lee, S.-J., Trier, T. T., Bittersmann, E., Seely, G.R., Woodward, S., Bensasson, R.V., Rougée, M., De Schryver, F.C. and Van der Auweraer, M. (1991) *Journal of the American Chemical Society*, **113**, 3638.

49 (a) Petitjean, A., Kyritsakas, N. and Lehn, J.-M. (2005) *Chemistry – A European Journal*, **11**, 6818. (b) Singh, P. and Kumar, S. (2006) *New Journal of Chemistry*, **30**, 1553. (c) Zhao, L.Y., Sui, D., Chai, J., Wang, Y. and Jiang, S.M. (2006) *Journal of Physical Chemistry. B*, **110**, 24299.

50 de Silva, A.P., Dixon, I.M., Gunaratne, H.Q.N., Gunnlaugsson, T., Maxwell, P. R.S. and Rice, T.E. (1999) *Journal of the American Chemical Society*, **121**, 1393.

51 de Sousa, M., de Castro, B., Abad, S., Miranda, M.A. and Pischel, U. (2006) *Chemical Communications*, 2051.

52 Zhang, H., Lin, X., Yan, Y. and Wu, L. (2006) *Chemical Communications*, 4575.

53 Chiang, P.-T., Cheng, P.-N., Lin, C.-F., Liu, Y.-H., Lai, C.-C., Peng, S.-M. and Chiu, S.-H. (2006) *Chemistry – A European Journal*, **12**, 865.

54 Straight, S.D., Liddell, P.A., Terazono, Y., Moore, T.A., Moore, A.L. and Gust, D. (2007) *Advanced Functional Materials*, **17**, 777.

55 Raymo, F.M. and Giordani, S. (2002) *Proceedings of the National Academy of Sciences of the United States of America*, **99**, 4941.

56 See, for example, (a) Garcia-Sanchez, F., Navas, A. and Laserna, J.J. (1982) *Talanta*, **29**, 511. (b) Huston, M.E., Akkaya, E.U. and Czarnik, A.W. (1989) *Journal of the American Chemical Society*, **111**, 8735. (c) de Silva, A.P. and Sandanayake, K.R.A.S. (1989) *Journal of the Chemical Society. Chemical Communications*, 1183.

57 Magri, D.C., Coen, G.D., Boyd, R.L. and de Silva, A.P. (2006) *Analytica Chimica Acta*, **568**, 156, and reference therein.

58 (a) Kawai, S.H., Gilat, S.L., Posinet, R. and Lehn, J.-M. (1995) *Chemistry – A European Journal*, **1**, 285. (b) Lednev, I. K., Hester, R.E. and Moore, J.N. (1997) *Journal of the American Chemical Society*, **119**, 3456. (c) Inouye, M., Akamatsu, K. and Nakazumi, H. (1997) *Journal of the American Chemical Society*, **119**, 9160. (d) Pina, F., Roque, A., Melo, M.J., Maestri, M., Belladelli, L. and Balzani, V. (1998) *Chemistry – A European Journal*, **4**, 1184. (e) Fabbrizzi, L., Gatti, F., Pallavicini, P. and Parodi, L. (1998) *New Journal of Chemistry*, **22**, 1403. (f) Kubo, Y., Obara, S. and Tokita, S. (1999) *Chemical Communications*, 2399. (g) Amatore, C., Thouin, L. and Warkocz, J.-S. (1999) *Chemistry – A European Journal*, **5**, 456. (h) Diederich, F. (2001) *Chemical Communications*, 219. (i) Delgado, J.L., de la Cruz, P., Lopez-Arza, V., Langa, F., Kimball, D. B., Haley, M.M., Araki, Y. and Ito, O. (2004) *Journal of Organic Chemistry*, **69**, 2661.

59 Szacilowski, K. (2004) *Chemistry – A European Journal*, **10**, 2520.

60 Mitchell, R.H., Ward, T.R., Wang, Y. and Dibble, P.W. (1999) *Journal of the American Chemical Society*, **121**, 2601.

61 Callan, J.F., de Silva, A.P. and McClenaghan, N.D. (2004) *Chemical Communications*, 2048.

62 de Silva, A.P., Gunaratne, H.Q.N. and McCoy, C.P. (1997) *Journal of the American Chemical Society*, **119**, 7891.

63 Uchiyama, S., McClean, G.D., Iwai, K. and de Silva, A.P. (2005) *Journal of the American Chemical Society*, **127**, 8920.

64 Guo, X., Zhang, D. and Zhu, D. (2004) *Advanced Materials*, **16**, 125.

65 Magri, D.C., Brown, G.J., McClean, G.D. and de Silva, A.P. (2006) *Journal of the American Chemical Society*, **128**, 4950.

66 (a) de Silva, A.P., McClean, G.D. and Pagliari, S. (2003) *Chemical Communications*, 2010. (b) Koskela, S.J. M., Fyles, T. and James, T.D. (2005) *Chemical Communications*, 945. (c) Lankshear, M.D., Cowley, A.R. and Beer, P.D. (2006) *Chemical Communications*, 612.

67 Straight, S.D., Andréasson, J., Kodis, G., Bandyopadhyay, S., Mitchell, R.H., Moore, T.A., Moore, A.L. and Gust, D. (2005) *Journal of the American Chemical Society*, **127**, 9403.

68 Lukas, A.S., Bushhard, P.J. and Wasielewski, M.R. (2001) *Journal of the American Chemical Society*, **123**, 2440.

69 (a) Iwaka, S. and Tanaka, K. (1995) *Chemical Communications*, 1491. (b) Parker, D. and Williams, J.A.G. (1998) *Chemical Communications*, 245. (c) Parker, D., Senanayake, P.K. and Williams, J.A.G. (1998) *Journal of the Chemical Society-Perkin Transactions*, **2**, 2129. (d) Albelda, M.T., Bernardo, M.A., Garcia-España, E., Godino-Salido, M.L., Luis, S.V., Melo, M.J., Pina, F. and Soriano, C. (1999) *Journal of the Chemical Society-Perkin Transactions*, **2**, 2545. (e) Baytekin, H.T. and Akkaya, E. U. (2000) *Organic Letters*, **2**, 1725. (f) Ghiggino, K.P., Hutchison, J.A., Langford, S.J., Lee, M.A.P., Lowenstern, P.R. and Yann, T. (2004) *Journal Of Inclusion Phenomena and Molecular Recognition in Chemistry*, **49**, 27.

70 Since the XOR operation is essential for adder and subtractor logic circuits, references to specific examples of molecular XOR gates can be found in Sections 9.5.4 and 9.5.5. See also Section 9.7.

71 Credi, A., Balzani, V., Langford, S.J. and Stoddart, J.F. (1997) *Journal of the American Chemical Society*, **119**, 2679.

72 (a) Asakawa, M., Ashton, P.R., Balzani, V., Credi, A., Mattersteig, G., Matthews, O.A., Montalti, M., Spencer, N., Stoddart, J.F. and Venturi, M. (1997) *Chemistry – A European Journal*, **3**, 1992. (b) Lee, S.H., Kim, J.Y., Kim, S.K., Lee, J. H. and Kim, J.S. (2004) *Tetrahedron*, **60**, 5171. (c) Bergamini, G., Saudan, C., Ceroni, P., Maestri, M., Balzani, V., Gorka, M., Lee, S.-K., van Heyst, J. and Vögtle, F. (2004) *Journal of the American Chemical Society*, **126**, 16466. (d) Fang, C.-J., Shu, Z., Sun, W., Xu, C.-H. and Yan, C.-H. (2007) *New Journal of Chemistry*, **31**, 580.

73 (a) Gunnlaugsson, T., MacDónaill, D.A. and Parker, D. (2000) *Chemical Communications*, 93. (b) Gunnlaugsson, T., MacDónaill, D.A. and Parker, D. (2001) *Journal of the American Chemical Society*, **123**, 12866. (c) Montenegro, J.-M., Perez-Inestrosa, J., Collado, D., Vida, Y. and Suau, R. (2004) *Organic Letters*, **6**, 2353. (d) de Sousa, M., Kluciar, M., Abad, S., Miranda, M.A., de Castro, B. and Pischel, U. (2004) *Photochemical & Photobiological Sciences*, **3**, 639. (e) Miyaji, H., Kim, H.-K., Kim, E.-K., Lee, C.-K., Cho, W.-S., Sessler, J.L. and Lee, C. H. (2005) *Journal of the American Chemical Society*, **127**, 12510. (f) Qu, D.-H., Ji, F.-Y., Wang, Q.-C. and Tian, H. (2006) *Advanced Materials*, **18**, 2035. (g) Nishimura, G., Ishizumi, K., Shiraishi, Y. and Hirai, T. (2006) *Journal of Physical Chemistry. B*, **110**, 21596.

74 Since the INH operation is essential for subtractor logic circuits, other references to specific examples of molecular INH gates can be found in Sections 9.5.4 and 9.5.5.

75 Roque, A., Pina, F., Alves, S., Ballardini, R., Maestri, M. and Balzani, V. (1999) *Journal of Materials Chemistry*, **9**, 2265.

76 (a) Raymo, F.M. and Giordani, S. (2001) *Journal of the American Chemical Society*, **123**, 4651. (b) Raymo, F.M., Giordani, S., White, A.J.P. and Williams, D.J.

(2003) *Journal of Organic Chemistry*, **68**, 4158.

77 (a) Jiménez, D., Martínez-Máñez, R., Sancenón, F., Ros-Lis, J.V., Soto, J., Benito, Á. and García-Brejio, E. (2005) *European Journal of Inorganic Chemistry*, 2393. (b) Shiraishi, Y., Tokitoh, Y. and Hirai, T. (2005) *Chemical Communications*, 5316.

78 Giordani, S. and Raymo, F.M. (2003) *Organic Letters*, **5**, 3559.

79 Raymo, F.M. and Giordani, S. (2002) *Journal of the American Chemical Society* **124**, 2004.

80 Raymo, F.M. and Giordani, S. (2001) *Organic Letters*, **3**, 1833.

81 Szacilowski, K. and Stasicka, Z. (2002) *Coordination Chemical Reviews*, **229**, 17.

82 de Silva, A.P. and McClenaghan, N.D. (2000) *Journal of the American Chemical Society*, **122**, 3965.

83 (a) Gao, X., Zhang, D., Zhang, G. and Zhu, D. (2004) *Journal of Physical Chemistry. B*, **108**, 11942. (b) Zhou, Y., Wu, H., Qu, L., Zhang, D. and Zhu, D. (2006) *Journal of Physical Chemistry. B*, **110**, 15676.

84 (a) Margulies, D., Melman, G., Felder, C.E., Arad-Yellin, R. and Shanzer, A. (2004) *Journal of the American Chemical Society*, **126**, 15400. (b) Margulies, D., Melman, G. and Shanzer, A. (2005) *Nature Materials*, **4**, 768.

85 Qu, D.-H., Wang, Q.-C. and Tian, H. (2005) *Angewandte Chemie-International Edition*, **44**, 5296.

86 Remacle, F., Weinkauf, R. and Levine, R.D. (2006) *Journal of Physical Chemistry. B*, **110**, 177.

87 Liu, Y., Jiang, W., Zhang, H.-Y. and Li, C.-J. (2006) *Journal of Physical Chemistry. B*, **110**, 14231.

88 (a) Andréasson, J., Kodis, G., Terazono, Y., Liddell, P.A., Bandyopadhyay, S., Mitchell, R.H., Moore, T.A., Moore, A. L. and Gust, D. (2004) *Journal of the American Chemical Society*, **126**, 15926. (b) Andréasson, J., Straight, S.D., Kodis, G., Park, C.-D., Hambourger, M., Gervaldo, M., Albinsson, B., Moore, T. A., Moore, A.L. and Gust, D. (2006) *Journal of the American Chemical Society*, **128**, 16259.

89 Yeow, E.K.L. and Steer, R.P. (2003) *Chemical Physics Letters*, **377**, 391.

90 Langford, S.J. and Yann, T. (2003) *Journal of the American Chemical Society*, **125**, 11198. Important correction: *Journal of the American Chemical Society*, 2003, **125**, 14951.

91 Coskun, A., Deniz, E. and Akkaya, E.U. (2005) *Organic Letters*, **7**, 5187.

92 Lederman, H., Macdonald, J., Stefanovic, D. and Stojanovic, M.N. (2006) *Biochemistry*, **45**, 1194.

93 Margulies, D., Melman, G. and Shanzer, A. (2006) *Journal of the American Chemical Society*, **128**, 4865.

94 It should be noticed that identical chemical inputs cannot be distinguished by the molecular processor, but are distinguishable by the operator since they can be supplied through independent channels.

95 Andréasson, J., Straight, S.D., Bandyopadhyay, S., Mitchell, R.H., Moore, T.A., Moore, A.L. and Gust, D. (2007) *Angewandte Chemie-International Edition*, **46**, 958.

96 (a) Raymo, F.M., Alvarado, R.J., Giordani, S. and Cejas, M.A. (2003) *Journal of the American Chemical Society*, **125**, 2361. (b) Giordani, S., Cejas, M.A. and Raymo, F.M. (2004) *Tetrahedron*, **60**, 10973.

97 Raymo, F.M. and Giordani, S. (2001) *Organic Letters*, **3**, 3475.

98 Silvi, S., Constable, E.C., Maestri, M., Credi, A. and Raymo, F.M. manuscript in preparation.

99 Margulies, D., Felder, C.E., Melman, G. and Shanzer, A. (2007) *Journal of the American Chemical Society*, **129**, 347.

100 Beale, R. and Jackson, T. (1990) *Neural Computing: An Introduction*, Adam Hilger, Bristol.

101 Cartwright, H.M. (1993) *Application of Artificial Intelligence in Chemistry*, Oxford University Press, New York.

102 Pina, F., Melo, M.J., Maestri, M., Passaniti, P. and Balzani, V. (2000) *Journal of the American Chemical Society*, **122**, 4496.

103 Faulkner, S., Parker, D. and Williams, J. A.G. (1999) *Supramolecular Science: Where It is and Where It is Going* (eds R. Ungaro and E Dalcanale), Kluwer, Dordrecht, p. 53.

104 Zupan, J. and Gasteiger, J. (1993) *Neural Networks for Chemists: An Introduction*, VCH, Weinheim.

105 Nilson, N.J. (1998) *Artificial Intelligence: A New Synthesis*, M. Kaufmann Publishers, San Francisco.

106 (a) Rouvray, D.H. (1997) *Chemistry & Industry*, **20**, 60. (b)Rouvray D.H. (ed.) (1997) *Fuzzy Logic in Chemistry*, Academic Press, London.

107 Stojanovic, M.N., Stefanovic, D., LaBean, T. and Yan, H. (2005) *Bioelectronics – From Theory to Applications*, (eds I. Willner and E. Katz), Wiley-VCH Verlag GmbH, Weinheim, p. 427.

108 For seminal work, see (a) Adleman, L. (1994) *Science*, **266**, 1021. (b) Adleman, L. (1998) *Scientific American*, **279**, 54.

109 The vast field of DNA computing will not be covered here. For recent reviews on the topic see (a) Ezziane, Z. (2006) *Nanotechnology*, **17**, R27. See also Braich, R.S., Chelyapov, N., Johnson, C., Rothemund, F P.W.K. and Adleman, L. (2002) *Science*, **296**, 499, and references therein.

110 Cheah, I.K., Langford, S.J. and Latter, M.J. (2005) *Supramolecular Chemistry*, **17**, 121.

111 Stojanovic, M.N., Mitchell, T.E. and Stefanovic, D. (2002) *Journal of the American Chemical Society*, **124**, 3555.

112 (a) Stojanovic, M.N. and Stefanovic, D. (2003) *Nature Biotechnology*, **21**, 1069. (b) Macdonald, J., Li, Y., Sutovic, M., Lederman, H., Pendri, K., Lu, W., Andrews, B.L., Stefanovic, D. and Stojanovic, M.N. (2006) *Nano Letters*, **6**, 2598.

113 Chen, X., Wang, Y., Liu, Q., Zhang, Z., Fan, C. and He, L. (2006) *Angewandte Chemie-International Edition*, **45**, 1759.

114 (a) Stojanovic, M.N., Semova, S., Kolpashchikov, D., Macdonald, J., Morgan, C. and Stefanovic, D. (2005) *Journal of the American Chemical Society*, **127**, 6914. (b) Kolpashchlikov, D.M. and Stojanovic, M.N. (2005) *Journal of the American Chemical Society*, **127**, 11348.

115 Seelig, G., Soloveichnik, D., Zhang, D. Y. and Winfree, E. (2006) *Science*, **314**, 1585.

116 Fontana, W. (2006) *Science*, **314**, 1552.

117 (a) Saghatelian, A., Völcker, N.H., Guckian, K.M., Lin, V.S.-Y. and Ghadiri, M.R. (2003) *Journal of the American Chemical Society*, **125**, 346. (b) Tang, Y., He, F., Wang, S., Li, Y., Zhu, D. and Bazan, G.C. (2006) *Advanced Materials*, **18**, 2105.

118 Okamoto, A., Tanaka, K. and Saito, I. (2004) *Journal of the American Chemical Society*, **126**, 9458.

119 Liu, J. and Lu, Y. (2006) *Advanced Materials*, **18**, 1667.

120 Ashkenasy, G. and Ghadiri, M.R. (2004) *Journal of the American Chemical Society*, **126**, 11140.

121 (a) Baron, R., Lioubashevski, O., Katz, E., Niazov, T. and Willner, I. (2006) *Organic & Biomolecular Chemistry*, **4**, 989. (b) Baron, R., Lioubashevski, O., Katz, E., Niazov, T. and Willner, I. (2006) *Angewandte Chemie-International Edition*, **45**, 1572. (c) Baron, R., Lioubashevski, O., Katz, E., Niazov, T. and Willner, I. (2006) *Journal of Physical Chemistry. A*, **110**, 8548. (d) Niazov, T., Baron, R., Katz, E., Lioubashevski, O. and Willner, I. (2006) *Proceedings of the National*

Academy of Sciences of the United States of America, **103**, 17160.

122 Logic devices based on self-assembled monolayers on metal electrodes (a) Wen, G., Yan, J., Zhou, Y., Zhang, D., Mao, L. and Zhu, D. (2006) *Chemical Communications*, 3016. (b) Nitahara, S., Terasaki, N., Akiyama, T. and Yamada, S. (2006) *Thin Solid Films*, **499**, 354.

123 Logic devices based on chemically functionalized TiO_2 nanostructured electrodes (a) Biancardo, M., Bignozzi, C., Doyle, H. and Redmond, G. (2005) *Chemical Communications*, 3918. (b) Furtado, L. F.O., Alexiou, A.D.P., Gonçalves, L., Toma, H.E. and Araki, K. (2006) *Angewandte Chemie-International Edition*, **45**, 3143. (c) Szacilowski, K., Macyk, W. and Stochel, G. (2006) *Journal of the American Chemical Society*, **128**, 4550.

124 (a) Uchiyama, S., Kawai, N., de Silva, A. P. and Iwai, K. (2004) *Journal of the American Chemical Society*, **126**, 3032. (b) Leigh, D.A., Morales, M.A.F., Pérez, E.M., Wong, J.K.Y., Saiz, C.G., Slawin, A.M.Z., Carmichael, A.J., Haddleton, D.M., Brouwer, A.M., Buma, W.J., Wurpel, G.W.H., Leon, S. and Zerbetto, F. (2005) *Angewandte Chemie-International Edition*, **44**, 3062. (c) Matsui, J., Sodeyama, T., Tamaki, K. and Sugimoto, N. (2006) *Chemical Communications*, 3217.

125 Webb, R. (2006) *Nature*, **443**, 39.

126 de Silva, A.P., James, M.R., McKinney, B.O.F., Pears, D.A. and Weir, S.M. (2006) *Nature Materials*, **5**, 787.

127 Amir, R.J., Popkov, M., Lerner, R.A., Barbas, C.F., III and Shabat, D. (2005) *Angewandte Chemie-International Edition*, **44**, 4378.

128 Muramatsu, S., Kinbara, K., Taguchi, H., Ishii, N. and Aida, T. (2006) *Journal of the American Chemical Society*, **128**, 3764.

129 (a) Benenson, Y., Paz-Elizur, T., Adar, R., Keinan, E., Livneh, Z. and Shapiro, E. (2001) *Nature*, **414**, 430. (b) Benenson, Y., Gil, B., Ben-Dor, U., Adar, R. and Shapiro, E. (2004) *Nature*, **429**, 423.

130 For an assessment of the state-of-the-art and future requirements of semiconductor technology, see The *International Technology Roadmap for Semiconductors (ITRS)*, 2005 edition and 2006 update, available at www.itrs.net/reports.html (accessed December, 2007). See also Thompson, S.E. and Parthasarathy, S. (2006) *Materials Today*, **9**, 20.

131 (a) Ellenbogen, J.C. and Love, J.C. (2000) *Proceedings of the IEEE*, **88**, 386. (b) Tseng, G.Y. and Ellenbogen, J.C. (2001) *Science*, **294**, 1293.

132 Metzger, R.M. (2004) *Chemical Record*, **4**, 291.

133 Reed, M.A. and Lee, T. (2003) *Molecular Nanoelectronics*, American Scientific Publishers, Stevenson Ranch.

134 Lindsay, S.M. and Ratner, M.A. (2007) *Advanced Materials*, **19**, 23.

135 For a recent remarkable example see Lörtscher, E., Ciszek, J.W., Tour, J. and Riel, H. (2006) *Small*, **2**, 973.

136 Flood, A.H., Stoddart, J.F., Steuerman, D.W. and Heath, J.R. (2004) *Science*, **306**, 2055, and references therein.

第 4 部分

分子水平上的器件、机器、马达

第 10 章　基本原理

10.1　概述

人类文明的发展总是与机器和马达的设计及建造密不可分的，它们方便了人们的运动和出行。这些机械装置依靠刚性材料，元件都是在允许偏差范围内精密设计制造的，并且部件之间能相对自由地活动。它们经常工作在较高的温度下或者会释放出大量的热能，而这些热能是必须消耗掉的。几个世纪以来，科学家们着迷于制造肉眼可观的或者更小尺寸的发动机。在 1959 年，R. P. Feynman 在对美国物理协会的著名演讲中[1]提出授予“第一个制造出只有 1/64 立方英尺电子马达”者 1000 美元的奖励，这个马达比针头还小。就在一年之内，W. H. Mclellan[2]成功制造出微型马达并拿到了奖金，马达见图 10.1。在 1.5 节中我们

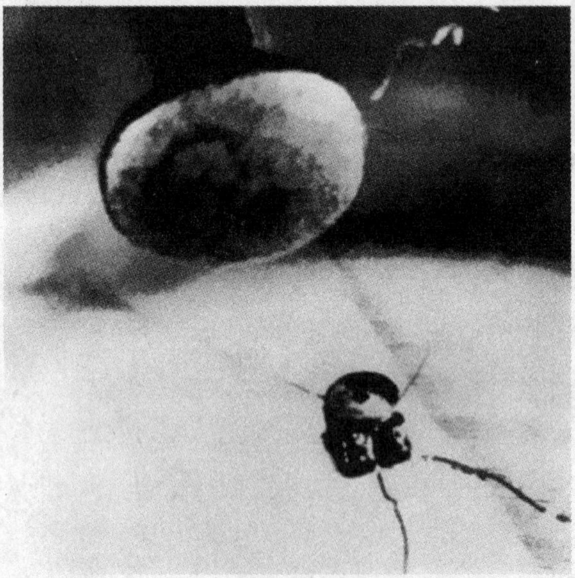

图 10.1　获得“第一个制造出只有 1/64 立方英尺电子马达”Feynman 奖金的 W. H. Mclellan 的作品。上方是作为“比例条”的针头[2]。(来源：图片经加州理工大学档案保管室允许使用)

已经知道，微型化能达到纳米级别，但是需要一个“从上至下”到“从下至上”的途径转变。

运动是生命的主要属性之一[3-6]。自然赋予生命系统称之为发动机蛋白质的复杂分子以满足日常需要，它们就像平常的机器一样在细胞内运行。这些蛋白质在永不停息地履行它们的职责，例如：运输分子材料，复制基因密码以及将它们转换成蛋白质，与其他细胞进行信息交流，调节细胞形状以适应外部环境，还有将细胞内部结构进行重组使细胞分裂，细胞运动等复杂过程得以进行。相同的分子以这样一种方式共同组织起来使得细菌和雄精细胞可以游走于更复杂的有机体或者产生肌力，从昆虫到人类，再到最大的海洋鲸，都会通过肌肉收缩产生力的作用。由于有了这些生物引擎，我们才能行走、讲话甚至思考。据估计，在我们体内大约有 10000 种不同的纳米机器在运作[3]。它们由纳米尺寸的松散分子组成，这些分子运转在恒定的温度及柔软混乱的环境中，而这样一个环境是由相对较弱的分子间力及不停地随机地分子运动构成的。

10.2 生物分子机器及布朗运动

生物分子机器是在水中运转的，但是在纳米尺寸下就不再是流动的液体了而是黏稠得像蜜一样的流体，在这种流体中任何定向动作都是很困难的。然而分子是持续地随机地运动的（布朗运动）。定向运动和布朗运动的实质性区别就是，线性运动的距离是和步调成正比的，而布朗运动的距离是和步调的平方根成正比的[4,6]。因此，随机运动，又称扩散，在短距离移动中也许是很有效的，但在长距离的移动中就非常徒劳了。在细胞尺寸下，扩散运动是非常快的，例如：当一个分子被释放的时候，在百分之一秒中就能在细胞的任何地方发现它。

依靠温度并且不能忽视媒介影响的布朗运动，在宏观物体中是可以被忽视的，但在小粒子比如分子的运动中它却是占统治地位的。化学家们很早以前就了解到分子是依靠布朗运动才实现相互间作用的，这是因为绝大多数化学反应过程都包含热激发步骤，并且分子生物机器也不例外。它们的工作机制可以被描述成为随机地行走[6]，通过能够克服能垒的热能激发从而从一个态跃迁到另外一个态[7,8]。生物分子机器是由布朗运动驱动的，能量的输入（三磷酸腺苷（ATP）的水解，10.4.1 节）就是要沿着特定的运动坐标来降低能线图以此来给予这些不规则的运动过程一个确定的方向，如图 10.2 所示。如果起始物是不稳定的，并且向着稳定状态的构建已经发生了，那么通过热能的激发这个运动就会自动地跨越（降低的）能垒。余下的运动在输入能消耗完后发生，或者依靠一个相反的输入能而发生。

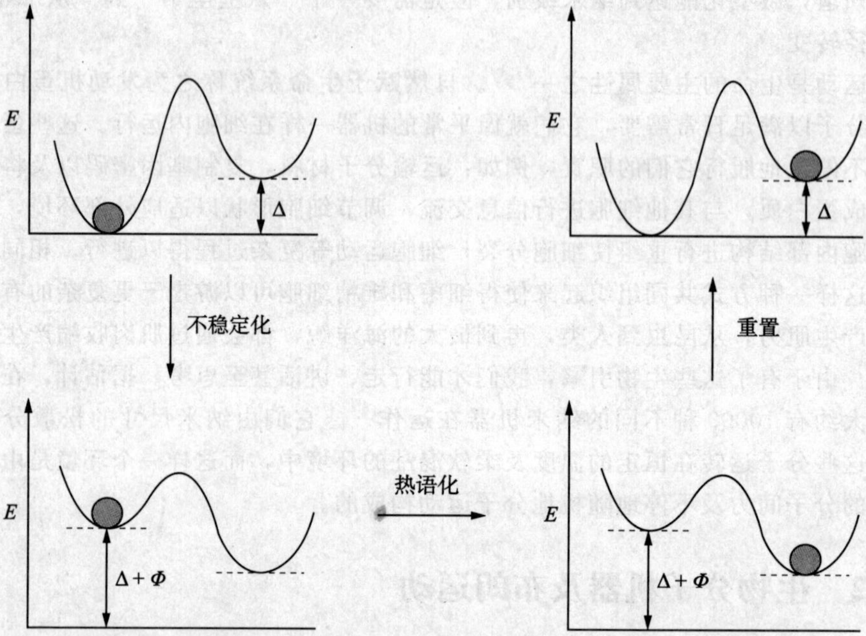

图 10.2　能量输入给予生物分子机器随机运动方向性的图示[7]

最近这类被称作布朗棘齿轮的模型[8]，在由 Feynman 为机械“棘齿轮和棘爪”引擎[9]提出来的原始模型之后，已经拓展到了合成分子系统中并且被彻底地研究了，在这种系统中提升和降低能垒是由外部能量输入完成的[10, 11]

10.3　人造系统

自然界中分子级别的机器和马达都是极其复杂的系统。任何采用积小为大(bottom-up) 分子方法来构筑这样一个复杂的体系的尝试都是毫无希望的。然而人造系统相比自然系统则有一定的优势。实际上，自然系统通过小的重复的动作进行，并且趋向于保留第一个成功的方案来解决每一个问题[4]。在人造系统领域中，我们只能造出由一些分子元素组成的简单原型，但我们可以运用比自然界所用的大得多的“化学工具箱”，开拓革命性的观念并且能在一个更加宽广的条件范围内操作（特别地，在一定程度上的能量供应也要考虑到）。

在设计人造分子设备的时候，需要重申的是，它们不是宏观设备的缩小版[12]，因为分子级别马达的工作机制中所要处理的情况与宏观世界中的情况是不一样的[3, 4]。重力和惯性运动，在每天的生活中我们是非常熟悉的，但是在分子尺寸下却是可以忽略不计的，而由分子间相互作用力（包括溶剂分子）所产生的黏性力却是非常重要的。这就意味着，当我们形容积小为大（bottom-up）地构建纳米尺寸设备，就如同在宏观世界中装配合适分子元件的时候（见图 1.1），要知道，分子级别下的设计原理和运作机制是不一样的。

分子级别的机械运动是化学反应引起核运动的结果。当然，任何化学反应都涉及一些核的位移，然而，“分子机器”的概念只限于能产生大范围的运动，进而引起系统内一些组件的位置变化的化学反应系统。正如我们在接下来的章节中将看到的，那些极具吸引力的核运动，从人造分子机器的角度看，包括：

- 在共价超分子结构中涉及—N=N—，—C=N—和—C=C—双键的异构化反应。
- 引起分子间键（包括氢键）的形成与断裂的酸-碱或氧化还原反应。
- 引起配位键的形成与断裂的金属-配位反应。

在上述讨论的布朗棘齿模型的生物分子机器中，由机械化学联结而产生的相互间能量是这一整个系统的特性，没有任何特殊结构方面的缘由[7]。没有一个重要的合成步骤可以被确定为能量转换点。由于这些原因，这种模型不适用于简单的人造系统，在简单的人造系统中分子被设计成刚性的，运动被限制在一个特定的自由度下。并且最重要的是，能量的输入被局限在系统的一个特定地方而且要在一个非常短的时间内传递。特别地，当运动是由一种明确的分子组分（例如：偶氮苯）经光激发而产生的时候，只有一种“机械”（也就是确定的）模型是可能的，这种模型能在高能量下瞬间形成并且具备更好更低的激发态。

已经有人指出过，在理论上，生物分子马达的机械模型和布朗模型的区别能找到相应的实验基础[7]。例如，在观察同一个单分了级别的实验（由沿着轨道的马达来完成单个 ATP 分子的水解）这一步时，就有可能测定两个不同模型所消耗的时间。在布朗马达的情况下，从 ATP 水解到完成这一步的时间应该是随机分布的而不是确定的。在简单人造分子机器上的此类研究更加容易进行，尤其是那些以光脉冲提供动力的分子机器。

10.3.1 术语和定义

在处理人造分子尺寸系统中的“运动”时，有必要使用一些术语和有意义的定义。然而就像在 1.3 节中提到的，一旦定义确定后，问题也就随之而来了。当然这种现象在包含着诸如化学、物理、生物等不同学科的新领域中更加严重。最普通的术语“机器”被定义为，一些无论尺寸大小由人类发明或自然创造的特定用途的事物。这本书中讨论的所有系统都能被称为分子机器。本书第 4 部分中所指的分子机器也包括机器的运动。

定义那些与人造分子运动有关的功能不是那么简单的。如果有可能，应该与分子级别的生物运动系统的相应功能作类比。然而这个任务是比较困难的，原因有以下几个：

• 从结构的观点来看，自然系统是非常复杂的；

• 它们通常兼备不同的运动和功能；

• 有时人造分子系统在自然界中没有相应的部分；

• 人造分子系统的功能由系统所运行的路线所决定（例如：一个规则的分子排列能实现的功能，对于随机分散在溶液中的相同分子就不能实现）。

人造分子运动的一个简单直接的分类通常是基于宏观系统中的运动类别的（比如：刹车、上锁、穿梭、旋转）。这样的对照就能体现出用卡通图来描述分子机器的优势，能更加清晰地解释它们的机械作用，但同样意味着上述那些忽视宏观世界和分子世界真实区别的危险性。

我们虽然建议使用下面所谈到的最小的一组术语和定义，但是我们同样注意到所涉及的是一个有困难和争议的主题[11, 13, 14]。

• 机械装置：一种被设计成用来运行机械运动的特定装置。

• 机器：一种被设计成在规定能量输入后能运行特定机械运动的特殊机械装置。

• 马达：一种能利用能量输入完成有用工作的机器。

很明显地，这也存在一个等级区别：马达也是一种机器，而机器也是一种机械装置，但机械装置却不一定就是机器或马达，并且机器也不一定就是马达。为了简单起见，在通常的讨论中我们使用术语“分子机器”，其包括“分子马达”这一概念。这三类装置的区别会在下面的章节中通过例子进行讨论。

除了运动部分外，宏观机械装置包含着多种的辅助元件，例如：扣件、轴承、传动轴、齿轮、刹车等。其中一些宏观的概念可以拓展到分子尺寸。例如：分子级别的扣件就可以用系统中不同亚基间的共价键来实现，或者用例如氢键的强分子间力来实现；星状分子能作为齿轮；在一个移动子单元的选定位置用取代基取代来造成空间排列的拥挤就能实现刹车的作用。这些辅助元件会在第 11 章中谈及。

就像宏观系统一样，分子级别机械系统的特征表现在以下方面：

• 使它们运行的能量种类；

• 组成部件所进行的运动种类；

• 控制、检测它们运行的方式；

• 任意重复操作的可能性；

• 完成一个操作循环所需的时间长短；

• 具有的功能。

在这章最后将就各个特性作简略的讨论。

10.3.2 机械装置

作为布朗运动的结果，分子级别的机械装置会本能地运动。图 10.3 中的一个例子，半径大约为 1.5 nm，形状像螺旋桨的六叔丁基十环烯（HBD）分子（图 10.3（a）），在洁净的 Cu(100) 面上沉积而成[15]。这些分子形成了一个紧密堆积的超分子层，具有纳米级别大小的空洞，表面覆盖率略小于一个单分子层。由于强大的分子间作用，紧密堆积的 HBD 分子在 Cu(100) 表面上不能旋转，在 STM 中就像一个六叶形的物体（图 10.3（b））。然而，有些分子能脱离超分子体而进入纳米空洞，在那里自由旋转。室温下，旋转速度大于扫描速度，所以运动中的分子就像一个喇叭口（图 10.3（c））。

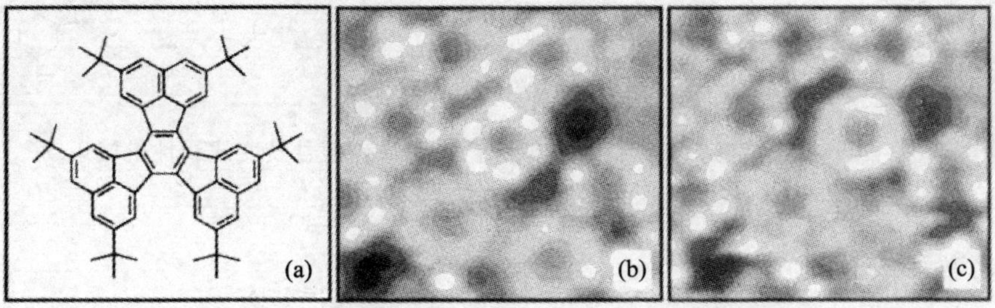

图 10.3 （a）HBD 的分子结构模型，（b）与（c）：洁净的 Cu（100）面上 HBD 分子的 STM 图像[15]。注意：（c）图中中心分子的六叶轮廓不很鲜明，整个分子看起来像喇叭状。在文献［15］的允许下重新制作

值得注意的是，尽管这个体系是对分子运动实实在在观察的一个例子，给人留下了深刻印象，但它不是分子机器，因为热能不能用来做功。而且也不是机器，因为它的运动（两个随机的方向）不是由特定的能量输入引起的，而是由热能（波动）引起的。其他几个分子机器的例子将在第 11 章中讨论。

10.3.3 机器

机器是一种能把能量输入转化成特定机械运动的装置，但是在分子级别下它不能产生有用功。在本书第 4 章中所谈到的大部分系统都表现得像机器。图 10.4[16]举了一个例子。这个体系将在第 14 章中详细地讨论，图 10.4 上显示分子环 R 穿在哑铃形状的分子体系中，这个分子体系中包含着 2 个环 R 的“活动站点”，A 和 B。

起初的时候，环是位于 A 位置的。然而在光刺激下，环会移动到 B 位置然后自然地回到 A 位置，这个动作是可以重复的。这一体系可以确切地被定义为机器，因为环在特定的能量输入下经历了特别的机械运动。它的功能显然可以和宏观世界中由于某种能量而来回穿梭上坡的车辆相比。从这一观点来看，它能被

称作纳米马达[16]。然而从物理学家和生物学家的统计观点来说这还不是马达，因为它不能把光能转化为有用的能量[17]。事实上，打破环在两个站点间分配平衡的行为，在重置那一步没有完成。考虑到真实马达的情况，在重置时，环应该沿着一条不同的轨道转移（做成一个旋转马达）或者保持在原地（做成线性的马达泵）[17]。由于这个原因，建议不要称它作“马达”而称为“开关”。然而可以注意到，即使是机械分子开关，当由自组装单层结构组成的时候，也能产生大范围的机械动作，例如，运转得像马达一样[18]（第14章）。

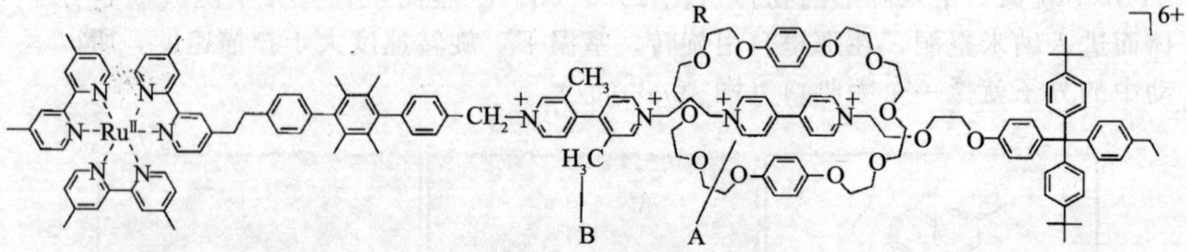

图 10.4　基于轮烷结构的人造体系，能够把光能输入信号转变成线性机械运动[16]

10.3.4　马达

分子马达是一种能把能量输入转化为有用功的分子机器。就像在宏观世界中一样，马达是机器的一部分，事实上是最重要的一部分。

就如上面所讲到的，在分子开关中是通过破坏平衡来实现作用的，但在重置这一步却没有完成，当重置是沿着一条不同的轨道进行的时候，上述现象就不会发生。遵循这个条件的系统就会有方向性地旋转而不是线性地来回穿梭[13, 17]。几个单向旋转的马达将在第15章中详细讨论。图10.5中的例子是基于手性螺旋烯烃的，作为UV光照而异构化的结果是它会绕着中心碳碳双键单方向旋转[19]。包含着这些分子马达的胆甾醇液晶薄膜就可以通过照射来改变其颜色[20]，就可以看到由于掺杂物而引起的可观测的结果[21]。

10.4　能量供应

在平衡状态下，即使系统具有各向异性的特征，由能量产生的布朗运动也不能用来驱动机器或者马达[22, 23]。这样的结果实际上违背了热力学第二定律（从背景噪声中无法取功）及微观可逆性原则（穿过两个等能级之间的自由能表面的正向和逆向速率必须相等）。

为了让一个分子机器做功，就必须供给发动机能量。给一个化学反应系统供能的最明显的方式就是利用一些能产生化学反应的燃料。然而，对于人造分子机器供能应当有更方便的替代方法。

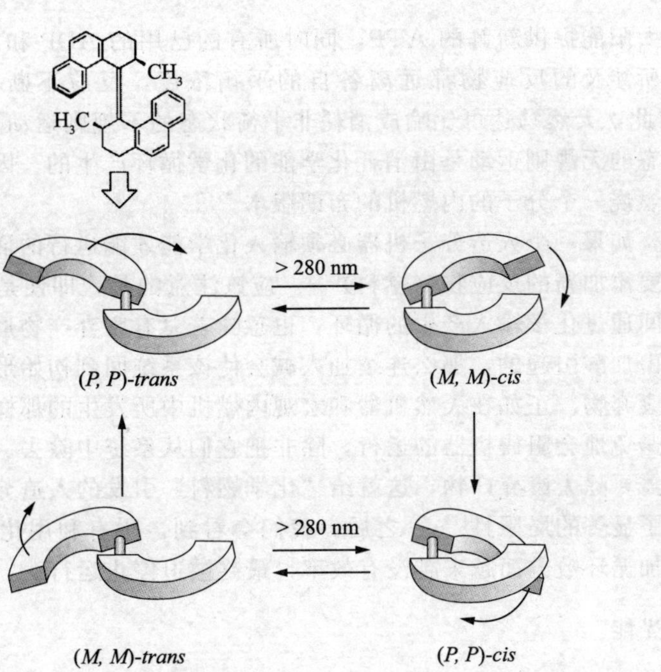

图 10.5 基于手性螺旋烯烃的人造系统，由 UV 光照射或者温度变化而产生异构化的四步中，它会绕着中心碳碳双键单方向的旋转[19]

10.4.1 化学能

在美国物理协会所作的题为“There is Plenty of Room at the Bottom”的著名演讲中，R. P. Feynman 讨论了构筑分子机器的可能性并且评论道[1]：“分子大小的内燃机是不可能的，但是我们可以利用其他在低温下放热的化学反应。”这正是人体中所发生的过程，人体中最终来自食物、氧的化学能被应用于一系列轻微的放热反应给生物机器提供能量，而维持生命。

在其他文献[7, 24-27]中也有一些关于天然分子机器的理论讨论。我们这里仅就植物做简单讨论[24, 25]，植物中的能量是由三磷酸腺苷（ATP）的水解提供的（有关 ATP 合成分子马达，见第 15 章）。当磷酸键断裂，形成二磷酸腺苷（ADP）和无机磷酸根（P_i）时，磷酸键中储存的能量（约 12kT）就被释放出来。在一个永不停息的循环中，天然马达不断地使 ATP 分子“断裂”，就像机关枪上的子弹“带梭”一样[24]。如果把马达表示为 M，首先 ATP 与马达相连的，即 M—ATP；然后 ATP 水解产生 M—ADP—P_i；磷酸释放形成 M—ADP；然后。ADP 也被释放，回到初始状态 M。尽管化学反应是可逆的，这个循环只朝一个方向进行，因为正反应速率除以逆反应速率等于此反应增加的吉布斯自由能（12kT）除以热能（ kT）。这个反应之所以能进行，是因为光合作用（7.2

节）利用太阳能提供新鲜的 ATP，同时所有的已用的 ADP 和 P_i 被除掉。这个化学循环所涉及的反应物都远离各自的平衡浓度，反应不断朝着平衡方向进行[25]。因此，天然马达可比喻成消耗非平衡状态的不规则运动及运行的棘齿[7]。非平衡状态的无规则运动是由消耗化学能的化学循环产生的。因此分子机器可被视为一次燃烧一个分子的内燃机的布朗版本[25]。

同样，如果一个人造分子机器必须输入化学能才能运行的话，在工作循环的每一步都要添加新的反应物（燃料）[28]。应该注意的是，即便是一种分子系统的两种形式间通过化学输入产生的循环，也意味着总有废弃产物形成。例如，如果正反应是由加酸引起的，那么连续加入碱会使该系统回到初始形式，但是酸碱反应产生了废弃物。正如在天然机器和宏观内燃机中所发生的那样，这些废弃物的积累不可避免地会阻碍机器的运行，除非把它们从系统中除去。

既然需要除去废弃产物，这就给“化学燃料”引发的人造分子机器的设计和构筑带来了显著的局限性[29]。之后，我们会看到，所有利用化学能运行的人造机器在增加循环数方面越来越没有效率，最终被迫停止运行。

10.4.2 光能

绿色植物维持生命的能量来自阳光[30]；一般而言，光能不会被利用来产生机械运动，但是，它却常常被利用来产生一种适于给天然分子机器提供能量的化学燃料，也就是 ATP。当然，光能也可直接用来产生涉及大范围核运动的光化学反应。一个简单的例子就是一个包含－C═C－或－N═N－的分子从较低能量的反式变成较高能量的顺式的光致异构化反应，随后会发生一个自发的光诱导的逆向反应[31, 32]。这种光致异构化反应确实已经用来制造光能驱动的分子机器[33]。在超分子物种中，光致电子转移反应经常会产生分子组件的较大位移[34]。理论上可以产生一系列永无止境的分子运动循环而不会产生废弃产物。

与化学能的输入相比，光化学的输入能除了不会产生废弃产物这一基本特点外，还具有其他优势：

- 光可以简便快捷地开、关；
- 激光为在极小空间、极短时间内做功提供了机会；
- 光子除了给机器运行提供必需的能量外，对于系统状态的读取，进而控制、监视机器的运行也很有帮助。

由于以上这些原因，光能被广泛地用来给人造分子机器和马达提供能量。

10.4.3 电化学能

人类已经发明了大量以电能驱动的宏观机器。类似的，我们会思考是否可以在分子机器中利用电能。如果考虑到分子机器通过溶液中的化学反应运行，那么答案是肯定的，因为电势可用来产生涉及超分子系统中造成大范围结构变化的氧化还原反应[35-37]。通过一个可逆的氧化还原反应，我们可以给正反应提供能量，然后改变电势，再回到反应物，也就是形成一个开关过程而没有任何废弃产物形成[38]。利用电化学能代替化学氧化还原作用，具有开、关简便快捷的优势。况且，电化学技术也是监视机器运行的有用方式，电极则是分子系统与宏观世界相连的最佳方式。

许多通过电能驱动的分子机器将在第 14 章和第 15 章中阐述。同样发现，交流电对于轮烷的机械运动也有影响作用[39]。

10.5 其他特征

10.5.1 运动的类型

人造分子机器的组件所产生的运动可以是多种多样的。就实际应用而言，最重要的运动有线性运动（如一个环沿着一条线的运动）[11, 14, 40-47]，转动（如亚单元围绕一个共价键的运动）[13b, 48]，分子结构的变化（如异构过程）[14, 49]，整合和解离（如主-客体的运动）[50]，组件的运动（如金属离子的运动）[51]，以及收缩与扩展（人造“肌肉”的运动）[52]。

在第 11～15 章中将举例说明这些运动。

10.5.2 控制与监测

为了控制及监测一台机器的运行，运动部分的变化应该根据系统的特点产生可读性的变化。在这点上，可以利用任何化学或物理的技术。最常用的是光谱技术（特别是核磁共振谱、UV-Visible 吸收光谱、发射光谱）。对于给体-受体相互作用的系统，电化学技术也是相当有用的。

要获得速率常数的信息，对于较慢的反应可通过传统的动力学方法；对于较快的反应可通过电化学及止流（stopped flow）技术；对非常快的反应，则可利用闪光光解谱（不同时间分辨）。

10.5.3 复原

因为机器必须重复循环工作，所以复原（reset）是一个重要的要求，这就意味着任何与运动有关的化学反应都必须是可逆的。尽管没有一个是完全可逆的，但是通过质子转移（酸-碱）和电子转移（氧化还原）反应、光致异构化反应（尤其是包含—N═N—的反应），以及一些金属-配体的配位反应，这个条件还是能被很好地满足的。

10.5.4 时标

分子机器的运行时间可短至皮秒，也可长达数天，这取决于涉及的反应的性质。

电子转移、质子转移及光致异构化反应可以非常快，但是由于机械的和化学的摩擦，组成部分的复杂运动却要慢得多[53, 54]，对于复杂的识别模式而言就更加慢了。

10.5.5 功能

利用人造分子机器组件的运动所产生的功能可以是多种多样的，而且在很大程度上仍无法预计。在第 11～15 章中，我们将看到它们的功能不仅仅与机械有关（如通过膜的物质输运），而且与信息处理有关（如逻辑门）。

参考文献

1 (a) Feynman, R.P. (1960) *Engineering and Science*, **23**, 22. (b) Feynman, R.P. (1960) *Saturday Reviews*, **43**, 45. See also http://www.feynmanonline.com.

2 The Feynman awards (1960) TIME Magazine, LXXVI, December 12.

3 Goodsell, D.S. (2004) *Bionanotechnology–Lessons from Nature*, John Wiley & Sons, Inc., Hoboken.

4 Jones, R.A.L. (2004) *Soft Machines, Nanotechnology and Life*, Oxford University Press, Oxford.

5 *Science* (2000) **288** (5463). Special issue (eds L. Chong, E. Culotta and A. Sudgen) on Movement: Molecular to Robotic.

6 Berg, H.C. (1993) *Random Walks in Biology*, Princeton University Press.

7 Astumian, R.D. (2005) *Journal of Physics: Condensed Matter*, **17**, S3753.

8 Astumian, R.D. and Hänggi, P. (2002) *Physics Today*, 33.

9 Feynman, R.P., Leighton, R.B. and Sands, M. (1989) Electrical and chemical rectifiers are analogous to Feynman's purely mechanical "ratchet and pawl" engine in *The Feynman Lectures on Physics*, vol. 1, Addison-Wesley Reading, Chapter 46.

10 Chatterjee, M.N., Kay, E.R. and Leight, D.A. (2006) *Journal of the American Chemical Society*, **128**, 4058.

11 Kay, E.R., Leigh, D.A. and Zerbetto, F. (2007) *Angewandte Chemie-International Edition*, **46**, 72.

12 For an interesting discussion, see Coffey, T. and Krim, J. (2006) *Physical Review Letters*, **96**, 186104.

13 (a) Kay, E.R. and Leigh, D.A. (2005) *Topics in Current Chemistry*, **262**, 133. (b) Leigh, D.A. and Pérez, E.M. (2006) *Topics in Current Chemistry*, **265**, 185.

14 Kottas, G.S., Clarke, L.I., Horinek, D. and Michl, J. (2005) *Chemical Reviews*, **105**, 1281.

15 Gimzewski, J.K., Joachim, C., Schlittler, R.R., Langlais, V., Tang, H. and Johannsen, I. (1998) *Science*, **281**, 531.

16 Balzani, V., Clemente-León, M., Credi, A., Ferrer, B., Venturi, M., Flood, A.H. and Stoddart, J.F. (2006) *Proceedings of the National Academy of Sciences of the United States of America*, **103**, 1178.

17 Kay, E.R. and Leight, D.A. (2006) *Nature*, **440**, 286.

18 Liu, Y., Flood, A.H., Bonvallet, P.A., Vignon, S.A., Northrop, B.H., Tseng, H.-R., Jeppesen, J.O., Huang, T.J., Brough, B., Baller, M., Magonov, S., Solares, S.D., Goddard, W.A., Ho, C.-M. and Stoddart, J.F. (2005) *Journal of the American Chemical Society*, **127**, 9745.

19 Koumura, N., Zijlstra, R.W.J., van Delden, R.A., Harada, N. and Feringa, B. L. (1999) *Nature*, **401**, 152.

20 van Delden, R.A., van Gelder, M.B., Huck, N.P.M. and Feringa, B.L. (2003) *Advanced Functional Materials*, **13**, 319.

21 van Delden, R.A., Koumura, N., Harada, N. and Feringa, B.L. (2002) *Proceedings of*

the National Academy of Sciences of the United States of America, **99**, 4945.

22 Astumian, R.D. (1997) *Science*, **276**, 917.

23 Davis, A.P. (1998) *Angewandte Chemie-International Edition*, **37**, 909.

24 Astumian, R.D. and Bier, M. (1994) *Physical Review Letters*, **72**, 1766.

25 Magnasco, M.O. (1994) *Physical Review Letters*, **72**, 2656.

26 Bustamante, C., Keller, D. and Oster, G. (2001) *Accounts of Chemical Research*, **34**, 412.

27 (a) Oster, G. (2002) *Nature*, **417**, 25. (b) Oster, G. and Wang, H. (2003) *Trends in Cell Biology*, **13**, 114.

28 See, for example, (a) Balzani, V., Credi, A., Langford, S.J., Raymo, F.M., Stoddart, J.F. and Venturi, M. (2000) *Journal of the American Chemical Society*, **122**, 3542. (b) Jimenez-Molero, M.C., Dietrich-Bucheker, C. and Sauvage, J.-P. (2002) *Chemistry – A European Journal*, **8**, 1456. (c) Badjić, J.D., Balzani, V., Credi, A., Silvi, S. and Stoddart, J.F. (2004) *Science*, **303**, 1845. (d) Leigh, D.A., Lusby, P.J., Slawin, A.M.Z. and Walker, D.B. (2005) *Chemical Communications*, 4919.

29 Ballardini, R., Balzani, V., Credi, A., Gandolfi, M.T. and Venturi, M. (2001) *Accounts of Chemical Research*, **34**, 445.

30 Blankenship, R.E. (2002) *Molecular Mechanisms of Photosynthesis*, Blackwell Science, Oxford.

31 Gilbert, A. and Baggott, J. (1991) *Essentials of Molecular Photochemistry*, Balckwell Science, Oxford.

32 Balzani, V. and Scandola, F. (1991) *Supramolecular Photochemistry*, Horwood, Chichester.

33 See, for example, (a) Shinkai, S., Nakaji, T., Ogawa, T., Shigematsu, K. and Manabe, O. (1981) *Journal of the American Chemical Society*, **103**, 111. (b) Balzani, V., Credi, A., Marchioni, F. and Stoddart, J.F. (2001) *Chemical Communications*, 1860. (c) van Delden, R.A., Koumura, N., Schoevaars, A., Meetsma, A. and Feringa, B.L. (2003) *Organic & Biomolecular Chemistry*, **1**, 33. (d) Leigh, D.A., Wong, J.K.Y., Dehez, F. and Zerbetto, F. (2003) *Nature*, **424**, 174. (e) Qu, D.-H., Wang, Q.-C. and Tian, H. (2005) *Angewandte Chemie-International Edition*, **44**, 5296.

34 See, for example, Ref. [16] and (a) Brouwer, A.M., Frochot, C., Gatti, F. G., Leigh, D.A., Mottier, L., Paolucci, F., Roffia, S. and Wurpel, G.W.H. (2001) *Science*, **291**, 2124.

35 (a) Kaifer, A.E. and Gómez-Kaifer, M. (1999) *Supramolecular Electrochemistry*, Wiley-VCH Verlag GmbH, Weinheim. (b) Marcaccio, M., Paolucci, F. and Roffia, S. (2004) *Trends in Molecular Electrochemistry* (eds A.J.L. Pombeiro and C. Amatore) Dekker, New York.

36 Beer, P.D. and Bayly, S.R. (2005) *Topics in Current Chemistry*, **255**, 125.

37 Balzani, V. (ed.) (2001) *Electron Transfer in Chemistry*, vols 1–5, Wiley-VCH Verlag GmbH, Weinheim.

38 See, for example, Ref. [16] and (a) Córdova, E., Bissell, R.A., Spencer, N., Ashton, P.R., Stoddart, J.F. and Kaifer, A.E. (1993) *Journal of Organic Chemistry*, **58**, 6550. (b) Armaroli, N., Balzani, V., Collin, J.-P., Gaviña, P., Sauvage, J.-P. and Ventura, B. (1999) *Journal of the American Chemical Society*, **121**, 4397. (c) Balzani, V., Credi, A., Mattersteig, G., Matthews, O.A., Raymo, F.M., Stoddart, J.F., Venturi, M., White, A.J.P. and Williams, D.J. (2000) *Journal of Organic Chemistry* **65**, 1924. (d) Altieri, A., Gatti, F.G., Kay, E.R., Leigh, D.A., Martel, D., Paolucci, F., Slawin, A.M.Z. and Wong, J.K.Y. (2003) *Journal of the American Chemical Society*, **125**, 8644.

39 Bermudez, V., Capron, N., Gase, T., Gatti, F.G., Kajzar, F., Leigh, D.A., Zerbetto, F. and Zhang, S.W. (2000) *Nature*, **406**, 608.

40 Balzani, V., Credi, A., Raymo, F.M. and Stoddart, J.F. (2000) *Angewandte Chemie-International Edition*, **39**, 3348.

41 *Accounts of Chemical Research* (2001) **34** (6). Special issue (ed. J.F. Stoddart) on Molecular Machines.
42 *Structure and Bonding* (2001) **99** Special volume (ed. J.-P. Sauvage) on Molecular Machines and Motors.
43 Balzani, V. (2003) *Photochemistry and Photobiology Science*, **2**, 459.
44 Balzani, V., Credi, A. and Venturi, M. (2004) *Physics World*, **17**, 39.
45 *Topics in Current Chemistry* (2005) **262**. Special volume (ed. T.R. Kelly) on Molecular Machines.
46 Balzani, V., Credi, A., Silvi, S. and Venturi, M. (2006) *Chemical Society Reviews*, **35**, 1135.
47 Balzani, V., Credi, A. and Venturi, M. (2007) *Nanotoday*, **2**, 18.
48 Feringa, B.L. (2001) *Accounts of Chemical Research*, **34**, 504.
49 (a) Takeuchi, M., Ikeda, M., Sugasaki, A. and Shinkai, S. (2001) *Accounts of Chemical Research*, **34**, 865. (b) Shinkai, S. (2001) *Molecular Switches* (ed. B.L. Feringa), Wiley-VCH Verlag GmbH, Weinheim, p.281. (c) Kovbasyuk, L. and Krämer, R. (2004) *Chemical Reviews*, **104**, 3161. (d) Shinkai, S. and Takeuchi, M. (2005) *Bulletin of the Chemical Society of Japan*, **78**, 40. (e) Wooley, G.A. (2005) *Accounts of Chemical Research*, **38**, 486.
50 Balzani, V., Credi, A. and Venturi, M. (2002) *Proceedings of the National Academy of Sciences of the United States of America*, **99**, 4814.
51 (a) Amendola, V., Fabbrizzi, L., Mangano, C. and Pallavicini, P. (2001) *Accounts of Chemical Research*, **34**, 488. (b) Amendola, V., Fabbrizzi, L., Mangano, C. and Pallavicini, P. (2001) *Structure and Bonding*, **99**, 79.
52 (a) Collin, J.-P., Dietrich-Bucheker, C., Gaviña, P., Jimenez-Molero, M.C. and Sauvage, J.-P. (2001) *Accounts of Chemical Research*, **34**, 477. (b) Sauvage, J.-P. (2005) *Chemical Communications*, 1507.
53 Persson, B.N.J. (2000) *Sliding Friction*, 2nd edn, Springer, Berlin.
54 Kim, H.I. and Houston, J.E. (2000) *Journal of the American Chemical Society*, **122**, 12045.

第 11 章 自发的类机械运动

11.1 概述

众所周知，宏观意义上机器的核心部分是马达。没有它，即在外部输入（第10章）下产生驱动力的装置，机器就无法运行了。除马达外，宏观的机器还含有各种辅助成分，这些辅助成分与马达一起参与机械运动。在提到分子尺度上的机器之前，先对能够在热能作用下产生自发的类似于机械运动的分子或超分子组分进行简短的介绍。几十年来，化学家们确实一直着迷于可以自发进行机械运动的分子结构。

11.2 转子

单分子转子[1]的直接观测方法已经在 10.3.2 节描述过了。在许多分子或超分子系列化合物中都观测到了其组分的自发旋转。事实上，除非分子中存在有空间位阻，所有的分子都可以进行单键的自由旋转。对于金属络合物，如二茂铁也存在自发旋转现象，而一种特别修饰过的卟啉自组装在 Cu(111) 面上，表现为一种多位点旋转的器件[2]。双-(卟啉）双层金属络合物[3-6]就是一类非常有趣的转子。这类化合物的两个例子如图 11.1 所示。从卟啉环的顶部看过

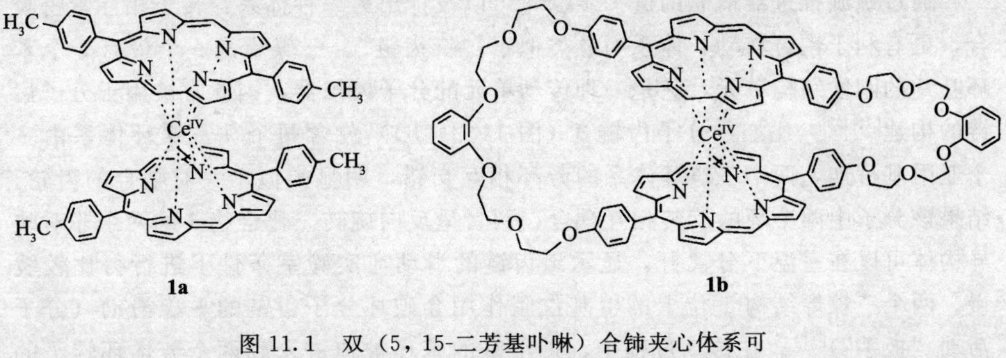

图 11.1 双（5，15-二芳基卟啉）合铈夹心体系可作为分子转子（1a）[4]和分子振荡器（1b）[5]

去，这种双层化合物可以看成是两个交叠的车轮在围绕一个分子轴旋转。除非中间位置存在叔丁基这类取代基，否则旋转速度是很快的。**1a** 在 273 K 下的旋转速度为 63 s^{-1}[4]。由于化合物 **1b** 中的两个卟啉配体中存在着低聚醚，因此不是完全地旋转，其可以看成是一种分子振荡器[5]。在 12.2.2 节中我们将会看到，这种体系可以被设计成具有正变构型效应[6]的“制动”器件。目前，关于分子转子，包括固体内的转子和表面附着的转子已经有详细的综述报道[7]。

11.3 钝齿轮

通过分子设计，可以得到一种螺旋桨状的分子。这种分子能够将两个或多个内部转子的运动结合起来，从而能够比单个转子有着更多的运动形式。例如[8]，二芳基乙酸衍生物 **2**（图 11.2（a））中，同一个原子上连有两个相同的芳环，其中一个环绕着单键向同一个方向的旋转会迫使另一个环进行反向旋转。因此，如果一个环顺时针旋转，则另一个必然逆时针旋转。这种连接构型的运动机理包括协同对旋现象，被称为“齿轮作用”[9]，这对化学转子就类似于机器上的一对齿轮。这种现象会产生立体异构（称为“相异构体”）[10]，通过取代基能垒可以将其分开。例如，非对映异构体三芳基甲烷在室温下是稳定的，且互变异构要求的能量为 30.5 $kcal \cdot mol^{-1}$[11]（1 cal＝4.18J）。当然，这种互变异构在宏观机器中是不可能发生的。人们还报道了许多两叶型或三叶型的分子螺旋推进器[7,11]。

11.4 齿轮

通过螺旋推进器概念的进一步深化可以设计出另一种体系：转子相互紧密咬合，更有利于耦合转动，体系明显类似于“锥齿链”。三蝶烯是一个带有 3 个苯环叶片的刚性结构单元，它是一种传动单元的分子模拟器，因此常被用于分子齿链的构建[11-17]。比如，分子齿链 **3**（图 11.2（b））包含两个 9-三蝶环体系由一个亚甲基桥连，两个三蝶环体系的芳环相互交错，明显类似于一对啮合的齿轮。结果该分子中两个环的旋转相互耦合，两者呈反向旋转。化合物 **3** 的两个非对映异构体可以在室温下分离开，显示出齿链的滑动在实验室条件下进行得比较缓慢。两个三蝶烯结构 1-位上的甲基位阻作用会破坏分子齿链的平稳滑动（分子活动“扳手”）[11]。在传动过程中，带甲基的苯环被迫进入到两个芳烯环转子的凹口处，在十分有限的空间中加入这一基团会大大增加分子的空间扭曲，并进一步影响到齿链的运动。

人们也合成了更为复杂的三蝶烯分子齿轮传动链。分子齿轮传动链 **4**（图 11.2（c））包含 3 个相连的三蝶烯叶片[17]，其内外消旋体可以被分离并鉴定。在此基础上，大分子所存储的信息可以通过分子链的扭曲而进行传递。需要注意的是，当齿轮数目为偶数时，齿链上的两个端点齿轮反向旋转，而为奇数时则同向旋转，就像一个机器发动机的表面一样。

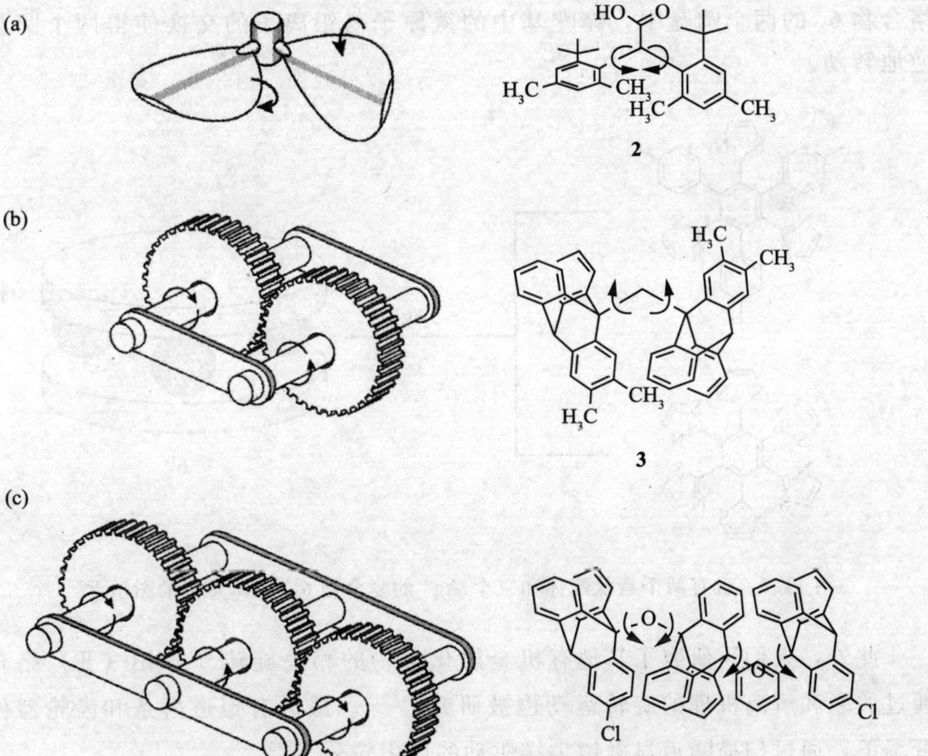

图 11.2 （a）宏观和分子的螺旋桨[8]；（b）宏观和分子的齿轮[12]；（c）宏观和分子的齿链[17]；（d）宏观和分子的锥齿轮[18]

在金属络合物中，有机环围绕金属离子的旋转可看作类似于一种低摩擦的球轴承。这种结构可以构成分子锥齿轮 **5**（图 11.2（d）），其中乙炔取代的三蝶烯与带有二茂钴的四齿四苯基环丁二烯相连[18]。核磁数据表明，在 203 K 下体系的旋转速度较快，暗示了含有 4 个或 3 个齿的金属络合物齿轮之间相互啮合的传动机理，就像在空间填充模型基础上预测的那样。另一个球轴承的模型如图 11.3 所示[19]。由中心苯环与外围的三个苯环和三个噻唑环构成了一个圆盘，两个这样的圆盘与三个银离子配位形成一个球轴承。变温核磁研究显示络合物 $\mathbf{6}^{+}$ 的两个圆盘中，噻唑基中的氮原子与银离子的交换使得两个圆盘可逆地转动。

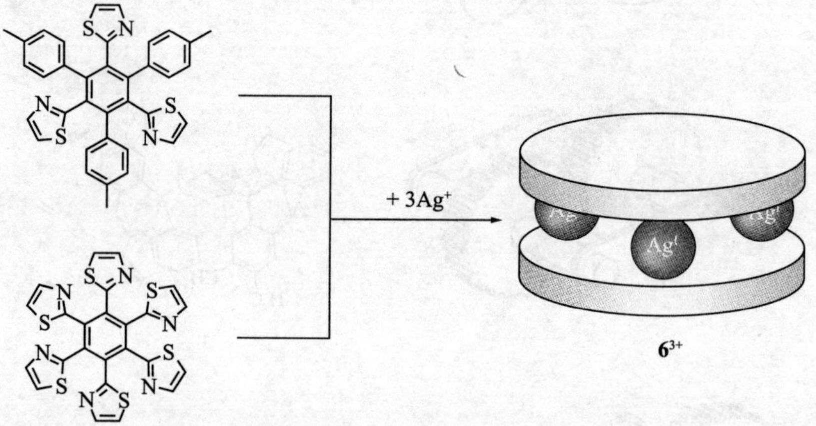

图 11.3　含有两个盘状配体和三个 Ag^{+} 的复合物 $\mathbf{6}^{3+}$ 立体异位的图示[19]

此外，人们还研究了其他有机金属化合物的相关旋转[20]，铂（Ⅱ）络合物通过关联和解离机理的旋转运动也被研究过[21]。最近有报道齿条和齿轮器件在低温下，通过扫描隧道显微镜尖端驱动的单齿轮分子[22]。

11.5　叶轮

三蝶烯分子也可以构建成如图 11.4 所示的那种体系[16, 33]。在化合物 **7** 和 **8** 中，如果认为链是相对静止不动的框架，三蝶烯单元在里面转动，整个体系可以看作是一条蒸汽船的桨（螺桨烷[24]）；如果认为三蝶烯是静止不动的而环链在动，则可以想象为一个跳绳的画面。在只含有一个三蝶烯单元的化合物中，如果环中够大，那么三蝶烯相对于环的旋转就可以发生（如 **7** 中），若环太小则不行（如 **8** 中）。在 **7** 中冠醚与金属离子的络合只能略微减缓体系的旋转，其原因可能是由于三蝶烯冠醚的弱键合性[16]。从核磁谱可以看出，体系 **9** 和 **10** 的三蝶烯齿链在温度为 333 K 以上会加快旋转速度。反之，在低温下（低于 233 K），核磁信号仅显示出单一状态的信号。

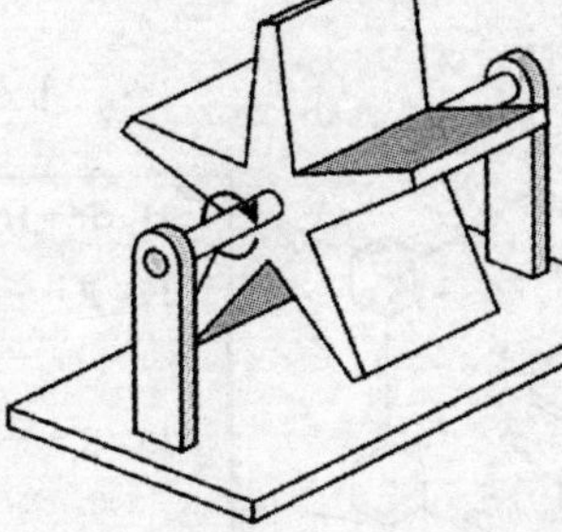

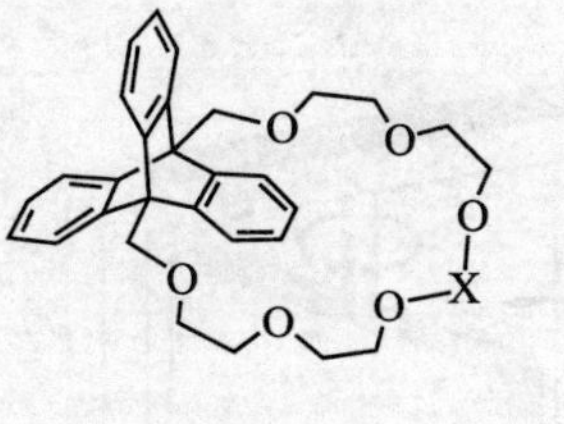

7　X = $(CH_2CH_2)_2O$
8　X = CH_2CH_2

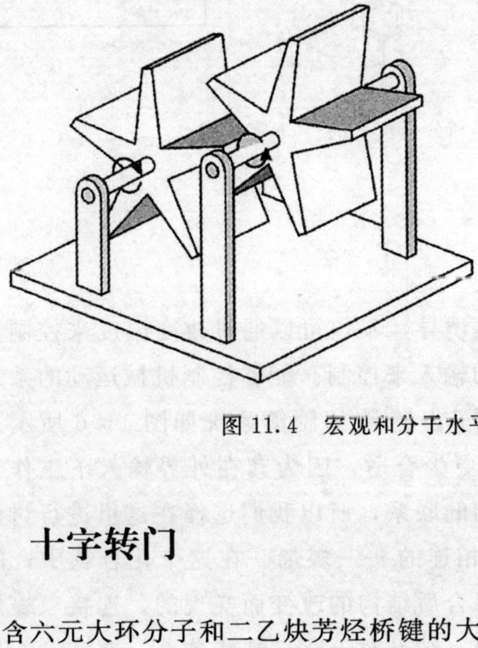

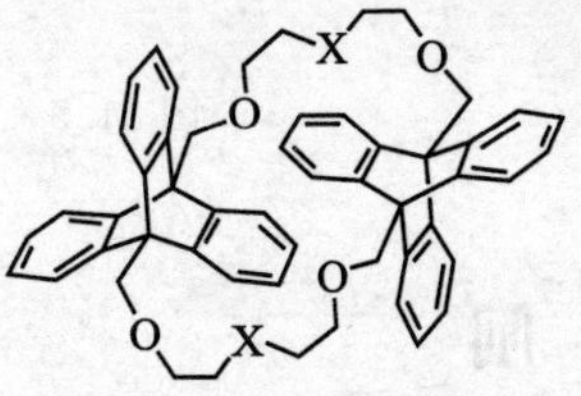

9　X = O
10　X = OCH_2CH_2O

图 11.4　宏观和分子水平[16]的叶轮

11.6　十字转门

包含六元大环分子和二乙炔芳烃桥键的大双环分子 **11**～**13**（图 11.5）能够组成另一类有趣的化学转子[25]。**11** 中间的对亚苯基环能围绕自身的轴进行旋转，这种构型运动与十字转门的纺锤状运动相类似[26]，故称之为分子级十字转门。此类运动涉及一个双阱势能面，所以体系具有双稳态构象。分子十字转门的动力学过程受到与对亚苯基相连 R 基团大小的很大影响。事实上，**12** 的两种互变异构体可以通过低温下的^{1}H NMR 得到鉴定。然而在室温下，**12** 的旋转非常快，这一动力学过程的自由能垒为 13.4 kcal · mol^{-1}。相比之下，在体系 **13** 中这类旋转即使在溶液加热到很高的温度时都不能发生，其原因是与对亚苯基环相连的取代基太大而不能通过大环体系的空穴。

另外，也有报道用金属有机分子构建分子级的十字转门，它由钌（II）夹在一个五苯基取代的环戊二烯环和一个氢化三（吡唑）硼酸酯之间的三明治结构构成。

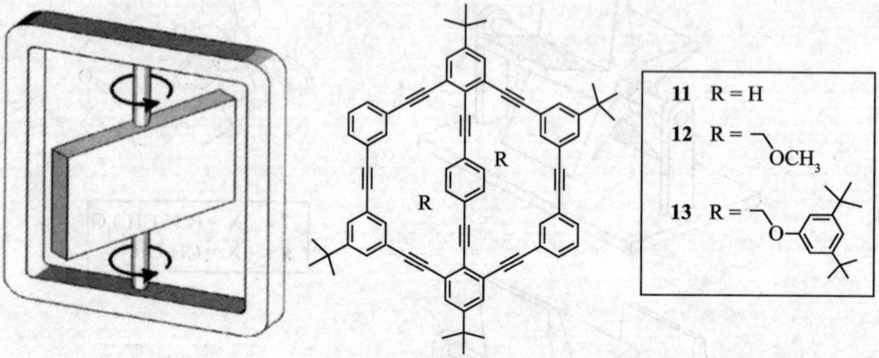

图 11.5 宏观和分子水平的[25]十字转门

11.7 闸

分子级的自发类机械运动（热诱导）不仅可以通过改变温度来控制，还能通过分子结构的修饰或外界信号的输入来控制。能够控制机械运动的系统可以看作是一种闸。例如 **14** 的三齿分子齿链[28]的制动系统如图 11.6 所示。或许这一内容应该在第 12 章进行讨论更为合适，因为其在外界输入下工作，但是因为它与下面将提到的棘轮有密切的联系，所以我们选择在这里进行讨论。化合物 **14** 包含一个与 2，2′-联吡啶相连的 9-三蝶烯。在这个化合物中，闸的作用是通过二吡啶单元与金属离子络合后结构的改变而实现的。连接三蝶烯和二吡啶的单键在 303 K 时转动得很快，结果对于 9-三蝶烯体系，在^{1}H NMR 核磁谱中只有 4 条谱线。将温度降至 193 K 可以减缓旋转速度，使 9-三蝶烯上的 12 个质子非等价。在 **14** 的丙酮溶液中加入三氟乙酸汞时，金属离子与 2，2′-二吡啶形成络合物 [**14** · Hg]$^{2+}$（图 11.6），结果，体系的构型被锁住，增加金属离子前后的核磁谱图（303 K）完全不同。与吡啶环相连的甲氧基质子的单峰向低场移动 +2.02 ppm，而 9-三蝶烯环上的质子共振峰明显变宽。在温度为 243 K 时，单键的旋转速度已经很慢了，这使得 9-三蝶烯环上质子非等价。这些都表示了 2，2′-二吡啶对 9-三蝶烯的旋转起到了闸的作用。可以通过在［14・Hg]$^{2+}$的丙酮溶液中加入 EDTA 来解除闸作用。实际上，去除络合的金属离子就可以打开“锁定”状态，从而解除闸作用。

还有一类有趣的闸，由中心酚作为轴和四内酰胺大环作为轮子构成[29]。由于中心轴阴离子附近的静电作用力，轮子在去质子的轮烷中的穿梭运动是受阻的。

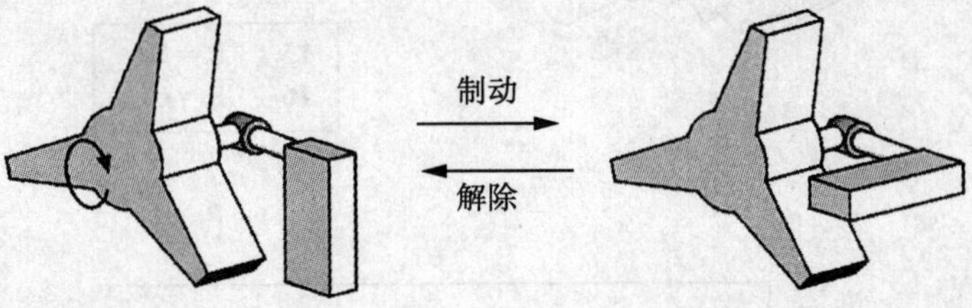

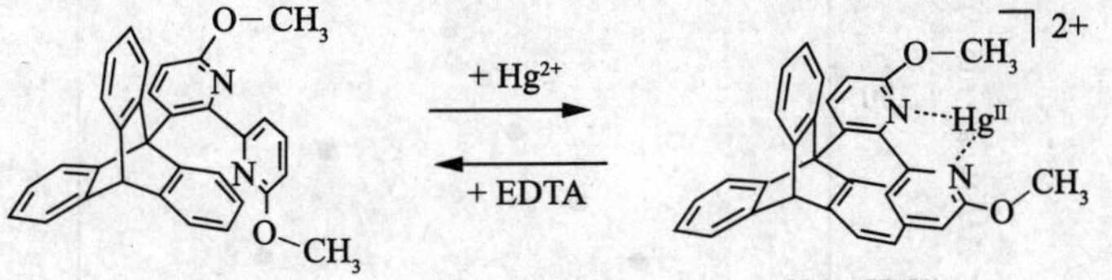

14　　　　　　　　　　**[14・Hg]$^{2+}$**

图 11.6　宏观和分子水平[28]的闸

11.8　棘轮

棘轮是一种只能向一个方向运动的器件。简单的棘轮包括 3 个部分（图 11.7（a））：一个齿状棘轮、一个能阻止旋转的棘爪以及一个能使棘爪恢复原位的弹簧。将前面提到的制动分子中的双吡啶单元[28]用适当长度的螺烯分子取代就得到一个棘轮分子[30]（图 11.7（a））。**15**，**16** 中都含有一个螺环结构。三蝶烯的旋转能够破坏螺烯分子的共面性，使能量达到最低状态。化合物 **15** 进行分子模型计算（AM1）可以产生一条三蝶烯-螺烯键的旋转能量不对称峰（图 11.7（b））。因为当三蝶烯顺时针旋转时，螺环的手性结构阻碍了旋转，而当其进行逆时针旋转时，阻碍效应急剧增加。虽然该体系与宏观上的棘轮体系很接近，但是 NMR 显示出 **15** 中的三蝶烯等同地向两个方向进行旋转。结果虽然有悖于常理，但却符合微观可逆性原理，其提示了在两个方向上窜跃同一能垒的速率是相同的[31]，否则就违反了热力学第二定律。

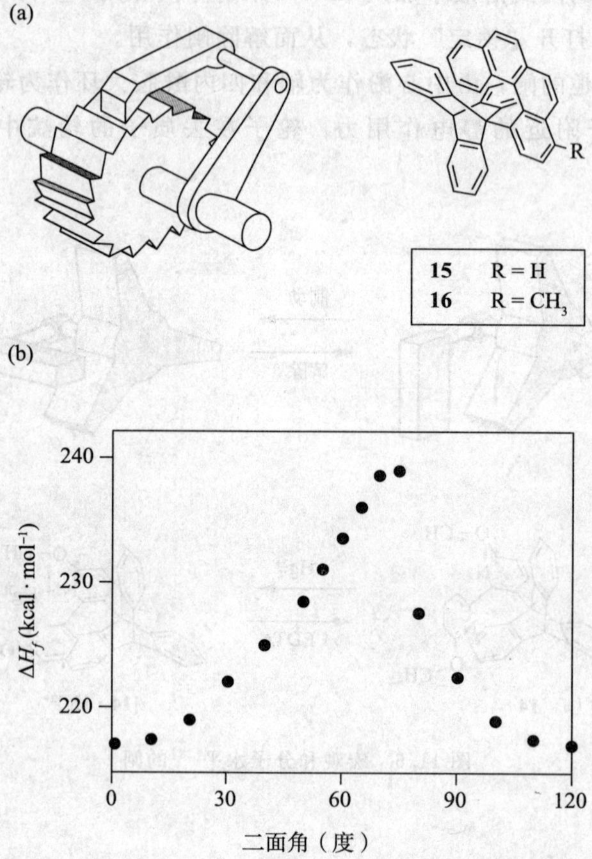

图 11.7　宏观和分子水平的棘轮[30]（a）；化合物 **15** 体系绕三蝶烯-螺环键旋转的计算能量（AM1）（b）；三蝶烯的顺时针旋转对应于 *X* 轴上从左到右的方向[30]

11.9　陀螺烷与罗盘

近年来，人们对分子级的陀螺仪和罗盘的研究很感兴趣[32-34]。图 11.8 给出了由一个中心芳香基团连接两个轴向的乙炔三蝶烯结构的分子陀螺仪的结构图示。这类研究的大部分是在一种双运动晶体，也是一个有内部运动的刚性晶体中进行的[35]。这些研究的目标是探索一些新方法以制备晶形分子器件，这些器件可以应用于光通信，或者是能与高存储密度的宏观机器和骨骼肌竞争的分子机器。

在与十字转门相关的体系中，那些中心芳香单元与环境中其他的分子是空间隔离的，所以可以自由旋转。如果旋转部分被极化或者被极化取代，则分子可以对外场作用作出响应。从 NMR 中可以清楚地看出溶液体系中的快速旋转，但是处于固态时，旋转通常被邻近分子的相互作用或结晶时所用的溶剂阻碍。这可以通过在选择性的位点上引入大的取代基来解决。通过分子力学对分子阻碍的研究显示，在没有大量的自由体积时，固态的旋转与相应的晶格内的运动相似[36]。具体的内容在最近的综述中有报道[7, 33, 34]。

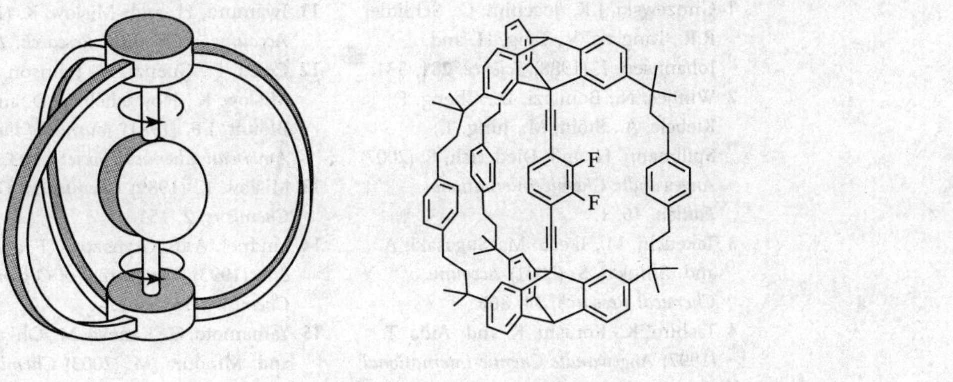

图 11.8　1，4-二（9-三蝶烯）-2，3-二氟苯，和与之有相似形状和功能的宏观陀螺仪[32]

11.10　其他运动

分子体系的类机械运动还有很多种。由于具有较好的催化性能[38]，以 hemicarcerands 为主体的分子旋转运动已经得到了广泛研究[7,37]。最近也有一些其他的、巧妙设计的体系用作分子水平的旋转运动[39]。

葫芦脲是一种能够容纳客体的大环化合物[40]。一个较小的环（葫芦［5］脲）可以嵌在较大的环（葫芦［10］脲）中形成超分子体系，这类物质目前也得到了分离和表征[41]。通过在浓盐酸中的结晶，络合物的内部空穴中充满了氯离子，而水分子或水合离子覆盖了内部葫芦脲的两端，并通过氢键将两个大环分子桥连起来。内环平面与外环分子完全不共面（64°），两个大环分子可以在溶液中自由旋转，就如同这类新型超分子系统的名字“陀螺烷（gyroscane）”一样。

五苯基取代的与未取代的 5，10，15，20-四苯基卟啉的旋转运动早已被人们所知道，最近也有这方面的综述[7]。特别有趣的是包含有富勒烯的这类体系。有报道将两个富勒烯通过苄氧基链键连到 5，15-二苯基卟啉上，在苯基卟啉基键的两个间位上旋转[42]。围绕对三联苯旋转的卟啉单元可以选择性地夹在两个C_{60}单元[43]中。由铑（Ⅲ）面对面卟啉环二聚作为主体和一个富勒烯二聚体作为客体组成的一个包合络合物，可以看作一个超分子的振荡器[44]。多层碳纳米管中的转动和平动也作为对象进行了很多计算研究[7]。最后，通过自组装和自分裂构建的金属超分了拉链也有所报道[45]。

参考文献

1 Gimzewski, J.K., Joachim, C., Schlittler, R.R., Langlais, V., Tang, H. and Johannsen, I. (1988) *Science*, **281**, 531.

2 Wintjes, N., Bonifazi, D., Cheng, F., Kiebele, A., Stöhr, M., Jung, T., Spillmann, H. and Diederich, F. (2007) *Angewandte Chemie-International Edition*, **46**, 1.

3 Takeuchi, M., Ikeda, M., Sugasaki, A. and Shinkai, S. (2001) *Accounts of Chemical Research*, **34**, 865.

4 Tashiro, K., Konishi, K. and Aida, T. (1997) *Angewandte Chemie-International Edition*, **36**, 856.

5 Tashiro, K., Fujiwara, T., Konishi, K. and Aida, T. (1998) *Chemical Communications*, 1121.

6 Shinkai, S., Ikeda, M., Sugasaki, A. and Takeuchi, M. (2001) *Accounts of Chemical Research*, **34**, 494.

7 (a) Kottas, G.S., Clarke, L.I., Horinek, D. and Michl, J. (2005) *Chemical Reviews*, **105**, 1281. (b) Magnera, T.F. and Michl, J. (2005) *Topics in Current Chemistry*, **262**, 63.

8 (a) Akkerman, O.S. and Coops, J. (1967) *Recueil des Travaux Chimiques des Pays-Bas (Journal of the Royal Netherlands Chemical Society)*, **86**, 755. (b) Akkerman, O.S. and Coops, J. (1970) *Recueil des Travaux Chimiques des Pays-Bas (Journal of the Royal Netherlands Chemical Society)*, **89**, 673.

9 (a) Bergman, J.J. and Chandler, W.D. (1972) *Canadian Journal of Chemistry*, **50**, 353. (b) Kwart, H. and Alekman, S. (1968) *Journal of the American Chemical Society*, **90**, 4482.

10 Kawada, Y. and Iwamura, H. (1981) *Tetrahedron Letters*, **22**, 1533.

11 Iwamura, H. and Mislow, K. (1988) *Accounts of Chemical Research*, **21**, 175.

12 Cozzi, F., Guenzi, A., Johnson, C.A., Mislow, K., Hounshell, W.D. and Blount, J.F. (1981) *Journal of the American Chemical Society*, **103**, 957.

13 Mislow, K. (1989) *Chemtracts: Organic Chemistry*, **2**, 151.

14 Lindner, A.B., Grynszpan, F. and Biali, S.E. (1993) *The Journal of Organic Chemistry*, **58**, 6662.

15 Yamamoto, G., Kaneko, M., Ohkuma, M. and Minoura, M. (2003) *Chemistry Letters*, **32**, 964.

16 (a) Gakh, A.A., Sachleben, R.A., Bryan, J. C. and Moyer, B.A. (1995) *Tetrahedron Letters*, **36**, 8163. (b) Gakh, A.A., Sachleben, R.A. and Bryan, J.C. (1997) *ChemTech*, **27** (11), 26.

17 (a) Koga, N., Kawada, Y. and Iwamura, H. (1983) *Journal of the American Chemical Society*, **105**, 5498. (b) Koga, N., Kawada, Y. and Iwamura, H. (1986) *Tetrahedron*, **42**, 1679.

18 Stevens, A.M. and Richards, C.J. (1997) *Tetrahedron Letters*, **38**, 7805.

19 Hiraoka, S., Shiro, M. and Shionoya, M. (2004) *Journal of the American Chemical Society*, **126**, 1214.

20 McGlinchey, M.J. (2001) *Canadian Journal of Chemistry*, **79**, 1295.

21 Romeo, R., Carnabuci, S., Fenech, L., Plutino, M.R. and Albinati, A. (2006) *Angewandte Chemie-International Edition*, **45**, 4494.

22 Chiaravalloti, F., Gross, L., Rieder, K-H., Stojkovic. S.M., Gourdon, A., Joachim. C. and Moresco, F. (2007) *Nature Materials*, **6**, 30.

23 Vögtle, F. and Mew, P.K.T. (1978) *Angewandte Chemie-International Edition*, **17**, 60.

24 Hahn, E.H., Bohm, H. and Ginsburg, D. (1973) *Tetrahedron Letters*, 507.

25 Bedard, T.C. and Moore, J.S. (1995) *Journal of the American Chemical Society*, **117**, 10662.

26 Ugi, I., Marquanding, D., Klusacek, H., Gillespie, P. and Ramirez, F. (1971) *Accounts of Chemical Research*, **4**, 288.

27 Carella, A., Jaud, J., Rapenne, G. and Launay, J-P. (2003) *Chemical Communications*, 2434.

28 Kelly, T.R., Bowyer, M.C., Bhaskar, K.V., Bebbington, D., Garcia, A., Lang, F., Kim, M.H. and Jette, M.P. (1994) *Journal of the American Chemical Society*, **116**, 3657.

29 Ghosh, P., Federwisch, G., Kogej, M., Schalley, C.A., Haase, D., Saak, W., Lützen, A. and Gschwind, R.M. (2005) *Organic Biomolecular Chemistry*, **3**, 2691.

30 (a) Kelly, T.R., Tellitu, I. and Sestelo, J.P. (1997) *Angewandte Chemie-International Edition*, **36**, 1866.(b) Kelly, T.R., Sestelo, J. P. and Tellitu, I. (1998) *The Journal of Organic Chemistry*, **63**, 3655.(c) Kelly, T.R. and Sestelo, J.P. (2001) *Structure and Bonding*, **99**, 19.(d) Kelly, T.R. (2001) *Accounts of Chemical Research*, **34**, 514.

31 Davis, A.P. (1998) *Angewandte Chemie-International Edition*, **37**, 909.

32 (a) Dominguez, Z., Dang, H., Strouse, M. J. and Garcia-Garibay, M.A. (2002) *Journal of the American Chemical Society*, **124**, 2398.(b) Godinez, C.E., Zepeda, G. and Garcia-Garibay, M.A. (2002) *Journal of the American Chemical Society*, **124**, 4701.

33 Karlen, S.D. and Garcia-Garibay, M.A. (2005) *Topics in Current Chemistry*, **262**, 179.

34 Khuong, T-A.V., Nunez, J.E., Godinez, C. A. and Garcia-Garibay, M.A. (2006) *Accounts of Chemical Research*, **39**, 413.

35 Garcia-Garibay, M.A. (2005) *Proceedings of the National Academy of Sciences of the United States of America*, **102**, 10771.

36 Jarowski, P.D., Houk, K.N. and Garcia-Garibay, M.A. (2007) *Journal of the American Chemical Society*, **129**, 3110.

37 Cram, D.J. and Cram, J.M. (1994) *Container Molecules and Their Guests*, Royal Society of Chemistry, Cambridge.

38 Warmuth, R., Kerdelhué, J.-L., Carrera, S.S., Langenwalter, K.J. and Brown, N. (2002) *Angewandte Chemie-International Edition*, **41**, 96.

39 Highlight: Schalley, C.A. (2002) *Angewandte Chemie-International Edition*, **41**, 1513.

40 For other systems involving cucurbiturils, see Chapters 14 and 15.

41 Day, A.I., Blanch, R.J., Arnold, A.P., Lorenzo, S., Lewis, G.R. and Dance, I. (2002) *Angewandte Chemie-International Edition*, **41**, 275.

42 Nierengarten, J.-F., Oswald, L. and Nicoud, J.-F. (1998) *Chemical Communications*, 1545.

43 Kubo, Y., Sugasaki, A., Ikeda, M., Sugiyasu, K., Sonoda, K., Ikeda, A., Takeuchi, M. and Shinkai, S. (2002) *Organic Letters*, **4**, 925.

44 (a) Tashiro, K., Hirabayashi, Y., Aida, T., Saigo, K., Sakamoto, S., Yamaguchi, K., Fujiwara, K. and Komatsu, K. (2002) *Journal of the American Chemical Society*, **124**, 12086.(b) Tashiro, K. and Aida, T. (2007) *Chemical Society Reviews*, **36**, 189.

45 Barboiu, M., Petit, E. and Vaughan, G. (2004) *Chemistry – A European Journal*, **10**, 2263.

第12章　与开关及换位相关的运动

12.1　概述

在生物体系中，各种分子功能如识别、传输、催化、信号转换等都是通过分子水平上的信息交换所引起的结构变化来控制的。有关结构改变是基于诸如变构、协同、反馈等[1-3]。信息传递或调解是通过改变化学物质的种类来实现的，或者是通过改变外界能量输入或多或少地改变构型而达到的。活的有机体内分子构型的改变往往非常复杂。例如，视觉作用就是由视紫红质受光刺激后的构型变化引起的，尽管对于这一转移膜蛋白的结构和功能的研究已经取得了很大的进展[4-8]，但是对于如何将吸收的光转化为生物信号仍有大量未解决的难题。

最近10年来，关于分子内及分子间的单分子运动的实验已有报道。一些不同于力学及动力学的技术也已经得到了利用，比较突出的有磁珠[9]、光镊子[10]和原子力显微镜（AFM）[11-14]。生物分子的动力学模拟也已得到广泛研究[15]。

本章中我们将阐述一些天然或人工体系中构型改变的例子，尤其涉及开、关及换位功能。

12.2　变构运动

12.2.1　变构酶

在生物体内，如果每种酶一直都处于激活状态，就会产生近乎疯狂的化学变化。构建核酸或氨基酸的酶可能与分解它们的酶同时处于激活态，这样就产生了一个合成与分解的无用循环。为了避免出现这种情况，必须控制好关键酶，使其在必要时才得以激活。

典型的例子是天冬氨酸氨甲酰转移酶（又名天冬胺酸转氨甲酶）[17, 18]，它是细菌中一种能够决定胸腺嘧啶和胞嘧啶何时产生的酶。由于其独特的外形变化而被称为变构（allosteric）酶（allosteric 一词源于希腊语，意为别的形状）。如图12.1所示，该酶由6个大的催化亚单元和6个小的调控亚单元组成。酶的活化位置位于两个催化亚单元相接触的地方，所以两者的相对位置非常重要。若两个亚单元接触过于紧密，则一种氨基酸在活性传递过程中就会受阻。若将中心的催化亚单元稍稍分开，暴露出活性位置，允许分子进入，进而使反应进行。该任务由调控亚单元执行——它们拉开中心催化亚单元，激活酶分子，或者使它们紧密结合在一起，从而停止反应。若反应物足够多，它们就与各活性点相结合，使得分子处于激活状态。然而调控亚单元能够与酶链终产物之一胞苷三磷酸（CTP）相结合。因此，当体系中有足够多的 CTP 时，它就会与调控亚单元相结合而停止酶的活性。总之，当反应物大大过量时，酶就被激活；而当产物足够多时，酶就会失活。这些过程的分子级机理非常复杂，所以必须强烈放大输入信号[19]。

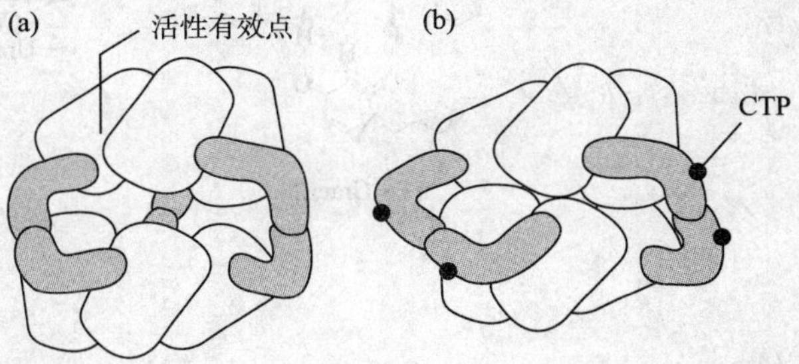

图 12.1　一种变构酶：天冬氨酸氨甲酰转移酶[17, 18]，白色和阴影部分分别表示催化亚单元和调控亚单元。(a) 活性点有效；(b) CTP 与调控亚单元相结合，活性点被关闭

12.2.2　人工变构体系

人工变构体系[20-23]设计的重要性不仅体现在控制人工接受器的催化活性和配合性质上，还体现在控制分子级的类机械运动上。

最早关于人造的化学诱导构型变化的例子是构建“双端”接受器分子 **1** 和 **2**（图12.2 (a)）[20, 24]。这类分子有一个活性点、一个远程点以及一个能够传输两点间键合信息的构型机制。在 **1** 和 **2** 中，2，2′-联吡啶和冠醚的结合点之间虽然是相互分离且绝缘的，但它们却不能独立地运动。金属与 2，2′-联吡啶单体的螯合会迫使芳环发生共平面，并使联吡啶中的 3-和 3′-位相互靠近。这种束缚力限制了冠醚的构型自由，并因此改变了它对于金属的螯合性。在 **2** 中，由于其含有更大的冠醚环，Pd^{2+} 与联吡啶的络合使得在类轮烷——索烃结构中大环和 $Hg(CF_3)_2$ 的络合能力大大增强（正的变构效应）。

已经报道了许多具有正的变构效应的人造体系的例子。在 2.4 节中（图 2.5）已讨论过了一种有趣的情形[25]。在一些树枝状主体中也能够发现较强的正的变构效应[26]。

也有负的变构效应的例子。其中一个有趣的例子[27]如图 12.2（b）所示。接受器 **3** 是一个基于三氨基三嗪的体系，具有“供体－受体－供体”的氢键表面结构，非常适合于接受脲嘧啶等亚酰胺类客体。当 **3** 与 Cu^+ 接触时，两个联吡啶单元就与 Cu^+ 相络合。这就迫使外环三嗪中的 C—N 键发生旋转，扭曲氢键表面。当金属离子被萃取后，体系就会恢复原来的结构。最近，该体系通过改进后广泛用来研究促使轮烷和索烃的运动的 Cu(I)/Cu(II) 的配位化学（第 14，15 章)。

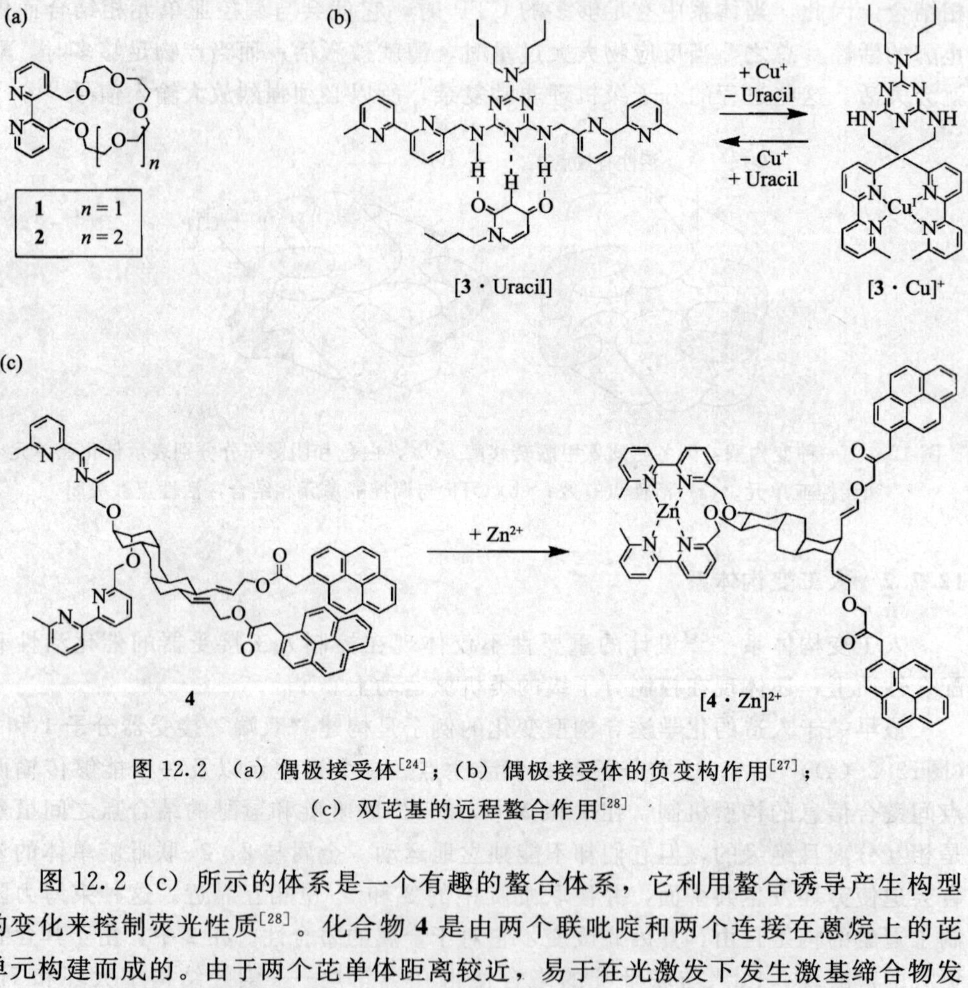

图 12.2 (a) 偶极接受体[24]；(b) 偶极接受体的负变构作用[27]；(c) 双芘基的远程螯合作用[28]

图 12.2 (c) 所示的体系是一个有趣的螯合体系，它利用螯合诱导产生构型的变化来控制荧光性质[28]。化合物 **4** 是由两个联吡啶和两个连接在蒽烷上的芘单元构建而成的。由于两个芘单体距离较近，易于在光激发下发生激基缔合物发射。当两个联吡啶接受器单体与 Zn^{2+} 螯合后，引起二吡啶取代基的直立－平伏变化。构型的转变可以将信号转至受动器，导致芘单元发生平伏－直立转变，从而改变体系的荧光性质（从激基缔合物发光到单体发光)。分子模型显示出信号可以在相距 2 nm 的接受器-受动器之间传递。

荚状醚化合物是一种相当有趣的体系，伴随着分子内的手性转移，该体系对于外界刺激有双重响应。其中，两个联吡啶型单元与 Cu(I) 的络合使得分子结构发生扭曲，生成含碱金属的环键，其具有螺旋或非螺旋结构[29]。Cu(I) 的络合也是双-杯[5]芳烃受体与 C_{70} 键合的必要条件之一[30]。

关于变构体系和构象转换过程还有一些其他的研究，相关的功能有许多，包括折叠[31]、远程控制立体基因中心[32]、传感[33]、分子信号应用[34]、树枝状的多肽作为人造酶[35]、接受器和药物传输介质、通过客体网络在高度对称的主体中对客体进行排序[36]。

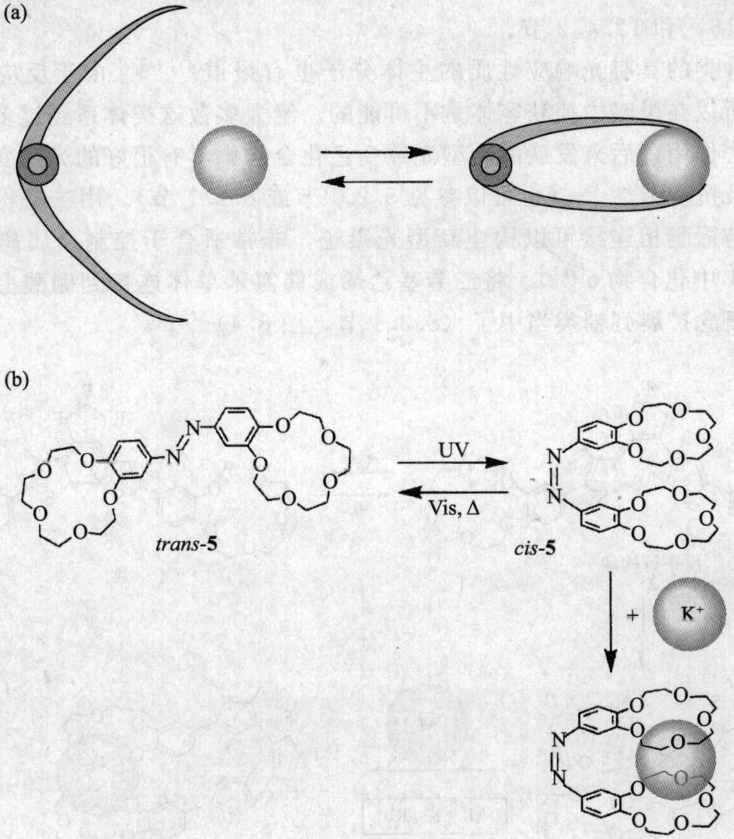

图 12.3 (a) 宏观体系的镊子；(b) 基于偶氮苯的分子级光镊子[37]

12.3 镊子和叉子

12.3.1 镊子

分子镊子很可能是最早报道的一种分子机器[37, 38]。一个经典的例子如图

12.4 所示[37]，反式结构的偶氮苯化合物 **5** 捕获较大阳离子的能力很弱。光引发的顺反异构[39]能产生一种两个冠醚的超分子构型来捕获阳离子，络合能力得到了很大的提高。反式结构捕获 Na^+ 的能力是顺式结构的 5.6 倍。而顺式捕获 K^+ 的能力是反式的 42.5 倍。这种器件提供了一种控制离子通过膜的速率的方法[40]。几年前有人曾预言[41]这种光诱导的运动可用于光控催化活性。后来，氨基腺苷和腺苷的偶联反应确是由功能化的偶氮苯衍生物进行催化的[42]。对于最近一些其他的基于偶氮苯的光控开关体系的例子可以参考 2.8.5 节（图 2.16）和 12.4.2 节。

其他种类的具有光响应性质的主体分子也有报道[43, 44]。由于反应是热力学可逆的，所以在黑暗中捕获客体是不可能的。绝大多数这类体系经过多次循环后会逐渐失去作用。后来发展的新型光致变色化合物，具有很好的光致变色反应热不可逆性及抗疲劳性[45]（也可以参见 5.2.1 节或 8.2.1 节）。用二噻吩乙烯光致变色单元与冠醚相连接可以构建新型光镊子，非常适合于控制金属离子的络合（见图 12.4 中化合物 **6**[46]）。将二芳基乙烯或偶氮苯单体连接到硼酸上，已经将光镊子的概念扩展到糖类当中了（8.3.1 节，图 8.4）[47]。

6

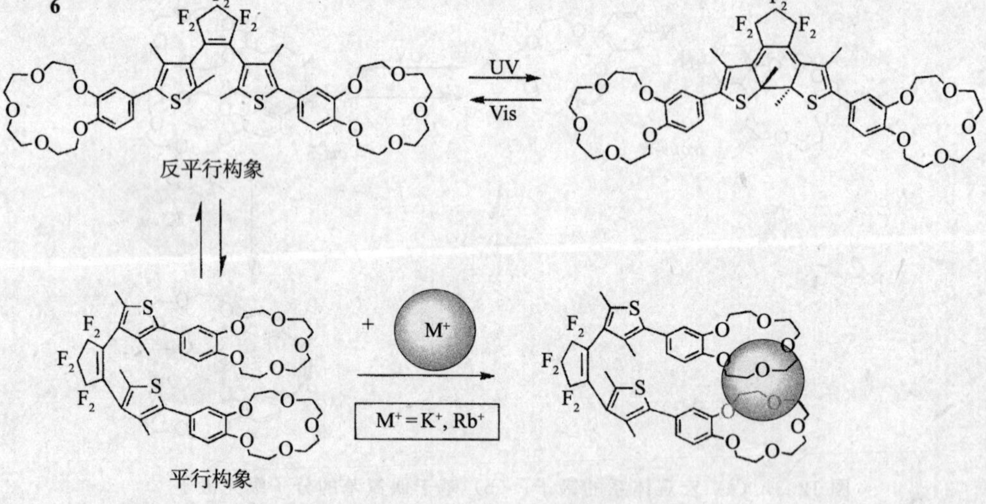

图 12.4　基于二噻吩乙烯的分子级镊子[46]

其他类型的分子水平的镊子也已经有报道。带有两个 8-亚甲基链的手性卟啉与两个邻位取代基相结合所构建的体系在加入 Ni^+ 后能够进行完全可逆的反应，并由 α4 构型转变为 αβαβ 型络合物[48]。基于供体-受体相互作用的离子控制的镊子也已有报道[49]。二-(锌卟啉）与蒽[50]或邻菲啰啉[51]分别作为顶点和侧边，也被构建成了镊子。

目前人们也报道了用于组成镊子或钳子体系的合成切块（图 12.5 中 **7～9**）的制备[52]。因为它们具有给电子性，在非极性的溶剂中，化合物之间发生主客体的电荷转移，与第 14 章将讨论的类轮烷相类似。例如，化合物 **7** 与四氰基苯（TCB）的氯仿溶液相混合后，化合物 **7**（$\lambda_{max}=344$ nm）和 TBC（$\lambda_{max}=332$ nm）的荧光相互猝灭，体系的电荷转移最大吸收带出现在 417 nm。1∶1 型络合物的络合常数为 7.3×10^5 L·mol^{-1}，用 417 nm 的光激发化合物，则发射峰位于 570 nm 处。可以用电化学方法跟踪络合物的生成过程，当 TBC 单元被还原后，络合物就会解离[53]。这种镊子被用作赖氨酸[54]和 4，4-联吡啶核树枝状化合物[55]的受体。

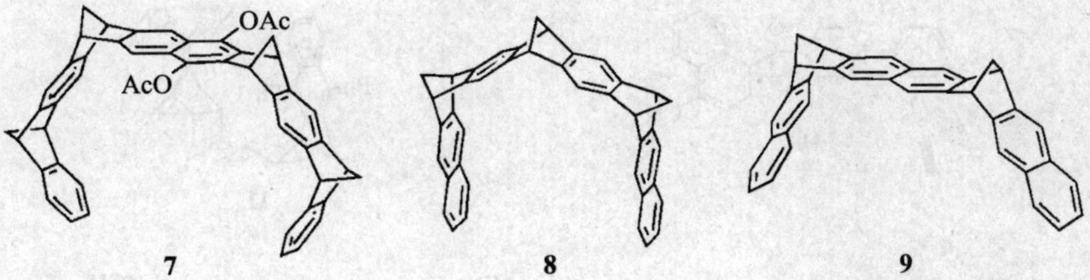

7 **8** **9**

图 12.5　镊子 **7**，**8** 以及夹子 **9**[52]

由四个蒽结构单元组成的能够作钳形运动的管状化合物已有报道[56]。这一体系通过适当的修饰可用来研究协同效应。

12.3.2　叉子及相关体系

通过光诱导的电子转移产生的静电吸引可以引起与镊子相类似的其他构型转变现象，如图 12.6 中化合物 **10** 所示[57]。电子给体和受体是中性的，光诱导产生的电子转移能在分子两端形成反向电荷。由于存在静电引力，分子构型发生了弯曲（与分子内正负电荷结合过程竞争），分子两端相互接近（叉子作用）。这一叉子运动的关键在于电荷分离状态的扩展或堆积都会有特征荧光。通过计算[58]或实验[59]可研究体系构型的转变，比如化合物 **11**（图12.6）。即使对于 *syn*，*syn* U-型的大分子体系 $\mathbf{12}^{2+}$（图 12.6），光诱导的电荷转移和电荷再结合过程也能产生静电驱动的构型转变[60]。起初不带电荷的卟啉分子与带两个正电荷的甲基紫罗碱单元相互接近，光诱导的电子转移过程使得每一个端基都带有一个正电荷，并打开分子。分子构型的这类改变能解释所观察到的电子转移速率常数[58-60]。此外，又有一类有趣的 U 型卟啉体系能与 C_{60} 或 C_{70} 形成钳夹[61]。

设计合适的超分子化合物，在光激发下能够产生与激基复合物或激基缔合物相关的类机械运动。一个有趣的例子是“光诱导冠醚”[62]，由线形寡聚氧乙烯与芘端基组成。在紫外光照射下，两个端基芘形成分子内激基复合物，稳定其折叠构型。这种结构的存在时间只有几分之一微秒，即取决于激基复合物的存在时间。又例如［$\mathbf{13}H_2$］$^{2+}$[63]，其是一个带有蒽单元的邻菲咯啉型偶氮冠醚（图12.7)。当［$\mathbf{13}H_2 \cdot Zn$］$^{4+}$处于基态时，蒽与邻菲咯啉间没有π键的堆积。然而在经激发后可生成激基缔合物，这表明体系可能发生了分子重排。对于端基为“甲基萘”结构的聚氨基链[64]，以及胺类作为核，芳香族分子作为枝的树枝状分子[65]中都能观察到形成激基复合物或激基缔合物的现象。在这些体系中，可以通过调节pH来控制激基复合物的生成与否。有综述报道了这些化合物及相关体系作为荧光化学传感器的应用[66, 67]。

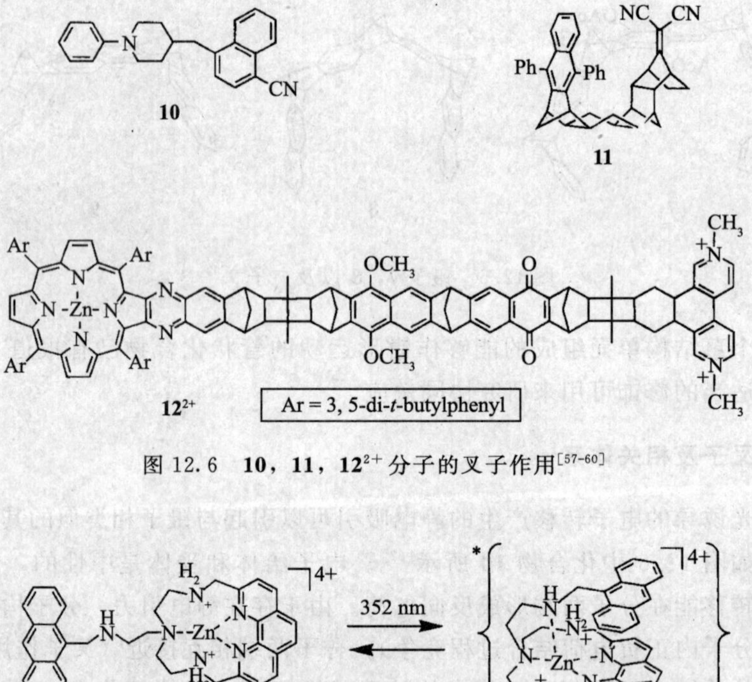

图 12.6　**10**，**11**，$\mathbf{12}^{2+}$分子的叉子作用[57-60]

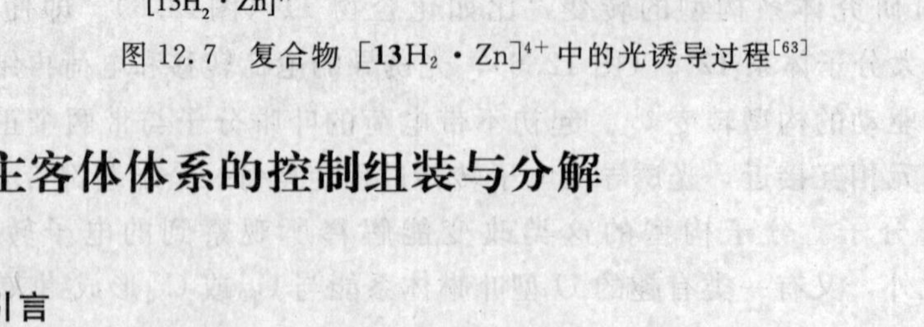

图 12.7　复合物［$\mathbf{13}H_2 \cdot Zn$］$^{4+}$中的光诱导过程[63]

12.4　主客体体系的控制组装与分解

12.4.1　引言

分子自组装，大自然形式和功能的重要概念[68]，是构建人造分子水平的器件和机器的一条重要途径[69-76]。对从事这一领域的化学家的挑战是体系的设计[73, 77]，也就是组成成分的设计与合成，其中不仅包括所设计的分子结构的建构，还包括所要求的功能的实现。在基于自组装的体系中，功能与体系的可逆过程有关。所以，体系最好设计成不仅能够在热动力控制下进行自组装（过程 1，图 12.8)，还能在适当能量输入条件下进行分解（过程 2，图 12.8)。当然分解过程中也发生组装片段的交换。若要使组装一诱导一分解过程能够随时发生（循环过程)，那么在分解之后需要重新设定体系（过程 3，图 12.8)[73]。

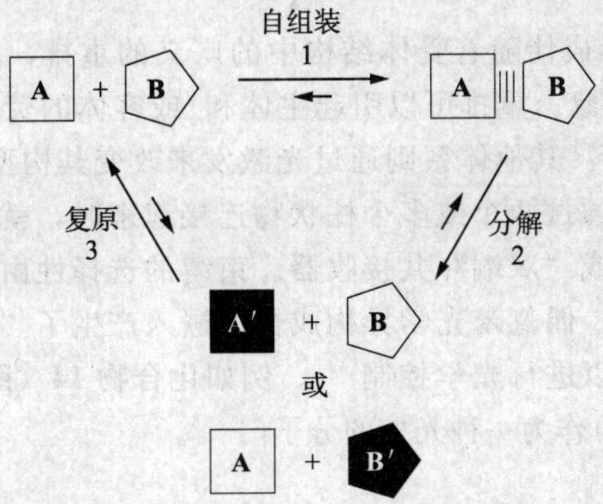

图 12.8　用于设计分子水平器件的自组装/诱导逆自组装一重置过程示意图

在实际应用中，体系的状态必须进行准确的设计。这就意味着自组装平衡（图 12.8，过程 1）必须向右进行，体系驱动力也必须相对较强。设计原则如下：

- 要选择能生成紧密超分子的组分，一般选主客体形式的系统；
- 辅助物的存在，即存在可以进行强烈相互作用的单元（如电子给体-受体，酸-碱等)；
- 分子间有多个结合点；
- 所选择的溶剂与体系间作用必须比较弱。

热动力学稳定的超分子结构的分解过程需要破坏分子间作用。可通过化学反应来改变其中的一种组分来实现（图 12.8，过程 2)。例如，当体系为给体一受体时，通过氧化电子给体或还原电子受体就可以破坏分子。若分子间的相互作用为氢键，包含一个铵中心 [N^+ —H…O]，就可以通过加入碱来破坏它。此外，分解过程要避免破坏体系的精确度。分解反应可以通过化学、光化学以及电化学刺激来完成[69, 78]。

重置就意味着体系的重新组装，其必须通过分解的反向反应才能完成，如图 12.8，过程 3 所示。如果分解是通过电子受体单元的还原来实现的，那么就必须通过此单元的氧化反应来重新设定。

本章中将描述具备自组装/诱导分解/诱导重新组装这类行为的一些系统，其可以被视为简单的分子机器。类似作为分子开关或分子记忆体的系统已在第 5 章和第 8 章中提及过。具有类轮烷结构的主客体系统将在第 14 章进行讨论。超分子化学动力学的最重要的概念已经有报道和综述[79]。

虽然这里所提到的例子多数是在溶液态中进行研究的，但是需要指出的是，单分子级别的束缚能或者折叠能可以通过原子力显微镜来进行研究[11-14]。

12.4.2 光诱导的过程

主-客体系统的形成伴随着受体结构中的广义的重排，是一种常见于自然和人造[69, 80]体系中的现象。重排可以引起主体和/或客体的荧光变化，因此可用来做荧光传感器[33, 81, 82]。其他体系则通过光激发来改变其构型[43, 44]。

当两个大环配体通过两个或多个柱状物连接起来时，就可以形成圆柱状结构并可作为线形识别器或“双端”共接收器。束缚的选择性由大环分子的大小以及柱状物的长度所控制。偶氮苯光学异构成分的嵌入产生了“光弹性”的圆柱体结构，其束缚选择性可以进行光学控制[40]。例如化合物 **14**（图 12.9（a）），在光激发下发生广义重排，可作为一种光控的分子门[83]。

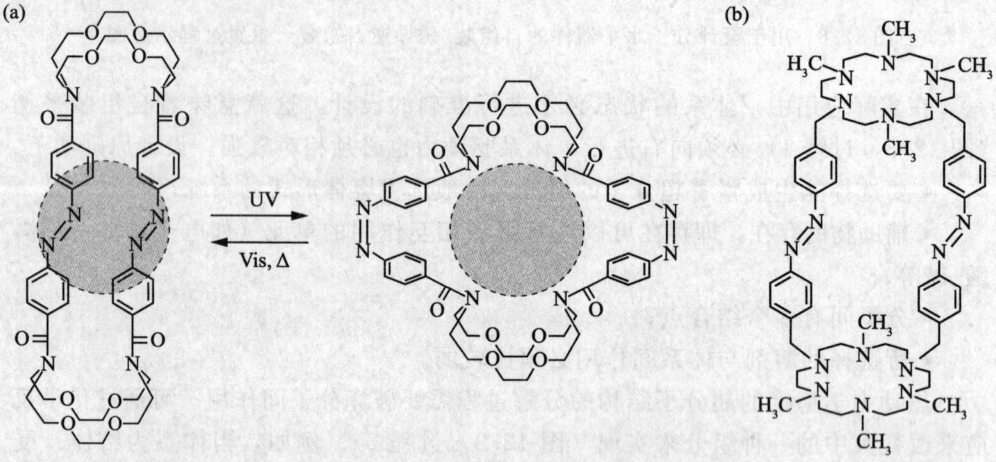

图 12.9 （a）基于偶氮苯光致异构化合物 **14** 的分子尺度的光控门[83]
（b）大环化合物 *trans*，*trans* - **15**[79] 的分子结构

已经报道了另一种柱状大分子[84, 85]，由两个偶氮苯柱状结构与两个大唑环连接而成。在黑暗且 pH 小于 5.5 的条件下，化合物 **15** 以反式存在，（图 12.9（b））[85]，随着 pH 升高而逐渐变为顺式。反-顺光异构化和顺-反热异构化取决

于 pH 的改变。有趣的是，完全质子化了的反式，反式 $[\mathbf{15}H_{12}]^{12+}$ 构型能与 $[Co(CN)_6]^{12+}$ 产生更稳定的包合络合物。

光诱导偶氮苯异构化最近被用于构建光驱动的分子铰链[86]和光供能的分子踏板（图12.10）[87]。体系 **16** 包含一个二茂铁单元，上面连接一个偶氮苯链，每端都分别连着一个环戊二烯（CP）二茂铁单元环。在两个 CP 环的转角处有两个锌基卟啉结构单元，他们可以调节分子 **17** 变为反式-**16·17**。光致异构化带（顺式-**16·17**）使相对的二茂铁环旋转，从而改变附在二茂铁环上的两个卟啉踏板的位置。由两个卟啉单元合成的二齿分子转动体化合物 **17** 也可以发生类似反应。可用该反应调动连接在锌卟啉上的二齿分子转动体 **17**。

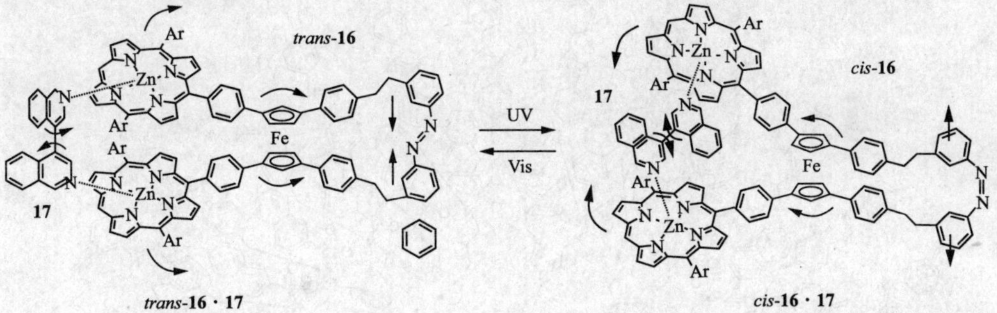

图 12.10　光动力分子踏板[87]。化合物 **16** 的光致异构化使二茂铁环发生相对的旋转，从而改变附在二茂铁环上的两个卟啉踏板的位置。由两个卟啉单元合成的二齿分子转动体化合物 **17** 可发生类似反应

光化学异构化的偶氮苯衍生物已经被应用于其他许多过程，包括光控制表面活性剂聚集体[94, 95]。在第 14 章将讨论基于偶氮苯[96]的光控制聚合或分解类轮烷。

环糊精（CD）及其衍生物是非常有效的水溶性主体分子[88]。对于冠醚，其束缚能力可以通过超分子的光诱导结构变化来控制[89-91]。经典的例子如图 12.11 所示[92]。在水溶液中，当偶氮苯基团为反式时，β-环糊精并不与 4，4′-联吡啶相

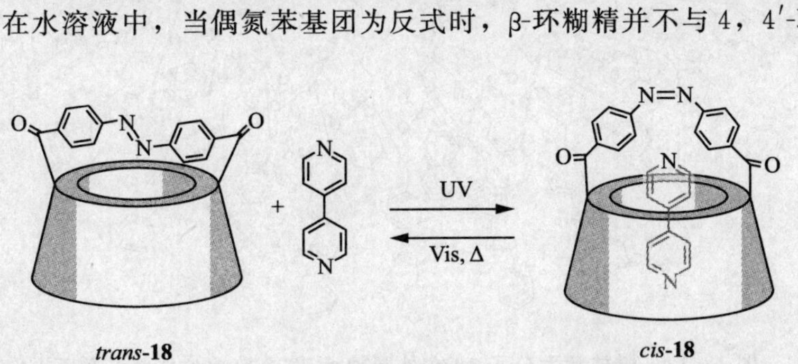

图 12.11　光诱导的环糊精主客体系统[92]

结合。而当偶氮苯结构由反式变为顺式时，其可以捕获联吡啶。返回反式时客体就会从环糊精腔体中分离出来。光控制也能实现这种现象[93]。

日益发展的树枝状大分子是一种非常有趣的潜在主体[97]。目前已经制备出了一系列用反式偶氮苯单体来进行功能化的树枝状大分子[98-101]，且一个有趣的例子是第四代，图12.12[102]阐述了一个全反式的树枝状大分子**19**(32t)。在365 nm光（$\Phi=0.12$）的照射下，溶解在二氯甲烷中的树枝状大分子转变成另一物种，一般会得到4个反式和28个顺式的偶氮苯单元**19**(4t28c)，该物种在313 K时经历热的逆反应（**19**(4t28c) →**19**（32t），$k=7.0\times10^{-5}\,s^{-1}$）。化合物**19**(32t)和**19**(4t28c)可在pH=7的水溶液中各自萃取八个和六个曙红（E）分

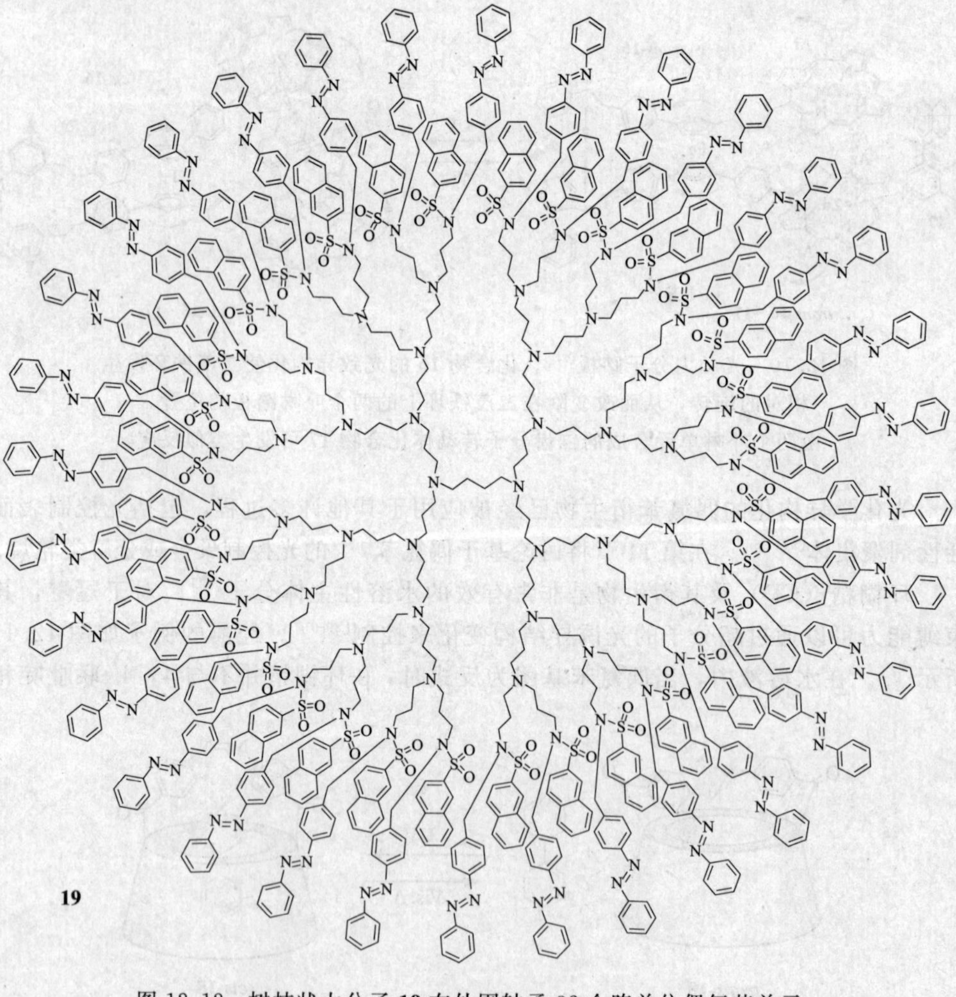

19

图12.12 树枝状大分子**19**在外围轴承32个跨单位偶氮苯单元，光致异构化会排挤出包含其内的一些曙红分子

子，生成包合物**19**(32t)⊃**8E** 和 **19**(4t28c)⊃**6E**。与 **19**（4t28c）相比，**19**(32t) 包结曙红分子更为迅速。365 nm 的光照射下，**19**(32t)⊃**8E** 在 298K 释放两个曙红分子，形成了光稳定的 **19**（15t17c）(**6E** 物种（Φ＝0.15）。从 **19**(32t)⊃**6E** 热释放 **E** 的速度远远超过 19（4t28c)⊃**6E**。综合以上所述，结果表明：在一定程度上，偶氮苯单元外围的异构化控制树枝状大分子腔到 **E** 的渗透率，反之亦然，曙红分子入驻树枝状大分子腔后影响外围偶氮苯单元热异构化过程的速度。更广泛的研究树枝状大分子偶氮苯单元在外围的异构化可能会涉及光控膜和药物释放体系。

偶氮苯的光致顺反异构化可以可逆地调节 DNA 三重链分子的形成和分解[103]。当偶氮苯为反式时，形成稳定的三重结构，但当异构化为顺式时，被修饰过的核苷酸就会从双螺旋态脱离开。

其他的光敏感单元已经被应用于光控制包结复合物的形成。空腔的光化学控制可通过在杯[4]芳烃[104]金属键附近引入两个蒽基来实现。这种化合物具有较弱的金属-离子亲和力和选择性。光激发后，蒽单元发生光异构，生成更具亲和力的离子化腔体，其对钠离子具有极好的选择性。蒽单元光异构反应已经被应用于光控氢键结合受体与中性有机分子[105]的亲和力方面，以及在单分子水平[106]的间苯二酚杯[4]芳烃的亲和力方面。

在 2.8 节已阐述了光化学控制金属离子[107-114]、阴离子[115]和中性分子[116, 117]结合和释放的实例。第 14 章讨论了光诱导类轮烷的包结和解离。

12.4.3 氧化还原诱导的过程

二硫醚连接的半胱氨酸残余物保持着酶的三维结构及反应活性[1]。例如，天然的核糖核酸酶能够可逆地被还原为硫醇化合物并失去反应活性。

涉及构型转变的氧化还原控制机理也能应用于人工系统[118]。例如化合物 **20**（图 12.13（a)）就是一个有趣的例子。它的两个硫醇基团在键合空腔内[119]。若 **20** 溶解在 1，2-二氯乙烷中，它能从水中萃取出很多软金属离子，尤其对 Ag(I) 具有很强的选择性。二硫化合物 **21** 是由 **23** 经 H_2O_2 氧化后得到的，其并没有任何的萃取能力，因为它的空腔被二硫醚键阻塞。可以用 $NaBH_4$ 来还原氧化产物。上述腔体开关的概念与离子通道的控制相关（12.7 节）。

与环糊精相类似，杯芳烃是一种电化学惰性的接受器，能合成包含各种氧化活性客体的络合物。研究发现[120]，水溶性的杯芳烃 **22**$^{8-}$ 能与二茂铁和二茂钴衍生物形成（图 12.13（b)）稳定的复合物[121]。和环糊精相比，当客体带正电荷，杯芳烃如 **22**$^{8-}$ 的束缚力更强一些。该结果已被应用于设计三组分的超分子体系，其中，带电客体能够通过其不同的氧化态在两个大环主体间实现可逆选择。二茂钴阳离子与 **22**$^{8-}$ 组成 2∶1 络合物，甚至在过量的 β-环糊精下也是如此。然而，二茂钴客体的还原成了与β-环糊精的包合物（图 12.13b），其也可以氧化回到初始的络合物形态。

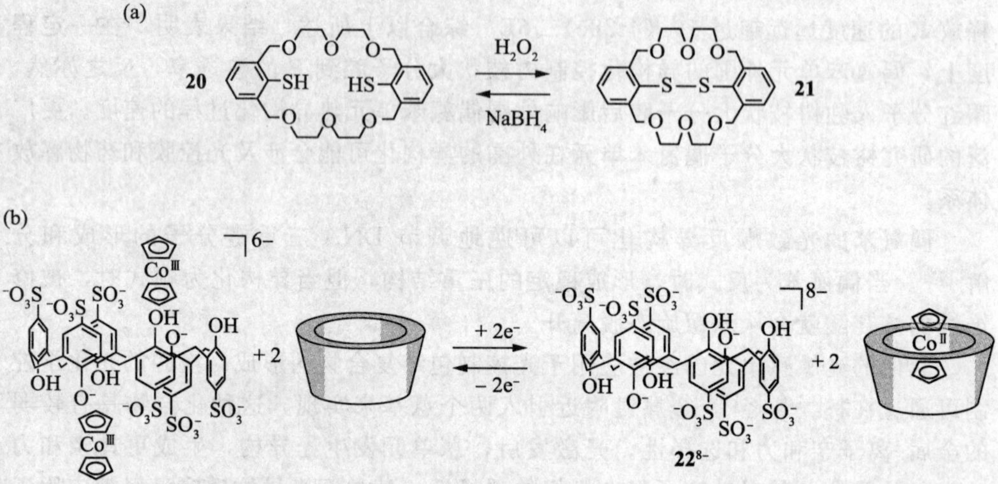

图 12.13　上述各氧化还原诱导过程示意图[119, 121]

其他有趣的氧化还原控制过程如下：

• 从类轮烷开始的一个分子环的形成过程，该分子环由一个葫芦[6]脲大分子和环己烷桥联的双吡啶阳离子组成[123]；

• 自组装含联吡啶阳离子的树枝状化合物通过葫芦[8]脲调解的过程；

• 从杯芳烃开始的分子胶囊的形成和分裂过程[124]；

• 在二茂铁附加环番铜化合物中的分子运动[125]。

氧化还原控制的三极开关系统已有报道[127, 128]。人们也研究了由四硫代富瓦烯（TTF）组成的三组分超分子体系，其通过三种稳定的形式（TTF，TTF^+，TTF^{2+}）以及两种主体方式存在，主体包括π电子受体 $\mathbf{23}^{4+}$ 和电子给体冠醚 **24**，如图 12.14 所示[127]。作为在乙腈溶液中的电子给体，TTF 可与 $\mathbf{23}^{4+}$ 形成 1∶1 型络合物，并可以通过氧化还原过程发生可逆的循环。当对溶液所加电势超过 +0.4 V（相对于 SCE）时，TTF 被氧化成为单阳离子形式，络合物发生分解，产生三种不同的化合物。当电势超过 +0.7 V，进一步发生单电子氧化生成 TTF^{2+}，将导致双电荷阳离子进入 **24** 空腔内。这是由于 TTF 的两种氧化构型都是稳定的，其最初的状态可以通过接下来的还原反应过程得到。因此该体系可以在三种状态下可逆地相互转换（图 12.14）。三种状态具有不同的颜色，且能发生电化学转换，可应用于电致发光材料（8.2.2 节）；而且，该体系还能用来构建可控能量传递或电子转移的分子器件（第 5 章）[127]。研究表明这种分子机器可以进行各种不同的实际应用，远远超过他们的分子级特征运动。

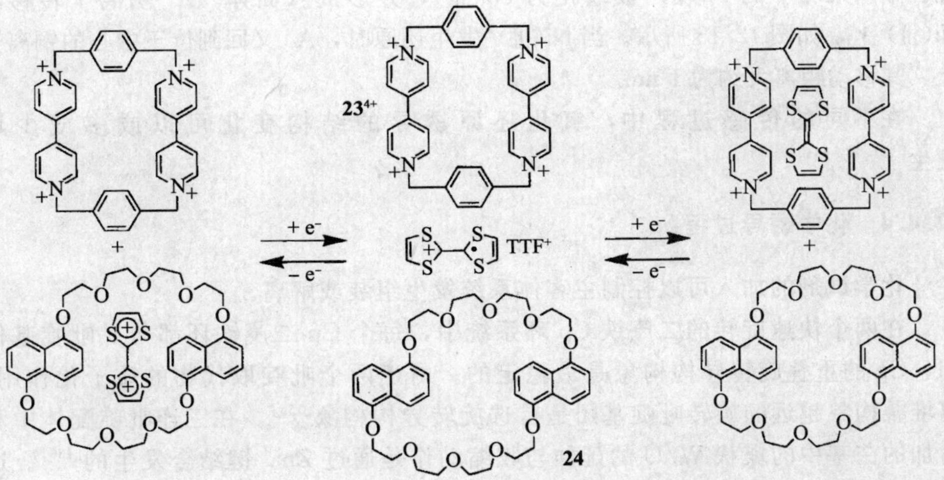

图 12.14　超分子开关[127]

由“扩大”的四价阳离子环番 $\mathbf{23}^{4+}$ 组成的超分子体系已有报道，该系统中间包含二茂铁结构，旨在开发一种双层模型可控开关系统[129]。光谱或电化学试验发现这种络合物并不具有类轮烷的结构，并且可以通过客体二茂铁单体的氧化还原或者对主体二吡啶单体进行还原氧化来达到分解的目的。

涉及金属络合物的氧化还原驱动过程也有报道[130]（见 12.6 节）。尤其有趣的是在氧化还原过程中，分子内的阴离子可以在化合物 $\mathbf{25}^{6+}$（图 12.15）中的金属离子间相互跳跃[131]。这种化合物由两个大环单体组成，每个单体上接一个 2，2′-二吡啶单元（bpy）；大环能够与 Ni(Ⅱ) 配合，它的两个二吡啶链向外展开，可以与 Cu(Ⅱ) 离子以 2∶1 的形式相配合。因此，$\mathbf{25}^{6+}$ 是一种三核金属络合物，其中 Cu(Ⅱ) 更趋向于五配位。在水溶液中，铜离子中心对三核阴离子如 N_3^-，NCO^- 和 NCS^- 具有很强的亲和力，可能是由于存在较高的正电荷。在临近的 Ni(Ⅱ)离子中心，存在低旋转 d^8 电子构型，所以并不与 Cu(Ⅱ) 发生竞争反应。因

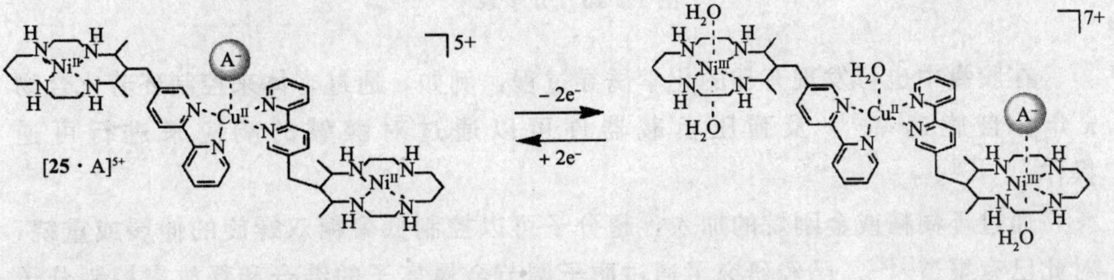

图 12.15　络合物 $\mathbf{25}^{6+}$ 中的阴离子还原过程[131]

此，在 **25**$^{6+}$和 A^-配比为 1∶1 的溶液中，阴离子吸附在铜离子上。在电化学氧化过程中，大环中的 Ni(Ⅱ) 被氧化为 Ni(Ⅲ)，并形成八面体。A^-阴离子转移到 Ni(Ⅲ) 上，如图 12.15 所示。当 Ni(Ⅲ) 发生还原时，A^-又回到位于中心的铜离子上，其移动距离大约为 1 nm。

在不同的传感过程中，氧化还原诱导的结构变化可以或多或少地发生[130, 132-134]。

12.4.4 化学诱导过程

化学试剂的加入可以控制主客体系统发生组装或解离。

在两个快速旋转的二茂铁 Cp 环系统中，每个 Cp 二茂铁环都与 3-吡啶基作用，Cp 的重叠旋转异构构象是最稳定的。由于两个吡啶取代物的质子化作用，离堆叠构象越远的旋转吡啶基团是首选旋转异构构象[135]。在三连吡啶配体中和附加的芘基中的蝶状 W/U 的延伸与收缩动作是通过 Zn^{2+}键结合发生的[136]。通过C，*N*，*N*-二吡唑配体调节环金属双核络合物中的 Pt(Ⅱ)，模仿支点铰链的机械运动[137]。

图 12.16 表明分子机器利用分子识别能量产生动力[138]。在分子泵中，β-环糊精及其芳基取代物分别起汽缸和活塞的作用。在 1-金刚烷的水溶液里，系统优先在环糊精腔中发生作用。添加已烷萃取 1-金刚烷并使芳基取代物进入腔体。与汽缸里的活塞压缩冲程过程相比较，这一过程意味着氨基化合物基团的变形。活塞压缩冲程包括添加 1-金刚烷得到相反结果。在这一系统的改良版中，苯基取代物和氨基化合物基团之间的光异构化烯烃的一部分相当于光化学开关的开和关[138]。

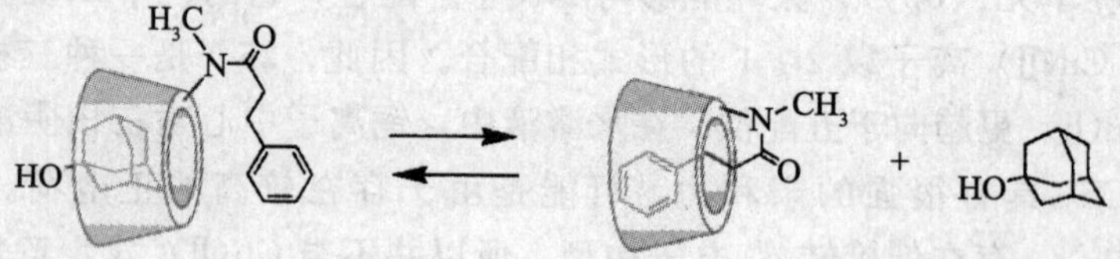

图 12.16 分子泵[138]

在胶囊中也可发现有趣的化学诱导过程，例如，通过客体来控制环芳化合物π介子自旋速率[139]及弹压负载器件可以通过对酸碱的响应来进行可逆操作[140, 141]。

通过环糊精或金刚烷的加入，超分子可以控制低聚糖双螺旋的伸展或重绕，对此已有报道[142]。已经研究了通过质子调节金属离子的结合和释放来控制分子线的折叠与伸展，以形成螺旋通道状的复合物[143]。关于三核杂金属螺旋体的构象改变也已有报道[144]。

最后，在1，3，5-三取代苯状核上的树枝状化合物在其分支上有21个紫精单元，每个紫精单元与曙红进行作用[145]。添加的Cl^-阴离子破坏了主客体的相互作用，并使曙红从树枝状化合物的内部解离。添加银离子后使Cl^-阴离子沉淀，曙红分子重新进入树枝状化合物内部。

12.5 分子锁

许多能够产生几何外形（如正方形，三角形，盒式等）的自组装系统已有报道[75, 76, 146]。尤其有趣的是图12.17所示的系统，其作用相当于一个光控开关分子锁[147]。它是通过惰性的铂(Ⅱ)-吡啶键在紫外辐射下变得极不稳定来实现的。因此，紫外辐射下水溶液中的大环**26**可发生定量的成环反应。在1：1的MeCN/MeOH溶液中长时间照射可以解锁。光诱导的成环反应也可以得到包含Ru(Ⅱ)大环的复合物[147]。以前有报道过含铂-吡啶大环的分子锁烃，这一过程在一般条件下并不可逆，但在强极性介质中，在较高的温度下可以被破坏[148]。另外，采用相同的原理已运用于构建热力学控制的可逆自组装分子笼[149]。基于电荷转移的紫精与葫芦[8]脲包结物的分子锁也有报道[150]。

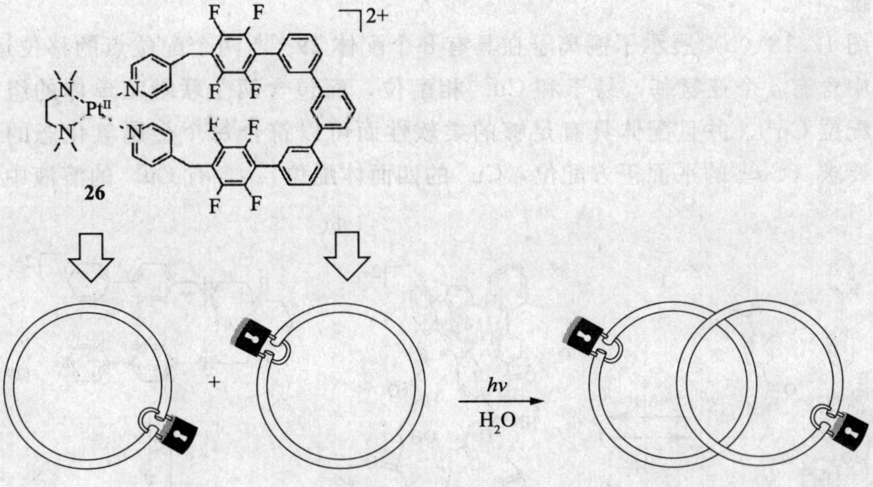

图12.17 光控开关分子锁示意图[147]。光照下大环**26**发生定量的成环反应

12.6 金属离子的移位

金属离子在超分子体系中两个不同节点间的可逆移位可以在氧化还原或者酸

碱驱动下进行。有关这一领域的研究已有报道[151]。

12.6.1 氧化还原驱动的过程

在氧化还原过程中，可移动的金属离子中心应该有两种连续的稳定氧化态，M^{n+} 和 $M^{(n+1)+}$，这也是过渡金属的一个普遍性质。在这一基础上可以设计出一种具有两个配位基的配体，其中组分 A 对于氧化态 $M^{(n+1)+}$ 具有选择性亲和作用，另一组分 B 对于还原态 M^{n+} 具有较好的亲和作用。氧化还原循环可以通过化学或电化学的方式来完成。过程进行的速度取决于分子重排的程度，类似的问题还出现于氧化还原驱动的金属型轮烷和索烃的机械运动中（见第 14 章和第 15 章）。

图 12.18（a）展示了一种经典的氧化还原驱动的金属离子移位运动[152]。三链的螺旋配体内部连接“刚性”结构，外部有“软性”联吡啶键合点。Fe(Ⅲ)更倾向处于刚性配合环境中（见［**27**·Fe]），而 Fe(Ⅱ）更易于和外部柔软的联吡啶配体相络合（见［**28**·Fe]$^{2+}$）。通过从三价铁到二价铁的化学还原，金属离子就可以从内部转移到外部，结果引起体系颜色的变化，加入过硫酸盐可使反应逆向进行。由于体系发生较大的立体重排，所以金属转移过程进行得比较缓慢。以前也报道过类似的体系[153]，例如由三个水杨酰胺和三个二吡啶单元组成的系统[153b]。

图 12.18（b）展示了铜离子在具有 8 个配体 **29**[151b] 两个配位点的移位运动。组分中含有 4 个亚氨基，易于和 Cu^{2+} 相配位，而包含两个联吡啶单体的组分更易于配位 Cu^{+}。并且配体具有足够的柔软性而可以符合每个金属氧化态的立体配位要求（Cu^{2+} 的平面正方配位，Cu^{+} 的四面体配位）。含有 Cu^{2+} 的溶液中加入

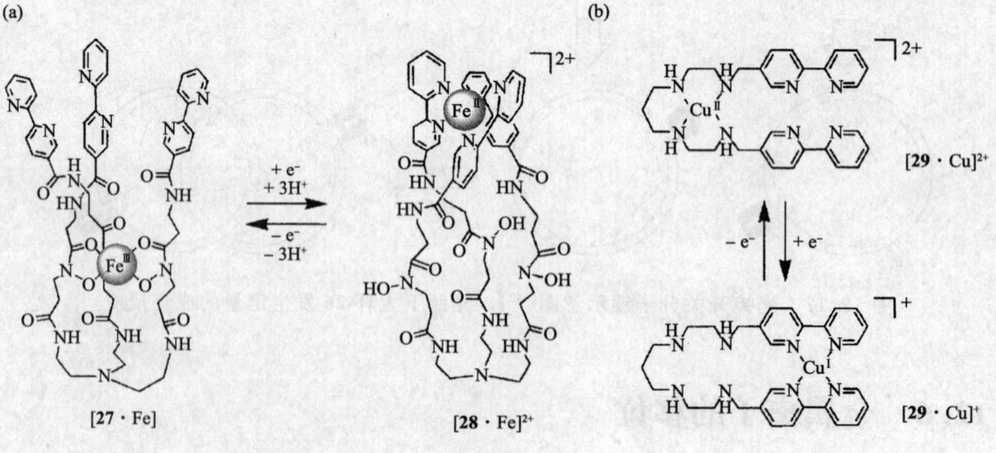

图 12.18 氧化还原驱动的金属铁离子[152]（a）和铜离子[151b]（b）的移位

抗坏血酸或在含有 Cu^+ 的溶液中加入 H_2O_2 都可以使体系移位快速而可逆地进行。

近年来，阴离子受体与阴离子移位得到了极大的关注[154]（参见 12.4.3 节，图 12.15）。在金属中心和氢键供体之间的分子内氧化还原驱动阴离子的移位已有报道[155]。

12.6.2 酸-碱驱动的过程

能使金属离子发生可逆移位反应的另一种方法是修饰两端接受器两个节点中的任何一个。在这种情况下，金属离子可以改变其配合位置而保持其氧化态[151]。例如，当接收器中的组分 A 可以两种形式存在：质子化的 AH_n 和去质子形式 A^{n-}，则酸-碱驱动只影响组分 A 而不影响其他组分 B。如果节点处络合能力如下：$A^{n-}>B>AH_n$，那么金属离子最初与 A 相结合，加入酸后，A 的状态由 A^{n-} 转变为 AH_n，从而发生金属离子从 A 到 B 的移位。加入碱后该移位过程可逆。

图 12.19 展示了一个以 pH 驱动的离子移位的例子[156]。具有两个配体基的化合物 **30** 和 **31** 都含有组分 A 和 B，A 由两个氨基和两个酰胺基组成，B 由两个氨基和两个喹啉基组成。由于氨基是弱的配体，在 pH>7.5 的溶液中，金属离子例如 Ni^{2+} 与 B 以及两个水分子结合形成八面体形状。在 pH>9 时，氨基发生去质子化作用，并伴随着金属离子移位的发生。这一过程完全是可逆的，同时因为金属离子的旋转态发生了变化，体系的颜色也会发生变化（与 B 络合时处于高自旋状态，而与 A^{n-} 所提供的强配体络合时处于低自旋状态）。对于化合物 **30** 来说，从 B 到 A 的转变速率（4 s^{-1}）高于从 A 到 B 的速率（0.45 s^{-1}），

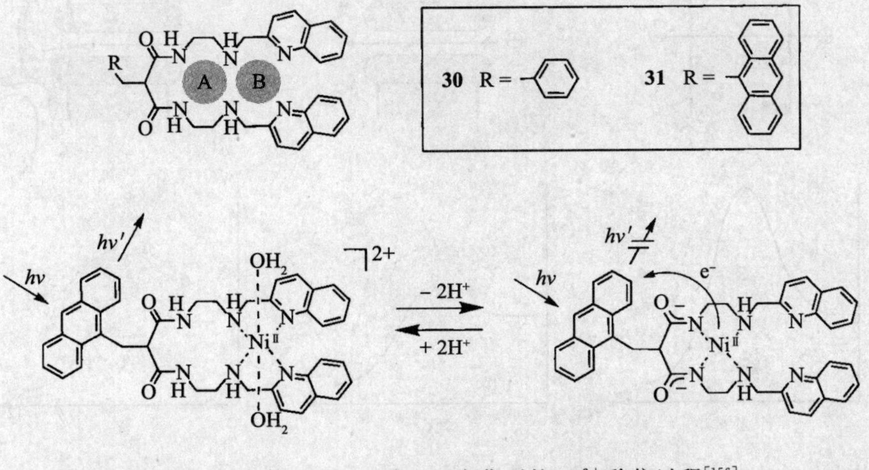

图 12.19 配体 **30** 和 **31** 在 pH 变化下的 Ni^{2+} 移位过程[156]

这正如所预计的那样，因为在移位过程中，与高速旋转的弱配体 B 形成的络合物分解速率要高于惰性且低速旋转的强配体 A^{n-} 形成的络合物。此外，在两端配体上连接上诸如蒽（**31**）的单元就可以让人们从荧光强度的剧烈变化来跟踪移位过程。蒽基团的另一种作用是通过增加移位过程中的折叠难度来降低反应速率的。最近，已经报道可以通过强烈的分子重排进行单双 pH 驱动 Cu^{2+} 移位的体系[151e, 157]。

金属离子移位的一个有趣例子是直接设计所谓的分子注射器的原型（参见 2.4 节图 2.6）。

至今还报道了很多能够在 pH 驱动下进行金属离子内-外移位的体系[158]。

12.7 离子通道

12.7.1 自然界中的离子通道

用来区分、保护和界定细胞的膜物质是生命体的必需成分，虽然膜用来阻止细胞内物质的流失，同时也保护细胞系统不受外界侵害，但膜也必须允许阳离子、阴离子和极性溶质的通过。

通过膜所进行的离子传输是超分子功能，因为它需要避免与溶剂作用而形成特殊稳定的分子间相互作用。离子输送操作过程必须非常专一，同时要快，而这两者难以兼得。

自然界中的离子输送通过离子通道和离子泵进行。离子通道是被动的运输

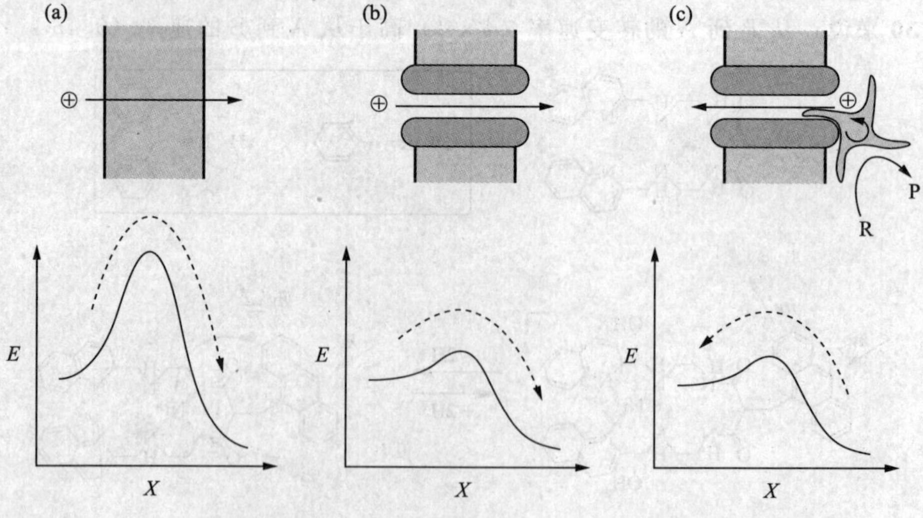

图 12.20 离子通过膜的输送方式：直接扩散 (a)；离子通道 (b)；离子泵 (c)[159]

车。离子流通过的运输车由离子本身的浓度梯度驱动或由施加的电化学梯度驱动。离子泵是主动的运输车，离子流利用外部能源增加离子的浓度梯度。例如，三磷酸腺苷的水解。离子通道和离子泵的区别在于运输机和离子相对运动过程中的载体不同。离子通过膜通道或离子泵像汽车在隧道行驶，离子及其载体一起通过膜通道则像汽车渡船。

天然离子通道是大型蛋白质复合物（直径 5～7 nm，长 10～15 nm），它由横跨膜的一个中央通道和膜的一边或两边的附加区域组成，这些附加区域控制离子通道的入口。离子通道的导电部分是捆绑的四到七个蛋白螺旋。在离子通道的入口，蛋白螺旋束呈开启状态以便水合离子进入。在螺旋单元间的狭小空隙里的离子具有选择性，运输车极性基团的相互作用取代水的相互作用。例如，羰基上的氧作为钾离子的供体，羟基通过氢键作为氯离子的供体。通过控制结合点的布局及适当放置电荷可改变尺寸大小。

离子通过细胞膜的运动可改变膜电压，最终控制细胞体内的精确响应。离子通道和离子泵调节大部分我们没有意识到的基本的生理现象，如：心跳控制，感光知觉（听觉、感光、嗅觉、触觉）以及所有大脑电信号的搜集和处理[160]。举最近一个例子，离子通道和撰稿者心理过程之间的关系与晶体管和保留撰稿者思想的文字处理软件之间的关系相同[161]。

典型的蛋白质通道可以引导离子以 10^7～10^8 个/秒的速度通过磷脂双层膜。高分辨率结构的部分蛋白质通道只在过去的十年出现过。K^+ 离子通道已有深入的研究[162-166]，甚至在某些情况下存在争议。实际上，所有的钾离子通道由 4 个相同的亚基组成，每个亚基又由 6 个连接的螺旋段组成。亚基中的两个螺旋段组合形成中心孔隙以便离子流通过，而其他部分形成三叶草模式的四个电压传感器，检测细胞膜两端的电压，并像一个杠杆控制孔隙的闭合。已发现 Na^+ 离子通道结构和 K^+ 离子通道结构惊人的相似。最近已有关于钠、钾、钙、氯离子的选择性运输机理的讨论[169]。

氯离子通过各种渠道透过细胞膜，包括电压门控、钙激活、容积调节、配体门控等方式[170]。

12.7.2 天然质子泵

已有文章报道一个类似于质子泵的噬菌调理素体系[171, 172]。这是一个嗜盐性环境的微有机体盐杆菌盐碱细胞膜中的蛋白质，可以克服高达 250 mV 的电势而进行氢离子传递，使细胞膜两边的质子浓度都达到 10^4 数量级。噬菌调理素由七种膜距螺旋结构（图 12.21 中 A～G）组成，该结构由在细胞膜任一边的短环连接[173]。每个噬菌调理素都包含一个被称作视黄醛的线性色素的分子，一个末端被连接到螺旋 G 中的赖氨酸残渣的氮原子上，另一个末端较深地锲入蛋白质中。

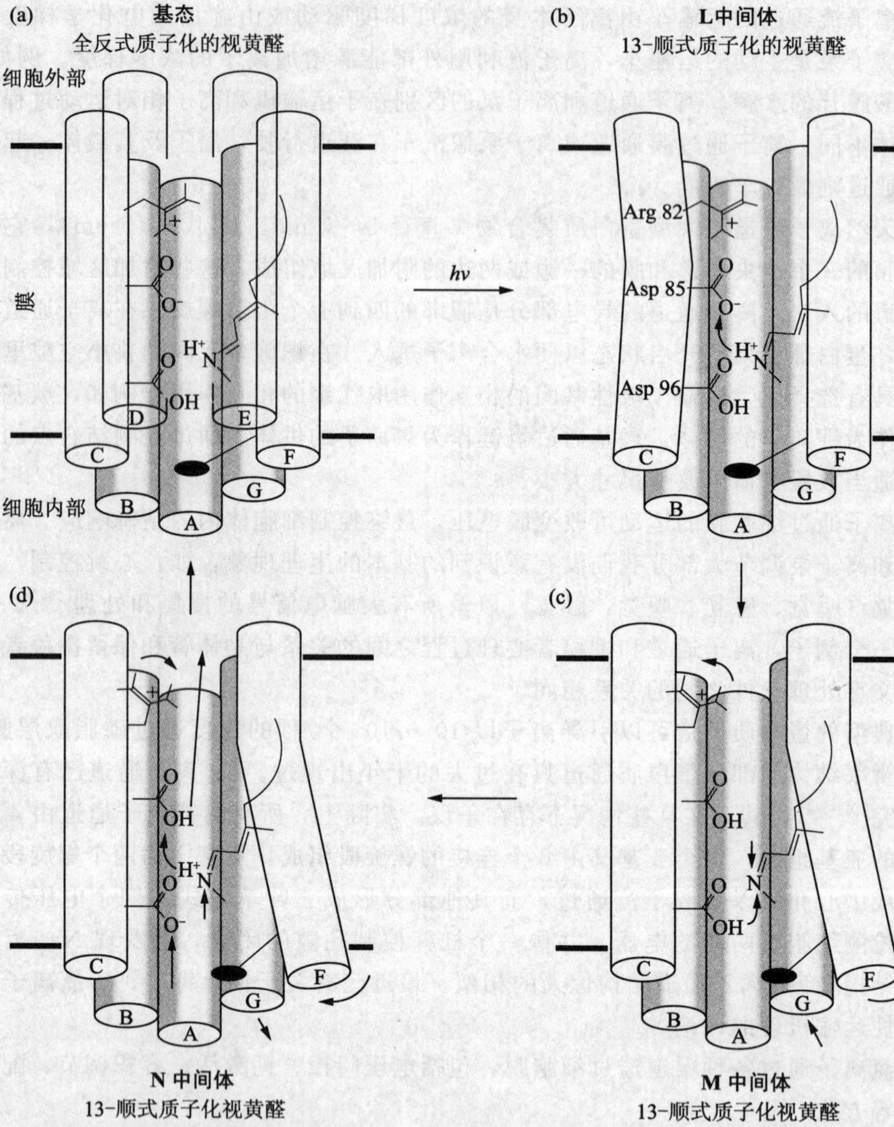

图 12.21 在噬菌调理素中质子泵的工作示意图，在（b）～（d）中，为了明确起见，螺旋 D 和 E 被略去。连在螺旋 F 上的桨叶代表大量的侧链，利用其移动来打开细胞质子通道。引自参考文献［172］，经允许编入

视黄醛包含与视觉过程相同的发色团，在光的激发下它的结构从全反式变为 13-顺式。噬菌调理素就是利用这种结构变化通过七螺旋束将单个质子从细胞内部推至外部。这个过程包括一些中间物的形成，其中的三个 L、M 、N 和基态一同在图 12.21 中示出。质子化了的视黄醛的光致同分异构化（1 ps）引发了天

冬氨酸 **85** 质子的转移（50 μs），中间体 L 上残基到氮原子的轻微运动有助于这一转移的进行（图 12.21（b））。在 M 态图 12.21（c）中，去质子化的视黄醛直接排斥 F 螺线，并使其发生倾斜。这就在细胞膜内部打开了一个通道，使得天冬氨酸 **96** 被重新质子化（d），同时将其质子放弃到氮原子上。天冬氨酸 **85** 经过一个氢键和水分子网络将它的质子排至体系外部，并经过已经有了轻微运动的精氨酸 **82**。最后，视黄醛变为全反式形式，螺旋组分 F 和 G 转回到他们的最初位置，开始另外一个质子泵循环。视黄醛在膜的中部起着一个阀门的作用，给泵式的抽吸过程一个特殊的方向。虽然原子运动距离比较小（1 Å 或更少），但却足以影响到质子的亲和力。

通过噬菌调理素的质子泵机理将非常有助于了解其他更为复杂的膜传递体系的工作原理，例如 Ca-ATPase 系统[174]，它是一个在肌肉收缩活动中的“钙泵”，并且是与神经刺激相关的通道[160, 168, 175]。

12.7.3 人造离子通道

12.7.3.1 概述

在过去的 10 年中，人们做了很多的工作[159, 170, 176, 177]试图设计和合成模型系统用以模拟天然离子通道的活动，其中就涉及了天然或人造油脂双分子层。任何模型通道都必须与双分子膜的结构和直径相称，其厚度一般为 50～55 Å。正如我们将在下文看到的，人造通道由许多端基团（如大环多醚）组成，当然是为了能够选择性地捕获精确的阳离子，它被几条用于控制双层的较长脂肪链所连接。选择性的头部端基也包括杯芳烃[178, 179]。

12.7.3.2 天然通道模型的修饰

缩氨酸（即肽）是天然的低分子质量通道模型，如短杆菌肽和丙甲菌素已经给非天然系统的设计提供了合理的指导[176, 177]。同时，它们也是各自“工程通道”的起始物质。在这些化合物中，研究的最为广泛的一个可能就是短杆菌肽了，它是一个含有 D-和 L-氨基酸的十五肽。在膜和非极性溶剂中，它构成的 B-螺旋，以亲水性内部和亲油性外部支承氨基酸侧链。螺旋长度大约是双分子膜厚度的一半。在一个双分子层膜内可生成两个短杆菌肽，因此，通过六个分子内氢键可稳定末端相连的二聚体。这样的结构使得膜内通道充满水，从而成为碱金属离子的有效通道[180]。这种分子的结构变化已经被应用于研究离子转移的机理以及体系性质的改变当中。例如，短杆菌肽已经通过在其肽链终点处引入一个带有阳离子氨基的反式偶氮苯单元而实现了功能化，并且研究得出其顺式异构体能产生更加有效的通道阻拦作用[181]。

阿拉明酸是一个包含了酮酪酸的氨基酸体系，属于控制细胞膜通道的“伏特门”一族。为了改变其性质，阿拉明酸被一个终端二茂铁单元所功能化，其为氧化还原感应通道的研究提供了证据[182]。在下文将讨论由两性霉素所得到的体系。

最近报道了光控微电子管，其中的光致异构基导致非选择性、大孔径的细菌机械通道。已经报道了在细胞内插入合成的钾离子通道光阀及用带光控开关的偶氮苯操作变构象的蛋白质控制器的一般方法[185]。

在过去的几年中，合成离子通道已得到广泛的研究。感兴趣的读者都可以找到指南性的[159,170,186]和专门[177,187]的综述。

12.7.3.3 基于生物聚合物的离子通道

在缩氨酸离子通道的扩展领域中，能够形成两性分子的系统成为了人们的研究重点。在一个薄膜环境中，几个螺旋结构相互聚集产生离子导电通道[188]。其中头端基的修饰产生了可控的离子选择性和依靠应用电压信号（校正）的电流[189]。

在纳米管中交替 D-和 L-氨基酸使其互相堆积形成环状八肽和十肽可以提供大量的离子输送并表现出对 Na^+ 离子和 Cl^- 离子的强烈选择性[190]。其剧烈的抗菌反应显然是由于膜的去极化作用[190c]。

上述提及的两性螺旋结构的第四个残基如果被苯［21］冠状-7 所功能化，就可以形成一个聚合（冠状）通道（见图 12.22 中 **32**）[191]。对其模型研究表明，冠状结构按柱状形式排列，因为螺旋缩氨酸主链将他们定位在链的同一侧。通过加入 0.1 mol/L 的 NaCl，从＋60～－60 mV 可以观察到重要的 Na^+ 传输。这些离子通道有典型的单通道性质。

12.7.3.4 合成的离子通道模型

完全人工合成离子通道的建构是一件极其困难的任务，就像建立任何一个具有天然功能的人造系统一样。人们对这一领域的研究非常感兴趣，至少由于两个原因[159,170,177]：一是为了评定其可实现功能的特殊方面；二是有希望在医疗应用中用简单的人造化合物替代天然产物。

合成离子通道模型最初的工作是在 20 多年前进行的[192,193]，但是直到最近，由于采用了以下多种策略才使得这一领域有所发展[176,177,194]。

在“中心架子策略”中，最基础的观点是利用环状结构单元如冠醚或环糊精作为合成切块，并由此构建通道壁或者是卷须结构[195]。但是，这些复杂化合物都有相对较弱的离子传输能力。

人们已经合成出一种新型的 resorcin［4］芳烃（见图 12.22 中 **33**）[196]，它能够穿过大量立体的液体膜和平面油脂双层而传输钾离子；此外人们还通过实验证明了这一体系是通过通道或聚集孔机理得以运作的。有趣的是，“自由”的苯并［15］-冠-5 化合物不能够被用于区分钠和钾离子，但是当其与 resorcin［4］芳烃构架 **33** 相连接时，就会对钾有选择性。后来的工作[197]已经显示了基于二杯

[4] 芳烃的类穴状配体结构对钾有很强的选择性，根据分子模型研究，其络合作用在轴向发生，并穿过杯 [4] 芳烃环面。

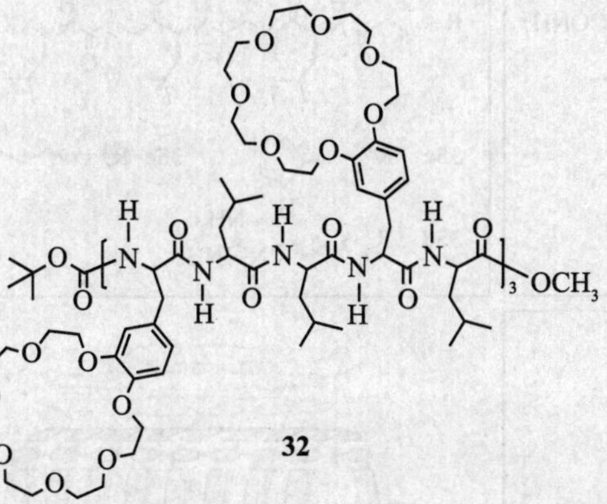

32

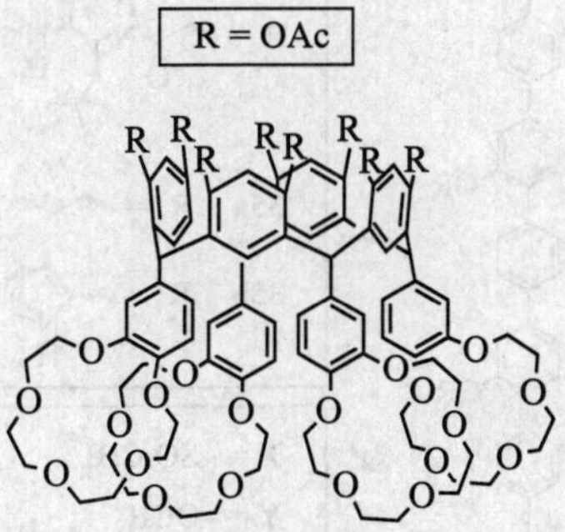

33

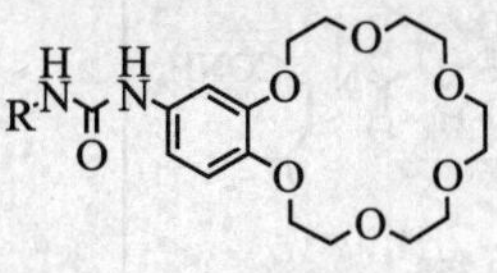

34

图 12.22　螺旋肽骨干 **32** 的聚（冠）离子通道[191]；带冠醚的间苯二酚 [4] 芳烃离子通道[196]；酰脲冠醚 **34** 离子通道[198]

另一个针对面对面大环堆垛的策略可以用酰脲冠醚 **34**（图 12.22）证实[198]，其中大环使用氢键支架形成通道。在非极性溶剂中，头尾以氢键结合的脲导致低聚结构延长。在双分子膜平面，该系统使堆垛的通道电导态的分类丰富。

形成一类重要的管状通道[194]（图 12.23）最主要的是一个刚硬的邻八价苯基支架承受缩氨酸的八个短片断，缩氨酸驱使自身缔合形成β-片状结构。环间八价苯基的扭转角直接使先驱低聚物闭合形成离散的β-管。总体结构非常适合插入一个双层膜，它的外部是疏水的，内部充满水，总长度为 3.4 nm。大直径使内部可运输大离子物种，并可利用内部管的功能控制运输。例如，通道可被酶作用切断，一个策略可用来对付肉眼可见糖感知，并产生一个决定软饮料糖浓度的方法[199]。邻八价苯基支架的功能最近被应用于建造光敏化角膜细胞，使其可转变成离子通道[200]（参见 7.3.6.2 节）。

在离子通道方面更多深入调查研究的是聚合通道，它由多烯烃抗生素两性霉素形成（图 12.24）。在这些系统里，不同的取代物可作为头基，形成显著的分子偶极非对称中心通道，这非常适合电压门开关[201]。

有人已经构建了一种分子识别膜系统，其毛孔对特殊的离子可以自发地打开

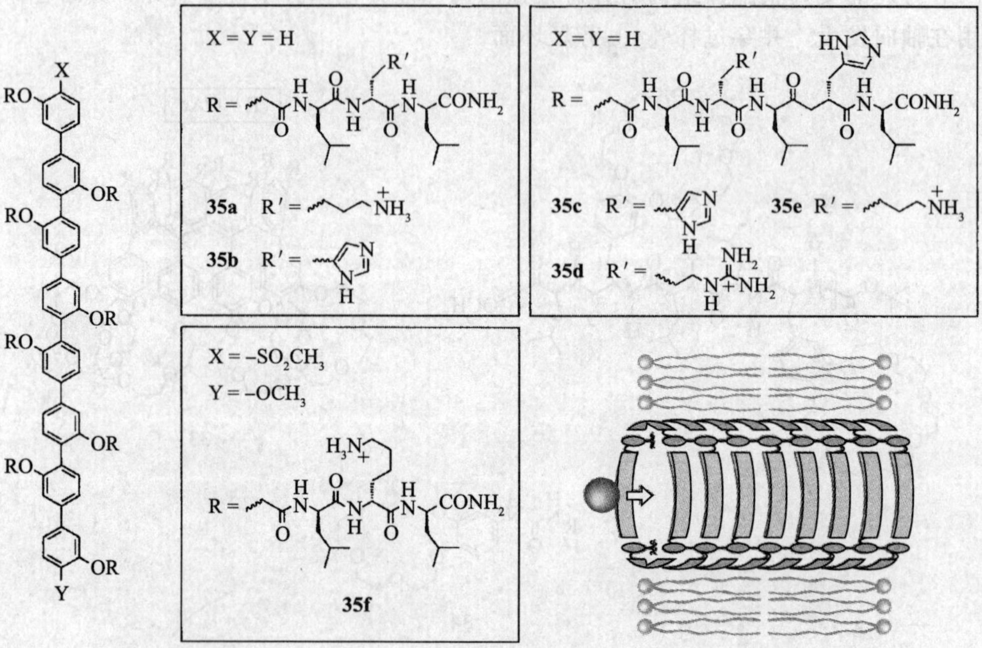

图 12.23 通过缩氨酸（化合物 **35a～35f**）的八个短片段功能化的邻八价苯基支架用于构建离子通道[194]

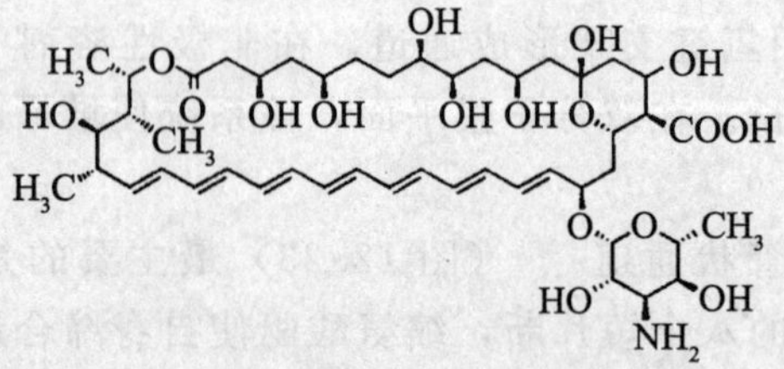

图 12.24 多烯烃抗生素两性霉素形成水性孔隙环绕的聚合通道[201]

和关闭，并且能通过一个特殊离子的已知浓度来控制它的孔径大小[202]。特种膜可能不仅能够作为一个分子识别离子门，还能够被用于构建能够自发控制渗透通量和溶质大小的器件。

对螺旋单组分的含阳离子型多分子堆积产物的研究显示出，自组装作用在构建离子通道选择性转移膜方面有极大的应用价值[203]。

从近期文献可以找到更多例子和详细的讨论[159，170，177，186，187，194，204]。

参考文献

1 Perutz, M.F. (1989) *Mechanisms of Cooperativity and Allosteric Regulations in Proteins*, Cambridge University Press, Cambridge.

2 Berg, J., Tymoczko, J. and Stryer, L. (2002) *Biochemistry*, 5th edn,Freeman, New York.

3 Goodsell, D.S. (2004) *Bionanotechnology–Lessons from Nature*, John Wiley & Sons, Inc., Hoboken.

4 Palczewski, K., Kumasaka, T., Hori, T., Behnke, C.A., Motoshima, H., Fox, B. A., Le Trong, I., Teller, D.C., Okada, T., Stenkamp, R.E., Yamamoto, M. and Miyano, M. (2000) *Science*, **289**, 739.

5 Borhan, B., Souto, M.L., Imai, H., Shichida, Y. and Nakanishi, K. (2000) *Science*, **288**, 2209.

6 Gröbner, G., Burnett, I.J., Glaubitz, C., Choi, G., Mason, A.J. and Watts, A. (2000) *Nature*, **405**, 810.

7 Gärtner, W. (2001) *Angewandte Chemie-International Edition*, **40**, 2977.

8 Stenkamp, R.E., Teller, D.C. and Palczewski, K. (2002) *ChemBioChem*, **3**, 963.

9 Smith, S.B., Finzi, L. and Bustamante, C. (1992) *Science*, **258**, 1122.

10 Sheetz, M.P. (ed.) (1997) *Laser Tweezers in Cell Biology*, Academic Press, New York.

11 Clausen-Schaumann, H., Seitz, M., Krautbauer, R. and Gaub, H.E. (2000) *Current Opinion in Chemical Biology*, **4**, 524.

12 Rief, M. and Grubmüller, H. (2002) *ChemPhysChem*, **3**, 255.

13 Davis, J.J. and Hill, H.A.O. (2002) *Chemical Communications*, 393.

14 Samorì, P. (ed.) (2006) *Scanning Probe Microscopies Beyond Imaging: Manipulation of Molecules and Nanostructures*, Wiley-VCH Verlag GmbH, Weinheim.

15 Accounts of Chemical Research, (2002) 35 (6), Special issue (ed. M. Karplus) on Molecular Dynamics Simulations of Biomolecules.

16 (a)Accounts of Chemical Research, (1998) 31 (11). Special issue (eds J.R. Winkler and H.B. Gray) on Protein Folding. (b) Baker, D. (2000) *Nature*, **405**, 39. (c)Pain, R.H. (ed.) (2001) *Mechanisms of Protein Folding*, 2nd edn, Oxford University Press. (d) Hill, D.J., Mio, M.J., Prince, R.B., Hughes, T.S. and Moore, J.S. (2001) *Chemical Reviews*, **101**, 3893. (e) Gray, H.B. and Winkler, J.R. (2001) *Electron Transfer in Chemistry*, vol. 3 (ed.V. Balzani),Wiley-VCH Verlag GmbH, Weinheim, p.3. (f) Fersht, A.R. and Daggett, V. (2002) *Cell*, **108**, 573.(g) Chemical Reviews (2006) 106 (5), Special issue (ed. A.J. Wand) on Protein Dynamics and Folding.

17 Goodsell, D.S. (1996) *Our Molecular Nature: The Body's Motors, Machines, and Messages*, Copernicus, New York.

18 (a) Allewell, N.M., Shi, D., Morizono, H. and Tuchman, M. (1999) *Accounts of Chemical Research*, **32**, 885. (b) Beernink, P.T., Endrizzi, J.A., Alber, T. and Schachman, H.K. (1999) *Proceedings of the National Academy of Sciences of the United States of America*, **96**, 5388.

19 Ottemann, K.M., Xiao, W., Shin, Y.-K. and Koshland, D.E., Jr (1999) *Science*, **285**, 1751.

20 Rebek, J., Jr (1984) *Accounts of Chemical Research*, **17**, 258.

21 Shinkai, S., Ikeda, M., Sugasaki, A. and Takeuchi, M. (2001) *Accounts of Chemical Research*, **34**, 494.

22 Takeuchi, M., Ikeda, M., Sugasaki, A. and Shinkai, S. (2001) *Accounts of Chemical Research*, **34**, 865.

23 Shinkai, S. and Takeuchi, M. (2005) *Bulletin of the Chemical Society of Japan*, **78**, 40.

24 (a) Rebek, J., Jr and Wattley, R.V. (1980) *Journal of the American Chemical Society*, **102**, 4853. (b) Rebek, J., Jr and Marshall,

L. (1983) *Journal of the American Chemical Society*, **105**, 6668.

25 (a) Brunet, E., Juanes, O. and Rodríguez-Ubis, J.C. (1994) *Tetrahedron Letters*, **35**, 1295. (b) Brunet, E., Juanes, O., de la Mata, M.J. and Rodríguez-Ubis, J.C. (2000) *European Journal of Organic Chemistry*, 1913.

26 Ayabe, M., Ikeda, A., Kubo, Y., Takeuchi, M. and Shinkai, S. (2002) *Angewandte Chemie-International Edition*, **41**, 2790.

27 Al-Sayah, M.H. and Branda, N.R. (2000) *Angewandte Chemie-International Edition*, **39**, 945.

28 (a) Weinig, H.-G., Krauss, R., Seydack, M., Bending, J. and Koert, U. (2001) *Chemistry – A European Journal*, **7**, 2075. (b) Koert, U., Krauss, R., Weinig, H.-G., Heumann, C., Ziemer, B., Mügge, C., Seydack, M. and Bending, J. (2001) *European Journal of Organic Chemistry*, 575.

29 Nabeshima, T., Hashiguchi, A., Saiki, T. and Akine, S. (2002) *Angewandte Chemie-International Edition*, **41**, 481.

30 Haino, T., Yamanaka, Y., Araki, H. and Fukazawa, Y. (2002) *Chemical Communications*, 402.

31 See, for example, (a) Chen, E., Wittung-Stafshede, P. and Kliger, D.S. (1999) *Journal of the American Chemical Society*, **121**, 3811. (b) Oh, K., Jeong, K.-S. and Moore, J.S. (2001) *Nature*, **414**, 889. (c) Pope, S.J.A., Rice, C.R., Ward, M.D., Morales, A.F., Accorsi, G., Armaroli, N. and and Barigelletti, F. (2001) *Journal of the Chemical Society, Dalton Transactions*, 2228.(d) Cattani-Scholtz, A. Renner, C., Cabrele, C., Behrendt, R., Oesterhelt, D. and Moroder, L. (2002) *Angewandte Chemie-International Edition*, **41**, 289.

32 Clayden, J. and Vasilliou, N. (2006) *Organic and Biomolecular Chemistry*, **4**, 2667.

33 *Coordination Chemistry Reviews*, ((2000) **205**. Special volume (ed L. Fabbrizzi) on Luminescent Sensors.

34 See, for example, (a) Weiss, S. (1999) *Science*, **283**, 1676. (b) Li, J.J., Fang, X., Schuster, S.M. and Tan, W. (2000) *Angewandte Chemie-International Edition*, **39**, 1049. (c) Zhang, P., Beck, T. and Tan, W.H. (2001) *Angewandte Chemie-International Edition*, **40**, 402. (d) Kuhn, H., Demidov, V.V., Coull, J. M., Fiandaca, M.J., Gildea, B.D. and Frank-Kamenetskii, M.D. (2002) *Journal of the American Chemical Society*, **124**, 1097.

35 Darbre, T. and Reymond, J.-L. (2006) *Accounts of Chemical Research*, **12**, 925.

36 Kobayashi, Y., Kawano, M. and Fujita, M. (2006) *Chemical Communications*, 4377.

37 Shinkai, S., Nakaji, T., Ogawa, T., Shigematsu, K. and Manabe, O. (1981) *Journal of the American Chemical Society*, **103**, 111.

38 Irie, M. and Kato, M. (1985) *Journal of the American Chemical Society*, **107**, 1024.

39 Rau, H. (1990) *Photochromism: Molecules and Systems* (eds H. Dürr and H. Bouas-Laurent), Elsevier, Amsterdam, p.165.

40 Shinkai, S. and Manabe, O. (1984) *Topics in Current Chemistry*, **121**, 67.

41 Balzani, V., Moggi, L. and Scandola, F. (1987) *Supramolecular Photochemistry* (ed. V. Balzani)Reidel, Dordrecth, p. 1.

42 Würthner, F. and Rebek, J., Jr (1995) *Journal of the Chemical Society Perkin Transactions*, **2**, 1727.

43 For literature up to 1990, see Balzani, V. and Scandola, F. (1991) *Supramolecular Photochemistry*, Horwood, Chichester.

44 Feringa, B.L. (ed.) (2001) *Molecular Switches*, Wiley-VCH Verlag GmbH, Weinheim.

45 (a) Irie, M. (1996) *Pure and Applied Chemistry*, **68**, 1367. (b) Terazono, Y., Kodis, G., Andréasson, J., Jeong, G., Brune, A., Hartmann, T., Dürr, H., Moore, A.L., Moore, T.A. and Gust, D. (2004) *Journal of Physical Chemistry. B*, **108**, 1812. (c) Browne, W.R., de Jong, J.

J.D., Kudernac, T., Walko, M., Lucas, L. N., Uccida, K., van Esch, J.H. and Feringa, B.L. (2005) *Chemistry – A European Journal*, **11**, 6430. (d) Katsonis, N., Kudernac, T., Walko, M., van der Molen, S.J., Van Wees, B.J. and Feringa, B.L. (2006) *Advanced Materials*, **18**, 1397. (e) Odo, Y., Matsuda, K. and Irie, M. (2006) *Chemistry – A European Journal*, **12**, 4283.

46 Takeshita, M. and Irie, M. (1998) *Journal of Organic Chemistry*, **63**, 6643.

47 (a) Takeshita, M., Uchida, K. and Irie, M. (1996) *Chemical Communications*, 1807. (b) Shinmori, H., Takeuchi, M. and Shinkai, S. (1998) *Journal of the Chemical Society Perkin Transactions*, **2**, 847.

48 Gazeau, S., Pécaut, J. and Marchon, J.-C. (2001) *Chemical Communications*, 1644.

49 Petitjean, A., Khoury, R.G., Kyritsakas, N. and Lehn, J.-M. (2004) *Journal of the American Chemical Society*, **126**, 6637.

50 Flamigni, L., Talarico, A.M., Ventura, B., Rein, R. and Solladic, N. (2006) *Chemistry – A European Journal*, **12**, 701.

51 Kishore, R.S.K., Paululat, T. and Schmittel, M. (2006) *Chemistry – A European Journal*, **12**, 8136.

52 Klärner, F.-G., Panitzky, J., Bläser, D. and Boese, R. (2001) *Tetrahedron*, **57**, 3673, and reference therein.

53 (a) Klärner, F.-G., Kahlert, B., Boese, R., Bläser, D., Juris, A. and Marchioni, F. (2005) *Chemistry – A European Journal*, **11**, 3363. (b) Marchioni, F., Juris, A., Lobert, M., Seelbach, U., Kahlert, B. and Klärner, F.-G. (2005) *New Journal of Chemistry*, **29**, 780.

54 Fokkens, M., Schrader, T. and Klärner, F.-G. (2005) *Journal of the American Chemical Society*, **127**, 14415.

55 (a) Balzani, V., Ceroni, P., Giansante, C., Vicinelli, V., Klärner, F.-G., Verhaelen, C., Vögtle, F. and Hahn, U. (2005) *Angewandte Chemie-International Edition*, **4437**, 4574. (b) Balzani, V., Bandmann, H., Ceroni, P., Giansante, C., Hahn, U., Klärner, F.-G., Müller, U., Müller, W.M., Verhaelen, C., Vicinelli, V. and Vögtle, F. (2006) *Journal of the American Chemical Society*, **128**, 637.

56 Herges, R., Deichmann, M., Grunenberg, J. and Bucher, G. (2000) *Chemical Physics Letters*, **327**, 149.

57 Lauteslager, X.Y., van Stokkum, I.H.M., van Ramesdonk, H.J., Bebelaar, D., Fraanje, J., Goubitz, K., Schenk, H., Brouwer, A.M. and Verhoeven, J.W. (2001) *European Journal of Organic Chemistry*, 3105, and references therein.

58 Shephard, M.J. and Paddon-Row, M.N. (2000) *Journal of Physical Chemistry A*, **104**, 11628.

59 Koeberg, M., de Groot, M., Verhoeven, J.W., Lokan, N.R., Shephard, M.J. and Paddon-Row, M.N. (2001) *Journal of Physical Chemistry A*, **105**, 3417.

60 Bell, T.D.M., Jolliffe, K.A., Ghiggino, K. P., Oliver, A.M., Shephard, M.J., Langford, S.J. and Paddon-Row, M.N. (2000) *Journal of the American Chemical Society*, **122**, 10661.

61 Sun, D., Tham, F.S., Reed, C.A., Chaker, L., Burgess, M. and Boyd, P.D. W. (2000) *Journal of the American Chemical Society*, **122**, 10704.

62 (a) Itagaki, H., Masuda, W. and Hirayanagi, Y (1999) *Chemical Physics Letters*, **30**, 402. (b) Itagaki, H., Masuda, W., Hirayanagi, Y. and Sugimoto, K. (2002) *Journal of Physical Chemistry. B*, **106**, 3316.

63 Bencini, A., Bianchi, A., Lodeiro, C., Masotti, A., Parola, A.J., Pina, F., Seixas de Melo J. and Valtancoli, B. (2000) *Chemical Communications*, 1639.

64 Albelda, M.T., Bernardo, M.A., Díaz, P., García-España, E., Seixas de Melo J., Pina, F., Soriano, C. and Luis, S.V. (2001) *Chemical Communications*, 1520.

65 (a) Balzani, V., Ceroni, P., Maestri, M. and Vicinelli, V. (2003) *Current Opinion in Chemical Biology*, **7**, 657. (b) Ceroni, P., Bergamini, G., Marchioni, F. and Balzani, V. (2005) *Progress in Polymer Science*, **30**, 453.

66 Pina, F., Bernardo, M.A. and García-España, E. (2000) *European Journal of Inorganic Chemistry*, 2143.

67 Balzani, V., Bergamini, G., Marchioni, F., Ceroni, P. and Vögtle, F. (2007) *Coordination Chemistry Reviews*, **251**, 525.

68 Cramer, F. (1993) *Chaos and Order*, VCH, Weinheim.

69 Lehn, J.-M. (1995) *Supramolecular Chemistry: Concepts and Perspectives*, VCH, Weinheim.

70 (a) Balzani, V., Credi, A., Raymo, F.M. and Stoddart, J.F. (2000) *Angewandte Chemie-International Edition*, **39**, 3348. (b) Balzani, V., Credi, A. and Venturi, M. (2000) *Stimulating Concepts in Chemistry* (eds M. Shibasaki , J.F. Stoddart and F. Vögtle),Wiley-VCH Verlag GmbH, Weinheim, p.255.

71 Kay, E.R., Leigh, D.A. and Zerbetto, F. (2007) *Angewandte Chemie-International Edition*, **46**, 72.

72 Structure and Bonding,((2001) 99, Special volume (ed. J.-P. Sauvage) on Molecular Machines and Motors.

73 Balzani, V., Credi, A. and Venturi, M. (2002) *Proceedings of the National Academy of Sciences of the United States of America*, **99**, 4814.

74 Drechsler, U., Erdogan, B. and Rotello, V.M. (2004) *Chemistry – A European Journal*, **10**, 5571.

75 Fujita, M., Tominaga, M., Hori, A. and Therrien, B. (2005) *Accounts of Chemical Research*, **38**, 371.

76 Pluth, M.D. and Raymond, K.N. (2007) *Chemical Society Reviews*, **36**, 161.

77 Lehn, J.-M. (2002) *Proceedings of the National Academy of Sciences of the United States of America*, **99**, 4763.

78 Ballardini, R., Balzani, V., Credi, A., Gandolfi, M.T. and Venturi, M. (2001) *Accounts of Chemical Research*, **34**, 445.

79 Lehn, J-M. (2007) *Chemical Society Reviews*, **36**, 151.

80 Steed, J.W., Turner, D.R. and Wallace, K.J. (2007) *Core Concepts in Supramolecular Chemistry and Nanotechnology*, John Wiley & Sons, Ltd, Chichester.

81 Valeur, B. and Brochon, J.-C. (eds) (2001) *New Trends in Fluorescence Spectroscopy*, Springer, Berlin.

82 de Silva, A.P., Gunaratne, H.Q.N., Gunnlaugsson, T., Huxley, A.J.M., McCoy, C.P., Rademacher, J.T. and Rice, T.E. (1997) *Chemical Reviews*, **97**, 1515.

83 Shinkai, S., Honda, Y., Kusano, Y. and Manabe, O. (1982) *Journal of the Chemical Society. Chemical Communications*, 848.

84 Bencini, A., Bernardo, A., Bianchi, A., Ciampolini, M., Fusi, V., Nardi, N., Parola, A.J., Pina, F. and Valtancoli, B. (1998) *Journal of the Chemical Society Perkin Transactions*, **2**, 413.

85 Bencini, A., Bianchi, A., Giorgi, C., Romagnoli, E., Lodeiro, C., Saint-Maurice, A., Pina, F. and Valtancoli, B. (2001) *Supramolecular Chemistry*, **13**, 277.

86 Norikane, Y. and Tamaoki, N. (2004) *Organic Letters*, **6**, 2595.

87 Muraoka, T., Kinbara, K. and Aida, T. (2006) *Nature*, **440**, 512.

88 (a) Connors, K.A. (1997) *Chemical Reviews*, **97**, 1325. (b) Monti, S. and Sortino, S. (2002) *Chemical Society Reviews*, **31**, 287. (c) Dodziuk, H. (ed.) (2006) *Cyclodextrins and Their Complexes: Chemistry, Analytical Methods, Applications*, Wiley-VCH Verlag GmbH. (d) Douhal, A. (ed.) (2006) *Cyclodextrin Materials Photochemistry, Photophysics and Photobiology*, Elsevier, Amsterdam. (e) For a systematic thermodynamic investigation on host–guest systems involving CDs, see, for example, Rekharsky, M.V. and Inoue, Y. (2002) *Journal of the American Chemical Society*, **124**, 813.

89 Ueno, A. and Osa, T. (1991) *Photochemistry in Organized and Constrained Media* (ed.V. Ramamurthy), VCH, New York, p. 739.

90 Arad-Yellin, R. and Green, B.S. (1994) *Nature*, **371**, 320.

91 Harada, A. (2001) *Accounts of Chemical Research*, **34**, 456.

92 Ueno, A., Yoshimura, H., Saka, R. and Osa, T. (1979) *Journal of the American Chemical Society*, **101**, 2779.

93 Ueno, A., Takahashi, K. and Osa, T. (1980) *Journal of the Chemical Society. Chemical Communications*, 837.

94 Bonini, M., Berti, D., Di Meglio, J.M., Almgren, M., Teixeira, J. and Baglioni, P. (2005) *Soft Matter*, **1**, 444.

95 Faure, D., Gravier, J., Labrot, T., Desbat, B., Oda, R. and Bassani, D.M. (2005) *Chemical Communications*, 1167.

96 Balzani, V., Credi, A., Marchioni, F. and Stoddart, J.F. (2001) *Chemical Communications*, 1860.

97 (a) Newkome, G.R., Moorefield, C.N. and Vögtle, F. (2001) *Dendrimers and Dendrons*, Wiley-VCH Verlag GmbH. (b) Vögtle, F., Richardt, G. and Werner, N. (2007) *Dendritische Moleküle*, Teubner, Stuttgart.

98 Jiang, D.L. and Aida, T. (1997) *Nature*, **388**, 454.

99 (a) Archut, A., Azzellini, G.C., Balzani, V., De Cola, L. and Vögtle, F. (1998) *Journal of the American Chemical Society*, **120**, 12187. (b) Vögtle, F., Gorka, M., Hesse, R., Ceroni, P., Maestri, M. and Balzani, V. (2002) *Photochemistry & Photobiology Sciences*, **1**, 45.

100 (a) Li, S. and McGrath, D.V. (2000) *Journal of the American Chemical Society*, **122**, 6795. (b) Liao, L.-X., Junge, D.M. and McGrath, D.V. (2002) *Macromolecules*, **35**, 319.

101 Sebastian, R.-M., Blais, J.-C. Caminade, A.-M. and Majoral, J.-P. (2002) *Chemistry – A European Journal*, **8**, 2172.

102 Puntoriero, F., Ceroni, P., Balzani, V., Bergamini, G. and and Vögtle, F. (2007) *Journal of the American Chemical Society*, **129**, 10714.

103 Liang, X., Asanuma, H. and Komiyama, M. (2002) *Journal of the American Chemical Society*, **124**, 1877.

104 Shinkai, S. (1993) *Tetrahedron*, **49**, 8933.

105 Molard, Y. (2005) *Angewandte Chemie-International Edition*, **44**, 1072.

106 Schäfer, C., Eckel, R., Ros, R., Mattay, J. and Anselmetti, D. (2007) *Journal of the American Chemical Society*, **129**, 1488.

107 Valeur, B. and Bardez, E. (1995) *Chemistry in Britain*, **31**, 216.

108 Adams, S.R., Kao, J.P.Y., Grynkiewicz, G., Minta, A. and Tsien, R.Y. (1988) *Journal of the American Chemical Society*, **110**, 3212.

109 Adams, S.R., Kao, J.P.Y. and Tsien, R.Y. (1989) *Journal of the American Chemical Society*, **111**, 7957.

110 Warrnuth, R., Grell, E., Lehn, J.-M., Bats, J.W. and Quinkert, G.R. (1991) *Helvetica Chimica Acta*, **74**, 671.

111 Martin, M.M. Plaza, P. Dai Hung N. Meyer, Y.H. Bourson, J. and Valeur, B. (1993) *Chemical Physics Letters*, **202**, 425.

112 (a) Mathevet, R., Jonusauskas, G., Rullière, C., Létard, J.F. and Lapouyade, R. (1995) *Journal of Chemical Physics*, **99**, 15709.(b) Malval, J.-P., Gosse, I., Morand, J.-P. and Lapouyade, R. (2002) *Journal of the American Chemical Society*, **124**, 904.

113 (a) Stauffer, M.T., Knowles, D.B., Brennan, C. Funderburk, L., Lin, F.-T. and Weber, S.G. (1997) *Chemical Communications*, 287. (b) Stephens, M. R., Geary, C.D. and Weber, S.G. (2002) *Photochemistry and Photobiology*, **75**, 211.

114 Roshal, A.D., Grigorovich, A.V., Doroshenko, A.O., Pivovarenko, V.G. and Demchenko, A.P. (1999) *Journal of Photochemistry and Photobiology A: Chemistry*, **127**, 89.

115 Pina, F., Melo, M.J., Maestri, M., Passaniti, P. and Balzani, V. (2000) *Journal of the American Chemical Society*, **122**, 4496.

116 Piatnitski, E.L. and Deshayes, K.D. (1998) *Angewandte Chemie-International Edition*, **37**, 970.

117 Collin, J.-P., Laemmel, A.-C. and Sauvage, J.-P. (2001) *New Journal of Chemistry*, **25**, 22.

118 Nabeshima, T. (1996) *Coordination Chemistry Reviews*, **148**, 151.

119 Nabeshima, T., Furusawa, H. and Yano, Y. (1994) *Angewandte Chemie-International Edition in English*, **33**, 1750.

120 Zhang, L., Macías, A., Lu, T., Gordon, J. I., Gokel, G.W. and Kaifer, A.E. (1993) *Journal of the Chemical Society. Chemical Communications*, 1017.

121 Wang, Y., Alvarez, J. and Kaifer, A.E. (1998) *Chemical Communications*, 1457.

122 Bernardo, A.R., Lu, T., Córdova, E., Zhang, L., Gokel, G.W. and Kaifer, A.E. (1994) *Journal of the Chemical Society. Chemical Communications*, 529.

123 Sung Jeon W., Ziganshina, A.Y., Wook Lee, J., Ho Ko, Y., Kang J.-K., Lee, C. and Kim, K. (2003) *Angewandte Chemie-International Edition*, **42**, 4097.

124 Moon, K., Grindstaff, J., Sobransingh, D. and Kaifer, A.E. (2004) *Angewandte Chemie-International Edition*, **43**, 5496.

125 Moon, K. and Kaifer, A.E. (2004) *Journal of the American Chemical Society*, **126**, 15016.

126 Bucher, C., Moutet, J.-C., Pécaut, J., Royal, G., Saint-Aman, E. and Thomas, F. (2004) *Inorganic Chemistry*, **43**, 3777.

127 Ashton, P.R., Balzani, V., Becher, J., Credi, A., Fyfe, M.C.T., Mattersteig, G., Menzer, S., Nielsen, M.B., Raymo, F. M., Stoddart, J.F., Venturi, M. and Williams, D.J. (1999) *Journal of the American Chemical Society*, **121**, 3951.

128 Bourgel, C., Boyd, A.S.F., Cooke, G., Augier de Cremiers H., Duclairoir, F.M. A. and Rotello, V.M. (2001) *Chemical Communications*, 1954.

129 Balzani, V., Becher, J., Credi, A., Nielsen, M.B., Raymo, F.M., Stoddart, J. F., Talarico, A.M. and Venturi, M. (2000) *Journal of Organic Chemistry*, **65**, 1947.

130 (a) Fabbrizzi, L., Gatti, F., Pallavicini, P. and Zambarbieri, E. (1999) *Chemistry – A European Journal*, 5, 682.(b) Fabbrizzi, L., Licchelli, M., Pallavicini, P. and Sacchi, D. (2001) *Supramolecular Chemistry*, **13**, 569. (c) Amendola, V., Fabbrizzi, L., Pallavicini, P., Sartirana, E. and Taglietti, A. (2003) *Inorganic Chemistry*, **42**, 1632.

131 De Santis, G., Fabbrizzi, L., Iacopino, D., Pallavicini, P., Perotti, A. and Poggi, A. (1997) *Inorganic Chemistry*, **36**, 827.

132 (a) Beer, P.D., Gale, P.A. and Chen, G. Z. (1999) *Journal of the Chemical Society Dalton Transactions*, 1897. (b) Beer, P.D. and Cadman, J. (2000) *Coordination Chemistry Reviews*, **205**, 131. (c) Beer, P. D. and Gale, P.A. (2001) *Angewandte Chemie-International Edition*, **40**, 487.

133 Boulas, P.L., Gómez-Kaifer, M. and Echegoyen, L. (1998) *Angewandte Chemie-International Edition*, **37**, 217.

134 Kaifer, A.E. and Gómez Kaifer, M. (1999) *Supramolecular Electrochemistry*, Wiley-VCH Verlag GmbH, Weinheim.

135 Crowley, J.D., Steele, J.M. and Bosnich, B. (2006) *Chemistry – A European Journal*, **12**, 8935.

136 Barboiu, M., Prodi, L., Montalti, M., Zaccheroni, N., Kyritsakas, N. and Lehn, J.-M. (2004) *Chemistry – A European Journal*, **10**, 2953.

137 Koo, C-K., Lam, B., Leung, S.-K., Lam, M.H.-W. and Wong, W.-Y. (2006) *Journal of the American Chemical Society*, **128**, 16434.

138 Coulston, R.J., Onagi, H., Lincoln, S.F. and Easton, C.J. (2006) *Journal of the American Chemical Society*, **128**, 14750.

139 Scarso, A., Onagi, H. and Rebek, J., Jr (2004) *Journal of the American Chemical Society*, **126**, 12728.

140 Ajami, D. and Rebek, J., Jr (2006) *Journal of the American Chemical Society*, **128**, 15038.

141 Rebek, J., Jr (2007) *Chemical Communications*, 2777.

142 Goto, H., Furusho, Y. and Yashima, E. (2007) *Journal of the American Chemical Society*, **129**, 109.

143 Stadler, A.-M., Kyritsakas, N. and Lehn, J.-M. (2004) *Chemical Communications*, 2024.

144 Riis-Johannessen. T., Harding, L.P., Jeffery, J.C., Moon, R. and Rice, C.R. (2007) *Journal of the Chemical Society Dalton Transactions*, 1577.

145 Marchioni, F., Venturi, M., Credi, A., Balzani, V., Belohradsky, M., Elizarov, A.M., Tseng, H.-R. and Stoddart, J.F. (2004) *Journal of the American Chemical Society*, **126**, 568.

146 (a) Stang, P.L. and Olenyuk, B. (1997) *Accounts of Chemical Research*, **30**, 502. (b) Fujita, M., Umemoto, K., Yoshizawa, M., Fujita, N., Kusukawa, T. and Biradha, K. (2001) *Chemical Communications*, 509. (c) Holliday, B.J. and Mirkin, C.A. (2001) *Angewandte Chemie-International Edition*, **40**, 2022.

147 Yamashita, K., Kawano, M. and Fujita, M. (2007) *Journal of the American Chemical Society*, **129**, 1850.

148 Fujita, M., Ibukuro, F., Yamaguchi, K. and Ogura, K. (1995) *Journal of the American Chemical Society*, **117**, 4175.

149 Ibukuro, F., Kusukawa, T. and Fujita, M. (1998) *Journal of the American Chemical Society*, **120**, 8561.

150 Jeon, W.S., Kim, E., Ko, H., Hwang, I., Lee, J.W., Kim, S.-Y., Kim, H.-J. and Kim, K. (2005) *Angewandte Chemie-International Edition*, **44**, 87.

151 (a) Amendola, V., Fabbrizzi, L., Licchelli, M., Mangano, C., Pallavicini, P., Parodi, L. and Poggi, L. (1999) *Coordination Chemistry Reviews*, **190–192**, 649. (b) Amendola, V., Fabbrizzi, L., Mangano, C. and Pallavicini, P. (2001) *Accounts of Chemical Research*, **34**, 488.(c) Amendola, V., Fabbrizzi, L., Mangano, C. and Pallavicini, P. (2001) *Structure and Bonding*, **99**, 79. (d) Amendola, V., Fabbrizzi, L., Mangano, C., Miller, H., Pallavicini, P., Perotti, A. and Taglietti, A. (2002) *Angewandte Chemie-International Edition*, **41**, 2553.(e) Fabbrizzi, L., Foti, F., Patroni, S., Pallavicini, P. and Taglietti, A. (2004) *Angewandte Chemie-International Edition*, **43**, 5073.

152 Zelikovich, L., Libman, J. and Shanzer, A. (1995) *Nature*, **374**, 790.

153 (a) Belle, C., Pierre, J.-L. and Saint-Aman, E. (1998) *New Journal of Chemistry*, **22**, 1399. (b) Ward, T.R., Lutz, A., Parel, S.P., Ensling, J., Gütlich, P., Buglyó, P. and Orvig, C. (1999) *Inorganic Chemistry*, **38**, 5007.

154 Amendola, V., Esteban-Gomez, D., Fabbrizzi, L. and Licchelli, M. (2006) *Accounts of Chemical Research*, **39**, 343.

155 Amendola, V., Colasson, B., Fabbrizzi, L. and Rodriguez Douton M.-J. (2007) *Chemistry – A European Journal*, **13**, 4988.

156 Amendola, V., Fabbrizzi, L., Mangano, C., Pallavicini, P., Perotti, A. and Taglietti, A. (2000) *Journal of the Chemical Society Dalton Transactions*, 185.

157 Aurora, A., Baiocchi, M., Dacarro, G., Foti, F., Mangano, C., Pallavicini, P., Patroni, S., Taglietti, A. and Zanoni, R. (2006) *Chemistry – A European Journal*, **12**, 5535.

158 See, for example, Lodeiro, C., Parola, A. J., Pina, F., Bazzicalupi, C., Bencini, A., Bianchi, A., Giorgi, C., Masotti, A. and Valtancoli, B. (2001) *Inorganic Chemistry*, **40**, 2968.

159 Fyles, T.M. (2007) *Chemical Society Reviews*, **36**, 335.

160 Aidley, D.J. and Stanfield, P.R. (1996) *Ion Channels: Molecules in Action*, Cambridge University Press, Cambridge.

161 Miller, C. (2000) *Current Opinion in Chemical Biology*, **4**, 148.

162 Doyle, D.A., Cabral, J.M., Pfuetzner, R. A., Kuo, A., Gulbis, J.M., Cohen, S.L., Chait, B.T. and MacKinnon, R. (1998) *Science*, **280**, 69.

163 Bernèche, S. and Roux, B. (2001) *Nature*, **414**, 73.

164 Jiang, Y., Lee, A., Chen, J., Ruta, V., Cadene, M., Chait, B.T. and MacKinnon, R. (2003) *Nature*, **423**, 33.

165 Long, S.B., Campbell, E.B. and MacKinnon, R. (2005) *Science*, **309**, 897.

166 Long, S.B., Campbell, E.B. and MacKinnon, R. (2005) *Science*, **309**, 903.
167 (a) Yarnel, A. (2004) *Chemical & Engineering News*, **82** (12), 35. (b) Service, R.F. (2005) *Science*, **309**, 867.
168 Sato, C., Ueno, Y., Asai, K., Takahashi, K., Sato, M., Engel, A. and Fujiyoshi, Y. (2001) *Nature*, **409**, 1047.
169 Gouaux, E. and MacKinnon, R. (2005) *Science*, **310**, 1461.
170 Davis, A.P., Sheppard, D.N. and Smith, B.D. (2007) *Chemical Society Reviews*, **36**, 348.
171 Subramaniam, S. and Henderson, R. (2000) *Nature*, **406**, 653.
172 Kühlbrandt, W. (2000) *Nature*, **406**, 569, and references therein.
173 Unfolding of individual bacteriorhodopsin molecules has been investigated: Oesterhelt, F., Oesterhelt, D., Pfeiffer, M., Engel, A., Gaub, H.E. and Müller, D.J. (2000) *Science*, **288**, 143.
174 Toyoshima, C., Nakasako, M., Nomura, H. and Ogawa, H. (2000) *Nature*, **405**, 647.
175 See, for example, (a) Cha, A., Snyder, G. E., Selvin, P.R. and Bezanilla, F. (1999) *Nature*, **402**, 809. (b) Greengard, P. (2001) *Science*, **294**, 1024. (c) Zucker, C. S. (2002) *Nature*, **416**, 27.
176 Fyles, T.M. (1997) *Current Opinion in Chemical Biology*, **1**, 497.
177 Gokel, G.W. and Mukhopadhyay, A. (2001) *Chemical Society Reviews*, **30**, 274.
178 Schmitt, P., Beer, P.D., Drew, M.G.B. and Sheen, P.D. (1997) *Angewandte Chemie-International Edition in English*, **36**, 1840.
179 (a) Cragg, P.J., Allen, M.C. and Steed, J. W. (1999) *Chemical Communications*, 553. (b) Iqbal, K.S.J. and Cragg, P.J. (2007) *Journal of the Chemical Society Dalton Transactions*, 26.
180 For a review on computational studies of the gramicidin channel, see Roux, B. (2002) *Accounts of Chemical Research*, **35**, 366.
181 Lien, L., Jaikaran, D.C.J., Zhang, Z. and Woolley, G.A. (1996) *Journal of the American Chemical Society*, **118**, 12222.
182 Schmitt, J.D., Sansom, M.P.S., Kerr, I. D., Lunt, G.G. and Eisenthal, E. (1997) *Biochemistry*, **36**, 1115.
183 Koçer, A., Walko, M., Meijberg, W. and Feringa, B.L. (2005) *Science*, **309**, 755.
184 Banghart, M., Borges, K., Isacoff, E., Trauner, D. and Kramer, R.H. (2004) *Nature Neuroscience*, **7**, 1381.
185 Volgraf, M., Gorostiza, P., Numano, R., Kramer, R.H., Isacoff, E.Y. and Trauner, D. (2006) *Nature Chemical Biology*, **2**, 47.
186 Kim, K., Selvapalam, N., Ko, Y.H., Park, K.M., Kim, D. and Kim, J. (2007) *Chemical Society Reviews*, **36**, 267.
187 (a) Matile, S., Som, A. and Sorde, N. (2004) *Tetrahedron*, **60**, 6405. (b) Koert, U., Al-Momani, L. and Pfeifer, J.R. (2004) *Synthesis*, 1129. (c) Koert, U. (2004) *Bioorganic & Medicinal Chemistry*, **12**, 1277.
188 Åkerfeldt, K.S., Kienker, P.K., Lear, J.D. and DeGrado, W.F. (1996) *Comprehensive Supramolecular Chemistry*, vol. 10 (eds J.L. Atwood ,J.E.D. Davies ,D. D. Macnicol and F. Vögtle), Pergamon Press, Oxford, p.659.
189 Lear, J.D., Schneider, J.P., Kienker, P.K. and DeGrado, W.F. (1997) *Journal of the American Chemical Society*, **119**, 3212.
190 (a) Hartgerink, J.D., Clark, T.D. and Ghadiri, M.R. (1998) *Chemistry – A European Journal*, **4**, 1367. (b) Sánchez-Queseda, J., Kim, H.S. and Ghadiri, M. R. (2001) *Angewandte Chemie-International Edition*, **40**, 2503. (c) Fernadez-Lopez, S., Kim, H.-S., Choi, E.C., Delgado, M., Grana, J.R., Khasanov, A., Kraehenbuehl, K., Long, G., Weinberger, D.A., Wilcoxen, K.M. and Ghadiri, M.R. (2001) *Nature*, **412**, 452.
191 (a) Voyer, N. and Robitaille, M. (1995) *Journal of the American Chemical Society*, **117**, 6599. (b) Voyer, N., Potvin, L. and Rousseau, E. (1997) *Journal of the Chemical Society Perkin Transactions*, **2**, 1469. (c) Meillon, J.-C. and and Voyer,

N. (1997) *Angewandte Chemie-International Edition in English*, **36**, 967. (d) Biron, E., Voyer, N., Meillon, J.-C., Cormier, M.-E. and Auger, M. (2000) *Biopolymers*, **55**, 364. (e) Vanderburg, Y., Smith, B.D., Biron, E. and Voyer, N. (2002) *Chemical Communications*, 1694.

192 Behr, J.-P., Lehn, J.-M., Dock, A.-C. and Moras, D. (1982) *Nature*, **295**, 526.

193 Tabushi, I., Kuroda, Y. and Yokota, K. (1982) *Tetrahedron Letters*, 4601.

194 Sakai, N., Mereda, J. and Matile, S. (2005) *Accounts of Chemical Research*, **38**, 79.

195 (a) Jullien, L. and Lehn, J.-M. (1988) *Tetrahedron Letters*, 3803. (b) Pregel, M.J., Jullien, L., Canceill, J., Lacombe, L. and Lehn, J.-M. (1995) *Journal of the Chemical Society Perkin Transactions*, **2**, 417.

196 Wright, A.J., Matthews, S.E., Fischer, W. B. and Beer, P.D. (2001) *Chemistry – A European Journal*, **7**, 3474.

197 Matthews, S.E., Schmitt, P., Felix, V., Drew, M.G.B. and Beer, P.D. (2002) *Journal of the American Chemical Society*, **124**, 1341.

198 Cazacu, A., Ton, C., van der Lee, A., Fyles, T.M. and Barboiu, M. (2006) *Journal of the American Chemical Society*, **128**, 9541.

199 Litvinchuk, S., Sorde, N. and Matile, S. (2005) *Journal of the American Chemical Society*, **127**, 9316.

200 Bhosale, S., Sisson, A.L., Talukdar, P., Fürstenberg, A., Banerji, N., Vauthey, E., Bollot, G., Mereda, J., Röger, C., Würthner, F., Sakai, N. and Matile, S. (2006) *Science*, **313**, 84.

201 Fyles, T.M., Loock, D. and Zhou, X. (1998) *Journal of the American Chemical Society*, **120**, 2997.

202 Ito, T., Hioki, T., Yamaguchi, T., Shinbo, T., Nakao, S. and Kimura, S. (2002) *Journal of the American Chemical Society*, **124**, 7840.

203 Petitjean, A., Cuccia, L.A., Lehn, J.-M., Nierengarten, H. and Schmutz, M. (2002) *Angewandte Chemie-International Edition*, **41**, 1195.

204 Weber, M.E., Elliott, E.K. and Gokel, G. W. (2006) *Organic and Biomolecular Chemistry*, **4**, 83.

第 13 章 DNA 纳米机器

13.1 引言

从 1940 年以来，科学家已经认识到有机生物体的遗传基因储存在 DNA 分子中。1953 年根据 X 射线衍射数据[2]提出的沃森-克里克双螺旋模型[1]为 DNA 的结构特性及分子复制和重组机理提供了最初的理解和认识。这些发现强烈地影响了许多科学技术领域，对整个文化界产生了广泛的影响。事实上，DNA 双螺旋结构已经成为最受欢迎的科学图标[3]。

20 世纪 80 年代早期 DNA 作为物理客体的认识发生了重要的变化，当时提出 DNA 分子可以作为构筑单元[4]，通过探索碱基对之间的高特异性相互作用，用来装配纳米尺度的材料和器件，几年后发现 DNA 分子的碱基对还可以运行复杂的信息[5]。

由于核苷酸链之间特殊的作用力可以由碱基序列体现出来，所以具有预知特性的 DNA 就可以被合成出来。这种可能性结合单双链 DNA 的机械性能，为人造纳米体系的设计以及改造开拓了新的思路，使其具有特殊的结构和功能[6]。相对于蛋白质，核苷酸的化学合成简单方便。基于以上的种种优势，DNA（以及小范围的 RNA）在功能纳米材料重组的应用上是较为有利的。本章中我们将回顾 DNA 作为纳米尺度构造单元的基本性质，并举例介绍 DNA 作为纳米机器的人造分子体系。同时，在文献里将会涉及关于获得 DNA 纳米尺度的静态结构和动态装置的综述。9.8 节中也已经对 DNA 装置处理信息进行了描述。

13.2 DNA 的重要性能

13.2.1 单链与双链 DNA 的结构与性质

单链 DNA（ssDNA）是由核苷酸单元通过磷酸二酯键连接而成的聚合物（图 13.1（a））。每个核苷酸包含一个脱氧核糖单元，其中一个碱基与 1′位和磷酸基团相连。四种碱基分别是腺嘌呤（A）、鸟嘌呤（G）、胞嘧啶（C）、胸腺嘧啶（T），前两种属于嘌呤类，后两种属于嘧啶类。每个核苷酸通过 3′或 5′位与其他两个核苷酸连接，因此 DNA 链是有方向的，分别表现在 3′或 5′位。

在沃森-克里克碱基配对原则中，腺嘌呤与胸腺嘧啶通过两个氢键相互连接，而鸟嘌呤与胞嘧啶通过三个氢键连接（图 13.1（b））。在 RNA 中，胸腺嘧啶由尿嘧啶（U）替代，脱氧核糖变为核糖。由于 DNA 有四种类型（四种碱基），所以 N 种不同的排列次序可能会得到 4^N 种 DNA 核苷酸。长的排列顺序使得 4^N 变得很庞大，可以为不同的“分子地址”提供极为广阔的存储途径。

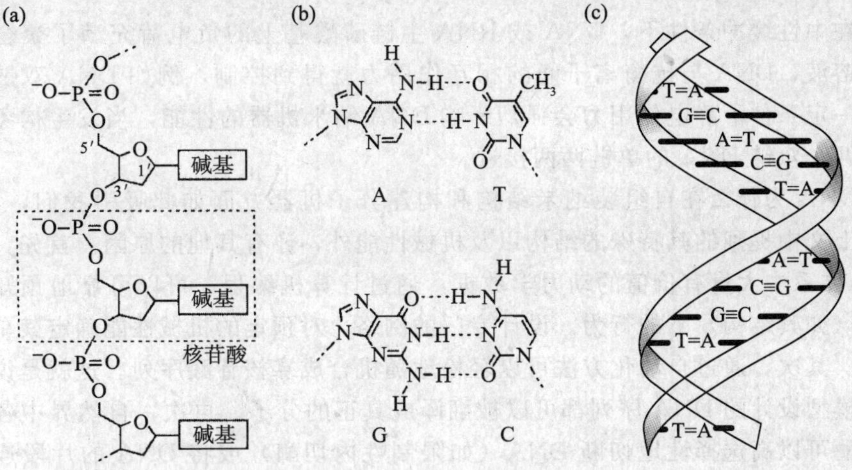

图 13.1　（a）单链 DNA 片断；（b）沃森-克里克模型中腺嘌呤 A 与胸腺嘧啶（T）配对，鸟嘌呤（G）与胞嘧啶 C 配对；（c）两条互补 DNA 双链形成双螺旋结构

DNA 链的碱基序列与另外一条的碱基序列是互为补充的，也就是说，一条链相应的碱基对存在于另一条链上，两条链相互结合形成双螺旋结构（图 13.1（c）），经常被称为双链 DNA（dsDNA）[15]。这种通过互补链间的碱基作用形成双螺旋结构的过程叫做杂交。在正常的缓冲浓度下，DNA 呈现出其特有的有螺旋构象（B 形态，图 13.1（c））。B-DNA 直径为 2 nm，相邻碱基间的距离为 0.34 nm（在 ssDNA 中是 0.43 nm），螺旋结构每 10.5 个碱基对后完成一次翻转。从 A 形态可以看出，RNA 双链以及 DNA - RNA 杂化体的直径为 2.6 nm。在特定条件以及特定次序的情况下，双链 DNA 可能呈现出左螺旋构象（Z 形态），它的直径为 1.8 nm，每 12 个碱基对完成一次翻转[15,16]。双螺旋结构的稳定性由以下几个因素决定：氢键、堆积作用力、静电力、熵贡献等，并可以通过许多外界参数来控制，如：缓冲条件（浓度、pH）和温度。如果碱基对匹配错误，两条链就会结合的很弱或者保持其单链状态。

单链 DNA 与双链 DNA 有不同的机械性能，这是 DNA 的另一个重要特点[11,15]。由染色体精巧的外形可以看出，DNA 双链是一种有韧性的聚合物高分子，但是这种韧性在短的双链中基本上是不存在的。事实上这种韧性在 DNA 双螺旋结构中可延续到 50 nm（150 个碱基对），这就意味着在这个尺度之内双链 DNA 就表现为僵硬的聚合物高分子，可以被认为是刚性单元。与此相反，ssDNA很柔韧，1 nm 中就存在这样的韧性，可以形成圈状，甚至可以扭转 180°。这种机械特性是由 DNA 的序列所决定的，所以可以根据其序列做好调整。因此，在人造 DNA 结构设计中，就要求合理组合 ssDNA 与 dsDNA 的比例，以达到所需的韧性和刚性。

在中性缓冲条件下，DNA 或 RNA 主链磷酸基上的负电荷充满了聚合物电解质溶液，DNA 与抗衡离子间的相互作用力就得到控制，例如 DNA 双链的联合。一定条件下静电作用力会强烈影响 DNA 纳米机器的性能，当发生构象变化时，两个双链 DNA 的单链两两接近。

DNA 为什么在自组装纳米结构和构建分子机器方面如此吸引我们，当然，除了上文中提到的其特殊的结构以及机械性能外，还有其他的原因。首先，收集 DNA 体系中大量有价值的动力学数据，通过计算机编程，可以可靠地预知特定序列（如其结构）下的行为。设计专门的网络，对预定的机械性能确定其单双链比例。其次，通过自动化方法可以轻松地随机合成寡核苷酸序列。这就是说任何电脑模型设计的 DNA 序列都可以被翻译成真正的分子。再次，自然界中各种各样的酶可以高选择性地切断 DNA（如限制性内切酶）或将 DNA 的片段连接起来。聚合物链反应技术（PCR）使我们获得大量的 DNA 序列副本，然后从微量级到巨量级放大样品。最后，与蛋白质相比，DNA 有相对较高的物理化学稳定性。因此，DNA 纳米机器可以在广泛的环境条件下被合成、运行以及存储，而不必采取特殊的预防措施防止其降解。

13.2.2 DNA 多组分纳米结构的构造

单链寡核苷酸简单杂交形成的线性双链并不能形成二维或者三维结构，但是 DNA 可以用来形成刚性构筑单元构造复杂的纳米结构。例如，短的单链部位（黏性末端）可以连接双链 DNA 片段（图 13.2（a））。互补黏性末端间的杂交使得主链上出现缺口，DNA 连接酶修复并催化磷酸二酯与邻近 3′-羟基、5′-磷酸盐基团之间键的形成。短的单链黏性末端同样可以作为支点实现链的转换（图 13.2（b））：目标 DNA 首先与支点结合，替换较短链上的原始双链。这个过程被称为分支转移，支点区域出现的多余的碱基对形成了新的链，这种新链形成的双链的高度稳定性使得这一过程顺利进行。在接下来的章节里我们将会举例介绍在链转换驱动下构象变化的分子机器。

寻找合适的寡核苷酸序列，要求这一复杂的结构图形不仅包括双螺旋区域和黏性末端，还要有发夹环、膨胀环、支撑结构、节点和交叉区。自组装结构的稳定性直接受构成链的设计控制，例如，图 13.3 所示的四个双螺旋结构连节点处的相互作用被编码为相应的碱基序列，确保杂交的 DNA 片断都有互补的序列。通过调整序列减小竞争结构的稳定性，从而排除不受欢迎的作用力。在双螺旋结构中采用分支节点的方法[6-10]已经成功构建出灵活的二维[17]排列以及三维结构，如立方体[18]和四面体结构[19]。

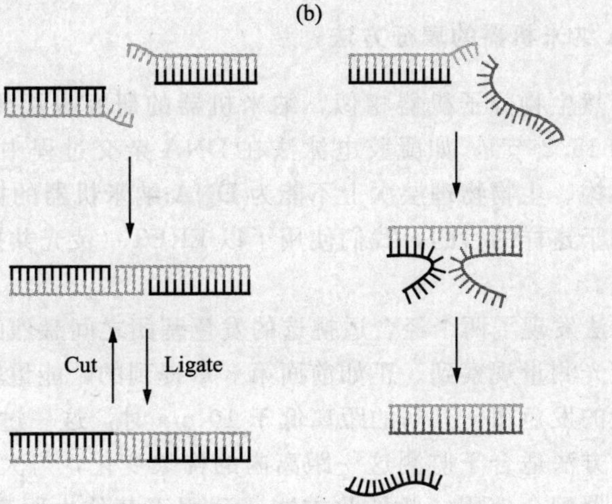

图 13.2 (a) 两个 DNA 双链分子通过互补的黏性末端杂交，然后由 DNA 连接酶共价连接；限制性内切酶可以切断 DNA 链。(b) 双链 DNA 的互换。侵入的 DNA 链首先与双链的黏性末端连接，从而分支转移替换原来的链

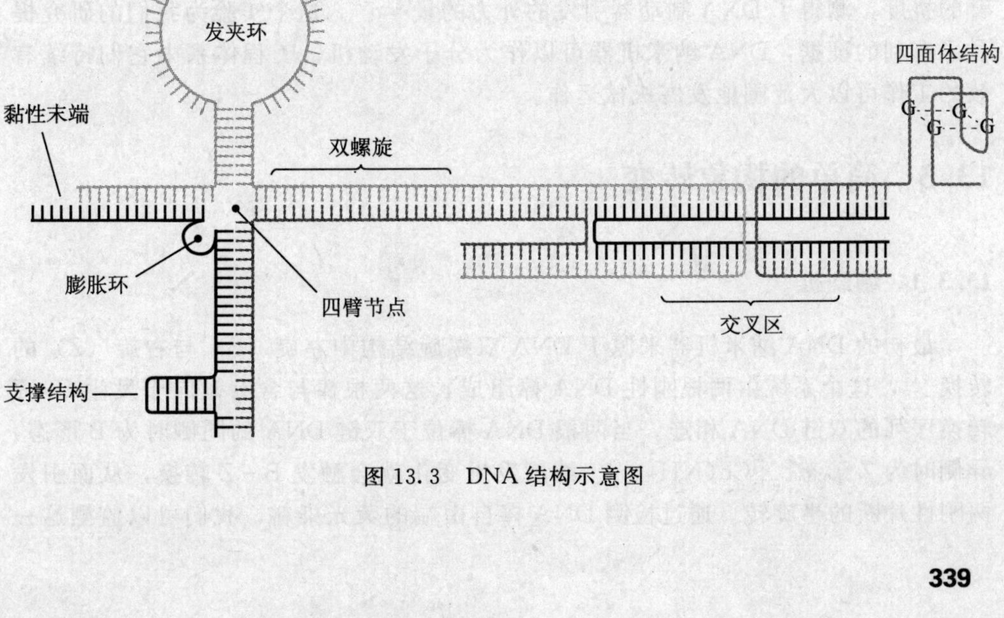

图 13.3 DNA 结构示意图

有些特殊的DNA序列在适当的环境条件中有可能会增加，从而形成其他有趣的结构图形。在阳离子作用下，DNA鸟嘌呤富集的部分能形成四链的分子间或分子内作用力。有一定空间的胞嘧啶碱基链在弱酸作用下发生折叠形成i-基序，也就是说，紧凑的三维结构通过质子化的胞嘧啶碱基对结合在一起。在文献[4，6～15]中对这一部分做了详细的论述。

13.2.3 DNA纳米机器的表征方法

与研究自然生物分子机器相似，纳米机器的研究也用到了类似的实验方法(见14.2节和15.2节)，如凝胶电泳法在DNA杂交过程中被广泛使用。然而，这一方法在结构、生物物理层次上不能为DNA纳米机器的操作机理提供更为详尽的信息。基于这样的目的，我们使用了以FRET（荧光共振能量转移）等为基础的实验方法。

FRET方法发现了两个经合适挑选的发色基团之间激烈的能量转换，这一过程可以通过荧光测量观察到。正如前面第3章提到的，能量转换效率受距离的影响，对于一般的发色团，其间的距离低于10 nm时，这一过程才会有效的发生。因此，FRET方法适合于监测这一距离内的构象变化，与大约含有10～30个碱基对长度的机器配合使用。此外此方法还适用于其他由距离决定的荧光监测过程，如：金属表面的猝灭、金属纳米颗粒与细胞质表面的偶联等。

纳米机器的实施和监测在这个领域日益重要，以荧光为基础的方法，由于其固有的灵敏性，可以在单分子层次上研究DNA体系[20,21]。有些情况下，当DNA机器和其构象变化足够大时，参与运转周期的结构就可以通过扫描探针设备如原子力显微镜（AFM）显示出来[20,22]。最近通过检测与DNA相关的小悬臂的挠度，测得了DNA制动器引发的外力的量[23,24]。这个实验为我们的研究提供了有利的证据，DNA纳米机器可以作为分子发动机，工程体系中它们持续有效的工作可以大范围地发展机械运作。

13.3 简单的构象转变

13.3.1 缠绕机

最初的DNA纳米机器来源于DNA双螺旋结构中左旋（B）与右旋（Z）的转换[25]，这个系统由两根刚性DNA棒组成，这两根棒与含有倾向于发生B-Z转换序列的双链DNA相连。当两根DNA棒位于双链DNA的同侧时为B形态，异侧时为Z形态。$[Co(NH_3)_6]^{3+}$浓度发生变化就会触发B-Z转换，从而引发两刚性片断的半旋转。通过检测DNA棒自由端的荧光染料，我们可以监测这一运动的发生。当主链是 B 形态时，两种染料处于同侧，因此它们就比 Z 形态时要靠近彼此。所以，FRET 在 B 形态时比 Z 形态时有效。

下面我们来介绍一种旋转机器，在这种机器中 DNA 既是结构材料又是燃料(图 13.4)[22a]。适当的单链 DNA 分子诱发两活性结构——平行盘旋（PX）DNA 与其异构体（JX_2）DNA 间发生互变，一个链的末端相对另一个旋转 180°。当有特殊体系的 DNA 链（M）存在时，PX 结构稳定。加入与 M 链互补的 N 链燃料时，M 链就被替换了。在这种观点下，我们加入了另一种 R 链体系，发现机器转换成 JX_2 结构。加入与 R 链互补的 S 链燃料，一开始的 PX 结构可以被重新装配，然后，重新转变成 M 链体系。这一循环转换用凝胶电泳监测，随后，大量被标记的 DNA 分子与机器连接，在 PX 结构中标记端指向同一个方向，然而在 JX_2 结构中，出现了相反的排列。这些结构由 AFM 成像，表明单独分子机器结构发生了转换。用单链 DNA 作为燃料的最大优点是纳米机器可以独立地确定其地址。最近 PX-JX_2 纳米机器用于 RNA 链响应，对转录过程中产生的信号作出反应[26a]。纳米机器同样也可以应用于二维 DNA 晶体排列，以保护官能团，从而使纳米机器人系统在纳米尺度范围内的移动可以相对控制在一个确定的参考框架内[26b]。

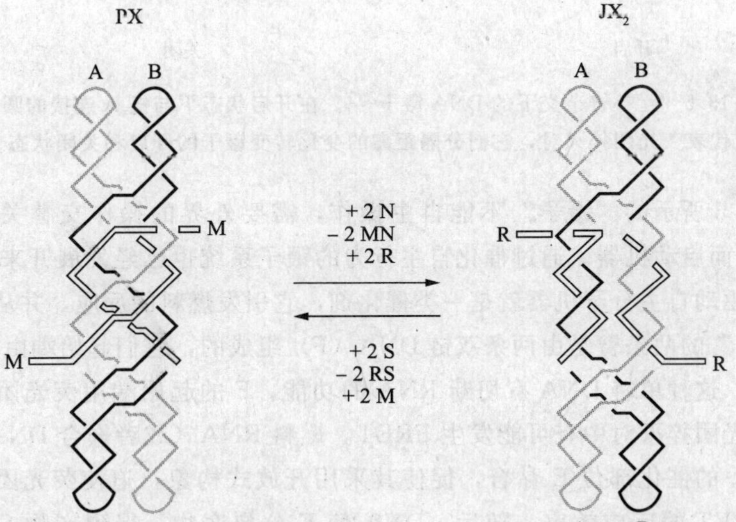

图 13.4　PX-JX_2 转换下的 DNA 扭曲装置[22]，空的带状物代表最先的 DNA 链

13.3.2　镊子

纳米机器的两条链互相靠近，并且可以控制移动，这样的纳米机器被称为

纳米镊子，如图 13.5 所示[27]。这样的体系来源于三个寡核苷酸链 A、B、C 的杂交。在链 A 的 5′和 3′位末端标记两种不同的染料，当加入合适的终止链 F 时，链 A 与链 B、C 的黏性末端杂交，使“镊子”的两条臂靠拢。当加入与终止链 F 长度完全互补的链 G 时，“镊子”重新打开。因此，G 一开始与 F 悬垂的片断杂交，最后替换 F，产生双链副产物 FG。多次重复，整个循环过程通过测量荧光强度来检测，结果发现，由于 FRET 的影响，荧光强度从开始到结束降低了 6 倍，这相当于两末端相距 6 nm，两条臂成大约 50°角所产生的差异。与转换联系起来，这一复杂的杂交过程时间范围是很窄的（实验条件下大约是 13 s）。

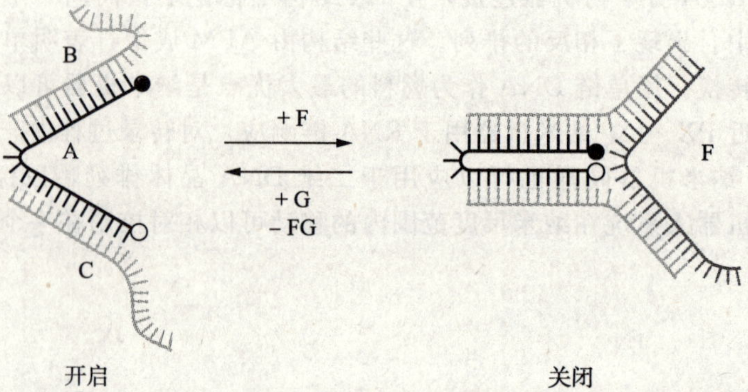

图 13.5　互补链杂交下的 DNA 镊子[27]。在开启状态下与链 A 连接的圆形代表荧光团猝灭对，它们分隔距离的变化转变镊子的开启和关闭状态

图 13.5 所示的“镊子”不能自主操作，需要外界的操作交替关闭和开启 DNA 链从而启动机器。通过催化自主行为的镊子系统也已经发展开来[28]，事实上，化学驱动自主分子机器就是一类催化剂，它引发燃料的反应，并从中获取能量。“镊子”的两条臂是由两条双链 DNA（F）组成的，它们起始端由单链 DNA 序列连接，这种单链 DNA 有切断 RNA 的功能。F 的起始端用荧光团猝灭剂标记，在荧光团猝灭对中有可能发生 FRET。燃料 RNA（或者嵌合 DNA）分子 S 与“镊子”的催化部位 E 黏合，促使其采用开放式构象，迫使荧光团分开，以此降低 FRET 的反应效率。随后，DNA 酶 E 分裂底物，得到产物 S_1 和 S_2 碎片。随着碱基对的减少，双链结构的稳定性降低，致使这些碎片释放出来，“镊子”返回到关闭状态。很明显，机器保持开启和关闭的循环操作直至燃料 S 消耗完。在溶液中加入不被酶分裂的 DNA 链 S 相似物，从而可使“镊子”的自主运动关闭[29]，这样的 DNA 单链可以被随后加入的与其互补的链清除，它作为这类机器的可逆闸门。

单分子实验表明终止链的加入有时候并不能彻底地关闭“镊子”[21b]，可能会产生其他的副产物，如同一机器不同终止链的结合产物，从而导致“镊子”不能完全关闭。顺着DNA的踪迹，目前已经构建了完全寻址的DNA“镊子”，以编程的方式演示了偶联反应[30]。

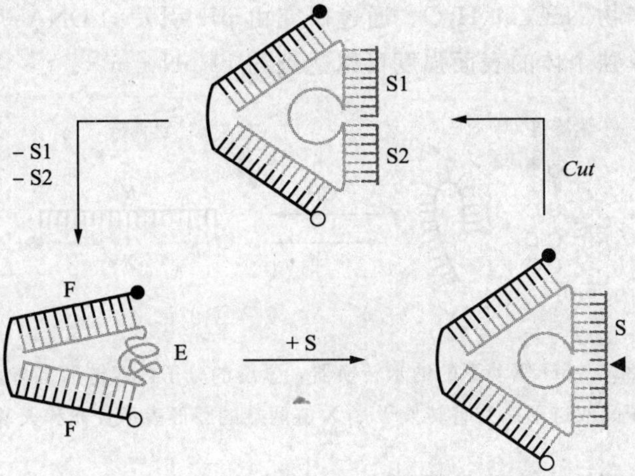

图13.6 通过与互补链的杂交可以实现DNA镊子的自主行为[28]。与机器臂的双链连接的圆形代表荧光团猝灭对，S链旁边的三角形表示黏着部位

基于链转换过程的理论，我们同样构造了纳米驱动器，可以将环形结构转换为伸展的直链结构[31a]。在两个“镊子”结构体系的铰链处将这两套“设备”连接起来，可以得到“DNA剪刀”的样机模型。一个“镊子”的运动传输给另一个，像剪刀的运动一样。像“镊子”这样的DNA纳米机器被称为“测量计”，计量与DNA相连的蛋白质的工作量[32]。

最后，运用遗传复制机制，引发以RNA为燃料的DNA基“镊子”[33a]。由于信使RNA的作用，镊子实现开启关闭的转换。这种信使RNA由RNA聚合酶产生，包含能够编码燃料RNA寡核苷酸的DNA序列。这种方法已经得到了进一步的确定，开启和关闭基因RNA编码器，从而调整相应蛋白质的形成[33b]。这些实验表明，在生物体外人造DNA机器可以通过遗传机制加以调控。

13.3.3 其他体系

核小体在低的pH条件下也可以被质子化，由此我们想到制作质子化的燃料DNA机器，如图13.7所示即为这一体系的典型例子[34]。pH低于6.5时，胞嘧啶富集的DNA链X呈现出分子内四链构象，即i-基序（关闭状态）。pH较高时，链X与其互补链Y（开启状态）杂交。所以交替加入质子和氢氧根离子，机器即在延伸双链与紧凑的四链之间交替出现[35]。如果荧光团与猝灭剂分别黏结在链X的两端，则可以通过FRET监测出其中的构象变化。在每个循环过程中仅仅得到副产物NaCl和H_2O。通过研究由pH引发的DNA机器硅悬臂的挠度，我们得知单独个体的表面强度可以达到约11 pN·m^{-1}。

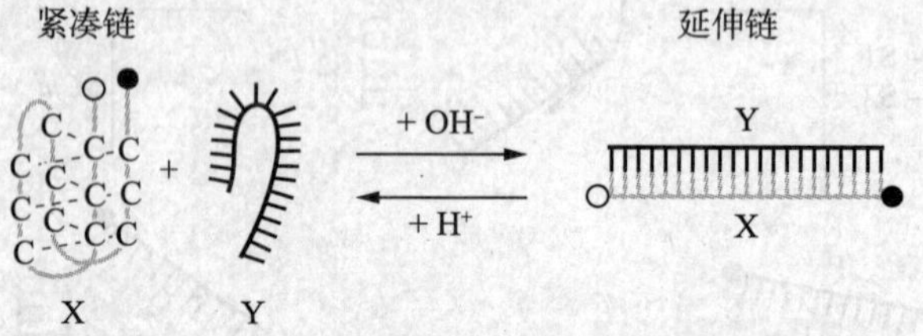

图13.7 pH驱动下的纳米转换器，紧凑的分子内四链形态与直链分子间双链形态交替转换[34]。X链两端的圆形表示荧光猝灭基团

通过化学振荡反应，链X可以在i-基序与任意的盘绕构象下自主转换。这种反应与Landolt反应（由碘酸盐交互氧化亚硫酸盐和硫代硫酸盐）不同，在正常的范围内（pH=5～7）产生pH变化，从而调控机器的正常运行，这种机器在pH为6.5左右时发生转换。最近，这种体系被进一步改造[36b]，将DNA链黏结于处于连续流体搅拌反应器中的固体表面上，原则上可以无限制地发生构象转换反应。

其他基于双链-三链[37,38]以及双链-四链[39]之间的构象转换也已陆续被报道。

13.4 步行机以及相关的体系

在外界刺激作用控制下，人造分子机器可以定向移动，这种体系的成功实现对纳米科学是一个诱人的挑战。受直链分子发动机如驱动蛋白和阻凝蛋白灵感的影响（见14.2节），许多研究开始着手于DNA机器的设计与构造——由核苷酸链构成的纳米尺度范围内的单向步行机。

首次被报道的DNA步行机如图13.8所示[40]，这个机器由两种成分组成：包含有三个站点的轨道以及由柔韧的连接器相连的两条腿。轨道的站点与机器的腿分别被称为站点A、B、C和足1、2。由DNA链中互补碱基对的配对可以实现黏性末端的终止，精确挑选足与站点的序列，使它们之间的互补性降到最近。当在溶液中加入与足和站点都互补的链S时，足便黏结在站点处。这种连接链有

8 个小的立足点，它们都不与足或者站点任意一个互补。连续加入外来的链 U，小的立足点使体系中原有的链与之配对脱离。这样的设计体系使得所有的链可以通过配对被清理出溶液。

图 13.8 显示了双足机器的运行过程[40]。首先如图 13.8（a）所示，链 S1A 链接站点 A 与足 1，链 S2B 链接站点 B 和足 2。第一步在溶液中引入清除链 U2B，U2B 与 S2B 完全配对结合，使得足 2 从站点 B 释放出来，见图 13.8（b）。一旦足 2 从站点 B 释放出来，便与站点 C 通过链 S2C 连接起来，见图 13.8（c）。这个阶段，由于 U1A 的作用，足 1 也从站点 A 释放出来，见图 13.8（d），并通过链 S1B 与站点 B 相连，见图 13.8（e）。Brownian 模型证明了这种运动，套链与清除链加入的顺序证明了其方向性。

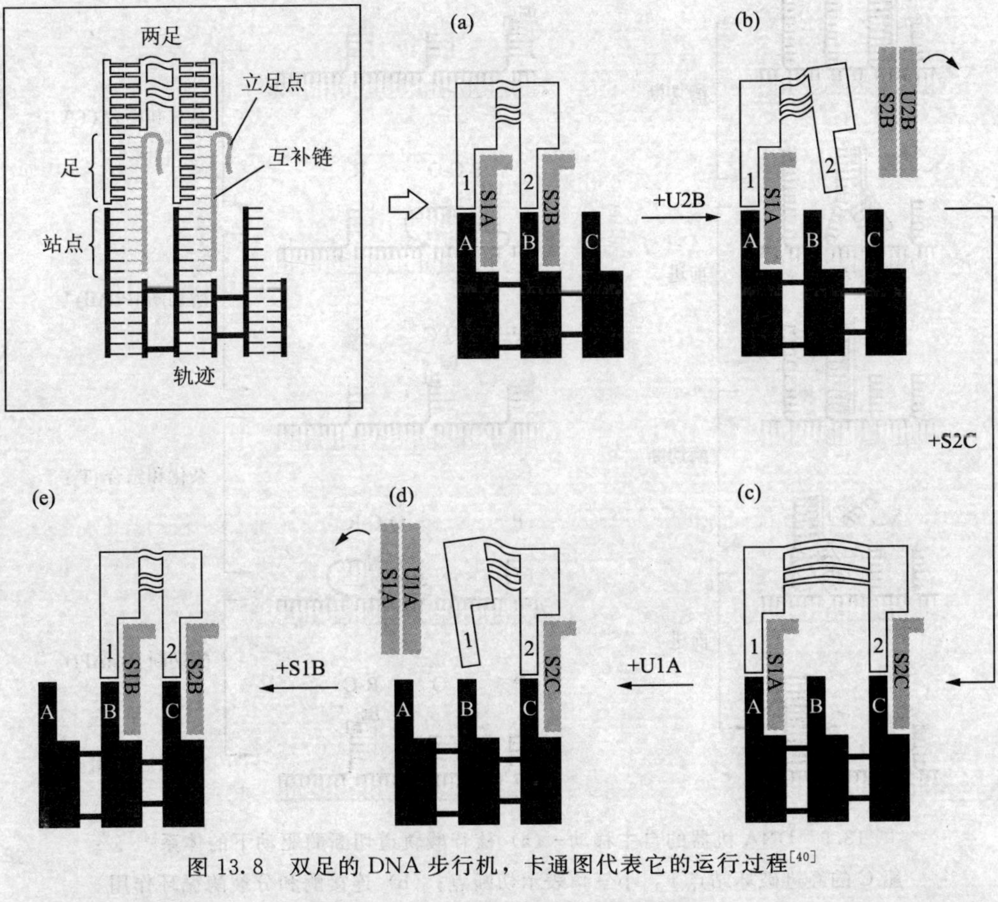

图 13.8　双足的 DNA 步行机，卡通图代表它的运行过程[40]

取部分溶液，置于紫外光照射下，观察到不同的链之间发生交联反应。随后通过变性分析（破坏碱基链的配对），确定哪个足与哪个站相连。由于两条腿之间的柔性连接器长度相对较短，所以这种双足机器如尺蠖般移动，然而自然界的游走蛋白质如驱动蛋白和阻凝蛋白 V 则是“手按手”机理，就像人类走步一样（14.2 节，图 14.1）。经过修改设计方案，实现了 DNA 双足机器像人一样的“手按手”行走，并通过多波段的荧光测量法检测到了其前进运动[41]。

在 DNA[42]或者 DNA - RNA[43]轨道分裂酶的作用下，自主 DNA 步行机也已成功研发，这种体系的操作原理如图 13.9（a）所示。步行机或船 C 是一种切断特定 DNA 或 RNA 序列的 DNA 酶，轨道是对连接有双链骨架的同一单链站

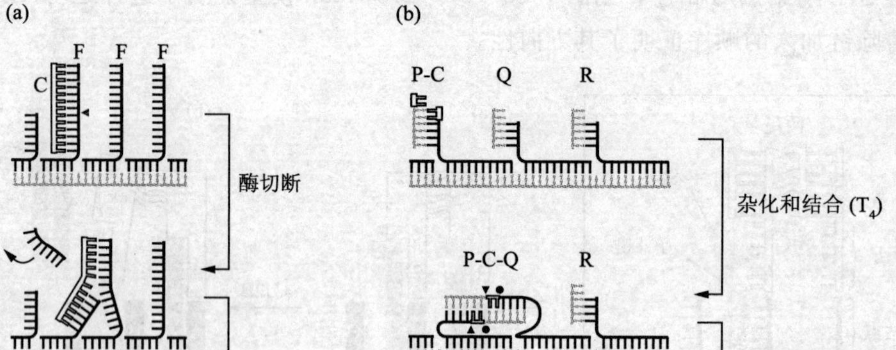

图 13.9 DNA 机器的自主移动。(a) 核苷酸轨道切断酶驱动下的体系[43]。船 C 的经过破坏站点 F，小三角表示切断点；(b) 连接酶和分裂酶循环作用下的体系[46]。这个例子中船的通过保持了轨道的完整性。小圆圈和三角分别表示连接和分裂部位

点的重复。步行机 C 与站点 F 结合，有利于酶切断站点链。站点落下了一个小的片断，带有一小段站点的船的单链部分与前面完整的站点继续结合，船就这样分支转移一步步向前运动。通过荧光检测法[42]或凝胶电泳法[43]，我们可以监测到运动的整个过程。

值得注意的是，这种船更像是越过桶队列的一只桶，而不是步行机[12]。通过简单地破坏其路经轨道的方法，实现了移动的单向性，这是一种“过河拆桥”的手段。然而，轨道不能在运动中强加一个起始方向，除非事先已在一端安排好了船。很明显，这种单独使船通过而破坏轨道的方法限制了这些机器的潜在应用。所以，用 DNA 涂层的表面代替直线型轨道以及像船一样的多腿催化剂，现已经成功构造出了 DNA“蜘蛛”。

据报道，通过酶的连接和切断重复循环反应，DNA 机器自主定向地沿着轨道移动（图 13.9（b））[46]，这一轨道是由承载有三个单链站点（P、Q、R）的双链 DNA 组成的。站点的底部形成一个单链的铰链区，顶部与有黏性末端的 DNA 互补双链杂交。由第一个站点 P 与末端形成的双螺旋结构组成了船 C。通过黏性末端杂交，P-C 结合体与 Q 彼此连接。DNA 连接酶 T4 以共价键的形式将两个站点连接，用船撑开它们之间的间隔。这一过程产生的碱基序列被限制性酶 PflMI 识别，这种酶使船与 P 分开并与 Q 共价结合。随后在 T4 催化剂作用下，船与 R 的黏性末端杂交，从而使 Q-C 与 R 结合。另一种限制性酶 BstAPI 识别该过程产生的碱基序列，BstAPI 使船与 Q 分开并和 R 以共价键结合。这种步行机在有三个站点轨道上的运动通过凝胶电泳法得以检测[46]。每一个结合步骤由 ATP 水解提供能量（DNA 连接酶消耗一个 ATP 分子的能量提供给磷酸二酯键的形成），分裂酶是一个放出能量的过程。可能会存在两种没价值的步骤：在限制性酶 PflMI 作用下 Q-C 与 P 连接并重建，同样地，在限制性酶 BstAPI 作用下 R-C 与 Q 连接并重建。然而，这两步既没有反向也没有阻止船的单向运动。有趣的是这种体系中船的通过没有破坏轨道，理论上讲，这种机器可以不定向地自主移动，但是事实上这一设计相当复杂，需要同时加入三种酶。催化 DNA 杂交反应基础上的自主步行机也已经被提出[47]。

13.5 旋转器件

DNA“分子齿轮”实现了单向旋转运动[48]。在这种体系中（图 13.10），两个环形的 DNA 单元根据链交换原理相互滚动，每一个环形由封闭的单链（A 或 B）以及外围的杂交链（P1A，P2A 和 P3A 或者 P1B，P2B 和 P3B）构成。每一个外围的链含有保持单链的终端部分，作为黏性末端。P1A 与 P2A 的黏性末端杂交，L1 链作为连接器将两个轮子连接起来，P2A 和 P2B 的黏性末端进一步杂交，L2 在两个轮子之间形成双桥。连接链含有垂悬的单链部分，与移动链结合从而将连接链从机器中转移出去。因此，移动链 R1 的加入断开第一个桥，使轮子 B 绕着轮子 A 旋转。以正确的顺序交替加入连接链和移动链，两个轮子同方向滚动。我们运用凝胶电泳法和同位素标记法表征了滚动过程中的不同步骤[48]。

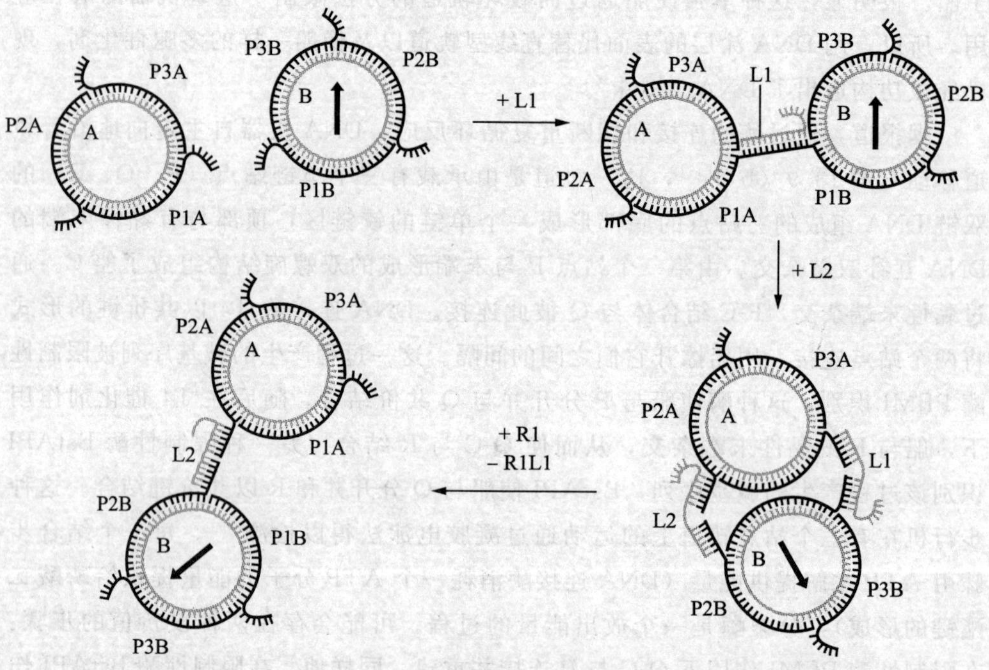

图 13.10　链交换 DNA 齿轮[48]。简单起见，轮子 A 不动，

轮子 B 绕轮子 A 顺时针滚动，如箭头所示方向

13.6　应用

像本书中描述的其他体系一样，DNA 纳米机器同样还没能商业化。但是，本章中所讨论的体系突出体现了其价值，相信它们将应用于科学技术的许多领域[6,8,11,14,49]。

当然生物传感器[6]就是这样的领域之一，高灵敏度的核苷酸探测方法在诊断学、医学、环境监控学以及安全与法学等方面都有很重要的应用。DNA 分析基于聚合酶链式反应（PCR），这一过程需要较长时间，缺乏已分析 DNA 的定量化验数据，并且经常出错。自主 DNA 机器的操作显示，这种体系可以作为分析工具扩大和探测 DNA，在某种程度上，甚至可以替换 PCR。

目前 DNA 灵敏探测器也已经发展起来了（图 13.11），DNA 酶作为一种复杂的切断机器，在分析 DNA 目标后自主复制，最后产生一个发光的读出信号。DNA 双发夹环结构 H 包含一个碱基序列，形成限制性内切酶的黏合区域（Fok I）。与分析物 A 杂交，发夹环 H 打开并形成一双链结构 D。酶在特定部位切断

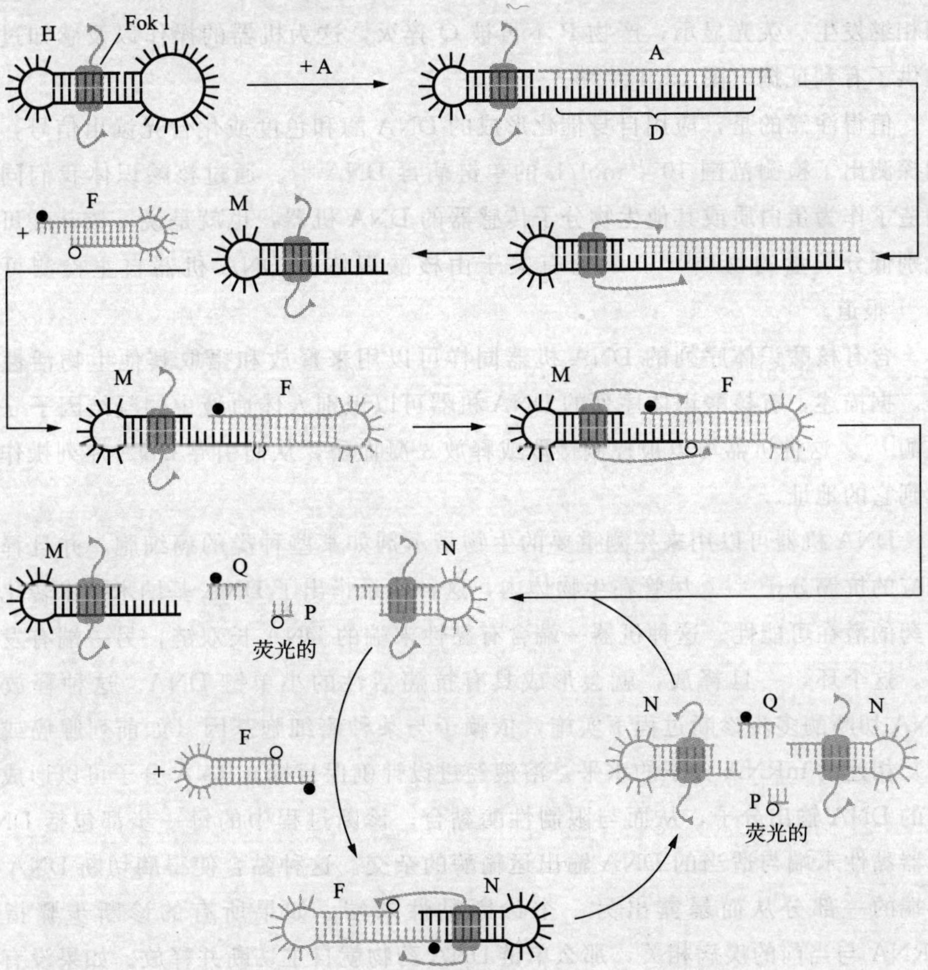

图 13.11　DNA 探测中的自复制 DNA 酶体系。ssDNA 分析物 A 加入到 DNA 酶联合体 H 中产生切割单元 M。这些单元在 DNA 燃料 F 的作用下，产生另一个切割单元 N、荧光产物 P 以及副产物 Q。切断机器 N 可以在燃料 F 的作用下自我复制，形成更多的 P 和 Q（空心和实心圆代表荧光猝灭对）

双链 D，从而形成可以作为切断机器的 DNA 酶联合体 M。机器的燃料来源于有黏性末端的 DNA 发夹环 F，其黏性末端与切断单元杂交，用荧光猝灭对标记，两基团分开一定的距离以便通过 FRET 猝灭荧光。F 与切断机器的杂交形成一部分双链，用酶切断，得到产物 P、Q 和联合体 N。联合体 N 本身就是一个切断机器，因为它含有 Fok I 的黏合区域，并且可以有 F 作为燃料。N 与 F 的反应产生另一个 N 复制体，同时还有片断 P 和 Q。所以，分析物 A 的初步探测引发了 DNA 切断机 M 的形成，在燃料 F 的作用下，M 的形成与切断单元 N 的自主复制相继发生。荧光显示，产物 P 不再被 Q 猝灭，这为机器的操作以及感知过程提供了有利证据（图 13.11）[50]。

值得注意的是，应用自身催化形成的 DNA 酶和色度或化合光读出信号，我们探测出了检测范围 10^{-14} mol/L 的单链病毒 DNA[51]。通过核酸识体我们同样构造了作为蛋白质或其他生物分子传感器的 DNA 机器，也就是说，核苷酸可以识别低分子量的物质[52]。最近有关于由核酸识体基 DNA 机器自主检测可卡因[53]报道。

含有核酸识体序列的 DNA 机器同样可以用来释放和摄取其他生物活性分子。据描述，有核酸识体序列的 DNA 机器可以识别人体血液中的凝结因子 α-凝血酶[54]。这种机器可以被控制摄取或释放 α-凝血酶，从而引导 DNA 序列操作者找到它的地址。

DNA 机器可以用来探测重要的生物指示剂如某些种类的癌细胞，并且释放相应的抗癌分子[55]。尽管在生物体内，这种体系指出了 DNA 基纳米技术转化为医药的潜在可能性。这种机器一端含有黏性末端的 DNA 长双链，另一端有发夹环。这个环，一旦释放，就会形成具有抗癌活性的小单链 DNA。这种释放在 DNA 切断酶多步诊断过程下实施，依赖于与某种癌细胞基因（如前列腺癌或肺癌）相连的 mRNA 分子的水平。溶液经过设计确保目标 mRNA 分子可以形成特定的 DNA 输出分子，从而与限制性酶黏合。诊断过程中的每一步都包括 DNA 机器黏性末端与适当的 DNA 输出运输酶的杂交。这种黏合使得酶切断 DNA 机器端的一部分从而暴露出另一个诊断黏性末端。如果所有的诊断步骤指示 mRNA 与当前的疾病相关，那么单链 DNA 药物就自主切断并释放。如果没有检测到疾病状态，由于明显的但是很相似的 DNA 机器的存在，它们就会释放药物抑制剂，那么整个体系就会变得很复杂[55]。药物与抑制剂之间的平衡取决于治疗是否有效的进行。

分子机器最重要最诱人的工作是根据特定的机器说明合成其他复杂分子或者

分子集体，这些产物也是不同的分子机器或机器本身的一部分。有人提议用DNA机器控制化学合成[30,56]。在这些体系中，不同的化学试剂与不同的DNA链作用，这些链相互交联形成一个联合体。在给定的溶液条件下，DNA机器采取某种构象使得两种特殊的试剂混合在一起，推动化学反应的进行。当条件发生改变，机器改变其构象，反应也相应改变，双链-三链转化和像镊子一样的运动就属于这种变化。DNA纳米机器可以响应DNA信号从而确定特殊的DNA序列，然后模仿核糖体的翻译功能[57]。基于PX－JX_2转换的机器（13.3.1节）[22a]可以将一系列的反应物校正在特定位置。一旦确定位置，反应物混合在一起得出理想的DNA序列。

最后，在预先确定的纳米尺度轨道上单向移动的分子步行机期望被应用于纳米机器人技术、诊断学、医药学等，如作为分子甚至细胞载体。事实上，根据它们内在的状态以及转变规则，分子机器向前运动并且改变DNA指令带，这是在纳米尺度内对图灵机（Turing machine）的翻版。

本章生动形象地描述了先进的DNA纳米机器，它们可以根据预先确定的指令对输入的特定信息作出相应有价值的输出，预言这些精巧的纳米体系将有飞速的发展。成功实现目标的重要课题是寻找新颖的DNA机器，使其具有更多的性能，能够与其他天然或人造分子机器相结合，探测遗传规律的可能性以及研究和发展DNA计算技术。

参考文献

1 Watson, J.D. and Crick, F.H.C. (1953) *Nature*, **171**, 737.

2 Franklin, R.E. and Gosling, R.G. (1953) *Nature*, **171**, 740.

3 *Nature* (2003) **421** (6921). Special issue celebrating the 50th anniversary of the discovery of the DNA double helix.

4 Seeman, N.C. (1982) *Journal of Theoretical Biology*, **99**, 237.

5 Adleman, L. (1994) *Science*, **266**, 1021 (see also Chapter 9).

6 (2006) *Organic Biomolecular Chemistry*, 4 (18). Special issue on DNA-Based Nanoarchitectures and Nanomachines.

7 (a) Seeman, N.C. (1998) *Angewandte Chemie-International Edition*, **37**, 3220. (b) Seeman, N.C. (2001) *Nano Letters*, **1**, 22. (c) Seeman, N.C. (2003) *Nature*, **421**, 427.

8 (a) Feldkamp, U. and Niemeyer, C.M. (2006) *Angewandte Chemie-International Edition*, **45**, 1856. (b) Niemeyer, C.M. (2007) *Nano Today*, **2**, 42.

9 (a) Samorì B. and Zuccheri, G. (2005) *Angewandte Chemie-International Edition*, **44**, 1166. (b) Brucale, M., Zuccheri, G. and Samorì B. (2006) *Trends in Biotechnology*, **24**, 235.

10 Condon, A. (2006) *Nature Reviews. Genetics*, **7**, 565.

11 (a) Simmel, F.C. and Dittmer, W.U. (2005) *Small*, **1**, 284. (b) Liedl, T., Sobey, T.L. and Simmel, F.C. (2007) *Nano Today*, **2**, 36.

12 Kelly, T.R. (2005) *Angewandte Chemie-International Edition*, **44**, 4124.

13 Beissenhirtz, M.K. and Willner, I. (2006) *Organic Biomolecular Chemistry*, **4**, 3392.

14 Bath, J. and Turberfield, A.J. (2007) *Nature Nanotechnology*, **2**, 277.

15 Bloomfield, V.A., Crothers, D.M. and Tinoco, I., Jr (2000) *Nucleic Acids*, University Science Books, Sausalito, USA.

16 Ha, S.C., Lowenhaupt, K., Rich, A., Kim, Y.G. and Kim, K.K. (2005) *Nature*, **437**, 1183.

17 Winfree, E., Liu, F.R., Wenzler, L.A. and Seeman, N.C. (1998) *Nature*, **394**, 539.

18 Chen, J.H. and Seeman, N.C. (1991) *Nature*, **350**, 631.

19 Goodman, R.P., Schaap, I.A.T., Tardin, C.F., Erben, C.M., Berry, R.M., Schmidt, C.F. and Turberfield, A.J. (2005) *Science*, **310**, 1661.

20 Greulich, K.O. (2005) *ChemPhysChem*, **6**, 2458.

21 Recent examples: (a) Buranachai, C., McKinney, S.A. and Ha, T. (2006) *Nano Letters*, **6**, 496. (b) Müller, B.K., Reuter, A., Simmel, F.C. and Lamb, D.C. (2006) *Nano Letters*, **6**, 2814.

22 (a) Yan, H., Zhang, X., Shen, Z. and Seeman, N.C. (2002) *Nature*, **415**, 62. (b) Feng, L., Park, S.H., Reif, J.H. and Yan, H. (2003) *Angewandte Chemie-International Edition*, **42**, 4342.

23 Shu, W., Liu, D., Watari, M., Riener, C. K., Strunz, T., Welland, M.E., Balasubramanian, S. and McKendry, R.A. (2005) *Journal of the American Chemical Society*, **127**, 17054.

24 The controlled bending of a microcantilever device based on switchable rotaxanes is described in Section 16.4.

25 (a) Mao, C., Sun, W., Shen, Z. and Seeman, N.C. (1999) *Nature*, **397**, 144. (b) Rouhi, M. (1999) *Chemical & Engineering News*, **77**(3), 13.

26 (a) Zhong, H. and Seeman, N.C. (2006) *Nano Letters*, **6**, 2899. (b) Ding, B. and Seeman, N.C. (2006) *Science*, **314**, 1583.

27 Yurke, B., Turberfield, A.J., Mills, A.P., Jr, Simmel, F.C. and Neumann, J.L. (2000) *Nature*, **406**, 605.

28 Chen, Y., Wang, M. and Mao, C. (2004) *Angewandte Chemie-International Edition*, **43**, 3554.

29 Chen, Y. and Mao, C. (2004) *Journal of the American Chemical Society*, **126**, 8626.

30 Chhabra, R., Sharma, J., Liu, Y. and Yan, H. (2006) *Nano Letters*, **6**, 978.

31 (a) Simmel, F.C. and Yurke, B. (2001) *Physical Review E*, **63**, 041913. (b) Mitchell, J.C. and Yurke, B. (2002) DNA Computing – 7th International Workshop on DNA-Based Computers vol. **2340**, Springer, Heidelberg, p. 258.

32 Shen, W., Bruist, M.F., Goodman, S. D. and Seeman, N.C. (2004) *Angewandte Chemie-International Edition*, **32**, 4750.

33 (a) Dittmer, W.U. and Simmel, F.C. (2004) *Nano Letters*, **4**, 689. (b) Dittmer, W.U., Kempter, S., Rädler, J.O. and Simmel, F.C. (2005) *Small*, **1**, 709.

34 Liu, D. and Balasubramanian, S. (2003) *Angewandte Chemie-International Edition*, **42**, 5734.

35 For a related example, see Li, J.J. and Tan, W. (2002) *Nano Letters*, **2**, 315.

36 (a) Liedl, T. and Simmel, F.C. (2005) *Nano Letters*, **5**, 1894. (b) Liedl, T., Olapinski, M. and Simmel, F.C. (2006) *Angewandte Chemie-International Edition*, **45**, 5007.

37 Chen, Y., Lee, S.-H. and Mao, C. (2004) *Angewandte Chemie-International Edition*, **43**, 5335.

38 Brucale, M., Zuccheri, G. and Samorì B. (2005) *Organic Biomolecular Chemistry*, **3**, 575.

39 Alberti, P. and Mergny, J.-L. (2003) *Proceedings of the National Academy of Sciences of the United States of America*, **100**, 1569.

40 Sherman, W.B. and Seeman, N.C. (2004) *Nano Letters*, **4**, 1203.

41 Shin, J.-S. and Pierce, N.A. (2004) *Journal of the American Chemical Society*, **126**, 10834.
42 Bath, J., Green, S.J. and Turberfield, A.J. (2005) *Angewandte Chemie-International Edition*, **44**, 4358.
43 Tian, Y., He, Y., Chen, Y., Yin, P. and Mao, C. (2005) *Angewandte Chemie-International Edition*, **44**, 4355.
44 For an artificial system based on a similar idea but not containing DNA, see Section 14.4.2.
45 Pei, R., Taylor, S.K., Stefanovic, D., Rudchenko, S., Mitchell, T.E. and Stojanovic, M.N. (2006) *Journal of the American Chemical Society*, **128**, 12693.
46 Yin, P., Yan, H., Daniell, X.G., Turberfield, A.J. and Reif, J.H. (2004) *Angewandte Chemie-International Edition*, **43**, 4906.
47 (a) Turberfield, A.J., Mitchell, J.C., Yurke, B., Mills, A.P., Blakey, M.I. and Simmel, F.C. (2003) *Physical Review Letters*, **90**, 118102. (b) Green, S.J., Lubrich, D. and Turberfield, A.J. (2006) *Biophysical Journal*, **91**, 2966.
48 Tian, Y. and Mao, C. (2004) *Journal of the American Chemical Society*, **126**, 11410.
49 Scott, A. (2004) *Chemistry World UK*, **1**(11), 31.
50 Weizmann, Y., Cheglakov, Z., Pavlov, V. and Willner, I. (2006) *Angewandte Chemie-International Edition*, **45**, 2238.
51 Weizmann, Y., Beisenhirtz, M.K., Cheglakov, Z., Nowarski, R., Kotler, M. and Willner, I. (2006) *Angewandte Chemie-International Edition*, **45**, 7384.
52 Willner, I. and Zayats, M. (2007) *Angewandte Chemie-International Edition*, **46**, 6408.
53 Shlyahovsky, B., Di, L., Weizmann, Y., Nowarski, R., Kotler, M. and Willner, I. (2007) *Journal of the American Chemical Society*, **129**, 3814.
54 Dittmer, W.U., Reuter, A. and Simmel, F.C. (2004) *Angewandte Chemie-International Edition*, **43**, 3550.
55 Benenson, Y., Gil, B., Ben-Dor, U., Adar, R. and Shapiro, E. (2004) *Nature*, **429**, 423.
56 Chen, Y. and Mao, C. (2004) *Journal of the American Chemical Society*, **126**, 13240.
57 Liao, S. and Seeman, N.C. (2004) *Science*, **306**, 2072.

第 14 章　线性运动

14.1　概述

在自然界和科技之中，线性运动都是非常重要的运动。在自然界中，与细胞内交换、细胞分裂和肌肉收缩相关的运动都是由蛋白线性马达产生的[1-5]。在宏观世界中，大多数机器是由持续燃烧的发动机驱动的，这种发动机是基于活塞在汽缸中的线性往复运动的原理工作的。

随着轮烷化学的发展，不难构建能进行线性运动的简单的人工分子水平系统。这种人工系统与自然界的线性马达是完全不同的，不仅是结构和功能上的不同，还在于他们大多数可以被光化学或电化学刺激所激发。最近几年在这一领域进行了大量的综述[6-22]。

本章中，我们简要描述了天然线性马达的工作机制，人工超分子水平的穿进-脱落运动并列举了基于轮烷的线性人工分子水平的机器的例子。

14.2　天然线性马达

像肌浆球蛋白和驱动蛋白的酶类以及他们的衍生物都是线性马达，他们沿着高聚体结构运动，水解 ATP 并将其能量转化为机械动作：肌浆球蛋白在肌肉和其他细胞中沿肌动蛋白丝运动，而驱动蛋白沿微观运动[1-4]。运动来自于机械化学的循环，在这之中，马达蛋白沿着底物结合在连续位点上以使其能进行向前的平均运动。

最近几年里，在天然线性马达的运动机制的阐明方面取得了很大进展，尤其是对肌浆球蛋白[23-28]和驱动蛋白[29-34]。这一进展的取得除了物理学和生物学方法的建立外，还因为发展了一些新的技术，这些技术将光学和力学方法结合起来观察单一蛋白的行为。尤其有用的是荧光成像的引入，通过检测发射模式的中心而建立了一个纳米精度的马达头部有机染料的结合部位。

在结构上，肌浆球蛋白和驱动蛋白二聚体，有两个马达头，两条腿和一个共同的柄（图 14.1）。头部区域（驱动蛋白 7 nm×4 nm×4 nm 大小）结合在肌动蛋白或微管丝上。马达的两只脚不能同时抬起，否则就会从微管丝上掉下来并分散开来。这意味着必须存在某种物质在一只脚运动的过程中能控制另一只脚的运动。另一个重要问题是两个马达头是如何联合起来使马达逐步沿着轨道向前运动的。对此提出了两种不同的机制（图 14.1）。在节节向上模型中[23]，ATP 结合和水解是前面的马达头（头 1）产生构象变化，拉动后面的马达头（头 2）前进，而头 1 保持与微管丝的结合状态。下一步头 2 保持结合状态并拉动头 1 前进。在尺蠖模型中[33]，只有前面的马达头催化 ATP 水解并拉动后面的马达头，而后面的马达头跟随前进。从驱动蛋白[32,34]、肌浆球蛋白 V[27] 和肌浆球蛋白 Ⅵ[27b,35] 获得的结果表明这些马达头以类似人类的步伐的样子节节向上地向前运动：马达腿的每一次摆动都跨过了两个单位距离，马达的质心也相应移动了两个单位距离。例如，在驱动蛋白中若柄是 8 nm 的长度，则会看到头部交互移动16 nm或 0 nm 的距离。令人惊讶的是，最近的研究结果表明控制驱动蛋白沿着微管轨道逐步移动的 ATP 门不依赖于微管格子就能运行[36]。

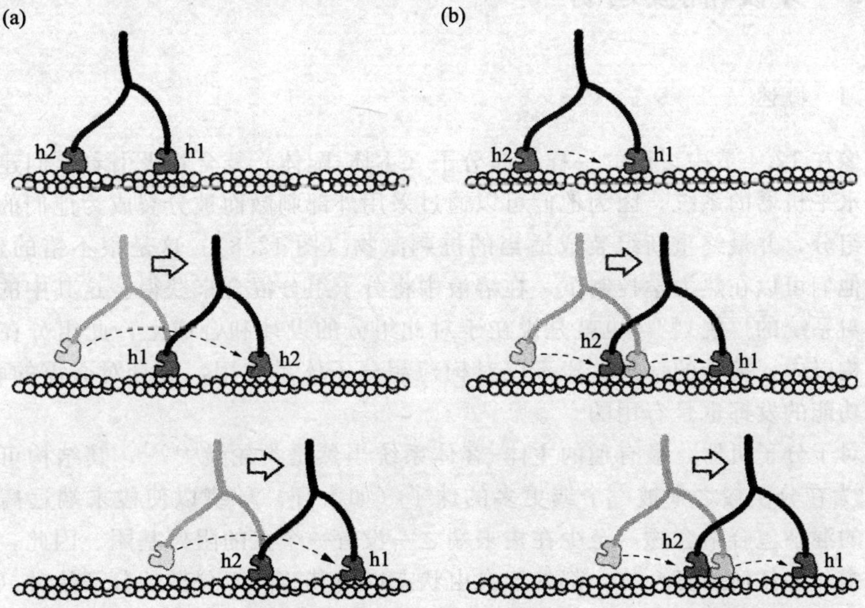

图 14.1　天然线性马达的节节向上的（a）和尺蠖（b）运动机制的图示

马达蛋白单向地产生动力并运送物质。已经研究了在不同的 ATP 浓度和强度下驱动蛋白单分子沿着微管轨道的运动情况[29]。在体外活性状态下马达蛋白的重组最初引起了人们对其机制的研究，通过这能产生动力。近来，生物分子马达被广阔地应用于驱动混合系统中的纳米器件[37]。目前已经构建了基于肌动蛋白和微管的分子梭，这应用了两种不同的途径：要么微管固定在表面而肌动蛋白移动，就像汽车在高速路上行驶，而将结合在肌动蛋白上的物质运输[38]；要么肌动蛋白结合在表面而微管被肌动蛋白类似线性马达一样推动着前进[39]。关于第二种方法的一个有趣的应用是采用荧光微管将其应用于表面成像，应用过程像探针机器人穿过与肌动蛋白结合的表面一样运动[39]。肌动蛋白微管的运动性已经采用被束缚的肽进行光控制[40a]，并且构建了基于肌动蛋白和由自供给 ATP 推动的混合纳米生物机器[40b]。驱动蛋白马达可以应用于人工微流体系统[41]，例如，在外电场的控制下驱动将微管的直接运输进入 Y 结合点的两只手臂的其中之一[41a]。分子马达的能量同样也能用于促进纳米粒子的自组装过程[42]。

天然马达的另一个良好的类型是通过处理酶类如 DNA 聚合酶而给出的[4]。这些酶在发挥他们的功能时是非常出色的，因为他们是以类轮烷的形态来工作的，在这期间酶结合在 DNA 链上并沿着链滑动，而在复合物分离之前表现出多个催化环。

14.3 穿梭-脱梭运动

14.3.1 概述

像在 12.4 节中讨论的一样，超分子（主体-配体）复合物吸引着人们建立单分子水平机器的系统，因为他们可以通过采用外部刺激而被分裂成为他们的自由分子组分，并最终重新组装成适当的抗刺激物（图 12.8）。这是很不错的建议，因为他们可以在热力学控制下，在溶液中将分子组分混合来获得。这其中的挑战在于对系统的“规划”，也就是说在于对此组分的设计和合成上，此组分在自身的结构以内，携带的信息片段不仅对构建超分子体系有用，而且对必需的联合-分裂功能的发挥也是有用的[43]。

对于分子机器，最有趣的主体-客体系统当然是类轮烷[44-52]，其结构可以定义[53]为在分子梭之中被一个或更多的珠子（如大环）环绕以使梭末端远离珠子中心的混杂包合络合物。至少在梭末端之一没有一个大的阻碍基团。因此，装配的要素，如任何的复合物，都处于自由状态以使其游离于分散的分子物种（与轮烷不同，如下所示，没有辅助的机械键来维持系统的完整性）。

由梭和珠子构成的复合物应该被称作[2]类轮烷。为了简便，我们省略了前缀[2]。一些可以用类轮烷获得的分子运动在图 14.2 中生动地描绘出来。线轴与环状组分的脱落-重新穿进重现了活塞在汽缸中的往复运动。由这一简单的运动出发（图 14.2（a）），可以设计出更复杂的过程。在包含一个大环和两个类线轴式样的化学系统中，通过适当的输入，可以选择哪一个线轴进入大环的空穴中（图 14.2（b））。类似地，也可以采用合适的刺激来选择两个大环中的哪一个环绕在特殊的类线轴式样上（图 14.2（c））。需要指出的是，图 14.2 中示意性的表示出的过程也可以作为二元逻辑运算以及逻辑门设计的基础（9.4.4 节）。

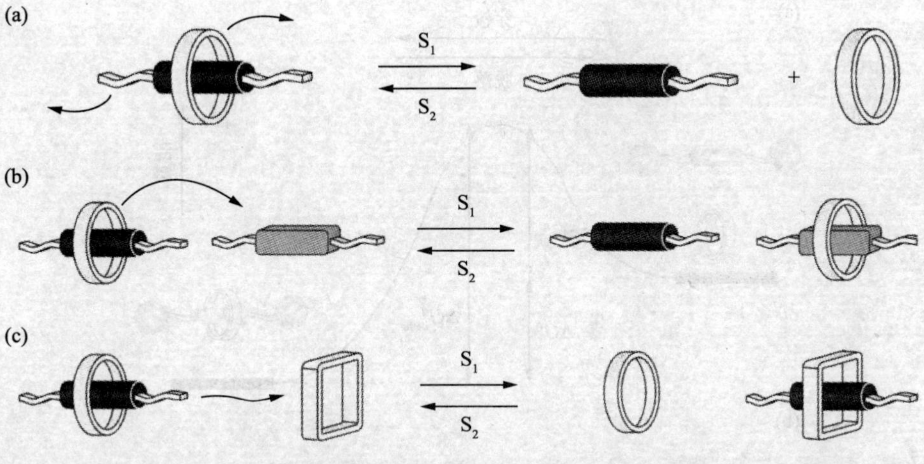

图 14.2 类轮烷的分解（a）；大环在两个梭之间的相互交换（b）；一个梭在两个大环之间的相互交换（c）。S_1 和 S_2 是适当的外部刺激

用来驱动这种原始的分子机器的外部刺激必须能够减弱稳定最初的超分子复合物的非共价键力。因而所应用的刺激的类型依赖于这种非共价键力的类型。目前所研究的大多数类轮烷都依赖于［N^+－H…O］和［C－H…O］氢键结合或者依赖于［C－H…O］氢键结合与π电子给体-受体（电子转移）相互作用的结合。［N^+－H…O］氢键结合相互作用可以通过加入能够将铵中心去质子化的碱而被轻易地破坏，也能通过加入能够把胺官能团再质子化的酸而恢复。因此，在基于氢键结合相互作用的类轮烷中，机械运动可以通过化学（酸-碱）刺激驱动。当由络合引起的相互作用在本质上是给体-受体时，他们可以通过电子给体单元氧化或者电子受体单元还原而减弱。电子受体单元的还原也能够减弱在大多数超分子复合物中伴随着给体-受体相互作用的［C－H…O］氢键结合。给体-受体相互作用通常可以通过颠倒氧化还原作用过程而恢复。需要分离-联合一个类轮烷的氧化还原过程可以由化学、光化学或电化学刺激而达到[10,54]。

如果两个体积大的取代基团（阻碍物）处于线轴的末端，一个类轮烷就转化为轮烷（14.4 节），此结构不允许其从线轴上脱落，这是因为两个阻碍基团的存在。如果从一开始线轴就有相对较大的取代基，环就可以通过他们滑动，这个过程需要克服相当大的活化壁垒（图 14.3（a））[55]。由于此系统中环的脱落是不可能的，而且需要克服一个更高的活化壁垒，因此在适当的条件下（如低温）它们表现为轮烷的行为。这表示类轮烷可以有一些类似轮烷的特征。从另外的观点看，我们可以说类轮烷是处于两种极端领域（图 14.3（b））的中间领域，相应于两种隔离元件或者组合轮烷结构[56]。这确实是化学中模糊逻辑的好例子，这种观念现在正在证实着其在工业化学过程中高多样性的价值[57]。

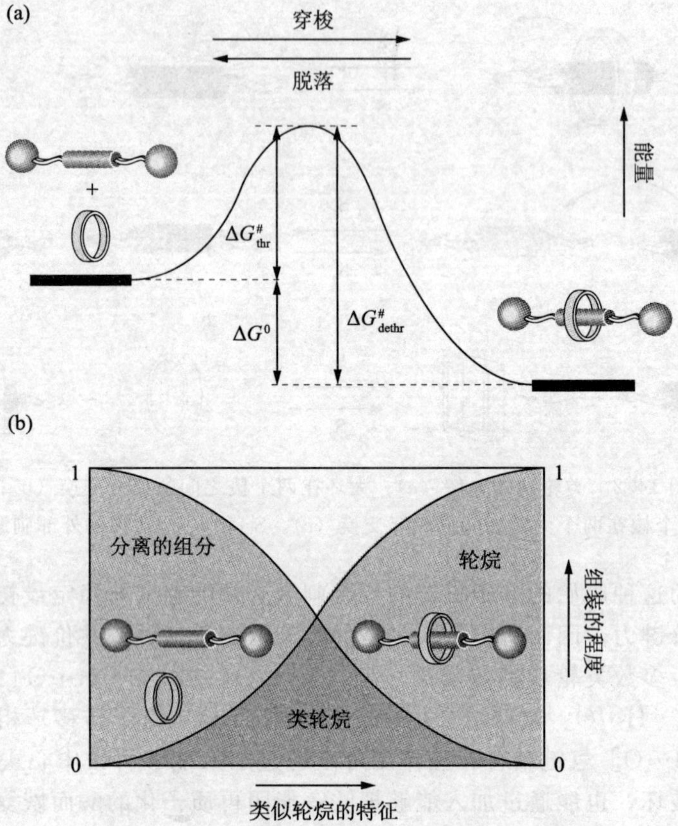

图 14.3 (a) 通过大环组分在有相对较大的阻碍物的滑动的轮烷型实体的自组装[55]。(b) 示意图表示了类轮烷处于隔离化合物和轮烷结构之间的过渡[56]

14.3.2 化学驱动的运动

14.3.2.1 基于金属-配体键的系统

围绕金属中心的配位是在类轮烷模型中最先用于组织分子组分的相互作用[58]。适当设计的含 1，10-邻二氮杂菲配体的大环物种在加入 Cu(Ⅰ) 离子后自组装产生类轮烷。这些复合物的形成伴随着颜色的变化，之后作为中间体应用于含金属索烃的定向模板合成。含 Cu(Ⅰ) 的类轮烷非常稳定，因此很难从线轴上脱落——只能通过用过量高亲核配体如氰根离子[59]的复合物处理的方式去除铜离子。金属复合物的多功能性和特性在设计和构建基于轮烷和索烃分子机器的最佳例子时就已经显现出来了（14.4.2.1 节和 15.4 节）。

14.3.2.2 基于氢键和静电相互作用的系统

类轮烷是做化学开关的良好材料，包括依赖于铵离子和冠醚之间的氢键相互作用的类轮烷。众所周知有机铵离子可以和冠醚形成加合物，而且发现[60,61]在非极性溶剂中，适当的类线轴二烃基铵离子（如联苯铵阳离子）可以渗透进适当大小的冠醚（如二苯并-24-冠-8）中形成类轮烷[62,63]。这些复合物可以在溶液中由^{1}H NMR光谱鉴别或者在固体状态由X-射线衍射鉴别，他们能被［N^+－HO］氢键稳定，在更小的范围内能被［C－HO］氢键稳定，有时也能被［π…π］重叠相互作用所稳定。获得了类轮烷后，可以加入能够通过－NH^+中心的去质子化破坏氢键相互作用的碱很容易地将其从线轴上脱落。适当的碱是要大量的，非亲核性的，如i-Pr_2NEt和n-Bu_3N。类轮烷也可以由冠醚和类梭二烃基胺的混合物加入可以使胺官能团质子化的酸（典型的如CF_3SO_3H和CF_3CO_2H）获得。穿入线轴的过程也可以由加入碱而翻转。必须选择不能生成不溶性铵的酸，这样其阴离子不能促进离子对的形成。

发色团和/或发光单体如二羟基苯酚[64]、二羟基萘[64b,c]、联萘[64a,b]和富勒烯[66]已经和冠醚或者铵离子合成一体了，用来研究在类轮烷中发生的光致变色过程。在所有的这些研究中，目的都是设计化学（酸-碱）控制的分子机器将所给的光信号读出。基于由酸碱刺激的类轮烷的形成和操作的塞子-空穴器件[65a]和扩展电缆器件[67]已经在第5章介绍过了。

包含π-电子受体和氢键识别部位的类线轴物质已经得到并应用于产生不同化学计量学的多组分类轮烷了，在它们转变的时候，可以用于用脱落-重新穿进运动的复合物式样构建酸碱控制的分子机器[64c]。已经有报道三重线状的二组分超管束[68]。这一系统包含三个连在一个三苯基中心的苯并-24-冠-8大环，在其中三个联苯基铵离子结合在一个中心为苯环的核上。两个识别化合物的强烈的荧光发射在与伴随物结合后而熄灭，此伴随物由两个络合物1∶1在芳香核上加合的［π…π］重叠显示出低能量，宽荧光波段。在乙腈溶液中，此1∶1的加合物的脱落-重新穿进可以通过碱和酸的加入而达到数量上的控制。这一系统是基于一个能够通过化学刺激实现开关动作的三方协同结合的超分子实体的杰出例子[68-79]。正如我们在14.4.2.2节中要讲的一样，这一三组分加合物可以作为应用于分子电梯的构建。

环糊精[71]已经大量地应用于构建类轮烷[9,72,73]。芳香单体被长链烷基结合的类线轴二聚吡啶基吡啶盐双阳离子已经用于α-环糊精（α-CD）中了[9,74]。在这一系统中，水溶液中类轮烷的形成由脂肪族链和α-环糊精的亲脂空穴之间的疏水相互作用驱动。类轮烷可以通过将线轴末端吡啶单体的两个氮原子质子化而部分地脱落。这一反应可以通过疏水特征的减少来解释，此疏水性是与质子化了的外加物中烷基链结合的。α-环糊精沿着线性聚乙烯亚胺穿进/脱落的过程以及环糊精分子沿着线性聚乙烯亚胺的移动是由 pH 控制的[75a]。已穿进了的环糊精分子的滑动和轮流移动已经作为分子识别目的开发出来了[75b]。一个连在 β-环糊精上的芳基取代物的穿进由 1-金刚烷控制（12.4.4 节，图 12.6），而当其中包括一个双键时，穿进线轴的过程可由光刺激开启和关闭[75c]。

葫芦［6］脲是一个来源于酸催化甘脲和甲醛缩合反应的六聚体大环化合物[52,76]。它有一个直径大约 5.7Å 的空穴，从外部经由两个直径大约 4Å 的羰基修饰的入口很容易进入。葫芦脲与质子化的二氨基烷形成稳定的 1∶1的主-配体复合物[52,76,77]，因为在质子化氨基和入口的羰基之间有电荷偶极和氢键相互作用，在内部亚甲基体和空穴内壁之间有疏水相互作用。当用适当的氨基化合物作为分子线轴时，沿着线轴被葫芦脲（CB）大环占据的位点可以通过改变溶液的 pH 来控制[78]。这种类型的轮烷表现为 pH 驱动的分子穿梭，将在 14.4.2.3 节中介绍。基于葫芦脲的类轮烷用末端 3-吡啶部分与 Cu^{2+} 离子配位，在草酸盐离子存在下，逐渐形成多聚轮烷（分子项链），并结合起来形成 2 维六角形排列[79]。有趣的是，葫芦脲也能用于在外围盖住用质子化的二氨基丁烯单体修饰的聚乙烯（丙烯亚胺）树状高分子。第五代树状高分子包含 64 颗穿在外围的珠子，这形成了一个刚性外壳[80]。全部珠子或一部分可以通过碱的加入从线轴上脱落，加入碱使得开放-关闭树状高分子外壳成为可能。已经研究了基于七聚体和八聚体葫芦脲的系统，这种葫芦脲等同于 β-或 γ-环糊精，尤其是其洞穴的尺寸大小。[81-83]

14.3.2.3　基于给体-受体相互作用的系统

作为金属络合物和［$N^+-H\cdots O$］氢键结合相互作用一个替代物，在 π 电子给体和 π 电子受体之间产生的稳定性是广泛应用于产生穿进线轴的上层结构的模板指导的一个方法，这种稳定通常是半稳定的，会在［$C-H\cdots O$］氢键相互作用的辅助下达到稳定。带有类轮烷几何结构的几个复合物已经通过一个富含 π 电子的类线轴化合物如 **1** 以及一个缺 π-电子大环如四价阳离子环番（对苯百草枯）$\mathbf{2}^{4+}$（图 14.4a）[46]类似地，类轮烷中线性缺 π-电子体如 2，7-联苄基二氮杂核体双阳离子 $\mathbf{3}^{2+}$ 穿入一个富含 π-电子的大环空穴如 1，5-二萘甲酰胺-[38]-冠-10 **4**（图 14.4b）的现象已经鉴定出来了[84]。现已经建立了四价阳离子环番 $\mathbf{2}^{4+}$ 化合物的计算机模型[85-87]。通过 $\mathbf{2}^{4+}$ 和含一个萘环单位的类线轴化合物如化合物 **1** 的形成对类轮烷进行的动力学和热力学研究也已经用于证明链长在穿进/脱落过程中的作用，此链是悬挂在萘环上的[88]。

由于 2，7-联苄基二氮杂核体双阳离子 $\mathbf{3}^{2+}$ 可以与脂肪胺形成加合物，推测可能是电荷转移的原因[84]，这种亲和力已经用化学的方法应用于驱动它的类轮烷从化合物 **4** 上脱落下来。事实上，向类轮烷的乙腈溶液中加入 20 倍过量的正己胺后，就可以观察到深度吸收和发光光谱的变化，这意味着形成了自由冠醚与

3^{2+}和胺之间加合物。通过向溶液中加入化学计量的 CF_3CO_2H 就能实现从线轴上脱落数量上的翻转。

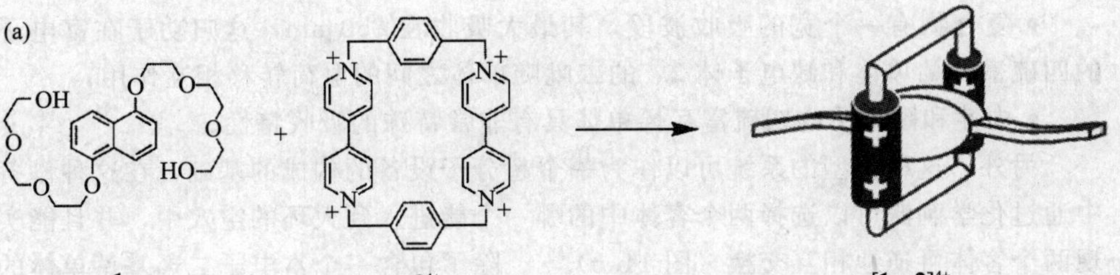

1　　2^{4+}　　$[1 \cdot 2]^{4+}$

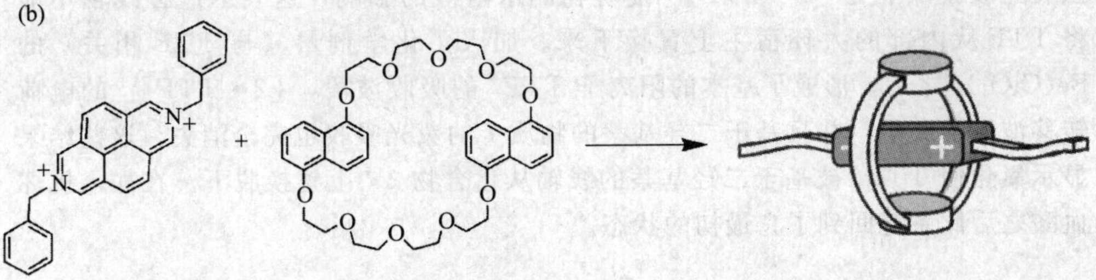

3^{2+}　　4　　$[3 \cdot 4]^{2+}$

图 14.4　类轮烷 $[\mathbf{1}\cdot\mathbf{2}]^{4+}$ 和 $[\mathbf{3}\cdot\mathbf{4}]^{2+}$ 复合物的形成，
合并了富 π-电子和缺 π-电子的组分

尽管 1，1′-联苄基-4，4′-二吡啶盐结构上类似于化合物 $\mathbf{3}^{2+}$，但其双阳离子并不与胺结合。这一观察结果导致将上述系统扩展为以胺-酸化学物的加入来选择两个类线轴物质中的哪一个进入到大环的空穴中，并且能在两个线轴物质中产生可逆的相互交换[89]。

含有 $\mathbf{3}^{2+}$ 和芳香族冠醚的类轮烷能够被脂肪胺分解，而且也能够在非极性溶剂中通过冠醚的质子化将相同系统从线轴上脱落下来，这指导设计了 9.4.4 节中讲到的第一个 XOR（高级 OR）化学逻辑门[90]。

基于电子给体-受体相互作用的混合物的集合能通过氧化还原刺激得到控制，这种氧化还原刺激可以通过加入氧化剂和还原剂来实现。在乙腈或水溶液中用等量的 $Fe(ClO_4)_3$ 将四硫富瓦烯单体氧化为其自由离子的作用下，由电子受体环芳烷 $\mathbf{2}^{4+}$ 和众所周知的电子给体四硫富瓦烯（TTF）所形成的包合络合物以及由 $\mathbf{2}^{4+}$ 和包含一个四硫富瓦烯单体的类线轴体组成的类轮烷，可以被分解为他们的自由化合物[91]。单电子氧化态的 TTF 单体在这样的条件下是稳定的，而且在加入一定剂量的抗坏血酸维生素 C 后能被还原为他的中性态。这种还原导致了四硫富瓦烯单体插入到四价阳离子环番中。也可以通过加入能和 TTF 单体形成加合物的对氯苯酚来实现从线轴上的脱落。这种脱落-再穿进过程可以通过紫外-可见吸收光谱很容易就检测到，因为：

- 复合物有一个宽的吸收波段，其最大吸收在 850 nm，这归功于在富电子的四硫富瓦烯单体和缺电子体 **2**$^{4+}$ 的二吡啶单体之间的电荷转移相互作用；
- 中性和阳离子的四硫富瓦烯单体具有非常特殊的吸收特性。

另外，这种类型的系统可以作为一个超分子设备的构成的基础，在这种设备中通过化学刺激可以选择两个客体中的哪一个能进入到大环的空穴中，并且能实现两个客体可逆地相互交换（图 14.5）[89]。除了包含一个富电子二羟基萘单体的类线轴化合物 **1** 之外，复合物的电荷转移吸收波段以及基于二羟基萘的线轴 **1** 的强荧光吸收都不受 [2 · TTF]$^{4+}$ 复合物的水溶液的影响，这表示这种线轴不能将 TTF 从内部的大环宿主上置换下来。加入了化学剂量（与 TTF 相关）的 $Fe(ClO_4)_3$ 之后，形成了基本的阳离子 TTF$^+$ 的吸收波段，[2 · TTF]$^{4+}$ 的电荷转移波段消失了，并且基于二羟基萘的物质 **1** 的荧光吸收也完全消失。这些结果显示氧化使 TTF$^+$ 被基于二羟基萘的线轴从化合物 **2**$^{4+}$ 上置换脱下。在加入抗坏血酸之后此系统回到了它最初的状态。

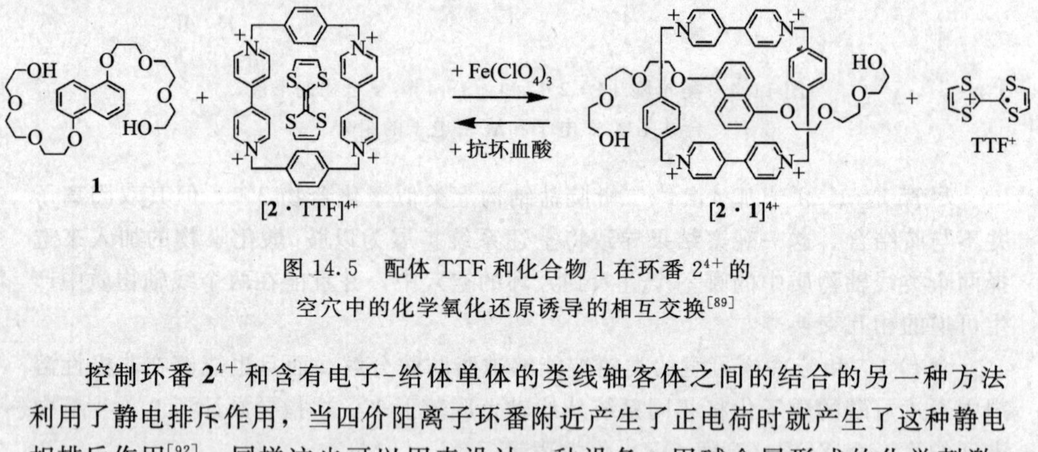

图 14.5　配体 TTF 和化合物 1 在环番 2^{4+} 的空穴中的化学氧化还原诱导的相互交换[89]

控制环番 **2**$^{4+}$ 和含有电子-给体单体的类线轴客体之间的结合的另一种方法利用了静电排斥作用，当四价阳离子环番附近产生了正电荷时就产生了这种静电相排斥作用[92]。同样这也可以用来设计一种设备，用碱金属形式的化学刺激，不仅可以将其从系统中脱落而且可以用其他线轴将其置换出来[93]。

其他有趣的系统是珠状和线状类型组分共价结合形成蝎状结构[94]，如 2.4 节所述（图 2.7）。

14.3.3　电化学驱动的运动

电化学方法被广泛地应用于分子识别控制[6,7,9,10,16,22,43,95-99]。如 10.4.3 节所讨论的那样，电化学技术不仅可以用来催化超分子系统的化学或构象变化，而且也探讨其高级结构和组织。换句话说，电化学提供了一种对输入刺激和读出信号的处理方式，这对监控分子机器的运作是有必要的。

可被电化学控制的系统的关键功能是：

- 在一个组分中以可逆的氧化还原过程为特征的电活化单体的存在；
- 其他组分对含有电活化单体组分的电化学行为的影响。

这一第二特性促成了络合-去络合过程的调查，例如通过伏安技术。

环糊精[71]是一类无电化学活性但可以与各种电活化配体形成稳定的类轮烷的主体[9,11,97,99,100]。例如，他已被发现虽然双阳离子的含联吡啶的化合物（如图14.6，化合物 $\mathbf{5}^{2+}$）并不与β-环糊精（β-CD）结合，但当被还原为单价阳离子形式时，他们与这一主体的空穴之间只有微弱的相互作用，并且当最终被还原为中性无电荷状态时他们表现出与β-CD非常稳定的类轮烷复合物性质[101]。对于二茂钴衍生物也得到了类似的结果，他不与环糊精发生作用，因而在单电子还原以产生中性的二茂钴的作用下成为进入β-环糊精形成包合物的良好客体[102]。二茂铁，它的衍生物[103]以及四硫富瓦烯[104]表现出与此相反的方式，也就是说，它们是强烈地结合在其最稳定氧化态，这对应于无电荷的物种，但是当它们被氧化后就没有结合。这些功能都被用于建立在其边缘包含多达16个二茂铁单元[105]或高达32个二茂钴单元[106]的树状高分子上，因此表现出β-环糊精可控地氧化还原多位点络合作用。这种树状高分子形成了非常大的超分子架构，它可以分别对二茂铁单体的氧化或二茂钴单体的还原进行分解或组装。二茂铁也被用来作为在分支部位含吡喃葡萄糖残留的水溶性树状高分子核心。在这些化合物中，二茂铁单体确实是与β-CD复合，但只有它的两个环戊二烯环之一能承受一个树状高分子的取代物[107]。该环糊精-二茂铁结合的思想也被用来实现表面的识别，近来更多的用于纳米粒子的识别（第16章）。

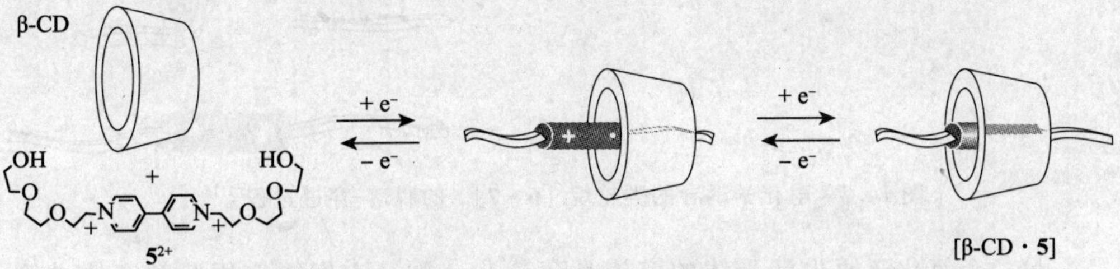

图 14.6 电化学诱导的梭 $\mathbf{5}^{2+}$ 在β-环糊精空穴中的穿进-脱落过程[101]

对另一个重要的电活化受体——杯芳烃也已完成了类似的调查[108-110]。在二氯甲烷溶液中，三-（*N*-苯基脲基）-冠-6-烯化合物 **6** 可以在类轮烷形式下以超过 $10^6\,L\cdot mol^{-1}$ 与分子梭 1，10-二辛基-4，40-联吡啶双阳离子 $\mathbf{7}^{2+}$ 复合。类轮烷物质被［π…π］堆积，［C—H…O］氢键结合，［C—H…π］相互作用稳定，而且有趣的是能被双阳离子客体的反阴离子和主体的N-H酰脲基团之间的氢键相互作用稳定。在化合物**6**内部的包含物$\mathbf{7}^{2+}$导致了$\mathbf{7}^{2+}$的第一个还原电位大的转换为更多的负值；然而，第二个还原过程在与自由梭具有相同的电位下发生，这表明梭的单电子还原促使其从梭上脱落（图14.7）[112]。将自由基阳离子$\mathbf{7}^{+}$氧化回到双阳离子状态导致了重新穿进。循环的伏安研究以及停流吸收实验表明，对这一物种来说，(重新)穿进过程相对缓慢(在298K，k_{thr}～3×10^5 L·mol^{-1}·s^{-1})，而^{1}H NMR[113]研究表明在非极性溶剂中$\mathbf{7}^{2+}$插入到化合物**6**的空穴中专门地通过环轴承的酰脲基团发生。近来的观察表明，有可能用单向的穿进-脱落运动来设计类轮烷[112]。

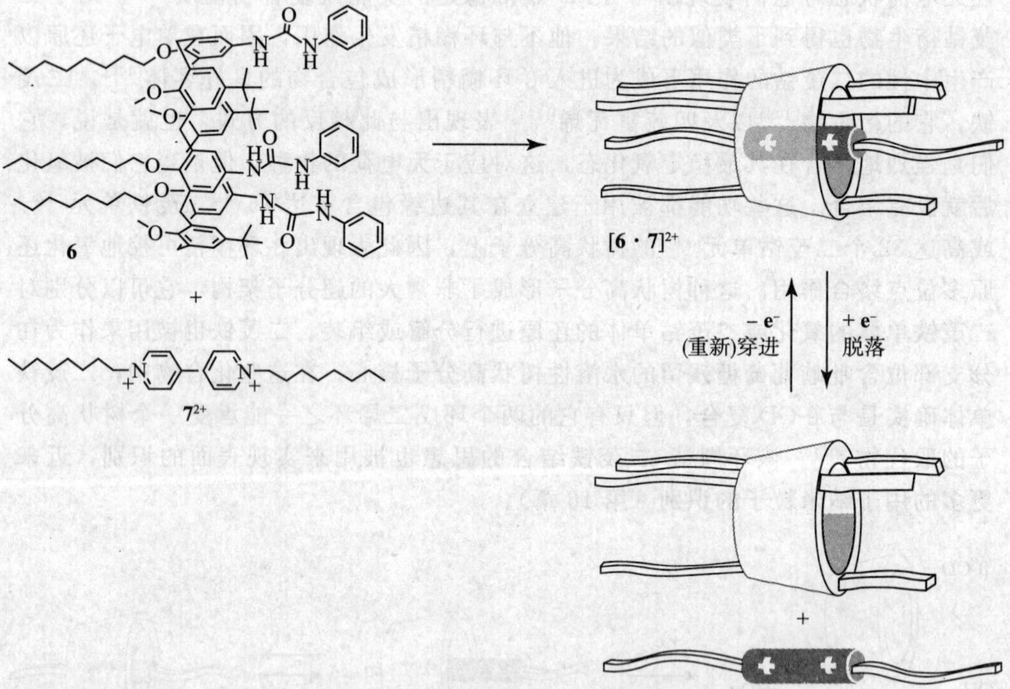

图14.7 电化学诱导的类轮烷［**6**·**7**］$^{2+}$的脱落-穿进过程[111]

另一个氧化还原失活受体的家族是葫芦-[*n*]-脲，它们能够用紫精客体供给氧化还原开关的类轮烷[52,82,114]。葫芦-[7]-脲在含二茂铁作为末端基团的梭上的位置由二茂铁氧化开关控制[115]。葫芦-[8]-脲和甲基紫精（MV^{2+}）以1∶1形成了包合络合物，它可以通过配体的电子还原作用可逆地转变为1∶2的络合物。当以环己烷桥接的二紫精用作配体时，这一过程被应用于获得一个分子回路的可逆形式[116]。由一个含萘-2-炔氧基的梭和一个连着灵活的绳的紫精开始，也获得了类似的回路，因为在葫芦-[8]-脲空穴内形成了电荷转移复合物[117]。这一回路可以加入 MV^{2+} 被还原打开。有证据表明，在水溶液中首个稳定的四硫富瓦烯阳离子的 π-二聚体在葫芦-[8]-脲的空穴中形成了胶囊结构[118]。

最近，最为广泛研究的一个受体是环番 $\mathbf{2}^{4+}$（图 14.4），它对多种 π-电子给体配体来说都是非常有效的主体[46]。因为它具有氧化还原活性[119]，它的结合能力可以受到电化学控制。在四价阳离子环番 $\mathbf{2}^{4+}$ 中观察到了两个生物电子还原过程，第一个相应于每个等量二吡啶盐单体的第一电子的吸收的过程，以及第二个还原自由基阳离子为中性单体的结果。当一个电子给体单体位于环番空穴的内部时，与第一个还原过程相联系的电位转换为更多的负电性，这是稳定复合物的电荷转移相互作用的结果[98,120,121]。带更多这种环番的负电位的第二个还原过程非常重要，因为它可以用来监测由第一个二电子还原诱导的去络合的发生[9,98]。例如，在存在超过一个梭类化合物的情况下组成的聚醚链，能在中间承受 1，4-二苯酚单体，对 $\mathbf{2}^{4+}$ 的第一个生物电子还原，电位值向阴极转移，而第二个还原过程几乎不受影响[119]。这种看法与在环番和梭之间的类轮烷的形成，以及类轮烷在 $\mathbf{2}^{4+}$ 主体的两电子还原脱落是一致的，因此，第二个两电子还原过程反映了主体的自由。脱落反应的发生并不令人惊讶，因为电子受体组分的还原削弱了电荷转移相互作用，这有助于维系组分的超分子结构。由于所有这些过程都是可逆的，将 **2** 氧化回到四价阳离子的形式形成了原来的类轮烷。原则上它也应该可能从主体的电化学行为获得关于脱落-再穿进过程发生的有用信息，然而，与 1，4-二苯酚单体联系的氧化过程的弱的可逆性阻碍了这种控制类型的应用。

更有趣的是，在环番和梭组分中的类轮烷都具有可逆的化学还原过程的特点；一个例子是 $\mathbf{2}^{4+}$ 与 TTF 的复合[91a,121]以及相关的类轮烷[91]。这一设计上的改进不仅能够通过研究电子受体组分的还原和电子给体物质的氧化来监测超分子物质的形成，而且提供了控制穿进-脱落过程的两种方式（还原和氧化作用）。通过将两个聚醚链与 TTF 单体配合（图 14.8）得到的分子梭 **8** 与化合物 $\mathbf{2}^{4+}$ 形成了一个非常稳定的类轮烷 [91a]。类轮烷 $[\mathbf{2}\cdot\mathbf{8}]^{4+}$（以及 $[\mathbf{2}\cdot\mathrm{TTF}]^{4+}$）的可逆的脱落-再穿进循环可以通过电子给体梭的氧化和连续还原实现或者通过电子受体环番的还原和连续氧化来实现[91a]。这种过程伴随着肉眼可见的显著的光谱差异。这一独特的现象使得这一系统被用于电镀三价铬的显示器的构建，由于它的输入（电化学）-输出（光）的特性相应于 XNOR（高级的 NOR）逻辑操作，它也被用于分子水平逻辑门的设计（9.4.4 节）。

在适当设计的化合物中，电荷转移相互作用能生成分子内的类轮烷结构[122,123]。也有报道电化学控制的环套环自复合系统的穿进-脱落过程[94]。

一个三组分的超分子系统由 TTF 组成，它能以三种稳定的形式存在，即 TTF，TTF^{+} 和 TTF^{2+}。两个主体，尤其是 π-电子受体环番 $\mathbf{2}^{4+}$ 和 π-电子给体冠醚 4，能通过锻炼 TTF 的主体行为的电化学控制在三种截然不同的状态下可逆地开启和关闭，就像在 12.4.3 节中详细介绍的那样（图 12.14）[124]。类轮烷中基于 Cu(Ⅰ) 复合物的电化学诱导的分子运动类似于在同家族的轮烷和索烃中的现象，这是在 14.4.2.1 节和 15.4.2 节中讨论的。

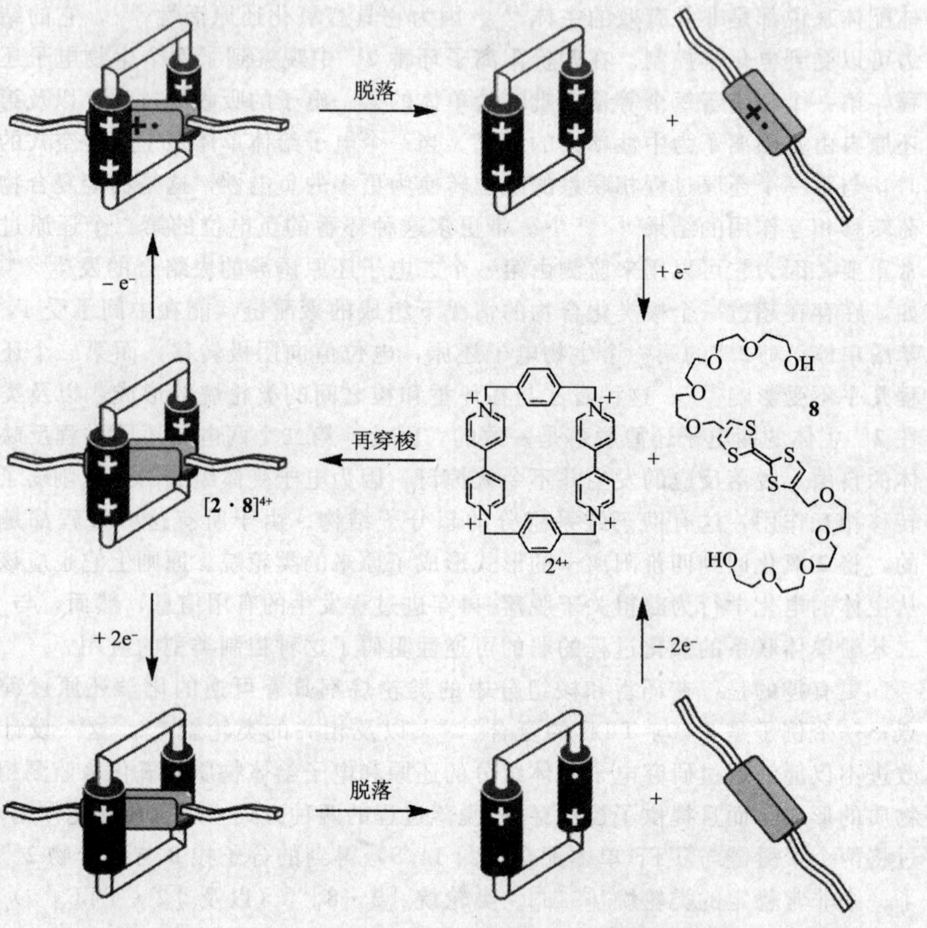

图 14.8　电化学诱导的类轮烷 [**2** · **8**]$^{4+}$ 的脱落-穿进过程[91a]

14.3.4　光化学驱动的运动

光刺激是驱动分子水平机器的最有趣的途径（10.4.2 节）。光子，与电子一样，也可以应用于引发化学系统的变化（“写”）和检测他们的状态（“读”）[6,8,10,12-14,19,22,43,126]。广义来讲，最近报道的这种类型的系统可以被细分为依赖于光诱导的电子传递过程和基于光致异构化的过程。

复合物，如 [**2** · **1**]$^{4+}$（图 14.4 (a)）最初由 π-电子给体-受体相互作用稳

定。这些相互作用通常引入产生出现电荷转移吸收波段的新能量水平，这通常在可见光谱区域[91,119,122]。在这些波段的刺激形式上导致了电子从给体转移到受体组分，因此猜想电荷转移相互作用的不稳定是造成自组装的原因。偶尔，光诱导的电子转移使得同一区域形成同种电荷，产生相互排斥，因而迫使分子组分分离。然而排除了这一简单的脱落途径，因为后面的电子转移即电荷转移激发态到基态的钝化要比分子组分的分离快得多，这一过程需要大范围的原子核的运动以及溶剂处理[127]。在一些特殊的例子中[128]，激光反射实验已经被认为是照射的复合物的小片段分裂的标志。

为了实现［**2**·**1**］$^{4+}$复合物的光诱导的脱落，设计了一种不同的方法[122,127a]，这基于电子转移光敏剂（P）的使用，这种光敏剂是从一种组分（要么是大环[129]，要么是梭[130,131]；如图 14.9 中的 **9**$^{4+}$）以及还原剂添加物（Red）中分离出的或是与其结合的。9-恩甲酸[132]和金属络合物[133]如［$Ru(bpy)_3$］$^{2+}$（图 14.9）是良好的光敏剂，而三乙醇胺和聚羧酸酯阴离子如草酸盐阴离子是有效的还原剂添加物[134]。光敏剂必须能够有效地吸收光并能长期存在且处于还原活性状态，因此它的光照（过程 1）将导致（过程 2）一个电子转移到梭的联吡啶单体中（图 14.9）。电子从梭的还原联吡啶单体相对快地转移回氧化的光敏剂（过程 3）可以通过的还原剂来防止，如果有足够剂量（$>10^{-3}$ mol·L^{-1}）就能产生最初的光敏剂（过程 4）。在这些条件下，就能实现 **9**$^{4+}$联吡啶单体的持久稳定的还原以及被冠醚的发射光谱证明的类轮烷的脱落。氧气一开始就被去除的溶液用氧气处理后，将梭的联吡啶单体再氧化，从而促进了应用化合物 **4** 的重新穿进。

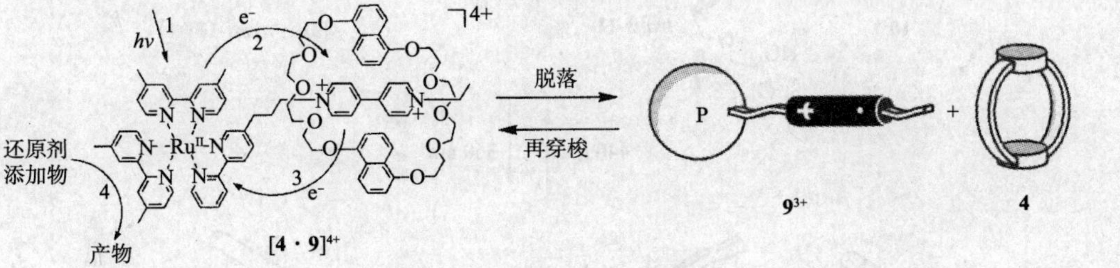

图 14.9　光控制的基于类轮烷的二代分子机器：在［**4**·**9**］$^{4+}$中光驱动的马达（如光敏剂）是脂肪族组分的一部分。Red（三乙醇胺）是还原剂添加物，条件：乙醇溶液，298K[130]

这些“完整的”类轮烷的构建不是一件容易的事，因此在从事耗时间和要求合成的工作之前的精心设计是至关重要的。这种分子机器的成功运作是功能单体成功选择的结果，他们共价结合进入梭和环形组分以实现功能和过程序列的正确的组合而没有单体之间的干预。最重要的读出信号是与自由大环化合物 **4** 结合的

1，5-二羟基萘酚的强度。值得指出的是，通过脱氧的重复序列和随后充氧的照射，许多脱落-重新穿进循环可以在相同溶液中进行，而没有任何明显的信号丢失，直到消耗了大多数的还原剂添加物。还应该指出，由于化学还原剂和氧化剂的分解，依靠这种光敏剂添加物的系统产生“废弃物”。在这方面，寻找能利用“干净”可逆的光化学反应（换句话说，只用光作为能量供应的机器）的有效的分子机器是十分重要的[54,126a,b,e,135]。

众所周知的偶氮苯基的可逆的顺-反光致异构化[136]长期以来一直被用于化学系统的光控制，这也在本书的其他章节中讨论到。含有一个富 π-电子的偶二苯氧基单体如反式-**11**（图 14.10）的类梭体被用于和电子受体结合如 $\mathbf{2}^{4+}$ 或 $\mathbf{10}^{4+}$ 来获得与类轮烷几何体复合的电子转移复合物。化合物 $\mathbf{10}^{4+}$ 与 **11** 的反式异构体的自组装非常有效（在乙腈中，298 K 下，$K_{ass}=1.5\times10^5\ L\cdot mol^{-1}$）而与顺式形式的自组装则弱得多（$K_{ass}=1\times10^4\ L\cdot mol^{-1}$）[137]。发生在这一系统中的光化学和化学过程如图 14.10 所示。虽然光照不能导致 100％的脱落，这些光控的脱落-再穿进运动可以通过观察未复合的大环化合物 $\mathbf{10}^{4+}$ 的阳光强度变化特点而轻松地跟踪到。这

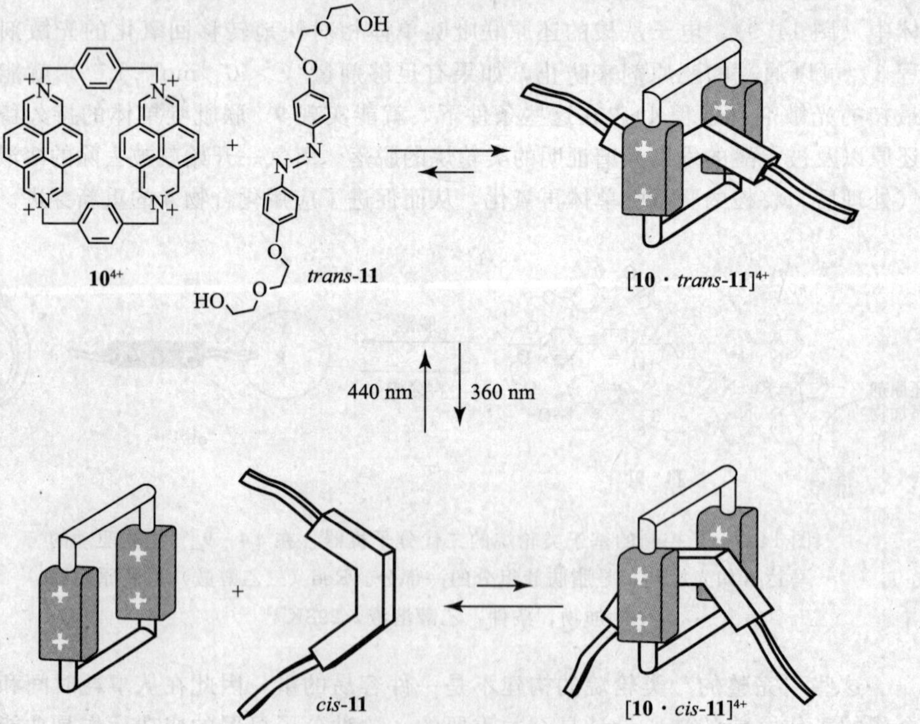

图 14.10　基于顺-反光致异构化反应的，室温下在乙腈中由环番 $\mathbf{10}^{4+}$ 和梭 **11** 形成的类轮烷的可控的脱落-穿进过程[137]

个系统是完全可逆的，并且只能由光驱动而不产生任何废物。在第 2 章中已经介绍到试图建立一个基于金属配位键的光控制的类轮烷型系统（图 2.15）[138]。

14.4 轮烷的线性运动

14.4.1 概述

一个[2]轮烷[47-51]（此后简称轮烷）是一个由大环和哑铃型的组分组成的超分子体[139]。大环环绕在哑铃型组分的棒状部分并被两个大的阻碍物机械地截留在它上面。因此这两个组分不能彼此分离，尽管他们没有共价结合。在一个轮烷中，作为轮子的组分可以沿着轴组分旋转或来回滑动（图 14.11）。轮子组分的旋转通常是自发地过程，基于轮烷的旋转马达将在第 15 章中介绍。如果在模板指导的轮烷的合成中，在其哑铃型组分可以设计两个相同识别位点区域，结果是构象平衡状态的退化，大环组分自发地沿着哑铃的线性部分来回穿梭[140]。化合物 **12**$^{4+}$（图 14.12（a））是表现为退化的分子穿梭的轮烷的一个例子[140a]。一些结构上的、动力学的和热力学的研究致力于解决去滑动过程[141]。

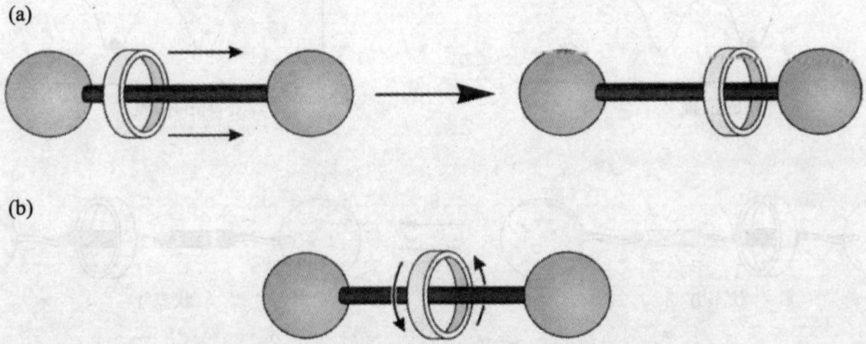

图 14.11　能在轮烷中发生的简单运动

当哑铃的两个识别位点在结构上不同时（图 14.12），轮烷就可以表现出两个不同的平衡构造，这些相关自由能的大小主要是由两种不同的共价键相互作用的强度决定的。如图 14.12（b）所示，假设分子穿梭优先处于“状态 0”直到采用刺激来切断两个识别位点的强结合力，从而诱导大环移向第二弱的识别位点“状态 1”。在适当设计的轮烷中，这一非简并过程可以可逆地被化学、电化学或光化学刺激的使用控制[6-14,17-19,21,22,52,54]。质子化-去质子化，氧化-还原以及其他可逆的过程都可以用于可逆地改变一个或两个识别位点的立体电子特性，从而影响他们维持非共价键的相对能力。通过关闭和再次开启，一个或两个识别位点的识别特性，两个物质的相对比例都是可以可逆地控制的。这种可控的分子开关可以通过采用一个许多不同模板导向合成的策略实现自组装，这种策略包括封口、润滑和剪切过程的穿进[44-51]。穿梭运动的控制不仅在机制上有趣，而且其信息处理过程（二进制逻辑）也很有趣。在接下来的讨论中，我们基于产生环取代的主要刺激（化学、电化学和光化学刺激）将此系统再细分。一些特殊的系统将在 14.4.2.5 节讨论。

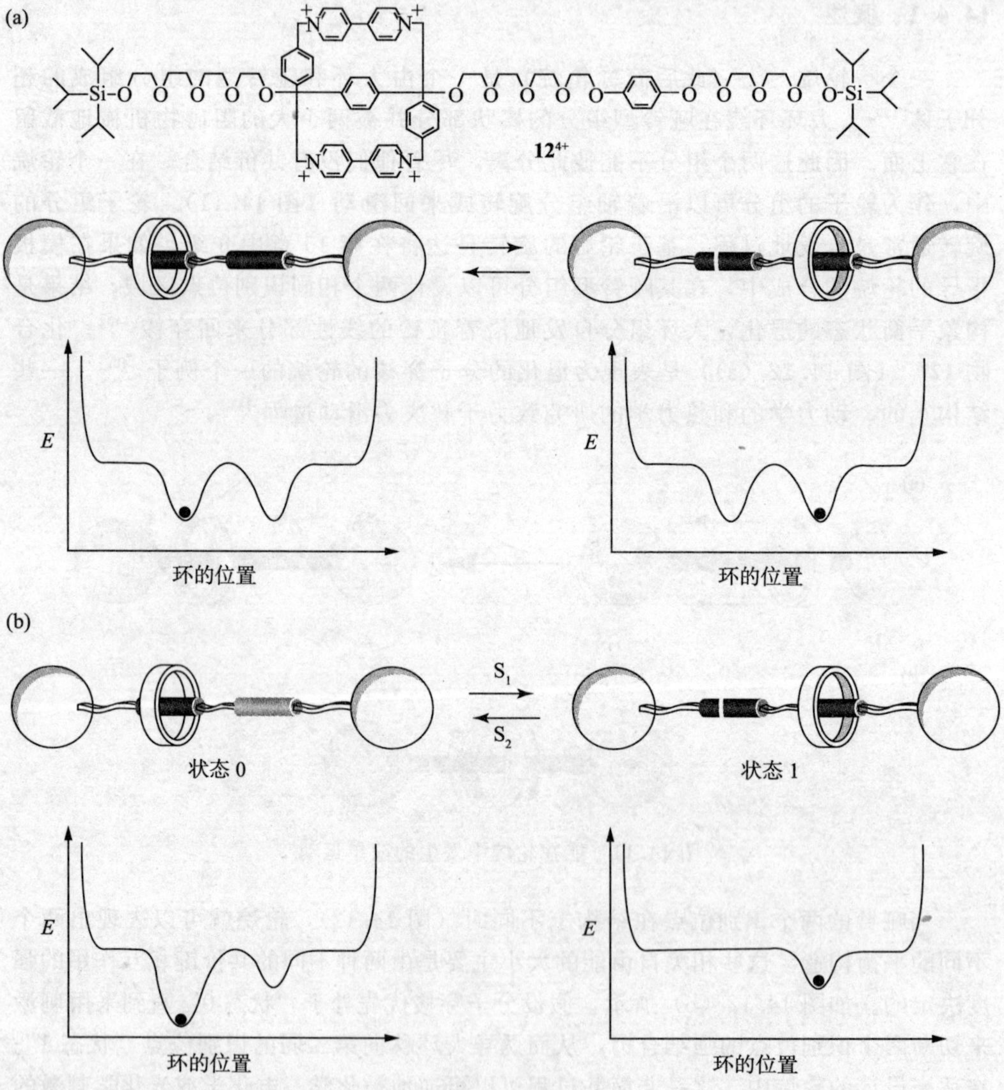

图 14.12　表现为退化的分子穿梭的轮烷（a）[140a]；有两个不同的识别位点的轮烷，其中环的穿梭可以由外部刺激 S_1 和 S_2 控制（b）

14.4.2 化学驱动的运动

14.4.2.1 基于金属络合物的轮烷

金属络合物已被广泛用作合成轮烷的模板。这种方法最大的特点是：在合成结束后，可以很容易地移除模板，而在其他用有机碎片作为模板时，通常存在模板与最后含轮烷结构化合物之间的相互作用。尽管如此，金属离子的存在对于获得运动控制是至关重要的。

在线性人造分子机器领域的一个令人激动的进展是重要的分子臂的构建[142-144]。这一设想[142]来源于类轮烷二聚体的拓扑学，适当设计后可以进行收缩和伸展运动。合成系统［**14**·Cu_2]$^{2+}$（图 14.13）是一种轮烷二聚体，其中包含两个Cu(Ⅰ)金属离子和两个相同的环-线组分**13**。每个组分**13**都由含二齿的邻二氮杂菲型单体的环和含二齿的邻二氮杂菲的线，三齿的三联吡啶和一个大的阻碍单体组成。轮烷二聚体中的两个Cu(Ⅰ)都与两个二齿结构螯合，因为Cu(Ⅰ)表现出四联体的配合。在这些条件下，系统被扩展了（从CPK模型估计长8.3 nm）。在Cu(Ⅰ)的电化学氧化中，期望系统能缩短，Cu(Ⅱ)表现出五联体的配合，因此将要被一个二齿和一个三齿配基所包围。事实上在协调的环境中的这种变化以前在同种族的轮烷和索烃中已经观察到了（见下文）[16,145]。然而，在［**14**·Cu_2]$^{2+}$中，电化学显然没有作用；可以通过用大量的KCN(CH_2Cl_2-H_2O，室温）萃取Cu(Ⅰ)和用$Zn(NO_3)_2$(CH_2Cl_2-CH_3OH）为化合物**14**的自由配基的连续再金属化获得伸缩运动。［**14**·Cu_2]$^{2+}$的去金属化和化合物**14**的再金属化获得［**14**·Zn_2]$^{4+}$都是定量的，其长度估计为6.5 nm。缩短的［**14**·Zn_2]$^{4+}$物质转化为延长的［**14**·Cu_2]$^{2+}$物质可以通过在CH_2Cl_2－CH_3CN中加入［$Cu(CH_3CN)_4$·PF_6］来实现。上面所讨论的轮烷的原理最近已扩大到了三聚和四聚体（“二维臂”）[146]。

对于另一个模仿分子臂的系统见第16章。

14.4.2.2 基于氢键和给体-受体相互作用的轮烷

第一次报道的两种状态的轮烷由化合物**2**$^{4+}$缺π-电子的环番和富π-电子的哑铃组成，这种哑铃型化合物含联苯胺和二苯酚识别位点[147]。环番空穴中带有联苯胺单体的异构体的比例是84∶16。当把CF_3CO_2D加入到轮烷的CD_3CN溶液中后，产生联苯胺单体的质子化效应。结果，含四价阳离子的环番离开新形成的二阳离子单体，精确地环绕到二苯酚识别位点。加入C_5D_5N后，联苯胺识别位点去质子化，从而恢复到两种构型最初的平衡。

轮烷［**15**H]$^{3+}$在其哑铃型部位纳入了一个二烷基铵盐和一个二吡啶识别位点（图 14.14）[148]。在298K，$(CD_3)_2CO$溶液中，原子核的梯度增强Overhauser效

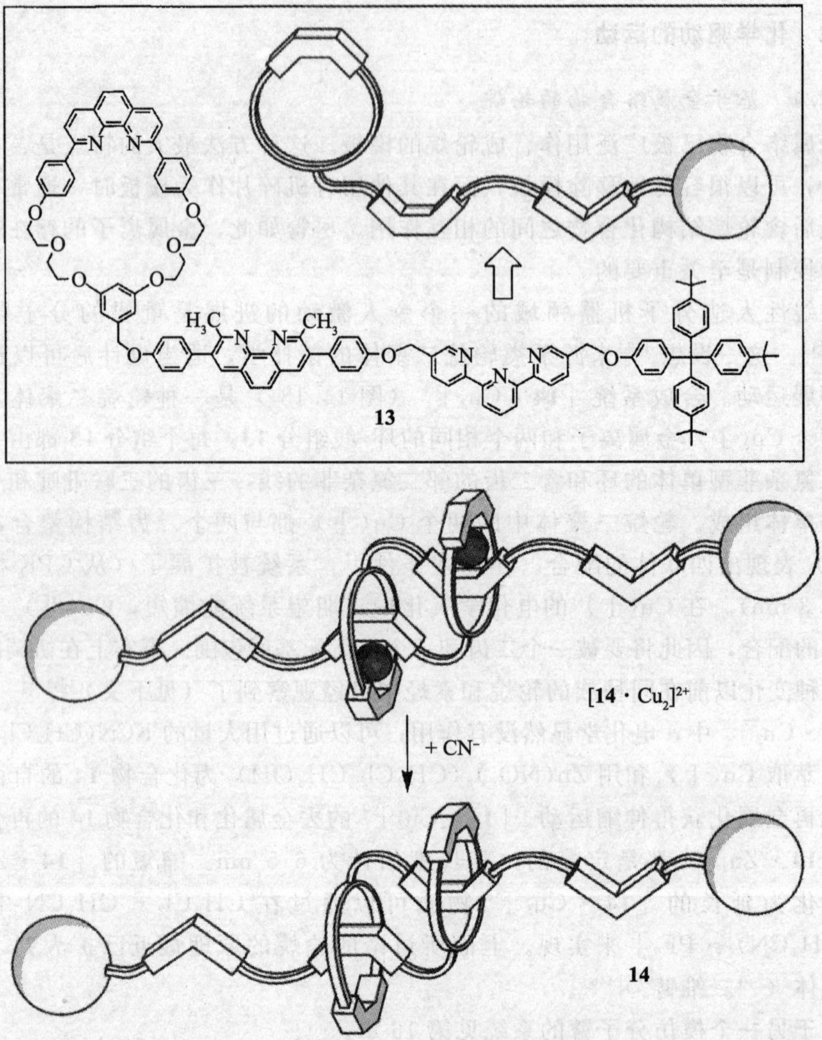

图 14.13 轮烷二聚体的复合物 **13** [**14** · Cu_2]$^{2+}$ 和缩短的化合物 [**14** · Cu_2]$^{2+}$ 用 CN^- 的去金属化和用 Zn^{2+} 的再金属化[142]

应表明大环即二苯并-[24]-冠-8 专门停留在氨基识别位点周围。大环对氨基识别位点的偏好是结合了 [$^+$N—HO] 和哑铃中 [$CH_2NH_2^+$] 的氢原子与大环氧原子之间的 [C—HO] 相互作用的结果。过量的 i-Pr_2NEt 加入到 [**15**H]$^{3+}$ 的 $(CD_3)_2CO$ 溶液中，产生氨基识别位点的去质子化。结果，组分内的氢键被破坏，而大环穿梭到二吡啶识别位点。最初的结构可通过加入 CF_3CO_2H 恢复，因为氨基识别位点的质子化后就是大环穿梭回去环绕在 [NH_2^+] 中心上。此轮烷的穿梭过程是定量的，并且可以通过^{1}H NMR 光谱和电化学技术跟踪监测。穿梭的动力学研究表明环的碱刺激过程比酸诱导的恢复运动慢得多，尽管前一步的激活具有较低的焓值。这个结果归于过渡态抗衡离子重排熵的增加。一个紧密相关的系统最近被用于将分子夹的附件转换到紫精识别点上[150]。

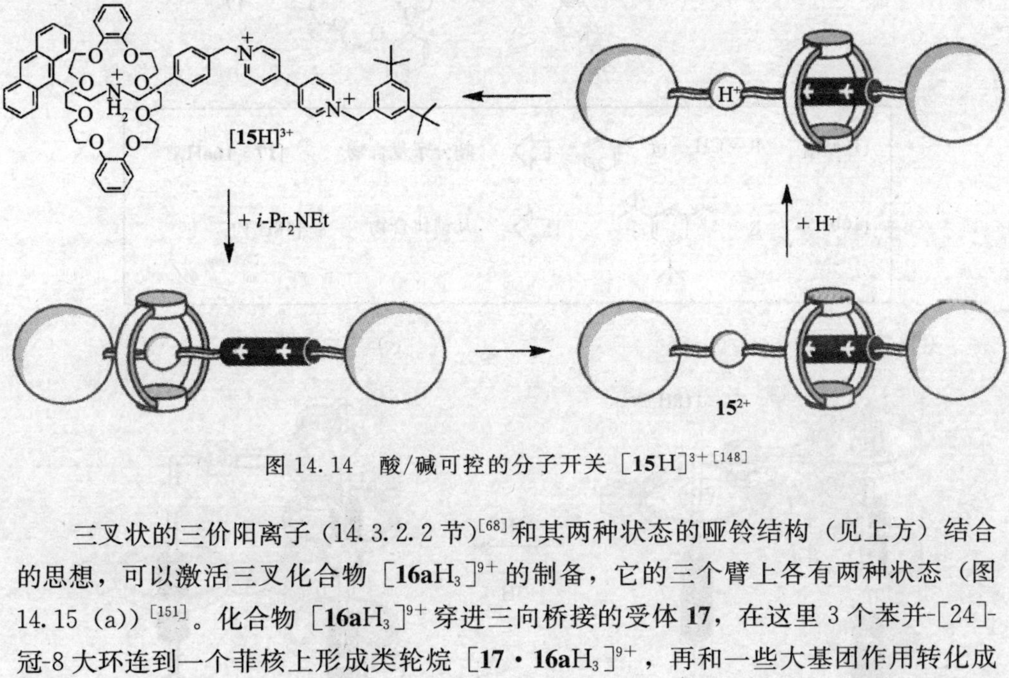

图 14.14 酸/碱可控的分子开关 [**15**H]$^{3+}$[148]

三叉状的三价阳离子 (14.3.2.2 节)[68] 和其两种状态的哑铃结构 (见上方) 结合的思想，可以激活三叉化合物 [**16a**H_3]$^{9+}$ 的制备，它的三个臂上各有两种状态 (图 14.15 (a))[151]。化合物 [**16a**H_3]$^{9+}$ 穿进三向桥接的受体 **17**，在这里 3 个苯并-[24]-冠-8 大环连到一个菲核上形成类轮烷 [**17**·**16a**H_3]$^{9+}$，再和一些大基团作用转化成轮烷 [**18**H_3]$^{9+}$。这个化合物很像一个高 2.5 nm，直径 3.5 nm 的纳米尺度的升降机。它由一个含有两个不同的切口的三脚架部分组成，两个切口——一个铵盐中心，一个 4，4′-联吡啶单体分别位于三脚架每个脚的不同高度。这些脚和这个三向桥接的、起一个可以停留在两种状态的平台作用的主体分子联结在一起。起初，这个平台专一地位于上部，即和三个包围铵盐中心的环一起 (图 14.15 (b)，状态 0；因为分子升降机是在溶液中工作的，分子相对于参照溶液的方向是不能确定的，所以这里所用的“上”和“下”两个词仅仅是为了描述方便。在 [**18**H_3]$^{9+}$ 的乙腈溶液中加入强的非亲核叠氮磷，铵盐中心发生去质子化，导致平台移动到下方，即和三个包围联吡啶单

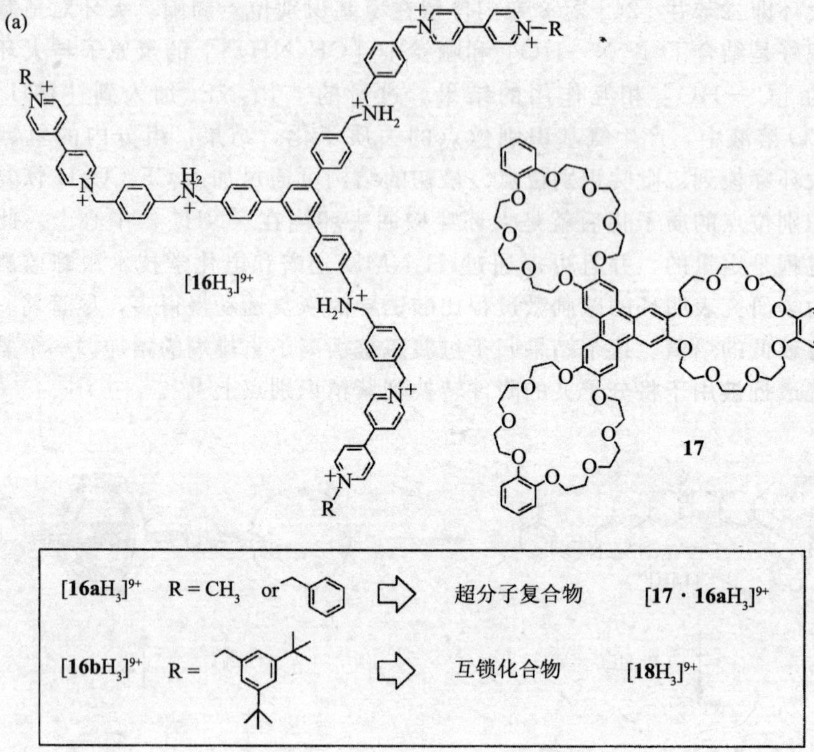

图 14.15 (a) 三元类轮烷 [**17** · **16a**H_3]$^{9+}$ 和三元轮烷 [**18**H_3]$^{9+}$ 的分子结构 (b) 分子电梯 [**18**H_3]$^{9+}$ 在酸性媒介中（状态 0）的图示，而 (c) 是加入碱后的图示（状态 1）[151]

位的冠醚环一起（图 14.15（c)，状态 1)。在这个过程中，平台移动的距离是 0.7 nm,可产生 200 pN 的力，比天然的线性马达如驱动蛋白大一倍多。这个结构主要靠平台的富电子芳香族单体和三向桥接结构的缺电子联吡啶单体的电荷转移作用来稳定。然后向化合物 $\mathbf{18}^{6+}$ 溶液中加入酸，铵盐中心恢复，平台又回到上方。这种可重复多次的、响应数量变化的升降机式上下运动可以用 ^{1}H NMR、电化学方法、吸收和荧光光谱来监测[151]。详细的光谱研究表明，平台运动分三步实现，每步有三次脱质子过程。从这一点说，这种分子升降机比起载人或运货的升降机更像是有腿的动物。

在 $[\mathbf{18}H_3]^{9+}$ 中酸-碱控制的运动机制与有趣的结构修饰联系在一起，如一个大的空穴（1.5 nm×0.8 nm）的开和关以及二吡啶支架的位置和特点的控制。原则上，这种行为可以被用于控制一个配体分子的吸收和释放，具有影响药物输送系统发展的功能。

许多不同的化学因素，包括溶剂[152]、离子[153]、C-C 的生成[154]，都可以用来引发位置的变化或轮烷上环的移动速度的变化。

将轮烷作为搬运者[54,135]在分子水平上以机械运动为基础来改变系统的性质的想法已经被运用[155]。例如，在如图 14.14 所示的一个两位点轮烷中一个杯芳烃[4]附在大环上可以吸附 K^+，当加入 18-冠-6 后 K^+ 就会脱附[155]。

14.4.2.3　基于葫芦脲的轮烷

止如 14.4.2.3 节所讨论的，由于葫芦［6］脲（通常叫做葫芦脲）腔内的亚甲基单元和腔壁之间的疏水作用以及在质子化的氨基和羰基之间的电荷-双偶极子相互作用和氢键作用，葫芦脲可以和质子化的二氨基烷烃[76]形成非常稳定的1∶1主体-客体复合物。当合适的三胺类物质作为分子梭道时，在梭道上的葫芦脲大环的位置就可以通过改变 pH 来控制。这种类轮烷就像 pH 驱动的分子梭一样，并且因其分子的运动而把它归入轮烷类。在由葫芦脲和一个三铵离子形成的轮烷 $[\mathbf{19}H_3]^{3+}$（图 14.16）中，当 $pH<5.7$ 时，葫芦脲珠主要是落在二质子化的二氨己烷上；但在高 pH 下葫芦脲珠便运动到二质子化的二氨丁烷上，形成 $[\mathbf{19}H_2]^{2+}$。在酸性时中类轮烷溶液是黄色的并有荧光，而当 pH 为 7 时溶液为紫色且不发荧光。

一个由葫芦脲珠状物和含有中心质子化的二氨丁烷（站点 A）的梭道组成的轮烷，两个吡啶盐为联线，两个己亚甲基单元（站点 B)，两个终端紫精基团防止葫芦脲珠滑脱[52,156]。在中性 pH 下，葫芦脲珠定位在站点 A 上，这是因为质子化的氨基基团与羰基之间电荷-双偶极子作用和氢键的缘故。加入碱后，二氨丁烷基团去质子化，使得葫芦脲珠从站点 A 移动到站点 B。加入酸后，二氨丁烷基团又被质子化，但是葫芦脲珠回到站点 A 的速度在室温下是非常慢的（$\Delta G^{\neq}=26$ kcal)。在 80℃下，葫芦脲珠可以迅速地完全回到站点 A。这个双稳态的轮烷就像一个动力学控制的机器一样，在移走刺激物后，状态仍能够保持不变。

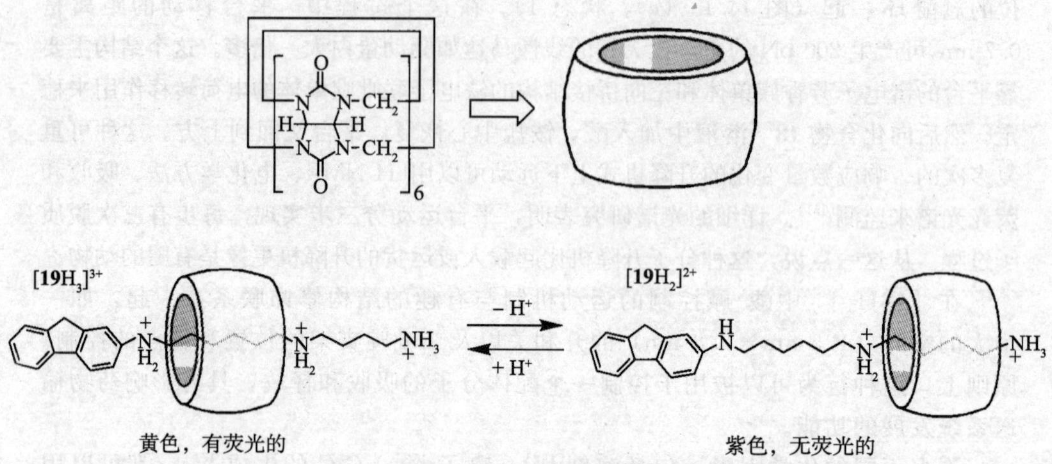

图 14.16　基于葫芦脲的轮烷［$\mathbf{19}H_3$］$^{3+}$和它的开关反应[78b]

14.4.2.4　基于环糊精的轮烷

由聚乙二醇（PEG）和环糊精（α-CD）为起始物，再由端基塞子（二硝苯）[72,157]把末端封住，这样一来可以把许多 CD 串在聚合链（分子项链，图 14.17）上形成聚轮烷。这些轮烷不溶于水。但是在碱液中（$0.1mol \cdot L^{-1}$，NaOH），这些体系是可溶的，因为 CD 的羟基团发生去质子化，CD 之间的氢键被破坏。在这样的条件下，CD 环之间的距离沿着聚合链变化，因为离子化的羟基之间有排斥作用（图 14.17（b））；在中和后，CD 环之间又形成氢键网，然后又回到原来位置（图 14.17（a））。在这些聚轮烷中，可以用扫描隧道显微镜（STM）探针将其中的一个或两个环置换[158]。

可以从含有 α-CD 珠状物、3 个排斥珠状物的吡啶单元及两个十二亚甲基基团的轮烷中观察到溶剂敏感和温度敏感的分子梭[159,160]。

14.4.2.5　其他体系

轮烷进行接触反应过程中产生了一个环沿着聚合物链运动的有趣现象[161]，这类似于 14.2 节提到的 DNA 聚合酶。在卟啉大环插入锰离子中心后，含有腔载卟啉大环的合成轮烷（图 14.18）就套向一个聚丙二烯链上。在有供氧剂存在的条件下，环催化剂在将聚合物的双键转化为环氧基团时会沿着聚合物运动。

碳纳米管的伸缩延长的可控性、可逆性[162,163]已经被深入研究。在高分辨率透射电子显微镜的观察下，反复拉伸与压缩可伸缩的碳纳米管层并未发现原子尺度上的疲劳或损伤，这表明碳纳米管具有近乎完美、不可损伤的表面[163]。

14.4.3　电化学驱动的运动

轮烷［$\mathbf{20} \cdot Cu$］$^{+}$（图 14.19）在其哑铃状组件中含有一个菲咯啉和一个三

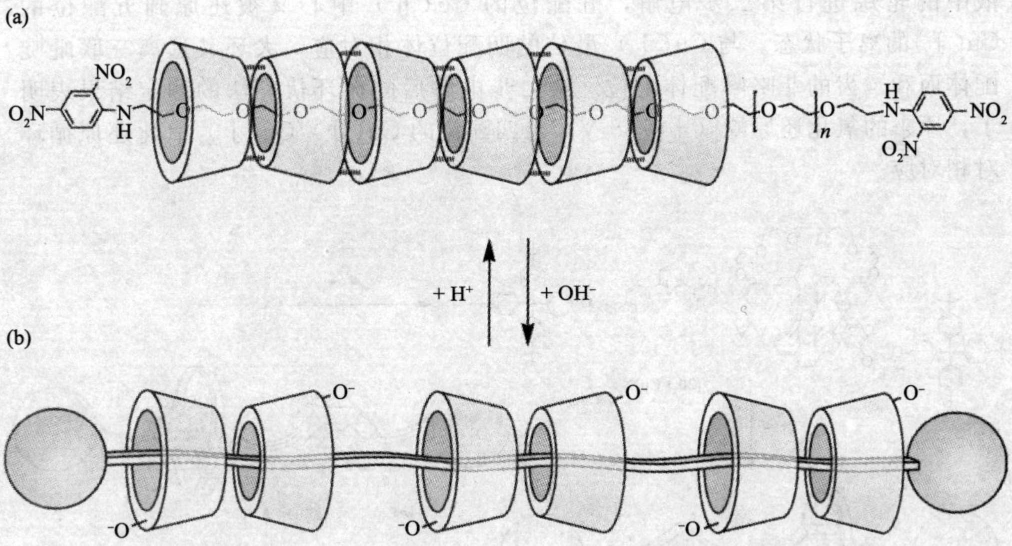

图 14.17　一个由聚乙二醇和 α-CD 组成的分子项链（a）；
通过化学刺激（酸-碱）可以使 CD 珠在聚合物链上运动（b）[157]

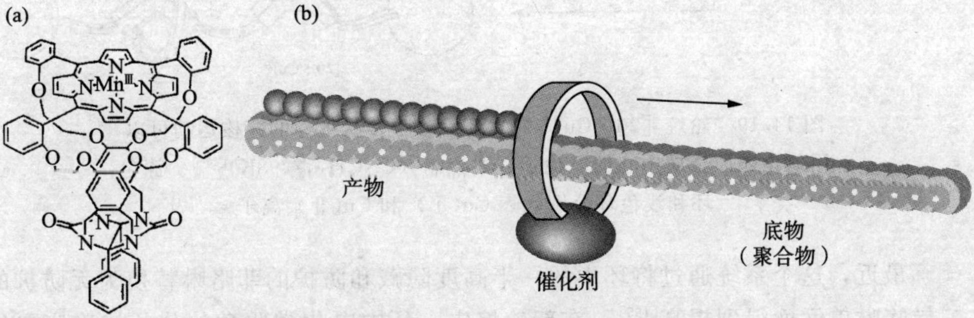

图 14.18　中心腔含有一个锰离子的卟啉大环（a）；
催化剂进行催化行为图示（b）[161]

联吡啶单元[164]。它还有一个 Cu(Ⅰ) 四配位中心，即与哑铃状组件上的、大环上的菲咯啉配体同时配位。乙腈溶液中，在轮烷电解时，四配位的 Cu(Ⅰ) 中心将会氧化成四配位的 Cu(Ⅱ) 离子（＋1.0 V 相对于 SCE）。与 Cu(Ⅱ) 最佳的五配位相对应，大环将从二齿的菲咯啉配体滑动到四齿的三吡啶配位点。在这种构型中，Cu(Ⅱ) 中心采取的是五配位结构，这就比以前的那种四配位的结构要稳定得多。与之一致的循环伏安法测定表明，可逆峰（＋0.68 V）的消失是与四配位的 Cu(Ⅱ)/Cu(Ⅰ) 氧化还原循环对相对应的，与之共存的可逆峰(－0.03 V)是与五配位的 Cu(Ⅱ)/Cu(Ⅰ) 氧化还原循环对相对应的。对乙腈溶液中的轮烷进行第二步电解，五配位的Cu(Ⅱ)中心又被还原到五配位的Cu(Ⅰ)的离子状态。与Cu(Ⅰ)最佳的四配位体相对应，大环又远离三联吡啶配体而和二齿的菲咯啉配体配位。第二步电解后的循环伏安法的测定结果表明了，原来的氧化还原峰（+0.68 V）与四配位的Cu(Ⅱ)/Cu(Ⅰ)氧化还原循环对相对应。

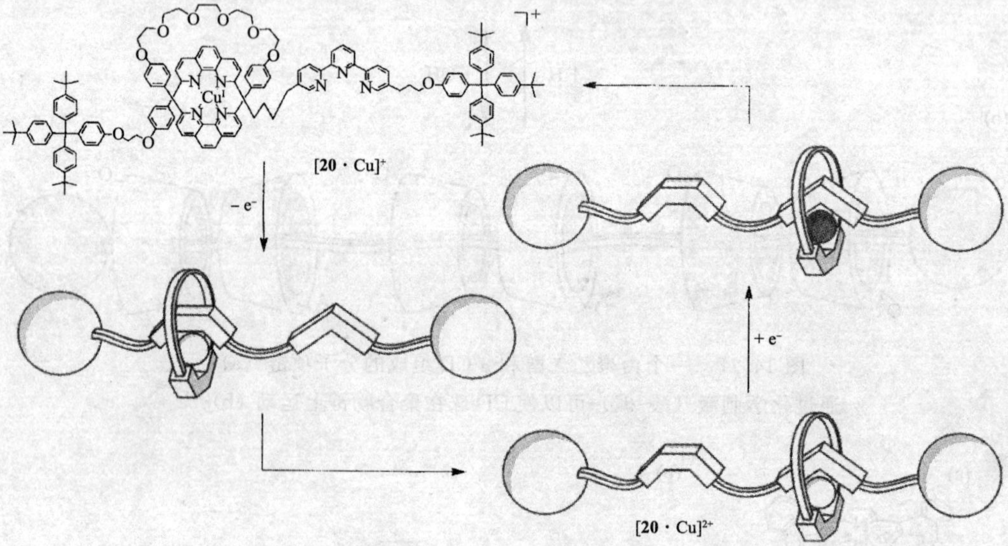

图 14.19　轮烷［**20**·Cu］$^{+}$的大环沿着哑铃状组件的穿梭运动可以用氧化还原金属中心的电化学方式控制（$CNCH_3$，298K）[164]。深色环和浅色环分别代表Cu(Ⅰ)和Cu(Ⅱ)离子

最近，这个系统通过将环中的一半高度隐藏和防护的菲咯啉替换为无防护的二异喹啉单元而得到提高[165]。在新轮烷中，环中电化学驱动的分子梭确实要比先前的以菲咯啉为基础的单元快四个数量级。

14.4.2.2节描述的二站点联苯胺/联苯酚轮烷大环的分子穿梭运动也可以用电化学控制[147]。联苯胺识别部位发生两次连续的单电子氧化过程。通过与那些含有一个联苯胺但没有被四价环番包络的模型化合物的电势相比较，第一步氧化电势较高，而第二步的氧化电势却是一样的。这些现象表明，四价的环番使得包络后的联苯胺的单电子氧化更困难了。但是，一旦这个单元被氧化成自由基正离子后，四价正离子的环番就会运动到与联苯酚单元结合的点上，从而不影响第二步的单电子氧化。在把联苯胺单元还原为中性后，两种构象之间的平衡比例又恢复到初始的状态。

正如我们在第13章讲到的那样，轮烷［**15**H］$^{3+}$是酸碱可控的分子穿梭机器（图14.14）[148]。在去质子化后，环就定位在电子受体联吡啶上，这从其第一步的还原电势比哑铃状物的电势低的现象中可以看出来，但是第二步的还原电势并不受影响。这个现象表明了在联吡啶发生单电子还原后，大环就会远离它。

轮烷 **21**$^{4+}$（图 14.20）含有 **2**$^{4+}$ π 缺电子大环和一个 π 富电子的哑铃状化合物[166]。在溶液中，大环固定在 2，6-蒽二氧基上的识别点上。该轮烷的乙腈溶液的循环伏安曲线表明，其第一氧化电势（＋1.03 V 相对于 SCE）对应于 2，6-二蒽氧基单元的氧化。该氧化电势比没有组装的模型化合物更正些，一旦两个 1，4-二氧基苯单元被氧化，则可以观测到两个明显的电位（＋1.29 V 和＋1.59 V）。轮烷中 1，4-二氧基苯单元的第一氧化电位与其非组装的模型化合物之相应单元的电位几乎一致，第二氧化电位则与大环是四价正离子的环番的模型轮烷一致，这些结果均表明四价正离子的环番最初是环绕在 2，6-二蒽氧基单元上的（图 14.20），因而其氧化过程较难。然而，一旦该识别点被氧化，四价正离子环番则会移向两个 1，4-二氧基苯单元的其中一个[166]。

一系列含有 **2**$^{4+}$ 电子受体环番和含有单吡咯四硫代富瓦烯（TTFP）和 1，5-二甲氧基萘（1，5-DMN）的哑铃状化合物进行组装所获得的轮烷（例如 **22**$^{4+}$，图 15.19）在乙腈溶液中的电化学和光物理学性质已有研究[167a]。TTFP 和 1，5-DMN 都是四价正离子环番潜在的识别点，因为它们可以与电子受体联吡啶形成电荷转移态。基于氧化还原特性，人们可以预测四价正离子环番与 PTTF

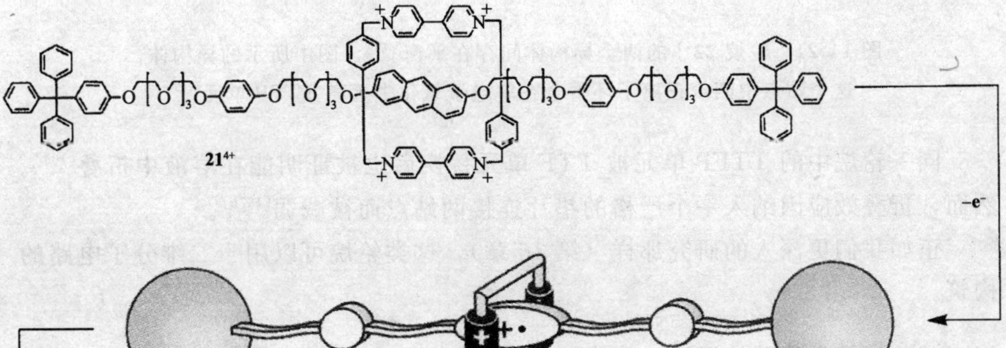

图 14.20　轮烷 **21**$^{4+}$ 的大环沿着哑铃状组件的穿梭运动可以用 2，6-二蒽氧基的电化学氧化来诱导（$CNCH_3$，298K）[166]

站点形成比 1，5-DMN 站点更强的相互作用。然而，四价正离子环番与电子给体之间的相互作用还取决于其他因素，其中包括［π…π］堆积效应和氢键。与一些模型化合物和非组装的哑铃状化合物的行为比较，这类具有两个站点的轮烷具有不可预见的复杂的电化学和光物理性质，并非可以简单地归结为两个异构体那样。这看来，由于这类轮烷的长度（约 50～60 nm）和柔韧性，它们在溶液中应当会折叠，以便减少电荷转移；同时，这也意味着两个端塞子（特别是树枝状端塞子）比简单的端基团起着更重要的作用。由于不可忽视的电子给体特性，这些分子梭通常会折叠在四价正离子环番的周围，因此能够确定它在链上的位置。电化学结果表明 TTFP 的第一氧化电位就会诱导大环的移动。当处在两站点之间时，就如 **22**$^{4+}$，^{1}H NMR 谱也表明 TTFP 单元上的噻甲基取代基会使大环的穿梭运动慢下来[168]。

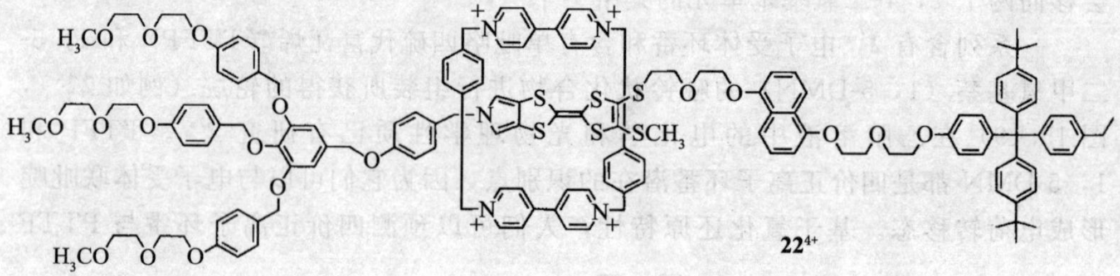

22^{4+}

图 14.21　轮烷 **22**$^{4+}$ 的两个异构体间存在平衡[168]。图中所示的异构体，这个站点中四价正离子环番会在单电子氧化中远离 TTFP 单元[167]

同一轮烷中的 TTFP 单元被 TTF 单元替换后也被证明能在溶液中折叠[169]。然而，折叠效应因纳入一个严格的垫片连接两站点而被减弱[167b]。

正如我们更深入的研究那样（第 16 章），这类轮烷可以用于二维分子电路的构筑。

14.4.4　光化学驱动的运动

14.4.4.1　基于金属络合物的轮烷

套在线性哑铃状梭道上的环状轮烷机器［**20**・Cu］$^{+}$（图 14.19）也能被光化学来诱导驱动[167b]。在 $CNCH_3$ 溶液中的轮烷用 464 nm 的光来照射，在对硝基溴苯存在的条件下，能使 Cu(Ⅰ) 发色单元产生金属至配体的电荷转移激发态。随之发生从光激发的轮烷到对硝基溴苯的电子转移，产生一个四配位的 Cu(Ⅱ)中心。与 Cu(Ⅱ) 最佳的五配位相对应，大环将从二齿的菲咯啉配体滑动到四齿的三联吡啶配位点。加入抗坏血酸后，五配位的 Cu(Ⅱ) 被还原成五配位的 Cu(Ⅰ) 离子。对应于四配位体的结构 Cu(Ⅰ) 占有优势，大环从三联吡啶配体中滑出，移向邻二氮杂菲配体络合 Cu(Ⅱ)，恢复到原来的构象[143b,170]。

14.4.4.2 基于光致异构化反应的体系

偶氮苯和二苯乙烯的线性光学异构化已经被广泛地应用于引发环糊精和葫芦脲珠沿着轮烷的哑铃状结构的运动。

其中一个例子是轮烷含有 α-环糊精套环和反式偶氮二苯氧基哑铃状组件[171]。偶氮苯二氧基结构单元原来被 α-CD 结构所包络，但是用 360 nm 的光照射可使偶氮苯单元从反式异构变到顺式异构，将 α-CD 结构推离然后包络其中的一个—$[CH_2]_2O$—链。用 430 nm 光照射时，偶氮苯二氧基单元又从顺式异构到反式，在这个过程中，α-CD 结构又退回来并包络偶氮苯二氧基单元。不同的是，也许是因为空间位阻的原因，在以二苯乙烯为基底的 α-CD 轮烷中，α-CD 珠只能朝着一个方向移动[172]。可能是因为这两种情况和下文所提到的，运动只是由于光异构化所致，而非由于 CD 的包络。

如果在哑铃状组件的中间含有偶氮苯顺反光异构化单元，而该单元又在轮烷中产生一个类似于大环塞子的作用，研究这样的系统应当很有意思[173]。这似乎对应于穿梭运动的“力学双频”效应，因为在给定温度下，这个运动的有效长度要减半。

最近也报道了基于偶氮苯和二苯乙烯光异构化单元的更为复杂的系统[174-177]。轮烷包含两个不同的光学异构化的站点和一个或两个大环就像多元多功能开关一样。例如，轮烷 **23** 是一个很有趣的光化学类型，因为在它的轴状结构中含有很多光活性单元。这些都是站点一样的偶氮苯和苯乙烯单元，还有在不同波长（分别是 $\lambda_{max}=520$ nm，395 nm）处有强烈荧光的两个稍微不同的萘胺塞子。这个环是个α-CD 大环。偶氮苯和二苯乙烯单元能在紫外-可见光区不同的波长光照射下进行光异构化。室温下，在二甲亚砜溶液中，稳定状态（起始的）是反，反-**23**，它是由α-CD 环在两站点间快速穿梭（在 NMR 时段）形成的。在 380 nm 光的照射下发生偶氮苯单元的异构化，生成顺，反-**23** 结构，在此结构中 α-CD 环被截留在反-二苯乙烯站点。进一步在 313 nm 光照射下引起二苯乙烯单元的异构化，生成顺，顺-**23** 结构，在此结构中 α-CD 环环绕在中心联苯基上。另一方面，用 313 nm 光照射反，反-**23** 生成反，顺-**23** 结构，在此结构中 α-CD 环被截留在反-偶氮苯单元上；进一步在 380 nm 光照射下生成顺，顺-**23**。就像图 14.22 指出的那样，在光照或加热的条件下光化学反应是完全可逆的。起始状态和三个光稳定状态可以用 NMR 与紫外-可见吸收和发射光谱测定出来。有趣的是每个状态都有不同的荧光光谱，因为大环的“刚性化”效应使得 α-CD 环环绕在塞子上时会使它的发射效应得到加强。与系统的四种状态间的互换现象有关的吸收与荧光光谱的变化可以描述成“与”和“异或”双重逻辑运算。因而，轮烷 **23** 可以在全光输入和输出的信号下作为一个可逆的半加法器[177]。

由偶氮苯衍生物接在 β-CD 上形成的自组装化合物构成的轮烷的光异构化也有报道[178]。

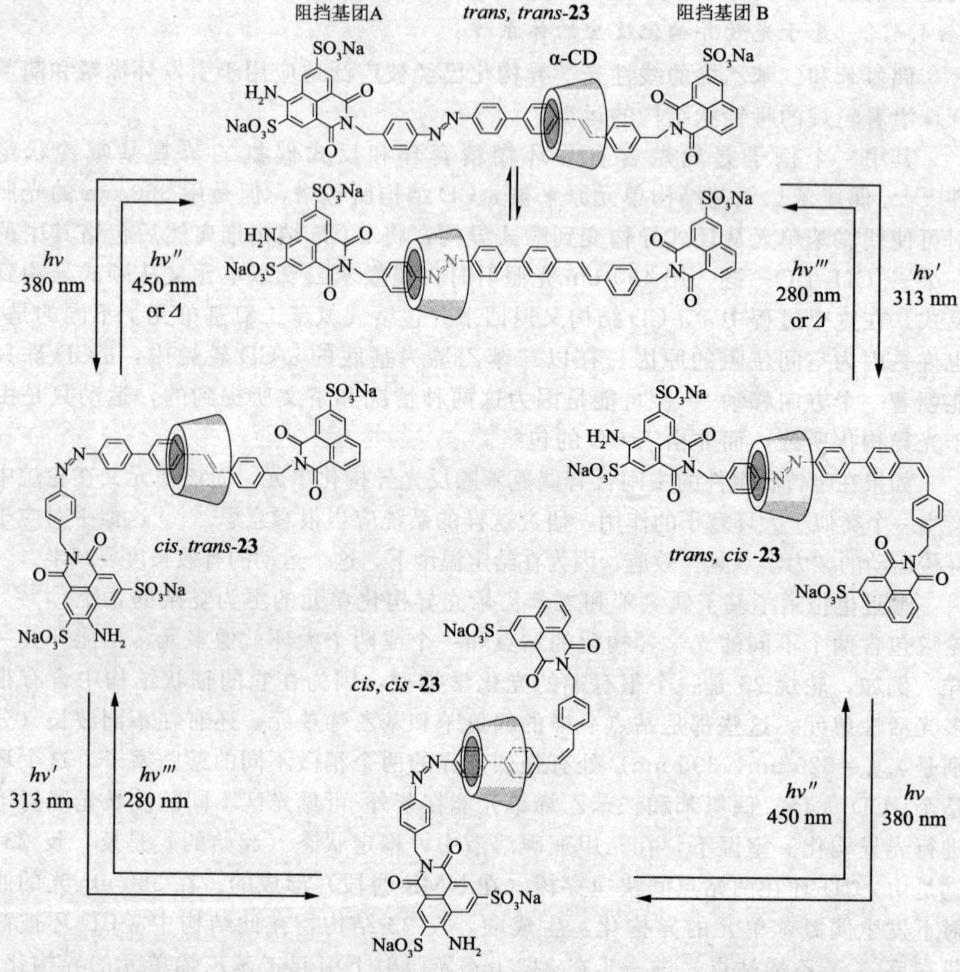

图 14.22　在偶氮苯和二苯乙烯站点的光异构化下轮烷 **23** 的状态的变化[176]

14.4.4.3　基于光诱导的电子转移的系统

哑铃状结构含有两个不同识别位点的轮烷，为了在该轮烷中获得光诱导的大环运动，如图 14.23 所示，我们仔细设计的化合物 $\mathbf{24}^{6+}$ 已经被合成出来[179]。这个化合物包含电子给体大环 **R** 以及一个包含以下组成的哑铃状组件：

- $[Ru(bpy)_3]^{2+}$（$\mathbf{P}^{2+}$）作为它的一个阻断基；
- 一个对联三苯基环作为刚性空间基团（S）；
- 4，4′-二联吡啶基团（$\mathbf{A}_1^{2+}$）和 3，3′-二联吡啶基团（$\mathbf{A}_2^{2+}$）作为电子受体；
- 一个四苯基甲烷作为第二个阻断基（**T**）。

轮烷 $\mathbf{24}^{6+}$ 的结构可以用质谱、核磁共振谱来确定，一个稳定的异构体是 **R**

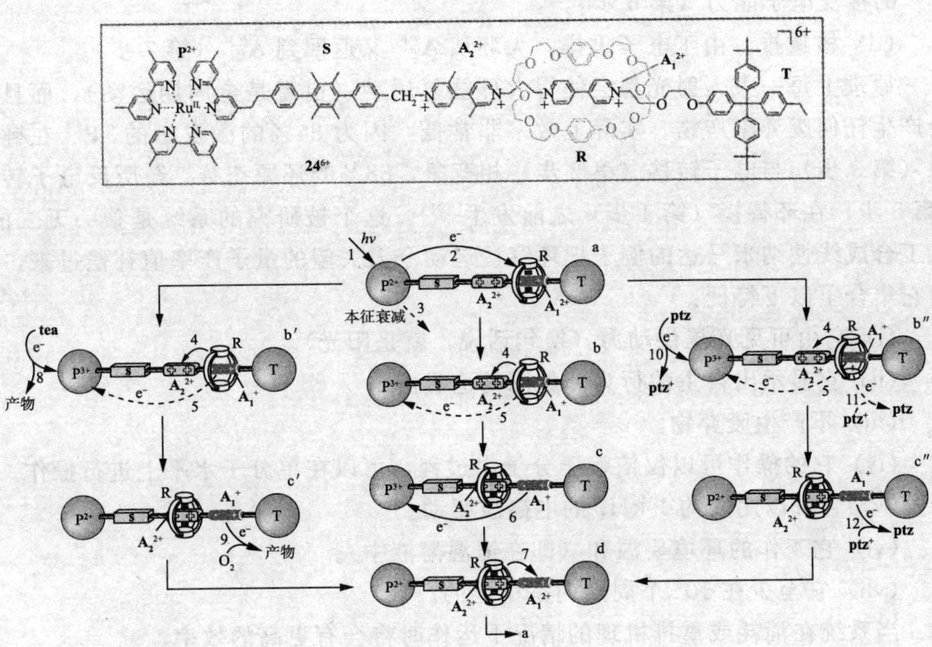

图 14.23　轮烷 $\mathbf{24}^{6+}$ 和示意图代表的大环 **R** 在 $\mathbf{A}_1^{2+}$ 和 A_2^{2+} 两站点间的光致穿梭运动的分子内机理（中间）、消耗机理（左边）、重排机理（右边）[179,180]

环套在 $\mathbf{A}_1^{2+}$ 单元上，用循环伏安法表明这个识别点是较好的电子受体。该轮烷、其哑铃状结构（图 4.8，4.4.3 节）和其他模型化合物的电化学、光物理和光化学特性（在连续的和脉冲激发下）已经被深入研究，大环 **R** 在两个识别点 $\mathbf{A}_1^{2+}$ 和 $\mathbf{A}_2^{2+}$ 之间进行光诱导的类似于算盘的往复运动共有三种机理[180]。

（1）分子内机理（图 14.23，中间），基于只包含轮烷结构的过程。

（2）消耗机理（图 14.23，左边），在进行分解时需要外部反应物的协助。

（3）重排机理（图 14.23，右边），在经历可逆的氧化还原过程时需要外物的协助。

分子内机理（图 14.23，中间）基于以下四个过程[179]。

(a) 稳定的异构体转换为非稳定态。光激发光活性基团 $\mathbf{P}^2$（第 1 步）后，一个电子从其激发态传递到有大环 **R** 包络的 $\mathbf{A}_1^2$ 单元（第 2 步），这导致该单元失活；这样的光诱导电子转移过程肯定与激发态 $\mathbf{P}^{2+}$ 的本征衰减相竞争（第 3 步）。

(b) 大环从被还原的 $\mathbf{A}_1^+$ 移向 $\mathbf{A}_2^+$（第 4 步），这一步将与从 $\mathbf{A}_1^+$（仍被 **R** 包络）到氧化的光活性基团 $\mathbf{P}^{3+}$ 的反向电子转移相竞争（第 5 步）。这是满足分子内机理的最困难的一步。

(c) 电子重排。从“自由”的还原态 $\mathbf{A}_1^+$ 到 $\mathbf{P}^{3+}$ 的反向电子转移过程恢复了

A_1^{2+} 的接受电子能力（第 6 步）。

(d) 核重排。由于电子重排，大环从 A_2^{2+} 又返回到 A_1^{2+}（第 7 步）。

原理上每一束入射光都会使得大环往复运动（也就是全周期运动），而且不会产生任何废弃副产物。实际上效率非常低，因为 84％的激发态的 $^*P^{2+}$ 在钝化时（第 3 步）与电子转移（第 2 步）相竞争，88％的还原态 A_1^+ 经历反电子转移（第 5 步）在环替换（第 4 步）之前发生[181]。这个被研究的系统是独一无二的，人工合成线性纳米马达的例子把环穿梭运动令人失望的量子产率值补偿过来，因为它集合了以下特征：

(i) 它由可见光提供动力（换句话说，就是阳光）。

(ii) 它显示出自主的行为，如同马达蛋白。

(iii) 不产生废弃物。

(iv) 它的操作可以仅依赖于分子内过程，可以在单分子水平上进行操作。

(v) 它可以用大约 1 kHz 的电磁波驱动。

(vi) 它工作的环境要温和（即在恒温溶液中）。

(vii) 它至少在 10^3 个周期内是稳定的。

当系统在消耗或重排机理的情况下运作时将会有更高的效率。

消耗机理[179]是基于像图 14.23 左边说明的那样的外部氧化还原反应物（还原剂像二乙醇胺，氧化剂像氧气）。在分子内机理中稳定的反式异构体表现出了不稳定性。因为溶液中含有合适的还原剂，这种物质与 P^{3+} 之间的迅速反应（第 8 步）与反电子转移反应（第 5 步）的竞争取得了成功；因此被占站点仍停留在还原态 A_1^+，尽管很慢，**R** 环还是被 A_2^{2+} 替换（第 4 步）。用一个合适的氧化剂如氧气氧化 A_1^+（第 9 步）可以使 A_1^{2+} 的吸电子能力得到恢复，而先前的机理中发生核重排（第 7 步）。在这种情况下，光诱导环替换的效率是 0.16，这与光诱导电子转移量子产率相对应（第 2 步）。这个机理不如分子内机理吸引人，因为这个机理会产生废弃物。

接力机理是基于在过程中经历氧化还原反应的能力的参与。仔细检查问题的各个方面后，选择吩噻嗪（**ptz**）充当这个角色。当 **24**$^{6+}$ 的光激发态存在于 **ptz**（图 14.23 右边）时，在光诱导电子转移（第 2 步）之后是含有 **ptz**$^+$ 结构和衍生物 P^{2+} 的 P^{3+} 和 **ptz** 之间的扩散控制反应（第 10 步）。结果是分子内反电子转移（第 4 步）不再发生，环替换必须只与 **ptz**$^+$ 和 A_1^+ 之间的缓慢的反电子转移反应相竞争（第 11 步）。在实验条件下，环替换（第 4 步）的效率是 76％，电子（第 11 或 12 步）和原子核重排（第 7 步）的进程是定量的。因此，**24**$^{6+}$ 的行为就像只能在可见光光子下消耗的整体效率为 12％的自主分子马达。**ptz** 扮演的角色是有“负”动力学效应的电子重排。

依赖于外部电子重排的其他光驱动分子机器也已有报道[182]。轮烷 **25**（图

14.24）包含一个苯酰胺大环，它套在一个包含被一个长烷基链分开的两个氢键站点（琥珀酰胺单元和萘酰亚胺单元）的轴上。初始时，大环定位在琥珀酰胺站点，因为萘酰亚胺部分的氢键十分弱。298K 乙腈溶液中用 355 nm 的光来激发（第 1 步），会产生萘酰亚胺的激发单线态，随后发生效率很高的系间窜跃而产生激发三重态。该激发三重态在溶液中加入大量电子给体（1，4-氮二杂环［2.2.2］辛烷，DABCO）后可被还原（第 2 步）。因为反向电子转移过程（第 3 步）是一个自旋禁阻过程，所以，光生离子对的解离十分有效，事实上，萘酰亚胺单元自由基负离子在与 DABCO 自由基阳离子双分子复合前可以生存几百个微秒。因为萘酰亚胺负离子与琥珀酰胺相比，是一个十分强的氢键基团，所以在还原萘酰亚胺的过程中，大环会移向萘酰亚胺（第 4 步）；这个过程可以通过循环伏安法实验观察到，也可以通过激光闪光光解来确认。环移动所需的时间（约1 μs）比萘酰亚胺自由基离子的寿命短得多（约 100 μs）。在电荷复合后（第 5 步），大环又返回到原来的地方（第 6 步）。这个器件可以被循环，其速率取决于轮烷自由基离子的电荷复合速率。我们估计如果用该分子机器的“复苏驱动”频率（$10^4 s^{-1}$）的激光来驱动（第 5 步），那么这个分子机器中每个分子能产生约 10^{-15} W 的机械能量[182]。

含有光敏感偶氮苯的单体聚合物已经通过单分子力谱来研究。在光激发下，单

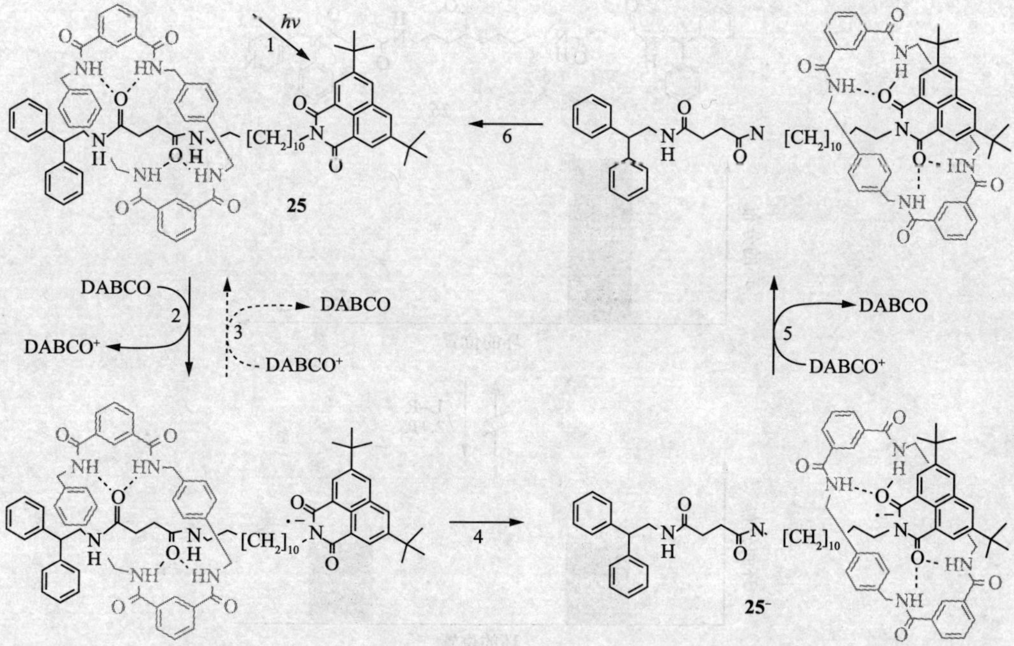

图 14.24　氢键结合的轮烷 **25** 的大环结构的光诱导可逆穿梭运动[182]。系统的操作依靠将 DABCO 看作是电子继电器来应用

体聚合物的缩短和延长已经被观测到，这证明在单分子装置中产生了光机械能[183]。

14.4.5 允许/阻止环运动

线性分子具有聪明的功能，所以它能允许/阻止环的穿梭运动。一个有趣的例子就是化合物**26**（图 14.25）。在这个化合物[184]中，两个站点的结构是一样的（但是可以因为不同的塞子而有所区别），一个庞大的硅醚基团作为阻止环在两个站点之间运动的阻碍物。因为合成的原因导致这个系统在统计学上不平衡的条件下启动。去除硅醚，连接两个站点，切换大环在两个站点之间的动态交流，使这个系统能够达到平衡。再加上硅醚后不会改变大环的状态，因为这个系统已经达到平衡。

在化合物**27**的状况下（图 14.26）[184]，系统在平衡状态下启动（85%的大环在富马酰胺站点，15%在琥珀酰胺），而且因为硅基的存在导致两站点间是断开的。在光激发下平衡被打破，光激发引起 E→Z 的异构化，动力学壁垒被破除，系统达到新的平衡。重置壁垒生成一个稳定但未达到平衡的系统，因为无法产生穿梭运动。使用热刺激物引发 Z→E 的反异构化使系统不稳定、断开、未达

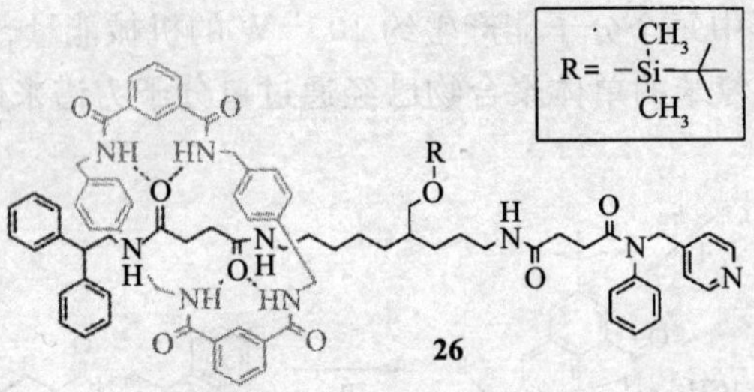

26

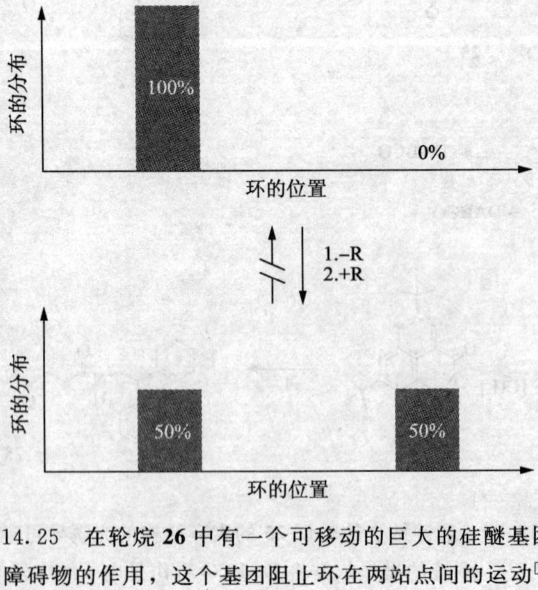

图 14.25 在轮烷 **26** 中有一个可移动的巨大的硅醚基团起到障碍物的作用，这个基团阻止环在两站点间的运动[184]

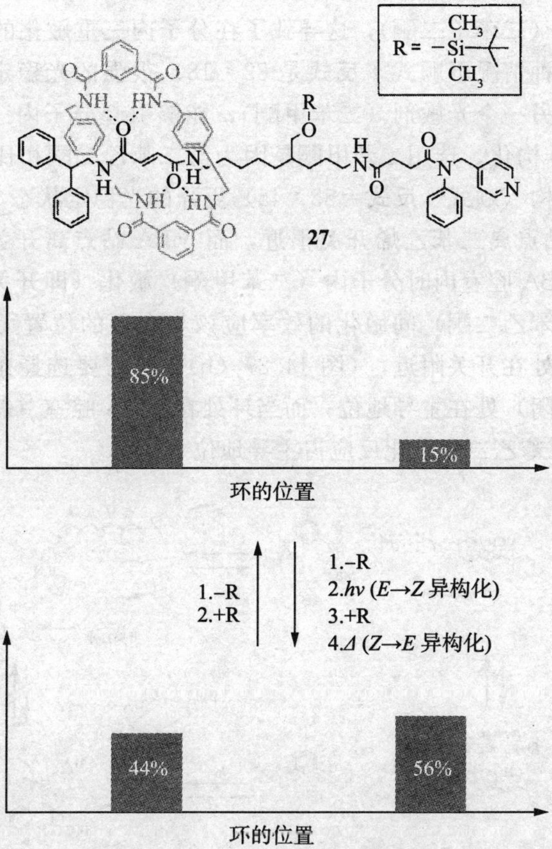

图 14.26　在轮烷 **27** 中，由 E→Z 光异构化导致的环运动是不可逆的，是因为在 E→Z 光异构化后插入了一个障碍物。结果是大环网点位置的改变[184]

到平衡。在这个轮烷中，线性分子的作用是定向改变大环的位置。

这种原理被用来制造第一个分子结构棘轮[185]。所说的这个系统是包含基于锁在线性分子上的分子机械的二苯冠-8 的轮烷 $\mathbf{28}^{2+}$（图 14.27）。在线性分子上因为环而存在两个站点（一个是二苄铵（DBA）单元，一个是单苄基铵（MBA）单元），这两个站点在类似于亲和力的作用下连接这个环，但是与检测这个环的目的是有区别的。一个 α-甲基二苯乙烯单元将不对称线性分子分成两个腔室，每个都包含一个站点。当二苯乙烯单元处在反式结构时，大环可以随机地沿着线性分子的全长移动，而当二苯乙烯单元处在顺式结构时大环会固定在其中的一个腔室内。因此，二苯乙烯单元起到环在两站点移动的光控开关的作用。当二苯乙烯单元处在反式结构时（即开关是打开的），环在两站点的分配平衡是65(DBA)∶35(MBA)（图 14.27 (a)）。为了将环分配平衡打破，开关必须在大部分时间内关闭，当大环占据一个具体位置时会优先打开（在这种情况下 DBA 站点）。第一个要求是向溶液中加入合适的光敏剂（二苯乙二酮），这导致了在分子内三重敏化的 α-甲基二苯乙烯的顺式结构（在这种情况下顺式：反式是 82：18）很强的光稳定状态。第二个要求是在大环上附加另一个光敏剂（二苯甲酮），能够引起分子内三重敏化的二苯乙烯开关的顺-反光异构化。选用二苯甲酮是因为与二苯乙二酮相比能够引起 α-甲基二苯乙烯的反式结构（顺式：反式＝55：45）更强的光稳定状态。这个系统的一个主要特点是 DBA 站点离二苯乙烯开关很近，而 MBA 站点离开关很远。因此，可以认为大环处在 DBA 腔室内时分子内（二苯甲酮）敏化（即开关开着）是更为有效的；而分子（二苯乙二酮）间敏化的效率应该与大环的位置无关。当环处在 DBA 腔室（也就是说处在开关附近，（图 14.27（b））时需要选择条件使二苯甲酮敏化异构化（开关关闭）处在主导地位；而当环处在 MBA 腔室（就是说远离开关，图 14.27（c））时二苯乙二酮敏化反应占主导地位。

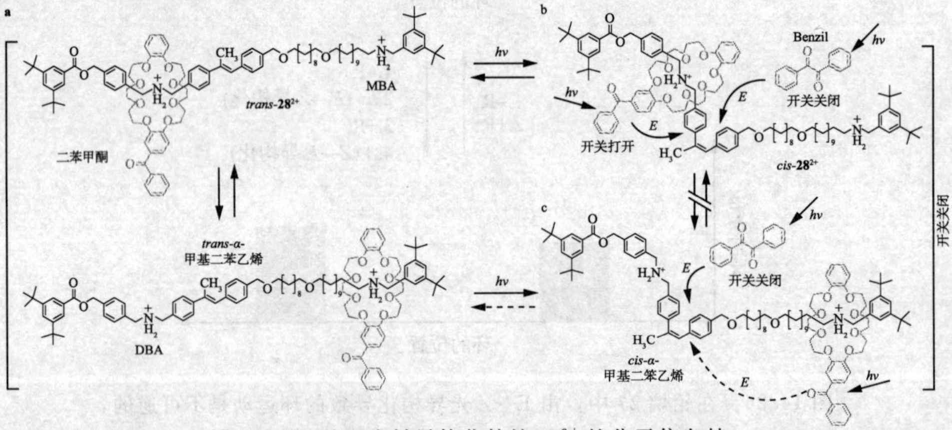

图 14.27 基于光敏异构化轮烷 **28**$^{2+}$ 的分子信息棘轮操作的图示[185]。中断的箭头表示不可能发生的过程

系统启动于二苯乙烯开关打开时（反式），环分配平衡数是65(DBA)：35(MBA)。在合适数量的二苯乙二酮存在下用光照射则可导致系统形成顺式：反式为 80：20 的光稳定状态。在这种情况下，环分配达到45(DBA)：55(MBA)；大约三分之一在平衡时占据着更有利的 DBA 腔室的大环已经移动到不利的 MBA 腔室。归根到底，轮烷 **28**$^{2+}$ 的不同变换的异构体（图 14.27）的不同光反应性导致在光照射下环在两腔室的分配，这与在暗处观察到的平衡不同。

需要指出的是，在这个系统中光子并不应用于改变环和其他站点的结合能而是用来加强信息传输过程，如图 14.28 所示[22]。换句话说，只有在大环“标记”它与开关的相对位置才能确保将环分配驱离平衡值，开关因此打开（或关闭）。这些过程的相似性已经得到广泛的讨论，这些过程包含一些假设工作，而这些假设工作并没有由 Maxwell 著名的想象实验中的“恶魔”提供能量[22]。

基于轮烷的光驱动分子马达的理论设计已经被提出来[186]。

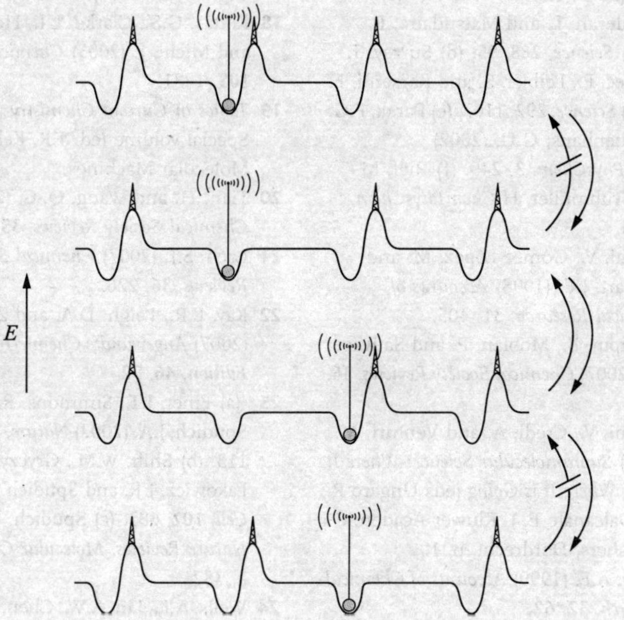

图 14.28 Brownian 颗粒在势能面定向传输的信息棘轮机理。如果这个颗粒标记其位置的方式有距离依赖性，那么只有在障碍物很接近这个颗粒时信号才会被减弱

可以用其他方法来阻止环在两站点的穿梭运动。例如，这种结果可以通过干预 2，2′-二吡啶（bpy）单元在轮烷的哑铃单元的两个站点间的运动来实现[187]。加入 Cu^+ 后这个系统经历了二聚作用，因为两个 2，2′-二吡啶（bpy）单元络合了金属离子。结果是，环可以固定在一个站点上，穿梭运动只能用离子交换树脂螯合金属离子来恢复。

参考文献

1 Vale, R.D. and Milligan, R.A. (2000) *Science*, 288, 88.

2 Howard, J. (2001) *Mechanics of Motor Proteins and the Cytoskeleton*, Sinauer Associates, Sunderland, MA.

3 Jones, A.L. (2004) *Soft Machines, Nanotechnology and Life*, Oxford University Press, Oxford.

4 Goodsell, D.S. (2004) *Bionanotechnology-Lessons from Nature*, John Wiley & Sons, Inc., Hoboken.

5 For interesting articles on other kinds of movements in living organisms (besides the rotary motors described in Section 15.2), see (a) Wang, M.D., Schnitzer, M.J., Yin, H., Landick, R.,

Gelles, J. and Block, S.M. (1998) *Science*, **282**, 902. (b) Jankowsky, E., Gross, C.H., Shuman, S. and Pyle, A.M. (2000) *Nature*, **403**, 447. (c) Mahadevan, L. and Matsudaira, P. (2000) *Science*, **288**, 95. (d) Surrey, T., Nédélec, F., Leibler, S. and Karsenti, E. (2001) *Science*, **292**, 1167. (e) Parak, F.G. and Nienhaus, G.U. (2002) *ChemPhysChem*, **3**, 249. (f) Rief, M. and Grubmüller, H.*ChemPhysChem*, **3**, 255.

6 Balzani, V., Gómez-López, M. and Stoddart, J.F. (1998) *Accounts of Chemical Research*, **31**, 405.

7 Champin, B., Mobian, P. and Sauvage, J.-P. (2007) *Chemical Society Reviews*, **36**, 358.

8 Balzani, V., Credi, A. and Venturi, M. (1999) *Supramolecular Science: Where It is and Where It is Going* (eds Ungaro R. and Dalcanale E.), Kluwer Academic Publishers, Dordrecht, p. 1.

9 Kaifer, A.E. (1999) *Accounts of Chemical Research*, **32**, 62.

10 Balzani, V., Credi, A., Raymo, F.M. and Stoddart, J.F. (2000) *Angewandte Chemie-International Edition*, **39**, 3348.

11 *Accounts of Chemical Research* (2001) **34** (6). Special issue (ed. J.F. Stoddart) on Molecular Machines.

12 *Structure and Bonding* (2001) **99**. Special volume (ed. J.-P. Sauvage) on Molecular Machines and Motors.

13 Balzani, V., Credi, A. and Venturi, M. (2001) *Stimulating Concepts in Chemistry*, (eds M. Shibasaki, J.F. Stoddart and F. Vögtle) ,Wiley-VCH Verlag GmbH, Weinheim, p. 255.

14 Balzani, V. and Credi, A. (2001) *Chemical Record*, **1**, 422.

15 Venturi, M., Credi, A. and Balzani, V. (2001) *Electron Transfer in Chemistry*, vol. 3 (ed. V. Balzani),Wiley-VCH Verlag GmbH, Weinheim, p. 501.

16 Armaroli, N., Chambron, J.-C., Collin, J.-P., Dietrich-Buchecker, C.O., Flamigni, L., Kern, J.-M. and Sauvage, J.-P. (2001) *Electron Transfer in Chemistry*, vol. 3 (ed. V. Balzani),Wiley-VCH Verlag GmbH, Weinheim, p. 82.

17 Gunter, M.J. (2004) *European Journal of Organic Chemistry*, 1655.

18 Kottas, G.S., Clarke, L.I., Horinek, D. and Michl, J. (2005) *Chemical Reviews*, **105**, 1281.

19 *Topics in Current Chemistry* (2005) **262**. Special volume (ed. T.R. Kelly) on Molecular Machines.

20 Tian, H. and Wang, Q.-C. (2006) *Chemical Society Reviews*, **35**, 361.

21 Loeb, S.J. (2007) *Chemical Society Reviews*, **36**, 226.

22 Kay, E.R., Leigh, D.A. and Zerbetto, F. (2007) *Angewandte Chemie-International Edition*, **46**, 72.

23 (a) Finer, J.T., Simmons, R.M. and Spudich, J.A. (2002) *Nature*, (1994) **368**, 113. (b) Shih, W.M., Gryczynski, Z., Lakowicz, J.R. and Spudich, J.A. (2000) *Cell*, **102**, 683. (c) Spudich, J.A. (2001) *Nature Reviews. Molecular Cell Biology*, **2**, 387.

24 Wells, A.L., Lin, A.W., Chen, L.Q., Safer, D., Chain, S.M., Hasson, T., Carragher, B.I., Milligan, R.A. and Sweeney, H.L. (1999) *Nature*, **401**, 505.

25 Walter, L., Burgess, S.A., Sellers, J.R., Wang, F., Hammer, J.A, III, Trinick, J. and Knight, P.J. (2000) *Nature*, **405**, 804.

26 Rief, M., Rock, R.S., Mehta, A.D., Mooseker, M.S., Cheney, R.E. and Spudich, J.A. (2000) *Proceedings of the National Academy of Sciences of the United States of America*, **97**, 9482.

27 (a) Yildiz, A., Forkey, J.N., McKinney, S.A., Ha, T., Goldman, Y.E. and Selvin, P.R. (2003) *Science*, **300**, 2061. (b) Yildiz, A., Park, H., Safer, D., Yang, Z., Chen, L.-Q., Selvin, P.R. and Sweeney, H.E. (2004) *Journal of Biological Chemistry*, **279**, 37223.

28 Courty, S., Luccardini, C., Bellaiche, Y., Cappello, G. and Dahan, M. (2006) *Nano Letters*, **6**, 1491.

29 (a) Visscher, K., Schnitzer, M.J. and Block, S.M. (1999) *Nature*, **400**, 184.

(b) Reconditi, M., Linari, M., Lucil, L., Stewart, A., Sun, Y.-B., Boesecke, P., Narayanan, T., Fischetti, R.F., Irving, T., Piazzesi, G., Irving, M. and Lombardi, V. (2004) *Nature*, **428**, 578.

30 Okada, Y. and Hirokawa, N. (1999) *Science*, **283**, 1152.

31 Rice, S., Lin, A.W., Safer, D., Hart, C.L., Naber, N., Carragher, B.O., Cain, S.M., Pechatnikova, E., Wilson-Kubalek, E.M., Whittaker, M., Pate, E., Cooke, R., Taylor, E.W. and Milligan, R.A. (1999) *Nature*, **402**, 778.

32 Asbury, C.L., Fehr, A.N. and Block, S.M. (2003) *Science*, **302**, 2130.

33 Hua, W., Chung, J. and Gelles, J. (2002) *Science*, **295**, 844.

34 (a) Yildiz, A., Tomishige, M., Vale, R.D. and Selvin, P.R. (2004) *Science*, **303**, 676. (b) Yildiz, A. (2006) *Science*, **311**, 792.

35 The term myosin refers to at least 14 classes of proteins, each containing actin-based motors.

36 Alonso, M.C., Drummond, D.R., Kain, S., Hoeng, J., Amos, L. and Cross, R.A. (2007) *Science*, **316**, 120.

37 Hess, H., Bachand, G.D. and Vogel, V. (2004) *Chemistry – A European Journal*, **10**, 2110.

38 (a) Bachand, M., Trent, A.M., Bunker, B. C. and Bachand, G.D. (2005) *Journal of Nanoscience and Nanotechnology*, **5**, 718. (b) Muthukrishnan, G., Hutchins, B. M., Williams, M.E. and Hanckock, W.O. (2006) *Small*, **2**, 626.

39 (a) Diez, S., Reuther, C., Dinu, C., Seidel, R., Mertig, M., Pompe, W. and Howard, J. (2003) *Nano Letters*, **3**, 1251. (b) Ramachandran, S., Ernst, K.-H., Bachand, G.D., Vogel, V. and Hess, H. (2006) *Small*, **2**, 330. (c) Hess, H., Clemmens, J., Horward, J. and Vogel, V. (2002) *Nano Letters*, **2**, 113. (d) Hess, H. and Bachand, G.D. (2005) *Nanotoday*, December, 22.

40 (a) Nomura, A., Uyeda, T.Q.P., Yumoto, N. and Tatsu, Y. (2006) *Chemical Communications*, 3588. (b) Du, Y.-Z., Hiratsuka, Y., Taira, S., Eguchi, M., Uyeda, T.Q.P., Yumoto, N. and Kodaka, M. (2005) *Chemical Communications*, 2080.

41 (a) van den Heuvel, M.G.L., de Graaff, M.P. and Dekker, C. (2006) *Science*, **312**, 910. (b) Lin, C.-T., Kao, M.-T., Kurabayashi, K. and Meyhöfer, E. (2006) *Small*, **2**, 281. (c) Boal, A.K., Bachand, G.D., Rivera, S.B. and Bunker, B.C. (2006) *Nanotechnology*, **17**, 349.

42 Hess, H. (2006) *Soft Matter*, **2**, 669.

43 Balzani, V., Credi, A. and Venturi, M. (2002) *Proceedings of the National Academy of Sciences of the United States of America*, **99**, 4814.

44 Chambron, J.-C., Dietrich-Buchecker, C.O. and Sauvage, J.-P. (1993) *Topics in Current Chemistry*, **165**, 131.

45 Gibson, H.W. and Marand, H. (1993) *Advanced Materials*, **5**, 11.

46 Amabilino, D.B. and Stoddart, J.F. (1995) *Chemical Reviews*, **95**, 2725.

47 Jäger, R. and Vögtle, F. (1997) *Angewandte Chemie-International Edition in English*, **36**, 930.

48 Fyfe, M.C.T. and Stoddart, J.F. (1997) *Accounts of Chemical Research*, **30**, 393.

49 Raymo, F.M. and Stoddart, J.F. (1999) *Chemical Reviews*, **99**, 1643.

50 Breault, G.A., Hunter, C.A. and Mayers, P.C. (1999) *Tetrahedron*, **55**, 5265.

51 Sauvage, J.-P. and Dietrich-Buchecker, C.O. (eds) (1999) *Molecular Catenanes, Rotaxanes and Knots*, Wiley-VCH Verlag GmbH, Weinheim.

52 Kim, K. (2002) *Chemical Society Reviews*, **31**, 96.

53 Ashton, P.R., Philp, D., Spencer, N. and Stoddart, J.F. (1991) *Journal of the Chemical Society. Chemical Communications*, 1677.

54 Ballardini, R., Balzani, V., Credi, A., Gandolfi, M.T. and Venturi, M. (2001) *Accounts of Chemical Research*, **34**, 445.

55 Asakawa, M., Ashton, P.R., Ballardini, R., Balzani, V., Belohradsky, M., Gandolfi, M.T., Kocian, O., Prodi, L., Raymo, F.M., Stoddart, J.F. and

Venturi, M. (1997) *Journal of the American Chemical Society*, **119**, 302.

56 Ashton, P.R., Baxter, I., Fyfe, M.C.T., Raymo, F.M., Spencer, N., Stoddart, J. F., White, A.J.P. and Williams, D.J. (1998) *Journal of the American Chemical Society*, **120**, 2297.

57 (a) Rouvray, D.H. (1995) *Chemistry in Britain*, **31** (7), 554. (b) Rouvray, D.H. (1997) *Chemistry & Industry*, **20**, January, 60. (c) Rouvray, D.H. (1997) *Fuzzy Logic in Chemistry*, Academic Press, London.

58 Dietrich-Buchecker, C.O., Sauvage, J.-P. and Kintzinger, J.-P. (1983) *Tetrahedron Letters*, **24**, 5095.

59 Chambron, J.-C., Dietrich-Buchecker, C.O., Nierengarten, J.-F., Sauvage, J.-P., Solladié N., Albrecht-Gary, A.M. and Meyer, M. (1995) *New Journal of Chemistry*, **19**, 409.

60 Kolchinski, A.G., Busch, D.H. and Alcock, N.W. (1995) *Journal of the Chemical Society. Chemical Communications*, 1289.

61 (a) Ashton, P.R., Campbell, P.J., Chrystal, E.J.T., Glink, P.T., Menzer, S., Philp, D., Spencer, N., Stoddart, J.F., Tasker, P.A. and Williams, D.J. (1995) *Angewandte Chemie-International Edition in English*, **34**, 1865. (b) Ashton, P.R., Chrystal, E.J.T., Glink, P.T., Menzer, S., Schiavo, C., Spencer, N., Stoddart, J.F., Tasker, P.A., White, A.J.P. and Williams, D.J. (1996) *Chemistry – A European Journal*, **2**, 709.

62 A ring-in-ring pseudorotaxane species has been reported: Chiu, S.-H., Pease, A.R., Stoddart, J.F., White, A.J.P. and Williams, D.J. (2002) *Angewandte Chemie-International Edition*, **41**, 270.

63 Such a recognition motif can be reversed: oligoethylene glycol derivatives can thread through a dicationic cyclophane. Chiu, S.-H. and Stoddart, J.F. (2002) *Journal of the American Chemical Society*, **124**, 4174.

64 (a) Montalti, M., Ballardini, R., Prodi, L. and Balzani, V. (1996) *Chemical Communications*, 2011. (b) Ashton, P. R., Ballardini, R., Balzani, V., Gómez-López, M., Lawrence, S.E., Martínez-Díaz, M.-V., Montalti, M., Piersanti, A., Prodi, L., Stoddart, J.F. and Williams, D.J. (1997) *Journal of the American Chemical Society*, **119**, 10641. (c) Ashton, P.R., Ballardini, R., Balzani, V., Fyfe, M.C.T., Gandolfi, M.T., Martínez-Díaz, M.-V., Morosini, M., Schiavo, C., Shibata, K., Stoddart, J.F., White, A.J.P. and Williams, D.J. (1998) *Chemistry – A European Journal*, **4**, 2332.

65 (a) Ishow, E., Credi, A., Balzani, V., Spadola, F. and Mandolini, L. (1999) *Chemistry – A European Journal*, **5**, 984. (b) Cantrill, S.J., Fyfe, M.C.T., Heiss, A.M., Stoddart, J.F., White, A.J.P. and Williams, D.J. (1999) *Chemical Communications*, 1251.

66 Diederich, F., Echegoyen, L., Gómez-López, M., Kessinger, R. and Stoddart, J. F. (1999) *Journal of the Chemical Society Perkin Transactions2*, 1577.

67 Ferrer, B., Rogez, G., Credi, A., Ballardini, R., Gandolfi, M.T., Balzani, V., Liu, Y., Tseng, H-R. and Stoddart, J. F. (2006) *Proceedings of the National Academy of Sciences of the United States of America*, **103**, 18411.

68 Balzani, V., Clemente-León, M., Credi, A., Lowe, J.N., Badjic, J.D., Stoddart, J. F. and Williams, D.J. (2003) *Chemistry – A European Journal*, **9**, 5348.

69 For an example of pseudorotaxane in which a trifurcated trication is threaded by three crown ethers, see Gibson, H. W., Yamaguchi, N., Hamilton, L. and Jones, J.W. (2002) *Journal of the American Chemical Society*, **124**, 4653.

70 For a tutorial review on multivalency, particularly in calixarene-based systems, see Baldini, L., Casnati, A., Sansone, F. and Ungaro, R. (2007) *Chemical Society Reviews*, **36**, 254.

71 (a) Connors, K.A. (1997) *Chemical Reviews*, **97**, 1325. (b) Atwood, J.L., Davies, J.E.D., Macnicol, D.D. and Vögtle, F. (eds) (1996) *Comprehensive*

Supramolecular Chemistry, vol. 3, Pergamon Press, Oxford. (c) For a systematic thermodynamic investigation on host-guest systems involving cyclodextrins, see Rekharsky, M.V. and Inoue, Y. (2002) *Journal of the American Chemical Society*, **124**, 813.

72 Harada, A. (2001) *Accounts of Chemical Research*, **34**, 456. see also Oshikizi, T., Takashima, Y., Yamaguchi, H. and Harada, A., (2007) *Chemistry – A European Journal*, **13**, 7091.

73 (a) Yui, N. and Ooya, T. (2006) *Chemistry – A European Journal*, **12**, 6730. (b) Wang, Q.-C., Ma, X., Qu, D.-H. and Tian, H. (2006) *Chemistry – A European Journal*, **12**, 1088.

74 Castro, R., Godínez, L.A., Criss, C.M. and Kaifer, A.E. (1997) *The Journal of Organic Chemistry*, **62**, 4928.

75 (a) Choi, H.S., Hirasawa, A., Ooya, T., Kajihara, D., Hohsaka, T. and Yui, N. (2006) *ChemPhysChem*, **7**, 1671. (b) Choi, H.S., Takahashi, A., Ooya, T. and Yui, N. (2006) *ChemPhysChem*, **7**, 1668. (c) Coulston, R.J., Onagi, H., Lincoln, S. F. and Easton, C.J. (2006) *Journal of the American Chemical Society*, **128**, 14750.

76 Marquez, C., Hudgins, R.R. and Nau, W.M. (2004) *Journal of the American Chemical Society*, **126**, 5806.

77 (a) Tuncel, D. and Steinke, J.H.G. (2001) *Chemical Communications*, 253. (b) Tuncel, D. and Steinke, J.H.G. (2002) *Chemical Communications*, 496.

78 (a) Mock, W.L. and Pierpont, J. (1990) *Journal of the Chemical Society. Chemical Communications*, 1509. (b) Jun, S.I., Lee, J.W., Sakamoto, S., Yamaguchi, K. and Kim, K. (2000) *Tetrahedron Letters*, **41**, 471. (c) Ooya, T., Ionue, D., Choi, H. S., Kobayashi, Y., Loethen, S., Thompson, D., Ko, Y.H., Kim, K. and Yui, N. (2006) *Organic Letters*, **8**, 3159. (d) Sindelar, V., Silvi, S. and Kaifer, A.E. (2006) *Chemical Communications*, 2185. (e) Sindelar, V., Silvi, S., Parker, S.E., Sobransingh, D. and Kaifer, A.E. (2007) *Advanced Functional Materials*, **17**, 694. (f) Tuncel, D., Tiftik, H.B. and Salih, B. (2006) *Journal of Materials Chemistry*, **16**, 3291. (g) Tuncel, D., Özsar, O., Tiftik, H. B. and Salih, B. (2007) *Chemical Communications*, 1369.

79 (a) Lee, E., Kim, J., Heo, J., Whang, D. and Kim, K. (2001) *Angewandte Chemie-International Edition*, **40**, 399. (b) Park, K.-M., Kim, S.-Y., Heo, J., Whang, D., Sakamoto, S., Yamaguchi, K. and Kim, K. (2002) *Journal of the American Chemical Society*, **124**, 2140.

80 Lee, J.W., Ko, Y.H., Park, S.-H., Yamaguchi, K. and Kim, K. (2001) *Angewandte Chemie-International Edition*, **40**, 746.

81 (a) Kim, H.-J., Heo, J., Jeon, W.S., Lee, E., Kim, J., Sakamoto, S., Yamaguchi, K. and Kim, K. (2001) *Angewandte Chemie-International Edition*, **40**, 1526. (b) Jon, S.Y., Ko, Y.H., Park, S.H., Kim, H.-J. and Kim, K. (2001) *Chemical Communications*, 1938.

82 Kim, H.-J., Jeon, W.S., Ko, Y.H. and Kim, K. (2002) *Proceedings of the National Academy of Sciences of the United States of America*, **99**, 5007.

83 Sindelar, V., Cejas, M.A., Raymo, F.M., Chen, W., Parker, S.E. and Kaifer, A.E. (2005) *Chemistry – A European Journal*, **11**, 7054.

84 Ballardini, R., Balzani, V., Credi, A., Gandolfi, M.T., Langford, S.J., Menzer, S., Prodi, L., Stoddart, J.F., Venturi, M. and Williams, D.J. (1996) *Angewandte Chemie-International Edition in English*, **35**, 978.

85 Raymo, F.M., Houk, K.N. and Stoddart, J.F. (1998) *Journal of Organic Chemistry*, **63**, 6523.

86 Kaminski, G.A. and Jorgensen, W.L. (1999) *Journal of the Chemical Society Perkin Transactions2*, 2365.

87 Houk, K.N., Menzer, S., Newton, S.P., Raymo, F.M., Stoddart, J.F. and Williams, D.J. (1999) *Journal of the American Chemical Society*, **121**, 1479.

88 Venturi, M., Dumas, S., Balzani, V., Cao, J. and Stoddart, J.F. (2004) *New Journal of Chemistry*, **28**, 1032.

89 Credi, A., Montalti, M., Balzani, V., Langford, S.J., Raymo, F.M. and Stoddart, J.F. (1998) *New Journal of Chemistry*, **22**, 1061.

90 Credi, A., Balzani, V., Langford, S.J. and Stoddart, J.F. (1997) *Journal of the American Chemical Society*, **119**, 2679.

91 (a) Asakawa, M., Ashton, P.R., Balzani, V., Credi, A., Mattersteig, G., Matthews, O.A., Montalti, M., Spencer, N., Stoddart, J.F. and Venturi, M. (1997) *Chemistry – A European Journal*, **3**, 1992. (b) Asakawa, M., Ashton, P.R., Balzani, V., Boyd, S.E., Credi, A., Mattersteig, G., Menzer, S., Montalti, M., Raymo, F.M., Ruffilli, C., Stoddart, J.F., Venturi, M. and Williams, D.J. (1999) *European Journal of Organic Chemistry*, 985. (c) Balzani, V., Credi, A., Mattersteig, G., Matthews, O.A., Raymo, F.M., Stoddart, J.F., Venturi, M., White, A.J.P. and Williams, D.J. (2000) *Journal of Organic Chemistry*, **65**, 1924.

92 Ashton, P.R., Iqbal, S., Stoddart, J.F. and Tinker, N.D. (1996) *Chemical Communications*, 479.

93 Asakawa, M., Iqbal, S., Stoddart, J.F. and Tinker, N.D. (1996) *Angewandte Chemie-International Edition in English*, **35**, 976.

94 Balzani, V., Ceroni, P., Credi, A., Gómez-Lopez, M., Hamers, C., Stoddart, J.F. and Wolf, R. (2001) *New Journal of Chemistry*, **25**, 25.

95 Niemz, A. and Rotello, V.M. (1999) *Accounts of Chemical Research*, **32**, 42.

96 Fabbrizzi, L., Licchelli, M. and Pallavicini, P. (1999) *Accounts of Chemical Research*, **32**, 846.

97 Boulas, P.L., Gómez-Kaifer, M. and Echegoyen, L. (1998) *Angewandte Chemie-International Edition*, **37**, 216.

98 Venturi, M., Credi, A. and Balzani, V. (1998) *Coordination Chemistry Reviews*, **185–186**, 233.

99 Kaifer, A.E. (1999) *Supramolecular Electrochemistry*, Wiley-VCH Verlag GmbH, Weinheim.

100 Cyclodextrins can give rise to polypseudorotaxanes when added to chain polymers [72]. Cations and anions can play a role on the formation of such polypseudorotaxanes, see Lo Nostro, P., Lopes, J.R., Ninham, B.W. and Baglioni, P. (2002) *Journal of Physical Chemistry B*, **106**, 2166.

101 (a) Mirzoian, A. and Kaifer, A.E. (1997) *Chemistry – A European Journal*, **3**, 1052. (b) Mirzoian, A. and Kaifer, A. E. (1999) *Chemical Communications*, 1603.

102 Wang, Y., Mendoza, S. and Kaifer, A.E. (1998) *Inorganic Chemistry*, **37**, 317.

103 See, for example, (a) Thiem, H.-J., Brandl, M. and Breslow, R. (1988) *Journal of the American Chemical Society*, **110**, 8612. (b) Godínez, L.A., Patel, S., Criss, C.M. and Kaifer, A.E. (1995) *Journal of Physical Chemistry*, **99**, 17449. (c) Wu, J.S., Toda, K., Tanaka, A. and Sanemasa, I. (1998) *Bulletin of the Chemical Society of Japan*, **71**, 1615. (d) Coutouli-Argyropoulou, E., Kelaidopoulou, A., Sideris, C. and Kokkinidis, G. (1999) *Journal of Electroanalytical Chemistry*, **477**, 130.

104 (a) Zhao, S.S. and Luong, J.H.T. (1993) *Analytica Chimica Acta*, **282**, 319. (b) Schmidt, P.M., Brown, R.S. and Luong, J.H.T. (1995) *Chemical Engineering Science*, **50**, 1867.

105 Castro, R., Cuadrado, I., Alonso, B., Casado, C.M., Móran, M. and Kaifer, A.E. (1997) *Journal of the American Chemical Society*, **119**, 5760.

106 Gonzáles, B., Casado, C.M., Alonso, B., Cuadrado, I., Móran, M., Wang, Y. and Kaifer, A.E. (1998) *Chemical Communications*, 2569.

107 Ashton, P.R., Balzani, V., Clemente-León, M., Colonna, B., Credi, A., Jayaraman, N., Raymo, F.M., Stoddart, J.F. and Venturi, M. (2002) *Chemistry – A European Journal*, **8**, 673.

108 Zhang, L., Macías, A., Lu, T., Gordon, J. I., Gokel, G.W. and Kaifer, A.E. (1993) *Journal of the Chemical Society. Chemical Communications*, 1017.

109 Bernardo, A.R., Lu, T., Córdova, E., Zhang, L., Gokel, G.W. and Kaifer, A.E. (1994) *Journal of the Chemical Society. Chemical Communications*, 529.

110 Wang, Y., Alvarez, J. and Kaifer, A.E. (1998) *Chemical Communications*, 1457.

111 Arduini, A., Ferdani, R., Pochini, A., Secchi, A. and Ugozzoli, F. (2000) *Angewandte Chemie-International Edition*, **39**, 3453.

112 Credi, A., Dumas, S., Silvi, S., Venturi, M., Arduini, A., Pochini, A. and Secchi, A. (2004) *Journal of Organic Chemistry*, **69**, 5881.

113 Arduini, A., Calzavacca, F., Pochini, A. and Secchi, A. (2003) *Chemistry – A European Journal*, **9**, 793.

114 Lagona, J., Mukhopadhyay, P., Chakrabarti, S. and Isaacs, L. (2005) *Angewandte Chemie-International Edition*, **44**, 4844.

115 (a) Sobransingh, D. and Kaifer, A.E. (2006) *Organic Letters*, **8**, 3247. (b) Wang, W. and Kaifer, A.E. (2006) *Angewandte Chemie-International Edition*, **45**, 7042.

116 Jeon, W.S., Ziganshina, A.Y., Lee, J.W., Ko, Y.H., Kang, J.-K., Lee, C. and Kim, K. (2003) *Angewandte Chemie-International Edition*, **42**, 4097.

117 Jeon, W.S., Kim, E., Ko, Y.H., Hwang, I., Lee, J.W., Kim, S.-Y., Kim, H.-J. and Kim, K. (2005) *Angewandte Chemie-International Edition*, **44**, 87.

118 Ziganshina, A.Y., Ko, Y.O., Jeon, W.S. and Kim, K. (2004) *Chemical Communications*, 806.

119 Anelli, P.L., Ashton, P.R., Ballardini, R., Balzani, V., Delgado, M., Gandolfi, M. T., Goodnow, T.T., Kaifer, A.E., Philp, D., Pietraszkiewicz, M., Prodi, L., Reddington, M.V., Slawin, A.M.Z., Spencer, N., Stoddart, J.F., Vicent, C. and Williams, D.J. (1992) *Journal of the American Chemical Society*, **114**, 193.

120 Córdova, E., Bissell, R.A., Spencer, N., Ashton, P.R., Stoddart, J.F. and Kaifer, A.E. (1993) *Journal of Organic Chemistry*, **58**, 6550.

121 Devonport, W., Blower, M.A., Bryce, M. R. and Goldenberg, L.M. (1997) *The Journal of Organic Chemistry*, **62**, 885.

122 Ashton, P.R., Ballardini, R., Balzani, V., Boyd, S.E., Credi, A., Gandolfi, M.T., Gómez-López, M., Iqbal, S., Philp, D., Preece, J.A., Prodi, L., Ricketts, H.G., Stoddart, J.F., Tolley, M.S., Venturi, M., White, A.J.P. and Williams, D.J. (1997) *Chemistry – A European Journal*, **3**, 152.

123 For related self-complexing compounds, see Ref. [94] and (a) Ashton, P.R., Gómez-López, M., Iqbal, S., Preece, J.A. and Stoddart, J.F. (1997) *Tetrahedron Letters*, **38**, 3635. (b) Nielsen, M.B., Nielsen, S.B. and Becher, J. (1998) *Chemical Communications*, 475. (c) Nielsen, M.B., Hansen, J.G. and Becker, J. (1999) *European Journal of Organic Chemistry*, 2807.

124 Ashton, P.R., Balzani, V., Becher, J., Credi, A., Fyfe, M.C.T., Mattersteig, G., Menzer, S., Nielsen, M.B., Raymo, F.M., Stoddart, J.F., Venturi, M. and Williams, D.J. (1999) *Journal of the American Chemical Society*, **121**, 3951.

125 (a) Collin, J.-P., Gaviña, P. and Sauvage, J.-P. (1996) *Chemical Communications*, 2005. (b) Collin, J.-P., Gaviña, P. and Sauvage, J.-P. (1997) *New Journal of Chemistry*, **21**, 525.

126 (a) Credi, A. (2003) *Handbook of Photochemistry and Photobiology*, vol. 3 (eds M.S.A., Abdel-Mottaleb and H.S. Nalwa), American Scientific Publishers, Stevenson Ranch. p. 313. (b) Balzani, V. (2003) *Photochemistry and Photobiology Sciences*, **2**, 459. (c) Balzani, V., Credi, A., Ferrer, B., Silvi, S. and Venturi, M. (2005) *Topics in Current Chemistry*, **262**, 1. (d) Balzani, V., Credi, A., Silvi, S. and Venturi, M. (2006) *Chemical Society Reviews*, **35**, 1135. (e) Ballardini, R., Credi, A., Gandolfi, M.T.,

Marchioni, F., Silvi, S. and Venturi, M. (2007) *Photochemistry and Photobiology Sciences*, **6**, 345. (f) Balzani, V., Credi, A. and Venturi, M. (2007) *Nanotoday*, **2**, 18.

127 (a) Ballardini, R., Balzani, V., Gandolfi, M.T., Prodi, L., Venturi, M., Philp, D., Ricketts, H.G. and Stoddart, J.F. (1993) *Angewandte Chemie-International Edition in English*, **32**, 1301. (b) Seiler, M., Dürr, H., Willner, I., Joselevich, E., Doron, A. and Stoddart, J.F. (1994) *Journal of the American Chemical Society*, **116**, 3399. (c) Kropf, M., Joselevich, E., Dürr, H. and Willner, I. (1996) *Journal of the American Chemical Society*, **118**, 655. (d) Benniston, A.C., Harriman, A. and Lynch, V.M. (1997) *Journal of the American Chemical Society*, **117**, 5275. (e) David, E., Born, R., Kaganer, E., Joselevich, E., Dürr, H. and Willner, I. (1997) *Journal of the American Chemical Society*, **119**, 7778.

128 (a) Benniston, A.C., Harriman, A., Philp, D. and Stoddart, J.F. (1993) *Journal of the American Chemical Society*, **115**, 5298. (b) Benniston, A.C., Harriman, A. and Yufit, D.S. (1997) *Angewandte Chemie-International Edition in English*, **36**, 2356.

129 Ashton, P.R., Balzani, V., Kocian, O., Prodi, L., Spencer, N. and Stoddart, J.F. (1998) *Journal of the American Chemical Society*, **120**, 11190.

130 Ashton, P.R., Ballardini, R., Balzani, V., Constable, E.C., Credi, A., Kocian, O., Langford, S.J., Preece, J.A., Prodi, L., Schofield, E.R., Spencer, N., Stoddart, J. F. and Wenger, S. (1998) *Chemistry – A European Journal*, **4**, 2413.

131 For related covalently linked metal complex (photosensitizer)–bipyridinium (acceptor) diads, see (a) Yonemoto, E.H., Riley, R.L., Kim, Y. L., Atherton, S.J., Schmehl, R.H. and Mallouk, T.E. (1992) *Journal of the American Chemical Society*, **114**, 8081. (b) Yonemoto, E.H., Saupe, G.B., Schmehl, R.H., Hubig, S.M., Riley, R. L., Iverson, B.L. and Mallouk, T.E. (1994) *Journal of the American Chemical Society*, **116**, 4786. (c) Kelly, L.A. and Rodgers, M.A.J. (1995) *Journal of Physical Chemistry*, **99**, 13132. (d) Mecklenburg, S.L., Opperman, K.A., Chen, P.Y. and Meyer, T.J. (1996) *Journal of Physical Chemistry*, **100**, 15145. (e) Ruthkosky, M., Kelly, C.A., Zaros, M.C. and Meyer, G.J. (1997) *Journal of the American Chemical Society*, **119**, 12004. (f) Ashton, P.R., Balzani, V., Credi, A., Kocian, O., Pasini, D., Prodi, L., Spencer, N., Stoddart, J.F., Tolley, M. S., White, A.J.P. and Williams, D.J. (1998) *Chemistry – A European Journal*, **4**, 590. (g) Shen, Y.B., Walters, K.A., Abboud, K. and Schanze, K.S. (2000) *Inorganica Chimica Acta*, **300**, 414.

132 Johansen, O., Mau, A.W.H. and Sasse, W.H.F. (1983) *Chemical Physics Letters*, **94**, 107.

133 Juris, A., Balzani, V., Barigelletti, F., Campagna, S., Belser, P. and von Zelewsky, A. (1988) *Coordination Chemistry Reviews*, **84**, 85.

134 Amouyal, E. (1995) *Solar Energy Materials and Solar Cells*, **38**, 249.

135 Ballardini, R., Balzani, V., Credi, A., Gandolfi, M.T. and Venturi, M. (2001) *International Journal of Photoenergy*, **3**, 63.

136 Rau, H. (1990) *Photochromism: Molecules and Systems* (eds H. Dürr, and H. Bouas-Laurent,), Elsevier, Amsterdam. p. 165.

137 Balzani, V., Credi, A., Marchioni, F. and Stoddart, J.F. (2001) *Chemical Communications*, 1860.

138 Collin, J.-P., Laemmel, A.-C. and Sauvage, J.-P. (2001) *New Journal of Chemistry*, **25**, 22.

139 Balzani, V., Credi, A. and Venturi, M. *Chemistry – A European Journal*, (2002) **8**, 5525.

140 (a) Anelli, P.L., Spencer, N. and Stoddart, J.F. (1991) *Journal of the American Chemical Society*, **113**, 5131. (b) Anelli, P.L., Asakawa, M., Ashton, P. R., Bissell, R.A., Clavier, G., Górski, R.,

Kaifer, A.E., Langford, S.J., Mattersteig, G., Menzer, S., Philp, D., Slawin, A.M. Z., Spencer, N., Stoddart, J.F., Tolley, M. S. and Williams, D.J. (1997) *Chemistry – A European Journal*, **3**, 1113. (c) Ashton, P.R., Philp, D., Spencer, N. and Stoddart, J.F. (1992) *Journal of the Chemical Society. Chemical Communications*, 1124.

141 (a) Raymo, F.M., Houk, K.N. and Stoddart, J.F. (1998) *Journal of the American Chemical Society*, **120**, 9318. (b) Heim, C., Affeld, A., Nieger, M. and Vögtle, F. (1999) *Helvetica Chimica Acta*, **82**, 746. (c) Hübner, G.M., Natchsheim, G., Qian, Y.L., Seel, C. and Vögtle, F. (2000) *Angewandte Chemie-International Edition*, **39**, 1269. (d) Leigh, D.A., Troisi, A. and Zerbetto, F. (2000) *Angewandte Chemie-International Edition*, **39**, 350. (e) Affeld, A., Hübner, G.M. Seel, C. and Schalley, C.A. (2001) *European Journal of Organic Chemistry*, 2877. (f) Schalley, C.A., Beizai, K. and Vögtle, F. (2001) *Accounts of Chemical Research*, **34**, 465.

142 (a) Jiménez, M.C., Dietrich-Buchecker, C. and Sauvage, J.-P. (2000) *Angewandte Chemie-International Edition*, **39**, 3284. (b) Jiménez-Molero, M.C., Dietrich-Buchecker, C.O. and Sauvage, J.-P. (2002) *Chemistry – A European Journal*, **8**, 1456. (c) Jiménez-Molero, M.C., Dietrich-Buchecker, C.O. and Sauvage, J.-P. (2003) *Chemical Communications*, 1613.

143 (a) Chambron, J.-C., Collin, J.-P., Heitz, V., Jouvenot, D., Kern, J.-M., Mobian, P., Pomeranc, D. and Sauvage, J.-P-. (2004) *European Journal of Organic Chemistry*, 1627. (b) Bonnet, S., Collin, J.-P., Koizumi, M., Mobian, P. and Sauvage, J.-P. (2006) *Advanced Materials*, **18**, 1239.

144 With reference to artificial muscles, it should be recalled that polypyrrole-based devices that permit bending of a solid polymer film in one direction or another by electric stimulations have been constructed: (a) Otero, T.F. and Sansiñena, J.M. (1998) *Advanced Materials*, **10**, 491. (b) Otero, T.F., Cheng, S.A. and Huerta, F. (2000) *The Journal of Physical Chemistry. B*, **104**, 10522. (c) Otero, T.F., Cheng, S.A., Alonso, D. and Huerta, F. (2000) *The Journal of Physical Chemistry. B*, **104**, 10528. (d) Otero, T.F., Villanueva, S., Cortes, M.T., Cheng, S.A., Vazquez, A., Boyano, I., Alonso, D. and Carmago, R. (2001) *Synthetic Metals*, **119**, 419. (e) Levi, M.D., Lankri, E., Gofer, Y., Aurbach, D. and Otero, T.F. (2002) *Journal of the Electrochemical Society*, **149**, E204. (f) Otero, T.F. and Cortes, M.T. (2004) *Chemical Communications*, 284. (g) Otero, T.F. and Broschart, M. (2006) *Journal of Applied Electrochemistry*, **36**, 205. (h) Otero, T.F., Arenas, G.V. and Cascales, J.J.L. (2006) *Macromolecules*, **39**, 9551. (i) Otero, T.F., Cascales, J.J.L. and Arenas, G.V. (2007) *Materials Science and Engineering C – Biomimetic and Supramolecular Systems*, **27**, 18. (j) For a related experiment, see Lahav, M., Durkan, C., Gabai, R., Katz, E., Willner, I. and Welland, M.E. (2001) *Angewandte Chemie-International Edition*, **40**, 4095.

145 (a) Collin, J.-P., Dietrich-Buchecker, C. O., Gaviña, P., Jimenez-Molero, M.C. and Sauvage, J.-P. (2001) *Accounts of Chemical Research*, **34**, 477. (b) Raehm, L. and Sauvage, J.-P. (2001) *Structure and Bonding*, **99**, 55.

146 Kraus, T., Budesinsky, M., Cvacka, J. and Sauvage, J.-P. (2006) *Angewandte Chemie-International Edition*, **45**, 258.

147 Bissell, A., Córdova, E., Kaifer, A.E. and Stoddart, J.F. (1994) *Nature*, **369**, 133.

148 Ashton, PR., Ballardini, R., Balzani, V., Baxter, I., Credi, A., Fyfe, M.C.T., Gandolfi, M.T., Gómez-López, M., Martínez-Díaz, M.-V., Piersanti, A., Spencer, N., Stoddart, J.F., Venturi, M., White, A.J.P. and Williams, D.J. (1998) *Journal of the American Chemical Society*, **120**, 11932.

149 Garaudée, S., Silvi, S., Venturi, M., Credi, A., Flood, A.H. and Stoddart, J.F. (2005) *ChemPhysChem*, **6**, 2145.

150 Cheng, K.-W., Lai, C.-C., Chiang, P.-T. and Chiu, S.-H. (2006) *Chemical Communications*, 2854.

151 (a) Badjic, J.D., Balzani, V., Credi, A., Silvi, S. and Stoddart, J.F. (2004) *Science*, **303**, 1845. (b) Badjic, J.D., Ronconi, C.M., Stoddart, J.F., Balzani, V., Silvi, S. and Credi, A. (2006) *Journal of the American Chemical Society*, **128**, 1489.

152 (a) Lane, A.S., Leigh, D.A. and Murphy, A. (1997) *Journal of the American Chemical Society*, **119**, 11092. (b) Gong, C. and Gibson, H.W. (1997) *Angewandte Chemie-International Edition in English*, **36**, 2331. (c) Loeb, S.J., Tiburcio, J. and Vella, S.J. (2006) *Chemical Communications*, 1598. (d) Mateo-Alonso, A., Ehli, C., Rahman, G.M.A., Guldi, D.M., Fioravanti, G., Marcaccio, M., Paolucci, F. and Prato, M. (2007) *Angewandte Chemie-International Edition*, **46**, 3521.

153 (a) Keaveney, C.M. and Leigh, D.A. (2004) *Angewandte Chemie-International Edition*, **43**, 1222. (b) Iijima, T., Vignon, S.A., Tseng, H.-R., Jarrosson, T., Sanders, J.K.M., Marchioni, F., Venturi, M., Apostoli, E., Balzani, V. and Stoddart, J.F. (2004) *Chemistry – A European Journal*, **10**, 6375. (c) Ghosh, P., Federwisch, G., Kogej, M., Schalley, C.A., Haase, D., Saak, W., Lützen, A. and Gschwind, R.M. (2005) *Organic and Biomolecular Chemistry*, **3**, 2691. (d) Marlin, D.S., González Cabrera, D. and Leigh, D.A. (2006) *Angewandte Chemie-International Edition*, **45**, 77. (e) Marlin, D.S., González Cabrera, D., Leigh, D.A. and Slawin, A.M.Z. (2006) *Angewandte Chemie-International Edition*, **45**, 1385.

154 Leigh, D.A. and Pérez, E.M. (2004) *Chemical Communications*, 2262.

155 Li, J., Li, Y., Li, Y., Xiang, J., Liu, H., Wang, S., He, X. and Zhu, D., private communications.

156 Lee, J.W., Kim, K. and Kim, K. (2001) *Chemical Communications*, 1042.

157 Harada, A., Li, J. and Kamachi, M. (1992) *Nature*, **356**, 325.

158 Shigekawa, H., Miyake, K., Sumaoka, J., Harada, A. and Komiyama, M. (2000) *Journal of the American Chemical Society*, **122**, 5411.

159 Kawaguchi, Y. and Harada, A. (2000) *Organic Letters*, **2**, 1353.

160 For the effect of cations and anions on the formation of such cyclodextrin-based polypseudorotaxanes, see Ref. [99].

161 (a) Thordarson, P., Bijsterveld, E.J.A., Rowan, A.E. and Nolte, R.J.M. (2003) *Nature*, **424**, 915. (b) Ramos, P.H., Coumans, R.G.E., Deutman, A.B.C., Smits, J.M.M., de Gelder, R., Elemans, J.A.A.W., Nolte, R.J.M. and Rowan, A.E. (2007) *Journal of the American Chemical Society*, **129**, 5699.

162 Baughman, R.H., Cui, C., Zakhidov, A. A., Iqbal, Z., Barisci, J.N., Spinks, G.M., Wallace, G.G., Mazzoldi, A., De Rossi, D., Rinzler, A.G., Jaschinski, O., Roth, S. and Kertesz, M. (1999) *Science*, **284**, 1340.

163 Cumings, J. and Zettl, A. (2000) *Science*, **289**, 602.

164 (a) Gaviña, P. and Sauvage, J.-P. (1997) *Tetrahedron Letters*, **38**, 3521. (b) Collin, J.-P., Gaviña, P. and Sauvage, J.-P. (1997) *New Journal of Chemistry*, **21**, 525. (c) Armaroli, N., Balzani, V., Collin, J.-P., Gaviña, P., Sauvage, J.-P. and Ventura, B. (1999) *Journal of the American Chemical Society*, **121**, 4397.

165 Durola, F. and Sauvage, J.-P. (2007) *Angewandte Chemie-International Edition*, **46**, 3537.

166 Ballardini, R., Balzani, V., Dehaen, W., Dell'Erba, A.E., Raymo, F.M., Stoddart, J.F. and Venturi, M. (1999) *European Journal of Organic Chemistry*, 591.

167 (a) Jeppesen, J.O., Nielsen, K.A., Perkins, J., Vignon, S.A., Di Fabio, A.,

Ballardini, R., Gandolfi, M.T., Venturi, M., Balzani, V., Becher, J. and Stoddart, J. F. (2003) *Chemistry – A European Journal*, **9**, 2982. (b) Nygaard, S., Leung, K.C.-F., Aprahamian, I., Ikeda, T., Saha, S., Laursen, B.W., Kim, S.-Y., Hansen, S.W., Stein, P.C., Flood, A.H., Stoddart, J.F. and Jeppesen, J.O. (2007) *Journal of the American Chemical Society*, **129**, 960.

168 Jeppesen, J.O., Perkins, J., Becher, J. and Stoddart, J.F. (2001) *Angewandte Chemie-International Edition*, **40**, 1216.

169 Tseng, H.-R., Vignon, S.A., Celestre, P. C., Perkins, J., Jeppesen, J.O., Di Fabio, A., Ballardini, R., Gandolfi, M.T., Venturi, M., Balzani, V. and Stoddart, J.F. (2004) *Chemistry – A European Journal*, **10**, 155.

170 Collin, J.-P., Jouvenot, D., Koizumi, M. and Sauvage, J.-P. (2005) *European Journal of Inorganic Chemistry*, 1850.

171 Murakami, H., Kawabuchi, A., Kotoo, K., Kunitake, M. and Nakashima, N. (1997) *Journal of the American Chemical Society*, **119**, 7605.

172 Stanier, C.A., Alderman, S.J., Claridge, T.D.W. and Anderson, H.L. (2002) *Angewandte Chemie-International Edition*, **41**, 1769.

173 Kauffmann, C., Müller, W.M., Vögtle, F., Weinman, S., Abramson, S. and Fuchs, B. (1999) *Synthesis*, 849.

174 Murakami, H., Kawabuchi, A., Matsumoto, R., Ido, T. and Nakashima, N. (2005) *Journal of the American Chemical Society*, **127**, 15891.

175 Wang, Q.-C., Qu, D.-H., Ren, J., Chen, K. and Tian, H. (2004) *Angewandte Chemie-International Edition*, **43**, 2661.

176 Qu, D.-H., Wang, Q.-C., Ma, X. and Tian, H. (2005) *Chemistry – A European Journal*, **11**, 5929.

177 Qu, D.-H., Wang, Q.-C. and Tian, H. (2005) *Angewandte Chemie-International Edition*, **44**, 5296.

178 Ma, X., Qu, D., Ji, F., Wang, Q., Zhu, L., Xu, Y. and Tian, H. (2007) *Chemical Communications*, 1409.

179 Ashton, P.R., Ballardini, R., Balzani, V., Credi, A., Dress, R., Ishow, E., Kleverlann, C.J., Kocian, O., Preece, J. A., Spencer, N., Stoddart, J.F., Venturi, M. and Wenger, S. (2000) *Chemistry – A European Journal*, **6**, 3558.

180 Balzani, V., Clemente-León, M., Credi, A., Ferrer, B., Venturi, M., Flood, A.H. and Stoddart, J.F. (2006) *Proceedings of the National Academy of Sciences of the United States of America*, **103**, 1178.

181 Inverting the positions of A_1^{2+} and A_2^{2+} increases the quantum yield of photoinduced electron transfer ($\Phi_2 = 0.50$) but prevents ring displacement because the back-electron-transfer reaction becomes exceedingly fast: Balzani, V., Clemente-Leon, M., Credi, A., Semeraro, M., Venturi, M., Tseng, H.-R., Wegner, S., Saha, S. and Stoddart, J.F. (2006) *Australian Journal of Chemistry*, **59**, 193.

182 Brouwer, A.M., Frochot, C., Gatti, F.G., Leigh, D.A., Mottier, L., Paolucci, F., Roffia, S. and Wurpel, G.W.H. (2001) *Science*, **291**, 2124.

183 Hugel, T., Holland, N.B., Cattani, A., Moroder, L., Seitz, M. and Gaub, H.E. (2002) *Science*, **296**, 1103.

184 Chatterjee, M.N., Kay, E.R. and Leigh, D.A. (2006) *Journal of the American Chemical Society*, **128**, 4058.

185 Serreli, V., Lee, C.-F., Kay, E.R. and Leigh, D.A. (2007) *Nature*, **445**, 523.

186 Sebastian, K.L. (2004) *Current Science*, **87**, 232.

187 Jiang, L., Okano, J., Orita, A. and Otera, J. (2004) *Angewandte Chemie-International Edition*, **43**, 2121.

第 15 章 旋转运动

15.1 概述

生命有机体是包含各种多功能分子机器的协同综合体。细胞内有成百上千种不同的分子发动机，每一种都有其特定的功能。近些年来，许多类似于马达型的蛋白质体系已经得到了广泛的研究[1-6]。尽管如此，在一个分子水平上，生物马达确实是一个非常复杂的体系，有关其精细的结构和运动至今没有得到令人满意的解释（如，在 12.7.2 节中描述的天然质子泵）。生物马达是利用储存在细胞中的能量作为燃料来驱动的。在细胞中两种最常见的能量储藏室是核苷的磷酸盐和横跨膜的电化学梯度，前者一般是 ATP（三磷酸腺苷）或者 GTP（三磷酸鸟嘌呤核苷）。分子马达的研究大大促进了对这些能源的利用。旋转马达在自然界扮演着一个特殊的、重要的角色。它们的功能非常广泛，从 ATP 的合成到细菌的鞭毛运动都有所涉及。

旋转马达对人类文明的发展也有着不可磨灭的作用，例如从水磨到涡轮的进步。许多我们日常使用的机械装置都是以旋转马达为基础的，因为电这种人类获取能量最实际的形式之一非常适合于引发机械部件的旋转。人造分子级旋转马达的设计和建造具有很大的挑战性，但是，最近人们也获得了许多有趣的结果，取得了较大的进展，特别是光能的应用。

15.2 天然旋转马达

最重要也最为人们熟知的天然旋转马达是 ATP 合成酶（图 15.1）[7,8]，各种酶都能够产生 ATP。正如上面提到的，在细胞中能量储存在核苷的磷酸盐和横跨膜的电化学梯度里。分子马达就是利用这两个能源中的一个，但是 ATP 合成酶有着特殊的性质，其同时利用两个能源。这种蛋白质实际上包含了连在同一个轴上的两个分子旋转马达，其中每一个都试图旋转到对面的位置上。马达 F_1 利用 ATP 水解的自由能来旋转到一个方向，而马达 F_0 利用储存在电化学梯度里的能量来转到相对的位置。哪个发动机占优势（如产生更大的扭矩）则取决于细胞的条件。当 F_0 占优势时，这是正常情况（细菌的光合成，6.2 节），它使得 F_1

发生旋转，并通过其组分 ADP 和无机磷酸盐 P_i 合成出 ATP。当 F_1 占优势时，它水解 ATP 并且反转 F_0，使其进入传输离子穿过细胞膜的离子泵。这种 ATP 合成酶的机械化学现象已经得到了仔细研究[7-12]。下面对此进行一个简单的叙述。

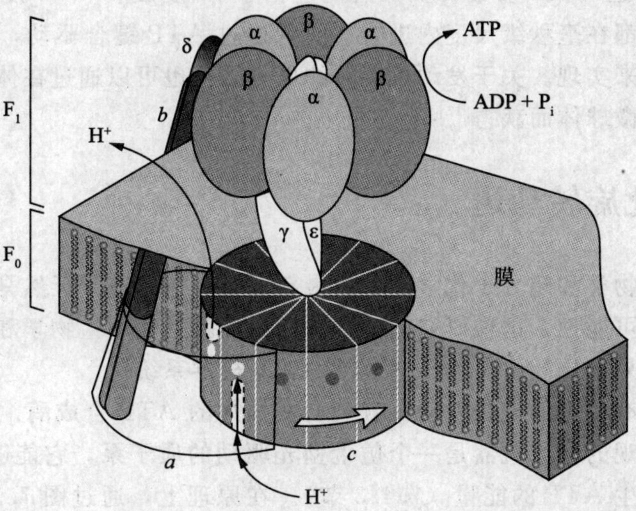

图 15.1 F_0F_1-ATP 合成酶的结构[7,8]。反应催化区域包括亚单元 α，β，γ，δ 和 ε；质子通道位于亚单元 a 和 c 之间的接触面上（虚线表明假定的入口和出口通道）；质子流经通道导致了 a 和 c 亚单元之间扭矩的增加；这个扭矩通过 γ 轴和 ε 亚单元传送到 F_1 上，在这里被用于从 F_1 的催化位点上连续地释放 ATP；亚单元 c 由 9～12 个在中心膜上排列成对的 α-螺旋所组成；亚单元 a 由 5～7 个 α-螺旋组成，通过 b 和 δ 亚单元连接在 F_1 上

这种酶由两种主要的区域组成（图 15.1）：不对称膜 F_0 部分包含一个质子通道；可溶的 F_1 部分包含三个在合成反应中相互协调的催化位置。催化反应区域由 9 个蛋白质亚单元组成，其化学计量为 3α∶3β∶1γ∶1δ∶1ε，接近于一个扁平的球面，宽 10 nm，高 8 nm。通常认为质子（或 Na^+ 离子）穿过 F_0 而产生扭矩，这个扭矩通过一个称为卷曲螺旋 γ 亚单元不对称轴而被传送到 F_1。这个亚单元在 F_1 中起到一个凸轮的作用，从而在 3 个活化位置上释放 ATP。穿过线粒体和细菌内膜的自由能的差异足够使每 12 个穿过发动机的质子产生 3 个 ATP 分子。

正如上文所提到的，F_0F_1-ATP 合成酶的活动是可逆的，也就是说，完整的酶能够合成或者水解 ATP；然而，在溶液中孤立的 F_1 只能水解 ATP。F_1-ATP 酶的旋转，也就是这种酶的分子马达性质，早在约 15 年前就被提出来了[7]。F_1-ATP 酶的旋转已经通过在其 γ 亚单元上连接一个作为标记的荧光肌动蛋白而可以被直接观察到[13]。研究还发现[14]，一个连接低聚 F_0 中 c 亚单元的肌动蛋白细丝能够通过 ATP 的水解进行旋转，显示出 γ 和 c 亚单元是以成对形式出现的。另一些实验[13b,15]是利用各种长度的肌动蛋白细丝来完成的，并且观察到体系非连续的的 120 度旋转，正如从 γF_1 的三层旋转对称中所预测的那样。最近的研究[16]揭示了这一 120 度旋转步骤大概包括了 90 度旋转和 30 度旋转的两个子步骤，每一个都在毫秒级尺度内进行；前者通过 ATP 键合驱动，而后者通过水解产物的释放来实现。关于发动机旋转的更多结论也可以通过在体系的 γ 子单元顶部连接荧光微球体而获得[17]。

15.3 杂化旋转马达

在分子生物学和超分子化学领域的最新进展为构建基于天然马达的多功能混合器件提供了可能性。这项研究的一个长期目标就是利用生物学和合成材料领域中的最尖端成果来构建由生物马达驱动的纳米机器系统。

目前，最有特色的生物发动机就是上文描述的 ATP 合成酶。可能最近几年构建的最为壮观的分子机器是一个仿生型光驱动的质子泵，它能够为 ATP 合成酶提供能够产生 ATP 的能量（7.4.3 节）。在原理上，通过图 7.19 所述的光驱动过程[18]产生的质子驱动力能够起到很大的作用。这一结果已经通过图 7.20 中的系统所获得[19,20]。F_0F_1-ATP 合成酶已经与伸入外部水溶液中的 ATP 合成质子络合为一个脂质体，其中也包含能够进行质子泵光循环的成分。用可见光激发膜体可以产生电荷分离过程，从而导致了之前描述的质子转移的发生（7.4 节），并产生质子驱动力。积累了足够的驱动力之后，质子就流过 F_0F_1-ATP 合成酶，并使 ADP 和 P_i反应生成 ATP。

上文描述的系统是第一个完全的仿生学系统，其有效地联合了电学势能和化学势能，从而模拟了细菌光合作用的整个过程；前者起源于光诱导的电子传递，而后者与 ADP-ATP 的转换相关联。它建立了一个人造生物发动机，从原理上看，其可以用于驱动任何一个要求质子梯度或是 ATP 来运作的体系[20]，例如为了推动钙离子穿过一个油脂双层膜[21]，甚至是将来的纳米机器。它也有助于利用人造光驱动系统来产生 ATP，并且当不存在干涉生物材料时进行酶反应，而不需要活细胞的参加[20]。

最近有人报道了一个被 ATP 合成酶驱动的混合型纳米器件[22]，它包括以下三个组分（图 15.2）：

- 纳米级镍柱载体，每个直径为 50～120 nm，高 200 nm；
- F_1-ATP 合成酶分子，为了与纳米结构进行选择性反应而被特定地修饰过；
- 纳米级镍棒（直径 150 nm，长 750～1500 nm）。

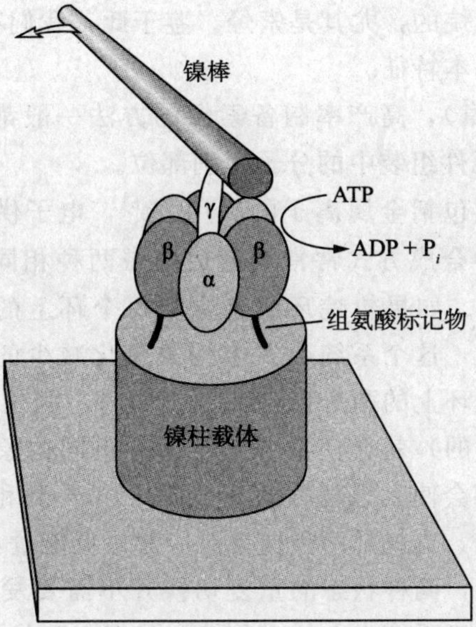

图 15.2　通过 F_1-ATP 酶分子回转轴作动力的纳米机械装置示意图[22]

F_1-ATP 合成酶分子通过引入 β-子单元中的组氨酸标记物连接到镍柱上[23]。链霉卵白素被连接到 γ-子单元顶端的生物素残余物上，然后用富含组氨酸的黑云母多肽作为涂层，通过生物素和链霉卵白素相联结而使得纳米镍棒连接到富含反应物的 F_1-ATP 合成酶发动机上。纳米螺旋推进器的旋转通过加入 ATP 开始进行，并且通过加入 NaN_3（一个 F_1-ATP 合酶抑制剂）而终止，这一过程可在一个流动的细胞中利用 CCD 相机被观察到[22]。尽管在总共 400 个被观察到的螺旋推进器中只有 5 个是用来旋转的，这可能是由于错误的成分组合所导致的，但是这些实验却证实了人们有可能将生物分子发动机和纳米系统相结合用以构建纳米级或微型分子机器。尽管如此，从化学观点来说必须强调的是，这种设备并不像在 7.4 节中描述的 ATP 酶人造光合体系，并不包含任何人造活性成分。

15.4　人造系统中的旋转运动

人造分子级旋转发动机能够在外部能量输入的作用下进行单向和重复旋转运动的系统。这种发动机的构造具有很大的挑战性，尤其是因为其很难满足单向旋转的要求。在过去的几年里，用许多种方法实现了单向旋转的目标，并且在某些情况下单向旋转的研究取得了圆满成功。在这一章里，我们还会介绍合适设计的化合物中存在的不完全单向旋转现象。

最近的文献中有大量关于人造分子马达领域的综述性文章[24-44]。这个领域的研究大多数是关于轮烷的，尤其是索烃。鉴于此，我们在这里会简要地介绍轮烷系统中旋转运动的基本特征。

至于轮烷（第 14 章），高产率制备索烃的方法一般都是以模板效应为基础的[45-47]，也就是依靠元件组装中的分子识别部位。

最常见的模板合成包括金属离子的利用[47a,b]，电子供体与受体[47d~f]，以及氢键的形成[47d-g]。这种合成方式常常会形成携带两种相同的或是不同的识别部位的环结构（图 15.3）。如果轮烷环或者索烃每个环上的两个识别部位是相同的，当大环自然旋转时，这个系统会发生构象变化减少的现象（图 15.3（a））。当轮烷环或者索烃每个环上的两个识别部位不同时，利用合适的刺激（化学的、电化学的、自然光化学的）就会使系统发生两种不同构象的相互转化（图 15.3（b））。这种双稳态行为会使人想起可控分子梭（14.4 节和图 14.12）。图中不对称大环的对角旋转势能，也就是两种构象对应的最低能量，由非共价键的相互作用产生。应当指出的是，两种状态的重复切换并不需要发生在整个旋转过程中。事实上，反之亦然，由于系统内在的对称性，状态 0 到状态 1 的变换，沿顺时针旋转和沿逆时针旋转发生的概率是相等的。这种类型的切换运动在轮烷里面通常被称为竖趾运动[48]，在索烃里面被称为旋转运动。在自然界能够结构化和功能化的不对称元素存在下，360 度的旋转运动仅仅发生在棘轮型系统中。

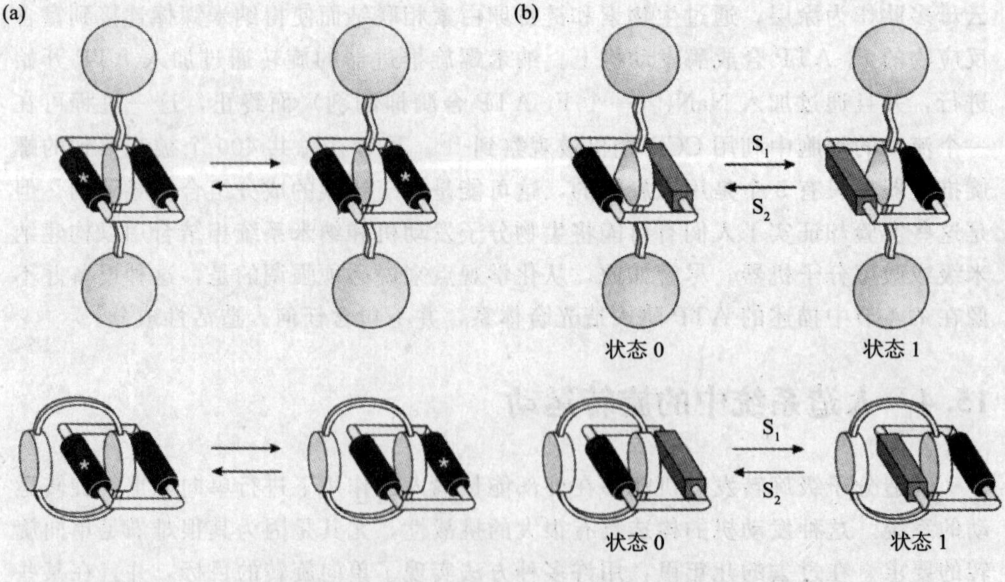

图 15.3　(a) 轮烷和索烃环状部分中同一识别部位构象改变的衰退，星号是为了突出同一单元上位置的交换。(b) 轮烷和索烃环上不同识别的构象改变由合适的刺激引起（S_1 和 S_2）

15.4.1 化学驱动过程

15.4.1.1 围绕碳碳单键的旋转

从之前讨论过的分子棘轮（11.8 节）开始，人们对构建旋转发动机进行了各种有趣而精巧的尝试并取得了很大的发展[49-52]。三蝶烯-螺烯系统可以实现各种附加功能，并且可以从化学燃料碳酰氯中得到体系运动所需的能量[49,50]。

用于获得单向旋转的方法见图 15.4。与 **1** 中[4]螺烯组分相关的立体阻碍作用能够抑制体系绕着连接螺烯和 9-三蝶烷环组分的单键进行旋转，如图 15.5 所示，计算 11.8 节中描述的源化合物 **15** 中围绕三蝶烯键的旋转能。用 Cl_2CO 和 Et_3N 处理 **1** 可以得到异氰酸盐 **2**，该物质可与连接在螺旋上的氢氧化丙基链进行反应。在三蝶烯环顺时针旋转的瞬间，异氰酸盐和氢氧根基团充分接近而发生分子内反应（**2a**），生成一个以高度扭曲的构型存在的氨基甲酸酯 **3**。通过化合物 **3** 的旋转能量比母体化合物小可以看出这一张力的存在（图 15.5），并且其可以通过 9-三蝶烷环系统绕螺烯单键的顺时针旋转而释放掉，生成化合物 **3a**（图 15.4）。氨基甲酸酯联结的断裂使化合物 **1** 以 **1a** 的构型重生，与最初的构造不同，其已经通过一个共价键形成驱动的单向 120 度旋转获得。这一过程可以通过

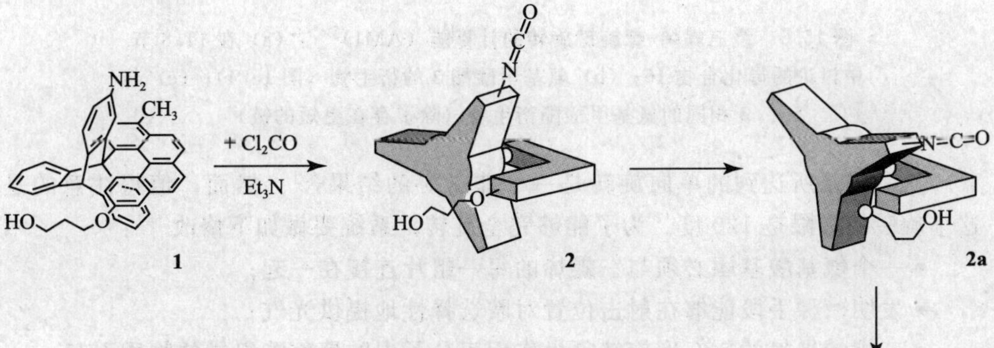

图 15.4 一个由碳酰氯作为化学燃料提供动力的三蝶烯-螺旋体系中，发生 120 度单向旋转的过程示意图[49]

^{1}H NMR 光谱进行检测，使用一个 9-三蝶烷环系统的桥头质子作为探针。化合物 **1～3** 的迅速转变伴随着一个探针质子单峰向低场的移动，其信号强度也跟着减弱。这一系统的旋转半衰期大约是 3 小时[49,50]。为了加快旋转的速度，必须在螺烯上联结一个更短的链（由两个亚甲基代替原来的三个亚甲基），因为通过计算显示出在修饰过的化合物中，旋转的能垒更小一些（图 15.5）。带有双碳链的化合物的旋转速度要快很多（半衰期约 5 min），并且其速率控制步骤变为了氨基甲酸酯的形成反应[50]。

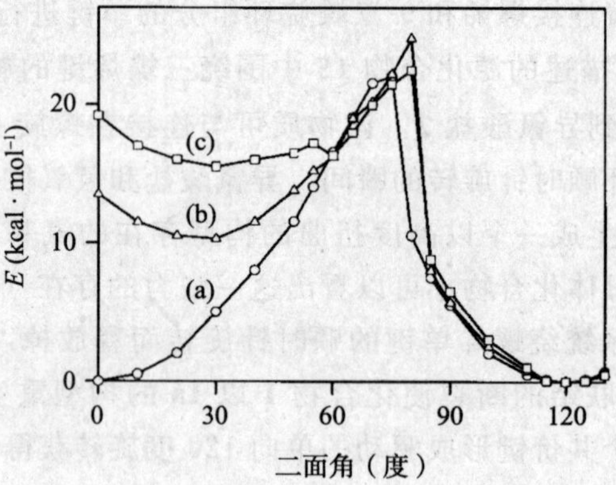

图 15.5　绕三蝶烯-螺旋键旋转的计算能（AM1）[50]：(a) 在 11.8 节中讨论的母化合物 **15**；(b) 氨基甲酸酯 **3** 的衍生物（图 15.4）；(c) 与 **3** 相同的氨基甲酸酯衍生物（除了存在更短的链）

这一体系所达到的单向旋转是一个非常好的结果[53]。然而，值得注意的是这个旋转的极限是 120 度。为了能够完全旋转，系统要做如下修改[54]：

- 一个氨基酸基团必须与三蝶烯的每一组片连接在一起；
- 发明一种手段能够在射击位置对胺选择性地提供光气；
- 三蝶烯光气的 120 度旋转须由作用于分子内的聚氨酯组成的物质引起；
- 残留的光气必须通过聚氨酯的裂缝除去，随后允许重复前三个步骤。

随着第二代化合物的出现，前两个目标已经实现，但新的问题随之而来[54]。

键的 180 度旋转通过在内酯中利用手性亲核试剂重酯化然后选择性的开环反应来实现。

图 15.6[56] 阐明了系统中的单向旋转已实现。与苯基转子相关的关于单键轴的萘基定子的运动是旋转的基础。旋转的意义决定于化学试剂的选择，这些化学试剂通过 4 个不同的中间产物 **4～7**（A－D；图 15.6）为马达提供动力。在这些中间产物中，A 和 C 之间的共价键以及 B 和 D 之间的空间位阻都限制了联芳基键的旋转。这些中间产物之间的转化仅需要四步：第一步和第三步是立体选择的

断键反应，第二步和第四步是区域选择的成键反应。

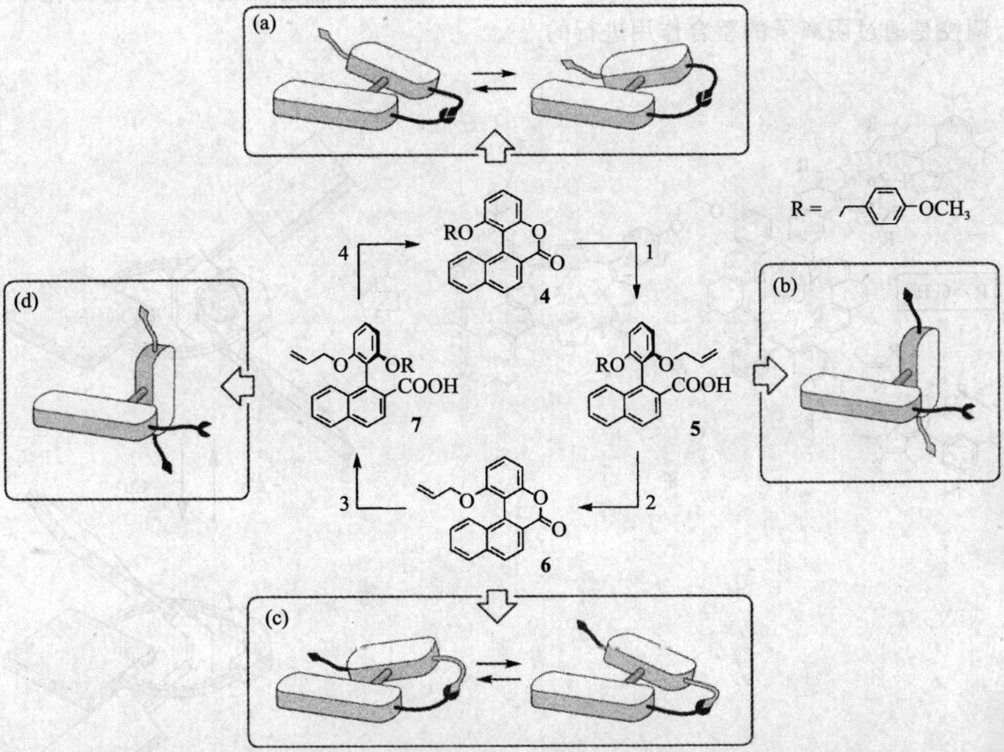

图 15.6　结构式和示意图表示了包含围绕单键的可逆单向旋转的化学驱动的四种状态[56]

15.4.1.2　轮烷和索烃中的环转换过程

人们在适当设计的轮烷中可以用化学方法实现体系的非单向旋转，而轮烷的设计是靠开发金属释放络合物[57]，图 15.7 清楚地说明了这一点。人们关注的化合物 $\mathbf{8}^{2+}$ 包含一个轮，而这个轮由一个 Au(Ⅲ) 卟啉环和两个 Zn(Ⅱ) 卟啉轴组成。在 Cu^+ 离子存在的情况下，金卟啉远离两个锌卟啉，这是由于 Cu(Ⅰ) 与两个邻二氮杂菲配位的结果，其中一个包含在转轮中，而另一个则在转轴之中（图 15.7 中，左侧图）。移开铜离子之后，较弱的力可能更趋向于促进金卟啉和锌卟啉之间的吸引作用，产生一个金卟啉被两个锌卟啉挤压的情况（图 15.7 中，右侧图）。在 Cu^+ 离子存在或不存在时出现的两种情况之间可以相互转化，说明轮轴部分可以在转轮中进行一个 180 度的旋转。

在以 Cu(Ⅰ) 为中心离子的索烃类物质和其他包含邻二氮杂菲的索烃类物质上的金属配位释放反应中，同样发生了类似上文的反应[58]。同样也可以在非金属物质的金属化作用和非金属物质的质子化作用中观察到此反应[59]。在含有四吡啶正离子环番和含有一个卟啉的大环结构组成的索烃类物质中，卟啉的质子化作用使得索烃发生了 180 度旋转[32,60]。有文献报道，索烃类物质的构型的化学调控是通过阴离子的螯合作用进行的[61]。

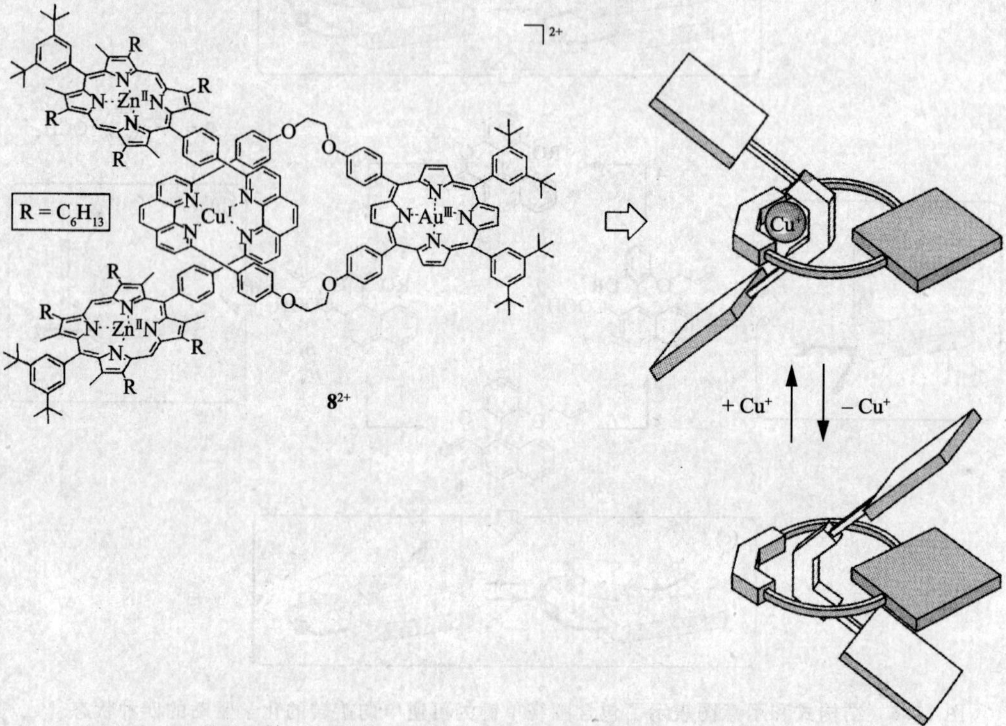

图 15.7　轮烷 $\mathbf{8}^{2+}$ 以及由非金属化-金属化过程导致的轮烷 $\mathbf{8}^{2+}$ 的绕轴旋转[57]

索烃 $\mathbf{9}^{4+}$ 和 $\mathbf{10}^{4+}$（图 15.8）由四吡啶阳离子的环番与富 π 电子的大环聚乙烯醚组成，这种大环聚乙烯醚包含了一个四硫富瓦烯（TTF）单元和对苯二酚或 1，3-二羟基萘的其中一个[62,63]。$\mathbf{9}^{4+}$ 与 $\mathbf{10}^{4+}$ 的核磁共振谱（CD_3CN，298K）显示，四硫富瓦烯选择性地分布在环番结构的内部，而二氧烯基团就被定域在孔口附近。由于 **11** 具有在 TTF 上堆积的趋势[62,63]，故而这可以用作对二氧烯基团在环芳烃空穴边沿上的自动追踪（图 15.8）。由于 NaS_2O_5 和 NH_4PF_6 在水溶液中的混合作用，使得由 TTF 单元和邻氯靛蓝形成的内旋物被破坏，同时又恢复了在环番内部的四硫富瓦烯的原始结构。

索烃 $\mathbf{12}^{4+}$（图 15.9）可以将由大环聚乙烯醚形成的对苯二酚和环番聚合，而环番则是由联吡啶阳离子和二氮杂芘基团形成的。在 193K，$(CD_3)_2CO$ 条件下，$\mathbf{12}^{4+}$ 的 ^1H NMR 波谱含有两种不同的构型，而且它们的比例关系为 96∶4。在含量较多的异构体中，二氮杂芘基团被定域化在大环聚乙烯醚的孔内部，而联

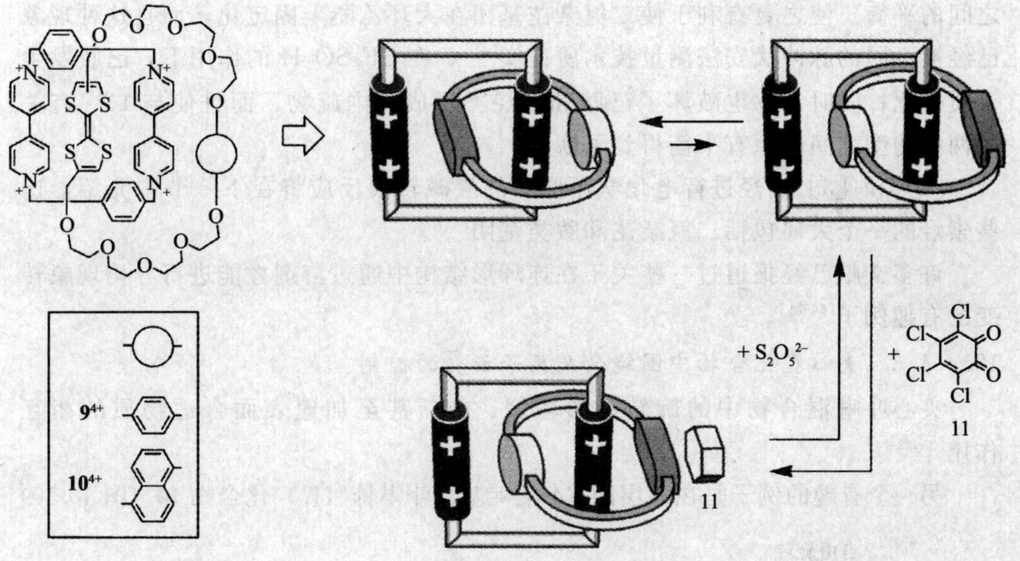

图 15.8　索烃 $\mathbf{9}^{4+}$ 和 $\mathbf{10}^{4+}$ 的大环聚醚部分的旋转由可逆地添加或者除去邻氯靛蓝控制（11），这些索烃[62,63]中的四硫富瓦烯单元形成电荷转移加成物。减少邻氯靛蓝和 NaS_2O_5 可干扰加合物的生成

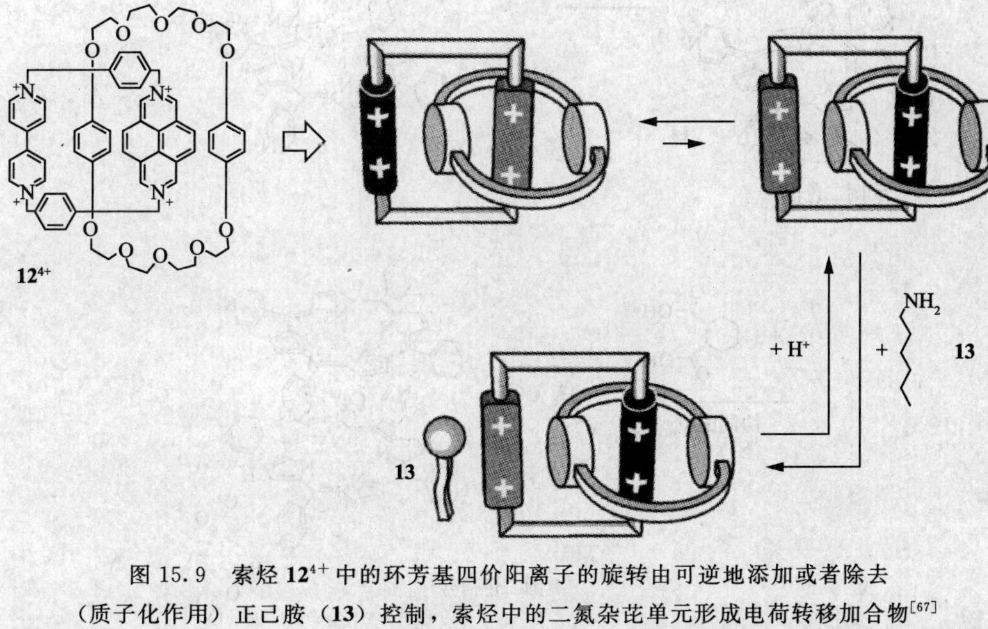

图 15.9　索烃 $\mathbf{12}^{4+}$ 中的环芳基四价阳离子的旋转由可逆地添加或者除去（质子化作用）正己胺（**13**）控制，索烃中的二氮杂芘单元形成电荷转移加合物[67]

吡啶阳离子基团则是被定域在孔的内部。而二氮杂芘基团则是被固定化在孔的外部。正己胺（**13**）与二氮杂芘基团形成加合物的趋势[64~66]，可以改变两种构型

之间的平衡。使之更有利于使二氮杂芘基团在大环乙醚上固定化；而且这种现象已经被不同的脉冲伏安法测量技术所证实[67]。在 CF_3SO_2H 的作用下，己胺发生了质子化；同时，它也破坏了己胺和索烃类形成的内旋物、而且使与 **12**$^{4+}$ 有关的两种构型之间的原有平衡得到了恢复。

［2］和［3］索烃进行电化学还原后的酸碱转换反应将在下一节中介绍，这些索烃的一个大环包括二氮杂芘和胺类基团[68]。

许多文献已经报道过一些关于在连环形结构中通过溶剂才能进行异构现象转变的有趣例子[69-71]。

15.4.1.3　夹心型化合物中围绕金属离子旋转的控制

夹心卟啉混合物中的旋转能够减缓、中断甚至加速表面合适物质的相互作用[35,72-74]。

另一个有趣的例子是在双层四（4-吡啶基）卟啉铈（Ⅳ）化合物 **14**（图 15.10）

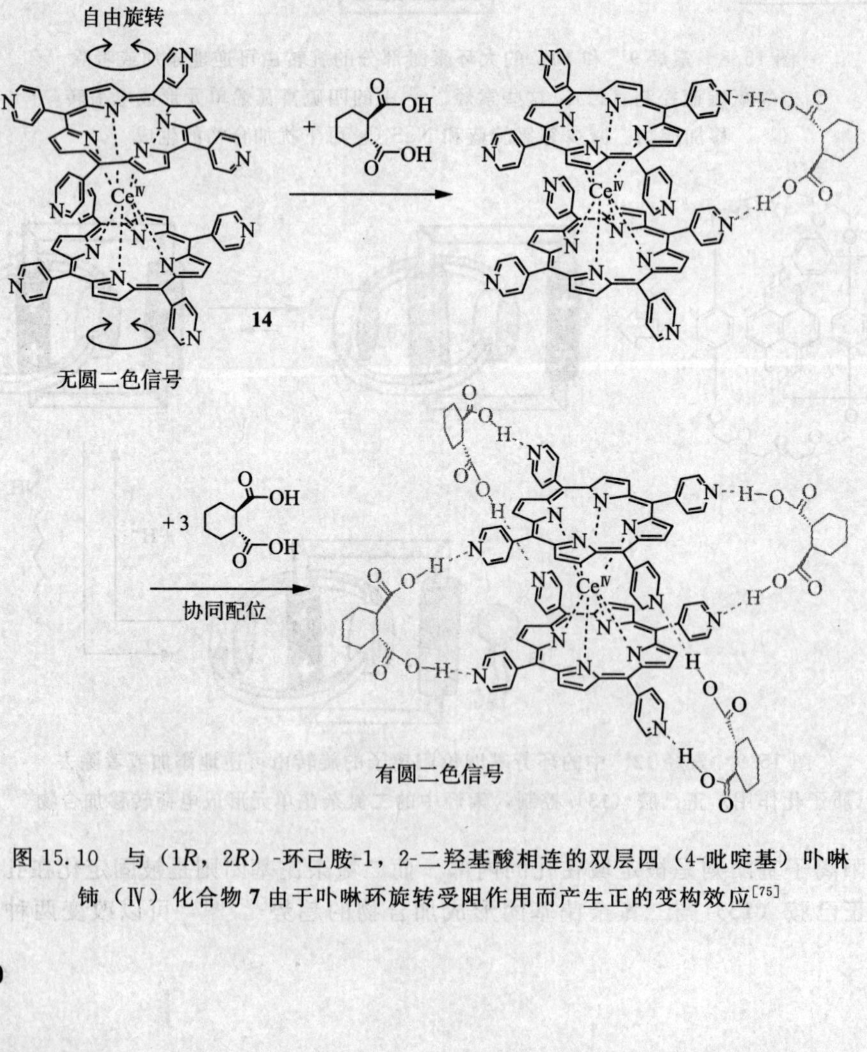

图 15.10　与（1*R*，2*R*）-环己胺-1，2-二羟基酸相连的双层四（4-吡啶基）卟啉铈（Ⅳ）化合物 **7** 由于卟啉环旋转受阻作用而产生正的变构效应[75]

中观察到了类似的正变构效应，该体系对诸如1，2-环己胺二羧基酸[35,37]的对映异构体有着很高的选择性。络合性配体键合的来源也是卟啉平面旋转的连续性抑制。在这个体系中，手性客体的键合可以通过**14**中圆二色光谱的变化进行监控。

卟啉环旋转的刹车效应也可以通过在内消旋苯环上大的取代基引发。例如在化合物**15**中[76]（图15.11（a）），3，5-二甲氧基苯基使得卟啉旋转得非常缓慢。在这个化合物中，客体的手性也可以产生显著的影响，并且其也可以通过在吡啶存在的情况下加热消除。但是在消除热处理之后，手性记忆还可以在低温下被储存，通过半衰期就可以估计得出，在0℃时是3天，而在－37℃时为一年。这一概念已经被扩展到水溶液中的糖类识别中[77,78]，正在生产一种能够进行含药物释放和含糖客体分子信息转换的构象可变型分子机器（12.2.2节）。

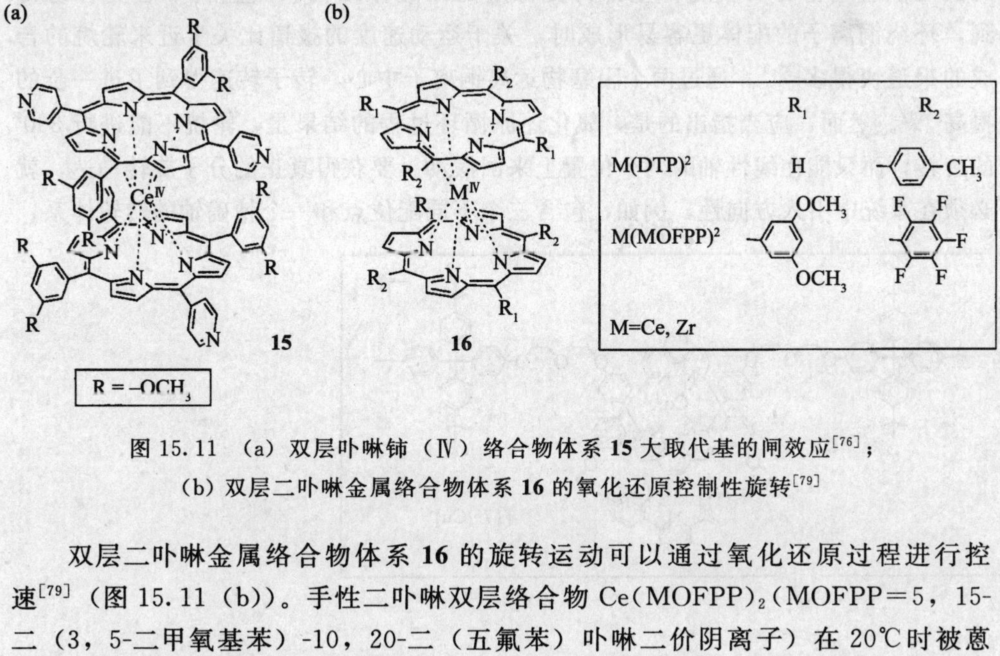

图15.11 （a）双层卟啉铈（Ⅳ）络合物体系**15**大取代基的闸效应[76]；（b）双层二卟啉金属络合物体系**16**的氧化还原控制性旋转[79]

双层二卟啉金属络合物体系**16**的旋转运动可以通过氧化还原过程进行控速[79]（图15.11（b））。手性二卟啉双层络合物$Ce(MOFPP)_2$（MOFPP＝5，15-二（3，5-二甲氧基苯）-10，20-二（五氟苯）卟啉二价阴离子）在20℃时被蒽化钠的二氧杂环乙烷溶液还原而导致了卟啉配体旋转加速300倍（引起外消旋作用）。另外，$Ce(MOFPP)_2$在二氧杂环乙烷中的光致还原也导致了配体旋转的加速。相反，手性锆络合物$Zr(DTP)_2$（DTP＝5，15-联苯卟啉二价阴离子）的单阳离子和双阳离子形式发生酸诱导的外消旋作用后其旋转速率分别为中性配体的1/21和1/99。

长期以来，人们就知道二茂铁中的环戊二烯环很容易旋转[80]，因此二茂铁的衍生物被用作旋转模型来构建各种器件[81,82]（见12.4.2节和15.4.2节）。

15.4.2 电化学驱动过程

15.4.2.1 轮烷中的环转换过程

在合理设计的轮烷体系中，转子绕轴的快速转动可以通过电化学进行驱动。轮烷 [**17**·Cu]$^+$体系就是这样的一个结构（图 15.12），其中，Cu(Ⅰ）通过轴中和环中的邻二氮杂菲单元形成四面体构型[83]。将 Cu(Ⅰ）离子中心电化学氧化为 Cu(Ⅱ）就可以产生瞬间的四配位 Cu(Ⅱ）离子，通过轮的绕轴旋转，Cu(Ⅱ)中心在数十秒内发生重排，使其达到最稳定的环境，即邻二氮杂菲的轴和三联吡啶的轮组成的五配体（[**17**·Cu]$^{2+}$，图 15.12)。在将 Cu(Ⅱ）电化学还原为 Cu(Ⅰ）的过程中，能够得到瞬间的 Cu(Ⅰ）五配体，但只需要微秒的时间就可以通过轮的二次旋转重排为更稳定的四配体结构。当金属中心更容易得到，环绕铜离子的配体更容易形成时，关于运动速度的报道比关于近来轮烷的合成的报道快得多[83c]。通过两个阻塞物远离铜离子中心，转子转速得到了进一步的提高[83d]。然而，应当指出的是，氧化还原循环过程的结果是，轮烷不能进行 360°的旋转，而只能在线性轴的两个位置上来回摆动。要获得真正的分子旋转马达，就必须在系统中引入方向性，例如，包含三个不同配位点和一个精确轴的转轮体系。

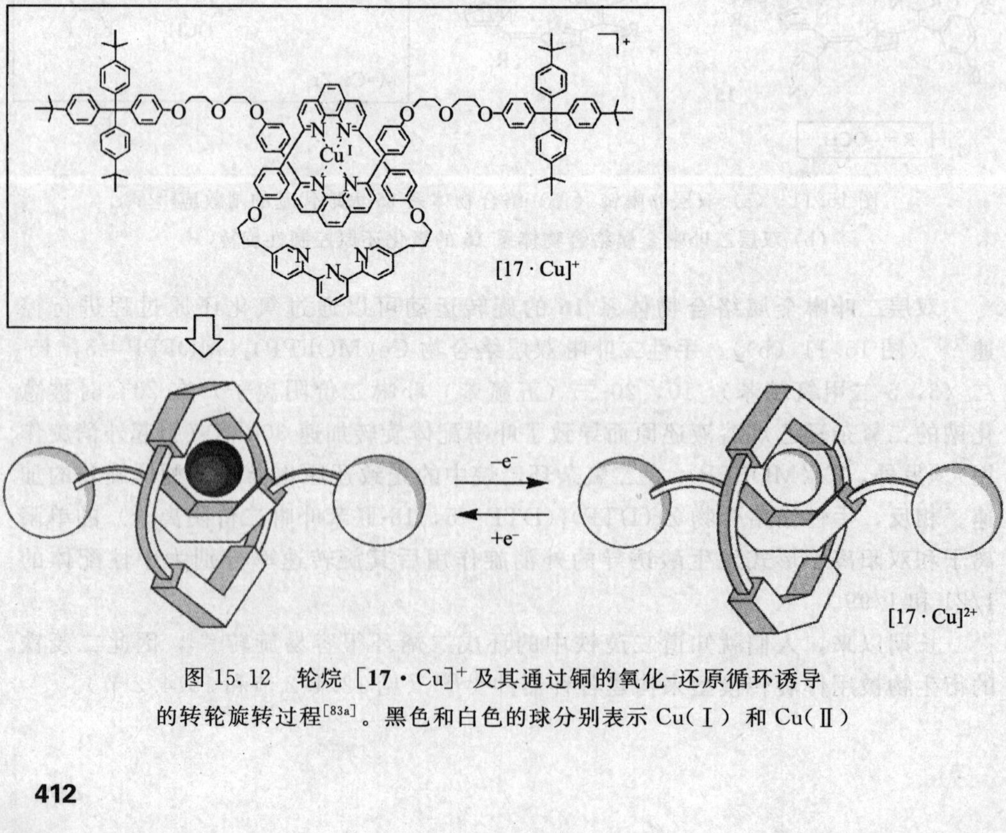

图 15.12 轮烷 [**17**·Cu]$^+$及其通过铜的氧化-还原循环诱导的转轮旋转过程[83a]。黑色和白色的球分别表示 Cu(Ⅰ）和 Cu(Ⅱ）

15.4.2.2　索烃中的环转换过程

电化学驱动转换过程已经在一些以金属为基础的索烃中观察到[42,84-87]，包括连两个大环的不同核的金属转换复合体[88]。

索烃［**18**·Cu］$^+$（图 15.13）包含由联三吡啶和邻二氮杂菲配位体组成的两个相同大环部分。Cu(Ⅰ)离子的四配位体含两个邻二氮杂菲配位体及两个联三吡啶配位体组成，但两个联三吡啶配位体离得很远[87]。［**18**·Cu］$^+$的伏

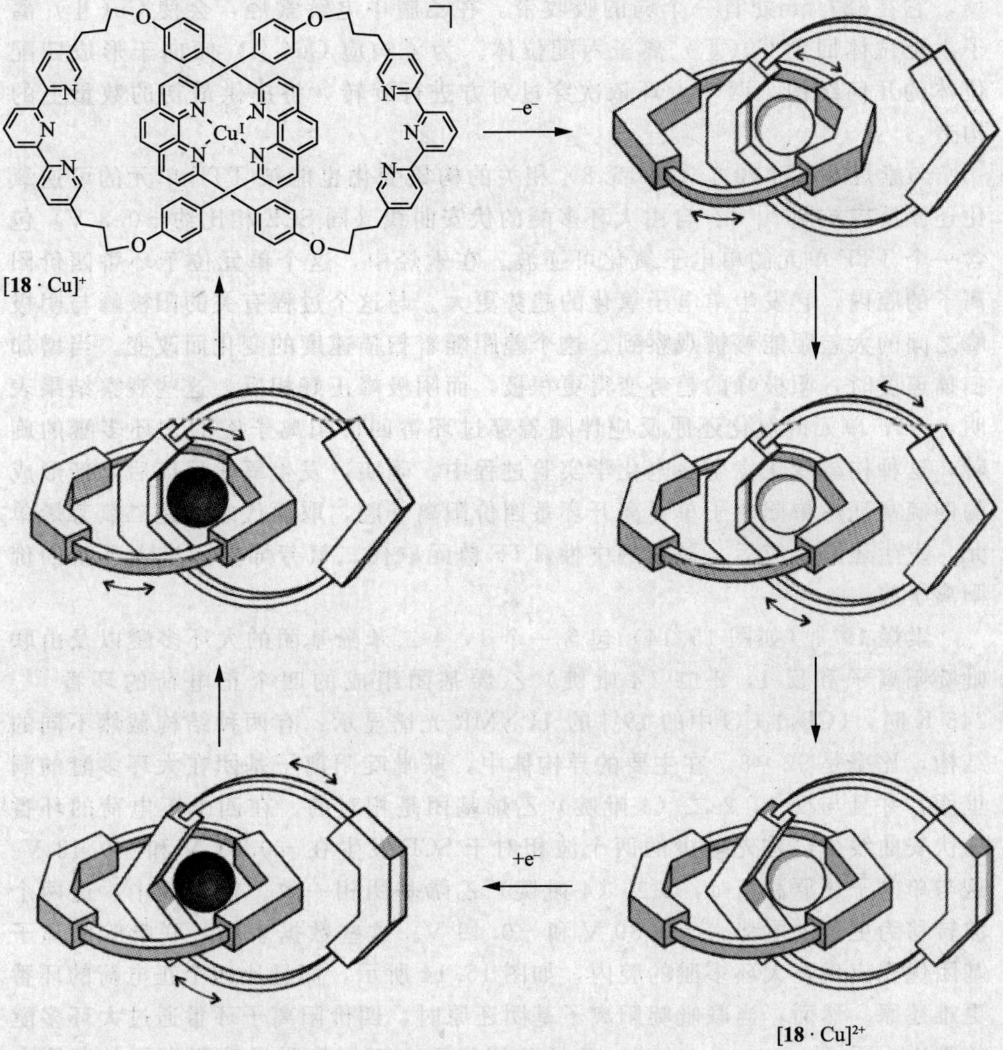

图 15.13　索烃［**18**.Cu］$^+$大环部分的旋转由金属中心可逆的氧化还原反应控制[87]。黑色和白色的球分别表示 Cu(Ⅰ)和 Cu(Ⅱ)

安曲线（同 SCE 相比+0.63 V）包含一个与 Cu(Ⅱ)/Cu(Ⅰ）四配位体氧化还原对相关的可逆峰。索烃的可见吸收光谱在 439 nm 处有一个 Cu(Ⅰ）四配位体发色团的金属配位体的电荷转移带。[**18**·Cu]$^+$ 电化学氧化或者用 $NOBF_4$ 处理，Cu(Ⅰ)中心四配位体转化为 Cu(Ⅱ）四配位体在 670 nm 处会产生吸收带。吸收带的强度会随时间减少，但是，为了响应 Cu(Ⅱ）的配位数倾向于大于 4，两个大环中的一个穿过另一个环进行旋转，产生 Cu(Ⅱ）离子五配位体。随后另一个大环经历一个相似的旋转过程，产生 Cu(Ⅱ）六配位体，正好相反，它在687 nm处有一个弱的吸收带。在乙腈中电解索烃，会使 Cu(Ⅱ）离子六配位体回到 Cu(Ⅰ）离子六配位体。为了响应 Cu(Ⅰ）倾向于形成四配位体的几何结构，两个大环依次穿过对方进行旋转，将提供最初的数量上的构造。

与索烃 **9**$^{4+}$ 和 **10**$^{4+}$（图 15.8）相关的构象变化也能被 TTF 单元的可逆氧化还原反应控制[62,63]。自由大环多醚的伏安曲线（同 SCE 相比约+0.3 V）包含一个 TTF 单元的单电子氧化可逆波。在索烃中，这个单元位于环番四价阳离子的腔内，它发生单电子氧化的趋势更大。与这个过程有关的阳极峰与阴极峰之间的大差距能够被观察到。这个差距随着扫描速度的变化而改变。当增加扫描速度时，阳极峰的趋势变得更积极，而阴极峰正好相反。这些观察结果表明，TTF 单元的氧化还原反应伴随着穿过环番四价阳离子腔的大环多醚的旋转，这种构象变化发生在电化学实验过程中。确实，发生氧化反应后，新形成的四硫富瓦烯单阳离子单元离开环番四价阳离子腔，取而代之的是二氧芳烯单元。发生还原反应后，最初的中性 TTF 单元取代二氧芳烯单元进入环番四价阳离子腔。

索烃 **19**$^{4+}$（如图 15.14）包含一个 1，4-二苯酚基团的大环多醚以及由联吡啶阳离子和反-1，2-二（4-吡啶）乙烯基团组成的四个正电荷的环番[89]。243 K 时，$(CD_3)_2CO$ 中的 **19**$^{4+}$ 的 ^1H NMR 光谱显示：有两种结构截然不同的结构，比率是 92∶8。在主要的异构体中，联吡啶阳离子基团在大环多醚的洞里面，并且与反-1，2-二（4-吡啶）乙烯基团是相对的。在四个正电荷的环番的伏安曲线中，首先减少的两个波相对于 SCE 发生在−0.31 V 和−0.43 V。这与单电子还原和反-1，2-二（4-吡啶）乙烯基团相一致。在索烃中，这两个波转移为更负的电势：−0.39 V 和−0.49 V。这些数据表明，联吡啶阳离子基团优先出现在大环多醚的腔内，如图 15.14 所示，而且比四个正电荷的环番更难还原。然而，当联吡啶阳离子基团还原时，四价阳离子环番通过大环多醚的腔进入反-1，2-二（4-吡啶）乙烯基团里面，正如将联吡啶阳离子的还原电势与索烃模板化合物的还原电势相比较所示[89b]。通过将两个组分重新氧化到二价阳离子状态，索烃 **19**$^{4+}$ 的两种相关构型间的平衡又可以得到恢复，回到二价阳离子状态。

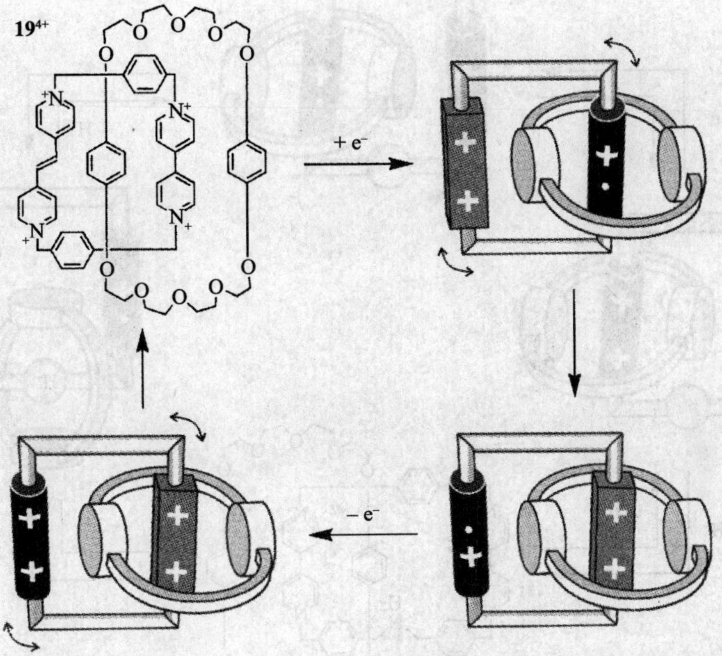

图 15.14　索烃 $\mathbf{19}^{4+}$ 中的环芳基四价阳离子的旋转由二氮杂芘基团可逆的电化学氧化还原反应控制[89]

索烃 [**20**H]$^{5+}$（图 15.15）的行为已经被测定。它的吸收光谱和电化学特征表明：大环多醚包围着一个联吡啶阳离子基团，包括 [**20**H]$^{5+}$ 和非质子化形式 $\mathbf{20}^{4+}$，表明质子化作用（非质子化作用）不能引起大环的任何变化。电化学测定表明，[**20**H]$^{5+}$ 的取代铵大环的联吡啶阳离子基团单电子还原，这意味着电化学导致了构象转变的发生。而且，两个电子的非质子化的减少形成了 [**20**H]$^{3+}$，大环多醚移动到单减少的联吡啶阳离子中的一个基团，所以，依照 AND 推理方法 $\mathbf{20}^{4+}$ 的行为，是联系两个不同类型的能量枢纽。相似地，在索烃 [**21**H_2]$^{6+}$ 中，两个大环多醚包围着两个联吡啶阳离子基团（图 15.16）；这些基团都减少了一个电子，然而，两个大环多醚形成了铵盐并且质子化后依然存在[68]。

在索烃中，电子循环控制由两个大环多醚之间的 C—C 共价键完成已经有报道[90]。一系列的电子减少和转移的发生可以解释为：由包括苯和萘二酰亚胺基团的索烃的电化学行为引起的[91]。

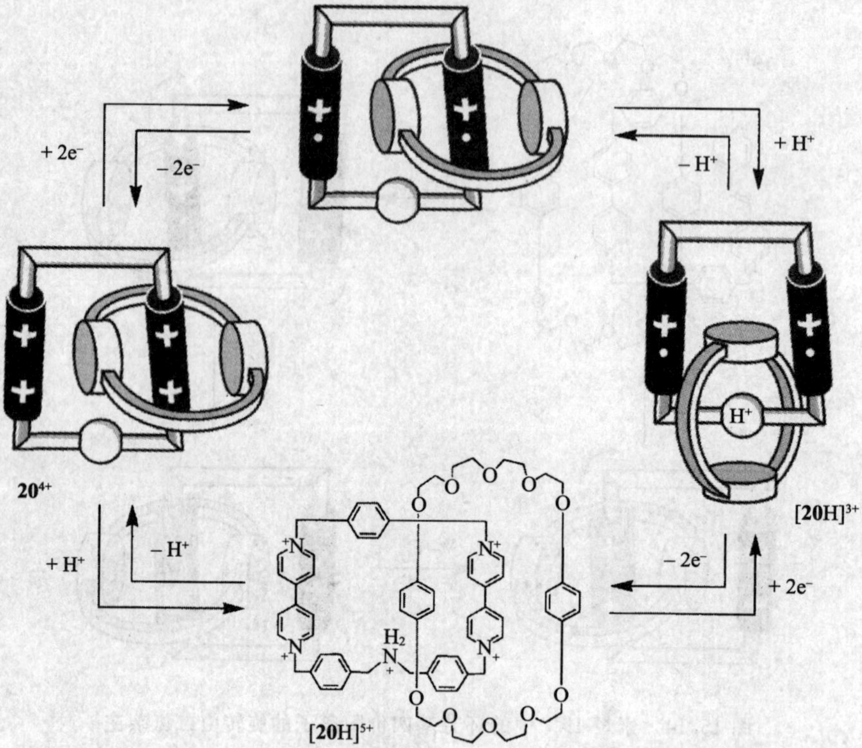

图 15.15　索烃［**20**H］$^{5+}$的转换过程[68]。从索烃 $\mathbf{20}^{4+}$开始，依据 AND 逻辑法，输入大环多醚基于酸碱的氧化还原作用转换的位置

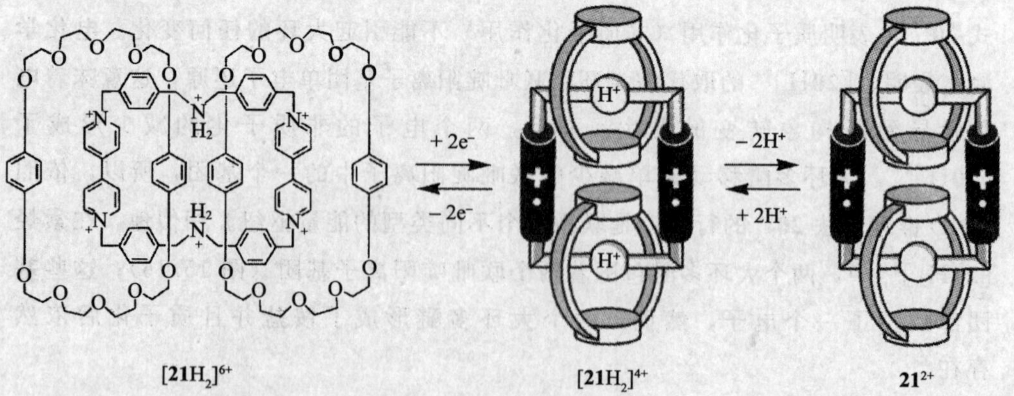

图 15.16　[3]索烃［21H$_2$］$^{6+}$中与氧化还原作用激发有关的转换过程[68]

15.4.2.3 夹心型化合物中围绕金属离子旋转的控制

相比于金属茂或者双层卟啉基化合物，金属碳硼烷围绕着金属络合物的轴心转动将更难。二碳叶立德配合体 **22**$^{2-}$（图 15.17（a））的特征在于在它的键正面通过两个碳原子相连，表明偶极矩垂直于金属配位体轴心。通常情况下，碳硼烷化合物得到一个相反的电流致使达到最低静电斥力。然而，就 Ni(Ⅳ)而言，[Ni(22)$_2$]聚合体的结构是顺式的（图 15.17（b））。混合物通过四价镍的还原和三价镍的连续氧化进行可逆旋转转换[92]。据报道，这个系统可以导致光致激发。

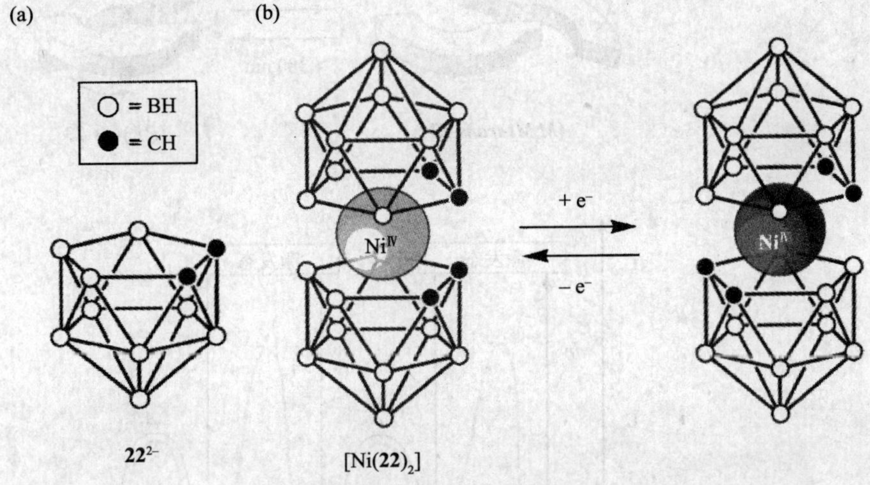

图 15.17 （a）二碳叶立德 **22**$^{2-}$ 和（b）[Ni(**22**)$_2$] 混合物的顺式结构[92]

由三（吲哚基）硼酸和五（4-炔基苯基）环戊二烯组成的电活性有机金属旋转轴与铷（Ⅱ）离子形成的络合物已经合成出来了，并且具有表面功能（16.2 节）。

15.4.3 光化学驱动过程

15.4.3.1 围绕碳碳双键的定向旋转

碳碳双键的顺-反光异构化过程是人们研究最为广泛的光化学反应之一[93,94]。通过适当设计带有手性中心（手性光学分子）的烯键体系，就可以通过光的波长来控制体系产生立体异构的旋转方向，当然这也要决定于分子的手性[95]。两个手性单元在化学或物理意义上的协调运动由于其所具有的非对映性可以形成单一的手性体系[96]。一种光驱动型的分子马达就是基于这种原理而设计的[37,97]。

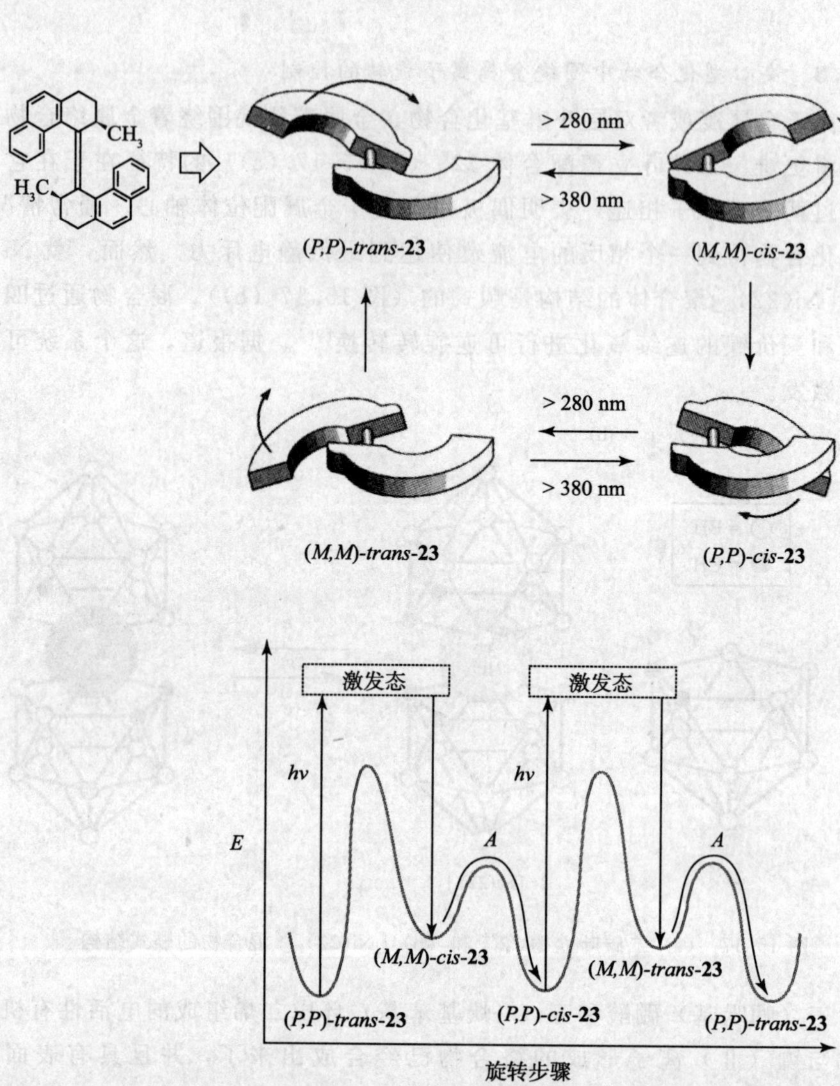

图 15.18 化合物 **23** 通过四步实现非单向旋转；先是光驱动，能量上升，由加热引起的，然后是能量下降过程[97]

我们从 8.3.3 节（图 8.8）[98,99]所描述的分子开关开始进行这方面的探讨。当氧硫杂环体系用四水合菲单元进行替换时，就得到了改进型分子开关体系，如图 15.18 所示[97]。化合物 **23** 的两个螺单元都有左旋和右旋对映体，因此，该体系一共有 4 种空间异构体（图 15.18），并且它们在一定的波长激发下可以相互转换；相反，在热力学能量的影响下，螺旋构形的顺反异构并不可逆。在波长不小于 280 nm 的光照射（*P*，*P*）-*trans*-**23** 的溶液时（218 K），可以得到含量比是 5∶95的（*P*，*P*）-*cis*-**23** 和（*M*，*M*）-*cis*-**23** 混合物。当溶液加热到 293 K 时，化合物（*M*，*M*)-*cis*-**23** 不可逆地转变为（*P*，*P*)-*cis*-**23**，接着再用波长不小于 280 nm 的光照射，两者的比例为 90∶10。进一步升高温度（大于 333 K）时，化合物 (*M*，*M*)-*trans*-**23** 不可逆转地转变为原始构型（*P*，*P*)-*trans*-**23**。因此，就可以利用光热引起的异构化来驱动分子马达的运转（图 15.18）。实际上，当（*P*，*P*）-*trans*-**23** 在 293 K 下被不小于 280 nm 的光照射时，会自发地产生 360 度构型转变[53,97]。整个过程可以通过 217 nm 处圆二色谱中吸收强度的变化来监测，体系的单向旋转可以通过与两个甲基单元的手性中心获知。通过顺反异构，（*P*，*P*）-*trans*-**23** 的轴向甲基被迫转变为在（*M*，*M*）-*cis*-**23** 中的近赤道型转向，而接下来的异构化过程可以释放其所产生的张力。顺反异构的构型转变，迫使甲基基团重复地在分子（*M*，*M*）-*trans*-**23** 的轴向运动。最后，通过热转变过程恢复到（*P*，*P*）-*trans*-**23** 结构，甲基重新变回到更加稳定的轴向构型。

此系统中的光异构化过程是极其迅速的(皮秒时间级)[100]，最慢的热活化异构化反应（放宽）是限速步骤。影响分子结构的这一比率已经通过一系列的衍生物来研究。在两个手性中心的乙基取代基使得热放宽效率温和地上升，这可能是因为当这些取代基占领不合适的平伏位置时产生的巨大的位阻效应[101]。当应用一个异丙基基团时，可以看到顺式异构体间热释放的速率明显增加，但是这个过程在两个反式非对应异构体中明显钝化了。这种结果表明媒介的存在，而此媒介表明热释放过程是两个连贯的螺旋物倒置。

另外，人们设计出了具有明显不同上下部分的分子马达，如图 15.19 所示[102]。特别的是，这些分子马达的下半部分可以和其他分子表面连接，成为一个“定子”，而上半部分则起转子的作用。我们可以看到第二代分子马达（如图 15.19 中 **24**～**26**）中具有一个独立的立体中心。实验结果表明，分子中立体中心的存在事实上对于体系的单向旋转非常重要。对于所有的第二代分子机器来说，它们的热异构化过程比 **23** 有更低的动力学障碍。每秒旋转的速率已经达到了 **44**

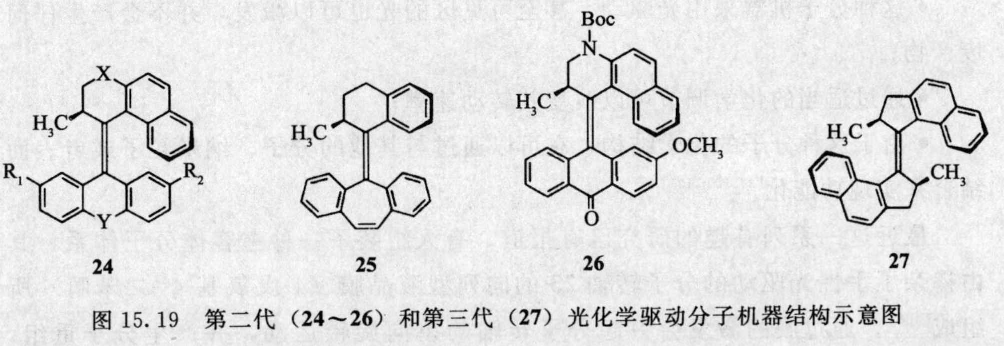

图 15.19　第二代（**24**～**26**）和第三代（**27**）光化学驱动分子机器结构示意图

的速率[102f]。总体来说，Y中更小的桥基团的存在，尤其是X位置的存在减少了激发障碍，但也可能得到预料不到的结果。例如，分子机器**25**的激发能量比类似于菲的**24**（X=CH_2；Y=CH=CH；R_1=R_2=H）高[102c]。具有给体和受体取代基的衍生物（X=Y=S；R_1=NMe_2；R_2=NO_2）可以通过可见光来控制[102d]。化合物**26**中，由于氨和酮的结合导致中心石蜡的单键数增多，这就增大了热异构化过程的速率[102e]。

第三代化合物**27**（图15.19）是在环戊烷环的基础上合成的，它比六元环化合物有更高的合成产率。这种化合物又被当作单向旋转的分子机器，但是它的光子效率比较低[103]。

对于化合物**28**（图15.20），可以通过光激发来控制分子马达围绕单键旋转的速率[99e]。实验结果表明，**28**的顺-反光致异构化过程可以显著降低双环旋转的阻碍作用，其中反式异构体的旋转壁垒要比顺式的略高些，可能是反式-**28**转子中的甲基与上部分的亚甲基相互作用；而在顺式异构体中，萘基团很容易扭转而使转子通过[104]。

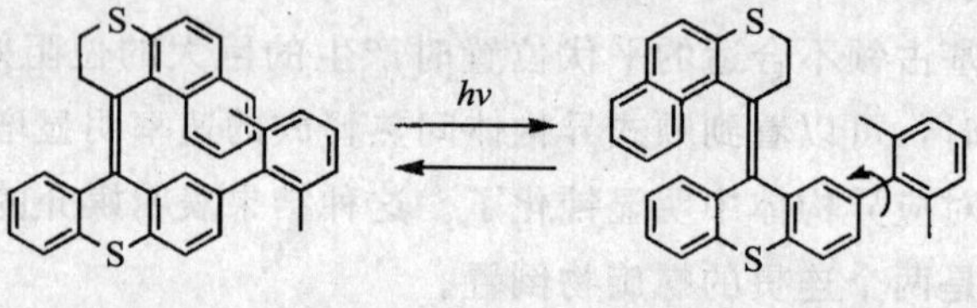

cis-**28**　　*trans*-**28**

图15.20　化合物**28**的结构，它通过光激发来控制分子马达围绕单键旋转的速率[99e]

这些实验结果在如下几个方面非常有趣：

• 证明了单向反复的旋转运动也可以发生在完全人造的分子机器里；

• 这种分子机器采用光驱动，甚至可见区的光也可以激发，并不会产生任何废产物；

• 通过适当的化学调节可以改变其转动速率；

• 由于这种分子的化学结构，它可以通过与其他的分子、纳米粒子或者表面结合来实现功能化[37,102f,105]。

最近这一系列有趣的研究已有报道。有人组装了一种主客体分子体系，其由掺杂了手性光驱动的分子转轴**23**的向列型液晶膜（4-戊氧基-4′-二苯腈）所组成[106]。通过膜的激发会引起分子转轴的单向旋转运动，并产生分子重组，改变膜的颜色。然而，这种结果很可能与体系所处的状态（如：各种状态的分布）有关，而各个状态可以通过光诱导的转轴运动来改变，而不是与马达的单向轨道有关。换句话说就是，对体系的影响是和它开关的性质相关的[40]。

在上文讨论的掺有液晶膜的光驱动的单向旋转的第三代分子马达的基础上，由掺杂物引起的螺旋状组织会引起膜表面指纹样的结构[107]。用光激发膜可以改变异构体的分布，由于它们有不同的螺旋扭转能，这样液晶组织就会改变。这会引起表面结构的轮流重组，进而会在薄膜上形成玻璃棒。当达到光稳定状态时，棒的旋转运动就会停止。如果去掉光激发作用，就可以使不稳定的异构体数量衰减，使体系返回到起始状态，同时伴随着棒在反方向的旋转。类似于上文讨论颜色开关，所观察到的结果与分子马达的单向轨道无关，而是与在光照射下掺杂的异构体分布的变化有关。棒运动的定向性归因于液晶态和掺杂物的最初手性。

手性的C=N化合物，如亚胺物质，也符合两步光驱动的单向旋转分子马达的标准[108]。

15.4.3.2　锁烃的环开关过程

基于Cu^{+}索烃的构象转换也可以通过光诱导的分子间的电子转移过程进行，这种过程是通过Cu^{+}和Cu^{2+}各自更偏向于形成四配位和五配位化合物的过程来进行的[84b]。

人们可以构建包含$[Ru(bpy)_3]^{2+}$型光敏化剂结构的索烃[38,42,109]，而且通过适当的设计这种锁烃，在两个不同的构型中引起光化学开关是可能的[110]。例如，在图15.21所示的索烃中，钌络合物的激发应会产生二联吡啶单元的电子转移。在电子给体的参与下，被氧化的钌络合物迅速被还原，同时环番的绕旋作用

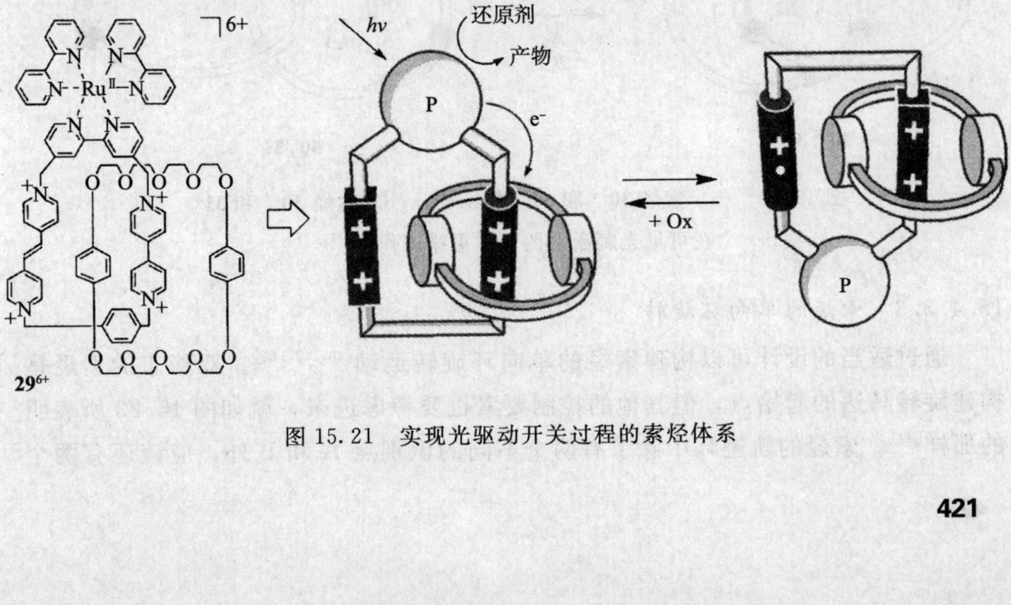

29^{6+}

图15.21　实现光驱动开关过程的索烃体系

会形成一个更稳定的构型，其中反-二（4-吡啶）乙烯单元占据了环番的内部。被还原的二联吡啶单元的氧化使体系回到最初的构型。

锁烃 30^{2+} 和 31^{2+}（图 15.22（a））是以八面体的钌（2 价）中心为模板合成的。化合物 30^{2+} 是由两个环构成的，一个是由五十个元素组成并有两个邻二氮杂菲单元的环，另一个是包含一个 2，2′-二联吡啶单元、由四十二个元素构成的环。化合物 31^{2+} 有一个和 30^{2+} 一样的环，即包含二联吡啶单元的环，但另一个环是由 63 个元素组成的环。很明显，31^{2+} 比具有相对紧簇结构的 30^{2+} 更适合做分子运动。30^{2+} 和 31^{2+} 表现出的光诱导运动和热可逆反应可以从图 15.22（b）中得到很好的说明[111]。光生产物 **30′** 和 **31′** 包含两个分离的（不相连的）环，这是由于一部分钌（Ⅱ）络合物在光刺激下会导致由四十二个元素组成的环中的二联吡啶单元的解离。

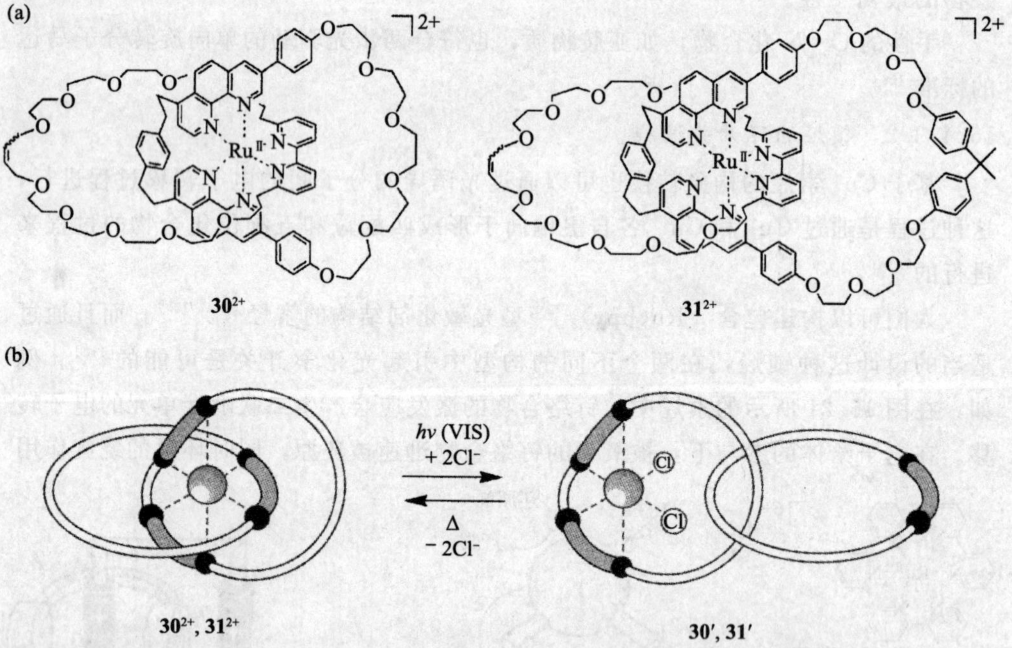

图 15.22 （a）索烃 30^{2+} 和 31^{2+} 的结构；（b）索烃 30^{2+} 和 31^{2+} 在可见光刺激下的可逆重排工作图[111]

15.4.3.3 索烃的单向环旋转

通过适当的设计可以构建索烃的单向环旋转运动[40,112,113]。双稳态的索烃是构建旋转马达的起始点，但其他的控制要素也要考虑进来，就如图 15.23 所表明的那样[39]。索烃的轨迹环中除了有两个不同的识别点 A 和 B 外，应该还有两个阻碍基团 K 和 X。在开始的构型（Ⅰ）中，移动的环环绕着轨迹环上的 A 位置。在 S_1 刺激下，位置 A 打开到 A′，环就离开了，此时该体系就达到一个新的稳定构型Ⅱ，而在这个构型中，环围绕着 B 位置，阻碍基团 X 的存在使逆时针旋转比顺时针旋转快。在这个阶段，再引入刺激物 S_2 会引起阻碍基团 X 的解离，然后再在 S_{-1}的刺激下恢复到对位置 A 的识别能力上，即体系达到了移动的环围绕着 A 位置的初始构型。此时阻碍基团 K 的存在又使逆时针旋转比顺时针旋转快。在 S_{-2}刺激下，阻碍基团又连接到原来的位置，这样可以得到索烃最初的构型。索烃的单向环旋转可以通过“快速防倒转”机制得到[113,114]，而旋转部分（图 15.23）势能面的改变是这一机制的基础。值得注意的是，旋转方向可以通过颠倒加入两种刺激物的顺序来改变。

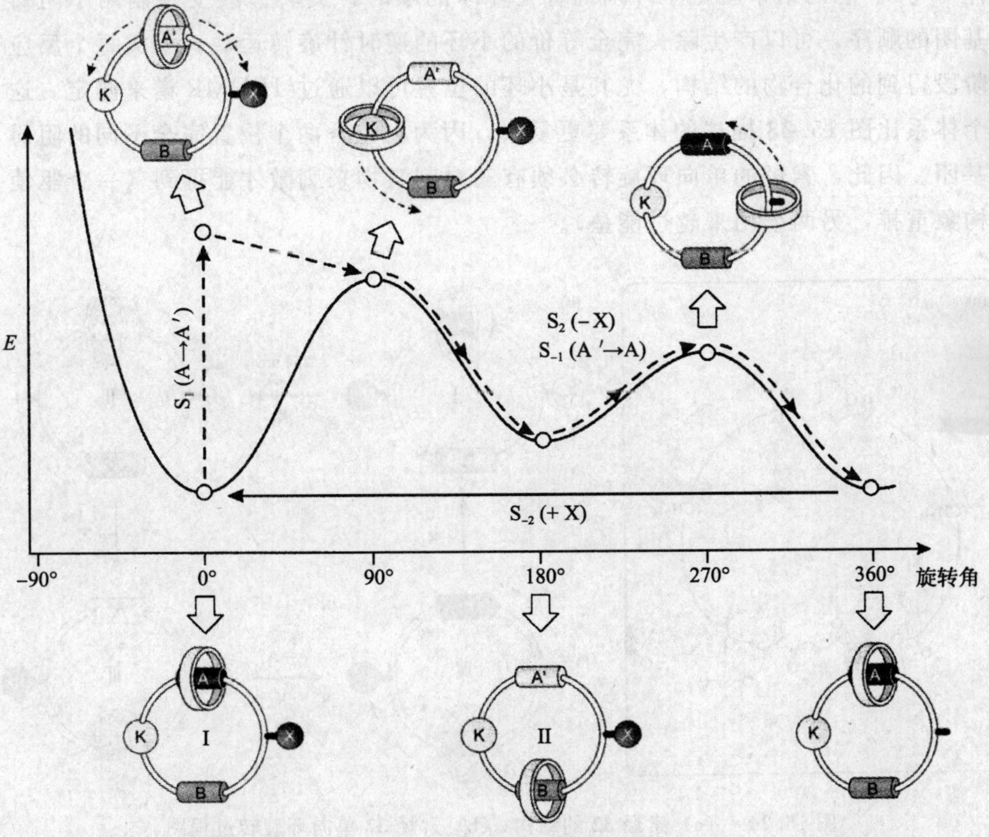

图 15.23　双稳态索烃可用来设计成分子旋转马达，通过氧化还原和酸碱刺激来控制。工作图是基于索烃氧化还原与质子-质子化过程所产生的构象重排的势能变化而设计的

光刺激的索烃 **32**（图 15.24（a））的旋转运动可以很好的说明这种观点[115]。它有一个包含两个识别点的大环，即可识别小环的光致异构的富马酰胺单元（A）和另一个琥珀酰胺单元（B），同时还有两个可以选择性解离和重新连接上去的庞大的取代基，即甲硅烷基（X_1）和三苯甲基（X_2）。在最初的异构体（图 15.24 的Ⅰ）中，小环围绕着富马酰胺单元。在 254 nm 光激发下，富马酰胺单元由 *E* 式转变为 *Z* 式，伴随着甲硅烷基的解离，然后小环会以顺时针方向旋转到琥珀酰胺单元处，这时甲硅烷基团又重新连接在开始的位置形成构型（Ⅲ）。在吡啶参与下，马来酰胺单元异构化为富马酰胺单元，同时三苯甲基基团解离形成构型（Ⅳ），这就引起小环的另一个半旋转，顺时针旋转到富马酰胺单元。若重新连接一个三苯甲基取代基则又可以产生出最初的异构体（Ⅰ）。总的结果就是小环围绕着大环净的顺时针旋转。改变控制两个阻碍基团的顺序，可以产生除去完全等价的小环的逆时针旋转运动。上文每个反应阶段得到的化合物的结构，尤其是小环的位置可以通过^{1}H NMR 谱来测定。这个体系比图 15.23 描述的体系要更复杂，因为它包含两个位置完全不同的阻碍基团。因此，索烃的单向环旋转必须有三对刺激物来刺激才能得到（一个驱使构象重排，另两个用来越过能垒）。

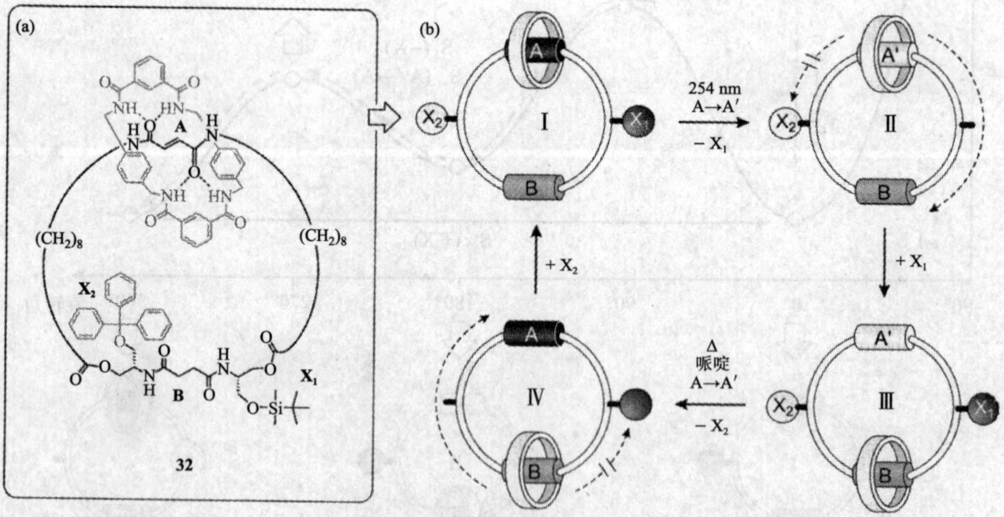

图 15.24　(a) 索烃 **32** 的结构；(b) 索烃 **32** 单向环旋转过程图

人们也研究了得到索烃单向环旋转的其他方法。如图 15.25（a）的索烃 **33** 含有一个套在大环上的苯酰胺环，这个大环有三个不同的连接位置[116]，位置 A

和B是两个光致异构的富马酰胺单元，但他们有不同的环连接力。位置B是一个甲基化的富马酰胺单元，它同小环的连接力比位置A的小。第三个位置（丁二酸氨酯）不是光活性的，它是环连接在两个富马酰胺位置时（*E*）式和（*Z*）式之间转换的中间体。在最初的构型（图15.25（b）中的Ⅰ）中，小环围绕着非甲基化的富马酰胺单元A。这个位置和苯甲酮单元临近，这样在350 nm的光激发下选择性地异构化，使A转变为A′构型。A的光异构化使体系不够稳定，这样环就会运动到能量低的B位置形成构型（Ⅱ）。然后在254 nm光刺激下，构型Ⅱ异构化（即B变为B′），同时小环运动到丁二酸胺酯的位置C形成构型Ⅲ。最后，加热索烃（或者将它与光诱导产生的溴自由基或哌啶作用）可以引起*Z*-式石蜡异构化为*E*-式构型，这样体系又回到了最初的连接顺序，即小环又回到起始位置，即构型（Ⅰ）。每一个非对映异构体的^{1}H NMR谱表明了在整个过程中每个阶段小环在这种三向开关中的准确位置，但旋转不是定向的。经过一个完整的反应过程后，在各个方向上都有小环的旋转，从A开始，通过B，C，最后又回到A。

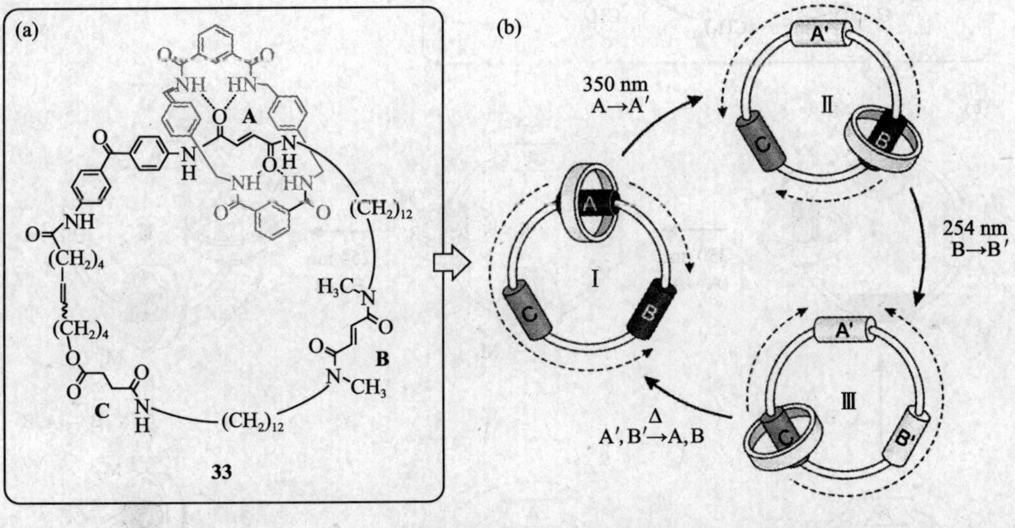

图15.25　（a）索烃**33**的结构；（b）三步反应之后，两个小环都完成了一次完整的单向旋转运动，构型从Ⅰ到Ⅳ

就如讨论过的索烃**32**一样，为了得到索烃**33**中环从一个位置到另一个位置的单向旋转，我们必须利用动力学能垒来约束环在每个阶段的Brownian运动都在一个方向上。这种情况在图15.26（a）所示的索烃**34**中得到很好的体现[116]，这种索烃包含了和索烃**33**一样的大环。但是，和索烃**33**相比，包含在大环中的氨基单元（图 15.26（a）中的 D）与小环的氢键作用要比 A，B，C 位置的弱，这个氨基单元充当了很重要的角色。在最初的构型（图 15.26（b）中的Ⅰ）中，两个小环 M_1 和 M_2 分别套在两个富马酰胺单元上，即位置 A 和 B 上。在350 nm 光激发下，位置 A 打开，环 M_1 逆时针旋转到丁二酸氨酯单元处，即位置 C 处形成构型（Ⅱ）。继续在 254 nm 光刺激下，另一个富马酰胺单元异构化（由 B

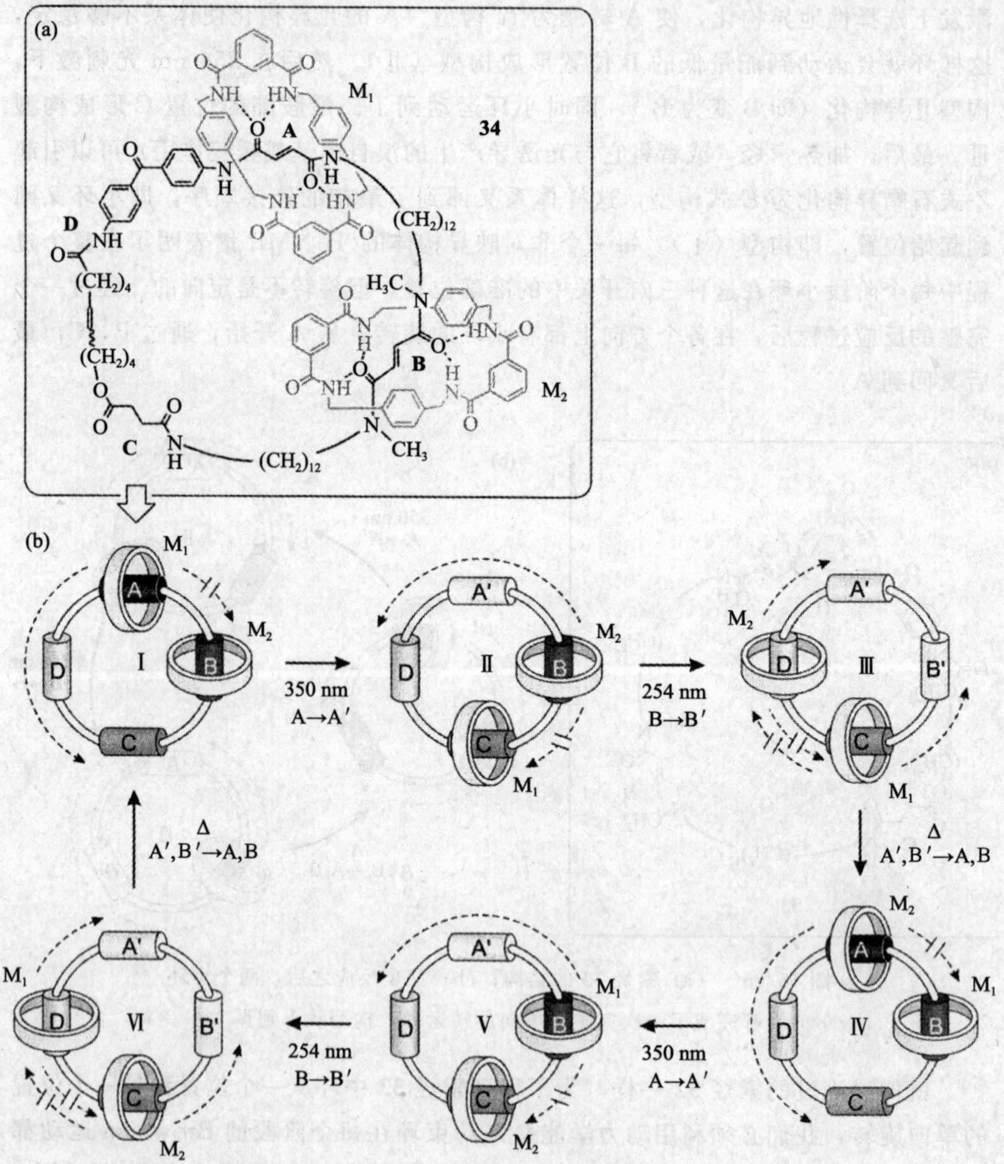

图 15.26 （a）索烃 **34** 的结构；（b）环的定向旋转工作图

到B′）引起另一个环 M_2 运动到单一的氨基单元即D处形成构型（Ⅲ），而且它也是按逆时针方向运动的，这是因为顺时针方向被环 M_1 阻挡了。这种“跟着领导者”的过程在图15.26（b）所示的每个转变过程中重复着，每个环轮流旋转，然后阻挡另一个环的一个去向。三个非对映异构体转换后，*E*，*E*-式的**34**又重新得到，但是每个小环360度的旋转到目前为止还没发现，两个环之间仅仅是交换了一下位置（图15.26（b）中的Ⅳ）。仅仅在三步反应之后，两个小环都完成了一次完整的单向旋转运动，构型从Ⅰ到Ⅳ。从构型Ⅳ到Ⅴ，到Ⅳ，再回到Ⅰ构型，它们完成了第二次单向旋转。在这个体系中，单向旋转的产率很高，达到99%以上，但马达的效率很低（小于吸收光子能量的1%）。

索烃**32**和**34**的单向环旋转所需要的反应的标准和数量使它们被制造为旋转马达仍是有点不切实际。但是，操作机制的热力学和动力学方面的分析使我们看到怎样通过输入能量来控制体系的热变化和怎样驱使定向的运动。

参考文献

1 Vale, R.D. and Milligan, R.A. (2000) *Science*, **288**, 88.

2 Kühlbrandt, W. (2000) *Nature*, **406**, 569.

3 Schliwa M. (ed.) (2003) *Molecular Motors*, Wiley-VCH Verlag GmbH, Weinheim.

4 Jones, R.A.L. (2004) *Soft Machines, Nanotechnology and Life*, Oxford University Press, Oxford.

5 Goodsell, D.S. (2004) *Bionanotechnology – Lessons from Nature*, John Wiley & Sons, Inc., Hoboken.

6 Wikström M. (ed.) (2006) *Biophysical and Structural Aspects of Bioenergetics*, Royal Society of Chemistry, Cambridge.

7 (a) Boyer, P.D. (1993) *Biochimica et Biophysica Acta*, **1140**, 215. (b) Boyer, P.D. (1998) *Angewandte Chemie-International Edition*, **37**, 2296.

8 (a) Walker, J.E. (1998) *Angewandte Chemie-International Edition*, **37**, 2308. (b) Stock, D., Leslie, A.G.W. and Walker, J.E. (1999) *Science*, **286**, 1700.

9 (a) Elston, T., Wang, H. and Oster, G. (1998) *Nature*, **391**, 510. (b) Oster, G. and Wang, H. (2000) *Biochimica et Biophysica Acta*, **1458**, 482. (c) Oster, G., Wang, H. and Grabe, M. (2000) *Philosophical Transactions of the Royal Society of London Series B, Biological Sciences*, **355**, 523.

10 (a) Allison, W.S. (1998) *Accounts of Chemical Research*, **31**, 819. (b) Ren, H. and Allison, W.S. (2000) *Biochimica et Biophysica Acta*, **1458**, 221.

11 Bustamante, C., Keller, D. and Oster, G. (2001) *Accounts of Chemical Research*, **34**, 412.

12 (a) Rastogi, V.K. and Girvin, M.E. (1999) *Nature*, **402**, 263. (b) Seelert, H., Poetsch, A., Dencher, N.A., Engel, A., Stahlberg, H. and Müller, D.J. (2000) *Nature*, **405**, 418.

13 (a) Noji, H., Yasuda, R., Yoshida, M. and Kinosita, K.J., Jr, (1997) *Nature*, **386**, 299. (b) Mehta, A.D., Rief, M., Spudich, J.A., Smith, D.A. and Simmons, R.M. (1999) *Science*, **283**, 1689. (c) Shimabukuro, K., Yasuda, R., Muneyuki, E., Hara, K.Y., Kinosita, K., Jr and Yoshida, M. (2003) *Proceedings of the National Academy of Sciences of the United States of America*, **100**, 14731. (d)

Hirono-Hara, Y., Ishizuka, K., Kinosita, K., Jr, Yoshida, M. and Noji, H. (2005) *Proceedings of the National Academy of Sciences of the United States of America*, **102**, 4288. (e) Sakaki, N., Shimo-Kon, R., Adachi, K., Itoh, H., Furuike, S., Muneyuki, E., Yoshida, M. and Kinosita, K., Jr (2005) *Biophysical Journal*, **88**, 2047. (f) Hossain, M.D., Furuike, S., Maki, Y., Adachi, K., Ali, M.Y., Huq, M., Itoh, H., Yoshida, M. and Kinosita, K., Jr (2006) *Biophysical Journal*, **90**, 4195.

14 Sambongi, Y., Iko, Y., Tanabe, M., Omote, H., Iwamoto-Kihara, A., Ueda, I., Yanagida, T., Wada, Y. and Futai, M. (1999) *Science*, **286**, 1722.

15 Yasuda, R., Noji, H., Kinosita, K.J. and Yoshida, M. (1998) *Cell*, **93**, 1117.

16 Yasuda, R., Noji, H., Yoshida, M., Kinosita, K. and Itoh, H. (2001) *Nature*, **410**, 898.

17 Montemagno, C.D. and Bachand, G.D. (1999) *Nanotechnology*, **10**, 225.

18 Steinberg-Yfrach, G., Liddell, P.A., Hung, S.-C., Moore, A.L., Gust, D. and Moore, T.A. (1997) *Nature*, **385**, 239.

19 Steinberg-Yfrach, G., Rigaud, J.-L., Durantini, E.N., Moore, A.L., Gust, D. and Moore, T.A. (1998) *Nature*, **392**, 479.

20 Gust, D., Moore, T.A. and Moore, A.L. (2001) *Accounts of Chemical Research*, **34**, 40.

21 Vanegas, H., Bennet, I.M., Primak, A., Liddell, P.A., Moore, A.L., Moore, T.A. and Gust, D. Private communication.

22 Soong, R.K., Bachand, G.D., Neves, H.P., Olkhovets, A.G., Craighead, H.G. and Montemagno, C.D. (2000) *Science*, **290**, 1555.

23 Bachand, G.D., Soong, R.K., Neves, H.P., Olkhovets, A., Craighead, H.G. and Montemagno, C.D. (2001) *Nano Letters*, **1**, 42.

24 Balzani, V., Gómez-López, M. and Stoddart, J.F. (1998) *Accounts of Chemical Research*, **31**, 405.

25 Sauvage, J.-P. (1998) *Accounts of Chemical Research*, **31**, 611.

26 Balzani, V., Credi, A., Raymo, F.M. and Stoddart, J.F. (2000) *Angewandte Chemie-International Edition*, **39**, 3348.

27 *Accounts of Chemical Research* (2001) **34** (6). Special issue (ed. J.F. Stoddart) on Molecular Machines.

28 *Structure and Bonding* (2001) **99**. Special volume (ed. J-.P. Sauvage) on Molecular Machines and Motors.

29 Ballardini, R., Gandolfi, M.T. and Balzani, V. (2001) *Electron Transfer in Chemistry*, vol. 3 (ed. V. Balzani), Wiley-VCH Verlag GmbH, Weinheim, p. 539.

30 Armaroli, N., Chambron, J.-C., Collin, J.-P., Dietrich-Buchecker, C.O., Flamigni, L., Kern, J.-M. and Sauvage, J.-P. (2001) *Electron Transfer in Chemistry*, vol. 3 (ed.V. Balzani), Wiley-VCH Verlag GmbH, Weinheim, p. 583.

31 Balzani, V. (2003) *Photochemistry and Photobiology*, **2**, 459.

32 Gunter, M.J. (2004) *European Journal of Organic Chemistry*, 1655.

33 Balzani, V., Credi, A. and Venturi, M. (2004) *Physics World*, **17**, 39.

34 Kottas, G.S., Clarke, L.I., Horinek, D. and Michl, J. (2005) *Chemical Reviews*, **105**, 1281.

35 Shinkai, S. and Takeuchi, M. (2005) *Bulletin of the Chemical Society of Japan*, **78**, 40.

36 *Topics in Current Chemistry* (2005) **262**. Special issue (ed. T.R. Kelly) on Molecular Machines.

37 Browne, W.R. and Feringa, B.L. (2006) *Nature Nanotechnology*, **1**, 25.

38 Bonnet, S., Collin, J.-P., Koizumi, M., Mobian, P. and Sauvage, J.-P. (2006) *Advanced Materials*, **18**, 1239.

39 Balzani, V., Credi, A., Silvi, S. and Venturi, M. (2006) *Chemical Society Reviews*, **35**, 1135.

40 Kay, E.R., Leigh, D.A. and Zerbetto, F. (2007) *Angewandte Chemie-International Edition*, **46**, 72.

41 Balzani, V., Credi, A. and Venturi, M. (2007) *Nanotoday*, **2**, 18.
42 Champin, B., Mobian, P. and Sauvage, J.-P. (2007) *Chemical Society Reviews*, **36**, 358.
43 *Advanced Functional Materials* (2007) **17** (5). Special issue (eds A. Credi and H. Tian) on Molecular Machines and Switches.
44 It has been noted that continuously operating (autonomous) chemically powered molecular motors may be classified as a subset of catalysts. Mock, W.L. and Ochwat, K.J. (2003) *Journal of Physical Organic Chemistry*, **16**, 175. Indeed, molecular motors catalyze the conversion of high-energy fuel molecules into lower energy products while undergoing a conformational change, but returning to the starting state on completion of each cycle.
45 Busch, D.H., Vance, A.L. and Kolchinski, A.G. (1996) *Comprehensive Supramolecular Chemistry*, vol. 9 (eds J.L. Atwood, J.E.D. Davies, D.D. MacNicol and F. Vögtle) Pergamon Press, Oxford, p. 1.
46 Sauvage J-.P. and Dietrich-Buchecker C.O. (eds) (1999) *Molecular Catenanes, Rotaxanes and Knots*, Wiley-VCH Verlag GmbH, Weinheim.
47 (a) Dietrich-Buchecker, C.O. and Sauvage, J.-P. (1987) *Chemical Reviews*, **87**, 795. (b) Chambron, J.-C., Dietrich-Buchecker, C.O. and Sauvage, J.-P. (1993) *Topics in Current Chemistry*, **165**, 131. (c) Gibson, H.W. and Marand, H. (1993) *Advanced Materials*, **5**, 11. (d) Amabilino, D.B. and Stoddart, J.F. (1995) *Chemical Reviews*, **95**, 2725. (e) Jäger, R. and Vögtle, F. (1997) *Angewandte Chemie-International Edition in English*, **36**, 930. (f) Raymo, F. M. and Stoddart, J.F. (1999) *Chemical Reviews*, **99**, 1643. (g) Breault, G.A., Hunter, C.A. and Mayers, P.C. (1999) *Tetrahedron*, **55**, 5265.
48 It has been reported that the rate of spontaneous pirouetting in a symmetric rotaxane can be controlled by application of an alternating current electric field. Bermudez, V., Capron, N., Gase, T., Gatti, F.G., Kajzar, F., Leigh, D. A., Zerbetto, F. and Zhang, S. (2000) *Nature*, **406**, 608.
49 Kelly, T.R., De Silva, H. and Silva, R.A. (1999) *Nature*, **401**, 150.
50 Kelly, T.R., Silva, R.A., De Silva, H., Jasmin, S. and Zhao, Y. (2000) *Journal of the American Chemical Society*, **122**, 6935.
51 Kelly, T.R. and Sestelo, J.P. (2001) *Structure and Bonding*, **99**, 19.
52 Kelly, T.R. (2001) *Accounts of Chemical Research*, **34**, 514.
53 For a discussion, see, Davis, A.P. (1999) *Nature*, **401**, 120.
54 Kelly, T.R., Cai, X., Damkaci, F., Panicker, S.B., Tu, B., Bushell, S.M., Cornelia, I., Piggot, M.J., Salives, R., Cavero, M., Zhao, Y. and Jasmin, S. (2007) *Journal of the American Chemical Society*, **129**, 376.
55 (a) Dahl, B.J. and Branchaud, B.P. (2004) *Tetrahedron Letters*, **45**, 9599. (b) Lin, Y., Dahl, B.J. and Branchaud, B. P. (2005) *Tetrahedron Letters*, **46**, 8359.
56 Fletcher, S.P., Dumur, F., Pollard, M.P. and Feringa, B.L. (2005) *Science*, **310**, 80.
57 Linke, M., Chambron, J.-C., Heitz, V., Sauvage, J.-P. and Semetey, V. (1998) *Chemical Communications*, 2469.
58 (a) Dietrich-Buchecker, C.O. Sauvage, J.-P. and Kern, J.-M. (1984) *Journal of the American Chemical Society*, **106**, 3043. (b) Dietrich-Buchecker, C.O. and Sauvage, J.-P. (1990) *Tetrahedron*, **46**, 503.
59 (a) Sauvage, J.-P. and Weiss, J. (1985) *Journal of the American Chemical Society*, **107**, 6108. (b) Dietrich-Buchecker, C.O., Khemiss, A. and Sauvage, J.-P. (1986) *Journal of the Chemical Society. Chemical Communications*, 1376. (c) Armaroli, N., Balzani, V., De Cola, L., Hemmert, C. and Sauvage, J.-P. (1994) *New Journal of Chemistry*, **18**, 775. (d) Amabilino, D.B., Dietrich-Buchecker, C.O., Livoreil, A.,

Pérez-García, L., Sauvage, J.-P. and Stoddart, J.F. (1996) *Journal of the American Chemical Society*, **118**, 3905. (e) Linke, M., Chambron, J.-C., Heith, V., Sauvage, J.-P. and Semetey, V. (1998) *Chemical Communications*, 2469.

60 (a) Gunter, M.J. and Johnston, M.R. (1992) *Journal of the Chemical Society. Chemical Communications*, 1163. (b) Gunter, M.J., Hockless, D.C.R., Johnston, M.R., Skelton, B.W. and White, A.H. (1994) *Journal of the American Chemical Society*, **116**, 4810.

61 Gunter, M.J. and Johnston, M.R. (1994) *Journal of the Chemical Society. Chemical Communications*, 829.

62 Asakawa, M., Ashton, P.R., Balzani, V., Credi, A., Hamers, C., Mattersteig, G., Montalti, M., Shipway, A.N., Spencer, N., Stoddart, J.F., Tolley, M.S., Venturi, M., White, A.J.P. and Williams, D.J. (1998) *Angewandte Chemie-International Edition*, **37**, 333.

63 Balzani, V., Credi, A., Mattersteig, G., Matthews, O.A., Raymo, F.M., Stoddart, J.F., Venturi, M., White, A.J.P. and Williams, D.J. (2000) *Journal of Organic Chemistry*, **65**, 1924.

64 Ballardini, R., Balzani, V., Credi, A., Gandolfi, M.T., Langford, S.J., Menzer, S., Prodi, L., Stoddart, J.F., Venturi, M. and Williams, D.J. (1996) *Angewandte Chemie-International Edition in English*, **35**, 978.

65 Credi, A., Montalti, M., Balzani, V., Langford, S.J., Raymo, F.M. and Stoddart, J.F. (1998) *New Journal of Chemistry*, **22**, 1061.

66 Credi, A., Balzani, V., Langford, S.J. and Stoddart, J.F. (1997) *Journal of the American Chemical Society*, **119**, 2679.

67 Balzani, V., Credi, A., Langford, S.J., Raymo, F.M., Stoddart, J.F. and Venturi, M. (2000) *Journal of the American Chemical Society*, **122**, 3542.

68 Ashton, P.R., Baldoni, V., Balzani, V., Credi, A., Hoffmann, H.D.A., Martinez-Diaz, M.-V., Raymo, F.M., Stoddart, J.F. and Venturi, M. (2001) *Chemistry – A European Journal*, **7**, 3482.

69 Ashton, P.R., Ballardini, R., Balzani, V., Blower, M., Ciano, M., Gandolfi, M.T., Prodi, L., McLean, C.H., Philp, D., Spencer, N., Stoddart, J.F. and Tolley, M.S. (1993) *New Journal of Chemistry*, **17**, 689.

70 Leigh, D.A., Moody, K., Smart, J.P., Watson, K.J. and Slawin, A.M.Z. (1996) *Angewandte Chemie-International Edition in English*, **35**, 306.

71 Harada, A. (2001) *Accounts of Chemical Research*, **34**, 456.

72 Robertson, A., Ikeda, M., Takeuchi, M. and Shinkai, S. (2001) *Bulletin of the Chemical Society of Japan*, **74**, 88.

73 Shinkai, S., Ikeda, M., Sugasaki, A. and Takeuchi, M. (2001) *Accounts of Chemical Research*, **34**, 494.

74 Ikeda, M., Takeuchi, M., Shinkai, S., Tani, F., Naruta, Y., Sakamoto, S. and Yamaguchi, K. (2002) *Chemistry – A European Journal*, **8**, 5542.

75 (a) Takeuchi, M., Imada, T. and Shinkai, S. (1998) *Angewandte Chemie-International Edition*, **37**, 2096. (b) Ikeda, M., Takeuchi, M., Sugasaki, A., Robertson, A., Imada, T. and Shinkai, S. (2000) *Supramolecular Chemistry*, **12**, 321.

76 Sugasaki, A., Ikeda, M., Takeuchi, M., Robertson, A. and Shinkai, S. (1999) *Journal of the Chemical Society Perkin Transactions 1*, 3259.

77 Sugasaki, A., Ikeda, M., Takeuchi, M., Koumoto, K. and Shinkai, S. (2000) *Tetrahedron*, **56**, 4717.

78 Sugasaki, A., Ikeda, M., Takeuchi, M. and Shinkai, S. (2000) *Angewandte Chemie-International Edition*, **39**, 3839.

79 Tashiro, K., Konishi, K. and Aida, T. (2000) *Journal of the American Chemical Society*, **122**, 7921.

80 (a) Bohn, R.K. and Haaland, A. (1966) *Journal of Organometallic Chemistry*, **5**, 470. (b) Gardner, A.B., Howard, S., Waddington, T.C., Richardson, R.M.

and Tomkinson, J. (1981) *Chemical Physics*, **57**, 453.
81 Crowley, J.D., Steele, I.M. and Bosnich, B. (2006) *Chemistry – A European Journal*, **12**, 8935.
82 Muraoka, T., Kinbara, K., Wakamiya, A., Yamaguchi, S. and Aida, T. (2007) *Chemistry – A European Journal*, **13**, 1724.
83 (a) Raehm, L., Kern, J.-M. and Sauvage, J.-P. (1999) *Chemistry – A European Journal*, **5**, 3310. (b) Kern, J.-M., Raehm, L., Sauvage, J.-P., Divisia-Blohorn, B. and Vidal, P.-L. (2000) *Inorganic Chemistry*, **39**, 1555. (c) Poleschak, I., Kern, J.-M. and Sauvage, J.-P. (2004) *Chemical Communications*, 474. (d) Létinois-Halbes, U., Hanss, D., Beierle, J.M., Collin, J.-P. and Sauvage, J.-P. (2005) *Organic Letters*, **7**, 5753.
84 (a) Livoreil, A., Dietrich-Buchecker, C. O. and Sauvage, J.-P. (1994) *Journal of the American Chemical Society*, **116**, 9399. (b) Livoreil, A., Sauvage, J.-P., Armaroli, N., Balzani, V., Flamigni, L. and Ventura, B. (1997) *Journal of the American Chemical Society*, **119**, 12114.
85 Baumann, F., Livoreil, A., Kaim, W. and Sauvage, J.-P. (1997) *Chemical Communications*, 35.
86 Collin, J.-P., Dietrich-Buchecker, C.O., Gaviña, P., Jimenez-Molero, M.C. and Sauvage, J.-P. (2001) *Accounts of Chemical Research*, **34**, 477.
87 Cárdenas, D.J., Livoreil, A. and Sauvage, J.-P. (1996) *Journal of the American Chemical Society*, **118**, 11980.
88 Korybut-Daszkiewicz, B., Wieckowska, A., Bielewicz, R., Domagala, S. and Wozniak, K. (2004) *Angewandte Chemie-International Edition*, **43**, 1668.
89 (a) Ashton, P.R., Ballardini, R., Balzani, V., Gandolfi, M.T., Marquis, D.J.-F., Pérez-García, L., Prodi, L., Stoddart, J.F. and Venturi, M. (1994) *Journal of the Chemical Society. Chemical Communications*, 177. (b) Ashton, P.R., Ballardini, R., Balzani, V., Credi, A., Gandolfi, M.T., Menzer, S., Pérez-García, L., Prodi, L., Stoddart, J. F., Venturi, M., White, A.J.P. and Williams, D.J. (1995) *Journal of the American Chemical Society*, **117**, 11171.
90 Ceroni, P., Leigh, D.A., Mottier, L., Paolucci, F., Roffia, S., Tedard, D. and Zerbetto, F. (1999) *Journal of Physical Chemistry B*, **103**, 10171.
91 Hamilton, D.G., Montalti, M., Prodi, L., Fontani, M., Zanello, P. and Sanders, J. K.M. (2000) *Chemistry – A European Journal*, **6**, 608.
92 Hawthorne, M.F., Zink, J., Skelton, J. M., Bayer, M.J., Liu, C., Livhits, E., Baer, R. and Neuhauser, D. (2004) *Science*, **303**, 1849.
93 Gilbert, A. and Baggott, J. (1991) *Essentials of Molecular Photochemistry*, Blackwell, Oxford.
94 Balzani, V. and Scandola, F. (1991) *Supramolecular Photochemistry*, Horwood, Chichester.
95 Feringa, B.L., van Delden, R.A., Koumura, N. and Geertsema, E.M. (2000) *Chemical Reviews*, **100**, 1789.
96 Feringa, B.L. (2001) *Accounts of Chemical Research*, **34**, 504.
97 Koumura, N., Zijlstra, R.W.J., van Delden, R.A., Harada, N. and Feringa, B.L. (1999) *Nature*, **401**, 152.
98 Feringa, B.L., Jager, W.F., de Lange, B. and Meijer, A.W. (1991) *Journal of the American Chemical Society*, **113**, 5468.
99 For related examples, see (a) Jager, W.F., de Jong, J.C., de Lange, B., Huck, N.P. M., Meetsma, A. and Feringa, B.L. (1995) *Angewandte Chemie-International Edition in English*, **34**, 348. (b) Feringa, B.L., Huck, N.P.M. and van Doren, H. A. (1995) *Journal of the American Chemical Society*, **117**, 9929. (c) Feringa, B.L., Huck, N.P.M. and Schoevaars, A. M. (1996) *Advanced Materials*, **8**, 681. (d) Huck, N.P.M., Jager, W.F., de Lange, B. and Feringa, B.L. (1996) *Science*, **273**, 1686. (e) Schoevaars, A.M., Kruizinga, W., Zijlstra, R.W.J., Veldman, N., Spek, A.L. and Feringa, B.L. (1997) *Journal of Organic Chemistry*, **62**, 4943.

(f) Geertsema, E.M., Meetsma, A. and Feringa, B.L. (1999) *Angewandte Chemie-International Edition*, **38**, 2738. (g) Feringa, B.L. and van Delden, R.A. (1999) *Angewandte Chemie-International Edition*, **38**, 3419.

100 Kwork, W.M., Ma, C., Phillips, D., Marder, T.B., Thomas, R.Ll., Tschuschke, C., Baranović, G., Matousek, P., Towrie, M. and Parker, A. W. (2003) *Journal of Raman Spectroscopy*, **34**, 886.

101 ter Wiel M.K.J., van Delden, R.A., Meetsma, A. and Feringa, B.L. (2005) *Journal of the American Chemical Society*, **127**, 14208.

102 (a) Koumura, N., Geertsema, E.M., Meetsma, A. and Feringa, B.L. (2000) *Journal of the American Chemical Society*, **122**, 12005. (b) Koumura, N., Geertsema, E.M., van Gelder, M.B., Meetsma, A. and Feringa, B.L. (2002) *Journal of the American Chemical Society*, **124**, 5037. (c) Geertsema, E.M., Koumura, N., ter Wiel, M.K.J., Meetsma, A. and Feringa, B.L. (2002) *Chemical Communications*, 2962. (d) van Delden, R.A., Koumura, N., Schoevaars, A., Meetsma, A. and Feringa, B.L. (2003) *Organic Biomolecular Chemistry*, **1**, 33. (e) Pijper, D., van Delden, R.A., Meetsma, A. and Feringa, B.L. (2005) *Journal of the American Chemical Society*, **127**, 17612. (f) Pollard, M.M., Klok, M., Pijper, D. and Feringa, B.L. (2007) *Advanced Functional Materials*, **17**, 718.

103 (a) ter Wiel, M.K.J., van Delden, R.A., Meetsma, A. and Feringa, B.L. (2003) *Journal of the American Chemical Society*, **125**, 15076. (b) Fujita, T., Kuwahara, S. and Harada, N. (2005) *European Journal of Organic Chemistry*, 4533. (c) Kuwahara, S., Fujita, T. and Harada, N. (2005) *European Journal of Organic Chemistry*, 4544.

104 For related results, see ter Wiel, M.K.J., van Delden, R.A., Meetsma, A. and Feringa, B.L. (2005) *Organic Biomolecular Chemistry*, **3**, 4071.

105 For a discussion, see also Feringa, B.L. (2000) *Nature*, **408**, 151.

106 van Delden, R.A., Koumura, N., Harada, N. and Feringa, B.L. (2002) *Proceedings of the National Academy of Sciences of the United States of America*, **99**, 4945.

107 Eelkema, R., Pollard, M.M., Vicario, J., Katsonis, N., Ramon, B.S., Bastiaansen, C.W.M., Broer, D.J. and Feringa, B.L. (2006) *Nature*, **440**, 163.

108 Lehn, J.-M. (2006) *Chemistry – A European Journal*, **12**, 5910.

109 Ashton, P.R., Balzani, V., Credi, A., Kocian, O., Pasini, D., Prodi, L., Spencer, N., Stoddart, J.F., Tolley, M.S., Venturi, M., White, A.J.P. and Williams, D.J. (1998) *Chemistry – A European Journal*, **4**, 590.

110 Ballardini, R., Balzani, V., Credi, A., Gandolfi, M.T. and Venturi, M. (2001) *International Journal of Photoenergy*, **3**, 63.

111 Mobian, P., Kern, J.-M. and Sauvage, J.-P. (2004) *Angewandte Chemie-International Edition*, **43**, 2392.

112 Ballardini, R., Balzani, V., Credi, A., Gandolfi, M.T. and Venturi, M. (2001) *Accounts of Chemical Research*, **34**, 445.

113 Astumian, R.D. (2005) *Proceedings of the National Academy of Sciences of the United States of America*, **102**, 1843.

114 (a) Astumian, R.D. and Hänggi, P. (2002) *Physics Today*, **55** (11), 33. (b) Astumian, R.D. (2005) *Journal of Physics: Condensed Matter*, **17**, S3753.

115 Hernandez, J.V., Kay, E.R. and Leigh, D. A. (2004) *Science*, **306**, 1532.

116 Leigh, D.A., Wong, J.K.Y., Dehez, F. and Zerbetto, F. (2003) *Nature*, **424**, 174.

第 16 章　从溶液到非均相体系

16.1　概述

以上章节所讨论的化合物都是在溶液中进行研究的。这些体系中的分子的行为都是独立的，由于每一个分子的位置不能确定所以它们的运动很难控制。尽管有这种限制，前面所描述的体系阐述了许多由外部输入控制的分子级别运动的有趣概念。然而，设计和实现出有用功能的体系仍存在一个主要的障碍。因此，将分子机器固定在界面或表面上来实现有实际应用的分子机器是可能的[1]。我们借助于各种技术可以获得有序分子器件[2,3]。

通过分子级别运动的累计可达到肉眼可见的运动，如通过操纵肌浆球蛋白与肌动蛋白驱使的运动来模仿肌肉的运动，对我们来说，这是一个挑战。采取的方法包括改变分子表面的性质（如表面张力）和直接将分子水平的运动转变为肉眼可见的运动。

过去几年里，探针技术[4,5]的发展使我们能直接观察到并能操纵表面上单分子的运动。在 1.2 节和 10.3.2 节已报道了两个这样的例子。这种技术开启了分子机器研究的新方向，而且也使我们能更好地理解分子水平的运动与宏观运动的区别。

最近，许多研究组织已经开始了这些研究。这里我们只简单地介绍几个例子，感兴趣的读者可以参考最近的综述文章，见参考文献［6～11］，也可以看原版论文。

16.2　表面上的旋转马达

一个宏观机器中，旋转的部分称为转子，而静止的部分称为定子。在分子世界里，旋转马达中和表面连接紧密的任何部分我们都称为定子，而没有连接的部分称为转子（或转动体）。

安装在表面上的分子旋转马达非常有趣[7]。它们可以应用到许多分子尺寸的装置和机器上，例如，它们可以应用在纳米电学、纳米光学以及纳米流体学等领域[12]。有两种不同的表面分子马达是比较著名的：一个有方位角转子（图 16.1 左），其旋转轴垂直于表面；另一个有竖直的转子（图 16.1 右），而它的旋转轴与表面平行。

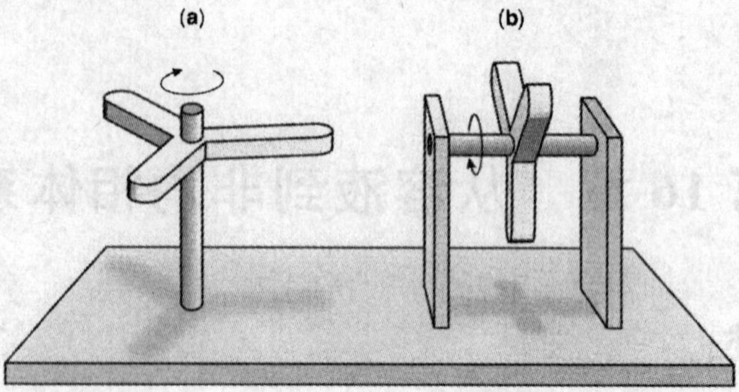

图 16.1 具有方位角的（a）和竖直的（b）固定在表面上的分子机器

15.4.3 节讨论的第二代光驱动的定向旋转的分子马达已经成功地固定在纳米金颗粒的表面上形成了有方位角转子的马达（图 16.2，**1**），它是通过两个硫醇基团“腿”连接在表面上的[13]。在光照射下，可以观察到表面上反复的 360 度旋转运动。由于每个分子和表面有两个连节点，这使它们无拘束的热运动受到限制。然而，有研究表明将分子固定在表面的过程是很困难的。事实上，连接基团的长度和性质是影响光活性基团连接到金属表面上非常关键的因素，因为它们会显著地影响激发态的性质[14]。最近，我们得到了连接在石英表面上第二代修复的分子机器的光诱导控制的旋转运动，石英的存在不会干预体系的光化学过程，同时也不会影响体系的紫外和圆二色分析[15]。

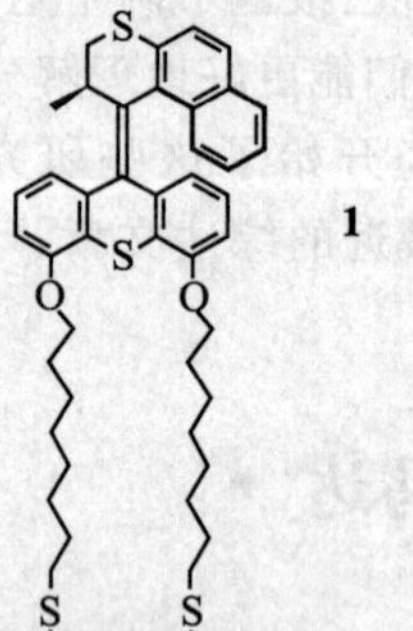

1

图 16.2 固定在纳米金颗粒表面上的具有方位角的分子旋转马达[13]

人工合成的固定在表面上的分子转子的动力学模拟过程已经实现并可以很好的重复[7,16]。同时有人也在理论上研究了在一个循环的极化电场驱使下具有偶极的手性的铼络合物的旋转运动，此络合物是连接在分子格上的[17]。在真空、低温、低场环境中热能是分子定向旋转的主要限制因素。而在高场下，主要障碍是摩擦力。

人们已经合成了具有偶极和不具有偶极的竖直的分子转子（图 16.3 中 **2** 和 **3**）。它们的^{19}F NMR 谱表明在溶液中 **3** 的旋转障碍非常小。后来，人们又将这两个体系都连接在 Au(111) 的表面，并采用各种技术进行了研究。实验结果表明具有偶极的转子中的一部分分子会在 STM 的静电场的诱导下引起分子方位的变化，而这在没有偶极的转子中是不会发生的。化合物 **3** 可以存在三对对映体，这是因为可以形成类似于推进器样的四烷基环丁二烯。三个非对映异构体中至少有一个异构体表面的不均匀的势能可以通过在交互的静电场下分子的动力学模拟来预测[16]。

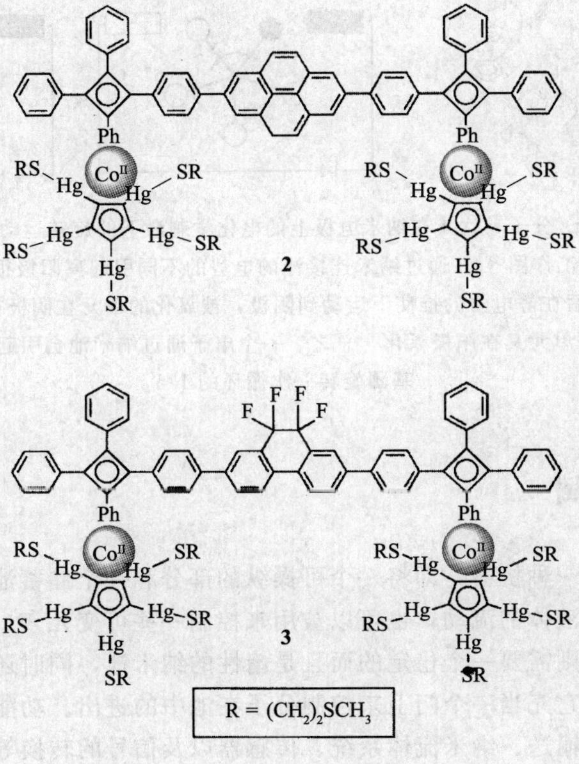

图 16.3　非极性（**2**）和极性（**3**）马达

人们已经设计出了如图 16.4 (a) 中的 **4** 一类的分子机器来研究它们在电化学刺激下的旋转运动[19,20]。这些分子有一个类似钢琴架结构的定子，它可以连接到一个氧化物表面上，同时还有一个氧化还原活性基团的转子，所以如果将这个分子与纳米电极连接起来就会引起分子的旋转（图 16.4 (b) 所示）。为了避免两个电子活性基团间分子内部的电子转移，它会和引起旋转的电子转移竞争，可以把乙炔化铂单元引入到体系的结构中，这样可以形成分子内的绝缘空间，但是仍有很多困难要克服。

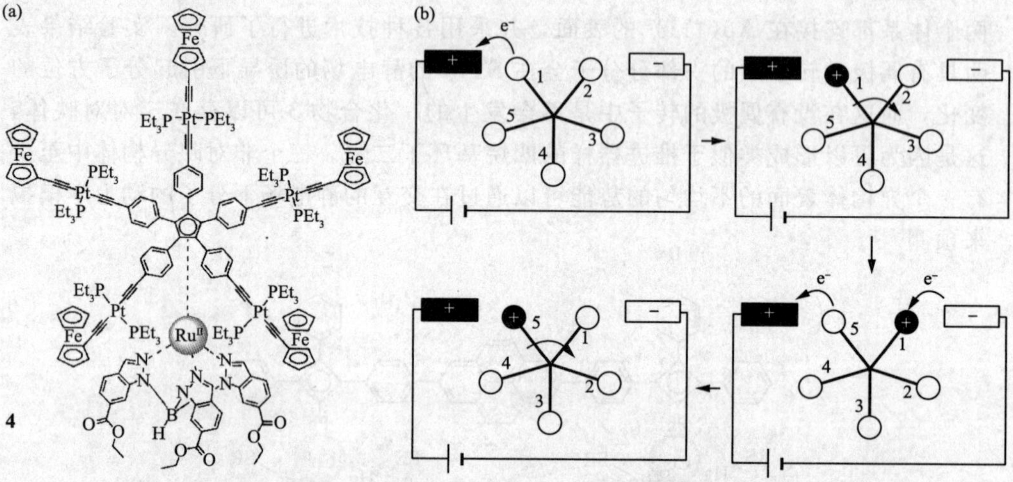

4

图 16.4　(a) 分子马达 **4** 在纳米电极上的电化学刺激下的旋转运动。(b) 所提到的操作机制的工作图[20]。通过纳米连接池的电势的不同引起离阳极很近的二茂铁单元的氧化，然后在静电力的推使下运动到阴极，被氧化的单元在阴极被还原，这时一个新的二茂铁单元又在阳极氧化。总之，一个电子通过纳米池会引起分子的上部分基团旋转一次循环的 1/5

16.3　分子阀

宏观的阀是一种机器，即将一个可操纵的部分和一个储蓄池连接起来，它可以调节气体或者液体的流动，也可以被用来控制一些可变元素。而在分子水平上来构建这种机器则需要一个稳定的而且是惰性的纳米池，同时还需要一个适合的能运动的部分，它充当一个门卫来控制分子在池中的进出。功能化的纳米阀可以用来控制药物的输送、纳米流体系统、传感器以及信号的转换等。

由线型蛋白质衍生而来、光驱动的纳米阀已经被用来控制溶质在油脂双层膜中的光化学输送[21,22]。这个阀是由用光化学活性的螺吡喃基团（8.2.1 节）修饰的线型蛋白质构成的。在紫外光的照射下，中性的螺吡喃单元转变为两性的。疏水性的改变会引起通道的打开，而可见光会颠倒过来又将通道关闭。杂蛋白质阀和脂质体封装体系是兼容的，它可以在外部光控作用下控制它在通道中的运输，这已经在控制胶囊状的荧光化合物的释放过程中得到了很好的应用。

人们已经报道了在偶氮苯光致异构化的基础上，通过构象变化来控制配体门通道[23]以及在光控制下使分子脱离内消旋结构的纳米颗粒表面[24]。

另一种构建纳米阀的方法是在索烃的机械运动中控制刺激物的基础上进行的[25]。有人已经将双稳态的、具有氧化还原性的索烃 **5**$^{4+}$ 连接到介孔纳米硅上。就像图 16.5 所说明的那样，硅纳米孔的开与关可以通过分别控制索烃 **5**$^{4+}$ 结构中互锁的环的运动使环远离或靠近孔口来实现[26]。当环首先在 TTF 的位置时，到纳米颗粒内部的通道是畅通的，这样周围溶液中的溶质就可以扩散了。用化学方法氧化四硫代富瓦烯 TTF 单元可以引起环运动到靠近固体表面，这样就阻挡了孔的通道，任何溶质分子都不能进去。还原 TTF 单元会使

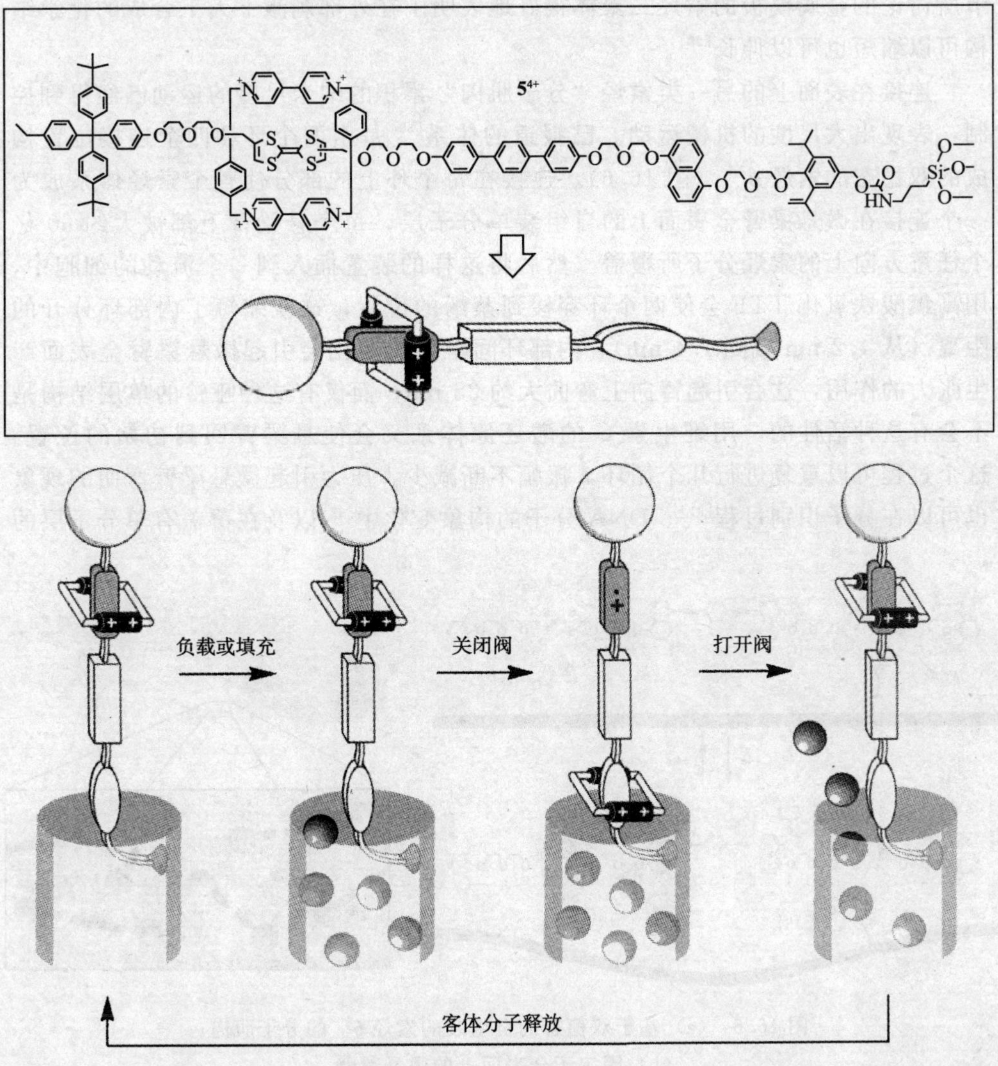

图 16.5　基于氧化还原性的双稳态的索烃开关 **5**$^{4+}$ 的分子阀[25]

环向相反的方向运动，而且会释放客体分子使体系又回到最初的状态。最近，有人表明通过改变连接基团的长度和运动的成分在纳米颗粒上的位置可以很好地调节这些索烃的性质[27]。通过嵌入连接在表面上的拟索烃，人们已经构建了酸驱使的纳米阀[28]。

16.4 分子肌肉

分子水平的运动向宏观运动的转化为研究肌肉的运动提供了基础。14.4.2.1节所讨论的金属模板的索烃二聚体很好地表明了在外部刺激下人工合成的化学结构可以缩短也可以伸长[29]。

连接在表面上的另一类索烃“分子肌肉”累积的纳米尺度的运动已经得到控制，表现出大尺度的机械运动。已报道的体系[30]是由两个环和四个连接位置构成的双稳态的索烃 **6**$^{8+}$（图 16.6）。连接在每个环上的部分使整个索烃体系成为一个连接在微悬梁臂金表面上的自组装单分子层，每个悬梁臂上都被大约 60 亿个任意方向上的索烃分子所覆盖。然后将这样的装置插入到一个流动的细胞中，用高氯酸铁氧化 TTF 会使两个环穿梭到萘酚的位置，这就缩短了内部环分开的距离（从 4.2 nm 减到 1.4 nm）。内部环间距离的变化会引起微悬梁臂金表面产生张力的作用，这会引起臂向上弯曲大约 35 nm，而仅有这种哑铃的单层结构是不会有这种活性的，用维生素 C 的酸还原体系又会使悬梁臂回到初始的位置。这个过程可以重复进行几个循环，振幅不断减少。压力引起微悬梁臂弯曲的现象也可以在分子识别过程[31]、DNA 分子的构象变化中[32]以及在覆盖有单分子层的

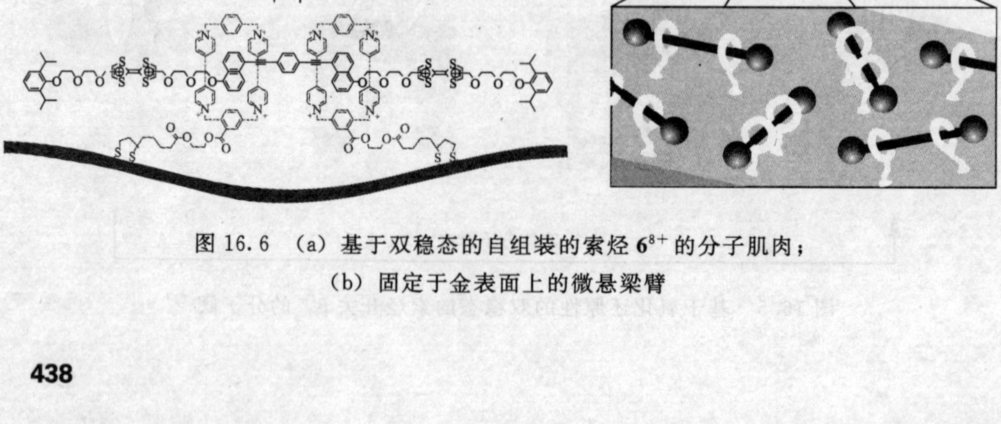

图 16.6 （a）基于双稳态的自组装的索烃 **6**$^{8+}$ 的分子肌肉；
（b）固定于金表面上的微悬梁臂

表面上发生的光化学反应中[33]观察到。

16.5 STM驱使的分子运动

由STM尖端驱使产生的分子水平的运动的首要问题是：分子依附在一个表面上运动，因此会与表面发生相互作用，这种相互作用会阻碍分子的运动。在有些情况下，分子由于表面和尖端有相互作用而受到相反力的作用，这会使它被分解为几个片段。

为了使运动的部分与表面间的相互作用减到最小，这个体系应该进行适当的设计。人们已经设计出所谓的“分子跃野车”[34]的体系，如图16.7（a）所示的分子**7**，这类分子是通过竖直方向的两个异丁基“腿”与表面发生相互作用的。这种结构应该能够减小中间位置的苯基转子与表面的相互作用，转子的角度可以用STM尖端控制这样就能控制多个芳香基团间的电学传导[35]。这种体系可以构成一个单分子的纳米电学开关。虽然用STM尖端产生的共振电子激发已经得到了吸附在硅（100）面上的双苯基分子的可逆构象开关[36]，但是对吸附在硅表面上的三苯基衍生物（1，4″-间三苯基二甲基已酮）的研究已经证明用STM尖端控制内部分子的构象是存在一些问题的[37]。

(a) (b)

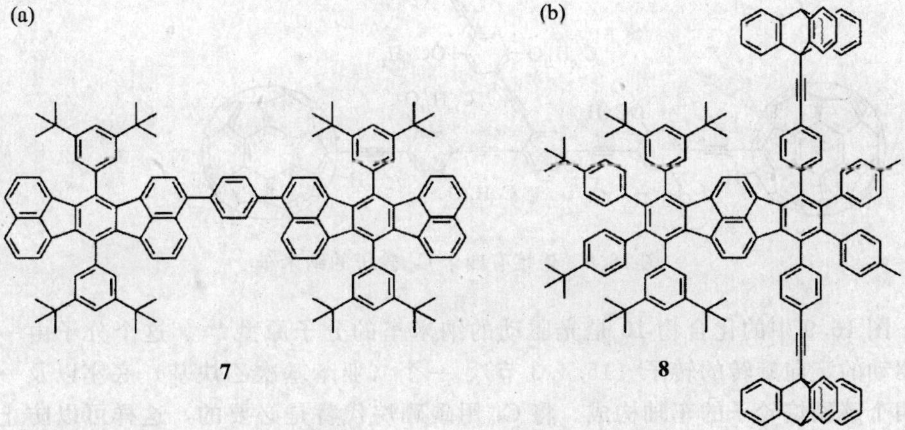

7 8

图16.7 （a）分子**7**被设计为单分子纳米机制的电学开关[35]；（b）分子手推车**8**通过设计使其在表面上旋转并发生位移变化

单分子操纵领域里一个更艰难的任务是引起分子连续的转换旋转运动。为了达到这个目的，应该构建“分子手推车”。如图16.7（b）所示的化合物**8**就是一个不对称的分子越野车，它实际上表现出了独轮手推车的功能，它的骨架结构是连有两个“腿”（3，5-二叔丁基苯基基团）和两个轮子（乙炔基三蝶烯基团）

的多轮芳烃[19,38]。连接到 Cu 表面上后，就可以得到体系的 STM 图并可以尝试着进行侧面控制。然而，我们观察不到任何运动，这是因为轮子和金属表面有很强的相互作用并且这些应力使分子分裂[39]。

富勒烯的球形和圆柱状结构使它们比三蝶烯轮子更适合在表面滚动。事实上，已有研究表明通过滚动机制在尖端诱导下富勒烯可以在表面上平移[40]。因此，最近已经有人构建出“纳米汽车”（图 16.8 中的 **9**）[41]。这种分子由一个亚苯基次乙炔基底座和靠自由旋转的炔基轴连接的四个 C_{60} 轮子。在 Au(Ⅲ）面上，可以观察到有四个突出部分的体系，在室温下它是静止的，连续 STM 图表明在不断升温下，在垂直于轴的方向上有平移运动，根据方向的改变饶着一个轮子旋转。三个轮子相似的行为表现证实了纳米汽车的滚动运动是在热驱使下进行的。纳米汽车的运动也可以在 STM 尖端的控制下得到，而且在尖端的拉引下，运动的方向通常是垂直于轴的。

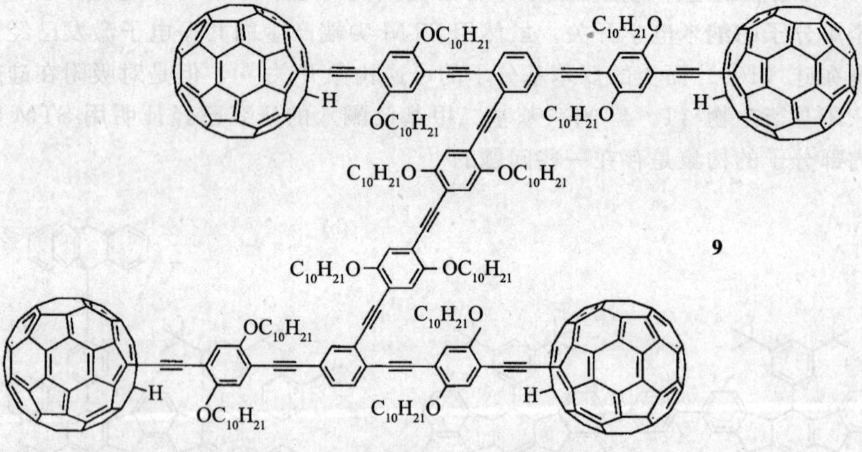

9

图 16.8　连接有四个 C_{60} 轮子的纳米车

图 16.9 中的化合物 **10** 是光驱动的纳米车的分子原型[42]。这个分子由一个光驱动的定向旋转的转子（15.4.3 节）、一个（亚苯基次乙炔基）底座以及一个有四个碳硼烷轮子的车轴构成。将 C_{60} 用碳硼烷代替是必要的，这样可以防止由于富勒烯的存在而使马达的激发态猝灭。研究表明光驱动的马达 **10** 在溶液中也是工作的，但在表面上光驱动的运动还存在许多问题而并没有通过实验来证明这种运动。

16.6　掺杂的生物纳米器件

在生物学中寻找设计灵感并利用酶这个工具对我们创造出新的纳米材料是非

常基本的。将天然的成分和人工合成的成分结合起来实际上是实现了各种各样的纳米器件或微器件。这些器件大多数是用生物分子马达驱使被选择成分运动（可以在 14.2 节和 15.3 节看到）。这些分子的重要的应用领域包括小型化分析体系[43]、分子分类[44]、控制分子尺度的材料到宏观材料[45]以及用细胞过程设计脂质体和聚合物薄膜[46]。最近的研究中值得一提的是人们已经构建了由细菌驱动的微旋转马达，而这些细菌是依靠葡萄糖提供能量的[47]。这种体系继承了一些生命体系的性质。

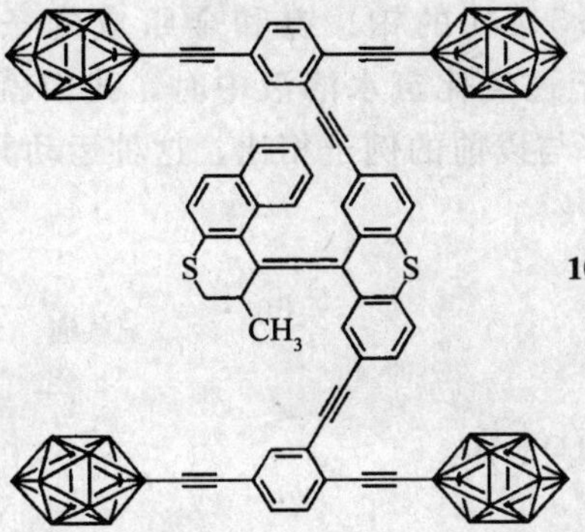

10

图 16.9　基于光化学定向旋转分子马达的光驱动的纳米车原型，它有四个碳硼烷的轮子

对大多数体系来说，化学能和生物能都转化为机械力。尤为有趣的是得到了 ATP 的可逆转化。在 15.2 节已表明，生物最主要的能量供应站 ATP 是在 ATP 转化酶的作用下由 ADP 和无机磷酸盐合成的。ATP 合成酶中的 F_1 部分充当了一个旋转分子马达，它使 γ 子单元旋转到与 $\alpha_3\beta_3$-子单元的背面，从而使 ATP 水解。生物体系中，在 ATP 合成酶的 F_0 部分的质子流的驱动下，γ 子单元会向相反方向旋转而合成 ATP[48]。已有报道表明 ATP 的化学合成可以在机械能的驱使下进行[49]。将一个磁性珠连接到玻璃表面上 F_1 的 γ 子单元上然后用电场诱导旋转。就像用荧光素酶与荧光素间反应检测到的那样，在适当方向上的旋转可以使 ATP 在媒介中合成。这个实验结果非常有趣，因为它表明了作用在蛋白质机器特定点上的向量力（力矩）可以影响发生在远离接触位置处的化学反应，它使反应远远达不到平衡。

16.7　驱动的微米级物体

就像第 10 章所讨论的那样，分子水平的运动是由 Brownian 运动控制的，而宏观物体遵循经典的牛顿定律，这两种不同的体系的分界线在于物体的尺寸大小和实验条件的不同[50]。

过去几年里，人们感兴趣的是研究微米或毫米级的固体物质在液体中的自推动运动。它们相关联的过程是被修复表面上的小滴运动（16.8 节）。

人们已经观察到在双氧水溶液中毫米级物体的运动[51]。一方面，该物体表现出了一个小的铂区域催化过氧化氢分解成氢气和氧气。显然，分子氧气泡的反作用推动这个运动。

在其他实验中，研究了更小的微粒组成的直径为 370 nm，长为 1 μm 的铂和金段[52]，以及 400 nm×1.5 μm 的铂、镍和金组成的条纹金属棒（图 16.10 (a)）[53]。当这些微粒悬浮于过氧化氢水溶液中时，我们就会观察到由氧气泡变化而产生的推进力。然而，与以前的例子相比，这种运动并没有在产生氧的铂区域产生。

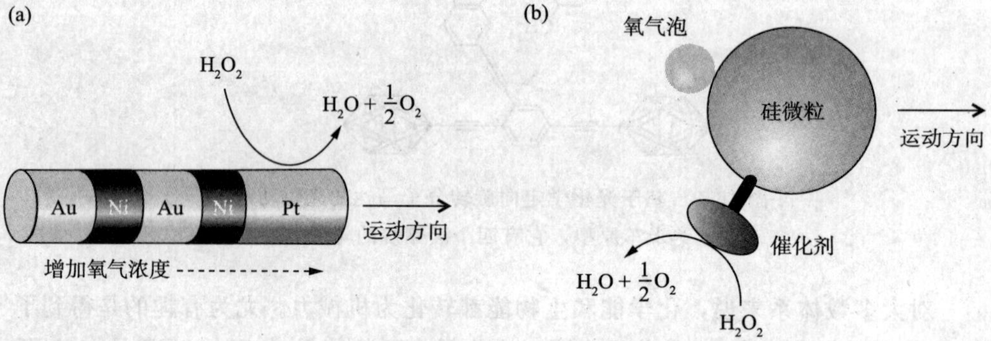

图 16.10　过氧化氢水溶液中（a）Pt-Ni-Au 金属微米棒和（b）添加分子催化剂的 80 μm 硅粒子的推进运动的机理示意图

在这些体系中，运动是由分子氧的浓度梯度驱动的，但是并不是那么容易理解其推动机理。在这些体系中达到定向控制是很难的，但是并不是不可能的。说明可以通过使用 Pt-Ni-Au 棒的磁力来控制定向性，分子氧梯度在 Pt 区域产生，而磁性 Ni 部分的各向异性控制运动方向[53]。通过使用铂沉积的齿轮形金的结构来获得定向交替运动来创造空间确定的催化区域[54]。也能通过固定在薄硅片表面的镍和金组成的纳米棒观测交替自我推进运动[55]。

图 16.10（b）所示的体系表明催化燃料马达的概念扩展到分子级别的一个重要步骤已经完成[56]。在这样的一个系统中，马达是一个合成的双核锰络合物，能够分解过氧化氢以及被固定在 80 μm 的硅微粒上面。这种运动已经被人们观察到了，但是不对称引发的运动的原因尚不清楚，因为微粒的官能化在理论上是均匀的。也许，表面缺陷会引起不均匀的气泡成核作用。我们做了更多的研究来弄清楚扩大微粒尺寸的因素，在 Brownian 运动超过受激运动之前减少这些因

素，以及是否能够直接控制它。当然通过用可逆光反应来替代产生废物的化学燃料获得一个实质性的进展[57]。

16.8 改变表面性能

改变固定在表面双稳分子的性能能够较大地影响表面宏观性能，在许多情况下，双稳态系统的应用是基于光致变色系统的（8.21 节）[58]。例如，偶氮苯的可逆光致异构化已经被开发用于获得宏观运动[59]、传输液滴[60]以及控制单层聚合物的湿润和去湿性能[61]。在最后一种情况下，表明湿润性的宏观变化与由光致异构化引起的偶氮苯的偶极矩投影的改变有关。

表面光诱导传输液滴也已经通过光激发物理吸收在修饰过的金表面的双稳态轮烷而获得了[62]。这个系统组成了一个可沿线性运动的环，包括一个光敏富马酰胺（14.4.5 节）和一个氟代烷烃。在暗处，这个环围绕着富马酰胺，但光激发后它就移动到氟代烷烃周围。这种穿梭运动暴露或隐藏了氟代烷烃的哑铃型部分，从而改变了表面张力。当液滴面积改变时，液体被吸附到受辐射区域，从而在表面移动。这些单层分子全部移动时产生充足的能量，可以使一微升微米级的二碘甲烷液滴移动倾斜 12°。利用光敏性表面传递液滴也许是有用的，可以用于环境微芯片的分析或者用于利用包含试剂的单个液滴进行无容器的小量的化学反应。

16.9 表面上的线性和互锁式化合物

能够通过如图 16.11 所示的体系来获得在固体表面自组装线性分子结构，在这个系统中无论是类轮烷的非环状或大环元件都被负载在合适的表面上[63]。

非均相超分子化学的出现提供了一种普遍的方法，其中分子或超分子和纳米颗粒相连[64]。分子器件被限制在由多孔物质提供的严格的环境中[65]（例如：沸石[66]已经被研究了[67]）。

有人报道了一个有趣的系统，其中单层 β-环糊精被固定在金电极上用作电化学的活性界面以及由联吡啶偶氮苯客体[2a,68]所记录的微量光信号的转换。如果表面是一个电极，就有可能诱导一个在电化学条件控制下连续的解离-复合运动；如果使用半导体表面，就有可能敏化光诱导过程。

利用图 16.11（a）所描述的方法，通过固定含有二硫键尾部的 TTF 衍生物和四价环番（对-苯基-对苯炔）可以在固-液界面上构建一种类轮烷型的包合物（图 14.4）[69]。如果二硫键连接在环番上，则得到一个与此设计相对应的系统，如图 16.11（b）所示。循环伏安法研究表明，和相关系统在溶液中的现象相类似（14.3.2 节，图 14.5），TTF 的单电子氧化会引起类轮烷的解离。

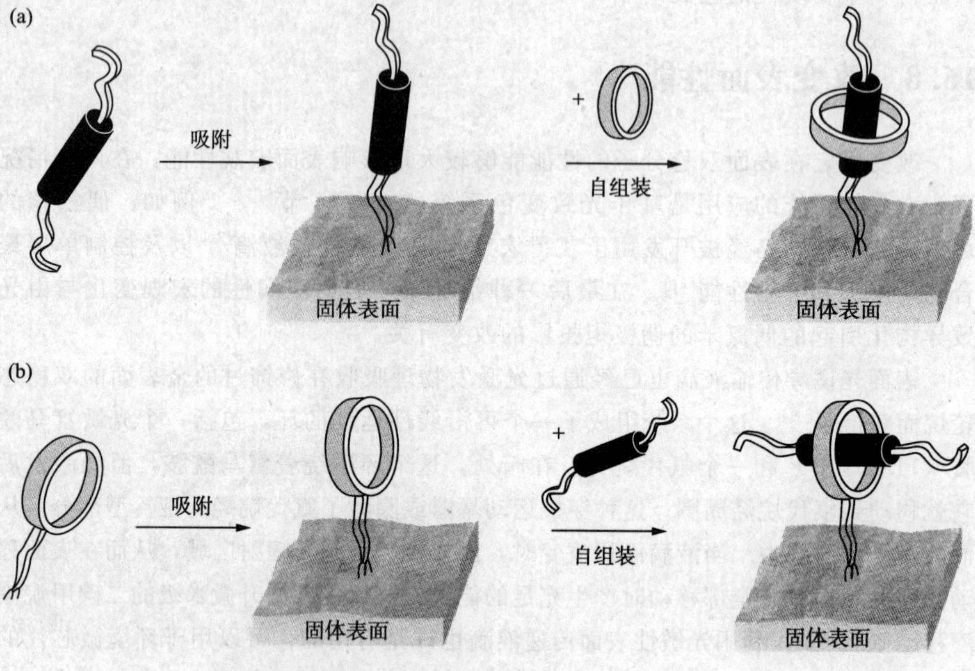

图 16.11　在固相合成中，通过表面上（a）嫁接线性化合物（b）大环，假轮烷的自组装过程

有人已经研究了光驱动类轮烷的解离，这个类轮烷的线性元件被固定在硅溶胶-凝胶膜上[70]。最近的研究发现，用于光诱导电荷分离的分子三联体被连接到金电极上，用来在电化学装置中驱动类轮烷的解离[71]。

联苯铵正离子进入二苯并－24-冠-8（14.3.2 节）的过程已经用于在纳米晶体[72]表面上组装类轮烷并且用来诱导控制纳米颗粒聚集的形成（图 16.12）[73]。室温下，在氯仿-乙腈溶液中，硫酚 **11** 和 **12** 混合体系的化学吸收作用能够稳定银纳米晶体的单分散聚集，这一过程是通过加入双联苯铵离子 $[\mathbf{13}H_2]^{2+}$ 触发的。这种现象是由于类轮烷的形成把它们“粘”在了一起，其中每一个线性分子 $[\mathbf{13}H_2]^{2+}$ 与两个负载在纳米颗粒的 **12** 相连接。接着加入过量的联苯铵阳离子后，它们在纳米颗粒表面占据并钝化连节点，抑制了聚集过程。通过加入过量的二苯并－24-冠-8 也会得到相同的结果，它与纳米颗粒竞争参与对 $[\mathbf{13}H_2]^{2+}$ 的键合。对于由酸-碱控制其解离过程的氢键型类轮烷体系（14.3.2 节），用 pH 引发聚集的研究尚未进行。

单分子光谱推动了人们对超分子主-客体相互作用的研究，由此兴起了对其

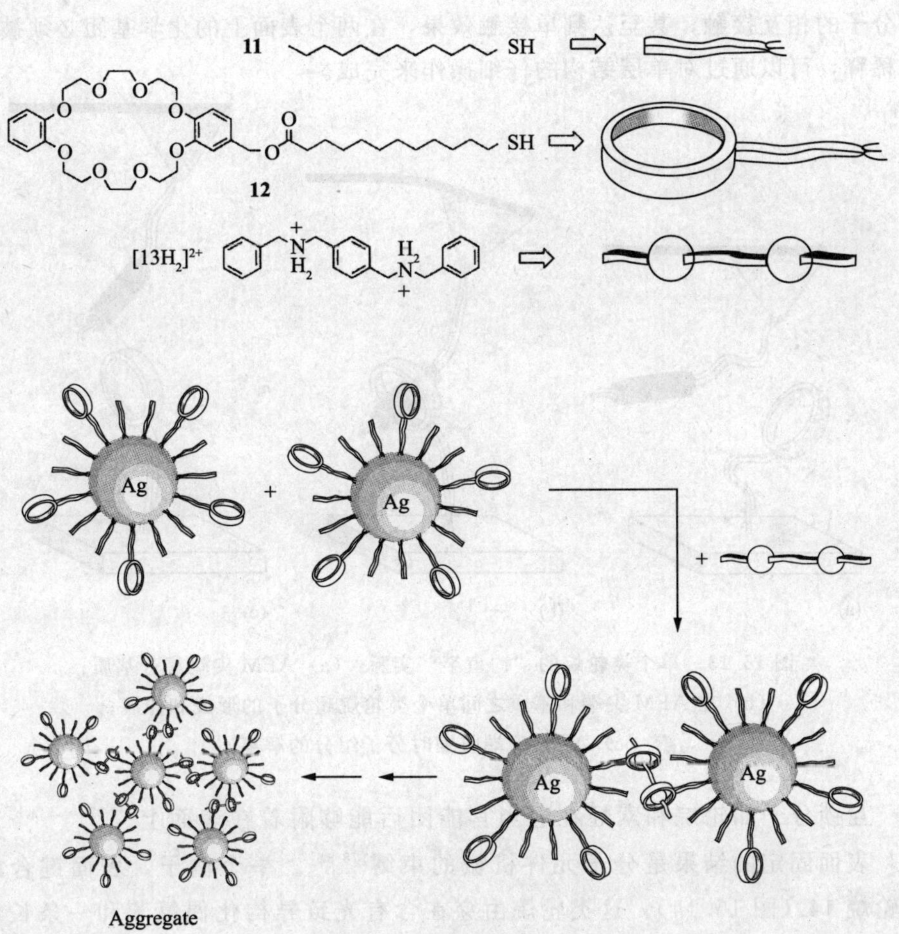

图 16.12　由类轮烷形成诱导的银纳米颗粒的聚合过程

他激发试验的研究[74]。如图 16.13 所示，原子力显微镜（AFM）的尖端可以用线性客体进行化学修饰，然后向含有合适大环主体的表面上移动，这就像纳米级别的“钓鱼竿”。到达表面后（图 14.26（a）），主-客体间的识别会形成一个单一的类轮烷结构（图 16.13（b）），基于这一点，顶端的收缩可以伸展超分子系统，最终使类轮烷体系发生解离（图 16.13（c））。我们已经用这一技术研究了许多不同类型的单个主-客体络合物的破坏[75-77]。例如，人们已经研究了固定在 AFM 端的二茂铁和在 Au(Ⅲ）上有序单层自聚的β-环糊精受体之间的解离。单个的二茂铁-环糊精络合物的断裂力大约为（56±10）pN，在设计这些实验所必须考虑的众多因素里，客体与尖端的连接以及主体与表面的连接在形成有序单层和避免尖端和表面的直接作用中是非常重要的。为了使 AFM 尖端和底物间只发生极少数分子的相互接触，甚至达到单接触效果，在两个表面上的化学基团必须被适当地稀释，可以通过对单层结构的仔细操作来完成。

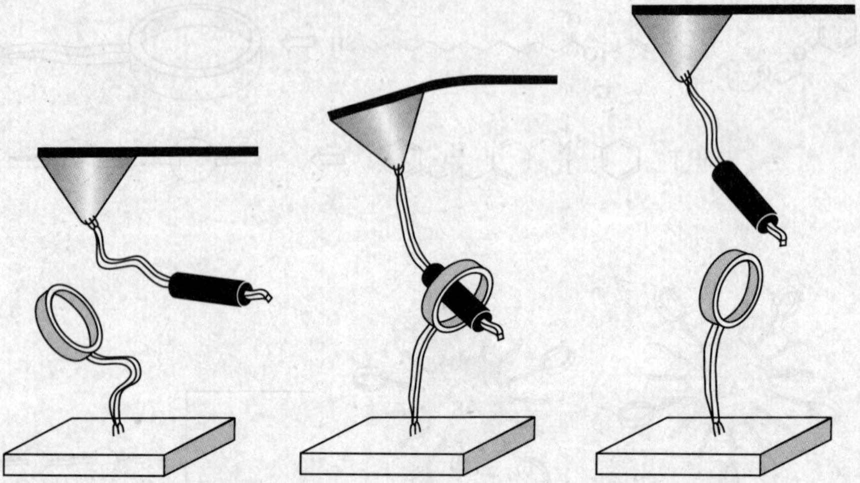

图 16.13 单个类轮烷的“钓鱼竿”实验：(a) AFM 尖端靠近基质；(b) 在 AFM 尖端和基质之间单个类轮烷超分子的形成和伸展；(c) AFM 尖端收缩时分子组分的解离

互锁分子如轮烷和索烃在适当官能团后能够附着在表面上[25-27,30,64a,b]。另外，表面固定的结果是分子元件机械的束缚[78-81]。举个例子，表面键合的反式轮烷 **14**（图 16.14），这类轮烷由穿在含有光致异构化偶氮苯和一条长烷烃链的分子上的二茂铁官能化的 β-CD 大环组成的[79]。反式结构 **14** 单层自组装在金电极上。因此，环上元件能够避免由于大体积蒽阻聚作用导致的轴末端和在金表面的解离。反式结构中偶氮苯与 β-CD 配合；光致异构成顺式结构的络合物在立体结构上是不可能的，所以 β-CD 移向烷基元件。反向的光致异构化修复原来的反式构型。β-CD 连接的二茂铁的位置由计时电流法测得。从反式异构体我们能看到显著的电流下降（$k=65\ s^{-1}$），表明环元件离电极表面很近（图 16.14）。单分子膜的光致异构成顺式结构导致计时安培电流瞬态，特征在于实质上的低电子转移速率（$k=15\ s^{-1}$）。结果表明，在 **14** 顺式构型中，β-CD 环更远离电极表面。由于偶氮苯光致异构化的可逆性，我们可以观察到异构电子转移过程速率常数的循环模式。在这种光电子系统中，用机械穿梭运动转导光学信息成电信号[79,80]。

有人已经制备了这种类型的索烃系统，其中一个大环含有二硫化物桥，能使分子吸附在诸如电极的金表面上[78c]。吸附的分子可被看作索烃，表明金原子成为其中一个大环的有效成分。这种系统产生明显的电化学响应，但是在单分子膜中没有观察到溶液中电化学驱动环转变的运动（见 15.4.2.2 节）。这些实验表明，受限于表面的索烃分子内运动与在溶液中（如果没有完全冰冻）相比明显慢了许多。

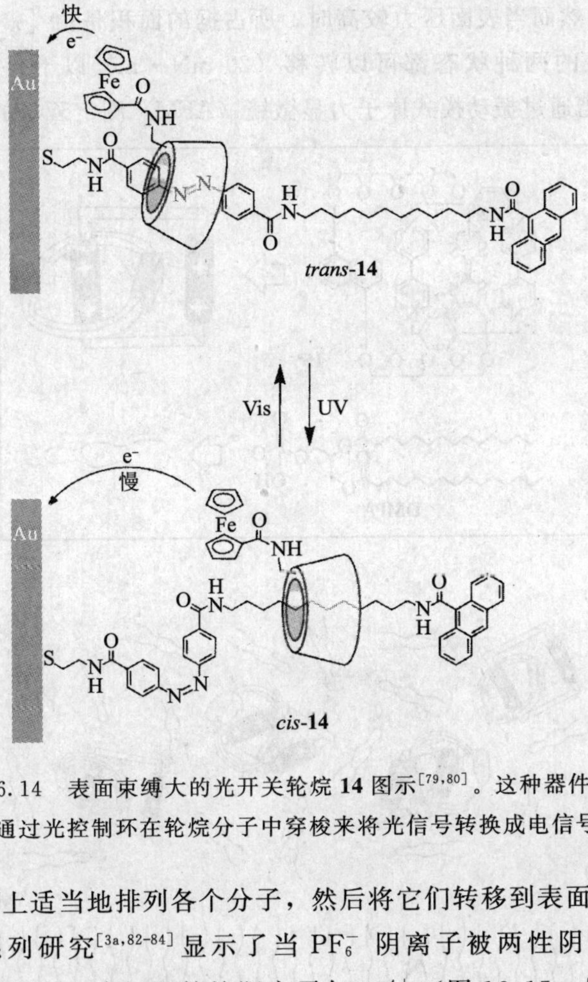

图 16.14　表面束缚大的光开关轮烷 **14** 图示[79,80]。这种器件能够通过光控制环在轮烷分子中穿梭来将光信号转换成电信号

在二维界面上适当地排列各个分子，然后将它们转移到表面是一种被广泛采用的技术。一系列研究[3a,82-84]显示了当 PF_6^- 阴离子被两性阴离子如 $DMPA^-$（图 16.15）所取代时，索烃和轮烷阳离子如 $\mathbf{15}^{4+}$（图 16.15；如 $\mathbf{10}^{4+}$ 标记的相同化合物在图 15.8 中有说明）会在空气和水的界面上发生自组装。当这些阴离子被平行地排列在表面时膦酸盐会朝水层排列。为了平衡这种高密度的负电荷，需要在接近表面处联结上一层阳离子轮烷和索烃，作为一种高度有序且能再生的单层，其通过邻近索烃分子之间［π…π］堆积的相互作用而得到稳定。例如，索烃 $\mathbf{15}^{4+}$ 能够通过使用 LB 技术转移到疏水石英上，形成稳定的多层结构[84]（图 16.15）。每个索烃四价阳离子的面积大约是 1.2 nm^2，而且其中的四个

DMPA⁻阴离子被认为是簇聚在四价阳离子的上层。当索烃 **15**$^{4+}$ 被氧化到它的六价态 **15**$^{6+}$ 时，在 Langmuir 膜沉淀之前（那样索烃会以其 DMPA⁻盐的形式沉淀），可观察到不同的现象。此时可以得到两层稳定的薄膜，每个索烃的面积分别是 2.7nm^2 和 1.5 nm^2。这些面积是根据在表面压力低于 20 mN·m^{-1} 时阴离子占据的面积来确定的，然而当表面压力较高时，所占据的面积是由［π…π］堆积相互作用决定的。索烃的两种状态都可以转移（20 mN·m^{-1} 以下）到新制云母上和 Au(Ⅲ) 表面。当通过振动模式原子力显微镜（AFM）测定云母的单层时，能观察

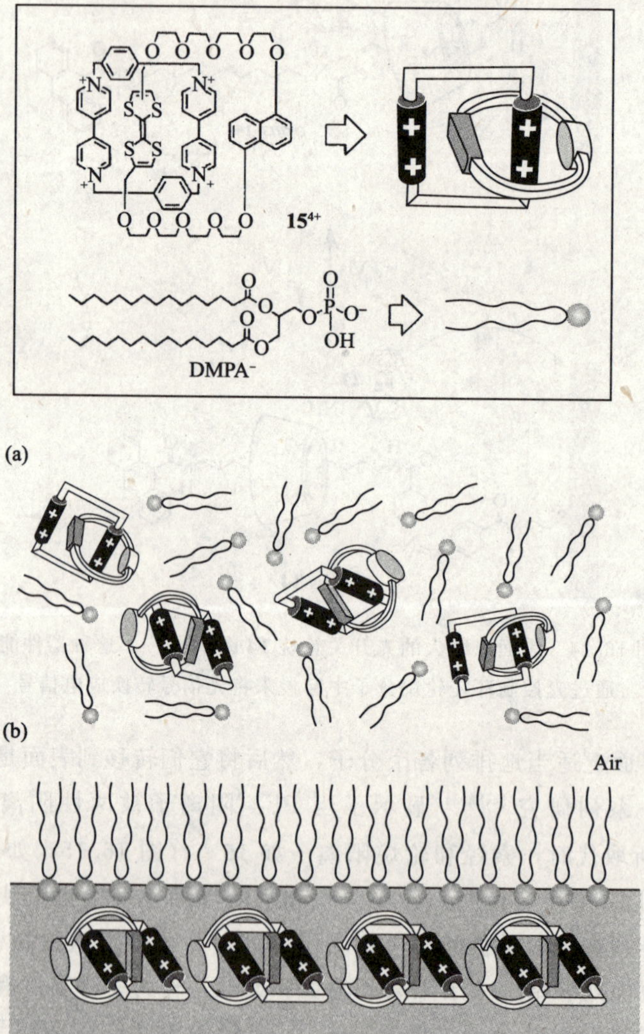

图 16.15　四价索烃阳离子 **15**$^{4+}$ 在水溶液中的无序状态（a）和有序单分子层（b）

到含有索烃 15^{4+} 的单层非常平坦，而索烃 15^{6+} 的单层却非常粗糙，有许多大约为 25 nm 宽，2 nm 高的“小峰”。用扫描隧道分光镜（STS）来检测相应的金单层时，能够观察到明显不同的现象。含有 15^{4+} 的单层只在电压高于＋0.3 V 时才导电，而含有 15^{6+} 的单层则具有与该金属相似的线性 $I-V$ 曲线[84]。

16.10 固态器件中的互锁化合物

上文报道的结果鼓励人们去尝试把轮烷和索烃制成可电寻址的固态器件。在最初的研究中[85]，V 字形轮烷 16^{4+} 和 17^{4+}（图 16.16）被用于形成单分子层，夹在平板状金属线之间。通过监测还原电位下的电流来读取开关。在“关闭”状态

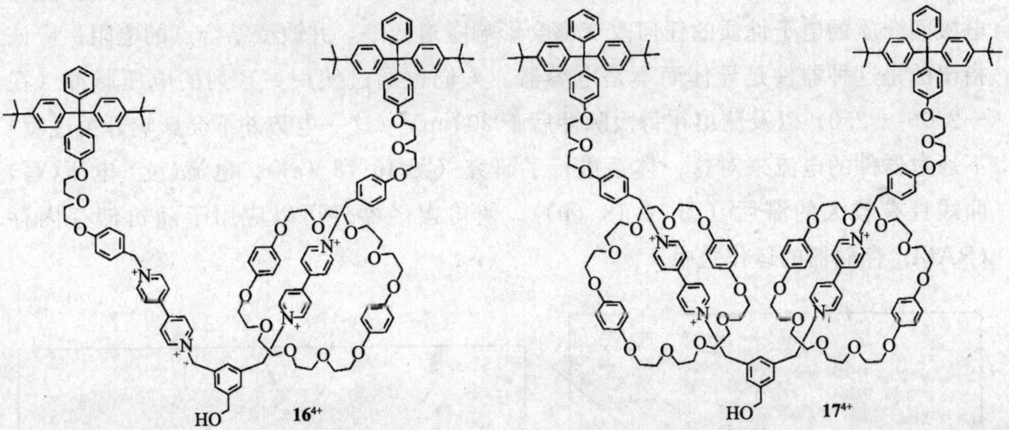

16^{4+}　　**17**$^{4+}$

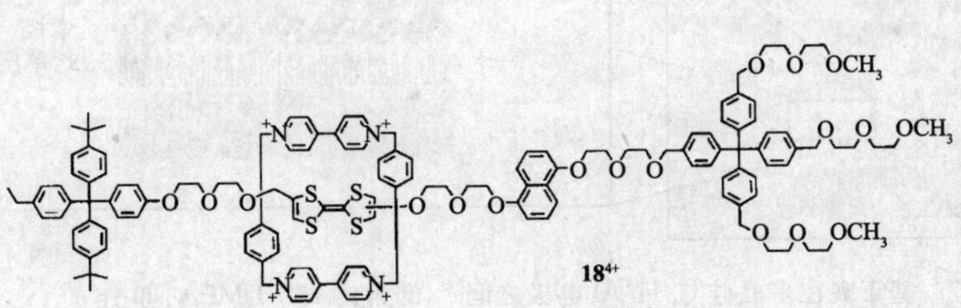

18^{4+}

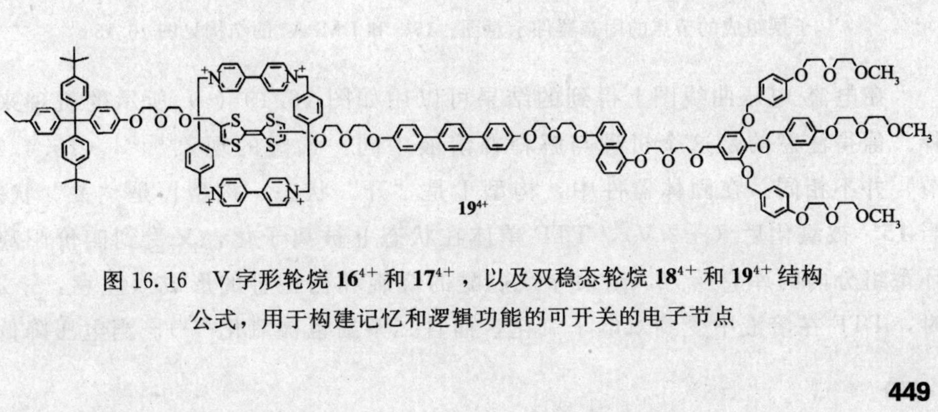

19^{4+}

图 16.16　V 字形轮烷 16^{4+} 和 17^{4+}，以及双稳态轮烷 18^{4+} 和 19^{4+} 结构公式，用于构建记忆和逻辑功能的可开关的电子节点

下，电流可通过分子的电子状态的共振隧穿来控制。当氧化电位作用在器件上时，开关是不可逆的。V字形哑铃状轮烷显示出相似的性质。得到的结果表明这些体系的动作好比一个单组态的逻辑门。

更多有趣的观察结果促使人们去尝试把索烃 $\mathbf{15}^{4+}$ 制成固态器件（图 16.15）。索烃的一个单层可以转移到光印刷板型多晶硅电极上。其利用的是以下模式：首先将 Langmuir 薄膜沿着电极上多晶硅的几条平行线沉积，然后在其顶部直角方向铺上第二层金属丝，从而得到“交叉杆式”结构。电极的第二部分是由 5 nm 厚的 Ti 层和 100 μm 厚的 Al 层组成的。分子夹心底部的多晶硅电极有 7 nm 宽，顶部的 Ti/Al 电极宽度为 10 μm。这种方法用来构建一系列能够识别的结合点（图 16.17）。传导的原理是电子能够以隧道方式通过电极结合点之间的单分子层。这样电极间介质的电子性质的任何改变都会影响隧道效率，并改变结合点的电阻。应该指出的是这种器件是导体而不是电容器。人们也通过使用一系列的电压脉冲（在 +2.0～−2.0）以及测出在每次脉冲后于 200 mV（这一电势并不会影响开关过程）下通过器件的电流来对这一体系进行了研究（图 16.18 (a)）。电流(读)-电压(写)曲线具有较大的滞后（图 16.18 (b)），使得索烃器件可以应用于随机储存内存(RAM) 存储器的运作之中。

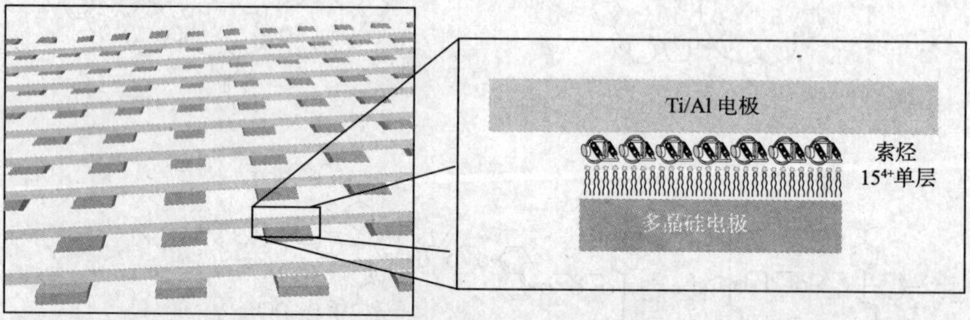

图 16.17　基于夹在多晶硅与 Ti/Al 电极之间[86]的索烃 $\mathbf{15}^{4+}$ $DMPA^{-}$ 单分子层组成的节点的固态器件示意图。$\mathbf{15}^{4+}$ 和 $DMPA^{-}$ 的结构见图 16.15

在电流-电压曲线图上得到的结果可以用如图 16.19 (a) 所示的机理来解释。值得注意的是这个机理与解释在溶液中同一索烃的现象[87,88]（15.4.2.2 节）并不相同。在固体器件中，构型Ⅰ是“开”状态，构型Ⅳ是“关”状态。当 $\mathbf{15}^{4+}$ 被氧化后（+2 V），TTF 单体在状态Ⅱ被离子化，又受到四价阳离子环番组分内的库仑斥力，结果导致冠醚的绕旋和构型Ⅲ的形成（注意：+2 V 时，TTF 在溶液中受到双电子氧化，而且二萘酚也被氧化[87]）。当电压降低到接近 0 时得到相反的构型Ⅳ；然而，与在溶液中不同的是，其并不会回复到构型Ⅰ。事实上，最初的构型只有经过状态Ⅴ才能恢复，其中环烷组分的联吡啶单元被还原（在－2 V的电压值下，联吡啶在溶液中经过双电子还原过程[87]）。最有可能的是，联吡啶单元的还原减弱了与二萘酚单元的电荷转移的相互作用，从而降低了从环番空腔中逃脱的能垒。在包含 TTF 基的轮烷如 **22**$^{4+}$（图 14.21），**18**$^{4+}$和 **19**$^{4+}$（图 16.16）[2b,89,90]的固态器件上亦可观察到这样相同的动作，这个动作可用类似的机理来解释（图 16.19（b））。

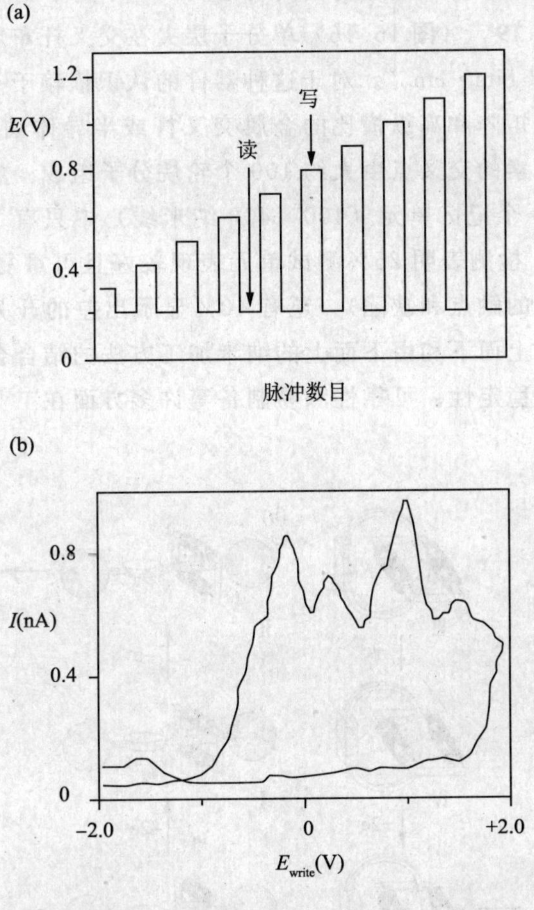

图 16.18 （a）一个微扰电势“写”加在器件上，观察 200 mV“读”电压下电流变化；（b）基于索烃 **15**$^{4+}$器件的“写”电压、“读”电流示意图[86]

由于这些运动以及它们的机理解释引发了一些争论[91,92]。人们花费大量努力对伴随着双稳态索烃（如 **15**$^{4+}$）的氧化还原转化和相关的双稳态轮烷[93]的机械重排，以及它们在单分子层中的结构组织和分子-电极界面进行表征[94d,95]。事实上，相对于构型Ⅳ（图 16.19）的亚稳态被观察为在不同环境中（水、自组装单分子层和固态聚合矩阵）许多不同的双稳态轮烷和索烃[96]。这些体系中的点到转化已通过理论计算进行了研究了[97]。而且，伴随着在聚合物矩阵中 TTF 基双稳态索烃和轮烷的氧化还原驱动转换的颜色变化可被用于制造固态电致发光器件[98]。

最近，通过利用如前面描述的相同的范例，一个分子的电子存储器可通过将一个双稳态轮烷 **19**$^{4+}$（图 16.16）单分子层夹在交叉杆布局中纳米电极矩阵之间[99]来传导 10^{11} bits·cm^{-2}。对于这种器件的认识依赖于一个新颖的产生超密集、高度对齐的矩阵和高纵横比的金属交叉杆或半导体纳米线[100]。人们估计每个作为记忆元素的交叉点由大约 100 个轮烷分子组成。然而实际上，在这个电路中，160000 个记忆单元（400×400 纳米线）中只有 128 个（16×8 触点）经过检测[99]。检测表明 25％测试单元表现较好且可重复开关，但是 35％是失败的（由于坏的触点和缺陷），还有 40％显示出差的开关性能。这个工作强有力地证明了由上而下和由下而上的纳米加工方法的结合会得到显著的技术性成就。然而，其稳定性、可靠性和易制备等许多方面在工业应用之前仍需要优化[101]。

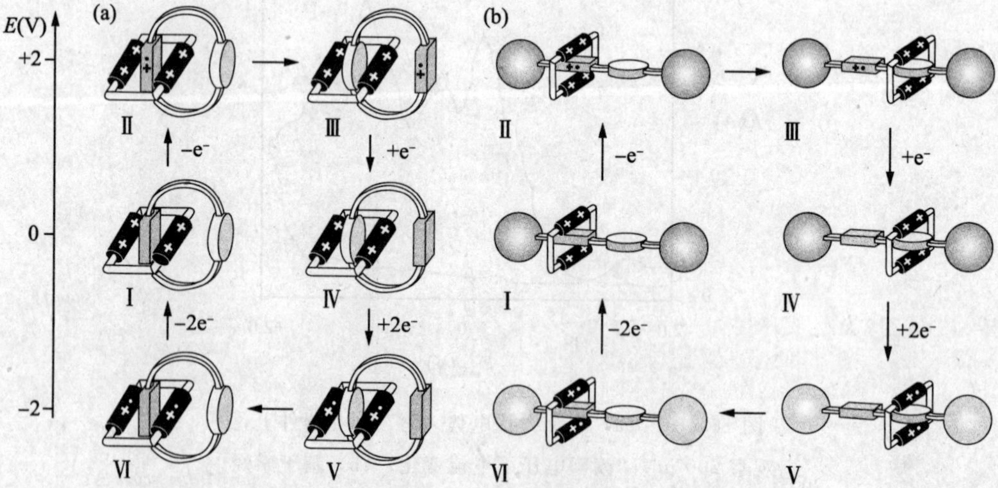

图 16.19　操作基于类似索烃 **15**$^{4+}$（a），轮烷 **18**$^{4+}$ 和 **19**$^{4+}$（b）[2b,86,89,90]

参考文献

1 Allara, D.L. (2005) *Nature*, **437**, 638.

2 (a) Shipway, A.N. and Willner, I. (2001) *Accounts of Chemical Research*, **34**, 421. (b) Pease, A.R., Jeppesen, J.O., Stoddart, J.F., Luo, Y., Collier, C.P. and Heath, J.R. (2001) *Accounts of Chemical Research*, **34**, 433.

3 Recent examples: (a) Clemente-León, M., Credi, A., Martínez-Díaz, M.-V., Mingotaud, C. and Stoddart, J.F. (2006) *Advanced Materials*, **18**, 1291. (b) Biscarini, F., Cavallini, M., Kshirsagar, R., Bottari, G., Leigh, D.A., Leon, S. and Zerbetto, F. (2006) *Proceedings of the National Academy of Sciences of the United States of America*, **103**, 17650. (c) Ruben, M., Payer, D., Landa, A., Comisso, A., Gattinoni, C., Lin, N., Collin, J.-P., Sauvage, J.-P., De Vita, A. and Kern, K. (2006) *Journal of the American Chemical Society*, **128**, 15644. (d) DeIonno, E., Tseng, H.-R., Harvey, D.D., Stoddart, J.F. and Heath, J.R. (2006) *Journal of Physical Chemistry B*, **110**, 7609. (e) Bayly, S.R., Gray, T.M., Chmielewski, M.J., Davis, J.J. and Beer, P.D. (2007) *Chemical Communications*, 2234. (f) Feng, M., Gao, L., Du, S.X., Deng, Z.T., Cheng, Z.H., Ji, W., Zhang, D.Q., Guo, X.F., Lin, X., Chi, L.F., Zhu, D.B., Fuchs, H. and Gao., H.J. (2007) *Advanced Functional Materials*, **17**, 770.

4 Samorì, P. (ed.) (2006) Scanning Probe Microscopies Beyond Imaging – Manipulation of Molecules and Nanostructures, Wiley-VCH Verlag GmbH, Weinheim.

5 (a) Barth, J.V., Costantini, G. and Kern, K. (2005) *Nature*, **437**, 671. (b) Liscio, A., Palermo, V., Gentilini, D., Nolde, F., Müllen, K. and Samorì, P. (2006) *Advanced Functional Materials*, **16**, 1407. (c) Grill, L., Rieder, K.-H., Moresco, F., Stojkovic, S., Gourdon, A. and Joachim, C. (2006) *Nano Letters*, **6**, 2685.

6 Hess, H., Bachand, G.D. and Vogel, V. (2004) *Chemistry – A European Journal*, **10**, 2110.

7 Kottas, G.S., Clarke, L.I., Horinek, D. and Michl, J. (2005) *Chemical Reviews*, **105**, 1281.

8 *Topics in Current Chemistry* (2005) **262**, Special volume (ed. T.R. Kelly) on Molecular Machines.

9 Browne, W.R. and Feringa, B.L. (2006) *Nature Nanotechnology*, **1**, 25.

10 Kay, E.R., Leigh, D.A. and Zerbetto, F. (2007) *Angewandte Chemie-International Edition*, **46**, 72.

11 *Advanced Functional Materials*, (2007) **17** (5). Special issue (eds A. Credi and H. Tian) on Molecular Machines and Switches.

12 Wang, B. and Král, P. (2007) *Physical Review Letters*, **98**, 266102.

13 van Delden, R.A., ter Wiel, M.K.J., Pollard, M.M., Vicario, J., Koumura, N. and Feringa, B.L. (2005) *Nature*, **437**, 1337.

14 Thomas, K.G., Ipe, B.I. and Sudeep, P. K. (2002) *Pure and Applied Chemistry*, **74**, 1731.

15 Pollard, M.M., Lubonska, M., Rudolf, P. and Feringa, B.L. (2007) *Angewandte Chemie-International Edition*, **46**, 1278.

16 (a) Magnera, T.F. and Michl, J. (2005) *Topics in Current Chemistry*, **262**, 63. (b) Vacek, J. and Michl, J. (2007) *Advanced Functional Materials*, **17**, 730.

17 Vacek, J. and Michl, J. (2001) *Proceedings of the National Academy of Sciences of the United States of America*, **98**, 5481.

18 Zheng, X.L., Mulcahy, M.E., Horinek, D., Galeotti, F., Magnera, T.F. and

Michl, J. (2004) *Journal of the American Chemical Society*, **126**, 4540.

19 Rapenne, G. (2005) *Organic and Biomolecular Chemistry*, **3**, 1165.

20 Carella, A., Coudret, C., Guirado, G., Rapenne, G., Vives, G. and Launay, J.-P. (2007) *Journal of the Chemical Society Dalton Transactions*, 177.

21 Kocer, A., Walko, M., Meijberg, W. and Feringa, B.L. (2005) *Science*, **309**, 755.

22 For a related system, see Vlassiouk, I., Park, C.D., Vail, S.A., Gust, D. and Smirnov, S. (2006) *Nano Letters*, **6**, 1013.

23 Volgraf, M., Gorostiza, P., Numano, R., Kramer, R.H., Isacoff, E.Y. and Trauner, D. (2006) *Nature Chemical Biology*, **2**, 47.

24 Angelos, S., Choi, E., Vögtle, F., De Cola, L. and Zink, J.I. (2007) *Journal of Physical Chemistry C*, **111**, 6589.

25 Saha, S., Leug, K.C.-F., Nguyen, T.D., Stoddart, J.F. and Zink, J.I. (2007) *Advanced Functional Materials*, **17**, 685.

26 Nguyen, T.D., Tseng, H.-R., Celestre, P. C., Flood, A.H., Liu, Y., Stoddart, J.F. and Zink, J.I. (2005) *Proceedings of the National Academy of Sciences of the United States of America*, **102**, 10029.

27 Nguyen, T.D., Liu, Y., Saha, S., Leug, K. C.-F., Stoddart, J.F. and Zink, J.I. (2007) *Journal of the American Chemical Society*, **129**, 626.

28 Nguyen, T.D., Leug, K.C.-F., Liong, M., Pentecost, C.D., Stoddart, J.F. and Zink, J.I. (2006) *Organic Letters*, **8**, 3363.

29 Jiménez, M.C., Dietrich-Buchecker, C. and Sauvage, J.-P. (2000) *Angewandte Chemie-International Edition*, **39**, 3284.

30 (a) Huang, T.Y., Brough, B., Ho, C.-M., Liu, Y., Flood, A.H., Bonvallet, P.A., Tseng, H.-R., Stoddart, J.F., Ballaer, M. and Magonov, S. (2004) *Applied Physics Letters*, **85**, 5391. (b) Liu, Y., Flood, A.H., Bonvallet, P.A., Vignon, S.A., Northrop, B.H., Tseng, H.-R., Jeppesen, J.A., Huang, T.Y., Brough, B., Ballaer, M., Magonov, S., Solares, S.D., Goddard, W. A., III, Ho, C.-M. and Stoddart, J.F. (2005) *Journal of the American Chemical Society*, **127**, 9745.

31 Watari, M., Galbraith, J., Lang, H.-P., Sousa, M., Hegner, M., Gerber, C., Horton, M.A. and McKendry, R.A. (2007) *Journal of the American Chemical Society*, **129**, 601.

32 Shu, W., Liu, D., Watari, M., Riener, C.K., Strunz, T., Welland, M.E., Balasubramanian, S. and McKendry, R.A. (2005) *Journal of the American Chemical Society*, **127**, 17054.

33 See, for example, Su, M. and Dravid, V.P. (2005) *Nano Letters*, **5**, 2023.

34 Moresco, F. and Gourdon, A. (2005) *Proceedings of the National Academy of Sciences of the United States of America*, **102**, 8809.

35 Viala, C., Secchi, A. and Gourdon, A. (2002) *European Journal of Organic Chemistry*, 4185.

36 Lastapis, M., Martin, M., Riedel, D., Hellner, L., Comtet, G. and Dujardin, G. (2005) *Science*, **308**, 1000.

37 Soukiassian, L., Mayne, A.J., Comtet, G., Hellner, L., Dujardin, G. and Gourdon, A. (2005) *Journal of Chemical Physics*, **122**, 134704.

38 Jimenez-Bueno, G. and Rapenne, G. (2003) *Tetrahedron Letters*, **44**, 6261.

39 Grill, L., Rieder, K.-H., Moresco, F., Jimenez-Bueno, G., Wang, C., Rapenne, G. and Joachim, C. (2005) *Surface Science*, **584**, L153.

40 See, for example, Keeling, D.L., Humphry, M.J., Fawcett, R.H.J., Beton, P.H., Hobbs, C. and Kantorovich, L. (2005) *Physical Review Letters*, **94**, 146104.

41 (a) Shirai, Y., Osgood, A.J., Zhao, Y., Kelly, K.F. and Tour, J.M. (2005) *Nano Letters*, **5**, 2330. (b) Shirai, Y., Osgood, A. J., Zhao, Y.M., Yao, Y.X., Saudan, L., Yang, H.B., Chiu, Y.H., Alemany, L.B., Sasaki, T., Morin, J.F., Guerrero, J.M., Kelly, K.F. and Tour, J.M. (2006) *Journal of the American Chemical Society*, **128**, 4854.

42 Morin, J.-F., Shirai, Y. and Tour, J.M. (2006) *Organic Letters*, **8**, 1713.

43 (a) Hess, H. (2006) *Science*, **312**, 860. (b) Bachand, G.D., Rivera, S.B., Carroll-Portillo, A., Hess, H. and Bachand, M. (2006) *Small*, **2**, 381.

44 van den Heuvel, M.G.L., de Graaff, M. P. and Dekker, C. (2006) *Science*, **312**, 910.

45 Hess, H. (2006) *Soft Matter*, **2**, 669.

46 Wendell, D.W., Patti, J. and Montemagno, C.D. (2006) *Small*, **2**, 1324.

47 Hiratsuka, Y., Miyata, M., Tada, T. and Uyeda, T.Q.P. (2006) *Proceedings of the National Academy of Sciences of the United States of America*, **103**, 13618.

48 (a) Bustamante, C., Keller, D. and Oster, G. (2001) *Accounts of Chemical Research*, **34**, 412. (b) Schliwa, M. and Woehlke, G. (2003) *Nature*, **422**, 759.

49 Itoh, H., Takahashi, A., Adachi, K., Noji, H., Yasuda, R., Yoshida, M. and Kinosita, K., Jr (2004) *Nature*, **427**, 465.

50 Jones, R.A.L. (2004) *Soft Machines, Nanotechnology and Life*, Oxford University Press, Oxford.

51 Ismagilov, R.F., Schwartz, A., Bowden, N. and Whitesides, G.M. (2002) *Angewandte Chemie-International Edition*, **41**, 652.

52 Paxton, W.F., Kistler, K.C., Olmeda, C. C., Sen, A., St. Angelo, S.K., Cao, Y.Y., Mallouk, T.E., Lammert, P.E. and Crespi, V.H. (2004) *Journal of the American Chemical Society*, **126**, 13424.

53 Kline, T.R., Paxton, W.F., Mallouk, T.E. and Sen, A. (2005) *Angewandte Chemie-International Edition*, **44**, 744.

54 Catchmark, J.M., Subramanian, S. and Sen, A. (2005) *Small*, **1**, 202.

55 Fournier-Bidoz, S., Arsenault, A.C., Manners, I. and Ozin, G.A. (2005) *Chemical Communications*, 441.

56 Vicario, J., Eelkema, R., Browne, W.R., Meetsma, A., La Crois, R.M. and Feringa, B.L. (2005) *Chemical Communications*, 3936.

57 Ballardini, R., Balzani, V., Credi, A., Gandolfi, M.T. and Venturi, M. (2001) *Accounts of Chemical Research*, **34**, 445.

58 (a) Rosario, R., Gust, D., Hayes, M., Jahnke, F., Springer, J. and Garcia, A.A. (2002) *Langmuir*, **18**, 8062. (b) Rosario, R., Gust, D., Garcia, A.A., Hayes, M., Taraci, J.L., Clement, T., Dailey, J.W. and Picraux, S.T. (2004) *Journal of Physical Chemistry B*, **108**, 12640.

59 Furumi, S., Kidowaki, M., Ogawa, M., Nishiura, Y. and Ichimura, K. (2005) *Journal of Physical Chemistry B*, **109**, 9245.

60 Oh, S.-K., Nakagawa, M. and Ichimura, K. (2002) *Journal of Materials Chemistry*, **12**, 2262.

61 (a) Radüge, C., Papastavrou, G., Kurth, D.G. and Motschmann, H. (2003) *European Physical Journal*, **E10**, 103. (b) Gras, S.L., Mahmud, T., Rosengarten, G., Mitchell, A. and Kalantar-Zadeh (2007) *ChemPhysChem*, **8**, 2036.

62 Berna, J., Leigh, D.A., Lubomska, M., Mendoza, S.M., Pérez, E.M., Rudolf, P., Teobaldi, G. and Zerbetto, F. (2005) *Nature Materials*, **4**, 704.

63 (a) Sheeney-Haj-Ichia, L. and Willner, I. (2002) *Journal of Physical Chemistry B*, **106**, 13094. (b) Coronado, E., Forment-Aliaga, A., Gaviña, P. and Romero, F.M. (2003) *Inorganic Chemistry*, **42**, 6959. (c) Kim, K., Jeon, W.S., Kang, J.K., Lee, J.W., Jon, S.Y., Kim, T. and Kim, K. (2003) *Angewandte Chemie-International Edition*, **42**, 2293. (d) Bryce, M.R., Cooke, G., Duclairoir, F.M.A., John, P., Perepichka, D.F., Polwart, N., Rotello, V.M., Stoddart, J.F. and Tseng, H.-R. (2003) *Journal of Materials Chemistry*, **13**, 2111. (e) Long, B., Nikitin, K. and Fitzmaurice, D. (2003) *Journal of the American Chemical Society*, **125**, 5152. (f) Bunker, B.C., Huber, D.L., Kushmerick, J.G., Dunbar, T., Kelly, M., Matzke, C., Cao, J., Jeppesen, J.O., Perkins, J., Flood, A.H. and Stoddart, J. F. (2007) *Langmuir*, **23**, 31.

64 For recent examples, see Refs [24–28] and (a) Long, B., Nikitin, K. and Fitzmaurice, D. (2003) *Journal of the American Chemical Society*, **125**, 15490.

(b) Nikitin, K. and Fitzmaurice, D. (2005) *Journal of the American Chemical Society*, **127**, 8067. (c) Cooke, G., Garety, J.F., Hewage, S.G., Rabani, G., Rotello, V.M. and Woisel, P. (2006) *Chemical Communications*, 4119. (d) Niazov, T., Shlyahovsky, S. and Willner, I. (2007) *Journal of the American Chemical Society*, **129**, 6374.

65 (a) Avnir, D. (1995) *Accounts of Chemical Research*, **28**, 328. (b) Langley, P.J. and Hulliger, J. (1999) *Chemical Society Reviews*, **28**, 279.

66 Kincaid, J.R. (2000) *Chemistry – A European Journal*, **6**, 4055, and references therein.

67 Álvaro, M., Ferrer, B., García, H., Palomares, E.J., Balzani, V., Credi, A., Venturi, M., Stoddart, J.F. and Wenger, S. (2003) *Journal of Physical Chemistry B*, **107**, 14319.

68 (a) Lahav, M., Ranjit, K.T., Katz, E. and Willner, I. (1997) *Israel Journal of Chemistry*, **37**, 185. (b) Lahav, M., Ranjit, K.T. and Willner, I. (1997) *Journal of the Chemical Society, Chemical Communications*, 259. (c) Willner, I. and Willner, B. (1998) *Journal of Materials Chemistry*, **8**, 2543.

69 Cooke, G., Duclairoir, F.M.A., Rotello, V.M. and Stoddart, J.F. (2000) *Tetrahedron Letters*, **41**, 8163.

70 Chia, S., Cao, J., Stoddart, J.F. and Zink, J.I. (2001) *Angewandte Chemie-International Edition*, **40**, 2447.

71 (a) Saha, S., Johansson, L.E., Flood, A. H., Tseng, H.-R., Zink, J.I. and Stoddart, J.F. (2005) *Small*, **1**, 87. (b) Saha, S., Johansson, E., Flood, A.H., Tseng, H.-R., Zink, J.I. and Stoddart, J. F. (2005) *Chemistry – A European Journal*, **11**, 6846.

72 Fitzmaurice, D., Rao, S.N., Preece, J.A., Stoddart, J.F., Wenger, S. and Zaccheroni, N. (1999) *Angewandte Chemie-International Edition*, **38**, 1147.

73 Ryan, D., Rao, S.N., Rensmo, H., Fitzmaurice, D., Preece, J.A., Wenger, S., Stoddart, J.F. and Zaccheroni, N. (2000) *Journal of the American Chemical Society*, **122**, 6252.

74 (a) Clausen-Schaumann, H., Seitz, M., Krautbauer, R. and Gaub, H.E. (2000) *Current Opinion in Chemical Biology*, **4**, 524. (b) Janshoff, A., Neitzert, M., Oberdörfer, Y. and Fuchs, H. (2000) *Angewandte Chemie-International Edition*, **39**, 3212. (c) Rief, M. and Grubmüller, H. (2002) *ChemPhysChem*, **3**, 255. (d) Hummer, G. and Szabo, A. (2005) *Accounts of Chemical Research*, **38**, 504. (e) Samorì, B., Zuccheri, G. and Baschieri, P. (2005) *ChemPhysChem*, **6**, 29.

75 (a) Schonherr, H., Beulen, M.W.J., Bugler, J., Huskens, J., van Veggel, F.C. J.M., Reinhoudt, D.N. and Vancso, G.J. (2000) *Journal of the American Chemical Society*, **122**, 4963. (b) Auletta, T., de Jong, M.R., Mulder, A., van Veggel, F.C. J.M., Huskens, J., Reinhoudt, D.N., Zou, S., Zapotoczny, S., Schonherr, H., Vancso, G.J. and Kuipers, L. (2004) *Journal of the American Chemical Society*, **126**, 1577.

76 (a) Kado, S. and Kimura, K. (2003) *Journal of the American Chemical Society*, **125**, 4560. (b) Kado, S., Yamada, K., Murakami, T. and Kimura, K. (2005) *Journal of the American Chemical Society*, **127**, 3026.

77 (a) Eckel, R., Ros, R., Decker, B., Mattay, J. and Anselmetti, D. (2005) *Angewandte Chemie-International Edition*, **44**, 484. (b) Schafer, C., Decker, B., Letzel, M., Novara, F., Eckel, R., Ros, R., Anselmetti, D. and Mattay, J. (2006) *Pure and Applied Chemistry*, **78**, 2247. (c) Schafer, C., Eckel, R., Ros, R., Mattay, J. and Anselmetti, D., (2007) *Journal of the American Chemical Society*, **129**, 1488.

78 (a) Lu, T., Zhang, L., Gokel, G.W. and Kaifer, A.E. (1993) *Journal of the American Chemical Society*, **115**, 2542. (b) Kern, J.-M., Raehm, L. and Sauvage, J.-P. (1999) *Comptes Rendus de l' Academie des Sciences Serie Paris*, **2**, 41. (c) Raehm, L., Kern, J.-M., Sauvage,

J.-P., Hamann, C., Palacin, S. and Bourgoin, J.-P. (2002) *Chemistry – A European Journal*, **8**, 2153. (d) Weber, N., Hamann, C., Kern, J.-M. and Sauvage, J.-P. (2003) *Inorganic Chemistry*, **42**, 6780.

79 Willner, I., Pardo-Yssar, V., Katz, E. and Ranjit, K.T. (2001) *Journal of Electroanalytical Chemistry*, **497**, 172.

80 Shipway, A.N., Katz, E. and Willner, I. (2001) *Structure and Bonding*, **99**, 237.

81 (a) Katz, E., Lioubashevsky, O. and Willner, I. (2004) *Journal of the American Chemical Society*, **126**, 15520. (b) Katz, E., Baron, R., Willner, I., Richke, N. and Levine, R.D. (2005) *ChemPhysChem*, **6**, 2179.

82 Ahuja, R.C., Caruso, P-L., Möbious, D., Wildburg, G., Ringsdorf, H., Philp, D., Preece, J.A. and Stoddart, J.F. (1993) *Langmuir*, **9**, 1534.

83 Brown, C.L., Jonas, U., Preece, J.A., Ringsdorf, H., Seitz, M. and Stoddart, J.F. (2000) *Langmuir*, **16**, 1924.

84 Asakawa, M., Higuchi, M., Mattersteig, G., Nakamura, T., Pease, A.R., Raymo, F.M., Shimidzu, T. and Stoddart, J.F. (2000) *Advanced Materials*, **12**, 1099.

85 (a) Collier, C.P., Wong, E.W., Belohradsky, M., Raymo, F.M., Stoddart, J.F., Kuekes, P.J., Williams, R.S. and Heath, J.R. (1999) *Science*, **285**, 391. (b) Wong, E.W., Collier, C.P., Belohradsky, M., Raymo, F.M., Stoddart, J.F., Kuekes, P.J., Williams, R.S. and Heath, J.R. (2000) *Journal of the American Chemical Society*, **122**, 5831.

86 (a) Collier, C.P., Mattersteig, G., Wong, E.W., Luo, Y., Beverly, K., Sampaio, J., Raymo, F.M., Stoddart, J.F. and Heath, J.R. (2000) *Science*, **289**, 1172. (b) Collier, C.P., Jeppesen, J.O., Luo, Y., Perkins, J., Wong, E.W., Heath, J.R. and Stoddart, J.F. (2001) *Journal of the American Chemical Society*, **123**, 12632.

87 (a) Asakawa, M., Ashton, P.R., Balzani, V., Credi, A., Hamers, C., Mattersteig, G., Montalti, M., Shipway, A.N., Spencer, N., Stoddart, J.F., Tolley, M.S., Venturi, M., White, A.J.P. and Williams, D.J. (1998) *Angewandte Chemie-International Edition*, **37**, 333. (b) Balzani, V., Credi, A., Mattersteig, G., Matthews, O.A., Raymo, F.M., Stoddart, J.F., Venturi, M., White, A.J.P. and Williams, D.J. (2000) *Journal of Organic Chemistry*, **65**, 1924.

88 Ceccarelli, M., Mercuri, F., Passerone, D. and Parrinello, M. (2005) *Journal of Physical Chemistry B*, **109**, 17094.

89 (a) Luo, Y., Collier, C.P., Jeppesen, J.O., Nielsen, K.A., Delonno, E., Ho, G., Perkins, J., Tseng, H-R., Yamamoto, T., Stoddart, J.F. and Heath, J.R. (2002) *ChemPhysChem*, **3**, 519. (b) Chen, Y., Ohlberg, D.A.A., Li, X.M., Stewart, D.R., Williams, R.S., Jeppesen, J.O., Nielsen, K.A., Stoddart, J.F., Olynick, D.L. and Anderson, E. (2003) *Applied Physics Letters*, **82**, 1610. (c) Stewart, D.R., Ohlberg, D.A.A., Beck, P.A., Chen, Y., Williams, R.S., Jeppesen, J.O., Nielsen, K.A. and Stoddart, J.F. (2004) *Nano Letters*, **4**, 133.

90 Pease, A.R. and Stoddart, J.F. (2001) *Structure and Bonding*, **99**, 189.

91 Service, R.F. (2003) *Science*, **302**, 556.

92 (a) Heath, J.R., Stoddart, J.F. and Williams, R.S. (2004) *Science*, **303**, 1136. (b) Chandross, E.A. (2004) *Science*, **303**, 1137. (c) Weiss, P.S. (2004) *Science*, **303**, 1137. (d) Service, R.F. (2004) *Science*, **303**, 1137.

93 (a) Tseng, H.R., Vignon, S.A. and Stoddart, J.F. (2003) *Angewandte Chemie-International Edition*, **42**, 1491. (b) Jeppesen, J.O., Nielsen, K.A., Perkins, J., Vignon, S.A., Di Fabio, A., Ballardini, R., Gandolfi, M.T., Venturi, M., Balzani, V., Becher, J. and Stoddart, J.F. (2003) *Chemistry – A European Journal*, **9**, 2982. (c) Tseng, H.R., Vignon, S.A., Celestre, P.C.,

Perkins, J., Jeppesen, J.O., Di Fabio, A., Ballardini, R., Gandolfi, M.T., Venturi, M., Balzani, V. and Stoddart, J.F. (2004) *Chemistry – A European Journal*, **10**, 155. (d) Ikeda, T., Saha, S., Aprahamian, I., Leung, K.C.F., Williams, A., Deng, W. Q., Flood, A.H., Goddard, W.A., III and Stoddart, J.F. (2007) *Asian Journal of Chemistry*, **2**, 76. (e) Nygaard, S., Leung, K.C.-F., Aprahamian, I., Ikeda, T., Saha, S., Laursen, B.W., Kim, S.Y., Hansen, S. W., Stein, P.C., Flood, A.H., Stoddart, J.F. and Jeppesen, J.O. (2007) *Journal of the American Chemical Society*, **129**, 960.

94 (a) Jang, S.S., Jang, Y.H., Kim, Y.-H., Goddard, W.A., III, Choi, J.W., Heath, J.R., Laursen, B.W., Flood, A.H., Stoddart, J.F., Nørgaard, K. and Bjørnholm, T. (2005) *Journal of the American Chemical Society*, **127**, 14804. (b) Norgaard, K., Jeppesen, J.O., Laursen, B.A., Simonsen, J.B., Weygand, M.J., Kjaer, K., Stoddart, J.F. and Bjornholm, T. (2005) *Journal of Physical Chemistry B*, **109**, 1063. (c) Jang, S.S., Jang, Y.H., Kim, Y.-H., Goddard, W.A., III, Flood, A.H., Laursen, B.W., Tseng, H.-R., Stoddart, J.F., Jeppesen, J.O., Choi, J.W., Steuerman, D.W., DeIonno, E. and Heath, J.R. (2005) *Journal of the American Chemical Society*, **127**, 1563.

95 (a) Yu, H., Luo, Y., Beverly, K., Stoddart, J.F., Tseng, H.-R. and Heath, J.R. (2003) *Angewandte Chemie-International Edition*, **42**, 5706. (b) Diehl, M.R., Steuerman, D.W., Tseng, H.-R., Vignon, S.A., Star, A., Celestre, P.C., Stoddart, J.F. and Heath, J.R. (2003) *ChemPhysChem*, **4**, 1335.

96 (a) Tseng, H.R., Wu, D.M., Fang, N.X. L., Zhang, X. and Stoddart, J.F. (2004) *ChemPhysChem*, **5**, 111. (b) Flood, A.H., Peters, A.J., Vignon, S.A., Steuerman, D.W., Tseng, H.-R., Kang, S., Heath, J.R. and Stoddart, J.F. (2004) *Chemistry – A European Journal*, **10**, 6558. (c) Norgaard, K., Laursen, B.W., Nygaard, S., Kjaer, K., Tseng, H.-R-, Flood, A.H., Stoddart, J.F. and Bjornholm, T. (2005) *Angewandte Chemie-International Edition*, **44**, 7035. (d) Choi, J.W., Flood, A. H., Steuerman, D.W., Nygaard, S., Braunschweig, A.B., Moonen, N.N.P., Laursen, B.W., Luo, Y., DeIonno, E., Peters, A.J., Jeppesen, J.O., Xu, K., Stoddart, J.F. and Heath, J.R. (2006) *Chemistry – A European Journal*, **12**, 261.

97 (a) Jang, Y.H., Hwang, S.G., Kim, Y.H., Jang, S.S. and Goddard, W.A., III (2004) *Journal of the American Chemical Society*, **126**, 12636. (b) Kim, Y.H., Jang, S.S., and Jang, Y.H. and Goddard, W.A., III (2005) *Physical Review Letters*, **94**, 156801. (c) Kim, Y.H., Jang, S.S. and Goddard, W.A., III (2006) *Applied Physics Letters*, **88**, 163112. (d) Kim, Y.H. and Goddard, W.A., III (2007) *Journal of Physical Chemistry C*, **111**, 4831.

98 Steuerman, D.W., Tseng, H.-R., Peters, A.J., Flood, A.H., Jeppesen, J.O., Nielsen, K.A., Stoddart, J.F. and Heath, J.R. (2004) *Angewandte Chemie-International Edition*, **43**, 6486.

99 Green, J.E., Choi, J.W., Boukai, A., Bunimovich, Y., Johnston-Halperin, E., DeIonno, E., Luo, Y., Sheriff, B.A., Xu, K., Shin, Y.S., Tseng, H.-R., Stoddart, J.F. and Heath, J.R., (2007) *Nature*, **445**, 414.

100 Melosh, N.A., Boukai, A., Diana, F., Gerardot, B., Badolato, A., Petroff, P. M. and Heath, J.R. (2003) *Science*, **300**, 112.

101 Ball, P. (2007) *Nature*, **445**, 362.

第5部分

科学和社会

第 17 章　我们这个时代的科学地位

17.1　概述

这本书介绍了科学，大多数是基础科学，因此，到前一章就可以结束了（一些读者也会这么说的）。但是，现代科学能被看作单独的、中立的、纯粹的事物么？一个科学家能忽略人类社会的问题、把自己孤立在象牙塔中么？我们相信这是不能的。我们认为很有必要来讨论一下在我们的社会中科学和科学家的地位，一本科学书籍提供了这样一个机会，一个我们本不应该不关心这个问题的机会[1]。

17.2　科学永无止境

科学正在向各个方向发展。知识在积累，但是只要有人在这个地球上科学就永远没有终点。

《科学》杂志[2]在 125 周年之际正试图回答这样一个问题：什么是我们不知道的？首先的想法是罗列了一个 25 件最重要的科学问题的清单。但是当一组编辑和作者坐下来选择这些重大问题的时候，他们认识到根本不止 25 件，而是多达 125 件，他们清楚地知道这 125 件未解决的问题中只有一部分能够回答“什么是我们不知道的”这个问题。的确，正如 Siegfried 所写的那样[3]，“从无知到了解是把双刃剑，一方面随着知识的积累，消除过去的物质，另一方面产生新的问题，从而扩大了需要我们探索的领域。”有趣的是，早在 200 多年前 Joseph Priestley 就阐述了相同的概念，如氧气的发现[4]：“随着亮点的增加，围绕他的黑暗的边缘也随之增加。光明越多，我们就越高兴，因为这意味着我们有更大的挑战。随着时间的流逝，光明的边缘进一步扩大；由于自然是无穷的，拥有崇高而辉煌的前景，我们能够对它做无穷的研究。

科学的发展是不会衰退的。例如，今天在世界上想要找到一个没有纳米科学或纳米技术研究所的大学是非常难的。

17.3　一个脆弱的世界

随着科学的发展、技术的发展，这个世界变得更加脆弱。纳米技术的发展的确呈现出许多科学组织正在讨论的问题。例如，《纳米技术先锋》[5]中评述的那样。首先，科学家和公民之间有必要进行一场理性的、有知识的、透明的关于纳米技术的风险和利益。由此产生了一些担忧，例如比人类聪明的纳米机器人或纳米有机体和机械生物的自我复制导致的环境灾难，这是科幻小说的范畴。不幸的是在军事上的应用（如大量破坏性武器，机械士兵）是真实的，促使全世界对于民用设施的控制超过军用设施。其他的担忧涉及一些纳米级的有毒物质[6]可通过已有的法律以及确保安全生产和使用纳米材料测试过程来解决[7]。本章的目的不是讨论纳米技术相关的风险，而我们宁愿将我们的思考集中在更普遍的问题上。

我们有许多证据证明在日常生活中（例如，交通堵塞、空气污染、车祸、大面积停电事故）以及地球的现状中（例如，温室效应、能源短缺、臭氧空洞、恐怖袭击、战争、核武器的使用）的世界的脆弱性。按照 Stephen J Gould 的说法，世界的脆弱性与自然的内在规律有关，它称之为"最不平衡原理"[8]："人类的悲剧和科学的误用造成的破坏在于自然法则中的最不对称。我们只能通过劳动得到一点回报，但是灾难随时都会发生，而且往往都是毁灭性的。燃烧一天的大火可以毁掉亚历山大图书馆近千年的藏书以及伦敦的建筑中心。这些法则当然是真的，更深地探索为什么现在的世界如此危险的最重要的原因是值得的。

在 Martin Rees 所著的《我们最后的时刻》一书中，细致地描述了许多危险（不良或不小心使用最新的科技而导致的）。在他看来，本世纪末人类有 50％的机会自我毁灭。许多科学家不同意 Rees 过分强调科学消极的一面。我们同意，但我们同样相信他忽略了脆弱性问题的最重要的方面。

17.4 一种不可持续的增长

20 世纪中，特别是第二次世界大战以来人类事业的发展是很显著的。但不幸的是，它发展的同时也给我们留下了负面的结果，而这正是现在我们必须面对的。生物学家们发现，我们正在使用的自然资源已经超出了它的可再生能力[10]。生态学家强调生产与消费的主要模式正在引起环境的恶化和大量物种的灭绝[11]。气候学家警告我们诸如极地冰层变薄等的温室效应[12]。地质学家指出，我们将要到达或者已经超过了石油生产的极限值[13]。化学家强调一种紧迫的和被忽视的需求，即准备从化石燃料到太阳能的转变[14]。

尽管警钟已经敲响，但是"增长"仍然是大多数经济学家和政治家口中最具魅力的词语。他们相信增长必须继续，因此他们不断地对生产与消费的增长施加压力。很显然，他们并不知道这样一个道理，即除去来自太阳的光能以外，地球是一个封闭的系统，正如热力学第二定律中指出的，在一个封闭系统中总存在不能被克服的极限[15]。人类的影响力如此弱小，以至于不能在一个拥有 65 亿人口、高污染和资源枯竭的世界中做什么的时候，他们似乎忽视了在一个生态的“空无的世界”中自己又应该做什么。

在富裕的国家里，“足够”和“太多”这种概念在我们生活的社会中已经不复存在[16]。资源消耗率和废物利用率越大，要达到可持续性的程度越难，这种可持续性是我们想要避免人类文明社会终结所需要的一种必不可少的条件，这点我们暂且不考虑。

17.5 一个不平等的世界

假如我们考虑不平等问题时，要达到生态可持续性将更加迫在眉睫，例如参加宇宙飞船环球航行的乘客，他们就确实处于不同的群体。不平等性涉及生活的方方面面，例如食物、能源、健康、教育等。举个例子说，1个美国人所消耗的能源相当于2个欧洲人，10个中国人，20个印度人和30个非洲人所消耗的[17]。不平等确实是人们之间最为显著的特征，同时也是最难解决的问题之一。

我们都能意识到人类社会的稳定性随着不平等性的增长而降低，虽然发达国家的政府尝试把这种不平等性问题搁置一旁，但是从长远来看它是不能被忽略的。如果我们不去改变它，穷人迟早会站起来反对富人。在处于南北交界地方的国家（例如美国、意大利和西班牙）间“非法”移民的推进就是一个预兆。

因此我们应该放弃基于消费主义的生活方式有两个原因。第一，不能维持经济持续增长的观念，因为它违反了热力学第二定律；第二，我们的商品消费主义已经产生了不平等性并且仍然使它增加。在现在的形势下，任何一种恢复平等的方式必须明确集中在降低富人的生活水平，同时试着提高穷人的生活水平。当然，身为富人的我们不会喜欢这种结论。

17.6 科学家的角色

在今天的社会中科学家应该扮演什么样的角色呢？他们的职责是什么？社会又期待他们做什么？某些科学家只对自己的研究有兴趣。他们不会关心时事；他们最多只会关心一下他们当地社区发生的一些小问题。他们认为科学应该完全自由地发展，因为“知识有内在的价值”。因此，他们努力得到更多的研究基金，而不会介意这些钱是由制药公司欺骗消费者得来，还是跨国公司通过剥夺不发达国家得来，甚至是不是由军事组织提供。他们似乎认为科学总是能生产对解决人类问题有用的清白的产品。如果到时有人滥用他们的科研成果，他们也不会关心，因为这不是他们的问题。

但是我们已不再处于以前那种科学只是为了乐趣和科学家只生活在象牙塔里

的日子了。这只是因为我们的能力。历史证明创造力往往有其黑暗邪恶的一面，比如污染、原子弹和生化武器的产生。纳米技术也不会是一个例外。确实，只要它开始成为一门独立的学科，它就会在军事应用中被涉及[18]。

另外还有一个很重要的，而往往被我们那些处于地球富裕一端的科学家们所忽视的特征，即历史证明科学研究往往只对富人有利。因此，我们更应该关注[5]纳米技术会增加贫富差距，甚至会在已经有许多因素造成的不平等的基础上再增加一个“纳米鸿沟”的潜在性。

科学家们应该意识到，在近几十年内，科技是不会把我们带到我们需要的地方。负责任和高度关注道德的科学家们在创造新科技的同时，也应该担任一个地球上有权威、见多识广和关注市民的重要的角色。正如 Richard R. Ernst[19] 指出的，当我们利用实验室的研究工作去增加对历史进程的影响时，我们也被要求去思索关于欲想的地球的长期发展。如果科学家在规定发展进程和保护下一代的利益而制定指导方针时不负责，那还有什么人可以对其负责呢？Ernst 还指出，科学家们在精神上还应该被迫去公开发表他们那些出于对社会而言有好处的意见和信念。

我们需要科学家具有良好的文化背景并对人类现状有明确的了解；需要科学家关心我们所居住的世界和所建造的社会；需要科学家不仅具有能创造一流科学的能力，同时也具备帮助改正我们国家乃至整个世界中的社会和政治组织中存在的错误的能力；需要科学家具有超越实验室界线和帮助把世界建造的更加美好的愿望。我们需要科学家能够去和那些发布重要命令的决策者和政治家们谈判，比如资源不负责任的损耗、人口不计后果的增加、令人无法忍受的穷人富人之间不平等性的、不断增加以及利用战争作为解决政治争端的一种手法的愚蠢想法。

我们需要科学家不仅能够教育学生去创造科学，而且能够教育他们去辨别什么是值得利用科学去创造的。我们需要科学家能够看到科技是为了和平，而不是战争；是为了减轻贫困，而不是维持特权；是为了降低发达国家和不发达国家的距离，而不是增加距离；是为了保护地球，而不是破坏它，地球已经超出了科学可预想的发展并且依旧是人类可以生存的唯一的地方。为了提高非洲[20]人民的技术和提升发展中国家[21,22]的科学而提供援助，是比建造无用的人类月球前哨[23]或者是发展新型的核武器更加重要和紧迫的任务[24]。

某些科学家不会同意我们的观点。他们打着“真正科学”的旗号，宣称科学家对于社会和政治问题应该是自由的。他们否定关于社会和政治问题提出建议、提供意见和独特地表达观点的合理性。但是这就意味着对来自知识的责任和科学家在社会中享有的特权的否定。

17.7 结论

我们生活在一个脆弱的世界。我们正处于危险之中，这并不仅仅是因为能帮助解决人类问题（正如在过去已经发生的）和不可避免的科学的发展。而是因为我们没有意识到承载着65亿人口的地球上的资源是极其有限的。这种危险主要来自于两个方面：(1) 过多的消费量，正如事实显示，地球上的生物容量是人均1.8，而现在是人均2.2[10,25]；(2) 严重的不平等性，以至于如果全世界的居民都按照当前北美生态学标准来居住的话，我们至少还要寻找三个地球才能给他们提供住宿[25]。

在富裕的国家里，除非大家意识到在有限的地球上存在无限的经济增长是不可能的，否则被默认的假定就是这里是从不足够的。我们继续相信好的生活甚至是幸福是与国内生产总值（GDP）的增长相关联的，而这对于发达国家是不真实的[17,26]。很显然，我们已经忘记经济增长并不是它自身的终结，而是一种手段，即对于全人类的现在和将来来讲是一种可持续和友好的手段。

我们生活在地球上，认为这里不需要“足够”和“公平”这种概念，以及我们已经处于极其危险中，很显然在近几十年内是不可能的。学会去说“足够”是一个可持续性世界的先决条件。建立“公平”不仅仅是一种道德责任，而且是创造一个和平世界的基本需要。

先不管科学家们的专业化，他们应该把这些概念清楚地解释给所有的公民，尤其是那些经济学家和决策者来听。科学家确实必须对人类、组织机构、民族和文化有深刻的了解[27]。正如 Albert Einstein 所讲，“所有科技先驱者的主要目标总是由对人类自身和其命运的关注所构成的，永远不要忘记它们出自你们的图表和方程式”[28]。

我们所居住的地球不是一个开放的系统，而是一个封闭的系统，它是我们大家所共同拥有的，它的命运是我们大家所共同享受的[29,30]。地球就在我们的手中，我们能足够明智地借助科技的力量去创造一个生态可持续的文明社会吗？同时这个社会又能够降低不平等和创造更加和平的世界吗？实际上，可持续性和公平性问题已经把人类放在了一个十字路口的前面：一方面，如果基于资源守恒、减少废弃物、人类关系和全球团结，我们在伦理上表现好的话，我们就能建造一个舒适而和平的世界；另一方面，人类消费、自身利益和利己主义将会导致抢夺、侵略、革命、大范围的移民和战争，而这将会随着地球的毁灭而结束。

第二个假设可能被视为是悲观的，但是是正确的。它是产生于对形势严重性的认识。一个古老的谚语讲到乐观者和悲观者之间的唯一区别就是后者比前者容易形成。一个无知的、目光短浅的乐观者是不会允许人类向着真正的进程前进的。为了能够生活在第三个太平盛世，我们需要感知世界问题的新的思维方式。

我们需要大力宣传当今世界现状的信息。只有知识能够帮助我们采取正确的决策去达到可持续性和弥补不平等性，只有这样我们才能使我们的太空船也就是地球在这个新世纪的旅途中不会那么脆弱。诸如良知、同情和关爱这样的价值不得不成为这样一个新世界的根本。

参考文献

1 The content of this chapter is taken in part from the talk presented by VB at the Forum on Ethics and Science for the Environment, University of Ferrara, Ferrara (Italy), September 23–25, 2007.

2 Kennedy, D. (2005) *Science*, **309**, 19.

3 Siegfried, T. (2005) *Science*, **309**, 76.

4 Priestley, J. (1779–1786) Experiments and Observations Relating to Various Branches of Natural Philosophy, London, vols 1–3.

5 Edwards, S.A. (2006) *The Nanotech Pioneers*, Wiley-VCH Verlag GmbH, Weinheim.

6 Maynard, A.D. (2006) *Nanotoday*, 1(2), 22.

7 Nel, A., Xia, T., Mädler, L. and Li, N (2006) *Science*, **311**, 622.

8 Gould, S.J. (1998) *Science*, **279**, 812.

9 Rees, M. (2003) *Our Final Hour*, Basic Books, New York.

10 (a) Wackernagel, M., Schulz, N.B., Deumling, D., Linares, A.C., Jenkins, M., Kapos, V., Monfreda, C., Loh, J., Myers, N., Norgaard, R. and Randers, J. (2002) *Proceedings of the National Academy of Sciences of the United States of America*, **99**, 9266. (b) Millennium Ecosystem Assessment (2005) World Resources Institute, Washington.

11 (a) Speth, J.G. (2004) *Red Sky at Morning*, Yale University Press, New Haven. (b) Wilson, E.O. (2006) *The Creation*, Norton, London.

12 Kerr, R.A. (2007) *Science*, **316**, 188.

13 (a) Simmons, M.R. (2005) *Twilight in the Desert*, John Wiley & Sons, Ltd, Hoboken. (b) Deffeyes, K.S. (2005) *Beyond Oil*, Hill and Wang, New York. (c) Tertzakian, P. (2006) *A Thousand Barrels a Second*, McGraw-Hill, New York. (d) Kerr, R.A. (2007) *Science*, **316**, 351.

14 Armaroli, N. and Balzani, V. (2007) *Angewandte Chemie-International Edition*, **46**, 52.

15 Fisker, J.L. (2005) *The Final Energy Crisis* (eds A. McKillop and S. Newman) Pluto Press, London, p. 74.

16 Princen, T. (2005) *The Logic of Sufficiency*, MIT Press, Cambridge.

17 Smil, V. (2006) *Energy*, Oneworld, Oxford.

18 http://web.mit.edu/ISN/.

19 Ernst, R.R. (2003) *Angewandte Chemie-International Edition*, **42**, 4434.

20 (a) King, D.A. (2006) *Science*, **314**, 385. (b) Hassan, M.H.A. (2007) *Science*, **316**, 1813.

21 Editorial (2004) *Nature*, 427, 571.

22 Rovner, S.L. (2007) *Chemical and Engineering News*, **85** (8), 36.

23 (a) Baum, R.M. (2007) *Chemical and Engineering News*, **85** (6), 3. (b) Morissey, S.R. (2007) *Chemical and Engineering News*, **85** (6), 23.

24 Jeanloz, R. (2007) *Science*, **316**, 1541.

25 http://www.footprintnetwork.org/gfn_sub.php?content=footprint_overview.

26 Kahneman, D., Krueger, A.B., Schkade, D., Schwarz, N. and Stone, A.A. (2006) *Science*, **312**, 1908.

27 Lane, N. (2006) *Science*, **312**, 1847.

28 Quoted in Ref. [27].

29 Kates, R.W. (2001) *Annual Review of Energy and the Environment*, **26**, 1.

30 Pachauri, R.K. (2007) *Science*, **315**, 913.

附 录

术语表

以下的定义并不是普遍的，但与本书的内容相关

ATP 合成酶：合成 ATP 的酶（另见 F_0F_1-ATP 合成酶）

cis-trans 异构体：同一种分子仅仅在双键上取代基位置不同，又叫几何异构体

CPK 分子模型：空间填充 Lego 型分子模型（比例：1.25 cm=1 Å）

Dexter 机理：另见交换机理

Ditopic 受体：能够容纳两个相同的或不同客体的带有两个结合点的超分子物质

F_0F_1-ATP 合成酶：含有附着于同一个轴上的两个分子马达（F_0 和 F_1）的天然分子机器，另见 ATP 合成酶

Franck-Condon 因子（FC）：在费米“黄金规则”表述中对能量传递（FC^{en}）和电子转换（FC^{el}）速率常数的核术语

Förster 机理：参见库仑机理

Hemicarceplex：一种主-客体络合物，其中主体（hemicarcerand）是一种在高温时才能接近其内空穴的物质

Langmuir-Blodgett（LB）薄膜：通过空气-水界面的两亲分子组织而获得的分子单层、多层结构，并在固体表面沉淀

Marcus 理论：是电子、能量转换过程的经典理论，其中能垒（$\Delta G^{\#}$）与标准自由能的改变（ΔG^0）和核重组能（λ）的二次幂有关，根据这个理论，当 $-\Delta G^0<\lambda$（正常区域）时，反应速率随着推动力的增加而增加，但当 $-\Delta G^0>\lambda$ 时（转换区域），反应速率则随推动力的增加而降低

Marcus 转换过程：在 Marcus 转换区域，如在速率常数随推动力的增加而降低的动力学控制范围内发生的电子转换或能量传递过程

pH 突跃：由于快速加入酸或碱而引起的溶液 pH 的巨大改变

P 型光致变色体系：一种光化学可逆的光致变色体系

tritopic 受体：具有 3 个络合点的超分子物种，能够作为主体接纳 3 个相同或不同的客体分子

Tylakoid 膜：叶绿体中能让光合作用中的所有主要分子组分嵌入的一种网状膜结构

T 型光致变色体系：一种热力学可逆的光致变色体系

T 型相互作用：一种特殊类型的 π－π 相互作用

π－π 作用：芳香单元中弱的非共价键相互作用

氨基甲酰天冬氨酸盐：参与细菌内胸腺嘧啶和胞嘧啶合成的酶

半导体：在原子价和导带之间形成的相对较小间隙的固体材料

半加法器（分子水平）：能将两个单数值的二进制数字加和的分子器件

杯芳烃：一种杯形的芳香大环分子

变构效应：分子或超分子物质的一个络合位点因与另外的远程位点结合而出现构象重排，从而引起位点结合能力（或其他性质）改变的现象；变构效应可正可负

变性：蛋白质（或核酸）结构由原始天然状态发生改变，而氨基酸（或核苷酸）的排序不变

卟啉：含 4 个碱性氮的吡咯单元二次排列的一组分子，在非金属卟啉中两个氮原子与氢原子相连，通过去质子化作用，金属离子可与 4 个氮原子络合

不饱和分子：参见共轭分子

布朗运动：由热碰撞引起的分子的随机运动

超分子化学：(a) J. M. Lehn 的经典定义：超越分子的化学，两个或更多个化合物通过分子间作用力组织在一起形成具有较高复杂性的有序实体；(b) 本书中更一般的定义：由两个或更多个分子组分组成的化学体系（另见超分子体系）

超分子体系（或超分子物质）：与大分子相比有可能确定分子组分的化学物质，另见超分子化学

超交换机理：基于分子组分实质状态的参与或在两个反应物的中间插入电子或能量转换过程的隧道机理

储存器（分子水平）：能在不同性质（读）的形式（写）之间转换的分子；另见双稳态分子

传感器：能与特定的分子或离子相互作用而改变其部分性能（如荧光光谱、氧化还原电位）的分子或超分子物质

猝灭：使一激发态失活，随之所有过程（如发光）完全终止

猝灭剂：使处于激发态的其他分子或分子组分失活的分子或超分子物质中的

分子组分

催化剂：一种能加快反应速率，但在反应前后组成和量都不变的物质

大分子：与超分子物质相比没有明确的分子组成的一种大分子量化合物

大环：有着封闭式大环结构的分子或超分子物质

单层：一个分子厚度的层

单分子光谱学：针对光学探测和单分子的光谱学特征的技术

单线态：总自旋值为零的电子态的光谱学多样性

单线态-单线态能量传递：从单线态的电子激发给体传递能量产生单线态电子激发受体

蛋白质：由一系列氨基酸构成的天然聚合物

蛋白质折叠/非折叠：与蛋白质链的功能性三维三级结构有关的自发（折叠）或激发（非折叠）重排

氮杂冠醚：一个或多个氧原子被氮原子取代的冠醚

导线（分子水平）：表示一条长的高共轭分子的通用名

等发射点：在化学反应或物理变化中发射强度不变的波长

等吸光点：在化学反应或物理变化中吸光率不变的波长

电池（分子水平）：能够积累电荷的分子

电动势：基于电位不同的驱动力

电荷池（分子水平）：参见电池

电荷传输：电荷（电子或空穴）沿着线型超分子物质运动的过程

电荷分离：一种化学反应（通常是光诱导的），涉及超分子物质中电子从一种中性组分转移到另一种中性组分，导致同时带有正负电荷的物质的生成

电荷复合：伴随电荷分离的反方向电子转移反应，另见电子回传

电荷迁移：一种化学反应（通常是光诱导的），涉及超分子物质中（或空穴）自带电荷的组分转移到另一不带电荷的分子组分的过程

电荷转移（CT）：一种存在于超分子物质中不同组分的占绝对优势的轨道间的电子跃迁（与吸收波段和激发态有关）

电化学传感器：参见传感器

电化学刺激：通过电化学输入而引发分子或超分子物质的功能

电化学发光：由电化学引发的反应物间的氧化还原反应激发态而发散出的光

电激发分子：吸收光子而引起其电子结构重排的分子，另见激发态

电解：离子、分子或分子组件的消耗电化学还原或氧化过程

电致变色分子：通过两个或更多有着不同吸收谱线的分子构型之间的氧化还原反应而发生可逆相互转换的分子

电子给体：一种富电子分子（或超分子中的分子组分）

电子回传：一个经常用于表达光诱导电子转移反应热力学逆过程的术语，在这个过程中，电子的给体和受体都恢复到最初的氧化态，参见电荷复合

电子能量传递：参见能量传递

电子耦合（H）：参见电子因素

电子受体：一种缺电子分子（或超分子中的分子组分）

电子因素：能量传递（H^{en}）和电子转移（H^{el}）过程的速率常数表述的费米“黄金规则”

电子重排：由外部激发（如光吸收）而引起的电子分布的改变

电子注射：负电荷转移到分子或超分子物质上或转移到半导体上

电子转移：电子从一个分子（或超分子中的分子组分）转移到另一个上的过程，此类过程称为氧化还原反应，它可以是光引发的，如两个反应物之一吸光所引发；当两个反应物是电中性时，该过程将导致电荷分离为正负电荷分子（或分子组分）

电子转移光敏化：参见光敏化过程

定型构造法：用重复的单元来构造一个超分子（分子）体系的方法

动力蛋白：负责细胞内传输的一类线性动力蛋白质

动力蛋白质：在细胞内扮演马达角色的复杂生物物质

堆积相互作用：π-π 相互作用的特殊类型

对映异构体：彼此互为镜像的立体异构体

多吡啶配体：含有多个吡啶单元的配体

多核络合物：在其结构中含有几种金属或金属离子的络合物

多路光学系统：能同时产生两个或更多光学信号的体系

多态-多功能系统：存在 3 个或更多能在不同刺激下相互转换形式的系统

多肽链：氨基酸长链，另见蛋白质

多组分体系：参见超分子体系

二极管（分子水平）：当电流通过二极管时能实现电流开关的含有两个终端的生物分子开关；分子整流器是分子二极管的一种类型

二茂铁：一种有机金属分子，能经历可逆的单电子氧化，常在电化学实验中用作参照物

二元逻辑：变数只能以两个值（0 或 1、是或否、对或错）来假定的代数描述

二元数字体系：仅用数字 0 和 1，连续数字被翻译为基于 2 的连续次幂的一种表示数字的方法

发光：由于激发态的辐射失活而发射的光

发光二极管（LED）：通过电致发光而使电能转换为光的装置

发光体：一种能发光的分子单元

发散合成：一种由核出发，通过连续反复地添加构筑单元来构筑树枝状大分子的合成过程

发色团：一种吸光的分子单元

发射：激发态的辐射失活作用

发射光谱：物质发射光的波长分布图

反应中心（RC）：通过电荷分离反应使电能转换为化学能的自然光合作用体系的超分子结构

范德瓦尔斯相互作用：由偶极-偶极作用或色散力所引起的弱的非共价键相互作用

非对映异构体：相互间不为镜像的立体异构体

非辐射失活：参见无辐射衰减

非辐射衰减：激发态失活不经过光子发射或化学变化的非辐射转变过程

非辐射跃迁：在分子单元两个态间的一种等能量跃迁

非金属卟啉：参见卟啉

非线性光学：研究光和物质之间相互作用现象（如多光子过程和二阶段谐波生成）的特殊学科

沸石：有着确定结构的一类结晶状微孔铝硅酸盐化合物

费米“黄金规则”表述：能量传递和电子转移过程的速率常数的量子机械表述

费米水平：在固体材料中的最高占有和最低非占有水平的平均值

分子电子学：基于分子水平组分的电子学

分子机器：一种特殊类型的分子器件，外部刺激可以使各组分相对位置发生改变

分子间引力：一种弱吸引力，如氢键、电子给体-受体和 $\pi-\pi$ 相互作用，以及使分子组装的范德瓦尔斯力等

分子器件：被设计用来实现特殊功能的分散分子组分的组装体（如超分子物质）

分子识别：在互补的化学功能存在下，分子能识别并结合另一个分子的能力

分子线行为：速率常数随距离的增加而无明显下降的超分子物质在动力学上的电子转移反应

辐射衰变：参见发光作用

辐射跃迁：在两个体系之间的跃迁，能量的差异以光子的形式被发射或吸收

富勒烯（C_{60}）：一类由碳原子组成的球形分子，最常见的富勒烯是 C_{60}

感光聚合物：当用光激发时，一些性质（如长度）会发生改变的聚合物

感知器：用于模仿神经细胞的行为的人工智能单元

共轭分子：一类含有交替单双键的化合物，其 π 电子离域在整个分子之中

共价键：分子结构间强的原子-原子键

共聚物：由不同重复单位组成的聚合物

共振机理：参见库仑机理

寡核苷酸：由一些核苷形成的聚合物，其本质为核酸碎片

冠醚：含有氧原子的冠状大环分子，氧原子之间由有机隔离基（典型的—CH_2CH_2—单元）连接

光捕获天线（分子水平）：一种有组织的分子组分阵列，能吸收光并将其所得电能传递至阵列所预定的组分之中；这种功能常被称作天线效应

光电流：一种由于吸收光而产生的电流

光电子器件：将光学输入转换为电学输出的器件

光合作用：将光能转化成化学能的过程

光化学：研究物质和光（从 UV 到 IR）之间相互作用的化学分支，分子吸收光引起电子激发态的形成

光化学刺激：利用光刺激分子或超分子物质的功能

光刻法：一种利用自上而下法进行微型化的光化学技术

光敏化过程：由光吸收物质的激发态通过电子转移和能量传递过程所引发的非吸光物质的反应

光敏剂：一类受光激发并能诱导另一个分子单元激发或反应的分子单元

光谱敏化：在半导体中的光诱导敏化过程，通过能吸收半导体所无法吸收的低能量辐射的分子来实现

光稳定态：光激发时达到的化学平衡

光物理过程：光激发过程以及经由辐射和非辐射跃迁使分子单元从一个状态转变为另一个状态的一系列过程

光学镊子：用来控制小珠子位置的一种激光技术

光异构化：光引发的异构体之间相互转换的现象

光诱导的氧化还原反应：参见电子转移

光诱导电子转移（PET）：参见电子转移

光折射材料：当用激光时折射率会发生改变的材料

光致变色分子：在不同的吸收带下可在两种形式之间可逆转换的分子，其中，至少有一个反应是由吸收光诱导的

光子刺激：参见光化学刺激

光子学：研究使用光信号进行信息处理的科学分支

轨道：根据空间配位，并定义能在该空间区域发现电子的单电子波函数

核：树状大分子的中心单元

核苷酸：一种由杂原子、糖和磷酸盐组成的化学物质

核因子：参见 Franck-Condon 因子

核重排：由外部刺激（如光吸收）而引起的在分子或超分子物质组分中原子相对位置的改变

葫芦脲：由甘脲和甲醛酸性缩合而成的大环筒状化合物

滑动过程：大环物质通过哑铃型组分的位阻基的穿梭/脱梭过程

化学刺激：通过加入适当的化学试剂（如金属离子）而使分子或超分子物质的功能得到激发

化学发光：从化学反应激发态发射出的光

化学计算机：一种基于与分子组分适当结合和适当设计的性质的计算机

还原：氧化还原过程的半反应，反应物得到一个或更多的电子

环番：桥连芳香环的大环有机分子

环糊精(CD)：形状为平截椎体的环状寡糖；α-CD，β-CD，γ-CD 各含有六个、七个、八个吡喃型葡萄糖单元

环状金属络合物：杂环芳香配体经碳氮原子与金属原子或金属离子配位的金属络合物

汇编程序：建立纳米机器人的总体目的

会聚合成：通过在核心处添加预先形成的树枝状合成子而构建成的树枝状大分子的合成过程

混合价态：源于价态间转移的激发态，与吸收带相关

肌动蛋白：与肌凝蛋白线性运动相关的线状蛋白质

肌球蛋白：一类线型动力蛋白质

积小成大法（微型化）：参见自下而上法

积小为大的方法（小型化）：从原子或分子开始构建纳米物体、器件和机器的方法

基态：分子的最低能级的稳定电子状态

基质：在生物学上常常用来表明客体物质的术语

激发态：分子的较高能态（另见电激发分子）

激光：light amplification by stimulated emission of radiation 的首字母的缩写，光化学中用于在非常短的时间尺度内产生脉冲激发的单色连续光源

激基缔合物：一种由同类的激发态分子和基态分子间形成的激发态二聚体，在基态时解离

激子：用于聚合物和固态体系中表示激发态的术语（电子-空穴对）

计时安培分析法：一种对测量氧化还原反应中得失电子数目特别有效的电化

学技术

继电器：在氧化还原反应过程中扮演电荷携带者角色的化合物

加合物：两种简单组分通过分子间力缔合而产生的超分子物质

甲基紫精：1，1′-二甲基-4，4′-联吡啶盐二价阳离子的统称

价态转移：在两种有着相同化学本质但氧化态不同的物质间的电子转移，另见混合价态

键传递相互作用：连接单元的轨道混合而导致的远程组分间的相互作用，另见超交换机理

交换机理：基于相互交换作用的电子能量传递机理，需要能量给体和能量受体的波函数重叠

胶体：溶液中悬浮有小颗粒（1～100 nm）的非均相体系

金属络合物/配体络合物策略：将金属络合物适当设计成基于金属的树状大分子结构的构筑单元的一种合成方法；一种金属络合物，当金属配位数没有达到饱和时，络合物可以作为金属，当金属和带有自由配位点的桥配位体配位时，络合物则可以作为配体

金属-配体电荷转移（MLCT）：金属络合物内将电荷从金属转移至配体的电子转移（相关的激发态和吸收带）

聚合物：由大量共价键连接的相同或不同重复单元的一种化学物质

开关（分子水平）：结合于分子电线的一种分子器件，在外部激发下能可逆中断电子或电子能量的运动；在外部刺激下能在两个或更多个不同状态间可逆相互转化的物质

客体：能被凹分子或超分子物质主体化的离子或凸分子

空间传递相互作用：与键传递相互作用相比，因活性组分的轨道直接空间交叠而导致的相互作用

空穴注入：正电荷转移至分子或超分子物质或半导体

空穴转移：正电荷从一个分子（或超分子体系中的分子组分）转移至另一个；另见电子转移

库仑机理：基于库仑相互作用的电子能量转移机理（也被称作共振，通过空间或 Förster 机理）

醌：可被一个或两个电子可逆还原的缺电子芳香族分子

类胡萝卜素：胡萝卜素的衍生物（一种天然染料），常在多组分体系中用作电子给体

离子泵：利用诸如 ATP 或光作为能源，使离子逆热力学梯度通过膜的超分子体系（一种存在于自然界的变构蛋白质）

离子通道：一种在热力学所允许的范围内能使离子通过膜的超分子体系（一

种存在于自然界的变构蛋白质）

立体异构体：原子仅在空间方向上不同的异构体

立体中心：连接4个不同取代基的原子，有手性中心的分子

连接器：参见桥

连接体：参见桥

两亲分子：分子内含有两种不同基团：一个是水溶性的（亲水）；另一个是油溶性的（亲油）

两性离子结构：在分子或超分子物种的两个不同区域具有相反电荷的结构量子产率(Φ)：光产生物质的数目和吸收光子数目的比，比如，荧光发射数目和被吸收光子数目的比

磷光：由激发态自旋禁阻的辐射失活而引起的发光

零-零光谱能(E^{0-0})：两个电子态的零振动态能级间的能差

笼状生物材料：一种功能已被化学修饰所阻塞的生物材料

路易斯酸：能接受电子对的化合物

轮索烃：在同一个超分子结构里轮烷和索烃的结合

轮烷：由哑铃型的组分和大环组建成的超分子物质，其中大环组分围绕着哑铃型组分的线型分支，并被哑铃庞大的端基机械捕获；当至少缺少一个大端基时，大环组分可以脱梭，该超分子物质就被称为拟轮烷

逻辑操作：在逻辑数量（0，1；是，否；对，错）上的操作

逻辑门（分子水平）：能实现逻辑操作的分子或超分子物质

络合物：(a) 在配位化学上，一个金属原子或金属离子被配体围绕而形成的化合物；(b) 在有机化学上，是一种主-客体体系；(c) 在生物化学上，是受体-给体的加合物

酶：能催化生物过程的蛋白质

模板合成：依靠被组装体组分间存在分子识别点的合成策略

模糊逻辑：一种逻辑类型，在逻辑上不需要决定是对是错，但可能在不同程度上是对的或错的（与经典的二进制逻辑相反）

纳米管：由石墨薄片制成的碳管，直径为几个纳米，长度高达几个毫米

纳米技术：工程的一个新分支，在纳米水平（10^{-9} m）处理物质

纳米结构的电极：由纳米微粒制成的电极

纳米颗粒：纳米级的固体微粒，通常是金属或半导体纳米液晶

内转换：激发态的自旋允许的无辐射失活

能级图：参见状态能量图

能垒($\Delta G^{\#}$)：化学反应的活化能

能量传递：引起电子能量从一个分子（或超分子体系的分子组分）激发态转

移到另一个分子（或超分子体系的分子组分）的过程

能量集中器：参见光捕获天线

能量转移：超分子物质里同等分子组分或聚合物中的一个单元组成部分的电子能量传递，另见能量传递和跳跃机理

拟（类）轮烷：分子线被大环组分所包围的包结物，另见轮烷

偶氮苯：含有 N＝N 双键的分子单元，它有两种不同的几何异构体 *cis*-和 *trans*-，另见 *cis*-，*trans*-异构体

配体：一种能与金属或金属离子键合的分子或离子

配位键：金属或金属离子与分子或离子之间形成的键，另见配体和络合物

疲劳：用来表示缺乏可逆性的术语，尤其用于光致变色体系

葡萄糖氧化酶：催化葡萄糖氧化的一种酶

嵌段共聚物：这种共聚物的链是由不同的碎片组成的，每种碎片都含有相同的重复组分

嵌合 DNA：一段至少含一个核糖核苷酸基的寡脱氧核苷酸

桥（分子水平）：一种在超分子体系中不直接参与体系运作，但在活性组分之间扮演着连接角色的分子组分

桥连配体：能够连接两个金属离子的配体

亲核试剂：一种富电子化合物

氢键：一个共价连接于 X 原子上的氢原子与同一分子内或其他分子内的 Y 原子形成一种相对较弱的化学键；当 X、Y 是电负性原子（N、O）时，将形成强的氢键

清除剂（氧化剂或还原剂）：参见牺牲性给体或牺牲性受体

驱动蛋白：控制细胞内运输的一类线性动力蛋白质

驱动力：用来说明反应的标准吉布斯自由能的负值（ΔG^0）的术语；伴随正驱动力的反应（如 ΔG^0 为负值）是自发的；另见自由能改变

全加法器：操作于二进制数字和从前期进位数字的逻辑元素，以输出加和数字与另一进位数字

全息术：用于形成三维视觉映像的技术

染料：在可见光区有吸收带的有机分子

热致变色分子：在不同吸收光谱的两种形式间，通过加热或冷却能够相互可逆地转化的分子

忍耐长度（聚合物）：衡量聚合物硬度的一个量，是一个链长值，记作 l_p，当聚合物的长度小于或近似于 l_p 时，聚合物可以看成一个刚性的棒；而当其长度远远大于 l_p 时，聚合物是柔性的

溶胶-凝胶过程：从分散于液体中的胶体微粒（溶胶）制备三维多孔固体网

状物（凝胶）

三线态：总自旋值为一的电子态的光谱多重性

三线态-三线态能量传递：能量从电子激发的三线态给体传递产生三线态电子激发受体

扫描隧道光谱学（STS）：一种从 STM 衍生出来的技术，用于考察样品表面局部电子分布

扫描隧道显微镜法（STM）：参见扫描探针显微镜法（SPM）

扫描探针显微镜法（SPM）：在监测一些探针和表面间的相互作用时，用亚纳米方法在样品表面上方扫描的原子型探针来研究表面结构的一种技术，最通常的 SPM 技术是扫描隧道显微镜法（STM）和原子力显微镜法（AFM）。SPM 技术还应用于纳米级（纳米操作）上的物体位置控制

闪光光解：用于制备和考察短暂存在的物质的脉冲辐射技术

烧孔：由光化学或光物理过程引发的一个非均一的吸收或发射谱带中某一特征的光漂白，它是通过共振激发分子的消失实现的

神经型系统：能模仿神经细胞的一些基本功能的人工体系

生物分子开关：一种分子水平上控制生物功能的开关

时间分辨光谱：记录体系在光激发后的一段时间间隔的光谱

适体：一种对低分子量基体和像蛋白质那样的大分子有特定识别性能的核酸

手性分子：一种与其镜像不能重叠的分子

手性光学开关：一种双稳态手性分子，另见开关

寿命（τ）：本质的、第一位的失活过程所需的时间，以降低短暂存在的物质（如激发态）的浓度至其起始浓度的 1/e

受体：在生物学中常用来表述主体物质的术语

树突：树枝状大分子的枝杈

树状大分子：具有树状结构的明确的大分子

衰减参数（β）：随着距离的增大，与电子转移（β^{el}）、空穴转移（β^{ht}）或能量传递（β^{en}）过程速率降低相关的参数

双分子膜：由两单层的两亲分子组成的膜（经典的，如磷脂）；单分子层以它们疏水的一端相互接触，而亲水区暴露在外

双光致变色超分子体系：一种包含两个光致变色组分的超分子体系

双光子激发：由连续的或同时吸收两个光子而导致的激发

双稳态分子：在一些外部刺激下可在两个不同的稳定态下相互转换的分子

水裂解反应：将水分解为氢和氧

顺反异构体：参见异构体

瞬态：短寿命的物种（如激发态）

瞬态 dc 传导性：基于脉冲激发，度量激发态或其他瞬态物质的传导性的技术

瞬态光谱学：参见时间分辨光谱

速率常数：用来表述指定过程速率的参数

索烃：由两个或更多互锁的大环组分形成的超分子体系

索烃络合物：一种索烃类的金属络合物

索烃配体：一种索烃类的配体

糖类：由碳氢氧组成的有机化合物，也被称为碳水化合物或糖

天线（分子水平）：见光捕获天线

停流：基于溶液快速混合，用来考察化学反应动力学的技术

拓扑学：在超分子物质中涉及的组分相对空间分布

外消旋作用：将一个对映异构体转变为其镜像的反应，最终产生两个等量的对映异构体

微分脉冲伏安法：一种考察分子或超分子物质氧化还原行为的电化学技术

微管：与动力蛋白线性运动相关的线型蛋白质结构，直径在 18～25 nm

吸收光谱：记录物质吸收光的波长分布的图表

牺牲性给体：能通过不可逆的反应清除在光激发的电子转移反应中生成电子受体的化合物，因此防止了反方向电子转移

牺牲性受体：能通过不可逆的反应清除在光激发的电子转移反应中生成电子给体的化合物，因此防止了反方向电子转移

系间窜跃：激发态的自旋禁止的无辐射失活

细胞色素：有一个或多个亚铁血红素基团的一类电子转移蛋白质

下行法：参见自上而下法

相异构体：在超分子体系中由其组分的协同构象运动而产生的异构体

效率（一步反应的，η）：一步反应的速率与引起物质消失的所有平行步骤的速率总和之比

写—锁—读—解锁—擦除循环：在多态及多功能体系中，可被用作光学记忆目的的循环过程

信号站：分子内含有已猝灭荧光团的发卡形状的低聚核苷酸，它通过与目标核酸的结合来恢复其荧光性，常用来检测溶液中特殊核酸的存在

穴状配体：能围绕客体物质的大二环主体；所形成的络合物称为穴状络合物

循环伏安法（CV）：一种考察分子和超分子氧化还原作用的很普遍的电化学技术

哑铃：线型组分的末端含有两个庞大基团的分子结构

亚铁血红素基团：二价亚铁离子与卟啉配体的络合物，是许多种酶的辅助因

子（如细胞色素）

氧化：涉及反应物的一个或更多电子释放的氧化还原过程的半反应

氧化还原反应：成对的氧化还原半反应

氧化还原开关：通过可逆的氧化还原反应使化合物在两种不同形式间相互转换

液晶：由于在很大范围内的分子优势定向而导致非等方向性的液体，依赖于分子的类型和组织，液晶相可以是向列型、近晶型、胆甾型、碟状型或感胶型

液晶分子：能产生液晶的化学物质

异构化：异构体之间的相互转化

异构体：拥有相同组分但不同结构的分子

异相超分子体系：一种由分子或超分子物质连接于纳米级固态组分所构成的体系（如纳米微粒）

抑制剂：一种降低化学反应速率的物质，但其本身的形式和数量在反应结束时并不发生改变

荧光：由激发态自旋允许的辐射失活而产生的发光

荧光传感器：参见传感器

荧光开关：存在两种有着不同荧光性质形式的化合物

荧光团：一种荧光分子单元

诱导匹配：受体的大幅度重排，旨在优化主客体相互作用

余因子：与能够决定和促进催化活性的酶的蛋白质长链相连的微小非蛋白分子单元

预组织：设计官能团或分子单元的排列，从而使一些特殊的过程或功能容易发生

原子力显微镜（AFM）：参见扫描探针显微镜法

圆二色性：手性化合物引起的左右圆偏振光吸收不同的现象

跃迁机理：发生于超分子物质中的同一分子组分或聚合物中的单体的能量传递、电子或空穴的转移

杂化（对于 DNA）：互补 DNA 链由于碱基对而形成的双螺旋结构

真值表：与逻辑功能的输入输出相关的表，并罗列出其所有可能的状态

整流器（分子水平）：电流向一个方向流动比向反方向流动困难的一类分子水平的二极管

脂质体：包裹在双分子膜内的含水间隔

质子：带正电荷的氢离子原子，在溶液酸碱反应中是指被转移的物种

质子泵：质子离子泵

质子推动力：基于质子能量梯度的推动力

中心配体：在金属络合物中配体的轨道、电子转移、激发态和吸收带

终端配体：多核金属络合物或非桥金属离子的树状大分子的配体，占据外围的位置

重组能：能与特定的分子或离子相互作用而改变其部分性质（如荧光光谱、氧化还原电位）的分子或超分子物质

主-客体体系：参见主体和客体

主体：能使离子或分子主体化的分子或超分子物质，通常是凹形结构

转化数：度量抗疲劳的参数

状态能量图：表示分子或超分子物质电子状态相关能量的线形图

紫精：4，4′-联吡啶衍生物的通用名

自上而下法（小型化）：从宏观材料出发构造微型化器件

自旋多样性：电子状态的光谱参数，值为 $2S+1$，S 是体系总的自选量子数，单线态多样性 $S=0$，三线态多样性 $S=1$

自旋禁阻跃迁：在不同多重态间的跃迁

自旋选择定律：指导在所处状态自旋值的基础上电子跃迁可能性的定律

自旋跃迁材料：在两种不同自旋状态之间，如温度或光激发上的改变，能发生转换的材料

自旋允许跃迁：在相同多重态间的跃迁

自由能变化(ΔG^0)：表明化学反应是否可以发生（$\Delta G^0<0$）的反应热力学变化量，另见推动力

自组织：能够行使一定功能的有序超分子体系，通过自组装自发形成

自组装：分子组分的自发聚集

自组装单分子膜（SAM)：在其表面自发形成的单分子层膜

阻塞物：线性化合物末端的庞大基团

组合逻辑电路：输出量仅取决于同一时间的输入量的电路开关，它的逻辑功能可以通过基本逻辑操作的适当组合来获得

缩略语

相同的缩略可能会有不同的意思

A：　Adenine　腺嘌呤
ACA：　9-anthracenecarboxylic acid　9-蒽甲酸
ADP：　adenosine diphosphate　二磷酸腺苷
AFM：　atomic force microscopy　原子力显微镜
AM1：　Austin Model 1　一种半经验分子计算法
ANI：　4-aminonaphthalene monoimide　4-氨基萘亚胺
AQ：　anthraquinone　蒽醌
ATCase：　aspartate transcarbamoylase　天冬氨酸转氨甲酰酶
ATP：　adenosine triphosphate　三磷酸腺苷
ATPase：　ATP synthase　ATP 合成酶
B800：　最大吸收在 800 nm 的叶菌叶绿素分子
B850：　最大吸收在 850 nm 的叶菌叶绿素分子
BC：　bacteriochlorophyll monomer　细菌叶绿素单体
BChls：　bacteriochlorophylls　细菌叶绿素
BDPY：　boron-dipyrromethene　二吡咯亚甲基硼
BP：　bacteriopheophytin　细菌脱镁叶绿素
BPTTF：　bis(2,5-dimethylpyrrolo[3,4-d])tetrathiafulvalence　双(2,5-二甲基吡咯[3,4-d])四硫富瓦烯
bpy：　2,2′-bipyridine　2,2′-联吡啶
Bu：　butyl　丁基
β^{el}：　电子转移过程衰减参数
β^{en}：　能量传递过程衰减参数
β^{ht}：　空穴转移过程衰减参数
$CBPQT^{4+}$：　cyclobis(paraquat-p-phenylene)　环二(百草枯对亚甲基)
CD：　cyclodextrin　环糊精
CPK：　Corey-Pauling-Koltun　分子模型
CPL：　circularly polarized light　圆偏振光
CT：　charge transfer　电荷转移
CTP：　cytidine triphosphate　胞苷三磷酸
CV：　cyclic voltammetry　循环伏安
Cy：　cytochrome　细菌色素
Cyclam：　1,4,8,11-tetraazacyclotetradecane　1,4,8,11-四氮杂环十四碳烷
DABCO：　1,4-diazabicyclo[2.2.2]octane　1,4-二氮杂二环[2.2.2]辛烷

Dansyl ： 5-dimethylamino-1-Naphthalenesul-phonamido unit 5-二甲氨基-1-萘磺酸酰胺，丹磺酰

DB24C8 ： dibenzo[24]crown-8 二苯并[24]冠-8

DHA ： dihydroazulene 二氢薁

DHI ： dihydroindolizine 二氢吲嗪

DMA ： *N*,*N*-dimethylaniline *N*,*N*-二甲基苯胺

DMF ： *N*,*N*-dimethylformamide *N*,*N*-二甲基甲酰胺

DMN ： dimethoxynaphthalene 二甲氧基萘

DMPA ： dimyristoylphosphatidyl anion 二肉豆蔻酰磷脂酰阴离子

DMSO ： dimethylsulfoxide 二甲基亚砜

DNA ： deoxyribonucleic acid 脱氧核糖核酸

1/5DN38C10 ： 1,5-dinaphtho[38]crown-10 1,5-二萘并[38]冠-10

DTP ： 5,15-ditolylporphyrin dianion 5,15-二(甲苯基)卟啉二阴离子

ΔG^0： 自由能变化

$\Delta G^{\#}$： 能垒

E^{0-0}： zero-zero spectroscopic energy 带光谱能量

EDTA ： ethylenediaminetetraacetate anion 乙二胺四乙酸根阴离子

EPR ： electronic paramagnetic resonance, also known as electron spin resonance (ESR) 电子顺磁共振，也称电子自旋共振

ε ： molar absorption coefficient 摩尔吸光系数，用来衡量一个分子吸收特定波长光的能力参数

F： (a) fluorescein 荧光素；(b) fraction of the excited-state energy conserved in the final charge-separated state of a photoinduced electron-transfer reaction 在光诱导电子转移反应的最终电荷分离态里的激发态能量分数

FAD ： flavin adenine dinucleotide 黄素腺嘌呤二核苷酸

FC^{el}： Franck-Condon factor for electron-transfer processes 电子转移过程的Frank-condon因子

FC^{en}： Franck-Condon factor for energy-transfer processes 能量传递过程的Frank-condon因子

FMN： flavin mononucleotide 黄素单核苷酸

FRET ： fluorescene resonance energy transfer 荧光共振能量转移

Φ ： quantum yield 量子产率

G ： guanine 鸟嘌呤

GTP ： guanosine triphosphate 鸟嘌呤三磷酸

H^{el}： electronic couplig factor in electron-transfer processes 电子转移过程的电子耦合因子

H^{en}： electronic couplig factor in energy-transfer processes 能量传递过程的电子耦合因子

HBD ： hexa-t-butyldecacyclene 六叔丁基十环烯

HOMO： highest occupied molecular orbital 最高占有分子轨道

HPLC： high pressure liquid chromatography 高压液相色谱

$\eta_{en.\ conv}$： energy conversion efficiency 能量转换效率

In： input signal 输入信号

J_F： 给体发光光谱和受体吸收光谱之间的Föster重叠积分

K_{ass}： equilibrium constant of an association process 一个缔合过程的平衡常数

LB： Langmuir-Blodgett

LC： ligand centered 以配体为中心的

LED： light-enuitting diode 发光二极管

LH1，LH2： natural light-harvesting antenna complexes 天然光收集天线络合物

LUMO： lowest unoccupied molecular orbital 最低非占有分子轨道

λ： (a) wavelength of a radiation 发射波长；(b) reorganizational energy 重组能

Mb： apo-myoglobin apo 肌球素

Me： methyl 甲基

Me_2bpy： 4,4′-dimethyl-2,2′-bipyridine 4,4′-二甲基-2,2′-联吡啶

MeOAn： *p*-methoxyaniline 对甲氧基苯胺

MgP： magnesium porphyrin 镁卟啉

MLCT： metal-to-ligand-charge transfer 金属→配体电荷转移

Mn_4Ca： a cluster containing four Mn and one Ca 由四个锰离子和一个钙离子组成的锰簇

MOFPP： 5,15-bis(3,5-dimethoxyphenyl)-10,20-bis(pentafluorophenyl)porphyrin dianion 5,15-双(3,5-二甲氧基苯基)-10,20-双(五氟苯基)卟啉二阴离子

MV^{2+}： methylviologen (1,1′-dimethyl-4,4′-bipyridinium) 甲基紫精

NHE： normal hydrogen electrode 标准氢电极

NI： naphthalene-1,8:4,5-diimide 萘-1,8:4,5-二酰亚胺

NMR： nuclear magnetic resonance 核磁共振

OLED： organic light-emitting diode 有机电致发光二极管

OPV： oligo(p-phenylenevinylene) 低聚对亚苯基次亚乙烯

Out： output signal 输出信号

Ox： oxidant scavenger 氧化剂

P： (a) a photosensitizer 光敏剂；(b) bacteriochlorophyⅡ "special pair" "细菌叶绿素"特殊配对；(c) freebase porphyrin 卟啉色基

P_{680}： a multimer of chlorophylls in photosystem Ⅱ

P_i： inorganic phosphate 无机磷酸盐

PCR： polymerase chain reaction 聚合酶链式反应

PEG： poly(ethylene glycol) 聚乙二醇

PET： photoinduced electron transfer 光诱导电子转移

pH： a parameter used to measure the acidity of a solution 用来衡量溶液酸度的一个参数

Ph： phenyl 苯基

pK_a： a parameter used to measure the strength of an acid 用来衡量溶液碱强度的一个参数

phen： 1,10-phenanthroline 1,10-邻二氮杂菲

PⅠ： pyromellitimide 均苯四甲酰亚胺

Pr： propyl 丙基

PSⅡ： photosystem Ⅱ 光系统Ⅱ

Q： quinone 醌

RAM： random access memory 随机存取记忆

RC： reaction center 反应中心

Red： reductant scavenger 还原剂

S_0，S_1，S_2： the singlet ground state（S_0）and the first two singlet excited states（S_1 and S_2）of a molecule with closed shell configuration S_0 为基态单线态；S_1 为第一单线态激发态；S_2为第二单线态激发态

SAM： self assembled monolayer 自组装单分子层

SCE： saturated calomel electrode 饱和甘汞电极

SDS： sodium dodecyl sulfate 十二烷基磺酸钠

STM： scanning tunneling microscopy 扫描隧道电镜

STS： scanning tunneling spectroscopy 扫描隧道光谱

T： thymine 胸腺嘧啶

T_1，T_2： the first two triplet excited states of a molecule with closed shell configuration 两个三线态激发态

TCB： tetracyanobenzene 四氰基苯

TEE： tetraethynylethene 四乙炔基乙烯

TEM： transmission electron microscopy 透射电子显微镜

TET： tetracene 并四苯

THF： tetrahydrofuran 四氢呋喃

Tpy： 2,2′:6′,2″-terpyridine 2,2′:6′,2″-三联吡啶

TTF： tetrathiafulvalene 四硫富瓦烯

TTFP： monopyrrolotetrathiafulvalene 单吡咯四硫富瓦烯

Tyr_z： redox active tyrosine amino acid 一种氧化还原活性的氨基酸

τ： lifetime 寿命

U Uracil： 尿嘧啶

UV： ultraviolet 紫外

VHF： vinylheptafulvene 乙烯基庚富烯

ZnP： zinc porphyrin 锌卟啉

⊂： 一种用于表示化合物包含的符号，符号前的组分包含在符号后的组分里

⊃： 一种用于表示化合物包含的符号，符号后的组分包含在符号前的组分里

主题索引

（按汉语拼音排序）

E

F

G

H

I

J

K

L

M

N

O

Q

R

S

T

W

X

Y

Z

内容提要

本书是关于分子器件与分子机器领域的学术专著，是在《分子器件与分子机器——通向纳米世界的捷径》的基础上进行修订和更新的。本月保持了原版的基本结构，但是内容上关注了相关领域的相关趋势。全书对基本概念，用于处理电子和能量的分子机器，存储器、逻辑门和相关体系以及该领域科学家所扮演的社会角色进行了阐述。

本书不仅对在化学、物理、生物和纳米技术领域从事研究活动的科学家有重大意义，它同时可以补充并作为高年级本科生及研究生的学习教材。